现代有机反应

金属催化反应
Metal Catalyzed Reaction

胡跃飞　林国强　主编

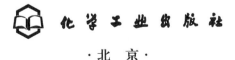

化学工业出版社
·北京·

本书根据"经典性与新颖性并存"的原则，精选了 10 种金属催化的有机反应。对于每一种反应，详细介绍了其历史背景、反应机理、应用范围和限制，注重近年来的研究新进展，并精选了在天然产物全合成中的应用以及 5 个代表性的反应实例；参考文献涵盖了较权威的和新的文献，有助于读者对各反应有全方位的认知。

本书适合作为有机化学及相关专业的本科生、研究生的教学参考书及有机合成工作者的工具书。

图书在版编目（CIP）数据

金属催化反应/胡跃飞，林国强主编. —北京：化学工业出版社，2008.12（2022.1 重印）
（现代有机反应：第五卷）
ISBN 978-7-122-03784-8

Ⅰ.金…　Ⅱ.①胡…②林…　Ⅲ.金属催化剂-应用-化学反应　Ⅳ.O641.2

中国版本图书馆 CIP 数据核字（2008）第 149844 号

责任编辑：李晓红　　　　　　　　　　　装帧设计：尹琳琳
责任校对：蒋　宇

出版发行：化学工业出版社（北京市东城区青年湖南街 13 号　邮政编码 100011）
印　　装：北京虎彩文化传播有限公司
720mm×1000mm　1/16　印张 30¼　字数 595 千字　2022 年 1 月北京第 1 版第 3 次印刷

购书咨询：010-64518888　　　　　　　　售后服务：010-64518899
网　　址：http://www.cip.com.cn
凡购买本书，如有缺损质量问题，本社销售中心负责调换。

定　　价：148.00 元　　　　　　　　　　　　版权所有　违者必究

序　一

　　翻开手中的《现代有机反应》，就很自然地联想到 John Wiley & Sons 出版的著名丛书 "Organic Reactions"。它是我们那个时代经常翻阅的一套著作，是极有用的有机反应工具书。而手中的这套书仿佛是中文版的 "Organic Reactions"，让我感到亲切和欣慰，像遇见了一位久违的老友。

　　《现代有机反应》第 1~5 卷，每卷收集 10 个反应，除了着重介绍各种反应的历史背景、适用范围和应用实例，还凸显了它们在天然产物合成中发挥的重要作用。有几个命名反应虽然经典，但增加了新的内容，因此赋予了新的生命。每一个反应的介绍虽然只有短短数十页，却管中窥豹，可谓是该书的特色。

　　《现代有机反应》是在中国首次出版的关于有机反应的大型丛书。可以这么说，该书的编撰者是将他们在有机化学科研与教学中的心得进行了回顾与展望。第 1~5 卷收录了 5000 多个反应式和 8000 余篇文献，为读者提供了直观的、大量的和准确的科学信息。

　　《现代有机反应》是生命、材料、制药、食品以及石油等相关领域工作者的良师益友，我愿意推荐它。同时，我还希望编撰者继续努力，早日完成其余反应的编撰工作，以飨读者。

　　此致

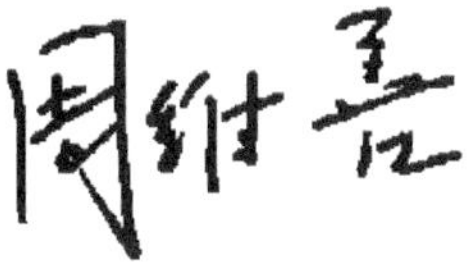

周维善

中国科学院院士
中国科学院上海有机化学研究所
2008 年 11 月 16 日

序　二

美国的 "*Organic Reactions*" 丛书自 1942 年以来已经出版了七十多卷，现在已经成为有机合成工作者不可缺少的参考书。十多年后，前苏联也开始出版类似的丛书。我国自上世纪 80 年代后，研究生教育发展很快，从事有机合成工作的研究人员越来越多，为了他们工作的方便，迫切需要编写我们自己的 "有机反应" 工具书。因此，《现代有机反应》丛书的出版是非常及时的。

本丛书根据最新的文献资料从制备的观点来讨论有机反应，使读者对反应的历史背景、反应机理、应用范围和限制、实验条件的选择等有较全面的了解，能够更好地利用文献资料解决自己遇到的问题。在 "*Organic Reactions*" 丛书中，有些常用的反应是几十年前编写的，缺少最新的资料。因此，本书在一定程度上可以弥补其不足。

本丛书对反应的选择非常讲究，每章的篇幅恰到好处。因此，除了在科研工作中有需要时查阅外，还可以作为研究生用的有机合成教材。例如：从 "科里氧化反应" 一章中，读者可以了解到有机化学家如何从常用的无机试剂三氧化铬创造出多种多样的、能满足特殊有机合成要求的新试剂。并从中学习他们的思想和方法，培养自己的创新能力。因此，我特别希望本丛书能够在有机专业研究生的学习和研究中发挥自己的作用。

中国科学院院士
南京大学
2008 年 11 月 16 日

前　言

　　许多重要的有机反应被赞誉为有机合成化学发展路途中的里程碑，因为它们的发现、建立、拓展和完善带动着有机化学概念上的飞跃、理论上的建树、方法上的创新和应用上的突破。正如我们熟知的 Grignard 反应 (1912)、Diels-Alder 反应 (1950)、Wittig 反应 (1979) 和烯烃复分解反应 (2005) 等，就是因为对有机化学的突出贡献而先后获得了诺贝尔化学奖的殊荣。

　　有机反应的专著和工具书很多，从简洁的人名反应到系统而详细的大全巨著。其中，"*Organic Reactions*" (John Wiley & Sons, Inc.) 堪称是经典之作。它自 1942 年开始出版以来，到现在已经有 73 卷问世。而 1991 年出版的"*Comprehensive Organic Synthesis*" (B. M. Trost 主编) 是一套九卷的大型工具书，以 10,400 页的版面几乎将当代已知的重要有机反应涵盖殆尽。此外，各种国际期刊也经常刊登关于有机反应的综述文章。这些文献资料浩如烟海，是一笔非常宝贵的财富。在国内，随着有机化学研究和各种相关化学工业的飞速发展，全面了解和掌握有机反应的需求与日俱增。在此契机下，编写一套有特色的《现代有机反应》丛书，对各种有机反应进行系统地介绍是一种适时而出的举措。

　　根据经典与现代并存的理念，我们从数百种有机反应中率先挑选出 50 个具有代表性的反应。将它们按反应类型分为 5 卷，每卷包括 10 种反应。本丛书的编写方式注重完整性和系统性，以有限的篇幅概述了每种反应的历史背景、反应机理和应用范围。本丛书的写作风格强调各反应在有机合成中的应用，除了为每一个反应提供 5 个代表性的实例外，还增加了它们在天然产物合成中的巧妙应用。

　　本丛书前 5 卷共有 2210 页, 5771个精心制作的图片和反应式, 8142 条权威和新颖的参考文献。我们衷心地希望所有这些努力能够帮助读者快捷而准确地对各个反应产生全方位的认识，力求能够满足读者在不同层次上的特别需求。从第一卷的封面上我们可以看到一幅美丽的图片：一簇簇成熟的蒲公英种子在空中飞舞着播向大地。其实，这亦是我们内心的写照，我们祈望本丛书如同是吹起蒲公英种子飞舞的那一缕煦风。

　　本丛书原策划出版 10 卷或 100 种反应，当前先启动一半，剩余部分将按计划陆续完成。目前已将第 6 卷的内容确定为还原反应。在现有的 5 卷出版后，我们也希望得到广大读者的反馈意见，您的不吝赐教是我们后续编撰的动力。

本丛书的编撰工作汇聚了来自国内外 19 所高校和企业的 39 位专家学者的努力和智慧。在这里，我们首先要感谢所有的作者，正是大家的辛勤工作才保证了本书的顺利出版，更得益于各位的渊博知识才使得本书更显丰富多彩。尤其要感谢王歆燕博士，她身兼本书的作者和主编秘书双重角色，不仅完成了繁重的写作和烦琐的联络事务，还完成了本书全部图片和反应式的制作工作。这些工作看似平凡简单，但却是本书如期出版不可或缺的一个环节。本书的编撰工作还被列为"北京市有机化学重点学科"建设项目，并得到学科建设经费 (XK100030514) 的资助，在此一并表示感谢。

最后，值此机会谨祝周维善先生和胡宏纹先生身体健康！

胡跃飞
清华大学化学系教授

林国强
中国科学院院士
中国科学院上海有机化学研究所研究员

目　　录

柏奇渥-哈特维希交叉偶联反应

(Buchwald-Hartwig Cross Coupling Reaction)

刘磊[*]   王晔峰

1　历史背景简述

芳胺类化合物代表了一类重要的有机中间体,在药物和染料等分子的合成中有着重要的应用。很多年来,该类化合物的合成[1]主要依赖使用传统的 Ullmann-Goldberg 合成法和硝化还原法等,操作步骤较为烦琐,反应条件十分苛刻,而且反应的选择性也不够理想。

1983 年,日本 Gunma 大学的 Migita 等人发现:N,N-二乙氨基-三丁基锡可以在 Pd(II) 催化剂的存在下,与溴苯顺利完成分子间的偶联反应 (式 1)[2]。

$$(n\text{-Bu})_3\text{SnNEt}_2 + \text{PhBr} \xrightarrow[\underset{87\%}{}]{\underset{\text{PhCH}_3,100\ ^{\circ}\text{C, 3 h}}{\text{PdCl}_2(o\text{-tolyl}_3\text{P})_2}} \text{PhNEt}_2 + (n\text{-Bu})_3\text{SnBr} \qquad (1)$$

尽管该反应首次实现了 Pd-催化的溴苯胺化,但仍存在着一定的局限性[3]。首先,该反应条件仅适用于少数电中性溴苯 (例如:3-甲基溴苯和 4-甲基溴苯等),而氯苯和碘苯化合物在该条件下均不能进行反应。其次,由于其它类型的胺生成的锡化物对水和热比较敏感[4],因此只有脂肪仲胺的锡化物才可以用作该反应的亲核试剂。

直到 1994 年,Buchwald 等人发现:在 Migita 催化条件下,可以利用“一锅法”同时完成锡化物的制备和与溴苯的 C-N 交叉偶联反应 (式 2)[5]。这一进展避免了直接使用毒性大、热不稳定和空气不稳定的胺基锡化物,进一步扩大了反应底物的范围。他们还发现,碱的参与能够有效提高反应效率。

$$\begin{array}{c}(n\text{-Bu})_3\text{SnNEt}_2 \\ + \\ \text{HNR}^1\text{R}^2\end{array} \xrightarrow{80\ ^{\circ}\text{C}} (n\text{-Bu})_3\text{SnNR}^1\text{R}^2 \xrightarrow[\underset{55\%\sim88\%}{}]{\underset{\text{PhCH}_3,\ 105\ ^{\circ}\text{C, NaOH, 4 h}}{\text{PhBr, PdCl}_2(o\text{-tolyl}_3\text{P})_2}} \underset{\text{R}^3}{\overset{\text{NR}^1\text{R}^2}{\bigcirc}} \qquad (2)$$

除了使用胺基锡化物作为亲核试剂进行的 C-N 交叉偶联反应外,Boger 小组在合成 β-咔啉的过程中,利用零价钯催化剂直接完成了分子内的 C-N 交叉

偶联反应 (式 3)[6]。

$$\text{(3)}$$

在这些研究的基础上，Buchwald 小组 (式 4)[7] 和 Hartwig 小组 (式 5)[8] 于 1995 年几乎同时发现，在钯催化剂 $PdCl_2(o\text{-}tolyl_3P)_2$ 的作用下，无需有机锡化物的参与就可以顺利完成溴苯的胺化反应。这就是早期的 Buchwald-Hartwig 交叉偶联。

$$\text{(4)}$$

$$\text{(5)}$$

Stephen L. Buchwald 于 1955 年生于美国印第安纳州，就读于布朗大学获学士学位。1977 年进入哈佛大学学习，并于 1982 年获得博士学位。1984 年，他作为助理教授进入麻省理工学院工作，1993 年升为教授。多年来，他一直致力于碳-碳成键、碳-杂原子成键和新型配体设计与应用等方面的研究，并在有机化学领域获得诸多荣誉。

John F. Hartwig 于 1964 年生于美国芝加哥，从普林斯顿大学获学士学位，在加州大学伯克利分校获得博士学位 (1990 年)。同年，他作为助理教授进入耶鲁大学工作，并在那里晋升为教授。2006 年，他转入伊利诺依大学 Urbana-Champaign 分校工作。他一直致力于过渡金属化合物催化的新型反应及其机理的研究，并因此获得多项荣誉。

2　Buchwald-Hartwig 交叉偶联反应的定义与机理

钯配合物催化的卤代芳烃与胺类化合物之间的碳-氮交叉偶联反应一般被统称为 Buchwald-Hartwig 交叉偶联反应。它是合成芳香胺类化合物的有效反应，可以用通式 6 来表示。

$$ArX + HNR^1R^2 \xrightarrow{\text{cat. Pd}} Ar-NR^1R^2 \qquad (6)$$

早在 Migita 等报道钯催化下溴苯与胺基锡化物的 C-N 交叉偶联反应时，他们便认为该反应不是通过芳炔或者自由基中间体进行的，而可能经历了一个氧化加成、配位和还原消去的历程[2]。后来，Hartwig 对该反应的中间态又做了研究，并提出了类似的机理：催化剂的有效活性部分实际上是 Pd(o-tolyl₃P)₂，它在经历与卤代苯的氧化加成之后形成二聚体。然后，该中间态与胺配合并发生还原消去生成产物[9] (图 1)。

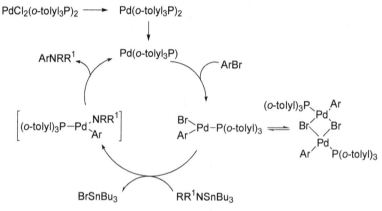

图 1 Pd 催化溴苯-胺基锡化物交叉偶联反应机理

随着 Buchwald-Hartwig 交叉偶联反应的发展，对其机理的研究也日渐深入[7,8,10~24]。到目前为止，有两种反应机理已经得到了共识，并相互补充。机理 I (图 2) 认为：首先，零价钯活性催化剂 LPd(0) (L 为配体) 被释放出来，并与卤代芳烃 ArX 发生氧化加成反应 (Oxidative Addition)，形成二价钯的过渡态化合物 T1。接着，T1 与底物胺发生配合 (Amine Coordination)，形成催化剂-卤代烃-胺的配合物过渡态 T2。继而，T2 在碱的作用下脱去质子 (Deprotonation)，

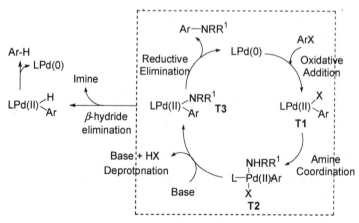

图 2 Buchwald-Hartwig 交叉偶联反应机理 I

形成 14-电子的钯配合物 **T3**。最后，**T3** 经过还原消去 (Reductive Elimination) 生成产物芳香胺，完成一个催化循环 (图 2 中虚线所示部分)。在这样一个反应过程中，**T3** 除了发生还原消去生成目标产物芳香胺之外，还可以发生胺基部分的 β-H 消除反应生成芳烃和亚胺化合物。这也是 Buchwald-Hartwig 交叉偶联反应中最主要的副产物的生成机理。

机理 II (图 3) 则认为：在使用某些配体的条件下，氧化加成产物 **T1** 会优先与碱反应，生成含氧的配合物过渡态 **T2′**。**T2′** 再与胺反应生成钯-芳基-胺的配合物过渡态 **T3′**，最后经还原消去反应释放出产物[19,20]。根据这一机理，氧化加成步骤为整个反应的决速步骤[25]。

在这两种理论之外，还有人对具体条件下不同反应底物和配体的反应机理进行了研究[26]。但就完全理解该反应的机理而言，仍然有大量的工作尚待进行。

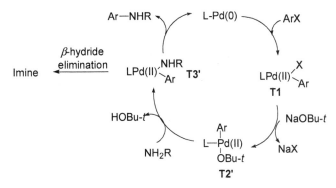

图 3　Buchwald-Hartwig 交叉偶联反应机理 II

3　Buchwald-Hartwig 交叉偶联反应的催化体系

从以上机理分析我们可以看到，一个完整的 Buchwald-Hartwig 交叉偶联反应的催化体系应该包括四个主要部分：Pd-催化剂前驱体、配体、碱和溶剂。这些因素各自发挥作用，又相互影响相互制约，在协同作用下共同完成催化历程。在有些反应条件下，添加助剂会增加催化体系的催化活性、大大提高反应效率，因此，助剂也是某些催化体系的重要组成部分。

3.1　配体

配体主要是一类含有孤对电子或者 π-键的分子或离子，它可以与具有空的价电子轨道的 Pd-催化剂前驱体按一定的组成和空间构型结合成新的结构单元。而这一结构单元决定着活性催化剂 LPd(0) 的性质，从而决定了整个催化体系的反应活性。

正是配体的这种重要性质，使得它在整个反应历程中发挥着举足轻重的作用。在反应初期，Pd-催化剂前躯体在配体的作用下顺利释放出活性催化剂 LPd(0)。这一活性部分又由于配体的配位增加了 Pd-原子的电子密度，使得与卤代芳烃的氧化加成更有利于进行。配体所提供的适当的空间位阻，还对还原消去中产物的生成也有着重要的促进作用[17]。因此，选择适当的配体对于催化体系尤为重要[27]。

从 Buchwald-Hartwig 交叉偶联反应的提出到现在，配体的种类越来越多。除了以 P(o-tolyl)₃ 为代表的第一代配体 (monodentate ligands) 以及 BINAP 和 DPPF 为代表的第二代配体 (chelating phosphane ligands) 外[3]，以 P(t-Bu)₃ 为代表的第三代配体 (electron-rich monodendate phosphine ligands) 也已经得到了发展。

3.1.1 烃基取代单齿膦配体

具有 PR₃ 结构的化合物是一类最简单的烃基取代单齿膦配体 (图 4)，是在 P(o-tolyl)₃[7,8,28~31]的基础上发展而来的。在最初 P(o-tolyl)₃ 成功完成了部分溴苯和碘苯化合物的胺化反应后，Tanaka 小组报道了 PCy₃ 和 P(i-Pr)₃，它们弥补了 P(o-tolyl)₃ 不能催化氯代芳烃胺化反应的不足[32]。Koie 小组[33]后来又发现，使用富电子性的 P(t-Bu)₃[34~37]为配体，不仅能在温和条件下高效完成卤代芳烃与氮杂芳烃的交叉偶联反应，还能降低催化剂用量和减少副产物的生成。最近，Shaughnessy 小组又报道了 PR₂¹R² 形式的烃基取代单齿膦配体 DTBNpP，它也能够顺利催化溴代和氯代芳烃的胺化反应[37]。

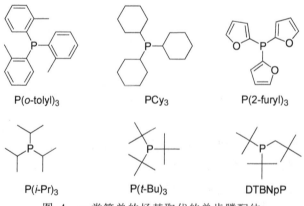

图 4　一类简单的烃基取代的单齿膦配体

虽然 P(t-Bu)₃ 的催化活性比 P(o-tolyl)₃ 高，但对空气敏感的性质限制了它更广泛的应用。为了克服这一弊端，Buchwald 小组合成出了一系列联苯基取代的单齿膦配体，它们可以在空气中稳定存在 (图 5)。这些配体能在室温下完成氯代芳烃的胺化反应[22,38~41]，并在卤代杂芳烃的胺化反应和 N-芳基取代吲哚的合成中都有应用[42]。目前这些配体中的一部分已经商品化，习惯上统称这些配体为 Buchwald 配体。

Beller 小组也合成出了两类性质较 $P(t\text{-}Bu)_3$ 更为稳定的单齿膦配体 (图 6)。例如：金刚烷取代的配体 cata*CX*ium®A，可以顺利催化空间位阻较大的氯苯与胺化合物的偶联反应；*N*-苯基吲哚取代的配体 cata*CX*ium®P 则对氯代芳烃和氯代杂芳烃的胺化反应具有很好的催化活性[43,44]。

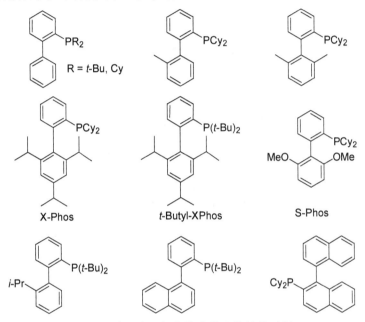

图 5　联苯基取代的单齿膦配体结构示例

cata*CX*ium®A　　　　cata*CX*ium®P

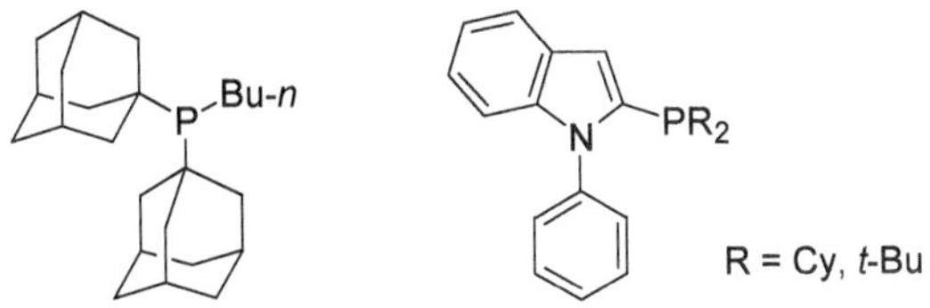

图 6　Beller 小组合成的性质更稳定的单齿膦配体

2003 年，Verkade 小组合成出了具有笼状结构的单齿膦配体 TAP (图 7)。这类配体所具有的高度富电子性能和较大的空间位阻，使得它们在卤代芳烃的胺化反应中具有很好的催化活性[45~48]。

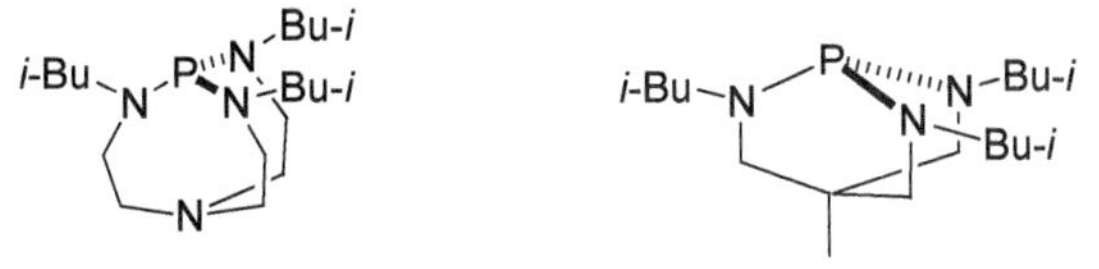

图 7　Verkade 小组合成的具有笼状结构的单齿膦配体

此外，Singer 等人报道了吡咯取代的单齿膦配体[49]（图 8），它们对溴代芳烃与伯胺的偶联反应具有较好的催化活性。

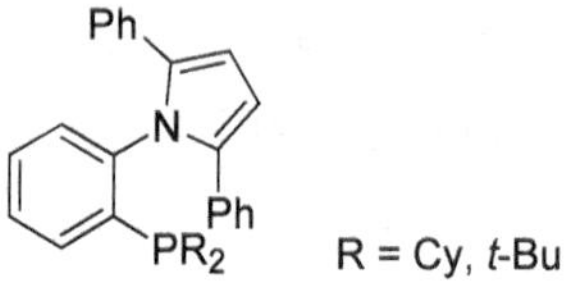

R = Cy, *t*-Bu

图 8　吡咯取代的单齿膦配体

3.1.2　二芳基取代 P-P、N-P、P-O 双齿配体

Buchwald 小组和 Hartwig 小组很早就发现，二齿配体 BINAP 具有稳定的化学性质和出色的催化活性。它的使用不仅可以有效解决第一代配体 P(o-tolyl)₃ 不能催化伯胺芳香化反应的问题[50]，而且也可以在吲哚及其衍生物的合成、吖丙啶的芳香化反应、卤代噻吩的胺化反应、卤代吡啶的胺化反应、酰肼的芳香化反应等得到广泛的应用[51~58]。所以，BINAP 和二茂铁类配体 DPPF 成为第二代螯合型配体的代表。除了具有刚性结构的二齿膦配体外，含柔性链的螯合型配体 DPPP 也已经被应用到了挥发性胺的芳香化反应中[57]。

相对于单齿配体而言，螯合型配体可以有效减少反应中由 β-H 消除生成的副产物。因此，除 P-P 螯合型配体外，还有 P-N 和 P-O 螯合型配体也已被合成出来（图 9)。它们在噁唑烷化合物、肼、酰胺的芳香化反应以及磺酰化合物的胺化反应中均有很好的催化活性[53,59~64]。

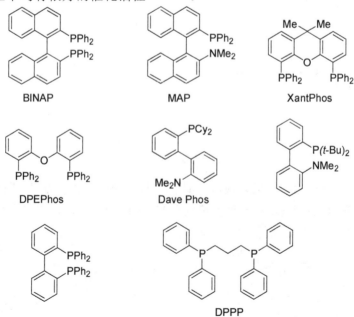

图 9　螯合型 P-P、P-N、P-O 配体结构示例

在 P-N 螯合型配体中，除了以上二芳基取代的 MAP 和 Dave Phos 外，Singer[49] 和 Sarkar[65] 分别提出了含吡唑结构的芳香基膦配体 (图 10)。虽然这些配体参与反应的机理尚需进一步研究，但是他们更倾向于认为配体是以 P-N 螯合的形式参与了催化过程。

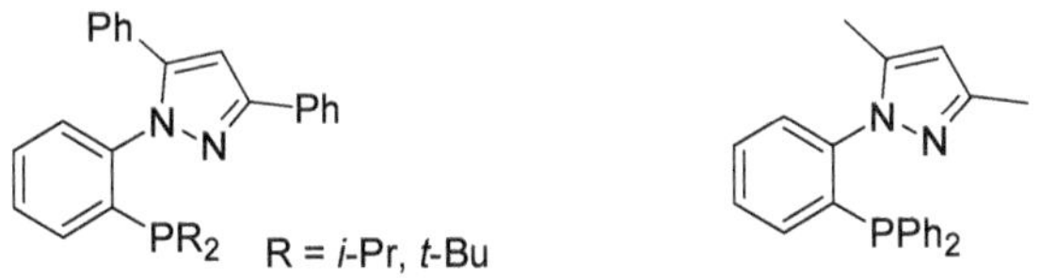

图 10　含吡唑结构的芳香基膦配体

此外，hang 等人提出的三氮杂茂类化合物也是一类 P-N 螯合型的新型配体 (又名 Click Phos)，它们对氯苯的胺化反应同样具有较好的催化活性[66] (图 11)。

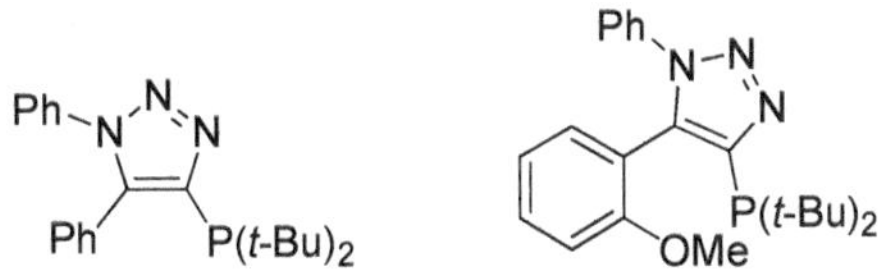

图 11　三氮杂茂类 P-N 螯合型配体

P-O 螯合型配体主要有两类 (图 12)：一类是 Buchwald 小组提出的 MOP 类配体[67]，另一类是 Guram 小组提出的含二氧戊环结构的膦配体[68]。它们对溴代和氯代芳烃与胺和含氮杂环化合物的交叉偶联反应均有较好的催化活性。有趣的是，Guram 配体中的 G2 与 G1 和 G3 不同，它所包含的氧原子在反应过程中并不参与配位，因此可能只是一个单齿膦配体[68]。

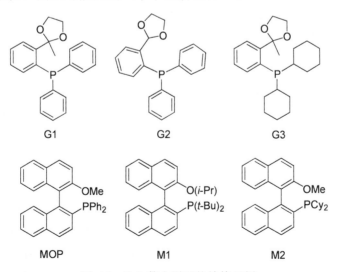

图 12　P-O 螯合型配体结构示例

3.1.3 二茂铁类配体

二茂铁类配体由分子中均含有二茂铁单元而得名 (图 13)。这类配体中有单齿配体 (例如：FcPPh₂ 和 Q-Phos)，也有螯合型的配体 (例如：DPPF 和 PPFA 等)。配体 PPFOMe 参与催化的机理尚不明确，但在反应中确有 Pd-O 键生成[69]。

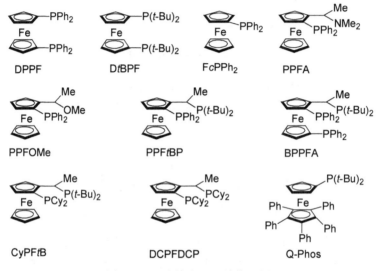

图 13 二茂铁类配体结构示例

二茂铁类配体最早被用来催化氯代化合物的胺化反应，随着对其结构的不断改进，这一配体的应用也越来越广泛。它们不仅可以有效催化卤代芳烃与芳胺和脂肪胺的交叉偶联反应，对活性较低的磺酰化合物的胺化反应也具有很好的催化活性，并且对于肼的芳香化反应也同样有效[50,69,70]。

3.1.4 卡宾类配体

由于含磷配体的"使用者不友好"性质 (即对空气、水和热的不稳定性所造成的操作复杂和用量增大)[71]，卡宾类的无磷配体的研究成了近年来较为活跃的领域。通常用作配体的卡宾多为氮杂环化合物 (表 1)，并且 N-原子上有位阻较大或者供电子的取代基，它作为亲核试剂 (NHC：N-heterocyclic nucleophilic carbene) 与钯催化剂形成稳定的 Pd-NHC 键[72~75]。

卡宾配体可以根据氮杂环的不同分为咪唑和二氢咪唑两种类型。取代基 R 的不同使它们具有不同的催化活性。其中，用于 Buchwald-Hartwig 交叉偶联反应的多为 IMes、IPr 和 SIPr 这三种化合物的盐酸盐或氟硼酸盐 (图 14)。通常，卡宾类配体在温和的条件下就可以顺利催化卤代芳烃和卤代杂芳烃与胺、亚胺、和氮杂环化合物的交叉偶联反应[76~81]，有些反应甚至在室温下数分钟内便可完成[82]。此外，这类配体对于磺酰化合物的胺化反应[83]和桥环化合物仲胺的芳香化反应也同样具有很好的催化活性[84]。

表 1　常见卡宾配体结构与缩写

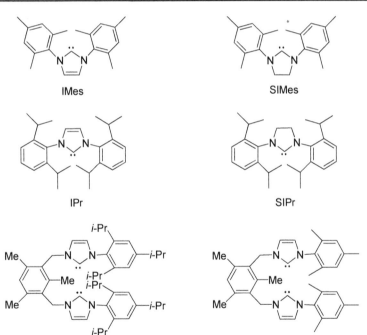

R	L	R	L
2,4,6-三甲基苯基	IMes	2,4,6-三甲基苯基	SIMes
2,6-二异丙基苯基	IPr	2,6-二异丙基苯基	SIPr
4-甲基苯基	ITol	环己基	SICy
2,6-二甲基苯基	IXy		
环己基	ICy		
金刚烷基	IAd		

IMes　　　　　　　　　SIMes

IPr　　　　　　　　　SIPr

图 14　Buchwald-Hartwig 交叉偶联反应中常用卡宾配体结构示例

3.1.5　膦氧化物配体

　　膦氧化物是一类结构不同于常见膦配体的配体形式，Li 小组首次报道使用膦氧化物 (结构如下所示) 催化完成了氯苯的胺化反应[85]。实验结果显示，在过渡金属的存在下，膦氧化物首先由氧化物形式 $R_2P(O)H$ 转化为膦酸形式 R_2POH。然后，再通过磷原子与金属催化剂配合。因此，膦氧化物实质是以膦酸的形式参与了催化循环。

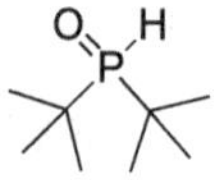

$$\text{O=P}\overset{\text{H}}{\underset{}{\text{<}}}$$

膦氧化物

3.2 Pd 催化剂前驱体

在 Buchwald-Hartwig 交叉偶联反应的催化体系中，催化剂前驱体分为需要配体参与和无需配体参与两种情况。前者是指在反应中将催化剂前驱体与配体一同加入，原位发生配位生成活性催化部分。而后者则是将已经与配体完成配合的催化剂前驱体直接加入到反应体系中使用。通常在不同的配体和催化环境下，不同的催化剂前驱体会导致差别很大的催化效果。例如：在 4-甲基溴苯与苯胺的交叉偶联反应中以 DTBNpP 为配体，前驱体为 Pd$_2$(dba)$_3$ 时得到 99% 的收率，而使用 Pd(OAc)$_2$ 为前驱体时则没有目标产物生成 (式 7)。

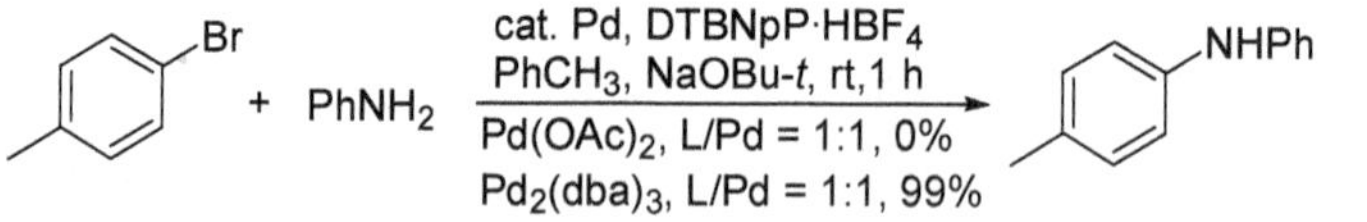

$$\text{式 (7)}$$

cat. Pd, DTBNpP·HBF$_4$
PhCH$_3$, NaOBu-t, rt, 1 h
Pd(OAc)$_2$, L/Pd = 1:1, 0%
Pd$_2$(dba)$_3$, L/Pd = 1:1, 99%

3.2.1 需要配体参与的催化剂前驱体

需要配体参与的催化剂前驱体又可以分为两类：零价钯催化剂 Pd(0) 和二价钯催化剂 Pd(II)。Pd(dba)$_2$ 和 Pd$_2$(dba)$_3$ (dba = dibenzylideneacetone, 二亚苄基丙酮) 是两种常见的零价钯催化剂前驱体，Pd(OAc)$_2$ 是最常用的二价钯催化剂前驱体。PdCl$_2$ 由于在常用溶剂中不具有良好的溶解性，所以在 Buchwald-Hartwig 交叉偶联反应中的应用始终受到限制。2001 年，Buchwald 小组提出使用预加热的方法可以有效改善这一弊端，从而使得 PdCl$_2$ 也可以作为溴苯胺化反应的催化剂前驱体。

3.2.2 无需配体参与的催化剂前驱体

在无需配体参与的催化剂前驱体中，根据结构不同可以分为三类。最为简单的一类是那些常见配体与钯或钯盐配合形成的化合物，例如：Pd(PPh$_3$)$_4$、Pd(DPPF) Cl$_2$、Pd(PCy$_3$)$_2$Cl$_2$ 和 Pd(o-tolyl$_3$P)$_2$Cl$_2$ 等。此外，Hartwig 提出的 Pd(I) 二聚体[87] 和 Li 提出的膦氧化物配位的催化剂[85]也属于这类前驱体 (图 15)。尤其是前者，它在空气中可以稳定存在，并且在数分钟内便可催化完成氯苯或溴苯的胺化反应。

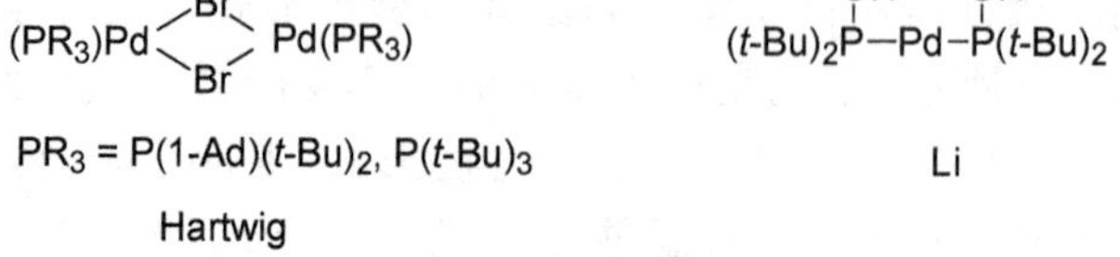

$$(PR_3)Pd\overset{Br}{\underset{Br}{<>}}Pd(PR_3)$$

PR$_3$ = P(1-Ad)(t-Bu)$_2$, P(t-Bu)$_3$

Hartwig

$$(t\text{-Bu})_2P\text{—}Pd\text{—}P(t\text{-Bu})_2$$
$$\overset{OH \quad OH}{}$$

Li

图 15 Hartwig 和 Li 提出的催化剂前驱体

Nolan 小组合成出的各种卡宾类配体参与的钯化合物是另一类较为重要的无需配体参与的催化剂前驱体[78,81~83] (图 16)。它们参与的反应有时甚至在空气中就可以进行，而且具有反应条件温和反应时间短的优点。

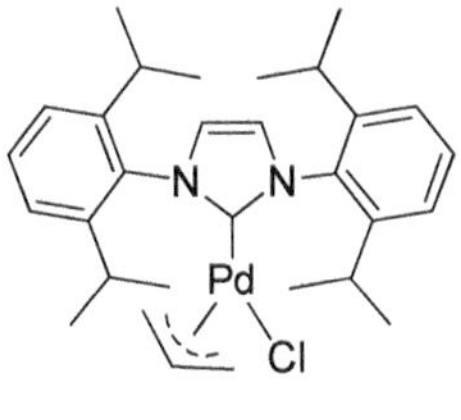

(IPr)Pd(allyl)Cl

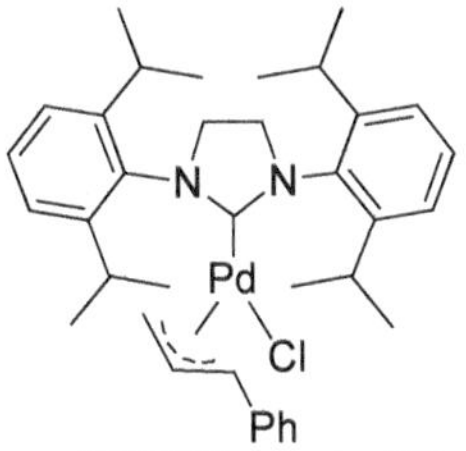

SIPrPd(cinnamyl)Cl

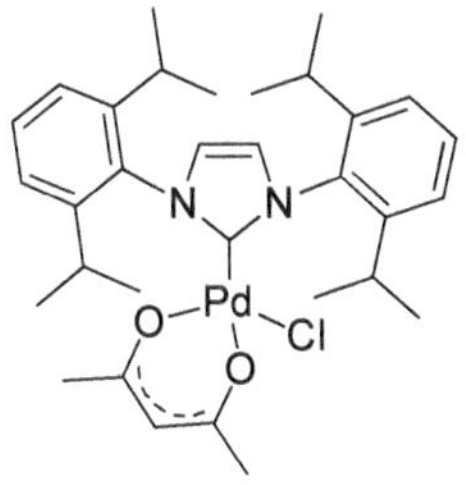

(IPr)Pd(acac)Cl

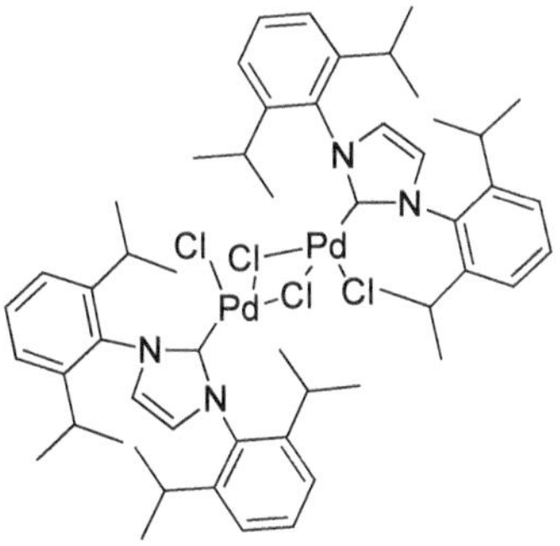

[Pd(IPr)Cl$_2$]$_2$

图 16　Nalan 小组合成的催化剂前驱体

除以上两类钯化合物外，环钯化合物 (palladacycle) 也是一类非常重要的无需配体参与的催化剂前驱体 (图 17)。这类催化剂实质上是环状的金属有机化合物，最早由 Beller 等人用于氯代芳烃的胺化反应[88]。在 Beller 环钯化合物的基础上，Bedford、Blaser 和 Buchwald 又相继提出了性能更加稳定和操作更加方便的环钯类催化剂前驱体，从而避免了在实验过程中手套箱的使用[89~91]。

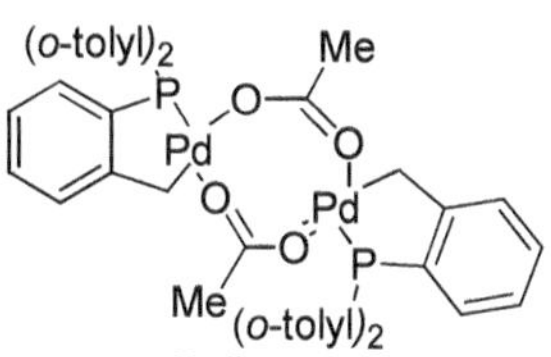

Beller

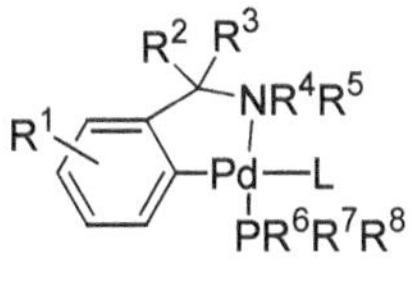

Bedford

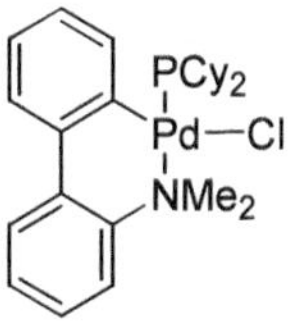

Blaser

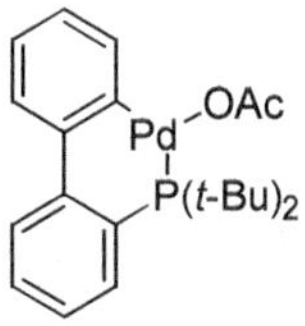

Buchwald

图 17　环钯化合物示例

3.3 碱

碱的参与是脱质子历程顺利进行的必要条件，是影响催化反应的重要因素之一。Maes 等人对碱在碘苯胺化反应中的影响进行研究发现：碱不仅影响反应速率，控制其形状和大小，还能有效改善反应效果[92]。

在 Buchwald-Hartwig 交叉偶联反应体系中，常见的碱有：t-BuONa、t-BuOK、NaOCH$_3$、NaOCH(CH$_3$)$_2$、Cs$_2$CO$_3$、K$_2$CO$_3$、K$_3$PO$_4$、NaOH、KOH、LiN(SiMe$_3$)$_2$ (LHMDS) 和 NaHMDS 等。在一些反应体系中，两种不同的碱混合使用也可以有效提高反应效率[93]。此外，DBU 和 MTBD 也是一类在这一反应体系中常见的有机碱。

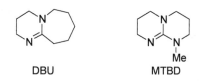

DBU   MTBD

由于碱性的强弱和溶解度的差异，碱的选择通常要从底物性质和配体性质这两方面来考虑。在碱敏底物的反应体系中 (例如：许多带有吸电子取代基的溴苯化合物[93])，选择碱性较弱的 Cs$_2$CO$_3$ 和 K$_3$PO$_4$。在一些分子内反应中，Cs$_2$CO$_3$ 适合于乙酰胺类化合物的 C-N 偶联，K$_2$CO$_3$ 则适合于苯甲酰胺化合物的交叉偶联[94]。一般来说，强碱可以作用的底物范围要小于弱碱。通常对于单齿膦配体、P-O 螯合型配体和卡宾类配体而言，使用 t-BuONa 这样的强碱较为适合。而对于一些 P-P 螯合型配体，反应可以在温和条件下进行，使用 Cs$_2$CO$_3$ 这样碱性较弱的碱则更为合适。

3.4 溶剂

在 Buchwald-Hartwig 交叉偶联反应体系中，反应溶剂同碱一样也有着重要的用途。反应溶剂的选择首先要考虑到各种反应物质 (包括反应底物、催化剂前驱体、配体、碱等) 的溶解性，尽可能使体系变为均相。其次，通过选择不同沸点的溶剂达到控制和改变反应体系温度的目的。最重要的是，选择合适的溶剂可以有效稳定催化循环过程中所形成的各个过渡态。Christensen 等人对反应溶剂的影响研究表明：溶剂与整个反应的选择性有着一定的联系，不同的溶剂中目标产物的反应速率和产率都有所不同[95]。

Buchwald-Hartwig 交叉偶联反应通常在有机溶剂中进行，例如：甲苯、二甲苯、THF、DME (1,2-二甲氧基乙烷)、二氧六环、DMF、NMP (N-甲基吡咯烷酮)、DMSO 等。在这些溶剂参与的体系中，反应温度一般都在 70~110 ℃ 之间。为使反应尽可能在均相中进行，有时需要使用混合溶剂。例如：Hartwig 提出的二氧六环/间二甲苯混合溶剂[96]，Buchwald 提出的甲苯/叔丁醇混合溶剂等[41,60]。有时为增加某些碱的溶解度，水的参与也是必要的手段之一[97]。

值得注意的是：在一些反应体系中，由于催化剂前驱体或者配体对水或空气敏感，溶剂必须经过除水除氧处理后方可使用。

3.5 添加剂

添加剂是除了反应底物、催化剂前驱体、配体和碱之外进入反应体系的一类物质。它不参与反应，但对改善反应效率有很好的帮助。所以在某些反应体系中，它也是不可缺少的因素之一。

在 Buchwald-Hartwig 交叉偶联反应体系中，冠醚是一类常见的添加剂。其中 18-冠-6 较常被使用[98]。这是因为冠醚既有一个亲水的空穴，易与金属离子(特别是碱金属离子) 配位形成配合物；同时，它又有一个憎水性的表面，可溶于非极性溶剂中。这样它就起到了类似相转移催化剂的作用，能使无机盐更好的溶解于非极性溶剂中。由于在过渡金属催化的交叉偶联反应中存在着离子效应[23]，卤离子和酸根离子的存在也可以有效地稳定钯催化剂[99]。因此，部分锂盐和银盐也是这类反应中常见的添加剂。例如：Beller 在氯苯化合物的胺化反应中使用 LiBr 为添加剂[88]，Bolm 在卤代芳烃与亚铵的交叉偶联反应中使用 LiCl 和 AgOTf 为添加剂[100]。

4　Buchwald-Hartwig 偶联反应中的亲电试剂

4.1　卤代芳烃

卤代芳烃是 Buchwald-Hartwig 交叉偶联反应中最早使用的亲电试剂，在该反应体系的亲电试剂中占有绝对重要的位置。

4.1.1　溴代芳烃

溴代芳烃是卤代芳烃中研究最早最多的一类化合物。在最初的 $PdCl_2(o\text{-}tolyl_3P)_2$ 催化体系中，溴苯只能与仲胺顺利完成交叉偶联反应。与伯胺的反应仅限于拉电子基取代的溴代芳烃，但推电子基取代的溴苯化合物 (例如：4-正丁基溴苯) 主要得到 β-H 消除产物[7,8]。为解决这一问题，Hartwig 和 Buchwald 又发展了第二代螯合型配体，其中 DPPF 和 BINAP 的使用不仅为溴苯化合物与伯胺和仲胺的 C-N 交叉偶联反应开辟了新的天地[14,50] (式 8 和式

9)，而且 β-H 消除反应也得到了有效抑制。

$$R^1 \text{—} Br + H_2NR^2 \xrightarrow[\substack{\text{THF, NaOBu-}t,\ 100\ ^{\circ}\text{C, 3 h} \\ 82\%\sim93\%}]{\text{Pd(DPPF)Cl}_2,\ \text{DPPF}} R^1 \text{—} NHR^2 \tag{8}$$

$$\text{(2,4-Me}_2\text{C}_6\text{H}_3)Br + MeNHPh \xrightarrow[\substack{\text{PhCH}_3,\ \text{NaOBu-}t,\ 80\ ^{\circ}\text{C, 29 h} \\ 94\%}]{\text{Pd}_2\text{(dba)}_3,\ \text{BINAP}} \text{product} \tag{9}$$

在随后的发展过程中，溴苯化合物 C-N 偶联反应的催化体系得到了更进一步的完善。例如：二茂铁类配体 PPF-OMe 和 PPFA 可以有效催化推电子基取代的溴苯化合物与芳香仲胺的 C-N 交叉偶联反应[69]。在溴苯与脂肪仲胺的反应中，联苯基类配体 Dave Phos 不仅表现出比 PPF-OMe 更高的催化活性，而且反应温度还大幅降低[93]。

到目前为止，除溴苯与带有吸电子取代基芳胺的偶联反应较少涉及外，关于溴苯胺化反应的研究已经相对较为详尽。并且，这一亲电试剂与各类含氮化合物的 C-N 交叉偶联反应几乎贯穿了整个配体的发展过程[33,34,42,57,67,68]。

4.1.2　氯代芳烃

氯苯的反应活性低于溴苯，往往需要较高的反应温度。但由于氯苯价格低廉，因此是工业化 Buchwald-Hartwig 交叉偶联反应中最为理想的亲电试剂。很长一段时间内，对氯苯的 C-N 偶联反应的研究一直是该领域的热点。

P(o-tolyl)$_3$ 不能有效地催化氯苯的 C-N 交叉偶联反应，螯合型配体 BINAP 也是如此。直到 1997 年，Beller 将含有 P(o-tolyl)$_2$ 结构的环钯类催化剂前驱体应用到 4-三氟甲基氯苯的胺化反应中，首次完成了氯苯的 C-N 交叉偶联[88]（式 10）。

$$\text{CF}_3\text{—}Cl + NHR^1R^2 \xrightarrow[\substack{\text{PhCH}_3,\ \text{KOBu-}t,\ 135\ ^{\circ}\text{C, 24 h} \\ 58\%\sim98\%}]{\text{Beller Palladacycle, LiBr}} \text{CF}_3\text{—}NR^1R^2 \tag{10}$$

同年，Reddy 等人也发现：单齿膦配体 PCy$_3$ 参与的钯催化剂可以有效催化氯苯的胺化反应[32]。对部分带有吸电子和推电子取代基的氯苯与氮杂环化合物的偶联反应来说，该配体催化的反应时间和温度相对于 Beller 条件也有所降低（式 11）。

随后，Hartwig 报道二茂铁类配体 DtBPF、DCPFDCP 和 PPFtBP 也可以催

化含有推电子取代基的氯代芳烃与胺的交叉偶联反应，而且还克服了 Reddy 条件中需要使用过量氯代芳烃的弊端[50] (式 12)。

$$（11）$$

$$（12）$$

在第三代配体中，P-N 螯合型配体 Dave Phos 和二叔丁基(2-联苯基)膦也可以有效催化氯代芳烃的 C-N 交叉偶联反应[39,93]。尤为突出的是配体 Dave Phos，它催化的反应可以在室温下完成，产率最高可达 99%。在某些底物的反应中，使用 0.005 mol% 的催化剂仍可使产物达到 95% 以上的收率 (式 13)。

$$（13）$$

P(t-Bu)₃ 是第三代配体中较常用于氯代芳烃 C-N 交叉偶联反应的一类配体[34,101]。尤其是在 Pd(dba)₂/P(t-Bu)₃ 催化体系中，对位取代的氯苯化合物在温和条件下就可以顺利完成反应 (式 14)。

$$（14）$$

近年来，新发展起来的卡宾类配体[77]、膦氧化物配体[85]、TAP 配体[45~48]、cataCXium®A 和 cataCXium®P 配体[43,44]、Click Phos 配体[66]，以及 Blaser 环钯化合物前驱体[90]，都旨在解决氯代芳烃的胺化反应，并且具有催化体系稳定、反应条件温和和原子经济性高等诸多优点。

4.1.3　碘代芳烃

由于价格昂贵和反应中副产物较多，碘代芳烃在 Buchwald-Hartwig 交叉偶联反应中的研究和应用相对较少。但是，对于很多分子内的 C-N 交叉偶联反应来说，碘代化合物却是首选的亲电试剂[8,94,102~105]。

在 Buchwald-Hartwig 交叉偶联反应发展初期，配体 P(o-tolyl)₃ 就被用来成功地催化碘苯化合物与仲胺的胺化反应[30] (式 15)。但在与伯胺的反应中，只有邻位取代的碘苯化合物才可得到中等产率的目标产物，而对位取代的碘苯化合物生成的产物不足 20%。

$$R \text{—} \bigcirc \text{—I} + NHR^1R^2 \xrightarrow[\substack{\text{dioxane, 65 °C or 100 °C, 24 h} \\ 19\% \sim 79\%}]{Pd_2(dba)_3, P(o\text{-tolyl})_3, NaOBu\text{-}t} R \text{—} \bigcirc \text{—} NR^1R^2 \qquad (15)$$

后来，Hartwig 将二茂铁类配体 DPPF 成功地应用到了碘代芳烃的胺化反应中[24] (式 16)。他们发现：这一配体的参与可以有效克服 P(o-tolyl)₃ 条件中的不足。邻位和对位带有推电子取代基的碘苯化合物都可以与伯胺顺利完成交叉偶联反应，反应时间短而且产率高。

$$R \text{—} \bigcirc \text{—I} + NH_2R^1 \xrightarrow[\substack{\text{NaOBu-}t, \text{THF, 100 °C, 3 h} \\ 84\% \sim 92\%}]{Pd(DPPF)Cl_2, DPPF} R \text{—} \bigcirc \text{—} NHR^1 \qquad (16)$$

在 18-冠-6 的参与下，第二代配体 BINAP 在室温便可完成碘代芳烃的胺化反应[98] (式 17)。DPPF 不仅可以促进不同取代基的碘苯与伯胺和仲胺的 C-N 偶联反应，而且具有反应时间短和产率高的优点。

$$R \text{—} \bigcirc \text{—I} + NHR^1R^2 \xrightarrow[\substack{\text{THF, rt or 40 °C, 3~29 h} \\ 71\% \sim 91\%}]{Pd_2(dba)_3, BINAP, NaOBu\text{-}t} R \text{—} \bigcirc \text{—} NR^1R^2 \qquad (17)$$

在二茂铁类配体中，DtBPF 和 CyPFtB 可以有效催化碘代芳烃胺化反应[50,70]。但是，它们都只是针对某一类的碘苯化合物有效，反应体系对底物的适用性较 DPPF 差。例如：DtBPF 只能催化对位有推电子取代的碘代芳烃与伯胺的交叉偶联反应，CyPFtB 则只能催化邻位有推电子取代的碘代芳烃与氨及氨基锂的偶联反应。

螯合型配体 Dave Phos 和 Xantphos 对碘代芳烃与芳胺和氮杂环化合物的 C-N 偶联反应也具有很好的催化活性[60] (式 18)，一些底物的产率可高达 99%。

$$R \text{—} \bigcirc \text{—I} + NHR^1R^2 \xrightarrow[\substack{\text{THF or dioxane, NaOBu-}t, \text{rt~100 °C} \\ 89\% \sim 99\%}]{Pd_2(dba)_3, \text{Dave Phos or Xantphos}} R \text{—} \bigcirc \text{—} NR^1R^2 \qquad (18)$$

在单齿膦配体中，TAP ligands 和 P(t-Bu)₃ 也能够催化碘代芳烃的胺化反应[33,47]。前者可以作用于碘苯化合物与仲胺、氮杂环和芳香伯胺的 C-N 交叉偶联反应 (式 19)，而后者则可以完成间甲氧基碘苯与二氮杂环化合物的偶联反应 (式 20)。

$$R \text{—} \bigcirc \text{—I} + NHR^1R^2 \xrightarrow[\substack{\text{PhCH}_3, Cs_2CO_3, 80 °C, 15~20 h \\ 71\% \sim 96\%}]{Pd(OAc)_2, \text{TAP ligand}} R \text{—} \bigcirc \text{—} NR^1R^2 \qquad (19)$$

$$\text{(20)}$$

图式中：3-碘苯甲醚 + 哌嗪 $\xrightarrow[\text{88\%}]{\text{Pd}_2(\text{dba})_3,\ \text{P}(t\text{-Bu})_3 \atop o\text{-xylene, 105 }^{\circ}\text{C, NaOBu-}t,\ 3\ \text{h}}$ 产物

4.2 磺酸取代芳香化合物

这一类亲电试剂主要包括含有 -OTf (-SO$_3$CF$_3$，三氟甲磺酸基)、-OTs [-SO$_3$(p-tolyl)，对甲苯磺酸基] 和 -ONf [-SO$_3$(CF$_2$)$_3$CF$_3$，全氟丁磺酸基] 取代的三类化合物。这类磺酸取代芳香化合物可以通过对苯酚化合物经过磺酰化反应来制备，它们是 Buchwald-Hartwig 交叉偶联反应中除卤代芳烃外最重要的一类亲电试剂。虽然这一方法为酚类化合物的利用开辟了新的途径，但由于成本的原因，它们在工业上的应用仍旧受到了一定限制。

4.2.1 -OTf 取代芳香化合物

在配体 P(o-tolyl)$_3$ 被应用于溴代芳烃的胺化反应之后，Buchwald 小组就尝试将该配体应用在 –OTf 取代芳香化合物的 C-N 交叉偶联反应中[106]。他们发现在这一体系中，碱负离子会优先进攻亲电性的磺酰基。因此，只能得到苯酚副产物，改变溶剂和加入添加剂均不能有效改善这一反应结果。但是，用螯合型配体 BINAP 替代 P(o-tolyl)$_3$ 之后，可以以中等的产率完成预期的反应 (式 21)。

$$R\!-\!\!\!\bigcirc\!\!\!-\text{OTf} + \text{NHR}^1\text{R}^2 \xrightarrow[\text{28\%}\sim\text{77\%}]{\text{Pd}(\text{OAc})_2,\ \text{BINAP} \atop \text{PhCH}_3,\ \text{NaOBu-}t,\ 80\ ^{\circ}\text{C},\ 2\sim8\ \text{h}} R\!-\!\!\!\bigcirc\!\!\!-\text{NR}^1\text{R}^2 \qquad (21)$$

几乎同时，Hartwig 小组也发现：二茂铁类配体 DPPF 在这类化合物的胺化反应中也有很好的表现[107]。对位取代的 -OTf 化合物不仅可以与芳香胺和脂肪胺顺利完成 C-N 偶联，而且与含氮杂环化合物反应也可以得到很好的收率 (式 22)。

$$R\!-\!\!\!\bigcirc\!\!\!-\text{OTf} + \text{NHR}^1\text{R}^2 \xrightarrow[\text{42\%}\sim\text{97\%}]{\text{Pd}(\text{dba})_2,\ \text{DPPF},\ \text{NaOBu-}t \atop \text{PhCH}_3,\ 85\sim100\ ^{\circ}\text{C},\ 5\sim8\ \text{h}} R\!-\!\!\!\bigcirc\!\!\!-\text{NR}^1\text{R}^2 \qquad (22)$$

Buchwald 小组利用 BINAP 体系催化完成了 -OTf 化合物与亚胺的交叉偶联反应[98]。后来，Brookhart 等人使用相同配体完成了环庚三烯酮的 -OTf 取代物与芳香胺的偶联反应[108]。到目前为止，BINAP 和 DPPF 是 -OTf 取代芳香化合物胺化反应中最为常用的配体。P-O 二齿配体 Xantphos 也对该类底物的 C-N 交叉偶联反应具有明显的催化活性[59] (式 23)。

虽然单齿膦配体 P(o-tolyl)$_3$ 对 -OTf 取代芳香化合物的胺化反应不具有催化活性，但二叔丁基(2-联苯基)膦却可以有效催化这类化合物与胺及氮

杂环的 C-N 交叉偶联反应[22]。如式 24 所示：有些底物的反应在室温下便可以完成。

$$
\begin{array}{c}
\text{O}_2\text{N}\text{—}\text{—OTf} + \text{BzNHMe} \xrightarrow[\substack{\text{PhCH}_3, \text{ Cs}_2\text{CO}_3, 85\ ^\circ\text{C}, 16\ \text{h} \\ 74\%}]{\text{Pd(OAc)}_2, \text{ Xantphos}} \text{O}_2\text{N}\text{—}\text{—N(Bz)Me}
\end{array} \tag{23}
$$

$$
\begin{array}{c}
\text{R}\text{—}\text{—OTf} + \text{HNR}^1\text{R}^2 \xrightarrow[\substack{\text{PhCH}_3, \text{ NaOBu-}t, \text{ rt}, 22\sim48\ \text{h} \\ 74\%\sim81\%}]{\text{Pd(OAc)}_2, \text{ ligand}} \text{R}\text{—}\text{—NR}^1\text{R}^2 \\
\text{ligand = (2-Biphenyl)di-tert-butylphosphine}
\end{array} \tag{24}
$$

除以上配体外，卡宾类配体参与的催化剂前驱体 (IPr)Pd(allyl)Cl 也是一种可以应用到这类反应中的催化剂[83]。如式 25 所示：对位推电子取代的 -OTf 化合物在几小时内便可以完成与脂肪胺、芳香仲胺或者氮杂环的交叉偶联反应。

$$
\begin{array}{c}
\text{R}\text{—}\text{—OTf} + \text{HNR}^1\text{R}^2 \xrightarrow[\substack{\text{PhCH}_3, \text{ NaOBu-}t, 70\ ^\circ\text{C}, 3\sim6\ \text{h} \\ 77\%\sim95\%}]{\text{(IPr)Pd(allyl)Cl}} \text{R}\text{—}\text{—NR}^1\text{R}^2
\end{array} \tag{25}
$$

值得一提的是：在该类亲电试剂参与的 Buchwald-Hartwig 交叉偶联反应中，使用弱碱或者减缓 -OTf 化合物的加入速度都可以降低生成苯酚副产物的机会。

4.2.2 -OTs 取代芳香化合物

-OTs 取代芳香化合物的应用明显少于 -OTf 取代芳香化合物。早在 1998 年，Hartwig 在研究 D*t*BPF 和 DPF*t*BP 在卤代芳烃胺化反应中的活性时，便首次完成了 -OTs 取代芳香化合物的 C-N 交叉偶联反应[50] (式 26)。

$$
\begin{array}{c}
\text{R}\text{—}\text{—OTs} + \text{H}_2\text{NR}^1 \xrightarrow[\substack{\text{PhCH}_3, \text{ NaO}t\text{-Bu}, 110\ ^\circ\text{C}, 2\sim16\ \text{h} \\ 73\%\sim89\%}]{\text{Pd(dba)}_2, \text{ D}t\text{BPF or DPF}t\text{BP}} \text{R}\text{—}\text{—NHR}^1
\end{array} \tag{26}
$$

2003 年，Buchwald 小组在甲苯/叔丁醇的混合溶剂中，利用单齿膦配体 X-Phos 成功地完成了 -OTs 取代芳香化合物与氮杂环戊烷的 C-N 交叉偶联反应[41] (式 27)。

$$
\begin{array}{c}
t\text{-Bu}\text{—}\text{—OTs} + \text{(pyrrolidine)} \xrightarrow[\substack{\text{PhCH}_3/t\text{-BuOH}, \text{ Cs}_2\text{CO}_3, 110\ ^\circ\text{C} \\ 84\%}]{\text{Pd(OAc)}_2, \text{ X-Phos}} t\text{-Bu}\text{—}\text{—N(pyrrolidine)}
\end{array} \tag{27}
$$

4.2.3 -ONf 取代芳香化合物

-ONf 取代芳香化合物有着与 -OTf 取代芳香化合物相似的反应性，但化学稳定性明显优于后者。因此，相对于 -OTf 取代芳香化合物容易生成苯酚副产品的弊端，-ONf 取代芳香化合物则是一类很好的替代品。到目前为止，关于这一化合物胺化反应的研究工作均为 Buchwald 小组所完成。2003 年，他们首次报道了 -ONf 取代芳香化合物与胺和氮杂环化合物的偶联反应[58] (式 28)。

$$R \overset{\text{ONf}}{\underset{}{\bigcirc}} + HNR^1R^2 \xrightarrow[\text{59\%~97\%}]{\substack{\text{Pd(OAc)}_2 \text{ or Pd}_2\text{(dba)}_3, \text{NaOBu-}t \text{ or K}_3\text{PO}_4 \\ \text{ligand, PhCH}_3, \text{rt~110 }^{\circ}\text{C, 12~18 h}}} R \overset{}{\underset{}{\bigcirc}} NR^1R^2 \quad (28)$$

ligand = Dave Phos, XantPhos, BINAP, and

$R^3 = Ph, R^4 = NMe_2$
$R^3 = Cy, R^4 = H$
$R^3 = t\text{-Bu}, R^4 = H$

近年，Buchwald 小组还研究了微波条件下这类化合物的胺化反应[63]。

4.3 卤代杂芳环化合物

由于含有 C-N 键的杂环化合物在工业、医药等领域有着重要的应用价值，因此卤代杂芳环化合物是 Buchwald-Hartwig 交叉偶联反应中一类有着重要实用价值的亲电试剂。其中，对于卤代吡啶的研究相对较多，卤代噻吩次之。而这类卤代化合物中，溴代物又占了绝大多数。

4.3.1 卤代吡啶

鉴于吡啶的胺化产物在各个化学相关领域中所占的重要地位，Buchwald 小组在 Buchwald-Hartwig 交叉偶联反应发展初期，就尝试了钯催化卤代吡啶与胺的 C-N 偶联反应[110]。他们发现：单齿膦配体 P(o-tolyl)$_3$ 对该反应不具备催化活性，但 P-P 螯合型配体 BINAP 和 DPPP 均可以高效作用于该反应 (式 29)。

$$Br \overset{}{\underset{N}{\bigcirc}} + HNR^1R^2 \xrightarrow[\text{67\%~91\%}]{\substack{\text{PhCH}_3, \text{NaOBu-}t, \text{Pd(OAc)}_2/\text{Pd}_2\text{(dba)}_3 \\ \text{BINAP/DPPP, 70 }^{\circ}\text{C, 1~22 h}}} R^1R^2N \overset{}{\underset{N}{\bigcirc}} \quad (29)$$

Buchwald 小组还发现：单齿膦配体二环己基(2-联苯基)膦和 C-N 螯合型配体 Dave Phos 也能够顺利催化完成氯代吡啶的胺化反应[22] (式 30)。

$$Cl \overset{}{\underset{N}{\bigcirc}} + HNR^1R^2 \xrightarrow[\text{70\%~98\%}]{\substack{\text{Pd(OAc)}_2, \text{ligand, PhCH}_3 \\ \text{NaOBu-}t, 110 ^{\circ}\text{C, 3.5~22 h}}} R^2R^1N \overset{}{\underset{N}{\bigcirc}} \quad (30)$$

ligand = Dave Phos, (2-Biphenyl)di-cyclohexylphosphine

在螯合型配体中，P-P 二齿配体 XantPhos 参与的体系也是一类有效的催化体系[97]。较为特别的是，它可以催化氯代和溴代吡啶与杂芳胺的 C-N 交叉偶联反应，从而合成出一系列生物活性物质 (式 31)。

$$\text{(31)}$$

Trudell 等人报道：卡宾类配体 DiIPr·HCl 参与的催化剂体系对溴代吡啶与桥环胺化合物的 C-N 交叉偶联反应具有较好的催化活性[84] (式 32)。

$$\text{(32)}$$

此外，Verkade 小组合成出的具有笼状结构的 TAP 配体对氯代和溴代吡啶的胺化反应也具有较好的催化活性[45~48,111]。

4.3.2 卤代噻吩

对于卤代噻吩胺化反应的研究，最早源于二芳基胺取代噻吩的合成[35,36]。在 Pd(OAc)$_2$/P(t-Bu)$_3$ 催化体系中，溴代噻吩不仅能与二苯胺发生 C-N 交叉偶联反应，二溴代噻吩也能顺利地与芳香仲胺完成两次胺化反应 (式 33)。

$$\text{(33)}$$

Hartwig 通过对 P(t-Bu)$_3$ 催化体系中溴代噻吩与芳香仲胺的交叉偶联反应机理研究发现：在一个催化循环中，胺在经历了碱作用下的脱质子化后才与氧化加成产物发生配合[112]。

通常在这类亲电试剂的 C-N 偶联反应中，研究较多的是不带取代基或带有简单推电子取代基的卤代噻吩。Beaton 对带有吸电子取代基的溴代噻吩与胺的交叉偶联反应进行了研究[54]，从而为功能分子胺基噻吩的合成提供了一种新方法 (式 34)。

$$\text{(34)}$$

4.3.3 其它卤代杂芳环

除了以上两种卤代杂芳环外，呋喃、吲哚、噻唑、喹啉[67]、苯并噻吩[113]、苯并噻唑、苯并咪唑以及苯并咪唑衍生物的卤代化合物也可以完成钯催化下的 C-N 交叉偶联反应。而对这些杂芳环化合物胺化反应的研究，Hartwig 小组作了详尽的工作[112]。同溴代噻吩一样，Pd$_2$(dba)$_3$/P(t-Bu)$_3$ 体系对这些杂芳环化合物也具有较好的催化活性，在某些底物中以 Pd(CO₂CF₃)₂ 替代 Pd₂(dba)₃ 则更为有效（式 35a 和式 35b）。

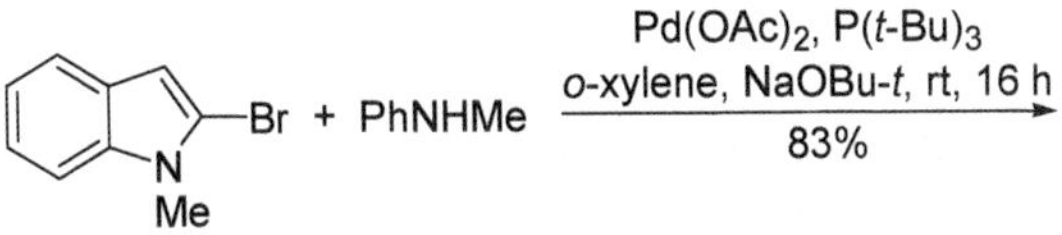

$$
\text{(indole-2-Br, N-Me)} + PhNHMe \xrightarrow[\substack{\textit{o}\text{-xylene, NaOBu-}t,\ rt,\ 16\ h \\ 83\%}]{Pd(OAc)_2,\ P(t\text{-Bu})_3} \text{(product)} \tag{35a}
$$

$$
\text{(thiazole-2-Br)} + HN\text{(morpholine)} \xrightarrow[\substack{PhCH_3,\ K_3PO_4,\ 80\ ^oC,\ 20\ h \\ 66\%}]{Pd(CO_2CF_3)_2,\ P(t\text{-Bu})_3} \text{(product)} \tag{35b}
$$

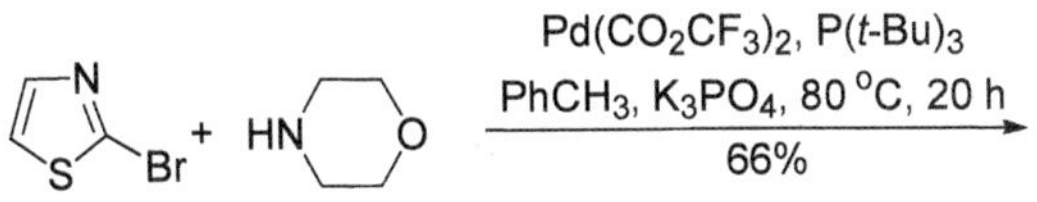

此外，Xiang 等人使用 Pd₂(dba)₃/BINAP 体系完成了苯并咪唑与氮杂环胺的 C-N 交叉偶联反应[114]（式 36）。

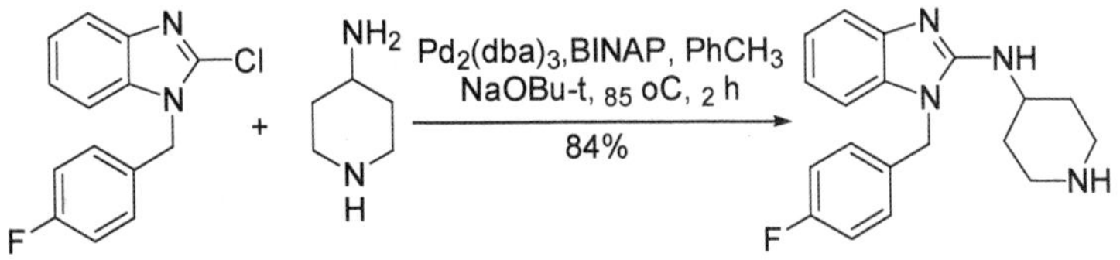

$$
\text{(benzimidazole-2-Cl)} + \text{(4-aminopiperidine)} \xrightarrow[\substack{NaOBu\text{-}t,\ 85\ oC,\ 2\ h \\ 84\%}]{Pd_2(dba)_3,BINAP,\ PhCH_3} \text{(product)} \tag{36}
$$

5 Buchwald-Hartwig 偶联反应中的亲核试剂

5.1 脂肪族环胺

在 Buchwald-Hartwig 交叉偶联反应的亲核试剂中，各类胺的活性大小为：环胺 > 伯胺 > 非环仲胺。由于环胺比非环胺具有较少的 β-H 消除产物，因此对脂肪族环胺的研究相对较多。其中，最为常见是哌啶、吗啉、六氢吡嗪、N-甲基六氢吡嗪、吡咯烷等（图 18）。

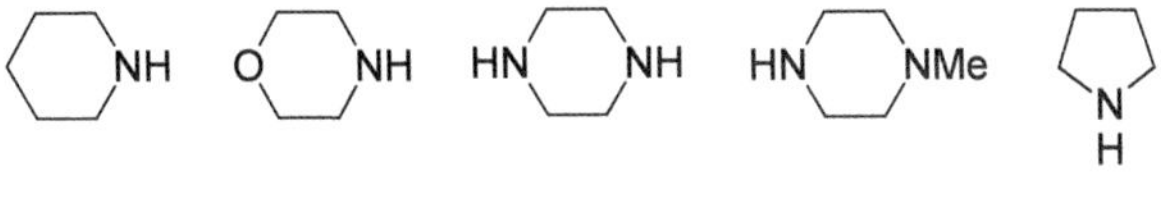

图 18 Buchwald-Hartwig 交叉偶联反应中常用的脂肪族环胺

早在 Hartwig 小组提出的无需有机锡试剂参与的反应体系中，他们就尝试了环己胺与不同溴代芳烃的 C-N 交叉偶联反应[7]。配体 P(o-tolyl)₃ 参与的催化体系对该亲核试剂具有明显的催化活性，很多催化体系对环胺亲核试剂均有效。Tanaka 报道的 Pd(PCy₃)₂Cl₂ 体系，也可以完成环己胺、N-甲基六氢吡嗪与氯代芳烃的偶联反应[32]。

在烷烃取代的单齿膦配体中，P(t-Bu)₃ 也是很好的选择[34]。在 Pd₂(dba)₃/P(t-Bu)₃

或 Pd(OAc)$_2$/P(t-Bu)$_3$ 催化体系中，六氢吡嗪不仅可以与卤代芳烃完成 C-N 交叉偶联反应，与溴代萘、溴代吡啶、溴代吲哚、溴代含氧杂环化合物的芳香化反应也能顺利完成 (式 37)。

$$\text{(37)}$$

烷烃取代的单齿膦配体 DTBpP 有着与 P(t-Bu)$_3$ 相似的结构，在六氢吡嗪与对位取代的卤代芳烃的偶联反应中同样具有很好的催化活性[37] (式 38)。

$$\text{(38)}$$

Buchwald 小组合成出的联苯基取代的单齿膦配体二异丁基(2-联苯基)膦是一个具有普适性的配体。在它参与的催化体系中，哌啶、吗啉、六氢吡嗪和吡咯烷等不仅可以与溴代和氯代芳烃高效完成交叉偶联反应，与-OTf 取代化合物的 C-N 偶联反应也是可行的[22] (式 39)。

$$\text{(39)}$$

ligand = (2-Biphenyl)di-tert-butylphosphine

在螯合型配体中，BINAP 较早地被应用于这类亲核试剂的芳香化反应[21,110]。在 Pd$_2$(dba)$_3$/BINAP 或 Pd(OAc)$_2$/BINAP 体系中，哌啶、吗啉、N-甲基六氢吡嗪和吡咯烷都可以顺利完成与溴代芳香化合物的 C-N 交叉偶联反应。二茂铁类 P-P 二齿配体 DtBPF 和 BINAP 一样，在脂肪环胺的芳香化反应中具有很好的催化活性[50]。

DPPP 是一个具有柔性链的 P-P 螯合型二齿配体，可以很好地催化完成吗啉与 2-溴吡啶、3-溴吡啶的 C-N 偶联反应，而 BINAP 则对这一反应是不具备催化活性的[110] (式 40)。

$$\text{(40)}$$

此外，在螯合型 P-P 配体中，XantPhos 也可以完成脂肪环胺的芳香化反应[60] (式 41)。

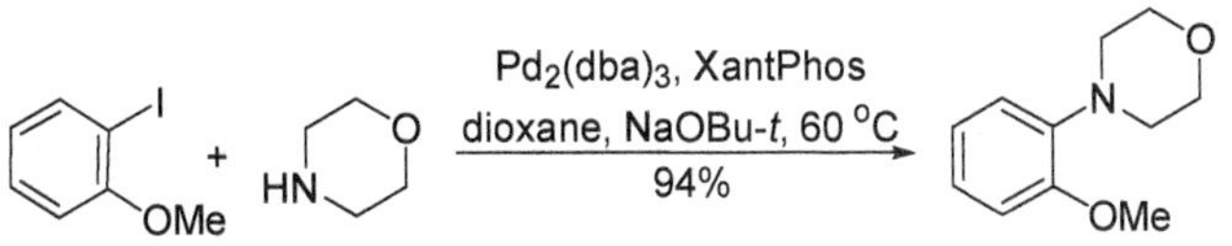

(41)

除 P-P 螯合型配体外，P-O 二齿配体在环胺的芳香化反应中也有应用。G1 和 M2 (结构见图 12) 均在吗啉、N-苯基-六氢吡嗪、吡咯烷与氯苯和溴苯化合物的交叉偶联反应中表现出很好的催化作用[67,68] (式 42)。

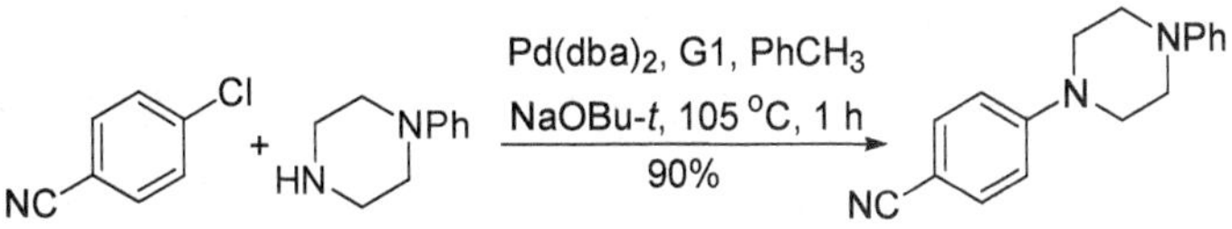

(42)

而在 P-N 螯合型配体中，Dave Phos 则是常用的配体之一。如式 43 所示：该配体在间位有吸电子取代基的碘代芳香化合物与吗啉和 1,4-二氧-8-氮杂螺[4.5]癸烷的 C-N 交叉偶联反应中表现出异常高的催化活性[60]。

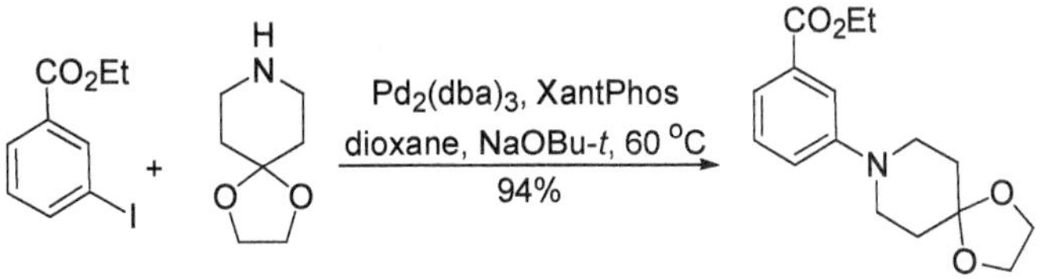

(43)

除以上这些配体外，卡宾类配体[77,83]、TAP 配体[47,48]、cataCXium®P[43] 配体在环胺的芳香化反应中都具有很好的催化活性。例如：TAP 类配体 P(i-BuNCH$_2$CH$_2$)$_3$N 可以作用于 N-Boc 六氢吡嗪与氯代芳烃的 C-N 偶联反应[48] (式 44)，cataCXium®P 配体则可以作用于 N-苄基六氢吡嗪和 2-氯喹啉的偶联反应[43] (式 45)。在卡宾类配体 DiSIPr·HBF$_4$ 的参与下，4-甲基氯苯与吗啉的交叉偶联反应可以在 7 h 内完成定量地转化[77]。

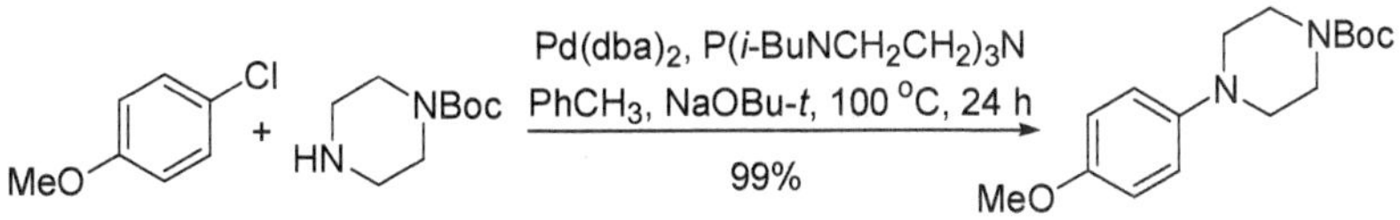

(44)

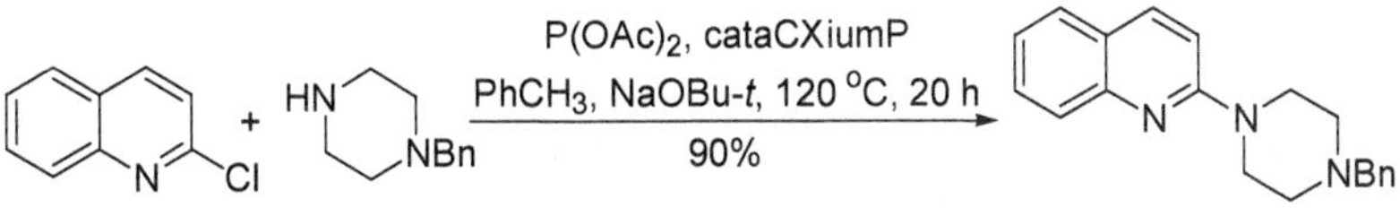

(45)

5.2 非环脂肪胺

非环脂肪胺类亲核试剂主要包含了饱和烷烃取代的伯胺和仲胺、苄胺、烯烃取代伯胺等化合物。在这类亲核试剂参与的反应中，β-H 消除副产品较多。因此，在这一体系中螯合型配体使用较为普遍。

Hartwig 最早尝试使用 PdCl$_2$(o-tolyl$_3$P)$_2$ 参与的催化体系来催化二乙胺与邻丁基溴苯的反应，大量副产品的生成导致产物产率不足 30%[7]。但是，这一配体在分子内反应中却能发挥较好的催化活性[94]。Buchwald 后来将 P(o-tolyl)$_3$ 应用到碘代芳烃与饱和伯胺、仲胺和二级苄胺的反应中，结果好于溴苯体系[30]。

PPh$_3$ 是 Buchwald-Hartwig 交叉偶联反应中使用不多的单齿膦配体。Buchwald 小组发现：PPh$_3$ 也能催化完成苄胺化合物与溴代芳香化合物的分子内偶联[94]，但催化剂的用量相对较大、反应时间也较长。Tanaka 等人试图使用 Pd(PCy$_3$)$_2$Cl$_2$ 的催化体系中完成二己基胺和二苄基胺与氯苯的偶联反应，但产率低于 23%[32]。直到 Hartwig 小组[34,87,112]、Buchwald 小组[22,41,60]相继将 P(t-Bu)$_3$、二异丁基(2-联苯基)膦和 X-Phos 应用于非环脂肪胺类亲核试剂，才扩大了单齿膦配体的作用范围 (式 46)。

$$\text{对甲基溴苯} + Bu_2NH \xrightarrow[\text{90\%}]{\begin{array}{c}Pd(dba)_2, P(t\text{-}Bu)_3\\ PhCH_3, K_3PO_4, rt, 4\text{ h}\end{array}} \text{对甲基-NBu}_2 \tag{46}$$

在螯合型配体中，BINAP 是使用最多和应用范围最广的一类配体，它可以催化完成非环脂肪胺与各类亲电试剂的 C-N 交叉偶联反应。例如：脂肪伯胺与溴代芳烃[21,50,93]、碘代芳烃[98]、溴代吡啶[110]和溴代噻吩[54]的偶联反应，脂肪仲胺与溴代芳烃的反应[21,93]，-OTf 取代化合物与脂肪伯胺、二级苄胺的反应[106]。在这一配体参与的体系中，β-H 消除副产物相对于 P(o-tolyl)$_3$ 体系明显降低 (式 47)。

$$\text{(3,5-二甲基溴苯)} + n\text{-HexNH}_2 \xrightarrow[\text{PhCH}_3, \text{NaOBu-}t, 100\ ^\circ\text{C}]{Pd_2(dba)_3, \text{ligand}} \text{(3,5-二甲基-NH(}n\text{-Hex))} \tag{47}$$

配体	转化率	亲核取代产物/β-H 消除产物	产率
P(o-tolyl)$_3$	88%	1.5:1	35%
BINAP	100%	40:1	88%

除 BINAP 外，DPPF 也是较为常用的螯合型配体。虽然它可以催化完成的底物相对 BINAP 体系较少，但在脂肪伯胺与碘代芳香化合物[14]、溴代芳香化合物[14]、-OTf 取代化合物[107]的反应中仍有较好的表现。二茂铁类配体 PPF-OMe、DtBPF、PPFtBP 对脂肪仲胺与溴代芳烃的反应，以及脂肪伯胺与碘代、溴代和 -OTs 取代化合物的反应也都具有很好的催化活性[50,69]。并且相对于一些 BINAP 体系，它们在反应时间和效率上具有明显优势 (式 48)。

$$\text{(48)}$$

配体	时间	转化率	亲核取代产物 / β-H消除产物	产率
BINAP	48 h	98%	1.5:2	8%
PPF-OMe	5 h	100%	39:1	97%

针对不同的反应底物，螯合型配体中 Dave Phos[42]、MOP 类配体[67]、Click Phos[66]、XantPhos[115,119]、Guram 类配体[68]、单齿膦配体 cata*CX*ium®P[43,93]、TAP 配体[47,48]、DTBNpP[37]，以及卡宾类配体[77,83]等，都具有一定的催化活性。

5.3 芳香胺

N-甲基苯胺是芳香胺中最早被引入 Buchwald-Hartwig 交叉偶联反应的亲核试剂。在早期的单齿膦配体 P(*o*-tolyl)$_3$ 和 PCy$_3$ 催化体系中，它是为数不多的能够参与 C-N 交叉偶联反应的芳香胺化合物[8,30,32]。直到新一代单齿膦配体的出现 [例如：X-Phos、二环己基(2-联苯基)膦、二异丁基(2-联苯基)膦、三异丁基膦等]，更多的芳香胺才被应用于单齿膦配体催化的交叉偶联反应中。在二环己基(2-联苯基)膦的参与下，邻-、间-、对-取代苯胺衍生物均可以和氯代芳烃顺利发生偶联反应[22]，*N*-甲基苯胺与氯代芳烃的偶联反应甚至可以在室温完成[39]。在二异丁基(2-联苯基)膦作用下，邻-、间-、对-取代苯胺衍生物可以和溴代、氯代、-OTf 取代芳香化合物完成 C-N 偶联[22]，而且甲氧基苯胺还能与溴代呋喃和溴代噻吩顺利反应[42]。在 X-Phos 作用下，苯胺和二苯胺可以和苯磺酸化合物顺利完成 C-N 交叉偶联反应[41]。尤其是在 P(*t*-Bu)$_3$ 催化的体系中，苯胺、二芳基胺和 *N*-甲基苯胺不仅可以和溴代及氯代芳烃发生反应[34,97,101]，还可以和溴代杂环化合物顺利完成 C-N 偶联[35,112]。

在芳香胺这类亲核试剂中，螯合型配体的应用也相对较多。BINAP 的应用则最为广泛，它参与的催化体系可以催化完成各类芳香胺与多种亲电试剂的偶联反应。例如：*N*-甲基苯胺与溴代芳烃的反应[50,93]，一级苯胺与碘代芳烃的反应[98]，一级苯胺与 -OTf 取代化合物的反应[106]，苯胺与 -ONf 取代化合物的反应[108,109]，一级苯胺与溴代苯并噻吩的反应[113]，二级芳香胺与溴代杂环的反应[54,110]等。

二茂铁类配体较多地应用于芳香胺的反应。例如：DPPF、PPF-OMe、D*t*BPF、和 PPF*t*BP 等在芳香胺与碘代化合物、溴代化合物和 -OTf 取代化合物的偶联反应中均有很好的催化活性[14,50,69,93]。在 DPPF 参与的催化体系中，苯胺与 2-三氟甲磺酸萘的 C-N 交叉偶联产率高达 97% (式 49)。

$$
\text{（结构式）} \xrightarrow[\substack{\text{NaOBu-}t,\ 85\ ^{\circ}\text{C},\ 8\ \text{h} \\ 97\%}]{\text{Pd(dba)}_2,\ \text{DPPF},\ \text{PhCH}_3} \text{（结构式）} \quad (49)
$$

除以上两类常见螯合型配体外，N-P 二齿配体 Dave Phos、P-P 二齿配体 XantPhos 和 DPEphos 在芳香胺的 C-N 交叉偶联反应中也有应用[60,93,109,116]。Buchwald 小组曾专门针对 DPEphos 的催化活性作了研究，证明它对多种取代芳胺的 C-N 偶联反应都是有效的（式 50）。

$$
\text{（结构式）} \xrightarrow[\substack{\text{PhCH}_3,\ \text{NaOBu-}t,\ 100\ ^{\circ}\text{C} \\ 87\%}]{\text{Pd(OAc)}_2,\ \text{DPEphos}} \text{（结构式）} \quad (50)
$$

在各类新型配体中，Shaughnessy 和 Verkade 曾对 TAP 和 DTBNpP 这两种单齿膦配体的催化活性做了专门的研究[37,47,48]。结果表明：TAP 配体中 P(i-BuNCH$_2$CH$_2$)$_3$N 可以高效催化各类芳香胺与氯代芳烃的偶联反应，而 DTBNpP 则可以在室温下完成各类芳香胺与溴代芳烃的 C-N 交叉偶联反应。虽然其它新型配体（例如：cataCXium$^{®}$P$^{[43]}$、MOP 类配体[67,68]、Click Phos[66] 以及卡宾类配体[83,84]）也有应用，但多数只针对单一的芳胺底物。

5.4 酰胺化合物

在 Buchwald-Hartwig 交叉偶联反应发展初期，Buchwald 小组就使用 Pd$_2$(dba)$_3$/P(2-furyl)$_3$ 和 Pd$_2$(dba)$_3$/P(o-tolyl)$_3$ 催化体系完成了酰胺类化合物的分子内交叉偶联反应[94]（式 51）。

$$
\text{（结构式）} \xrightarrow[\substack{\text{Cs}_2\text{CO}_3,\ 100\sim110\ ^{\circ}\text{C},\ 8\sim23\ \text{h} \\ 44\%\sim99\%,\ n=1,2,3}]{\text{Pd}_2\text{(dba)}_3,\ \text{P(2-furyl)}_3,\ \text{PhCH}_3} \text{（结构式）} \quad (51)
$$

1999 年，Hartwig 小组又在 P(t-Bu)$_3$ 参与的催化体系中完成了叔丁氧基甲酰胺（BocNH$_2$）与溴代和氯代芳烃的 C-N 交叉偶联反应[34]。之后，他们又使用单齿膦配体 X-Phos，顺利催化完成了各类酰胺化合物与磺酸取代化合物的交叉偶联反应[41]。他们发现：添加催化量的苯硼酸（5 mol%）有助于 Pd(II) 到 Pd(0) 的转换，从而有效地促进反应的顺利进行（式 52）。

$$
\text{（结构式）} \xrightarrow[\substack{\text{K}_2\text{CO}_3,\ \text{PhB(OH)}_2,\ 110\ ^{\circ}\text{C},\ 18\sim24\ \text{h} \\ 85\%\sim95\%}]{\text{Pd(OAc)}_2,\ \text{XPhos},\ t\text{-BuOH}} \text{（结构式）} \quad (52)
$$

除以上三类单齿膦配体外，酰胺类的交叉偶联反应中主要使用螯合型配体。其中，二齿膦配体 DPPF、XantPhos、BINAP 和 DPEphos 较为常见。在 DPPF 参与作用的体系中，Shakespeare 和 Cacchi 等人完成了环内酰胺与溴代芳烃的 C-N 交叉偶联反应[61,117]（式 53）。Copecka 等人则在合成抗菌药物 Dup-721 的过程中，利用这一条件完成了酰胺与 4-三氟甲基溴苯的 C-N 偶联[118]。在 XantPhos 催化体系中，各类酰胺化合物可以与碘代、溴代和 -OTf 取代芳烃顺利完成 C-N 交叉偶联反应[59,64]。例如：尿素也可以和对位取代的溴代芳烃和碘苯完成偶联反应[119]。

$$\underset{R}{\text{[ArBr]}} + HN\underset{O}{\overset{}{\bigcirc}}_n \xrightarrow[\substack{\text{NaOBu-}t,\ 16\sim48\ h,\ 120\ ^\circ C \\ 20\%\sim94\%}]{\text{Pd(OAc)}_2,\ \text{DPPF},\ \text{PhCH}_3} \underset{R}{\overset{N}{\bigcirc}}_n \qquad (53)$$

Buchwald 小组在合成苯并环内酰胺分子的过程中，利用 Buchwald-Hartwig 交叉偶联反应完成了分子内 5~7 员环的关环反应[67]。而在这一过程中，螯合型配体 BINAP、MOP、DPEphos 都表现出优秀的催化能力。

5.5 亚胺化合物

通常芳香伯胺的制备是通过硝基化合物的还原反应来实现的，但这一方法对一些含有敏感基团的取代化合物是不可行的。因此，亚胺作为亲核试剂的 Buchwald-Hartwig 交叉偶联反应为芳香伯胺的合成提供了一种新的手段[120]。螯合型配体常用于该反应，且 P-P 二齿配体占多数。而应用于该反应的亚胺有两种：二苯甲基亚胺和亚砜亚胺。

在二苯甲基亚胺作为亲核试剂的反应中，BINAP 是使用最多的配体。早在 1997 年，Buchwald 小组便在 Pd(OAc)$_2$/BINAP 体系中完成了溴代芳烃、碘代芳烃和 -OTf 取代化合物与二苯甲基亚胺的 C-N 交叉偶联反应[98]（式 54）。之后，Hu 和 Diver 也利用这一反应完成了芳香伯胺的合成[120,121]。

$$\underset{}{\text{[Naphthyl-OTf]}} + \underset{Ph}{\overset{Ph}{=}}NH \xrightarrow[\substack{\text{BINAP, 65 }^\circ C,\ 16\ h \\ 85\%}]{\text{THF,Cs}_2\text{CO}_3,\ \text{Pd(OAc)}_2} \underset{}{\text{[Naphthyl-N=CPh}_2\text{]}} \qquad (54)$$

1999 年，Hartwig 小组在 DPPF 的参与下也完成了二苯甲基亚胺与溴代芳烃的偶联反应[122]。此外，螯合型配体 Dave Phos 在这类反应中也偶有应用[121]。

对亚砜亚胺的研究工作主要由 Bolm 小组完成[100,123]，他们在 BINAP、DPPF、DPPP 和 DPEphos 体系中相继实现了各类亚砜亚胺与溴代芳烃的 C-N 交叉偶联反应。如式 55 所示：在银盐或者锂盐等添加剂的作用下，碘代芳烃也能顺利完成该反应。

$$\text{(55)}$$

Pd(OAc)$_2$, ligand, PhCH$_3$
Cs$_2$CO$_3$, 110 $^\circ$C, 48 h
ligand = BINAP, 92%
DPPF, 87%
DPEphos, 90%
DPPP, 94%

5.6 肼及腙类化合物

根据底物和参与反应类型的不同可以将肼的反应分为三种类型：(1) 肼类化合物的分子内反应；(2) 肼类化合物的分子间反应；(3) 酰肼化合物的分子间反应。在这三类反应中，所用配体多为螯合型配体。

肼类化合物的分子内反应主要用于苯并吡唑及其衍生物的合成，螯合型配体 DPPF 和 DPEphos 均有应用[70,124] (式 56)。

$$\text{(56)}$$

Pd(OAc)$_2$, DPPF, PhCH$_3$
NaOBu-t, 90 $^\circ$C, 15 h
65%

肼类化合物的分子间反应是指各类取代肼化合物与卤代芳烃的 C-N 交叉偶联反应，Cacchi 小组曾就这一反应做了详细的研究。如式 57 所示[62]：在 XantPhos 和 X-Phos 的催化体系中，N,N-二甲基苯肼和 N-氨基环己胺都可以顺利完成与溴代芳烃的交叉偶联反应。

$$\text{(57)}$$

Pd$_2$(dba)$_3$, XantPhos or X-Phos
PhCH$_3$, NaOBu-t, 80 $^\circ$C, 2~30 h
50%~92%

在酰肼化合物的分子间反应中，主要是单取代或者二取代的 Boc-酰肼被用作底物。在这类反应中，BINAP、DPPF 以及单齿配体 P(t-Bu)$_3$ 都发挥了很好的助催化作用[52,55,125,126]。

二苯甲基腙用作 Buchwald-Hartwig 交叉偶联反应的亲核试剂，主要是用于合成吲哚化合物。Buchwald 小组和 Hartwig 小组先后使用 BINAP、XantPhos 和 DPPF 配体完成了二苯甲基腙与溴代、氯代和碘代芳烃的 C-N 偶联反应[51,53,70]。

5.7 氮杂环芳香化合物

在氮杂环芳香化合物参与的 Buchwald-Hartwig 交叉偶联反应中，生成的产物多为生物活性物质。吲哚、吡咯、咔唑和苯并三氮唑是这一交叉偶联反应中最为常见的产物，其中对吲哚化合物的研究相对较多。1999 年，Hartwig 小组便在 P(t-Bu)$_3$ 参与的催化体系中，完成了部分吲哚及吲哚衍生物与溴代芳烃的

C-N 交叉偶联反应[34]。随后，Buchwald 小组又利用一系列联苯基取代膦配体 (图 19) 完成了卤代和磺酸取代芳烃与吲哚的交叉偶联反应[42,41] (式 58)。

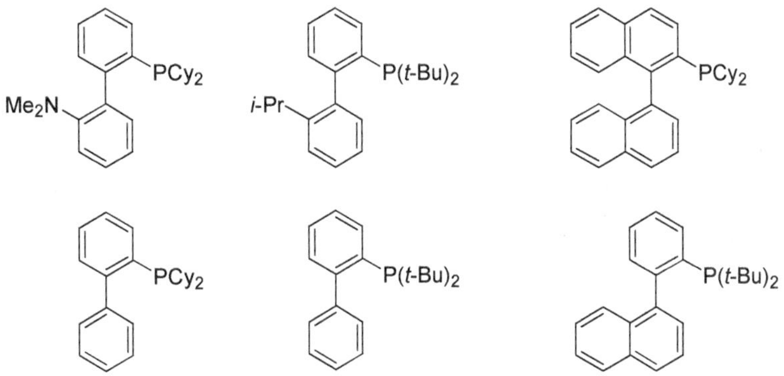

图 19　联苯基取代的膦配体示例

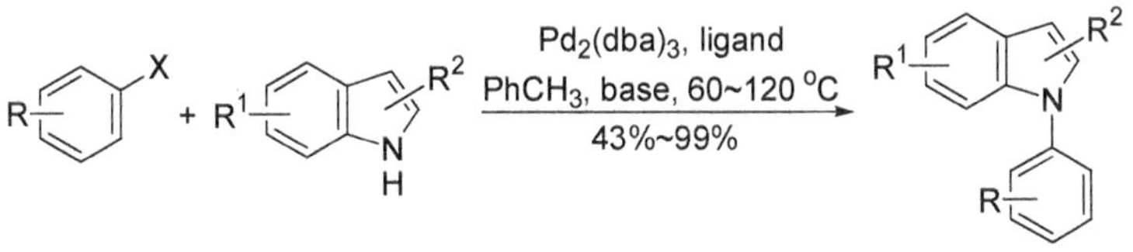

$$\text{(58)}$$

在吡咯和咔唑的 C-N 交叉偶联反应中，P(t-Bu)$_3$ 和 DPPF 都可以催化完成它们与溴代和氯代芳烃的 C-N 偶联反应[34,122,127]。在苯并三氮唑与溴代、碘代芳烃的交叉偶联反应中，各类具有柔性链的二齿膦配体 DPPM、DPPE、DPPP、DPPB 以及二茂铁类配体 DPPF 则都有应用[128] (式 59)。

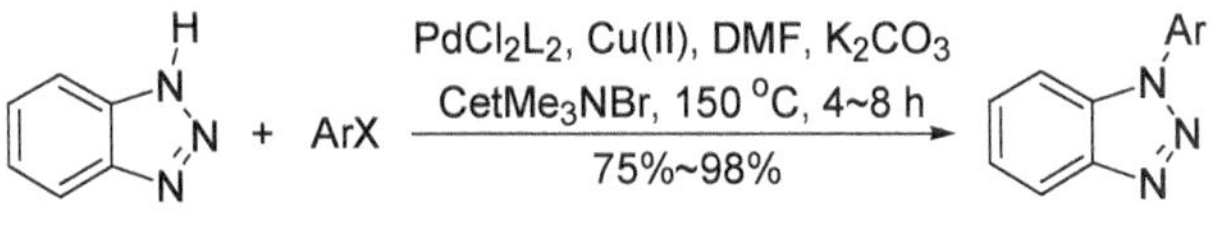

$$\text{(59)}$$

6　Buchwald-Hartwig 交叉偶联反应的选择性

6.1　立体选择性

Buchwald-Hartwig 交叉偶联反应在一些手性化合物的合成中也能完成立体选择性的 C-N 交叉偶联。一般而言，该反应能够完整地保持两个手性反应底物原有的构型。如式 60 所示[100]：Bolm 在合成亚砜亚胺手性化合物的过程中，使用 Buchwald-Hartwig 交叉偶联反应之后所得产物仍然保持了两种底物原来的构型。

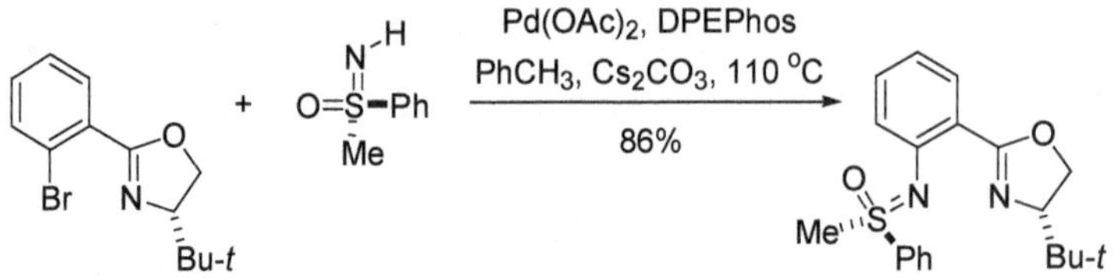

(60)

如式 61 所示[121]：Diver 在合成手性苯并咪唑的过程中，两次使用了 Buchwald-Hartwig 交叉偶联反应。在分别完成的手性胺与溴苯和二苯腙与溴苯的 C-N 交叉偶联反应中，所得产物可达 99% ee。此外，Buchwald 也利用这一交叉偶联反应完成了手性胺的芳香化过程[129]。

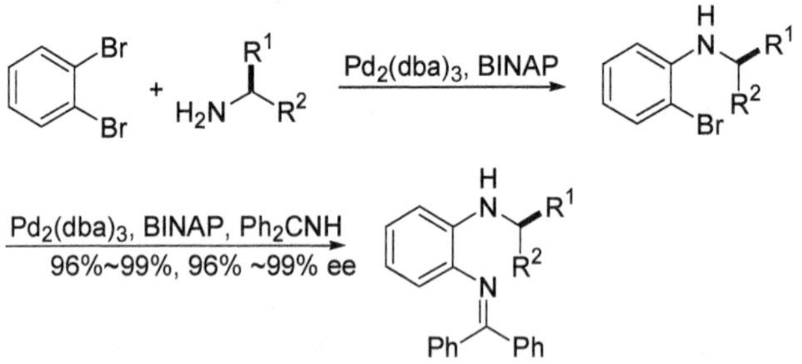

(61)

6.2 化学选择性

早在 1998 年，Senanayake 便对 Buchwald-Hartwig 交叉偶联反应的化学选择性做了研究[114]。在 Pd$_2$(dba)$_3$/BINAP 体系中，当底物分子中同时存在伯胺和仲胺结构时，与氯代苯并咪唑的 C-N 交叉偶联反应会选择性地发生在伯胺结构中（式 62）。

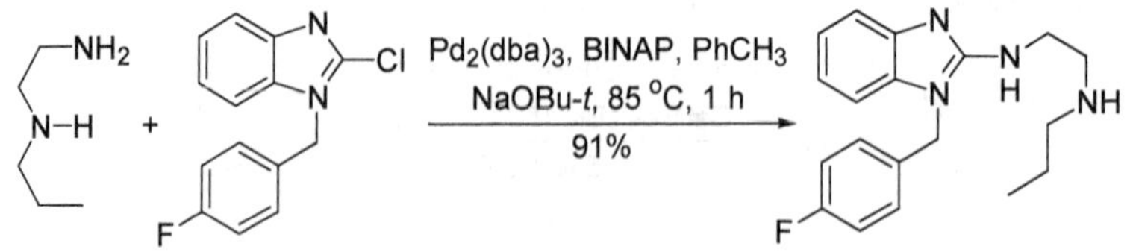

(62)

Buchwald 在 Pd$_2$(dba)$_3$/X-Phos 反应体系中发现：当底物分子中同时含有酰胺和芳香伯胺结构时，与溴代芳烃的偶联反应选择性地在芳香伯胺结构中进行[41]（式 63）。

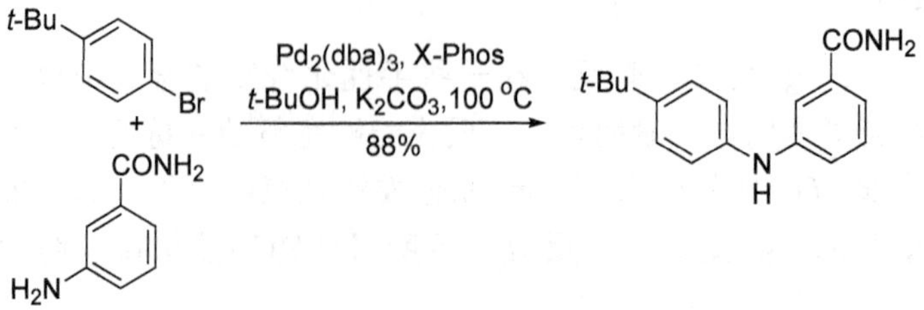

(63)

7 绿色化 Buchwald-Hartwig 交叉偶联反应

7.1 水相反应

Buchwald-Hartwig 交叉偶联反应到目前还没有完全实现以纯水为溶剂,但可以在水参与的混合溶剂中进行。Boche 曾对 4-乙酰基溴苯与苯胺和甲苯胺的 C-N 交叉偶联反应进行了研究,结果表明在含水醇中的反应效率明显优于纯水[130] (式 64)。

R = Me, H$_2$O/MeOH (1:3), 2 h, 88%
R = H, H$_2$O/MeOH (1:6), 3 h, 91%
R = Me, H$_2$O/MeOH/PhCH$_3$(1:2:2),32 h, 36%
R = Me, H$_2$O, 25 h, 36%
R = H, H$_2$O/CH$_3$CH(OH)CH$_2$CH$_3$(2:3), 6 h, 89%

$$(64)$$

2000 年,Hartwig 和 Jin 也分别使用水和甲苯混合溶剂完成了氯代、溴代芳烃的胺化反应和氯代吡啶的胺化反应[97]。由于在这些体系中使用了水溶性的碱或配体,因此介质水的参与有利于反应物的充分溶解。同样,在 Hartwig 体系中[97],相转移催化剂十六烷基三甲基溴化铵 (CetMe$_3$NBr) 的使用也是为了达到这一目的。

7.2 固相负载反应

由于固相负载反应具有产品纯度高和产物易于分离等优势,因此这一反应技术也在 Buchwald-Hartwig 交叉偶联反应中得到应用。根据体系中固相负载部分的不同,可以将其分为亲核试剂固相负载反应和亲电试剂固相负载反应。

1996 年,Willoughby 和 Ward 便在 P(o-tolyl)$_3$、BINAP 和 DPPF 参与的催化体系中完成了负载于 Rink 树脂上的溴代芳烃与各类胺化合物的 C-N 交叉偶联反应[131,132]。在这一亲电试剂固相负载反应体系中,生成的产物大多具有较高的收率和纯度,但缺点是必须使用大量胺类化合物。

2002 年，Weigand 等人以负载于 Rink 树脂上的胺作为亲核试剂，在 Pd$_2$(dba)$_3$/BINAP 体系中完成了带有吸电子取代溴苯化合物的胺化反应[133] (式 65)。

$$
\begin{array}{c}
\text{1. Pd}_2\text{(dba)}_3\text{,BINAP} \\
\text{NaOBu-}t\text{, 80 }^\circ\text{C, 20 h} \\
\hline
\text{2. TFA, CH}_2\text{Cl}_2 \\
13\%\sim78\%
\end{array}
$$

〔图〕Rink—NH$_2$ + R—〔苯环〕—Br ⟶ R—〔苯环〕—NH$_2$ (65)

在以上亲核试剂和亲电试剂固相负载的反应体系中，都需要大量使用胺或溴代芳烃，这势必造成环境负担的增重。Buchwald 小组则开发了负载于 Merrifield 树脂上的含膦配体 (结构如下所示)，使用该配体不仅避免了以上问题的出现，还能实现催化剂多次重复高效使用[134]。

〔图〕R = Cy, t-Bu

7.3　微波反应

反应时间短是微波反应最大的优势。近年来，这一清洁实验技术在 Buchwald-Hartwig 交叉偶联反应中也得到了应用。Maes 小组先后在各种联苯基取代的膦配体作用下，完成了溴代、氯代芳烃和氯代吡啶的胺化反应[135,136]。Heo 也利用 BINAP 参与的催化体系，实现了溴代吡啶的胺化反应[137] (式 66)。

$$
\begin{array}{c}
\text{Pd}_2\text{(dba)}_3\text{, BINAP, PhCH}_3 \\
\text{NaOBu-}t\text{, MW, 80 }^\circ\text{C, 10 min} \\
\hline
67\%\sim97\%
\end{array}
$$

〔图〕BnO—〔苯环〕—Br + NHR^{1}R^2 ⟶ BnO—〔苯环〕—NR^{1}R^2 (66)

此外，Buchwald 小组近年来还实现了 -ONf 取代化合物在微波条件下的 C-N 交叉偶联反应，其中配体 X-Phos 和 XantPhos 等都有应用[63]。有机碱 DBU 和 MTBD 作为很好的微波吸收体，能使非极性溶剂快速达到较高的温度，它们的使用对这一反应的顺利进行大有帮助 (式 67)。

$$
\begin{array}{c}
\text{Pd}_2\text{(dba)}_3\text{, ligand, PhCH}_3 \\
\text{DBU, MW, 150 }^\circ\text{C, 15 min} \\
\hline
67\%\sim97\%
\end{array}
$$

〔图〕R^1—〔苯环〕—ONf + R^2—〔苯环〕—NH$_2$ ⟶ R^1—〔苯环〕—N(H)—〔苯环〕—R^2 (67)

8　Buchwald-Hartwig 交叉偶联反应

在天然产物合成中的应用

　　芳香胺结构单元存在于很多天然产物分子中。使用传统方法合成这一单元往往需要从芳胺开始，限制了合成路线设计的灵活性。Buchwald-Hartwig 交叉偶联反应的出现使得芳胺结构单元可以从卤代芳环和胺的初始物开始，极大地增强了合成的能力和效率。这种新颖的合成设计思想已经在天然产物合成中得到了广泛的应用。

8.1　曲林菌素的合成

　　曲林菌素 (Asperlicin) 是从蒜曲霉菌属中提取得到的一种天然活性物质，药物化学上属于一种非肽类胆囊收缩素受体拮抗剂。1998 年，Snider 等人报道了一条该化合物的全合成路线，其中一个 C-N 键形成 (图 20 所示) 的关键步骤便是借助于 Buchwald-Hartwig 交叉偶联反应完成的。该反应使用了 $Pd_2(dba)_3/P(o\text{-tolyl})_3$ 催化体系，实现了碘代吲哚衍生物与 Cbz-基团保护的氨基之间的分子内交叉偶联，顺利生成一个咪唑烷酮单元[105] (式 68)。

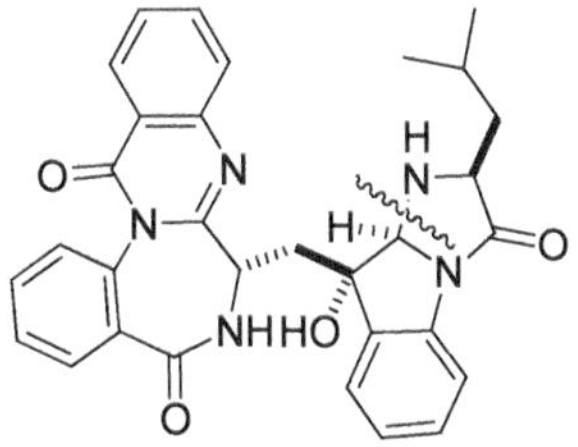

图 20　曲林菌素

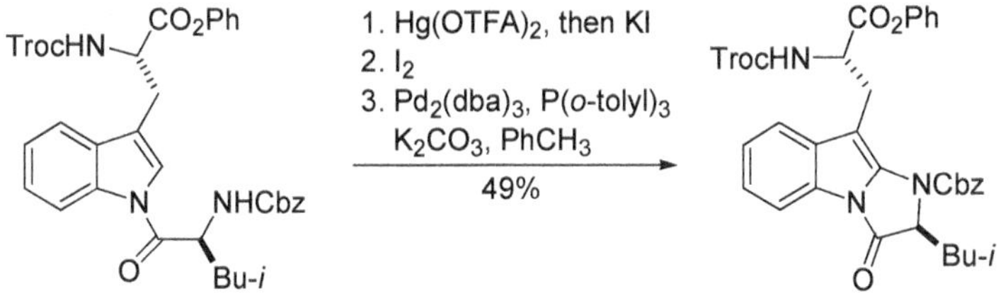

(68)

8.2　抗生素 (±)-CC-1065 CPI 亚结构的合成

　　CC-1065 是一种从真菌中分离得到的天然抗癌化合物，它具有极强的细胞毒性，是苯并二吡咯类抗生素中的一种。2007 年，Kerr 等人[138]在合成 CC-1065

CPI 亚结构单元的过程中，在催化剂 Pd₂(dba)₃ 及膦配体的作用下，通过 -OTf 取代化合物的分子内 Buchwald-Hartwig 交叉偶联反应完成了两类前驱物的合成 (式 69 和式 70)。

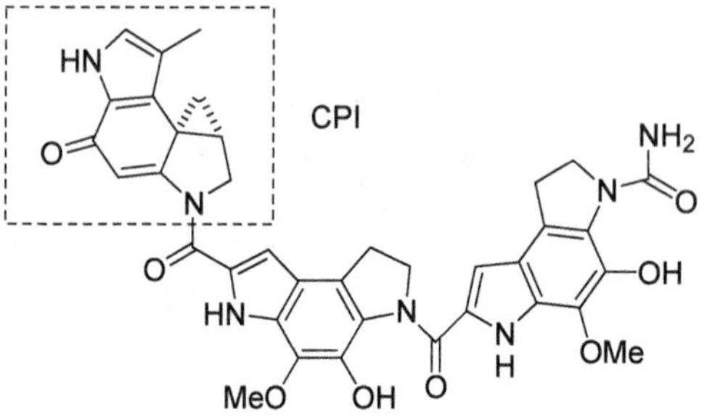

CC-1065 CPI

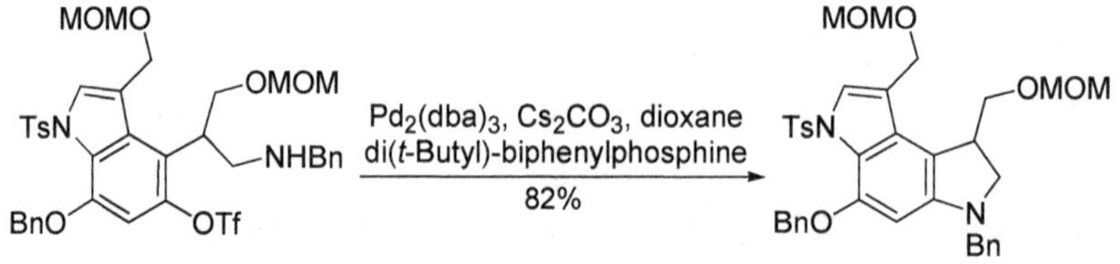

(69)

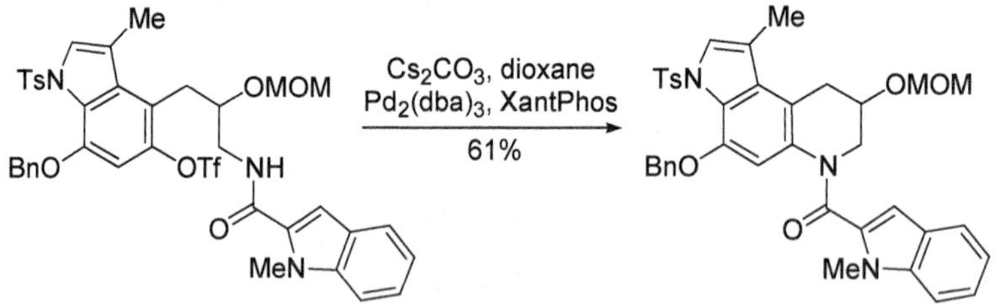

(70)

8.3 生物碱 Ancisheynine 的合成

Ancisheynine 是一类存在于某些植物体中的新型萘基异喹啉型生物碱，它不仅具有抗恶性疟疾的药物活性，在生物合成中也是一类重要的起始物。2006 年，Bringmann 等人[139]通过 Pd₂(dba)₃/DAV-Phos 催化体系，完成了氨基甲酸酯与溴代萘衍生物之间的 Buchwald-Hartwig 交叉偶联反应 (式 71)，首次合成了该类生物碱。

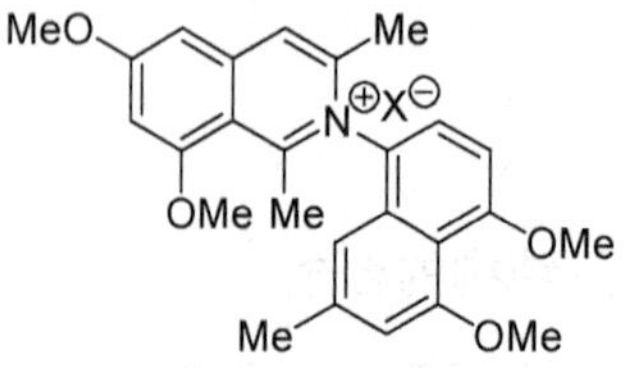

Ancisheynine

$$\text{(71)}$$

9　Buchwald-Hartwig 交叉偶联反应实例

例　一

N-正己基-4-氰基苯胺的合成[50]

(溴代芳烃与脂肪伯胺之间的 Buchwald-Hartwig 交叉偶联反应)

$$\text{(72)}$$

在充满氩气并装有磁搅拌子的Schlenk管中加入4-溴苯腈 (182.0 mg, 1.0 mmol)、正己胺 (86 μL, 1.1mmol)、NaOBu-t (134.2 mg, 1.4 mmol)、Pd₂(dba)₃ (2.29 mg, 0.0025 mmol)、BINAP (4.67 mg, 0.0075 mmol) 和甲苯 (2.0 mL)。封口后将该管置于 80 °C 的油浴中加热搅拌，至 GC 分析反应底物完全消耗为止。向冷却至室温的反应液中加入乙醚 (15 mL) 稀释，并过滤。蒸出溶剂和易挥发物，得到的粗产品通过柱色谱分离后，得到白色晶体产物 (196 mg, 97%)。

例　二

N-苯基-4-甲基苯胺的合成[50]

(氯代芳烃与芳香伯胺之间的 Buchwald-Hartwig 交叉偶联反应)

$$\text{(73)}$$

在干燥箱中，向带有螺旋盖的小玻璃瓶中加入 4-甲基氯苯 (126 mg, 1.0 mmol)、NaOBu-t (115 mg, 1.2 mmol)、Pd(dba)₂ (11.5 mg, 0.02 mmol)、PPFtBP (16.2 mg, 0.03 mmol) 和甲苯 (1.0 mL)，用聚四氟乙烯薄膜封口后将玻璃瓶移出干燥箱。然后，使用注射器向瓶中加入苯胺 (100 μL, 1.1 mmol)，盖上瓶盖后将该瓶置于 110 °C 的油浴中加热 16 h。反应结束后，将反应液冷却至室温。蒸出溶剂和易挥发物后得到的粗产品经减压升华 (120 °C/0.25 Torr) 纯化后，得到纯净产物 (181.5 mg, 99%)。

例 三

N-苯甲酰基-4-叔丁基苯胺的合成[59]

(-OTf 取代芳烃与酰胺之间的 Buchwald-Hartwig 交叉偶联反应)

$$\underset{t\text{-}Bu}{\text{}}\text{—OTf} + \text{PhCONH}_2 \xrightarrow[\substack{\text{Cs}_2\text{CO}_3, 100\ ^{\circ}\text{C}, 16\ \text{h} \\ 94\%}]{\text{Pd(dba)}_2, \text{XantPhos, dioxane}} \underset{t\text{-}Bu}{\text{}}\text{—NHCOPh} \qquad (74)$$

　　向干燥、带有螺旋盖和磁搅拌子的 Schlenk 瓶中加入三氟甲磺酸对叔丁基苯酯 (282 mg, 1.0 mmol)、苯甲酰胺 (145.4 mg, 1.2 mmol)、Cs$_2$CO$_3$ (456 mg, 1.4 mmol)、Pd$_2$(dba)$_3$ (36.8 mg, 0.04 mmol) 和 XantPhos (34.8 mg, 0.06 mmol)。将该瓶经过氩气多次洗气后，用橡胶薄膜密封管口。然后，使用注射器向瓶中加入二氧六环 (2.0 mL)，盖上瓶盖后将该瓶置于 100 ℃ 的油浴中搅拌加热 16 h。反应结束后冷至室温，加入二氯甲烷 (10 mL) 稀释后过滤。蒸出溶剂和易挥发物后得到的粗产品通过柱色谱分离后，收集得到白色固体产物 (236 mg, 93%)。

例 四

N-对甲苯基吲哚的合成[42]

(碘代芳烃与氮杂环芳香化合物之间的 Buchwald-Hartwig 交叉偶联反应)

$$\text{吲哚} + \underset{\text{Me}}{\text{I—}}\text{} \xrightarrow[90\%]{\substack{\text{Pd}_2(\text{dba})_3, \text{Dave Phos} \\ \text{PhCH}_3, \text{NaOBu-}t, 100\ ^{\circ}\text{C}}} \underset{}{\text{}}\text{N—}\underset{}{\text{}}\text{—Me} \qquad (75)$$

　　向干燥且带有磁搅拌子的玻璃管中加入吲哚 (119.5 mg, 1.02 mmol)、NaO^{t}Bu (135 mg, 1.4 mmol)、Pd$_2$(dba)$_3$ (11.25 mg, 0.0125 mmol) 和 Dave Phos (14.66 mg, 0.0375 mmol)。将该瓶经过氩气多次洗气后，用薄膜密封管口。然后，使用注射器向管中依次加入对甲基碘苯 (128 μL, 1.0 mmol) 和甲苯 (2.0 mL)。封口后将该管置于 100 ℃ 的油浴中搅拌加热，直至 GC 分析反应底物完全被消耗。然后，向冷却至室温的反应液中加入乙醚稀释并过滤。蒸出溶剂和易挥发物后所得到的粗产品通过柱色谱分离后，收集得到无色液体产物 (186 mg, 90%)。

例 五

N-(2′-噻唑基)-2-吡啶胺的合成[97]

(氯代杂芳环化合物与杂芳胺之间的 Buchwald-Hartwig 交叉偶联反应)

$$(76)$$

向可密封且带有磁搅拌子的 Schlenk 管中加入 2-氯吡啶 (113.5 mg, 1.0 mmol)、2-噻唑胺 (105 mg, 1.0 mmol)、K_3PO_4 (297.2 mg, 1.4 mmol), $Pd_2(dba)_3$ (18.0 mg, 0.02 mmol)、XantPhos (17.4 mg, 0.03 mmol)、及经脱气处理后的二氧六环 (4.0 mL)。将该管经过氩气洗气三次后，将管口密封。然后，将该管置于 100 ℃ 的油浴中搅拌加热 15 h。反应结束后，向冷却至室温的反应液中加入 THF 稀释并过滤。蒸出溶剂和易挥发物后得到的粗产品通过柱色谱分离后，收集得到白色固体产物 (171 mg, 96%)。

10　参考文献

[1]　Struijk, M. P. *High-spin through Bond and Space*; Technische Universiteit Eindhoven; Netherlands, **2001**; Chapter 3.

[2]　Kosugi, M.; Kameyama, M.; Migita, T. *Chem. Lett.* **1983**, 927.

[3]　Hartwig, J. F. *Angew. Chem. Int. Ed.* **1998**, *37*, 2046.

[4]　Yang, B. H.; Buchawald, S. L. *J. Organomeallic. Chem.* **1999**, *576*, 125.

[5]　Guram, A. S.; Buchwald, S. L. *J. Am. Chem. Soc.* **1994**, *116*, 7901.

[6]　Boger, D. L.; Panek, J. S. *Tetrahedron Lett.* **1984**, *24*, 3175.

[7]　Louie, J.; Hartwig, J. F. *Tetrahedron Lett.* **1995**, 3609.

[8]　Guram,A. S.; Rennels, R. A.; Buchwald, S. L. *Angew. Chem. Int. Ed.* **1995**, *34*, 1348.

[9]　Paul, F.; Patt, J.; Hartwig, J. F. *J. Am. Chem. Soc.* **1994**, *116*, 5969.

[10]　Villanueva, L. A.; Abboud, K. A.; Boncella, J. M. *Organometallics* **1994**, *13*, 3921.

[11]　Driver, M. S.; Hartwig, J. F. *J. Am. Chem. Soc.* **1995**, *117*, 4708.

[12]　Hartwig, J. F. Paul, F. *J. Am. Chem. Soc.* **1995**, *118*, 5373.

[13]　Koo, K.; Hillhouse, G. L. *Organometallics* **1995**, *14*, 4421.

[14]　Driver, M. S.; Hartwig, J. F. *J. Am. Chem. Soc.* **1996**, *118*, 7217.

[15]　Mann, G.; Hartwig, J. F. *J. Am. Chem. Soc.* **1996**, *118*, 13109.

[16]　Widenhoefer, R. A.; Zhong, H. A.; Buchwald, S. L. *Organometallics* **1996**, *15*, 2745.

[17]　Hartwig, J. F.; Richard, S.; Baranano, D.; Paul, F. *J. Am. Chem. Soc.* **1996**, *118*, 3626.

[18]　Driver, M. S.; Hartwig, J. F. *J. Am. Chem. Soc.* **1997**, *119*, 8232.

[19]　Hartwig, J. F. *Acc. Chem. Res.* **1998**, *31*, 852.

[20]　Hartwig, J. F. *Pure Appl. Chem.* **1999**, *71*, 1417.

[21]　Wolf, J. P.; Buchwald, S. L. *J. Org. Chem.* **2000**, *65*, 1144.

[22]　Wolf, J. P.; Tomori, H.; Sadighi, J. P.; Yin, J.; Buchwald, S. L. *J. Org. Chem.* **2000**, *65*, 1158.

[23]　Luis, M. A.-M.; Hartwig, J. F. *J. Am. Chem. Soc.* **2001**, *123*, 12905.

[24] Ogawa, K.; Radke, R. K.; Rothstein, D. S.; Rasmussen, S. C. *J. Org. Chem.* **2001**, *66*, 9067.

[25] Yang, B. H.; Buchwald, S. L. *J. Organomet. Chem.* **1999**, *576*, 125.

[26] (a) Amatore, C.; Broeker, G.; Jutand, A.; Khalil, F. *J. Am. Chem. Soc.* **1997**, *119*, 5176. (b) Singh, U. K.; Strieter, E. R.; Blackmond, D. G. *J. Am. Chem. Soc.* **2002**, *124*, 14104.

[27] Lloyd-Jones, G. C. *Angew. Chem. Int. Ed.* **2002**, *41*, 953.

[28] Guram, A. S.; Buchwald, S. L. *J. Am. Chem. Soc.* **1994**, *116*, 7901.

[29] Guram, A. S.; Rennels, R. A.; Buchwald, S. L. *Angew. Chem. Int. Ed.* **1995**, *34*, 1456.

[30] Wolfe. J. P.; Buchwald, S. L. *J. Org. Chem.* **1996**, *61*, 1133.

[31] Zhao, S. H.; Miller, A. K.; Berger, J.; Filippin, L. A. *Tetrahedron Lett.* **1996**, *37*, 4463.

[32] Reddy, N. P.; Tanaka, M. *Tetrahedron Lett.* **1997**, *38*, 4807.

[33] Nishiyama, M.; Yamamoto, T.; Kioe, Y. *Tetrahedron Lett.* **1998**, *39*, 617.

[34] Hartwig, J. F.; Kawatsura, M.; Hauck, S. I.; Shaughnessy, K. H.; Alcazar-Roman, L. M. *J. Org. Chem.* **1999**, *64*, 5575.

[35] Watanabe, M.; Yamamoto, Y.; Nishiyama, M. *Chem.Commun.* **2000**, 133.

[36] Ogawa, K.; Radke, K. R.; Rothstein, S. D.; Rasmussen, S. *J. Org. Chem.* **2001**, *66*, 9067.

[37] Hill, L. L.; Moore, L. R.; Huang, R.; Cracium, R.; Vincent, A. J.; Dixon, D. A.; Chou, J.; Woltermann, C. J.; Shaughnessy, K. H. *J. Org. Chem.* **2006**, *71*, 5117.

[38] Wolf, J. P.; Buchwald, S. L. *Angew. Chem.* **1999**, *38*, 2570.

[39] Wolf, J. P.; Buchwald, S. L. *Angew. Chem. Int. Ed.* **1999**, *38*, 2413.

[40] Fang, Y. Q.; Lautens, M. *Org. Lett.* **2005**, *7*, 3549.

[41] Huang, X.; Anderson, K. W.; Zim, D.; Jiang, L.; Klapars, A.; Buchwald, S. L. *J. Am. Chem. Soc.* **2003**, *125*, 6653.

[42] (a) Harris, M. C.; Buchwald, S. L. *J. Org. Chem.* **2000**, *65*, 5327. (b) Old, D. W.; Harris, M. C.; Buchwald, S. L. *Org. Lett.* **2000**, *2*, 1403.

[43] (a) Ehrentraut, A.; Zapf, A.; Beller, M. *J. Mol. Catal.* **2002**, *182/183*, 515. (b) Rataboul, F.; Zapf, A.; Jackstell, R.; Harkal, S.; Riermeier, T.; Monsees, A.; Dingerdissen, U.; Beller, M. *Chem. Eur. J.* **2004**, *10*, 2983.

[44] Chiong, H, A.; Daugulis, O. *Org. Lett.* **2007**, *9*, 1449.

[45] Urgaonkar, S.; Nagarajan, M.; Verkade, J. G. *J. Org. Chem.* **2003**, *68*, 815.

[46] Urgaonkar, S.; Nagarajan, M.; Verkade, J. G. *J. Org. Chem.* **2003**, *68*, 452.

[47] Urgaonkar, S.; Xu, M. J.; Verkade, J. G. *J. Org. Chem.* **2003**, *68*, 8416.

[48] Urgaonkar, S.; Verkade, J. *J. Org. Chem.* **2004**, *69*, 9135.

[49] Singer, R. A.; Caron, S.; McDermott, R. E.; Arpin, P.; Do, N. M. *Synthesis* **2003**, 1727.

[50] (a) Wolf, J. P.; Wagaw, S.; Buchwald, S. L. *J. Am. Chem. Soc.* **1996**, *118*, 7215. (b) Hamann, B. C.; Hartwig, J. F. *J. Am. Chem. Soc.* **1998**, *120*, 7369.

[51] Wagaw S.; Yang, B. H.; Buchwald, S. L. *J. Am. Chem. Soc.* **1998**, *120*, 6621.

[52] Wang, Z.; Skerlj, R. T.; Bridger, G. J. *Tetrahedron Lett.* **1999**, *40*, 3543.

[53] Wagaw S.; Yang, B. H.; Buchwald, S. L. *J. Am. Chem. Soc.* **1999**, *121*, 10251.

[54] Luker, T. J.; Beaton, H. G.; Whiting, M.; Mete, A.; Cheshire, D. R. *Tetrahedron Lett.* **2000**, *41*, 7731.

[55] Arterburn, J. B.; Rao, K. V.; Ramdas, R.; Dible, B. R. *Org. Lett.* **2001**, *3*, 1351.

[56] Sasaki, M.; Dalili, S.; Yudin, A. K. *J. Org. Chem.* **2003**, *68*, 2045.

[57] Li, J. J.; Wang, Z.; Mitchell, L. *J. Org. Chem.* **2007**, *72*, 3606.

[58] Barluenga, J. Valdés, C. *Chem. Commun.* **2005**, 4891.

[59] Yin, J.; Buchwald, S. L. *Org. Lett.* **2000**, *2*, 1101.

[60] Ali, M. H.; Buchwald, S. L. *J. Org. Chem.* **2001**, *66*, 2560.

[61] Cacchi, S.; Fabrizi, G.; Goggiamani, A.; Zappia, G. *Org. Lett.* **2001**, *3*, 2539.

[62] Cacchi, S.; Fabrizi, G.; Goggiamani, A.; Licandro, E.; Maiorana, S.; Perdicchia, D. *Org. Lett.* **2005**, *7*, 1497.

[63] Tundel, R. E.; Anderson, K. W.; Buchwald, S. L. *J. Org. Chem.* **2006**, *71*, 430.

[64] Willis, M. C.; Snell, R. H.; Fletcher, A. J.; Woodward, R. L. *Org. Lett.* **2006**, *8*, 5089.

[65] Mukherjee, A.; Sarkar, A. *ARKIVAC* **2003**, 89.

[66] (a) Dai, Q. D.; Gao, W.; Liu, D.; Kapes, L. M.; Zhang, X. *J. Org. Chem.* **2006**, *71*, 3928. (b) Liu, D.; Gao, W.; Dai, Q.; Zhang, X. *Org. Lett.* **2005**, *7*, 4907.

[67] (a) Yang, B. H.; Buchwald, S. L. *Org. Lett.* **1999**, *1*, 35. (b) Xie, X.; Zhang, T. Y.; Zhang, Z. *J. Org. Chem.* **2006**, *71*, 6522.

[68] Bei, X.; Uno, T.; Norris, J.; Turner, H. W.; Weinberg, W. H.; Guram, A. S. *Organometallics*, **1999**, *18*, 1840.

[69] Marcoux, J. F.; Wagaw, S.; Buchwald, S. L. *J. Org. Chem.* **1997**, *62*, 1568.

[70] (a) Hartwaig, J. F. *Angew. Chem. Int. Ed.* **1998**, *37*, 2090. (b) Song, J. J.; Yee, N. K. *Org. Lett.* **2000**, *2*, 519. (c) Shen, Q.; Hartwig, J. F. *J. Am. Chem. Soc.* **2006**, *128*, 10028.

[71] Hillier, A. C.; Nolan, S. P. *Platinum Metals Rev.* **2002**, *46*, 50.

[72] Regitz, M. *Angew. Chem. Int. Ed.* **1996**, *35*, 725.

[73] Herrmann, W. A.; Kocher, C. *Angew. Chem. Int. Ed.* **1997**, *36*, 2163.

[74] Gstottmayr, C. W. K.; Bohm, V. P. W.; Herdtweck, E.; Grosche, M.; Herrmann, W. A. *Angew. Chem. Int. Ed.* **2002**, *41*, 1363.

[75] Garsa, G. A.; Hillier, A. C.; Nolan, S. P. *Org. Lett.* **2001**, *3*, 1077.

[76] Huang, J.; Grasa, G.; Nolan, S. P. *Org. Lett.* **1999**, *1*, 1307.

[77] Stauffer, S. R.; Lee, S.; Stambuli, J. P.; Hauck, S. I.; Hartwig, J. F. *Org. Lett.* **2000**, *2*, 1423.

[78] Viciu, M. S.; Kissling, R. M.; Stenvens, E. D; Nolan, S. P. *Org. Lett.* **2002**, *4*, 2229.

[79] Titcomb, L. R.; Caddick, S.; Cloke, F. G. N.; Dilson, D. J.; McKerrecher, D. *Chem. Commun.* **2001**, 1338.

[80] Grasa, G. A.; Viciu, M. S.; Huang, J.; Nolan, S. P. *J. Org. Chem.* **2001**, *66*, 7729.

[81] Marion, N.; Ecarnot, E. C.; Navarro, O.; Amoroso, D.; Bell, A.; Nolan, S. P. *J. Org. Chem.* **2006**, *71*, 3816.

[82] Marion, N.; Navarro, O.; Mei, J.; Stevens, E. D.; Scott, N. M.; Nolan, S. P. *J. Am. Chem. Soc.* **2006**, *128*, 4101.

[83] Navarro, O.; Kaur, H.; Mahjoor, P.; Nolan, S. P. *J. Org. Chem.* **2004**, *69*, 3173.

[84] Cheng, J.; Trudell,, M. L. *Org. Lett.* **2001**, *3*, 1371.

[85] Li, G. Y. *Angew. Chem. Int. Ed.* **2001**, *40*, 1513.

[86] Zhang, X. X.; Harris, M. C.; Sadighi, J. P.; Buchwald, S. L. *Can. J. Chem.* **2001**, *79*, 1799.

[87] Stambuli, J. P.; Kuwano, P.; Hartwig, J. F. *Angew. Chem. Int. Ed.* **2002**, *41*, 4746.

[88] (a) Beller, M.; Riermeier, T. H.; Reisinger, C. P.; Herrmann, W. A. *Tetrahedron Lett.* **1997**, *38*, 2073. (b) Riermeier, T. H.; Zapf, A.; Beller, M. *Top. Catal.* **1997**, *4*, 301.

[89] Bedford, R. B.; Cazin, C. S. J. *GB Patent* 2376946 A, 29.6.2001.

[90] Schnyder, A.; Indolese, A. F.; Studer, M.; Blaser, H. U. *Angew. Chem. Int. Ed.* **2002**, *41*, 3668.

[91] Zim, D.; Buchwald, S. L. *Org. Lett.* **2003**, *5*, 2413.

[92] Meyers, C.; Mase, B. U. W.; Loones, K. T. J.; Bal, G.; Lemière, G. L. F.; Dommisse, R. A. *J. Org. Chem.* **2004**, *69*, 6010.

[93] (a) Wolf, J. P.; Buchwald, S. L. *Tetrahedron Lett.* **1997**, *38*, 6359. (b) Old, D. W.; Wolf, J. P.; Buchwald, S. L. *J. Am. Chem. Soc.* **1998**, *120*, 9722.

[94] Wolf, J. P.; Rennels, R. A.; Buchwald, S. L. *Tetrahedron* **1996**, *52*, 7525.

[95] Christensen, H.; Kiil, S.; Dam-Johansen, K. *Org. Proc. Res. Develop.* **2006**, *10*, 762.

[96] Stauffer, S. R.; Hartwig, J. F. *J. Am. Chem. Soc.* **2003**, *125*, 6977.

[97] (a) Kuwano, R.; Utsunomiya, M.; Hartwig, J. F. *J. Org. Chem.* **2002**, *67*, 6479. (b) Yin, J.; Zhao, M. M.; Huffman, M. A.; McNamara, J. M. *Org. Lett.* **2002**, *4*, 3481.

[98] (a) Wolfe, J. P.; Buchwald, S. L. *J. Org. Chem.* **2004**, *69*, 6010. (b) Wolfe, J. P.; Ahman, J.; Sadighi, J. P.; Singer, R. A.; Buchwald, S. L. *Tetrahedron Lett.* **1997**, *38*, 6367.

[99] Jeffrey, T. *Chem. Commun.* **1984**, 1287.

[100] Bolm, C.; Hildebrand, J. P. *J. Org. Chem.* **2000**, *65*, 169.

[101] Yamamoto, T.; Nishiyama, M.; Koie, Y. *Tetrahedron Lett.* **1998**, *39*, 2367.

[102] Peat, A. J.; Buchwald, S. .L. *J. Am. Chem. Soc.* **1996**, *118*, 1028.

[103] Brown, J. A. *Tetrahedron Lett.* **2000**, *41*, 1623.

[104] Aoki, K.; Peat, A. J.; Buchwald, S. L. *J. Am. Chem. Soc.* **1998**, *120*, 3068.

[105]   He, F.; Foxman, B. M.; Snider, B. B. *J. Am. Chem. Soc.* **1998**, *120*, 6417.

[106]   (a) Wolf, J. P.; Buchwald, S. L. *J. Org. Chem.* **1997**, *62*, 1264. (b) Åhman, J.; Buchwald, S. L. *Tetrahedron Lett.* **1997**, *38*, 6363.

[107]   Louie, J.; Driver, M. S.; Hamann, B. C.; Hartwig, J. F. *J. Org. Chem.* **1997**, *62*, 1268.

[108]   Hicks, F. A.; Brookhart, M. *Org. Lett.* **2000**, *2*, 219.

[109]   Anderson, K. W.; Mendez-Perez, M.; Priego, J.; Buchwald, S. L. *J. Org. Chem.* **2003**, *68*, 9563.

[110]   Wagaw, S.; Buchwald, S. L. *J. Org. Chem.* **1996**, *61*, 7240.

[111]   Urgaonkar, S.; Nagarajan, M.; Verkade, J. G. *Org. Lett.* **2003**, *5*, 815.

[112]   Hopper, M. W.; Utsonamiya, M.; Hartwig, J. F. *J. Org. Chem.* **2003**, *68*, 2861.

[113]   Ferreira, I. C. F. R.; Queiroz, M. J. P. R.; Kirsch, G. *Tetrahedron* **2003**, *59*, 975.

[114]   Hong, Y.; Senanyaki, C. H.; Xiang, T.; Vandenbossche, C. P.; Tanoury, G. J.; Bakale, R. P.; Wald, S. A. *Tetrahedron Lett.* **1998**, *39*, 3121.

[115]   Guari, Y.; Es, D. S.; Reek, J. N. H.; Kamer, P. C. J.; Leeuwen, P. W. N. M. *Tetrahedron Lett.* **1999**, *40*, 3789.

[116]   Sadighi, J. P.; Mariis, M. C.; Buchwald, S. L. *Tetrahedron Lett.* **1998**, *39*, 5327.

[117]   Shakespeare, W. C. *Tetrahedron Lett.* **1999**, *40*, 2035.

[118]   Madar, D .J.; Kopecka, H.; Pireh, D.; Pease, J.; Pliushchev, P. M.; Sciotti, R. J.; Wiedeman, P. E.; Djuric, S. W. *Tetrahedron Lett.* **2001**, *42*, 3681.

[119]   Artamkina, G. A.; Sergeev, A. G.; Beletskaya, I. P. *Tetrahedron Lett.* **2001**, *42*, 4381.

[120]   Prashad, M.; Hu, B.; Lu, Y.; Draper, R.; Har, D.; Repic, O.; Blacklock, T. J. *J. Org. Chem.* **2000**, *65*, 2612.

[121]   Rivas, F. M.; Giessert, A. J.; Diver, S. T. *J. Org. Chem.* **2002**, *67*, 1708.

[122]   Mann, G.; Hartwig, J. F.; Driver, M. S.; Fernándeza-Rivas, C. *J. Am. Chem. Soc.* **1998**, *120*, 827.

[123]   Carsten, B.; Hildebrand, J. P. *Tetrahedron Lett.* **1998**, *39*, 5731.

[124]   Zhu, Y.; Kiryu, Y.; Katayama, H. *Tetrahedron Lett.* **2002**, *43*, 3577.

[125]   Lim, Y. K.; Lee, K. S.; Cho, C. G. *Org. Lett.* **2003**, *5*, 979.

[126]   Kang, H. M.; Lim, Y. K.; Shin, I. J.; Kim, H. Y.; Cho, C. G. *Org. Lett.* **2006**, *8*, 2047.

[127]   Watanabe, M.; Nishiyama, M.; Yamamoto, T.; Koie, Y. *Tetrahedron Lett.* **2000**, *41*, 481.

[128]   Beletskaya, I. P.; Davydov, D. V.; Moreno-Mansa, M. *Tetrahedron Lett.* **1998**, *39*, 5617.

[129]   Wagaw, S.; Rennels, R. A.; Buchwald, S. L. *J. Am. Chem. Soc.* **1997**, *119*, 8451.

[130]   Wüllner, G.; Jänsch, H.; Kannenberg, S.; Schubert, F.; Boche, G. *Chem. Commun.* **1998**, 1059.

[131]   Ward, Y. D.; Farina, V. *Tetrahedron Lett.* **1996**, *37*, 6993.

[132]   Willoughby, C. A.; Chapman, K. T. *Tetrahedron Lett.* **1996**, *37*, 7181.

[133]   Weigand, K.; Pelka, S. *Org. Lett.* **2002**, *4*, 4689.

[134]   Parrish, C. A.; Buchwald, S. L. *J. Org. Chem.* **2001**, *66*, 3820.

[135]   Maes, B. U. W.; Loones, K. T. J.; Hostyn, S.; Diels, G.; Rombouts, G. *Tetrahedron* **2004**, *60*, 11559.

[136]   Loones, K. T. J.; Maes, B. U. W.; Rombouts, G.; Hostyn, S.; Diels, G. *Tetrahedron* **2005**, *61*, 10338.

[137]   Heo, J. N.; Song, Y. S.; Kin, B. T. *Tetrahedron Lett.* **2005**, *46*, 4621.

[138]   Ganto, M. D.; Kerr, M. A. *J. Org. Chem.* **2007**, *72*, 574.

[139]   Bringmann, G.; Gulder, T.; Reichert, M.; Meyer, F. *Org. Lett.* **2006**, *8*, 1037.

傅瑞德尔-克拉夫兹反应

(Friedel-Crafts Reaction)

龚军芳

1 历史背景简述

Friedel-Crafts 反应是有机合成中形成碳-碳键的重要方法之一，由法国化学家 Friedel 和美国化学家 Crafts 于 1877 年在法国共同发现，简称傅-克反应。

Charles Friedel (1832-1899) 出生于法国斯特拉斯堡 (Strasbourg)。1850 年获得斯特拉斯堡大学学士学位，1854 年和 1855 年分别获得巴黎大学数学和物理学两个硕士学位。在巴黎学习期间，他结识了著名的化学家武慈 [Charles Adolph Wurtz (1817-1884)，因 Wurtz 反应而闻名]，在其指导下开始了有机化学的研究，并于 1869 年获得博士学位。他 1876 年任教授，八年后接替武慈的首席有机化学教授位置。Friedel 不仅是一位有机化学家，而且是一位矿物学家。他是法国化学会的创始人之一，并先后四次担任过化学会会长。1896 年，Friedel 创办了著名的国立巴黎高等化学学校 (École Nationale Supérieure de Chimie de Paris)。

James Mason Crafts (1839-1917) 出生于美国麻省波士顿。他在 1858 年从哈佛大学毕业后，1859 年来到德国学习化学。1861 年又到巴黎的武慈实验室，并与 Friedel 相识。Crafts 于 1865 年返回美国，先后在康奈尔大学和麻省理工学院任教。1874-1891 年他又重返巴黎的武慈实验室，开始了与 Friedel 的第二次合作，发现了重要的傅-克反应。1891 年，他又回到麻省理工学院任教，1898-1900 年任该院院长。

1871-1873 年间，德国化学家 Zincke 发现在锌粉或还原铁粉作用下，苯、甲苯或二甲苯等与苄基氯反应得到相应的芳烃烷基化产物 (式 1)。锌粉还可以催化苯甲酰氯与苯等反应得到芳香酮 (式 2)。这两种反应在历史上曾被称为"Zincke 反应"，反应的催化剂被认为是金属粉末。1874 年，俄国化学家 Gustavson 成功地用 AlI_3 将氯代烷烃转化为碘代烷烃。1877 年 3 月，Friedel 和 Crafts 在尝试利用该反应将 1,1,1-三氯乙烷转化为 1,1,1-三碘乙烷时，结果在苯溶剂中未能得到预期的产物 (式 3)。但是，用 1-氯戊烷在相同的体系中反应却得到了 Zincke 反应的产物戊苯。

$$CH_3CCl_3 + Al + I_2 \xrightarrow{\text{PhH}} \times CH_3Cl_3 + AlCl_3 \qquad (3)$$

为了确定 Zincke 反应中真正的催化剂是金属还是金属卤化物，Friedel 和 Crafts 尝试在 1-氯戊烷的苯溶液加入少量的 AlCl₃ 进行反应，结果也得到了戊苯。从产物分析结果和氯化氢释出量都初步说明，金属卤化物是该反应的真正催化剂。他们选用不同的卤代烃在无水 AlCl₃ 催化下与苯及其衍生物反应，结果均得到芳烃的烷基化产物。例如：用碘乙烷与苯反应得到乙苯和多乙基苯的混合物，用一氯甲烷则得到甲苯和各种多甲基苯的混合物。ZnCl₂ 和 FeCl₃ 等可以代替 AlCl₃ 作为催化剂，但活性较低。除了烷基化反应，金属卤化物还可以催化酰氯与芳烃反应生成芳香酮。

在短短的六个星期里，Friedel 和 Crafts 将上述发现连续发表了三篇论文[1]，奠定了傅-克反应的基础并清晰地勾画出该反应的轮廓。同年，他们又将这些新方法分别申请了法国和英国专利。在此后长达 14 年的时间里，Friedel 和 Crafts 尝试了将 AlCl₃ 等金属卤化物用于催化一系列的有机反应，其中包括：卤代烃、酰卤以及不饱和化合物与芳烃和脂肪烃的反应；酸酐与芳烃的反应；氧、硫、SO₂、CO₂ 以及碳酰氯与芳烃的反应；脂肪烃和芳香烃的裂解；以及不饱和烃的聚合等。

2 傅-克反应的定义、机理和特点

2.1 定义和机理

傅-克反应可以分为两类：傅-克烷基化反应 (Friedel-Crafts alkylation) 和傅-克酰基化反应 (Friedel-Crafts acylation)[2]。傅-克烷基化反应主要是指在 Lewis 酸或 Brønsted 酸催化剂作用下，芳烃与烷基化试剂发生反应，芳烃上氢原子被烷基取代生成烷基芳烃产物的过程。如果在酰基化试剂的存在下，芳烃上氢原子被酰基取代生成酰基芳烃产物的过程则称为芳烃的傅-克酰基化反应 (式 4)。

$$\text{COR} \quad \xleftarrow{\text{RCOX, 催化剂}} \quad \text{傅-克酰基化反应} \qquad \xrightarrow{\text{RX, 催化剂}} \quad \text{傅-克烷基化反应} \quad \text{R} \qquad (4)$$

RX = 卤代烃、烯烃、炔烃和醇等
RCOX = 酰卤、酸酐、羧酸等

常见的烷基化试剂有卤代烃、烯烃、炔烃、醇、酯 (羧酸酯或无机酸酯)、醚、醛、酮、环氧化物和硝基化合物等，某些烷烃、环烷烃在可以转化为碳正离子的条件下也可以作为烷基化试剂。最常见的酰基化试剂有酰卤、酸酐和羧酸等。

傅-克反应属于碳正离子对芳烃的亲电取代反应。在傅-克烷基化反应中 (以卤代烃为例)，Lewis 酸首先与卤原子的孤对电子结合使得 C-X 键变弱，形成极化的给体-受体配合物或离子对配合物 $[R^+][MX_4]^-$ (有时候在低温下，这种 Lewis 酸和卤代烃生成的配合物可以分离出来)；然后，配合物或者解离后的碳正离子 R^+ 对苯环进行亲电进攻，生成 σ-配合物中间体 (在有些情况下，可能先经过 π-配合物中间体[3,4])；最后，配合物中间体失去一个质子得到烷基化的产物 (式 5)。

$$RX + MX_3 \rightleftharpoons \overset{\delta^+}{R}\text{-}\text{-}\overset{\delta^-}{X}\text{-}\text{-}MX_3 \rightleftharpoons [R^+]MX_4^-$$

$$\qquad\qquad\qquad (5)$$

π-complex　　　　　　σ-complex

在傅-克酰基化反应中 (以酰卤为例)，Lewis 酸首先与酰卤形成加合物，加合物可以是酰基正离子配合物或氧正离子配合物[5]。酰基正离子或其配合物对苯环进行亲电进攻，生成 σ-配合物中间体或先经过 π-配合物中间体[3,6]，然后失去一个质子得到酰基化的产物 (式 6)；还有一种可能是苯环与氧正离子配合物的双分子亲核取代反应，同样经由 σ-配合物中间体得到产物 (式 7)[5]。

$$RCOX + MX_3 \longrightarrow [RCOX\text{-}\text{-}MX_3 \rightleftharpoons [RCO^+]MX_4^- \rightleftharpoons RC(X)=\overset{+}{O}\text{-}MX_3]$$

acyl cation　　　　　oxonium
complex　　　　　　complex

$$\qquad\qquad (6)$$

$$\qquad\qquad (7)$$

2.2　烷基化反应的特点

由于在 Lewis 酸等催化剂作用下，烷基苯可发生烷基转移 (transalkylation)、歧化 (disproportionation)、异构化 (isomerization or reorientation)、重排

(rearrangement)、去烷基化 (dealkylation)和碎片化 (fragmentation) 等反应,所以,傅-克烷基化反应是可逆的,往往会伴随着上述一种或多种反应同时进行[7,8]。去烷基化和碎片化反应通常需要较高温度。

烷基在芳环之间的转移过程称为烷基转移反应[9~11]。例如:对二叔丁基苯在苯溶液中经无水 FeCl₃ 处理得到叔丁基苯 (式 8)[9]。AlCl₃ 催化下,萘与二乙基苯反应可分离到乙基萘[10]。

$$\text{(8)}$$

一烷基苯转化为苯和二烷基苯的混合物,而二烷基苯可能进一步生成三烷基苯的过程称为歧化反应 (式 9a~式 9c)。烷基苯发生此类反应的趋势是:t-Bu > i-Pr > Et > Me[12]。因此,烷基化反应不易停留在一烷基苯的阶段上,而常常得到一烷基、二烷基和多烷基苯的混合物。例如:在 AlCl₃ 催化下,无论是氯(溴)乙烷[13]还是乙烯与苯[10,14]发生傅-克反应,都可以生成乙基苯或二、三、四、五甚至是六乙基苯。在一些条件下,会得到这六种烷基化产物的混合物。丙烯与苯反应时,生成异丙苯 (枯烯) 和二、三、四异丙苯的混合物[14]。反应条件、催化剂和烷基化试剂及其用量等,均会影响混合物中产物的分布。如果将多烷基苯与苯在 AlCl₃ 催化下发生烷基转移反应,又可以转化为一烷基苯和二烷基苯。

$$\text{(9a)}$$

$$\text{(9b)}$$

$$\text{(9c)}$$

对乙苯、正丙苯和叔丁基苯等在室温下进行的歧化反应研究认为,该反应机理是一个双分子参与的过程。首先,一分子烷基苯被质子化生成正离子 σ-配合物;然后,另一分子烷基苯进攻 σ-配合物中烷基的 α-碳原子,得到苯和二烷基苯的正离子 σ-配合物。最后,该配合物失去一个质子形成二烷基苯 (式 10)[15]。

$$(10)$$

　　人们最初认为，多烷基化的发生是由于烷基的推电子性质引起的。因为第一个烷基在苯环上取代后会使苯环邻、对位上电子云密度增加，所以更有利于第二个烷基在苯环上发生的亲电取代反应。但实际上这种活化作用很有限，真正的原因是一取代烷基苯比苯更容易与催化剂接触，因此得到多烷基化产物[16]。通过使用过量的苯、兼溶芳烃和催化剂的溶剂、提高搅拌速度、选择在气相或高温下进行傅-克烷基化反应，则可以有效地抑制多烷基化反应的发生。

　　苯环上如果有两个或两个以上烷基就会产生异构体，例如：二乙基苯有邻-、间-和对-位取代的三种异构体。在催化剂作用下，二烷基或多烷基苯中的烷基会改变它们在苯环上的相对位置，称为异构化反应[8,17~19]。例如：在室温下用潮湿的 $AlCl_3$ 处理任何一种二乙基苯的单一异构体，最后都会生成以间二乙基苯为主 (69%) 的三种异构体的平衡混合物。异构化过程被认为是通过乙基的 1,2-迁移实现的 (式 11)[19a]。由于位阻效应，二异丙基苯[19b]和二叔丁基苯[19c]在类似条件下生成的平衡混合物中均没有邻位异构体。此外，在这些异构化反应过程中，由于发生歧化反应，还会得到一烷基苯和 1,3,5-三烷基苯 (式 9c)。苯环上烷基发生异构化的趋势是 $t\text{-Bu} > i\text{-Pr} > \text{Et} > \text{Me}$[18]。

$$(11)$$

　　烷基属于邻、对位定位的活化基团，因此，二烷基苯中邻位和对位二烷基苯是预期的主要产物。但实际上，邻-、间-和对-位异构体在产物中的比例与使用的催化剂和反应条件等有关。使用 $AlCl_3$ 催化剂时，丙烯与苯反应所得二异丙苯中间二异丙苯为主要产物,所占比例 65%[14];而使用 BF₃ 催化剂时,对二异丙苯的比例高达 98%[20]。AlCl₃ 催化的甲苯(过量)与溴(氯)甲烷在低温下(-3~18 °C)反应,主要得到邻- 和对-位二甲苯混合物(＞69%)。但是,同样反应在 55 °C 以上进行时,间二甲苯为主要产物(＞84%)。苯与 3 倍量的溴甲烷在 0 °C 反应主要得到 1,2,4-三甲苯,在 100 °C 反应则主要得到 1,3,5-三甲苯[13]。类似地,萘的 α-位电子云密度比较大,是亲电的烷基化试剂优先进攻的位置,而 β-烷基萘为热力学稳定的产物。α-烷基萘与 β-烷基萘的比例与使用的催化剂、烷基化试剂、反应溶剂、温度和时间等有很大的关系,如式 12 所示,在 CS₂ 中反应主要得到 β-烷基萘,而在 CH₃NO₂ 产物以 α-烷基萘为主[21]。通常情况下,延长反应时间、提高反应温度、增大催化剂用量或减少溶剂量,往往会有利于热力学上更稳定的间位烷基苯或 β-烷基萘的生成。

$$
\text{(萘)} + i\text{-PrBr} \xrightarrow[\text{25 °C, 5 min}]{\text{AlCl}_3 \text{ (10 mol\%)}} \text{(1-i-Pr-萘)} + \text{(2-i-Pr-萘)} \quad (12)
$$

	in CS₂	4%	96%
	in CH₃NO₂	82%	18%

傅-克烷基化反应还会因为烷基化试剂发生烷基碳链的重排而产生异构体[8,22~25]。例如:在 AlCl₃ 催化下,苯与正丙基氯反应得到正丙苯和异丙苯(为主)的混合物(式 13)[23,24]。苯与正丁基氯在 0 °C 反应得到正丁基苯和仲丁基苯(为主)的混合物(式 14),在 80 °C 还会有异丁基苯生成。然而,苯与异丁基氯反应只得到叔丁基苯(式 15)[24]。重排异构体的生成主要受到碳正离子中间体稳定性的影响,通过 H-迁移由伯碳正离子生成仲碳或叔碳正离子(式 16)。因此,直接通过傅-克烷基化反应不易得到较长(≥C₃)的直链烷基苯。与苯相比,烷基苯(例如:甲苯、乙苯、二甲苯等)在类似条件下反应主要得到正烷基取代产物(式 17)[8,25]。提高反应温度通常有利于重排产物的生成。

$$
\text{(苯)} + n\text{-PrCl} \xrightarrow[30\%]{\text{AlCl}_3 \text{ (8 mol\%), } -18\text{ °C, 5 h}} \text{(Pr-}n\text{)} + \text{(Pr-}i\text{)} \quad (13)
$$

34%   66%

$$
\text{(苯)} + n\text{-BuCl} \xrightarrow[66\%]{\text{AlCl}_3 \text{ (9 mol\%), } 0\text{ °C, 2.5 h}} \text{(Bu-}n\text{)} + \text{(Bu-}s\text{)} \quad (14)
$$

32%   68%

$$
\text{(苯)} + i\text{-BuCl} \xrightarrow[66\%]{\text{AlCl}_3 \text{ (9 mol\%), } -18\text{ °C, 2.5 h}} \text{(Bu-}t\text{)} \quad (15)
$$

100%

$$CH_3\overset{H}{\underset{R}{C}}\overset{+}{CH_2} \xrightarrow{R = H, CH_3} CH_3\overset{+}{\underset{R}{C}}CH_3 \qquad (16)$$

$$\text{(对二甲苯)} + n\text{-PrCl} \xrightarrow[19\%]{AlCl_3 \text{ (10 mol\%)}, -17\ ^oC, 2\ h} \underset{73\%}{\text{Pr-}n} + \underset{27\%}{\text{Pr-}i} \qquad (17)$$

烷基化产物在催化剂作用下也可能发生重排。例如：AlCl₃ 催化的对(正丙基)甲苯在 30 °C 主要发生异构化反应，得到间(正丙基)甲苯；如果同样反应在 100 °C 进行，环上的正丙基还可重排为异丙基，从而使得产物更加复杂[26]。类似地，异丁基苯在潮湿的 AlCl₃ 作用下，室温时只发生歧化反应得到二异丁基苯；而在 100 °C，还可以发生重排反应生成仲丁基苯，直到产生平衡混合物[27]。令人奇怪的是，异丁基苯重排的过程中，仅检测到极少量的叔丁基苯。后来的研究发现，这是由于叔丁基苯在该反应条件下，非常容易发生去烷基化反应[28]。虽然叔碳正离子相对较稳定，但是，并不是在任何情况下总是得到叔烷基苯。叔烷基苯也可以发生重排反应，使得烷基化反应的主要产物为仲烷基苯[29]。例如：苯与 2,3-二甲基-2-氯丁烷 在 AlCl₃ 或 ZrCl₄ 催化下，主要得到 2,2-二甲基-3-苯基丁烷，而不是 2,3-二甲基-2-苯基丁烷 (式 18)[29a]。

$$\text{苯} + \underset{Cl}{\text{2,3-二甲基-2-氯丁烷}} \xrightarrow{AlCl_3 \text{ (15 mol\%)}, 1\ ^oC, 1\ h} \underset{55.8\%}{\text{Bu-}t} + \underset{6.2\%}{\text{Pr-}i} \qquad (18)$$

烷基苯还可以发生去烷基化反应。较早的研究发现[30]，在 AlCl₃ 存在下，异丙基苯、仲丁基苯和叔丁基苯等与环己烷在 65~80 °C 反应，苯上的烷基侧链能够脱掉，分别生成丙烷、丁烷和异丁烷气体。而环己烷分子作为氢给体，其中的一个氢被苯基取代得到苯基环己烷 (式 19)。在该反应条件下，甲基和乙基不会发生脱烷基化反应，而叔丁基苯比仲丁基苯和异丙基苯更容易发生反应。实际上，叔丁基苯单独与 AlCl₃ 共热也可以放出异丁烷，因为另一分子叔丁基苯可以作为氢给体[15,28,30]。进一步的研究表明，将正(异)丙基苯、正(仲、异、叔)丁基苯在 AlCl₃-H₂O (2:1) 存在下加热至 100 °C，均可以发生去烷基化反应。如式 20 所示[28]：该反应可能是烷基苯 **I** 首先发生质子化生成 σ-配合物 **II**；然后 σ-配合物分解得到苯和烷基碳正离子 **III**；最后，**III** 夺取另一分子烷基苯 **I** 的负氢，产生相应的烷烃和一分子新的苯烷基碳正离子。该碳正离子可继续发生反应得到混合物。

$$\text{(19)}$$

$$CH_3\overset{+}{C}HCH_2CH_3 \xrightarrow{\quad I \quad} \text{Ph-}\overset{+}{C}_4H_9 \ + \ n\text{-}C_4H_{10} \quad (20)$$
$$\textbf{III}$$

由于苯环上的叔丁基很容易脱去产生叔丁基碳正离子，利用该过程实现了一些有趣的应用[31]。例如：1,3-二甲基-5-叔丁基苯在 BF$_3$·Et$_2$O 作用下，脱去的叔丁基碳正离子与 CO 作用生成 2,2-二甲基丙酰基正离子，继而水解以高产率得到 2,2-二甲基丙酸 (式 21)[31a]。在 AlCl$_3$/HCl 催化下，生成的酰基正离子还可以与叔丁基苯发生傅-克酰基化反应 (式 22)[31b]。

$$\text{(21)}$$

$$\text{(22)}$$

在苯与叔丁醇的烷基化反应中，最早观察到碎片化反应[32]。反应若在室温进行，可得到叔丁基苯；而在高温下反应，则得到甲苯、乙苯和异丙苯的混合物 (式 23)。叔丁基苯在 AlCl$_3$/H$_2$O (2:1) 存在下，于 50 °C 反应 1 h，有 17% 的异丁烷气体产生，液体产物中则有苯、甲苯、乙苯、异丙苯、仲丁基苯等产物生成[28]。可见叔丁基苯的重排、去烷基化、碎片化反应在较高温度下会同时发生。

$$\text{(23)}$$

2.3 酰基化反应的特点

与烷基化相比，傅-克酰基化反应通常是不可逆的。它们不会发生酰基的脱去、重排和转移反应，异构化反应也很少发生。但也有个别例外，例如：在萘[33]

或 2-甲氧基萘[34]的酰基化反应过程中，观察到产物的脱酰基和异构化反应。在 Lewis 酸催化下，2-甲氧基萘与酰氯或酸酐反应，主要得到 1-酰基-2-甲氧基萘 (**A**)、2-酰基-6-甲氧基萘 (**B**) 和 1-酰基-7-甲氧基萘 (**C**)，少数情况下有极少量的 2-酰基-3-甲氧基萘 (<1%) 生成 (式 24)。产物的分布与使用的催化剂和反应温度有很大关系。使用 AlCl₃ 为催化剂时，三种产物的比例受温度影响不大，总是以 **A** 为主 (43%~63%)。使用 TiCl₄、MnCl₂、CoCl₂ 和 CuCl₂ 等在高温下反应时，**A** 的比例在 86% 以上。而使用 InCl₃ 催化剂时，低温反应有利于生成 **A** (50 °C, 88%)；高温则有利于 **B** (160 °C, 84%)。使用 FeCl₃、ZnCl₂ 和 SnCl₄ 等在高温下也主要生成 **B**。

$$\tag{24}$$

在 InCl₃ 催化下，**A** 还会发生脱酰基和异构化反应，生成 2-甲氧基萘、**B** 和 **C** (式 25)。但是，1-苯甲酰基萘和 **B** 在该条件下不发生脱酰基和异构化反应。因此，脱酰基和异构化反应与萘环上的取代基和位置有关，环上甲氧基的活化作用促进了这些反应的进行。理论计算表明，2-甲氧基萘的 C1、C3、C6 和 C8 位的电荷密度分别为 -0.21、-0.14、-0.14 和 -0.13，相应位置的苯甲酰基化产物的生成热分别为 6.43、6.67、1.74 和 4.05 kcal❶/mol。因此，C1 位是最容易发生酰基化的位置 (生成 **A**)，而 **B** 是最稳定的酰基化产物，计算结果可以解释上述的一些实验事实[34]。

$$\tag{25}$$

酰基属于间位定位的钝化基团。当一个酰基在芳环上取代后，芳烃的反应活性降低，傅-克酰基化反应一般只生成一酰基化产物。酰基化试剂在反应过程中也不会发生酰基碳链的重排。因此，工业生产及实验室常用它来制备芳香酮。例如：正丁酰氯或异丁酰氯与苯在 AlCl₃ 催化下发生傅-克酰基化反应，得到相应

---

❶ 1cal=4.1840J.——编者注

的正丙基或异丙基苯基酮。经 Clemmensen 或 Wolff-Kishner 还原法将羰基还原成亚甲基，可得到烷基化反应难以制备的直链取代的芳烃 (式 26)[22]。

$$\text{(26)}$$

酰基化反应条件与烷基化的显著差异还在于 Lewis 酸催化剂的用量不同。除了醇作为烷基化试剂外，烷基化反应通常只需催化量的 Lewis 酸催化剂。由于酰卤、酸酐、羧酸等酰基化试剂和产物芳香酮的羰基均能与 Lewis 酸配位，因此酰基化中催化剂的用量至少为等摩尔。

3 影响傅-克反应的因素

3.1 芳烃的结构

通常情况下，未取代的五员杂环芳烃比未取代的蒽、萘、苯更容易进行傅-克反应 (式 27)[35]。芳环上若带有 -OH、-OMe、-NMe$_2$、-CH$_3$ 等推电子基团有利于反应。但是，-OH、-OMe 尤其是 -NMe$_2$ 等能与一些 Lewis 酸催化剂形成配合物，反而降低了催化剂的活性，使得催化剂的用量增加。这种配位作用还会部分或全部抵消它们对芳环的活化作用，导致傅-克反应难以进行。例如：在过量的 AlCl$_3$ 催化下，1,2-二甲氧基苯与马来酸酐在 10~15 $^{\circ}$C 进行酰化反应，仅得到 7% 的酰化产物。若反应温度提高至 50~55 $^{\circ}$C，产率也仅有 29%，还得到 24% 的脱甲基的酰化产物[36a]。萘甲醚和酰溴在 2.2 倍的 AlCl$_3$ 等 Lewis 酸作用下，会同时发生酰基化和脱甲基化反应，得到高产率的萘酚酮[36b]。芳甲醚在 AlCl$_3$ 或 BBr$_3$ 等作用下，可以只发生脱甲基化反应，生成相应的酚。在多步骤有机合成中，该反应也是酚羟基脱保护的重要方法之一[37]。芳环上的 -NH$_2$ 经乙酰化保护后，才能进行傅-克反应。拉电子基团 (例如：Cl、Br、I、和羰基等) 不利于反应的进行，带有强拉电子基团的芳烃往往不能发生傅-克反应。因此，硝基苯常用作傅-克反应的溶剂。如式 28 和式 29 所示[38]，同时带有活化和钝化基团的芳烃也能发生傅-克反应。

$$\text{(27)}$$

$$\text{(28)}$$

$$O_2N-C_6H_4(OH) + CH_3CCl \xrightarrow[\substack{55\sim60\ ^\circ C,\ 2.5\ h,\ rt,\ 12\ h \\ 47\%}]{AlCl_3\ (2.8\ eq),\ PhNO_2} O_2N-C_6H_3(OH)-C(O)CH_3 \qquad (29)$$

在动力学控制的条件下，推电子基取代芳烃的烷基化反应主要得到邻位和对位烷基化产物。异构体的比例与使用的催化剂、烷基化试剂和反应条件有很大关系，对位异构体不一定总是主要产物[4,39]。但是，由于酰基化试剂体积的原因，傅-克酰基化反应几乎总是主要生成对位酰基化的产物[6]。

3.2 催化剂

许多酸性的金属卤化物 (Lewis 酸) 是傅-克反应中传统而重要的催化剂。Olah 等人[40a]根据苯与甲基苄基氯的烷基化反应结果，将金属卤化物分为四类：

(1) 高活性催化剂　例如：AlX_3、$GaCl_3$ 和 $ZrCl_4$ 等。它们催化的反应具有高产率，但同时会引起多烷基化、异构化等副反应 (尤其是 $AlCl_3$)。

(2) 中等活性催化剂　例如：InX_3、$SbCl_5$、$FeCl_3$、AlX_3-RNO_2 和 $ZnCl_2$ 等。它们催化的反应具有高产率而副反应较少。

(3) 低活性催化剂　例如：BCl_3、BBr_3、$SnCl_4$ 和 $TiCl_4$ 等。它们催化的反应产率低，但也没有副反应。

(4) 无活性金属盐　例如：碱土金属和稀土金属卤化物等。

一些 Lewis 酸在催化甲苯与乙酰氯反应中的活性顺序为：$AlCl_3$ > $SbCl_5$ > $FeCl_3$ > $TeCl_2$ > $SnCl_4$ > $TiCl_4$ > $TeCl_4$ > $BiCl_3$ > $ZnCl_2$[40b]。

强质子酸 (Brønsted 酸) 也是傅-克反应中常用的催化剂，例如：H_2SO_4、H_3PO_4、HF、和烷基磺酸等。其中，硫酸使用最为广泛。但硫酸同时也是强氧化剂、脱水剂和磺化剂，不太适合在高浓度和高温下使用。质子酸的活性通常低于 $AlCl_3$ 和其它一些高活性的 Lewis 酸。

Lewis 酸是卤代烃以及酰卤作为烷基化或酰基化试剂最合适的催化剂。而质子酸是烯烃、醇以及羧酸作为烷基化或酰基化试剂最常用的催化剂。催化剂的用量与催化剂本身的活性、芳烃、烷基化和酰基化试剂的结构、反应温度等因素有关。活性高的催化剂用量相对较少，而且反应在低温下即可进行。

$AlCl_3$、$AlBr_3$ 和 BF_3 是最早和最常用于傅-克反应的催化剂。$AlCl_3$ 具有价格便宜、催化活性高、反应条件较温和等优点，至今仍在工业生产中大规模应用。但是，$AlCl_3$ 实际上是在非均相条件下使用，很多情况下用量超过反应的理论用量。由于无法回收循环利用和必须在无水条件下使用，该试剂具有严重环境和安全隐患。AlCl₃ 在反应和后处理中会释放出氯化氢气体，这不仅会降低反应的选择性，而且还有严重的腐蚀性和危险性。同样地，所有传统的 Brønsted 酸催化剂也存在着类似的严重缺点。因此，探索尝试不同种类的催化剂来替代传统的 Lewis 酸和 Brønsted 酸是一个长期的研究课题。

后来的研究发现，许多三氟甲磺酸盐也是傅-克反应的优良催化剂。如式 30 和式 31 所示：催化量的三氟甲磺酸盐即可高效地实现芳烃与苄醇[41]或炔[42]的烷基化反应。而使用 ZrCl₄ 或 AlCl₃ 为催化剂时，芳烃与炔反应 100 h 也仅得到 1% 或 6% 的产率[42]。三氟甲磺酸盐以较低的用量也可用于催化酰基化反应[43]。高度活化的苯甲醚与乙酸酐反应，需要加热才能得到高的产率 (式 32)[43a]。若添加等量的 LiClO₄，不仅可以降低催化剂用量，而且轻度活化的间二甲苯或甲苯在室温下即可顺利反应 (式 33)[43b]。吲哚、呋喃、噻吩等杂芳烃的酰化反应也可在温和的条件下进行 (式 34)[44]。

$$\text{(30)}$$

$$\text{Sc(OTf)}_3 \ (10 \ \text{mol\%}), \ 115\sim125 \ ^\circ\text{C}, \ 4 \ \text{h, quant.}$$

$$\text{(31)}$$

$$\text{In(OTf)}_3 \ (10 \ \text{mol\%}), \ 85 \ ^\circ\text{C}, \ 19 \ \text{h, } 80\%$$

$$\text{(32)}$$

$$\text{Yb(OTf)}_3 \ (20 \ \text{mol\%}), \ \text{CH}_3\text{NO}_2, \ 50 \ ^\circ\text{C}, \ 18 \ \text{h, } 99\%$$

$$\text{(33)}$$

$$\text{In(OTf)}_3 \ (1 \ \text{mol\%})\text{-LiClO}_4 \ (1 \ \text{eq}), \ \text{CH}_3\text{NO}_2, \ \text{rt}, \ 40 \ \text{h, } 90\%$$

$$\text{(34)}$$

$$\text{Sn(OTf)}_2 \ (5 \ \text{mol\%}), \ \text{CH}_3\text{NO}_2, \ \text{rt}, \ 4 \ \text{h, } 95\%$$

在三氟甲磺酸盐中，除了 B(OTf)₃、Al(OTf)₃ 和 Ga(OTf)₃ 容易吸水外[45]，大多数对水并不敏感，有的本身就是在水中制备和纯化。但是，这些催化剂价格相对较高和制备较困难。

室温或接近室温为液态的离子液体具有不易挥发、液相温度范围宽、结构和性质可调控、容易回收、可循环利用等优点，有些已经用于傅-克反应。其中，阳离子主要是烷基吡啶盐[46]和 1,3-二烷基咪唑盐[47~52]两种类型。阴离子为 SbF_6^-、PF_6^-、BF_4^- 或 OTf^- 的离子液体只是单纯用作反应的介质，而阴离子为 $Al_2Cl_7^-$、$FeCl_4^-$ 的离子液体则可以同时作为催化剂使用 (式 35)。

$$\text{(35)}$$

$$X^- = SbF_6^-, PF_6^-, BF_4^-, OTf^-, Al_2Cl_7^-, FeCl_4^-$$

用银盐或钠盐 ($AgBF_4$ 等) 将吡啶或咪唑的烷基卤盐中的卤负离子置换出来，就得到用作反应介质的离子液体 (式 36a)。将吡啶盐或咪唑盐与 Lewis 酸 ($AlCl_3$、$FeCl_3$ 或 $ZnCl_2$ 等) 反应则得到离子液体催化剂 (式 36b)。由于可选择的卤代烃和阴离子种类较多，因此离子液体具有较大的可调控性。

$$\text{(36a)}$$

$$\text{(36b)}$$

许多时候，在离子液体介质[46,49~51]中或离子液体催化[47,48,52]下进行的傅-克烷基化反应[46~49]或酰基化反应[50~52]会表现出加快反应速率、提高产率和选择性的优点。由于金属催化剂能够溶于离子液体中，所以离子液体催化剂很容易与产物分离，并可以循环使用。需要注意的是，氯铝酸盐离子液体催化剂很容易吸潮。因此，需要在干燥和惰性气体环境中进行制备和使用。

近年来，固体酸催化剂在傅-克烷基化[53]和酰基化[54]反应中的应用备受关注，其中以沸石 (zeolite)[55]和杂多酸 (heteropoly acids, HPA) 及其盐研究较多。沸石是一种具有规整孔道结构的结晶硅铝酸盐，其种类繁多，可以有不同的化学组成、不同孔道结构和孔道尺寸。常用的有 ZSM-5 沸石、丝光沸石 M、β-沸石、Y-沸石和 MCM-41。沸石分子筛还可以通过改性处理，对其酸性质和孔口尺寸进行调变，用于傅-克反应具有选择性好、活性高、使用寿命长、可回收再生、价格便宜和不污染环境等诸多优点。

杂多酸是由中心原子 (例如：P、Si 等) 和配位原子 (例如：Mo、W 等) 以一定的结构通过氧原子配位桥联而成的含氧多元酸的总称。按其阴离子结构可分为 Keggin、Dawson、Anderson、Waugh、Silvertong 五种类型。杂多酸具有强酸性，属于 Brønsted 酸催化剂。它易溶于极性溶剂，但不溶于非极性溶剂。此外，也有将 $AlCl_3$ 等 Lewis 酸固载在二氧化硅、蒙脱土、沸石、黏土、聚乙烯或聚苯乙烯等无机或有机固体上制成固载催化剂，不仅使用方便，而且有利于解决催化剂的分离和回收利用。

3.3 反应溶剂和温度

在傅-克反应中，一般使用过量的液体芳烃底物作为反应溶剂。在傅-克烷基化反应中，使用过量的芳烃还可以有效提高一取代烷基苯的选择性。最常用的非极性溶剂是 CS_2，其它还有石油醚和 CCl_4 等。由于 $AlCl_3$ 或其它金属卤化物在液体芳烃和非极性溶剂中的溶解度较低，反应实际是在多相条件下进行。可以认为，溶剂主要起到稀释剂的作用。最常用的极性溶剂是 $PhNO_2$ (酰基化)、CH_3NO_2 (烷基化) 和 $CH_3CH_2NO_2$。极性溶剂能够很好地溶解 Lewis 酸催化剂，并与催化剂形成加合物，使得催化剂的活性降低，从而抑制焦油形成、重排等副反应的发生。例如：将 $AlCl_3$ 溶在 CH_3NO_2 中催化过量的苯与 2,3-二甲基-2-氯丁烷反应，只得到叔烷基苯 (2,3-二甲基-2-苯基丁烷)。若没有 CH_3NO_2，则叔烷基苯会发生重排[29a]。CH_3NO_2、$PhNO_2$ 和 CS_2 是傅-克反应的最佳溶剂，但由于毒性较大的原因而应尽可能避免使用。1,2-二氯乙烷和二氯甲烷也是较好的溶剂。若使用活性高的芳香底物 (例如：酚或芳醚) 和活性较低的催化剂时，氯苯、邻二氯苯、1,1,2,2-四氯乙烷 (TCE) 和乙醚可以用作溶剂。

有时候，溶剂会对反应结果产生较大影响。萘与异丙基溴在 CS_2 中发生烷基化反应主要得到 β-异丙基萘，而在 CH_3NO_2 中则主要得到 α-异构体 (式 12)[21]。$PhNO_2$ 通常更有利于生成位阻小的酰基化产物[56,57]，例如：萘与乙酰氯在 1,2-二氯乙烷中反应基本上只得到 α-乙酰基萘，而在 $PhNO_2$ 中则主要得到 β-乙酰基萘 (式 37)[57]。这可能是因为酰氯、$AlCl_3$ 和 $PhNO_2$ 形成体积较大的酰基化试剂 $[RC(X) = OAlCl_3 \cdot O_2NC_6H_5]$，更容易进攻位阻较小的 β-位。但是，位阻效应却不能解释苯甲酰氯在同样的条件下为什么主要得到 α-异构体 (68 %)[57]。因此还有一种可能：萘的酰基化反应为可逆反应[5]，动力学控制的 α-酰基萘优先生成。由于 α-酰基萘与 $AlCl_3$ 的配合物不溶于 1,2-二氯乙烷，因此防止了进一步的反应。由于该配合物能溶于 $PhNO_2$，因此 α-酰基萘能够进一步被转变成为热力学更稳定的 β-酰基萘。但是，进一步的研究发现：$AlCl_3$ 催化的萘与乙酰氯在 1,2-二氯乙烷中的反应产物随反应物的浓度和时间而改变，α- 和 β-异构体的比例从最初的 (4~5):1 到最后变为 0.7:1[58]。动力学研究表明：α- 和 β-异构体经由不同的机理形成，β-异构体并非来自于 α-异构体的异构化。

$$(37)$$

(CH$_2$Cl)$_2$, 93%   98 : 2

PhNO$_2$, 82%   34 : 66

　　傅-克反应的温度一般低于 90~100 °C。控制合适的温度可以有效地减少副反应的发生，几乎所有的傅-克反应经长时间加热都会生成复杂的油状物或聚合物。使用高活性的 Lewis 酸时，活泼芳烃的烷基化或酰基化反应进行很快而且剧烈放热，因此操作过程中需要采取降温、剧烈搅拌、缓慢加入催化剂或反应物等措施。但是，使用活性较低的催化剂或反应物时仍然需要加热。

4　傅-克反应的烷基化试剂

4.1　卤代烃

　　卤代烃是最早用于傅-克反应的烷基化试剂，其中氟代烃的反应活性最高。由于成本的原因，氯代烃和溴代烃是最常用的烷基化试剂，使用碘代烃会有较多的副反应发生。不同卤代烃的反应活性顺序是：叔烷基、苄基 > 仲烷基 > 伯烷基 > 甲基。较活泼的卤代烃在催化量的弱催化剂存在下即可与苯反应，而活性较低的甲基氯则需要使用较多的强催化剂。多卤代烃反应时，通常会得到多芳基的烷烃。例如：苯与 CH$_2$Cl$_2$ 反应生成 Ph$_2$CH$_2$ 而不是 PhCH$_2$Cl；苯与氯仿生成 Ph$_3$CH，而与 CCl$_4$ 反应则生成 Ph$_3$CCl。

　　烯丙基卤代烃是一类比较特殊的烷基化试剂，可以在双键或者烯丙基碳上发生反应。使用 AlCl$_3$ 作为催化剂时，往往得到复杂的混合物。苯或二甲苯在 Pb$_3$BrF$_5$ (或 Pb$_3$ClF$_5$) 作用下与烯丙基卤代烃反应，选择性地得到单烯丙基化的产物 (式 38，式 39)[59]。该反应的缺点在于催化剂和芳烃的用量较大，通常芳烃的用量为卤代烃的 20 倍，有时甚至为 140 倍。

$$(38)$$

$$(39)$$

金属铟除了可催化苯与烯丙基氯代烃的反应外 (式 40)，还可用于苯甲醚和苯酚的反应 (61%~62%, *o:p* = 1:3)。苯胺与烯丙基氯代烃主要得到 *N*-烯丙基苯胺和 *N,N*-二烯丙基苯胺的混合物，使用 10~15 倍量的苯胺也不会得到 *C*-烯丙基化产物[60]。如果使用 InCl₃ 为催化剂，芳烃的用量可以减少至烯丙基卤代烃的 5 倍 (式 41)[61a]。InCl₃ 也可用于催化芳烃与烯丙基卤代烃的分子内傅-克烷基化反应。芳环上的推电子取代基团有利于反应，而弱的拉电子基团则需要提高催化剂用量并延长反应时间来提高产率 (式 42，式 43)[61b]。

$$
\text{苯} + \text{CH}_2\text{=CH-CHCl-CH}_3 \xrightarrow[\text{90\% GLC yield}]{\text{In (1 mol\%), 70 °C, 3 h}} \text{PhCH}_2\text{CH=CHCH}_3 \tag{40}
$$

$$
\text{对二甲苯} + \text{BrCH}_2\text{CH=CHCH}_3 \xrightarrow[\substack{\text{CH}_2\text{Cl}_2,\ \text{rt, 16 h} \\ \text{89\% NMR yield}}]{\text{InCl}_3\ (10\ \text{mol\%}),\ 4\ \text{Å MS}} \tag{41}
$$

$$
\xrightarrow[\substack{\text{CH}_2\text{Cl}_2,\ \text{rt, 16 h} \\ 97\%}]{\text{InCl}_3\ (10\ \text{mol\%}),\ 4\ \text{Å MS}} \tag{42}
$$

$$
\xrightarrow[\substack{\text{CH}_2\text{Cl}_2,\ \text{rt, 48 h} \\ 89\%}]{\text{InCl}_3\ (20\ \text{mol\%}),\ 4\ \text{Å MS}} \tag{43}
$$

4.2 烯烃及环氧乙烷类

卤代烃作为烷基化试剂时会产生卤化氢，因此导致一些副反应的发生。使用烯烃作为烷基化试剂则可以克服上述缺点，但又容易发生聚合反应。烯烃与芳烃的傅-克烷基化反应可大致分为四种类型 (式 44)：(a) 烯烃在 Brønsted 酸或 Lewis 酸催化剂作用下，产生碳正离子中间体进行反应；(b) 芳烃与缺电子烯烃的 1,4-共轭加成；(c) 烯烃的环氧乙烷衍生物在芳烃作用下的开环反应；(d) 烯烃衍生的卤鎓离子在芳烃作用下的原位开环反应。

苯与乙烯或丙烯在固载磷酸或 AlCl₃ 作用下，分别生成乙苯和异丙苯的傅-克烷基化反应是两个非常重要的工业过程。前者可用于重要化工原料苯乙烯的制备，后者则用于制备苯酚。烯烃是通过碳正离子中间体来发生傅-克烷基化反应的，所以单纯使用 Lewis 酸通常不能直接引发反应，而需要有能够产生强共轭酸或碳正离子的助催化剂的存在。例如：AlCl₃ 在痕量水的作用下，产生的 HCl 可用于烯烃的活化。许多 Brønsted 酸都可以用作该类反应的高效催化剂，例如：HCl、H₂SO₄、HF 和 H₃PO₄ 等。控制合适的酸度可以适当抑制烯烃聚合和硫酸氢酯的生成 (式 45)[62]。但是，烯烃和芳烃的傅-克反应仍然不可避免地会发生多烷基化、异构化和重排等现象[22,23,29b,62,63]。例如：在 AlCl₃、HF 或 H₂SO₄ 催化的 1-十二碳烯与苯的反应中，除了二取代烷基苯外，还得到了 2-、3-、4-、5- 和 6-苯基十二烷等产物[63]。

$$(44)$$

$$(45)$$

当富电子的杂芳烃 (例如：吲哚或吡咯)[64~67]被用作底物时，缺电子烯烃可以发生 1,4-共轭加成反应。例如：InBr₃[66a] 或 InCl₃[67a] 在室温下可以催化吲哚和取代吲哚与 α,β-不饱和酮发生共轭加成，得到 3-烷基吲哚产物 (式 46)。有趣的是：仅仅使用 10 mol% 的 InBr₃ 就能以很高的产率实现双 1,4-共轭加成 (式 47)[66a]。

$$(46)$$

$$(47)$$

在 Sc(DS)₃ (DS: 十二烷基硫酸酯) 催化下,吲哚与 α,β-不饱和酮、反式 β-硝基苯乙烯的加成反应可以在水中进行 (式 48)[65]。InCl₃ 还可以有效催化吡咯与不饱和酮或反式 β-硝基苯乙烯发生 1,4-共轭加成,生成 2-烷基吡咯产物 (式 49);若延长反应时间并且使用大过量的缺电子烯烃,吡咯的 2-位和 5-位均可发生烷基化反应[67b]。

$$(48)$$

$$(49)$$

芳烃与环氧乙烷类化合物在 Lewis 酸催化下,可以发生分子间的傅-克烷基化反应。环氧乙烷开环时,芳烃从氧的背面进攻能生成较稳定碳正离子的碳原子 (式 50,式 51)[68]。

$$(50)$$

$$(51)$$

若无其它因素影响,芳基取代的环氧化物在分子内的傅-克反应中优先形成六员环的产物,然后是七员环和五员环 (式 52,式 53)[69,70]。环氧化物上若带有烯基基团,则区域选择性发生改变,会优先形成七员环 (式 54)[70]。

$$(52)$$

$$(53)$$

$$(54)$$

在 NBS 或 I_2 存在下，三氟甲磺酸盐可以催化芳烃与苯乙烯或二氢萘等反应，得到 1,1-二芳基-2-卤代烷烃 (式 55)。在甲苯或苯甲醚的反应中，只形成对位取代的反应产物。芳烃与 α,β-不饱和酯或酮在类似条件下反应则得到 α-卤代-β,β-二芳基羰基化合物 (式 56)。三氟甲磺酸盐中以 $Sm(OTf)_3$ 催化活性最高[71]。

$$(55)$$

$$(56)$$

在上述产物中，新引入的芳基和卤原子总是处于反式。反应机理研究认为：Lewis 酸 $Sm(OTf)_3$ 首先通过配活化 NBS 或 I_2 与双键形成环状的卤鎓离子中间体；然后，芳烃作为亲核试剂，从卤原子的背面进攻能够生成较稳定碳正离子的碳原子。该反应的区域选择性类似于环氧乙烷在酸性条件下的开环反应 (式 57)。

$$(57)$$

4.3 醇

醇作为烷基化试剂可以避免卤化氢的产生，但能够与 Lewis 酸配位并在反应中生成等量的水。因此，使用传统的 Lewis 酸或 Brønsted 酸催化剂时，用量较大。尤其是活性较低的伯醇，反应中不仅需要至少是等摩尔的催化剂，而且还需要较长时间加热。它们的反应活性顺序类似于卤代烃，叔烷基、苄基 > 仲烷基 > 伯烷基 > 甲基。例如：苯、甲醇和 AlCl$_3$ 的混合物 (摩尔比 4:1:1) 在 80~100 °C 反应 14 h，没有甲苯生成。AlCl$_3$ 的用量为甲醇的 2 倍时，在类似条件下反应可得到 21% 的甲苯，乙醇与苯反应可得到 50% 的乙苯[32]。

C$_3$ 以上的醇会发生重排等反应[23,72~75]。例如：BF$_3$ 催化的正丙醇或异丙醇与苯反应，均得到单取代、二取代和多取代异丙苯的混合物。正丁醇或仲丁醇都会得到仲丁基苯的衍生物。而异丁醇或叔丁醇与苯反应则生成叔丁基苯的衍生物。环己醇和苄醇也是得到一烷基、二烷基和多烷基苯的混合物。在类似的条件下，甲醇或乙醇与苯不发生烷基化反应[72a]。若在上述反应体系中加入 P$_2$O$_5$、H$_2$SO$_4$ 或 PhSO$_3$H，将大大提高一烷基在产物中的比例[72b]。醇与萘反应，得到 α-烷基萘、β-烷基萘和多烷基萘的混合物[73]。正丙醇或异丙醇与苯酚反应，生成 2,4-二异丙基苯基异丙基醚、2-异丙基苯酚和 4-异丙基苯酚的混合物。甲醇或乙醇与苯酚则主要得到苯甲醚或苯乙醚[75]。上述结果说明，无论是卤代烃、烯烃还是醇作为烷基化试剂，傅-克烷基化反应都因可能产生复杂的混合物而不具有合成价值。

有趣的是，在质子酸 H$_2$SO$_4$、PPA (polyphosphoric acid，多聚磷酸) 或 85% H$_3$PO$_4$ 等催化下，醇可以与间位定位基团取代的苯发生烷基化反应。但是，这些反应的转化率大多低于 50%，而且生成复杂的混合产物[76]。例如：硝基苯与乙醇在 97% H$_2$SO$_4$ 中加热至 110 °C 反应 6 h，未反应的硝基苯含量约为 52%，邻-、间- 和对乙基产物的比例分别为 9.5%、28.2% 和 4.6%。二乙基化的产物为 5.2% (包括六种异构体)，五种异构化的三烷基化产物的比例为 0.58%。此外，还检测到两种四烷基化的产物 (0.05%) 和一种五烷基化的产物 (0.01%)。由于正丙醇得到异丙基取代的产物，而正丁醇得到仲丁基衍生物，因此该反应被认为还是经过碳正离子中间体进行的。甲基碳正离子难于形成，因此甲醇在此条件下不发生反应。而叔丁醇虽然容易形成叔碳正离子，但它很容易脱去质子生成异丁烯。

三氟甲磺酸稀土盐通常是在水溶液中制备的，因此很适合用于醇与芳烃的傅-克烷基化反应中。在催化量的三氟甲磺酸稀土盐存在下，苄基醇 (式 58，式 59)[41]、烯丙醇 (式 60)[41]以及多种仲苄醇 (式 61)[77]均能顺利地与芳烃进行烷基化反应。烯丙醇的反应总是发生在取代较少的烯丙基碳上。在仲苄醇的反应中，催化剂用量仅为 0.01~1 mol%。催化剂的活性顺序为：La(OTf)$_3$ < Yb(OTf)$_3$ < TfOH < Sc(OTf)$_3$ <

Hf(OTf)$_4$。例如：1-(2-萘基)乙醇与 3-羟基-2-萘甲酸甲酯的反应，使用 0.1 mol% 的 Yb(OTf)$_3$ 在 100 $^\circ$C 反应 15 min，即可得到 94% 的产物 (式 62)。而使用等摩尔的 Lewis 酸催化剂 TiCl$_4$ 在 0 $^\circ$C 反应 1 h，仅给出 6% 的产物。等摩尔的 BF$_3$.OEt$_2$ 得到 96% 的产率，降低至 10 mol% 时只能得到 6% 的产物[77]。

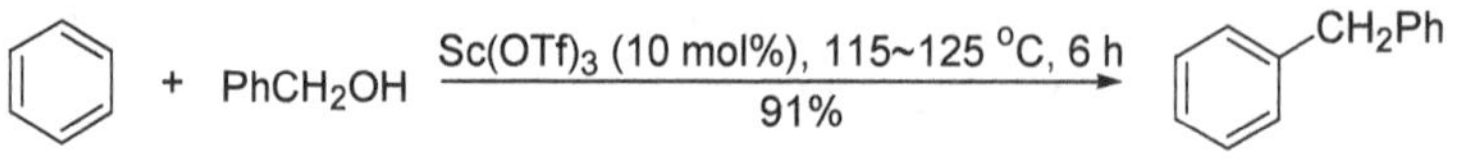

(58)

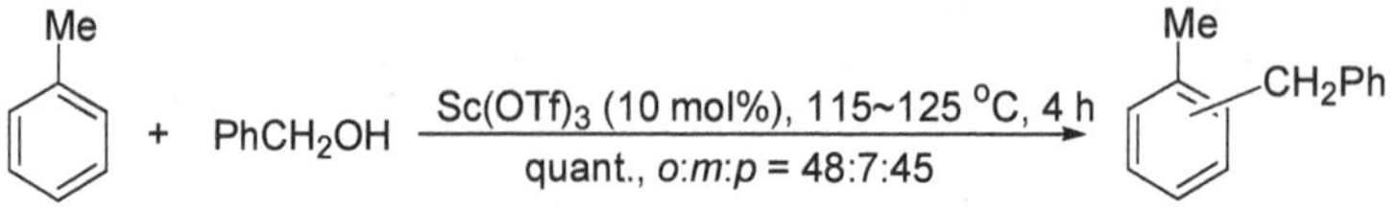

(59)

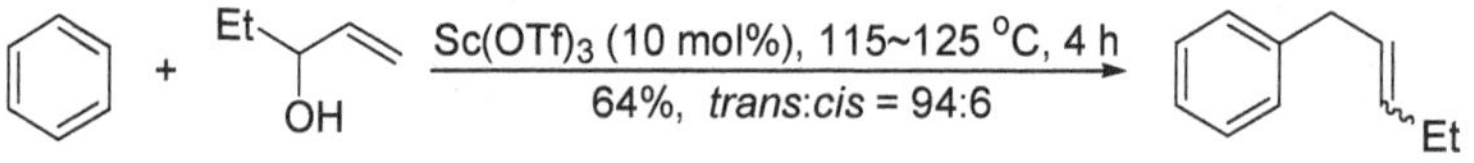

(60)

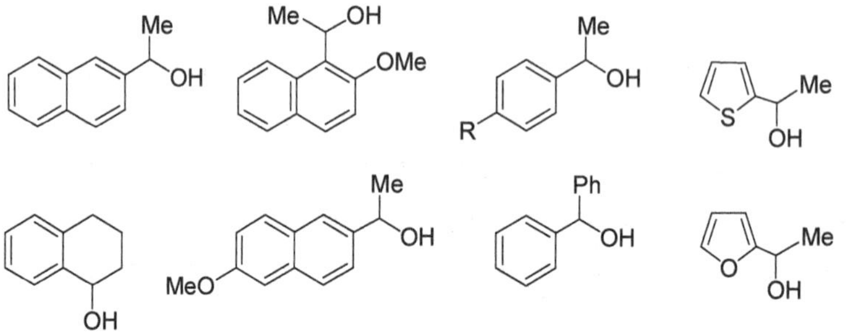

(61)

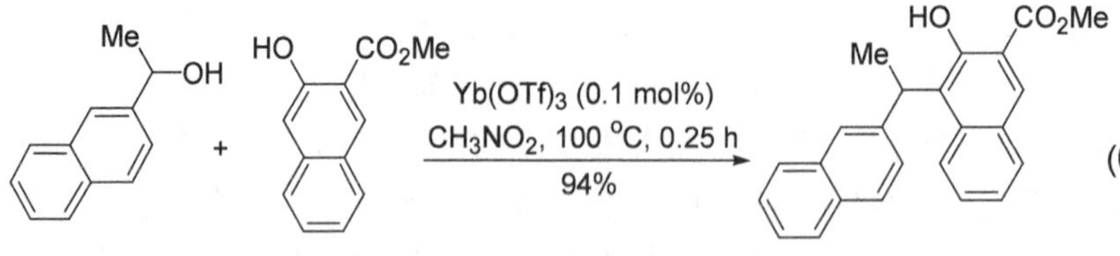

(62)

在室温下，FeCl$_3$ 可以催化烯丙醇、仲苄醇和叔苄醇与吲哚的反应，得到中等产率以上的 3-烷基吲哚产物 (式 63)[78]。

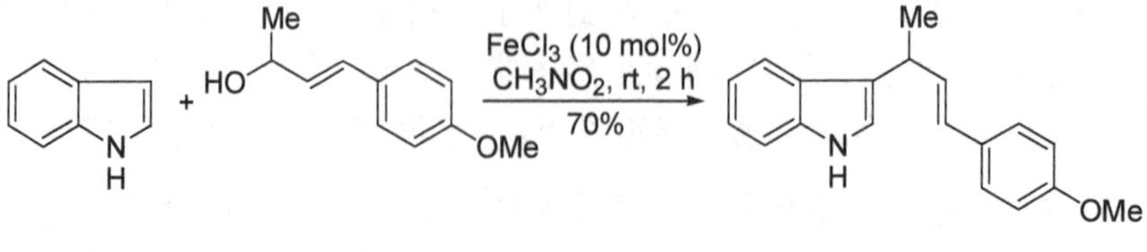

(63)

4.4 炔烃

芳烃与炔烃的傅-克反应比较困难，主要原因是烯基碳正离子不稳定而容易引起炔的低聚及其它副反应。在 3 倍量的 GaCl$_3$ 催化下，甲基取代的苯或萘与

三甲硅基乙炔在 –78 °C 反应，可顺利地得到 (E)-[(β-三甲硅基)乙烯基]芳烃 (式 64)。炔烃上的三甲硅基能有效抑制聚合副反应的发生，因为乙炔在相同的反应条件下生成聚合物。AlCl₃、InCl₃ 和 GaBr₃ 等 Lewis 酸，以及 CF₃SO₃H 和 HCl 等质子酸，均不能催化该反应[79]。使用 SnCl₄-Bu₃N[80a] 或 Y-型沸石分子筛 HSZ-360[80b]，苯酚和取代苯酚与苯乙炔等炔烃反应，以较高的产率高选择性地得到羟基邻位烯基化的产物 (式 65)。

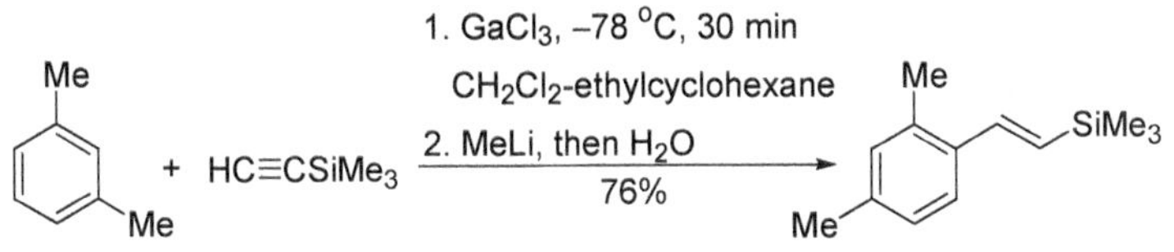

$$
\text{(64)}
$$

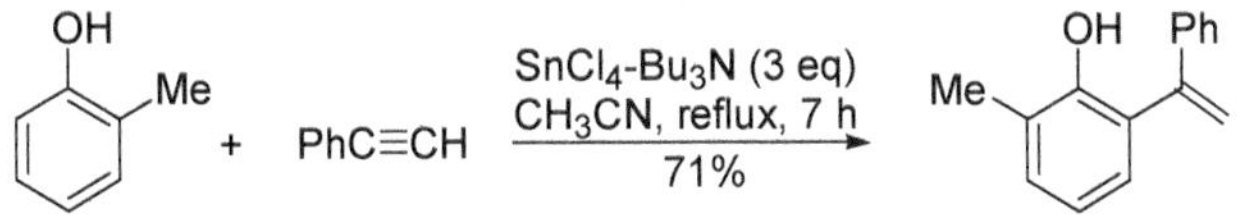

$$
\text{(65)}
$$

芳烃与炔烃的傅-克反应通过使用三氟甲磺酸盐类催化剂取得了较大的突破，其中 In(OTf)₃、Sc(OTf)₃ 和 Zr(OTf)₄ 表现出较高活性[42]。苯和卤代苯为底物、或苯乙炔的苯环上带有拉电子基团 (例如：Cl 和 CF₃) 时，反应进行比较困难 (式 66)。二取代炔烃 1-苯基丙炔与对二甲苯反应，生成以 (Z)-构型为主 (> 90%) 的 (Z)- 和 (E)-异构体混合物 (式 67)。但在 1-苯基丙炔的转化率 < 60% 时，(Z)- 和 (E)-异构体的比例基本保持在 1:1。该现象表明：反应可能经过烯基碳正离子中间体。因为形成碳正离子后，芳烃可从碳正离子的两端分别进攻，得到两种异构体的混合物 (path A)；如果三氟甲磺酸盐对炔烃的活化以及芳烃的进攻为协同反应，则只能得到 (Z)-异构体 (path B) (式 68)。随着反应的进行，(E)-异构体在催化剂作用下，会转化为热力学更稳定的 (Z)-异构体。一取代苯为底物时，产物中包含有 (Z)- 和 (E)-异构体和 o-，m-，p-异构体[42]。

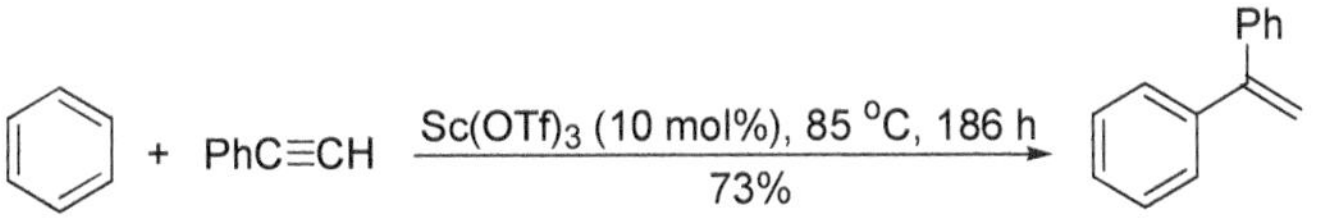

$$
\text{(66)}
$$

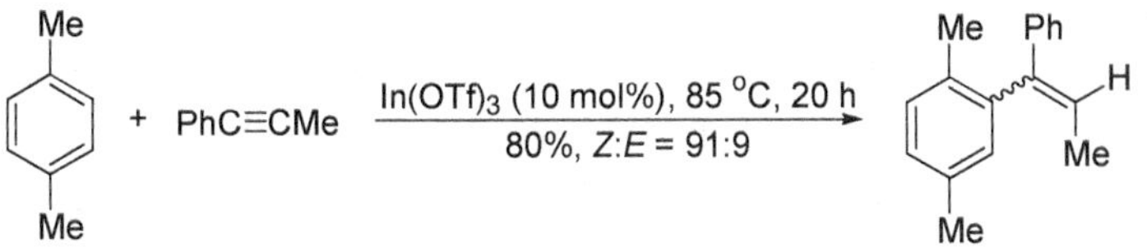

$$
\text{(67)}
$$

$$\tag{68}$$

在咪唑盐离子液体中，由于三氟甲磺酸盐催化剂的活性得到大大提高，炔烃的傅-克反应可以更顺利地进行[81]。例如：在 Sc(OTf)$_3$ 作用下，1-苯基丙炔和苯反应 96 h 生成 27% 的产物。而在疏水性离子液体 (X$^-$ = SbF$_6^-$ 或 PF$_6^-$) 中进行 4 h 即可得到 90%~91% 的产率 (式 69)。反应结束后，将反应液温度降低至 $-40\ ^\circ$C，含 Sc(OTf)$_3$ 的离子液体变为固体。将上层液体产物转移出来，回收的催化剂/离子液体循环使用 8 次，活性无明显降低，产率依然可以达到 90%。离子液体中的阴离子对催化活性影响很大，在阴离子为 BF$_4^-$ 或 OTf$^-$ 的亲水性离子液体中，同样反应只得到极少量的产物 (< 5%)。

$$\tag{69}$$

通过对二苯乙炔与 Sc(OTf)$_3$ 反应液的 ^{13}C NMR 分析，首次捕捉到了烯基碳正离子中间体 (式 70)。因此，在该反应条件下傅-克反应机理可能是：炔烃在 Lewis 酸活化下，首先形成烯基碳正离子，接着与芳烃发生亲电反应，最后质子化生成产物并再生催化剂 (式 71, path b)[81b]。应该指出的是，金属催化 (Pd, Pt 和 Au) 的芳烃与炔烃的反应还可能存在另外一种机理 (式 71, path a)[82]。

$$Ph-\!\!\!\equiv\!\!\!-Ph \xrightarrow[\text{(5 eq), THF-}d_8,\ -50\ ^{\circ}\text{C}]{\text{Sc(OTf)}_3\ (1\ \text{eq}),\ [\text{bmim}][\text{SbF}_6]} Ph-\overset{\oplus}{\underset{\beta}{C}}\!\!=\!\!\overset{\text{Sc(OTf)}_X(\text{SbF}_6)_{3-X}}{\underset{\alpha}{\overset{\cdot}{C}}}\!\!\diagdown Ph \qquad (70)$$

$$(71)$$

在超酸离子液体催化剂 [bmim][Sb$_2$F$_{11}$] (见式 72) 作用下，炔烃与芳烃的傅-克烷基化反应速率进一步提高。使用 5 mol% 催化剂在 90 $^{\circ}$C 反应数分钟，即能以较高产率得到热力学稳定的 (Z)-式产物。若提高催化剂用量至 20 mol%，反应可在低温度下数分钟内完成，并能以较高产率得到动力学稳定的 (E)-式产物[83]。

$$[\text{bmim}][\text{SbF}_6]\ +\ \text{SbF}_5 \xrightarrow{\text{Ar}} \left[\text{Me}-\overset{\oplus}{\text{N}}\diagdown\text{N}\diagup\diagdown\diagup \right]\left[\text{Sb}_2\text{F}_{11}^{-} \right] \qquad (72)$$

$$[\text{bmim}][\text{Sb}_2\text{F}_{11}]$$

4.5 醛和酮

芳香醛和芳烃在过量的 Lewis 酸或超酸作用下，形成三芳基甲烷、三芳基甲醇、二芳基甲烷和蒽及其衍生物等多种产物的混合物[84]。例如：苯甲醛和过量的苯在超酸 CF$_3$SO$_3$H 作用下，室温反应主要得到三苯基甲烷 (式 73)[84b]。但是在 50 $^{\circ}$C，该反应则生成三苯基甲烷、二苯基甲烷、三苯基甲醇和蒽的混合物[84c]。苯甲醛在超酸中可能首先形成双质子化的活性中间体作为亲电试剂，然后再与苯反应 (式 74)[84b,84c]。使用 40~50 mol% 的 AlCl$_3$，富电子的芳烃可与各种醛在室温下发生反应，主要得到三芳基甲烷或二芳基烷烃[85]。使用 5 mol%

的 In(OTf)$_3$ 即可有效地催化吲哚与芳香醛的反应 (式 75)[44b]。

$$(73)$$

$$(74)$$

$$(75)$$

酮作为烷基化试剂的报道并不很多[86]。在 AlCl$_3$ 催化下, 大位阻的酮 (例如: 乙酰或丙酰化的均三甲苯) 与均三甲苯在 150~160 °C 共热, 首先生成叔醇, 然后脱水得到 1,1-二均三甲苯乙烯 (式 76) 或 1,1-二均三甲苯丙烯。

$$(76)$$

醛或酮还可以与芳烃发生还原傅-克烷基化反应 (reductive Friedel-Crafts alkylation)。例如: 使用还原性催化剂 Ga$_2$Cl$_4$, 苯甲醛与苯甲醚反应直接生成苄基苯甲醚 (式 77)[87]。如果在反应中加入 ClMe$_2$SiH[88] 或 1,3-丙二醇[41], 催化剂量的 InCl$_3$[88] 或 Sc(OTf)$_3$[41]也可以实现该类反应 (式 78)。

$$\text{(77)}$$

$$\text{(78)}$$

5 傅-克反应的酰基化试剂

5.1 酰卤

傅-克酰基化反应是合成芳香酮的重要方法，酰卤是最常用、也是活性最高的酰基化试剂。四种酰卤（氟、氯、溴和碘）中，酰氯的使用率最高（例如：乙酰氯、丙酰氯和苯甲酰氯等）。一般情况下，传统的 Lewis 酸催化剂（例如：AlX$_3$、BF$_3$、FeCl$_3$、SnCl$_4$、TiCl$_4$、和 ZnCl$_2$ 等）的用量通常为酰氯的 1.1 倍（式 79）[89]，质子酸催化剂（例如：H$_2$SO$_4$、HF 和 PPA 等）的用量更大（式 80）[90]。活性较高的芳烃、酰卤或高温下[34]反应时，催化剂的用量可以降低。

$$\text{(79)}$$

$$\text{(80)}$$

在 AlCl$_3$ 或 CH$_3$SO$_3$H 催化下，α,β-不饱和酰氯与芳烃可同时发生傅-克酰基化和烷基化反应，得到 2,3-二氢-1-茚酮（式 81）[91]。

$$\text{(81)}$$

苯酚的酰化反应比较复杂，会同时发生 O-酰化和 C-酰化反应。一般情况下，O-酰化比 C-酰化速度快得多，生成羧酸苯酯。C-酰化则得到邻羟基芳香酮和对羟基芳香酮。以苯酚与辛酰氯的反应为例，各种产物的比例与催化剂用量、反应物的加入顺序、温度和溶剂等有关。由于酚能与 AlCl$_3$ 生成酚的铝盐，酰氯也可与

AlCl$_3$ 配位，因此催化剂的用量至少与苯酚等量。PhOH:AlCl$_3$ = 1:1 时，在 30 °C 反应主要得到羧酸苯酯 (61%~72%)；70 °C 反应时酯的含量明显减少 (<12%)。使用 CS$_2$ (46 °C 反应) 或 TCE 为溶剂时，主要得到邻羟基芳香酮；而使用 PhNO$_2$ 作溶剂则主要得到对位产物。若 PhOH:AlCl$_3$ = 1:2，46~70 °C 反应时得到的产物中酯含量 < 5%，总是以对羟基芳香酮为主 (p:o = 1.62~4.27) (式 82)[92]。邻位产物由于酚羟基与羰基可形成氢键，在非极性溶剂中的溶解度增大。而对位产物在氢氧化钠水溶液中的溶解度较大，利用这些特性可将两个异构体分开。

$$\text{(82)}$$

| PhOH:AlCl$_3$:RCOCl = 2:2:1 | 11.6% | 47.0% | 35.4% |
| PhOH:AlCl$_3$:RCOCl = 1:2:1 | 1.1% | 23.4% | 68.2% |

　　酚的镁盐或铝盐与活性较高的酰氯 (例如：α-卤代的乙酰氯) 反应，可以选择性地只生成酯和邻位产物 (式 83)[93a]。在微波促进下，使用等量的 BCl$_3$ 催化甲基或甲氧基取代的酚与芳甲酰氯反应也得到选择性产物[93b]。需要指出的是：羧酸苯酯在 Lewis 酸催化下可以发生 Fries 重排，同样得到邻羟基芳香酮和对羟基芳香酮。但是，酚的傅-克反应和 Fries 重排并不一定遵循同样的反应过程。

$$\text{(83)}$$

　　在 Lewis 酸催化下，杂芳烃 (例如：呋喃[94a]、N-苯磺酰基保护的吡咯[94b] 或吲哚[94c] 等) 的酰化反应也能顺利进行 (式 84~式 87)。酰基化产物中的 N-苯磺酰基在碱性条件下很容易水解脱掉。改变反应物料的加入顺序[95a]或使用 R$_2$AlCl 作为催化剂[95b]，没有 N-保护的吲哚可直接与各种酰氯反应得到较高产率的 3-酰基吲哚产物 (式 88)。 酰基化反应中常用的三种加料方式分别是：Friedel-Crafts-Elbs 方式 (向芳烃和酰基化试剂的混合液中滴加催化剂)，Bouveault 方式 (最后滴加酰基化试剂)， Perrier 方式 (最后滴加芳烃)。

　　酰氯作为酰基化试剂的缺点是容易水解，需要在无水体系中反应。此外，反应过程中会产生大量的氯化氢，不仅导致一些副反应的发生，还会对设备产生严重的腐蚀和对环境造成污染。

$$\text{（furan）} + n\text{-PrCOCl} \xrightarrow[\text{51.8\%}]{\text{AlCl}_3 \text{ (1.0 eq), CS}_2, 0\ ^{\circ}\text{C~rt, 50 min}} \text{（furan-COPr-}n\text{）} \tag{84}$$

$$\text{（pyrrole-SO}_2\text{Ph）} + \text{PhCOCl} \xrightarrow[\text{99\%}]{\text{AlCl}_3 \text{ (1.1 eq), (CH}_2\text{Cl)}_2, 25\ ^{\circ}\text{C, 1.5 h}} \text{（pyrrole-COPh-SO}_2\text{Ph）} \tag{85}$$

$$\text{（pyrrole-SO}_2\text{Ph）} + \text{PhCOCl} \xrightarrow[\text{75\%}]{\text{BF}_3 \cdot \text{OEt}_2 \text{ (1.0 eq), (CH}_2\text{Cl)}_2, 25\ ^{\circ}\text{C, 7 d}} \text{（pyrrole-COPh-SO}_2\text{Ph）} \tag{86}$$

$$\text{（indole-SO}_2\text{Ph）} + \text{PhCOCl} \xrightarrow[\text{93\%}]{\text{AlCl}_3 \text{ (1.0 eq), CH}_2\text{Cl}_2, 25\ ^{\circ}\text{C, 2 h}} \text{（indole-COPh-SO}_2\text{Ph）} \tag{87}$$

$$\text{（indole-H）} \xrightarrow[\substack{\text{1. Et}_2\text{AlCl (1.5 eq), CH}_2\text{Cl}_2, 0\ ^{\circ}\text{C, 0.5 h} \\ \text{2. MeHC=CHCOCl, CH}_2\text{Cl}_2, 0\ ^{\circ}\text{C, 2 h} \\ 79\%}]{} \text{（indole-CO-CH=CH-Me）} \tag{88}$$

5.2 酸酐

酸酐也是常用的酰基化试剂,酰基相同的酸酐和酰卤发生傅-克反应时得到相同的产物。酸酐反应时,Lewis 酸催化剂的用量通常为酸酐的 2.2 倍(式 89)。若使用 3.3 倍量的催化剂,则酸酐的两个酰基均可得到利用 (式 90)[96]。使用酸酐进行的酰化反应通常无明显的副反应或有害气体放出,反应平稳且产率高,生成的芳香酮容易提纯。在实际操作中, 一般是将酸酐滴加到催化剂和芳烃的混合液中。

$$(\text{RCO})_2\text{O} + 2\,\text{AlCl}_3 \longrightarrow \underset{\textbf{active complex}}{\overset{\overset{\text{O}\cdots\text{AlCl}_3}{\|}}{\text{RC--Cl}}} + \text{RCO}_2\text{AlCl}_2 \tag{89a}$$

$$\text{（toluene）} + (\text{EtCO})_2\text{O} \xrightarrow[\text{86\%}]{\text{AlCl}_3 \text{ (2.2 eq), 90}\ ^{\circ}\text{C, 45 min}} \text{（Me-C}_6\text{H}_4\text{-COEt）} \tag{89b}$$

$$(\text{RCO})_2\text{O} + 3\,\text{AlCl}_3 \longrightarrow \underset{\textbf{active complex}}{2\,\overset{\overset{\text{O}\cdots\text{AlCl}_3}{\|}}{\text{RC--Cl}}} + \text{AlOCl} \tag{90}$$

　　丁二酸酐和邻苯二甲酸酐等环状酸酐与芳烃的傅-克酰基化反应和脱氢反应可用来制备萘和蒽等稠环化合物，例如：芳烃与邻苯二甲酸酐反应得到邻(芳甲酰基)苯甲酸[96b,97a]。后者在质子酸 (例如：H_2SO_4、HF 或者 PPA) 作用下，可以再次发生分子内的酰化反应得到蒽醌及其衍生物[97]。如果生成的产物再经 Clemmensen 还原和脱氢后，则可以得到蒽及其衍生物 (式 91)。丁二酸酐[98]与苯和萘等芳烃能进行类似的反应，得到萘和菲及其衍生物 (式 92)。

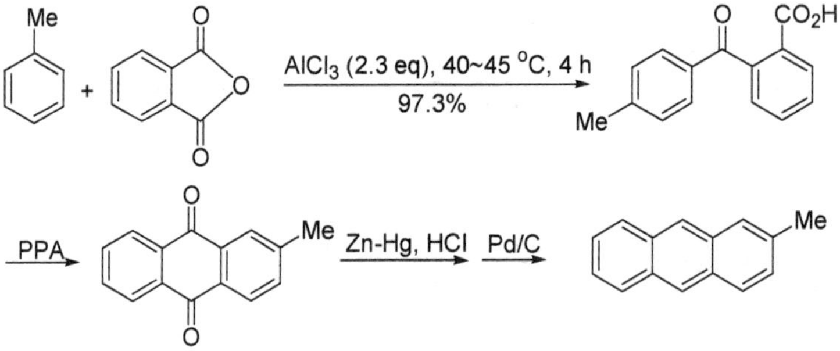

(91)

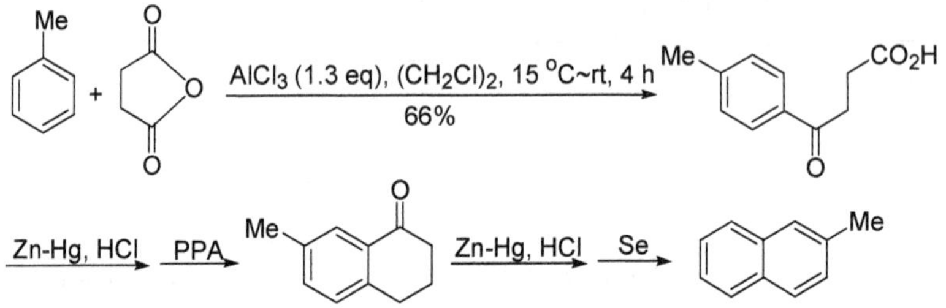

(92)

　　在 $AlCl_3$ 催化下，马来酸酐与芳烃发生傅-克酰基化反应，得到相应的 β-芳甲酰基丙烯酸 (式 93)[36a]。如果进一步在产物双键处发生烷基化反应，可以生成多环化合物 (式 94，式 95)[99a,99b]。在类似条件下，2,3-二甲基萘可以同时发生傅-克酰基化反应和 Diels-Alder 反应。前者在位阻较小的未取代苯环上进行，而后者发生在电子云密度较大的取代苯环上 (式 96)[99c,d]。

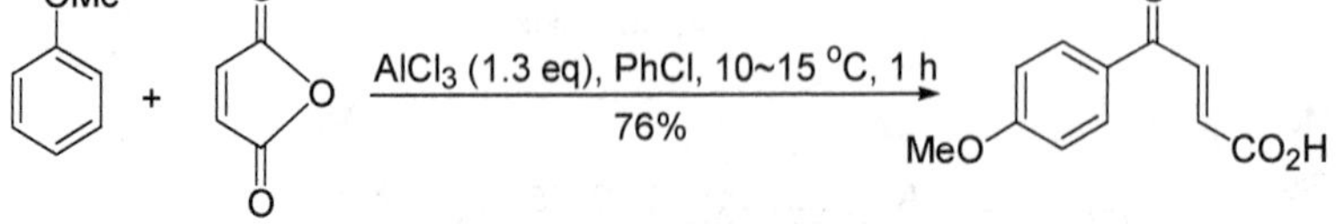

(93)

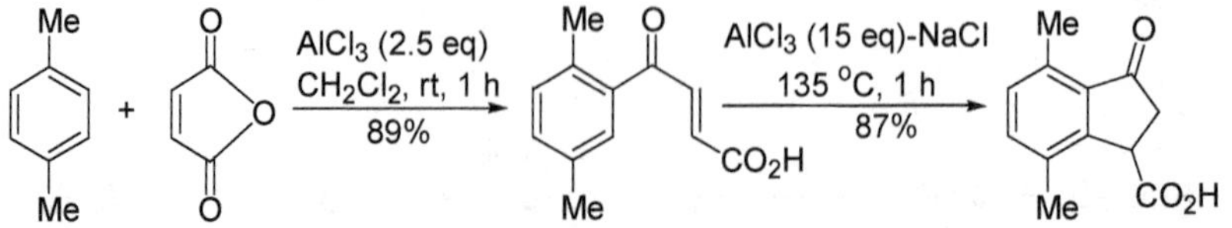

(94)

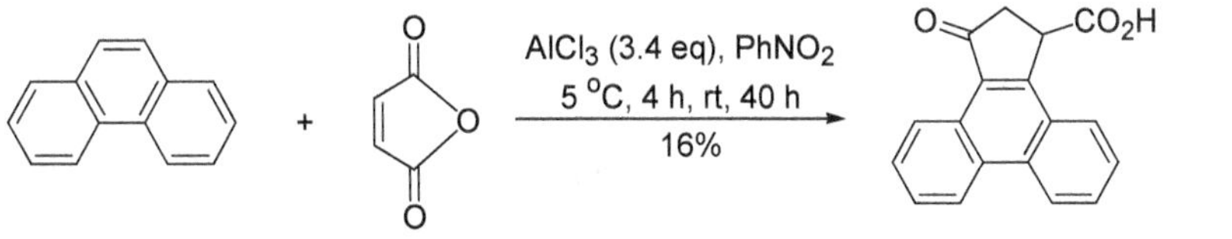

(95)

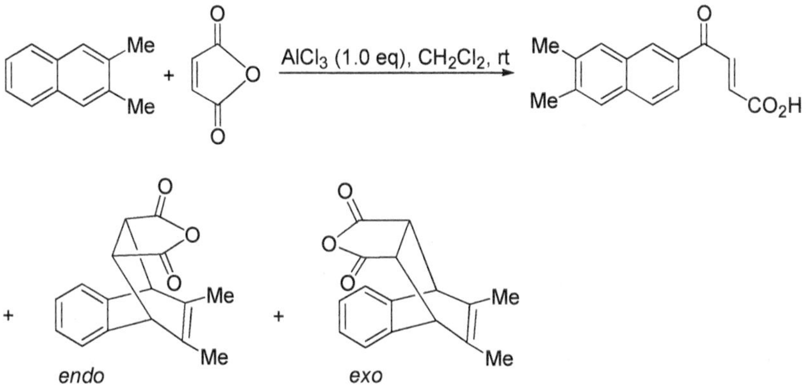

(96)

endo　　　　*exo*

芳烃与取代的环状酸酐反应时，会有多种产物生成。产物的比例主要受到芳烃的结构、Lewis 酸催化剂和反应溶剂等因素的影响 (式 97)[100]。

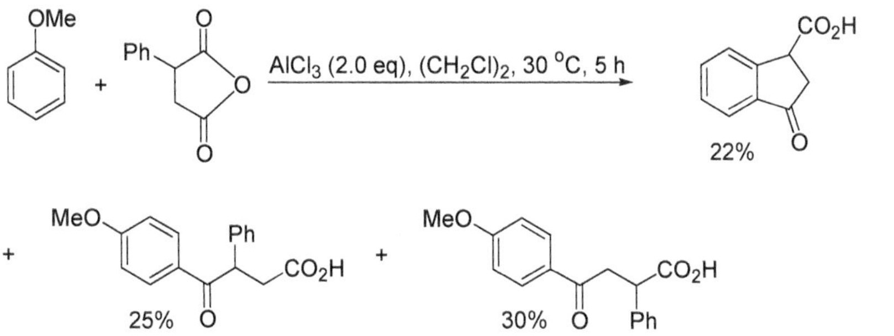

(97)

5.3 羧酸

相对于酰氯和酸酐，羧酸由于活性低而较少用于傅-克酰基化反应。但是，酰氯和酸酐通常是由相应的羧酸转化而来；而且羧酸作为酰基化试剂的副产物只有水，因此具有经济和环境友好的优点。在这类反应中，Lewis 酸催化剂的用量至少为羧酸的 2 倍 (式 98a 和式 98b)[101]。等量的 P$_2$O$_5$ 可以催化噻吩或呋喃与乙酸、苯甲酸、十二碳酸等羧酸的反应，但是所得芳香酮的产率较低 (< 66%)， 2-乙酰基呋喃的产率仅有 7%[102]。

三氟乙酸酐[103a,b]或三氟甲磺酸酐[103c]通过与羧酸原位生成混合酸酐，可以促进羧酸与芳烃的酰化反应。例如：在 1.4 倍的三氟乙酸酐存在下，Al$_2$O$_3$ 催化噻吩与乙酸在室温反应 25 min，即可得到 95% 的 2-乙酰基噻吩[103b]。若使

用三氟甲磺酸酐 (1.1 倍)，无需加入其它催化剂，酰化反应也能在温和的条件下进行。

$$RCO_2H + 2\ AlCl_3 \longrightarrow \underset{\textbf{active complex}}{RC\!-\!Cl} + AlOCl + HCl \qquad (98a)$$

$$(98b)$$

82%　　12%

α,β- 或 β,γ-不饱和羧酸与芳烃反应时，双键或羧基可以分别进行傅-克烷基化反应或傅-克酰基化反应。如果生成的烷基化产物 (羧酸) 进一步发生分子内或分子间的酰基化反应，或者生成的酰基化产物 (芳香酮) 进一步发生分子内或分子间的烷基化反应，最终得到成环化合物或者两种产物的混合物 (以 2-丁烯酸为例，式 99)[104]。例如：CF$_3$SO$_3$H 催化 (E)-2-丁烯酸或 (E)-4-苯基-3-丁烯酸与苯反应，得到 2,3-二氢-1-茚酮或 1-四氢萘酮 (式 100，式 101)[104a]。

$$(99)$$

$$(100)$$

$$(101)$$

在质子酸如 H$_2$SO$_4$、PPA[97,105a]和 CH$_3$SO$_3$H[105b]等、熔融的 NaAlCl$_4$[105c]中或 Lewis 酸 (式 102)[105d,e]催化下，3-芳基丙酸或 4-芳基丁酸等羧酸可发

生分子内的傅-克酰基化反应，得到相应的 1-茚酮或 1-四氢萘酮等芳香环酮化合物。

$$(102)$$

在 1.2 倍的 ClMe$_2$SiH 存在下，InBr$_3$ 或 InCl$_3$ (30 mol%) 可催化多种羧酸与芳醚发生傅-克酰基化反应。羧酸在该反应条件下经由羧酸硅酯或酰氯，再与芳醚反应得到相应的芳香酮 (式 103)[106]。

$$(103)$$

6   不对称傅-克反应

不对称傅-克反应[107]可分为辅助试剂诱导的不对称傅-克反应和催化不对称傅-克反应两种类型。其中后者又包含有金属催化不对称傅-克反应和有机分子催化不对称傅-克反应。按照参加反应的亲电底物的类型，不对称傅-克反应又可大致分成四类 (式 104)：(a) 芳烃与羰基或亚胺类化合物的 1,2-加成；(b) 芳烃与缺电子烯烃的 1,4-共轭加成 (有时也称 Michael 类型加成反应)；(c) 芳烃与烯烃的加成；(d) 环氧化物在芳烃作用下的开环反应[68b,107a]。

尽管傅-克反应早在 1877 年就已经发现并随后得到了充分的研究，但是不对称的傅-克烷基化反应直到 1985 年才开始有文献报道。意大利 Casiraghi 小组[108]通过在亲电底物中引入手性辅基实现了辅助试剂诱导的不对称傅-克反应。如式 105 所示：在含有金属 Al(III) 或 Ti(IV) 的 Lewis 酸催化下，3-叔丁基苯酚与手性的丙酮酸薄荷酯进行 1,2-加成反应得到邻羟基阿卓乳酸酯的一对非对映异构体。非对映异构体可通过重结晶或色谱方法得到分离。

$$(104)$$

$$(105)$$

该小组[108a,109]还同时报道了手性金属催化的不对称傅-克反应。使用化学计量的手性烷氧基铝或钛化合物作为 Lewis 酸催化剂，实现了酚与丙酮酸酯或三氯乙醛的不对称傅-克反应。反应过程中，手性催化剂与酚和醛的配位，不仅活化三氯乙醛而且控制了反应的区域选择性和对映选择性 (式 106)。

$$(106)$$

1990 年，德国的 Erker 小组[110] 报道了第一例真正催化意义上的金属催化不对称傅-克反应。该反应使用催化量的手性锆金属配合物催化 α-萘酚与丙酮酸酯的不对称傅-克反应，产物的对映体选择性最高可达 89% ee (式 107)。

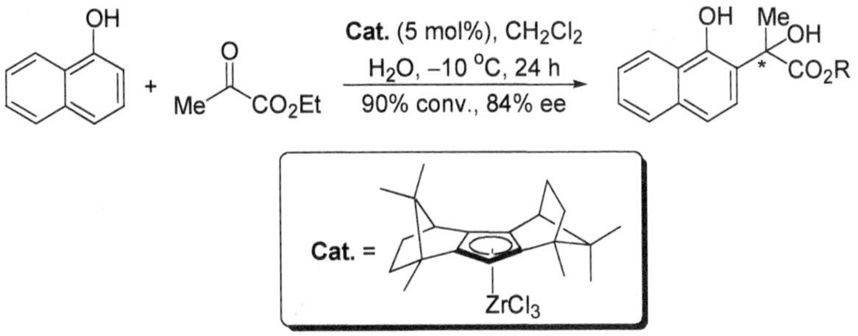

(107)

6.1 辅助试剂诱导的不对称傅-克反应

辅助试剂诱导的不对称傅-克反应需要在亲电底物中首先引入手性辅基，反应结束后再从产物分子中除去手性辅基，额外增加了两个反应步骤。此外，手性辅基的用量至少是等摩尔量的。这些不利因素使得有关这方面的研究报道不是很多。

Bigi 等人在研究酚与丙酮酸薄荷酯反应[108]的基础上，又将手性辅基薄荷醇或其衍生物引入乙醛酸酯中[111~113]。在 Et₂AlCl、EtAlCl₂、EtMgBr、InCl₃、BCl₃、SnCl₄ 或 TiCl₄ 等非手性 Lewis 酸催化下，它们与酚或酚的硅醚反应得到对羟基或邻羟基扁桃酸酯的非对映异构体。使用 TiCl₄ 催化剂和 8-苯基薄荷醇作为手性辅基时，非对映体选择性最高 (式 108)。在 SnCl₄ 或 MgBr₂ 催化下，呋喃与乙醛酸-8-苯基薄荷醇酯的不对称傅-克反应也可得到很高的非对映体选择性 (式 109)[114]。

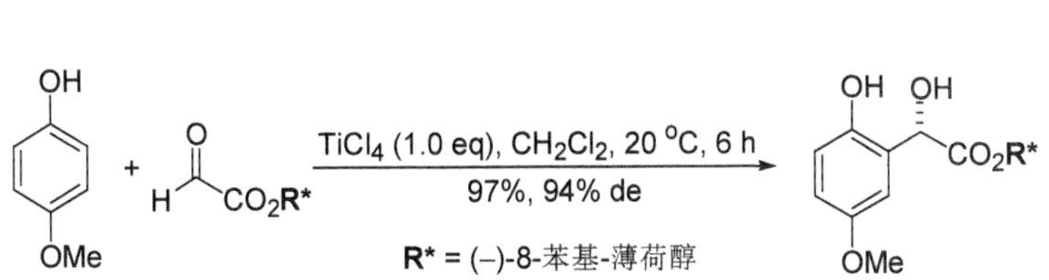

(108)

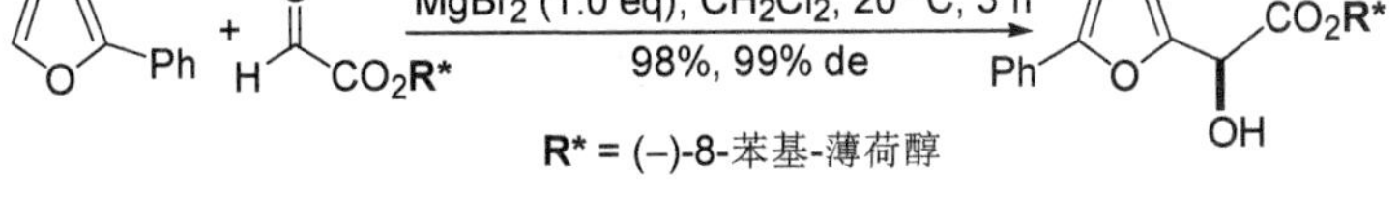

(109)

除了薄荷醇及其衍生物[108,111~116]，磺内酰胺[117]、β-蒎烯及其衍生物[118]以及异冰片胺[119]也可作为手性辅基 (式 110)。

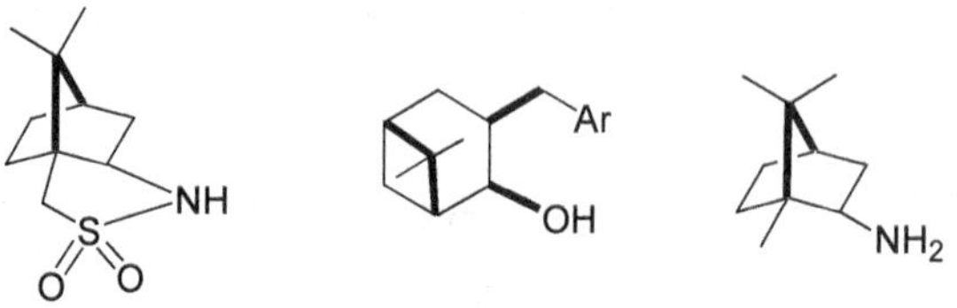

(110)

6.2 金属催化的不对称傅-克反应

金属催化的不对称傅-克反应是在手性金属配合物催化剂作用下，直接从非手性底物有效和经济地获得手性对映体纯产物的反应。大多数情况下，手性金属配合物无需事先制备，反应时将催化量的手性配体 (chiral ligands, L*) 和金属 Lewis 酸放在一起原位生成催化剂。自从 1990 年 Erker 小组[110]报道了第一例金属催化的不对称傅-克反应后，直到 1999-2000 年间才取得明显的突破。

金属催化的不对称傅-克反应中，亲电底物上最好带有拉电子活化基团 (例如：CCl_3、CF_3、酯基、硝基或磺酰基等)。拉电子取代基的存在可能会有三方面的作用： (1) 提高羰基、亚胺或烯基碳原子的亲电性；(2) 使得生成的产物难于形成碳正离子而继续与芳烃反应；(3) 提供能与金属催化剂配位的位点。用于不对称傅-克反应的手性配体类型主要有：BINOL、双噁唑啉 (BOX) 和三噁唑啉 (TOX)、BINAP、Salen、二苯胺骨架的三齿双噁唑啉配体等 (式 111)。

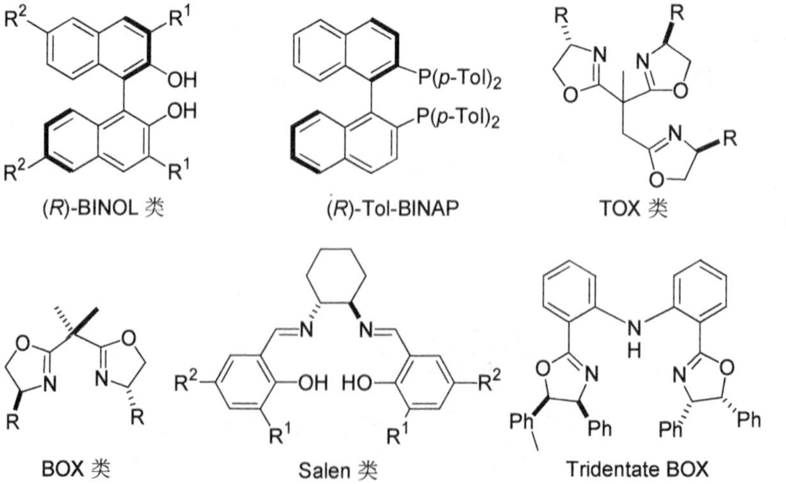

(111)

手性 BINOL-Ti 配合物可以有效地催化酚醚与三氟乙醛[120]、N,N-二甲基芳胺[121]或吲哚[122]与乙醛酸酯的不对称傅-克反应 (式 112~式 114)。BINOL 配体上取代基的电子效应和空间位阻对反应速率和对映体选择性有着明显的影响，6,6′-位的拉电子基团有利于对映体选择性的提高，这可能是由于 BINOL 中的酚羟基酸性得到增强的原因。

$$(112)$$

$$(113)$$

$$(114)$$

在 (S)-t-Bu-BOX-Cu 配合物催化下，N,N-二甲基芳胺与乙醛酸酯的加成反应也能得到较高的收率和对映体选择性 (最高 95% ee)。2-甲基呋喃与乙醛酸酯的反应需要使用 40 mol% 的催化剂来获得高的产率，但立体选择性仅有 45% ee[123]。手性 Salen-Co 配合物[124]被用于催化高压下 (10 kbar，1×10^9 Pa) 呋喃与乙醛酸酯的加成反应，但是不对称诱导的效果也并不理想 (最高 76% ee)。

(S)-t-Bu-BOX-Cu 配合物还可以催化多种芳烃 (例如：吲哚、吡咯、呋喃或噻吩等) 与三氟丙酮酸乙酯的不对称傅-克反应 (式 115～式 117)[125]。在 (S)-Bn-BOX-Cu 配合物催化下，吲哚与 N-磺酰基芳香醛亚胺的 1,2-加成反应，ee 值可高达 96% (式 118)[126]。

$$(115)$$

$$(116)$$

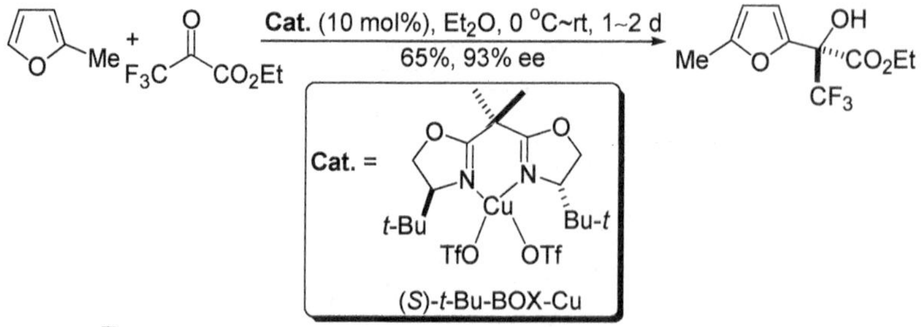

(117)

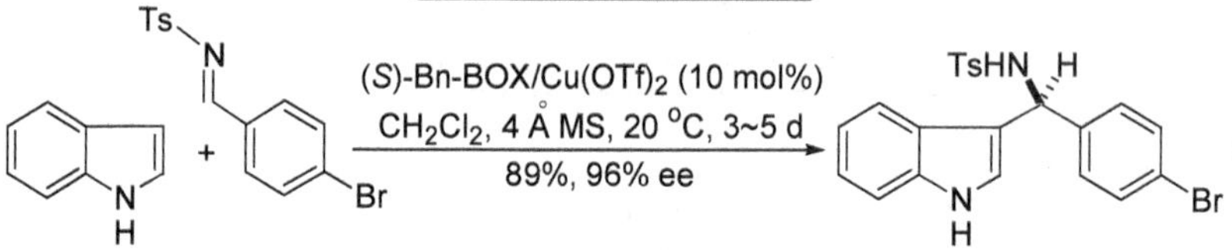

(118)

手性的双联吡啶配体-Cu 配合物 (式 119) 也可以较好地催化吲哚与三氟丙酮酸甲酯进行加成反应 (90% ee)。但是，使用 N-甲基吲哚为反应底物时，产物的光学纯度仅为 18% ee[127]。类似地，在 (S)-BINOL-Ti 配合物催化下，N-甲基吲哚与三氟丙酮酸甲酯反应，也只得到 10% ee；而与丙酮酸甲酯的反应，则以几乎定量的产率得到二芳基加成的产物 (式 120)[122]。

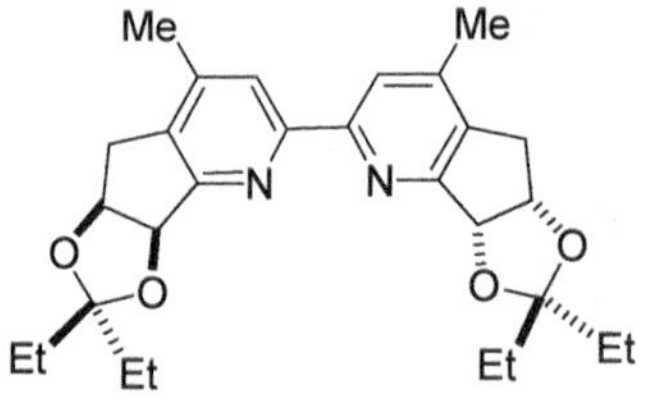

(119)

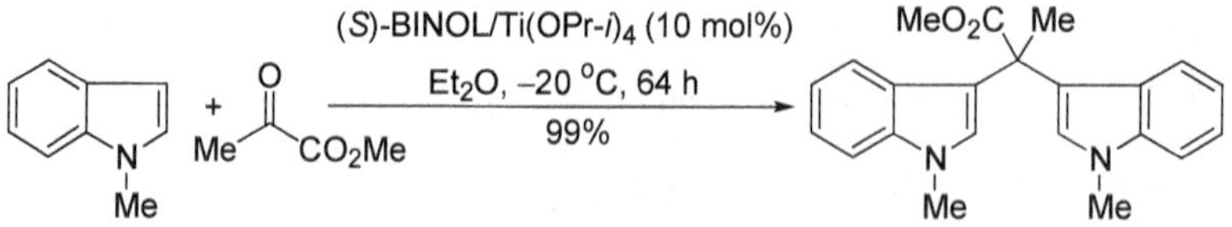

(120)

Johannsen[128]利用光学活性的 (R)-Tol-BINAP 配体与铜盐形成的催化剂，在催化 N-磺酰基 α-亚胺酸酯与吲哚的傅-克反应中取得了很好的不对称诱导效果，产物的立体选择性可高达 97% ee (式 121)。而丹麦的 Jørgensen 小组[129]使用同样的催化体系，实现了 N-甲氧羰基 α-亚胺酸酯与呋喃 (式 122)、吡咯、噻吩和芳胺的不

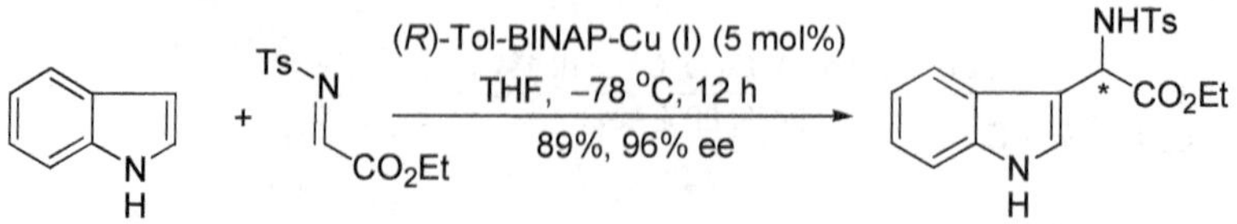

(121)

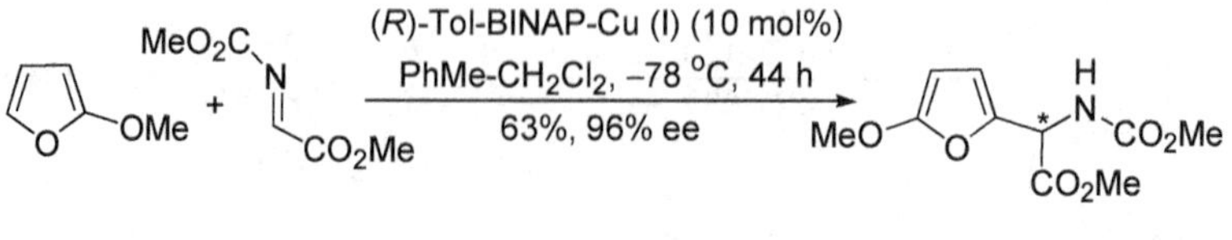

(122)

对称加成反应。这些产物可以很容易的转化为含不同取代基的 α-氨基酸。

(S)-t-Bu-BOX-Cu 配合物还可以有效地催化吲哚、呋喃以及 1,3-二甲氧基苯与 β,γ-不饱和 α-酮酸酯的 1,4-共轭加成反应。吲哚可获得高达 99% ee (式 123)，而后两种芳烃的对映体选择性要差一些 (最高 89% ee)[130]。

$$(123)$$

然而，(S)-t-Bu-BOX-Cu 配合物在催化吲哚与亚烷基丙二酸酯的 1,4-共轭加成反应中，最高仅得到 69% ee (亚烷基丙二酸酯双键上的取代基为苯基或取代苯基) (式 124)[131]。这可能是因为丙二酸酯与金属螯合配位后，反应中心正好位于配体的 C_2-轴处，使得反应中心距离手性中心太远 (式 125)[132a]。

$$(124)$$

$$(125)$$

通过使用假 C_3-对称的三噁唑啉-Cu 配合物 (式 111) 催化该反应，便可以获得高度的对映体选择性 (最高 98% ee)[132,133]。醇类溶剂能够提高反应速率，使得反应可以直接在空气中进行。而且醇的体积越大，产物的对映体选择性越高。有趣的是，使用醇类溶剂得到 (S)-构型产物，而使用弱配位的溶剂 [例如：CH_2Cl_2 或 TCE] 则得到 (R)-构型产物。一系列的对比实验表明，三噁唑啉配体侧臂的噁唑啉环在反应过程中也参与了与亲电底物的配位[132~135]。

在 (S)-Ph-BOX-Zn 配合物 (式 126)[136]和二苯胺骨架的三齿双噁唑啉配体-Zn 配合物 (式 111)[137]作用下，吲哚与硝基烯烃的 1,4-共轭加成反应给出几乎定量的化学产率和高度的对映体选择性。二苯胺骨架上的仲胺对获得高度对映体选择性起着关键的作用，将仲胺转变成亚甲基后几乎完全失去手性诱导能力。三齿双噁唑啉配体-Zn 配合物还可以高效地催化 2-甲氧基呋喃与硝基烯烃的不对称傅-克反应 (式 127)[138]。

$$(126)$$

$$(127)$$

金属催化的不对称傅-克反应中，亲电底物与手性催化剂的螯合配位不仅活化了亲电底物，而且也控制了反应的对映体选择性 (式 125)。对于非螯合型亲电底物 (例如：简单的芳香醛、α,β-不饱和醛或酮等) 作为亲电底物的研究则较少，而且更具有挑战性。如式 128 所示[139]：(R)-BINOL-AlCl 曾被用于催化 2-吡啶甲醛与芳胺的不对称傅-克反应，但产物仅有 43% ee。

$$(128)$$

Umani-Ronchi 小组[140]在这方面进行了一些开创性的研究工作。他们使用手性 Salen-Al 配合物催化吲哚与 α,β-不饱和芳基酮的反应，高度立体选择性地得到 1,4-共轭加成产物 (式 129)。但是，使用 α,β-不饱和烷基酮做底物时，产物最高仅有 11% ee。后来发现，(R)-3,3′-Br$_2$-BINOL-Zr 配合物[141]也能够有效地催化该反应，除了邻甲基芳基酮外，其它不饱和芳基酮的立体选择性均大于 92% ee (式 130)。在类似条件下，吲哚与 α,β-不饱和烷基酮的反应仍然进行很慢。吡咯与不饱和芳基酮的反应也可以得到较高的对映体选择性 (65%~99% ee)。

$$(129)$$

$$(130)$$

Evans 小组[142]详细研究了双噁唑啉吡啶 (PyBox)-Sc(**III**) 配合物 (式 131) 催化的富电子杂芳基底物 (例如：吲哚和吡咯等) 与 β-取代的 α,β-不饱和酰基膦酸酯 (**A**) 和 α,β-不饱和-2-酰基咪唑 (**B**) 的 1,4-共轭加成反应，并考察了配体结构、溶剂和底物结构等因素对反应的影响。其中与酰基咪唑的反应相对酰基膦酸酯更具有立体选择性。

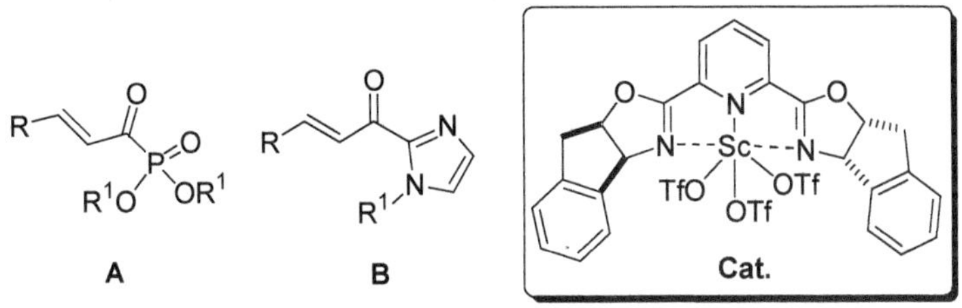

(131)

6.3 有机分子催化的不对称傅-克反应

有机分子催化的不对称傅-克反应中，不需要金属离子，只有手性有机分子被用作催化剂。有机分子催化的不对称傅-克反应在 2001 年才有报道，但已经取得了较大的进展。

2001 年，MacMillan 小组[143]使用手性苄基咪唑烷酮为催化剂，首次实现了有机分子催化的吡咯、吲哚以及芳胺与 α,β-不饱和醛的 1,4-共轭加成反应 (式 132~式 134)。由于 α,β-不饱和醛属于非螯合型的亲电底物，因此它们与芳烃的不对称傅-克反应在金属催化的条件下难以实现。而使用有机分子催化剂，不仅能获得高度的对映体选择性，而且不会发生金属催化剂引起的二芳基化副反应 (式 120)。该类有机分子催化剂在反应过程中首先与醛羰基发生缩合反应可逆地形成手性亚胺盐，使醛得到活化。并且同时提供了位阻和手性环境，使得 1,4-不对称加成能够发生 (式 135)。在这些反应中，必须同时使用一种酸来促进亚

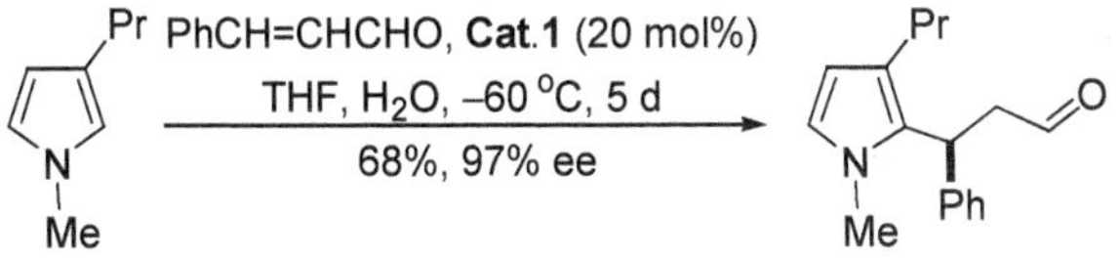

(132)

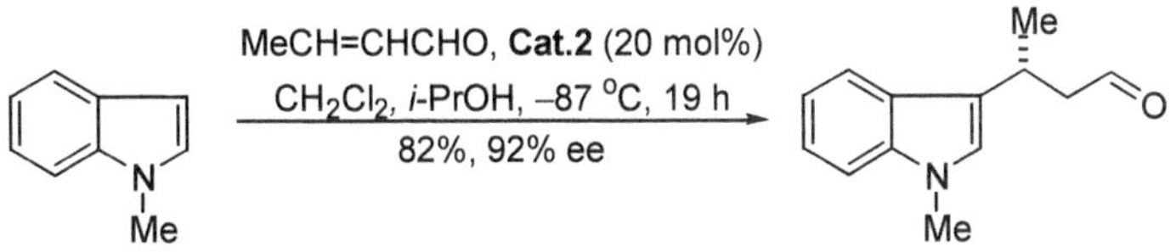

(133)

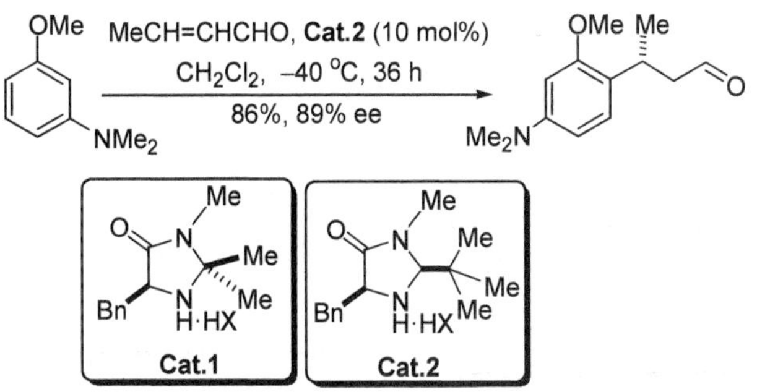

(134)

胺盐中间体的生成。在 MacMillan 催化剂作用下，吲哚或芳胺与 α,β-不饱和醛的分子内不对称傅克反应也能够获得高度的对映体选择性 (式 136)[144]。

$$(135)$$

$$(136)$$

但是，MacMillan 催化剂用于吲哚与 α,β-不饱和烷基酮的分子间反应时，产物的产率和立体选择性均很低 (52%，28% ee)[145]。在天然金鸡纳宁生物碱衍生的手性二胺[146]作用下，部分产物可以获得较高的立体选择性 (80%~89% ee)(式 137)。使用结构类似的 9-氨基-9-脱氧-四氢奎宁，可以得到更好的不对称诱导效果。如式 138 所示[147]：该反应适用的底物范围较广，大多情况下立体选择性 > 88% ee (最高 96% ee)。当催化剂用量降低至 10 mol% 时，产物的立体选择性并不降低。由于酮与仲胺的缩合反应相对醛要慢得多 (MacMillan 催化剂中为仲胺)，因此这两种有机分子催化剂中携带的伯胺基团可能起到重要的作用。

$$(137)$$

$$(138)$$

值得一提的是，使用金鸡纳生物碱或其硫脲衍生物能够实现吲哚与简单芳香醛 (例如：2-硝基苯甲醛)[148]或 *N*-磺酰基脂肪醛亚胺[149]的不对称 1,2-加成反应，得到高的产率和对映体选择性 (式 139，式 140)。

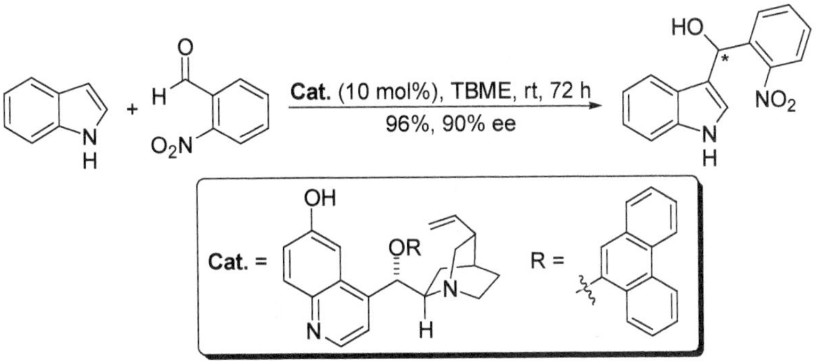

(139)

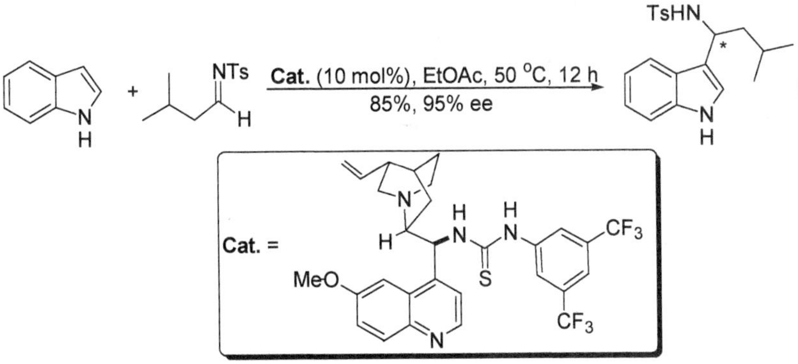

(140)

BINOL 衍生的手性磷酸 (Brønsted 酸) 是最近被研究的有机分子催化剂亮点之一。2004 年，Terada 小组[150]首次使用手性磷酸催化 2-甲氧基呋喃与 *N*-Boc 芳香醛亚胺的加成反应。当催化剂用量仅为 0.5~2 mol% 时，即可获得高度的对映体选择性 (式 141)。最近，各种 3,3′-二取代的 (*R*)- 或 (*S*)-手性磷酸被用于催化吲哚或吡咯与"活性"亚胺 (例如：*N*-Boc[151]、*N*-磺酰基[152]或 *N*-苯甲酰基芳

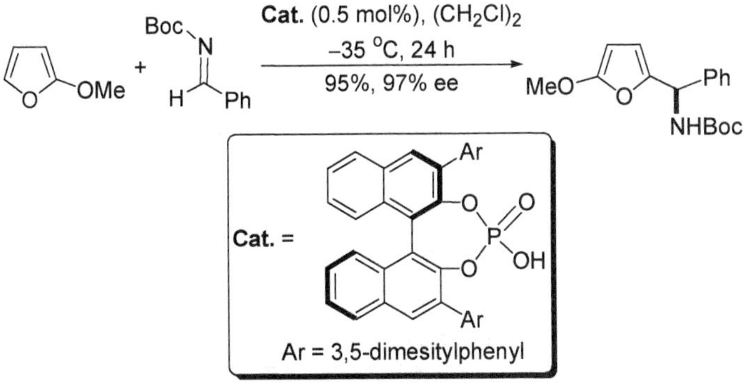

(141)

香醛亚胺[153,154]) 的 1,2-加成反应，产物的光学纯度均可达到 90% ee 以上。

手性硫脲是催化芳烃 (例如：萘酚[155]或吲哚[156]) 与硝基烯烃共轭加成的有效催化剂 (式 142)。硫脲在反应过程中能够同时与两种底物形成氢键，达到活化底物并控制反应的对映体选择性。联萘骨架的轴手性双芳基硫脲[157] 和手性二胺衍生的磺酰胺[158] 在该反应中的效果较差，产物的对映体选择性普遍不高 (< 64% ee) (式 143)。

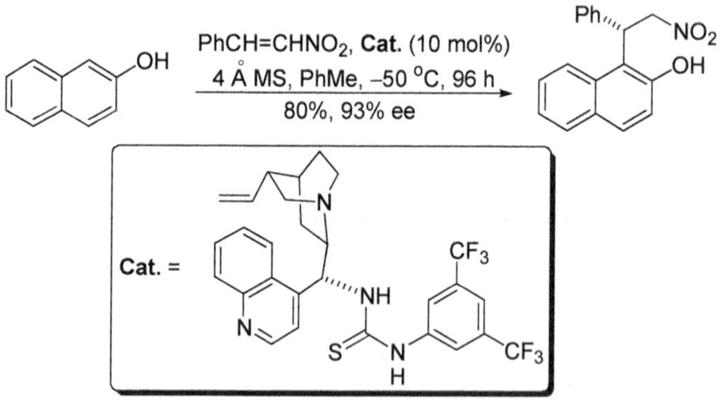

(142)

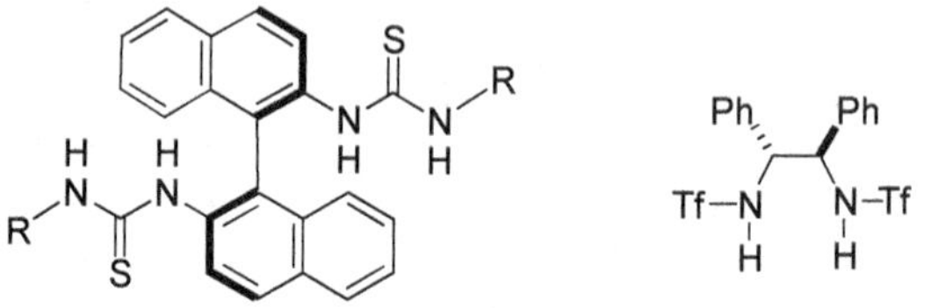

(143)

到目前为止，有关芳香化合物与富电子烯烃加成的报道仅有两例。如式 144

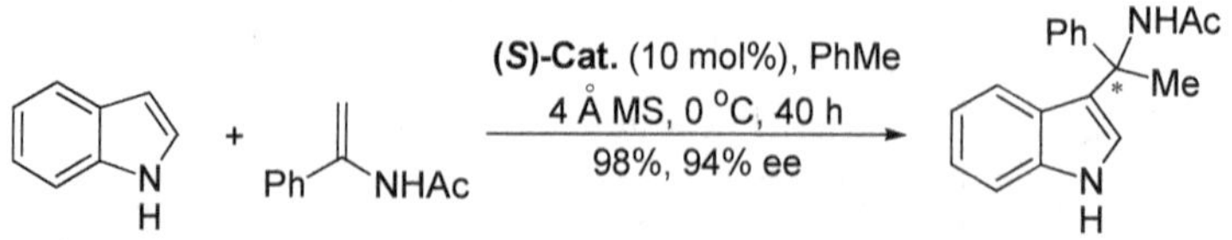

(144a)

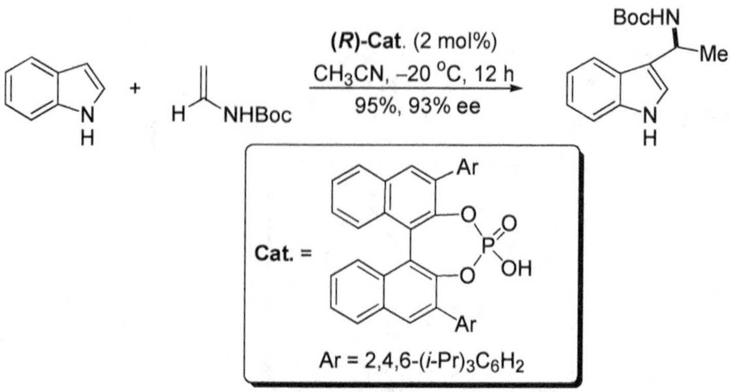

(144b)

所示[159,160]：使用 3,3′-位有大取代基的 BINOL 手性磷酸为有机分子催化剂，产物的化学产率和光学产率均得到满意的结果。

总的来说，不对称傅-克反应的研究还处于初期阶段。实用的催化体系有限而且适用范围也较窄。例如：无论是金属催化还是有机分子催化，催化剂的用量较大 (通常为 10 mol% 或更多)；参与反应的芳香底物主要为吲哚等富电子的芳烃 (尤其是在有机分子催化中)。在金属催化的不对称傅-克反应中，手性配体局限于双噁唑啉和 BINOL 等几种类型。使用的亲电底物主要为高度活化的羰基化合物或者是能与金属螯合配位的底物。对于一些非螯合型亲电底物的不对称傅-克反应而言，在金属催化的条件下还难以实现，而有机分子催化剂在这方面则具有明显优势。因此，开发新的具有更高反应活性和选择性的手性催化剂、拓展反应的底物范围，仍然是不对称傅-克反应研究中需要努力解决的问题。

7 傅-克反应在天然产物全合成中的应用

生物活性及天然产物分子中普遍存在有取代苯环和萘环等结构单元。由于傅-克反应能在芳环上引入烷基和酰基取代基，因而已经得到了非常广泛的应用。通过傅-克酰基化反应可以得到天然产物分子结构中的酰基单元。例如：Knipholone 系列化合物是从植物中分离得到的具有抗疟疾活性的一类天然产物，在它们的全合成中，分子中的乙酰基由相应的芳烃在 $TiCl_4$ 催化下与乙酸酐反应得到 (73%)[161]。酰化反应生成的酰基还可以进行后续反应，转化为需要的结构[37c]。

Brasiliquinone B 是从病菌 Nocardia (IFM0089) 中分离得到的一种抗生素，具有显著的抗肿瘤、抗病毒和抗菌活性。化学结构上，该化合物属于蒽醌的衍生物。在 Deshpande 报道[37b]的全合成路线中，其中的 AB 环与 D 环是通过分子间的傅-克烷基化和分子内的酰基化反应连接起来。如式 145 和式 146 所示：

$$\text{AlCl}_3 \text{ (1.5 eq), CH}_2\text{Cl}_2, 0\ ^{\circ}\text{C~rt, 12 h} \quad 70\%$$

$$\text{H}_2\text{SO}_4, 80\ ^{\circ}\text{C}, 30\ \text{min} \quad 45\%$$

(145)

由商品化的 7-甲氧基-1-四氢萘酮出发，经过酮的 α-位的乙酰化 (属于脂肪烃的傅-克酰基化反应) 和羰基的还原,得到了具有 AB 环部分结构的四氢萘衍生物。该四氢萘衍生物与酰氯进行傅-克酰基化反应,顺利地得到相应的酰基化产物。虽然经过分子内酰基化反应能够有效地形成 C 环,但遗憾的是 A 环发生了芳香化 (式 145)。

在改进的合成路线中 (式 146),四氢萘衍生物首先与 3-溴-4-甲氧基-邻羟甲基苯甲酸内酯发生傅-克烷基化反应,再经过内酯的还原开环和羧酸的分子内酰化反应,成功地得到 C 环部分的结构。最后再经过氧化和脱甲基化反应完成了 Brasiliquinone B 外消旋体的全合成。

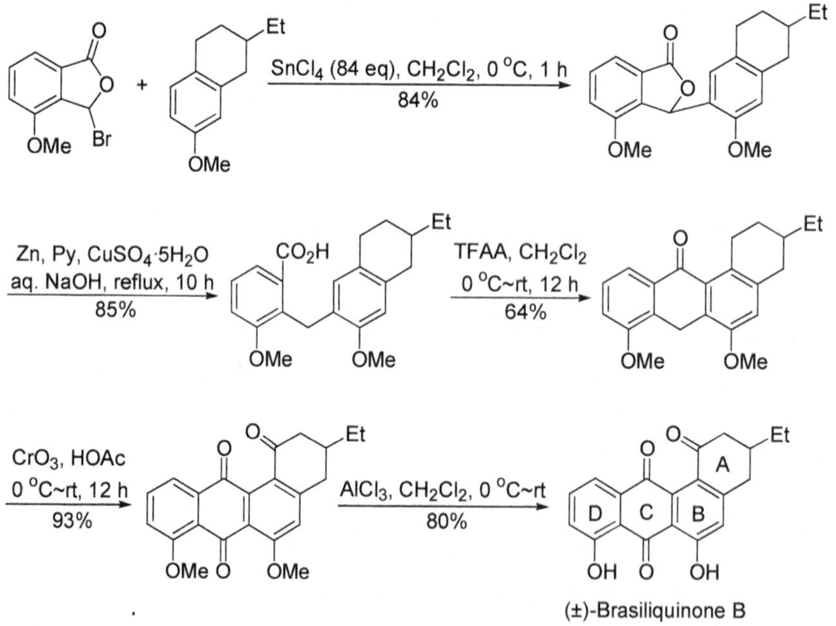

(146)

(±)-Brasiliquinone B

Phomazarin 是从 *Phoma terrestris Hansen* (一种病菌) 培养液中分离出的一种化合物,化学结构上属于氮杂蒽醌的衍生物。在该化合物的全合成路线中[162],其中 B 环的关环是通过相应羧酸的分子内傅-克酰基化反应实现的 (式 147)。Preussomerin 系列化合物是从真菌分离得到的一类天然产物,可用作 FTPase 酶抑制剂,具有潜在的抗肿瘤活性。在这些化合物的全合成路线中[163],其分子结构中的 A 环和 C 环是由相应二元羧酸的酰氯进行分子内酰化反应得到的。

Bruguierol C 是从 *Bruguiera gymmorrhiza* 红树的树干中分离得到的一种天然产物,具有抗菌活性,该化合物的分子中包含有 β-C-糖苷结构。在 Jennings 报道[164]的全合成路线中,由已知的双-TBS 保护的 3,5-二羟基苯乙酸甲酯出发,经过适当的官能团转化之后 (5 步),得到需要的内酯。然后,内酯与甲基锂作用生成分子内傅-克烷基化反应的前体化合物。在 Lewis 酸 BF₃ 的催化下,该前体化合物发生了高度立体选择性的分子内傅-克烷基化反应,得到双-TBS 保护的 Bruguierol C。最后,羟基脱保护后生成 (+)-Bruguierol C (式 148)。

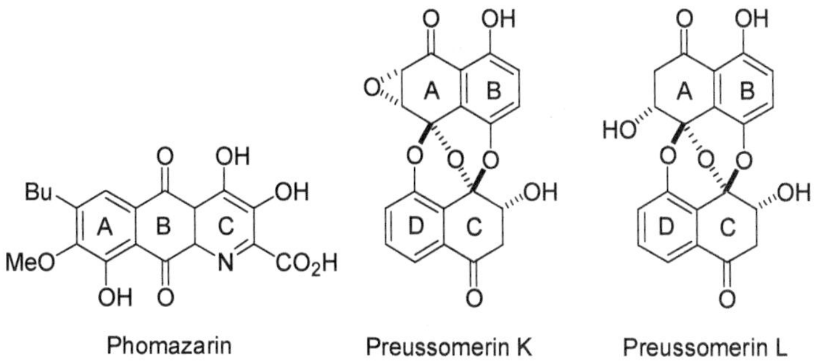

Phomazarin   Preussomerin K   Preussomerin L

(147)

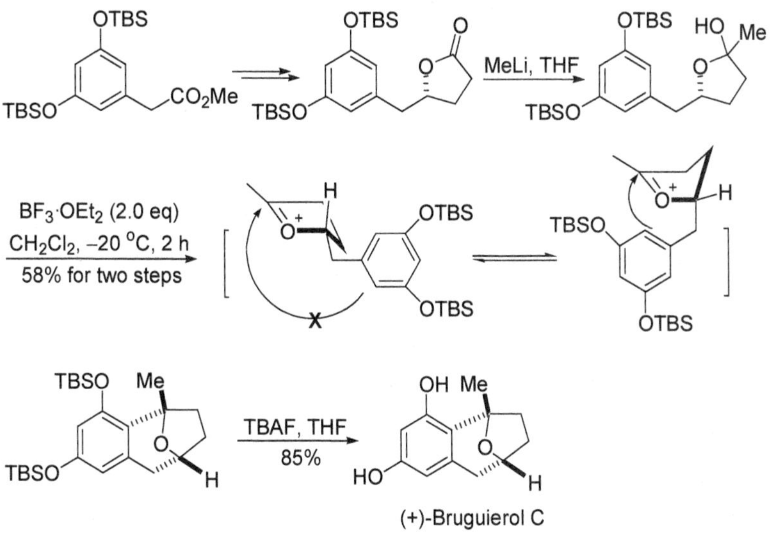

(148)

(+)-Bruguierol C

8 傅-克反应实例

例 一

1,1-二甲基-4,5,6-三甲氧基二氢茚的合成[165]
(Brønsted 酸催化的醇的分子内傅-克烷基化反应)

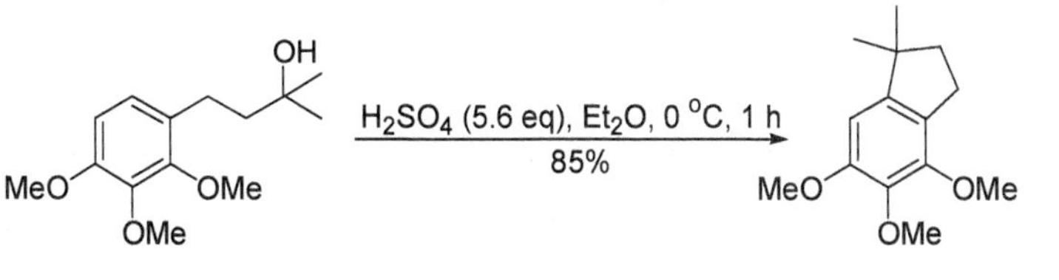

(149)

在 0 ℃ 和搅拌下，将 2-甲基-4-(2,3,4-三甲氧基苯基)-2-丁醇 (3.0 g, 11.8 mmol) 的无水乙醚 (5 mL) 溶液滴加到浓硫酸 (6.5 g, 66 mmol) 中去。生成的褐色混合液在 0 ℃ 再搅拌 1 h，然后，依次加入水 (20 mL) 和乙醚 (10 mL)。分出有机层，水层用乙醚 (5 mL) 萃取，合并的有机层分别用饱和 K_2CO_3 水溶液 (5 mL) 和水 (5 mL) 洗涤。经无水 Mg_2SO_4 干燥后，旋蒸除去溶剂。残留物用快速柱色谱 (硅胶，丙酮:正己烷 = 1:9) 分离和纯化，得到淡黄色油状产物 (2.36 g, 85%)。

例 二
乙酰基二茂铁的合成
(Lewis 酸催化的芳烃与酰氯的傅-克酰基化反应)

$$(150)$$

在 −5 ℃ 和搅拌下，向二茂铁 (9.3 g, 50 mmol) 和乙酰氯 (4.0 mL, 55 mmol) 的无水 CH_2Cl_2 (50 mL) 溶液中分批加入无水 $AlCl_3$ (6.7 g, 50 mmol)，加料过程中保持温度不超过 10 ℃。然后升温至室温，搅拌反应 2 h。在冰浴冷却下，慢慢加入水 (10 mL)。待剧烈放热结束后，再快速加入水 (10 mL)。移去冰水浴后，继续搅拌 30 min。然后，往反应瓶中快速滴加新制的 $Na_2S_2O_4$ 水溶液 (10%, 18 mL)，并搅拌 20 min。分出有机层，水层用 CH_2Cl_2 (20 mL) 萃取。合并的有机层依次用 NaOH 水溶液 (5%, 20 mL) 和饱和食盐水 (10 mL) 洗涤。经无水 Na_2SO_4 干燥后，旋蒸除去溶剂。残留物用正己烷重结晶或柱色谱 (硅胶，CH_2Cl_2) 分离、纯化，得到深红色针状晶体 (7.8 g, 68%) 或红色固体。mp 86~87 ℃。

例 三
4-(3,4-二氯苯基)-4-氧代丁酸的合成[166]
(Lewis 酸催化的芳烃与环状酸酐的傅-克酰基化反应)

$$(151)$$

在室温和搅拌下，将无水 $AlCl_3$ (199.0 g, 1.5 mol) 分批加入到丁二酸酐 (50.0 g, 0.5 mol) 在邻二氯苯 (441.0 g, 3.0 mol) 的溶液中。加热至 60 ℃ 反应

2.5 h，然后将反应液慢慢倒入冷水 (1200 mL) 中淬灭反应 (维持温度低于 50 ℃)。继续搅拌 15 min 后，加入正己烷 (600 mL) 并搅拌 1.5 h。过滤，真空干燥得白色固体产物 (113.9 g, 92%)。mp 165~166 ℃ (注：若使用 2 倍量的 AlCl₃，酰基化产物的产率为 58%)。

例 四

4-(3,4-二氯苯基)-3,4-二氢-1-萘酮的合成[166]

(Brønsted 酸催化的芳烃与内酯的傅-克烷基化/羧酸的分子内酰基化反应)

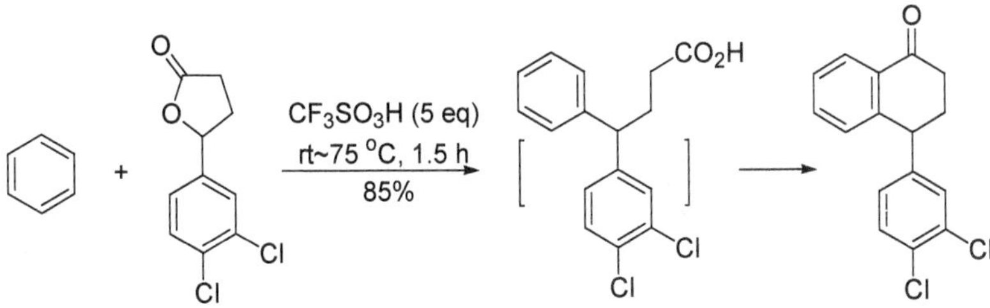

$$(152)$$

在室温和搅拌下，向 5-(3,4-二氯苯基)-二氢呋喃-2-酮 (3.0 g, 13 mmol) 和苯 (6 mL, 67 mmol) 的混合液中加入 CF₃SO₃H (5.34 mL, 60 mmol)，5 min 后加热至 75 ℃ 反应 1.5 h。将反应液冷却至室温，然后倒入冰 (20.0 g) 中并加入 CH₂Cl₂ (30 mL)。用 NaOH 水溶液 (4 mol/L, 15 mL) 调 pH = 9。分出有机层，水层用 CH₂Cl₂ (30 mL) 萃取，合并的有机层经无水 MgSO₄ 干燥后过滤。常压下蒸除 CH₂Cl₂ 至残留液体积约为 40 mL，加入 40 mL 正己烷，继续蒸馏至蒸馏温度为 67 ℃ 时，移去热源，放置结晶 16 h。过滤，真空干燥得白色固体产物 (3.2 g, 85%)。

例 五

3-(2-硝基-1-苯乙基)-吲哚的合成[137]

(金属催化的杂芳烃与缺电子烯烃的不对称傅-克烷基化反应)

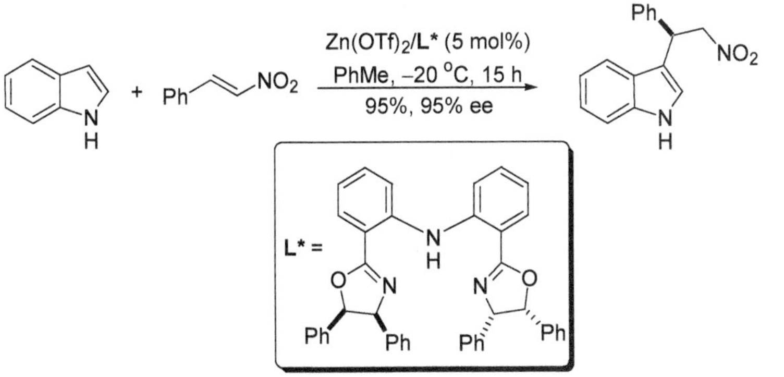

$$(153)$$

在氮气保护下，向干燥的 Schlenk 反应管中依次加入 Zn(OTf)$_2$ (9.3 mg, 25 µmol)、手性配体 L* (15.3 mg, 25 µmol) 和甲苯 (2 mL)。在室温下搅拌 30 min 后，加入反式-β-硝基苯乙烯 (74.5 mg, 0.5 mmol)，继续搅拌 10 min。然后冷却到 −20 °C，加入吲哚 (57.0 mg, 0.49 mmol)。在 −20 °C 搅拌反应 15 h 后，减压蒸去溶剂。得到的残留物经柱色谱 (硅胶，乙酸乙酯:石油醚 = 1:4) 分离得到油状产物 (125.4 mg, 95%)，ee 值经 HPLC 测定为 95% (手性 OD-H 柱，正己烷:异丙醇 = 7:3, 0.9 mL/min, t_{minor} = 20.7 min, t_{major} = 24.7 min)。

9 参考文献

[1]   Friedel, C.; Crafts, J. M. *Compt. Rend.* **1877**, *84*, 1392, 1450; *85*, 74.

[2]   (a) Olah, G. A. (Ed.) *Friedel-Crafts and Related Reactions*. Wiley-Interscience: New York, Vols. I-IV, **1963-65**. (b) Olah, G. A. (Ed.) *Friedel-Crafts Chemistry*. Wiley: New York, **1973**. (c) Roberts, R. M.; Khalaf, A. A. *Friedel-Crafts Alkylation Chemistry, A Century of Discovery*. Marcel Dekker: New York, **1984**. (d) Olah, G. A.; Krishnamurti, R.; Prakash, G. K.S. *Comprehensive Organic Synthesis*, 1st ed.; Pergamon: New York, **1991**, Vol. 3, 293-339. (e) Olah, G. A.; Reddy, V. P.; Prakash, G. K. S. *Friedel-Crafts Reactions*. Kirk-Othmer Encyclopedia of Chemical Technology (5th ed.), **2005**, *12*, 159.

[3]   Olah, G. A. *Acc. Chem. Res.* **1971**, *4*, 240.

[4]   Olah, G. A.; Tashiro, M.; Kobayashi, S. *J. Am. Chem. Soc.* **1970**, *92*, 6369.

[5]   Gore, P. H. *Chem. Rev.* **1955**, *55*, 229.

[6]   Olah, G. A.; Kobayashi, S. *J. Am. Chem. Soc.* **1971**, *93*, 6964.

[7]   (a) Price, C. C. *Org. React.* **1946**, *3*, 1. (b) Nightingale, D. V. *Chem. Rev.* **1939**, *25*, 329.

[8]   Roberts, R. M.; Shiengthong, D. *J. Am. Chem. Soc.* **1964**, *86*, 2851.

[9]   Ipatieff, V. N.; Corson, B. B. *J. Am. Chem. Soc.* **1937**, *59*, 1417.

[10]   Milligan, C. H.; Reid, E. E. *J. Am. Chem. Soc.* **1922**, *44*, 206.

[11]   Sharman, S. H. *J. Am. Chem. Soc.* **1962**, *84*, 2951.

[12]   Brown, H. C.; Smoot, C. R. *J. Am. Chem. Soc.* **1956**, *78*, 2176.

[13]   Norris, J. F.; Rubinstein, D. *J. Am. Chem. Soc.* **1939**, *61*, 1163.

[14]   Berry, T. M.; Reid, E. E. *J. Am. Chem. Soc.* **1927**, *49*, 3142.

[15]   McCaulay, D. A.; Lien, A. P. *J. Am. Chem. Soc.* **1953**, *75*, 2411.

[16]   Francis, A. W. *Chem. Rev.* **1948**, *43*, 257.

[17]   McCaulay, D. A.; Lien, A. P. *J. Am. Chem. Soc.* **1952**, *74*, 6246.

[18]   Brown, H. C.; Jungk, H. *J. Am. Chem. Soc.* **1955**, *77*, 5579.

[19]   (a) Olah, G. A.; Meyer, M. W.; Overchuk, N. A. *J. Org. Chem.* **1964**, *29*, 2313. (b) Olah, G. A.; Meyer, M. W.; Overchuk, N. A. *J. Org. Chem.* **1964**, *29*, 2315. (c) Olah, G. A.; Carlson, C. G.; Lapierre, J. C. *J. Org. Chem.* **1964**, *29*, 2687.

[20]   Slanina, S. J.; Nieuwland, J. A. *J. Am. Chem. Soc.* **1935**, *57*, 1547.

[21]   Olah, G. A.; Olah, J. A. *J. Am. Chem. Soc.* **1976**, *98*, 1839.

[22]   Gilman, H.; Meals, R. N. *J. Org. Chem.* **1943**, *8*, 126.

[23]   Ipatieff, V. N.; Prines, H.; Schmerling, L. *J. Org. Chem.* **1940**, *5*, 253.

[24]   Roberts, R. M.; Shiengthong, D. *J. Am. Chem. Soc.* **1960**, *82*, 732.

[25]   Sharman, S. H. *J. Am. Chem. Soc.* **1962**, *84*, 2945.

[26]   (a) Roberts, R. M.; Douglass, J. E. *J. Org. Chem.* **1963**, *28*, 1225. (b) Roberts, R. M.; Khalaf, A. A.; Douglass, J. E. *J. Org. Chem.* **1964**, *29*, 1511.

[27] Roberts, R. M.; Han, Y. W.; Schmid, C. H.; Davis, D. A. *J. Am. Chem. Soc.* **1959**, *81*, 640.

[28] Roberts, R. M.; Baylis, E. K.; Fonken, G. J. *J. Am. Chem. Soc.* **1963**, *85*, 3454.

[29] (a) Schmerling, L.; West, J. P. *J. Am. Chem. Soc.* **1954**, *76*, 1917. (b) Friedman, B. S.; Morritz, F. L. *J. Am. Chem. Soc.* **1956**, *78*, 2000. (c) Khalaf, A. A.; Roberts, R. M. *J. Org. Chem.* **1970**, *35*, 3717.

[30] Ipatieff, V. N.; Pines, H. *J. Am. Chem. Soc.* **1937**, *59*, 56.

[31] (a) Knight, H. M.; Kelly, J. T.; King, J. R. *J. Org. Chem.* **1963**, *28*, 1218. (b) Fărcasiu, D.; Schlosberg, R. H. *J. Org. Chem.* **1982**, *47*, 151. (c) Tashiro, M. *Synthesis* **1979**, 921.

[32] Norris, J. F.; Stugris, B. M. *J. Am. Chem. Soc.* **1939**, *61*, 1413.

[33] Agranat, I.; Shih, Y. S.; Bentor, Y. *J. Am. Chem. Soc.* **1974**, *96*, 1259.

[34] Pivsa-Art, S.; Okuro, K.; Miura, M.; Murata, S.; Nomura, M. *J. Chem. Soc. Perkin Trans. 1* **1994**, 1703.

[35] Calloway, N. O. *Chem. Rev.* **1935**, *17*, 327.

[36] (a) Onoue, K.; Shintou, T.; Zhang, C. S.; Itoh, I. *Chem Lett.* **2006**, *35*, 22. (b) Li, W.; Lai, H.; Ge, Z.; Ding, C.; Zhou, Y. *Syn. Commun.* **2007**, *375*, 1595.

[37] (a) Peng, X.; She, X.; Su, Y.; Wu, T.; Pan, X. *Tetrahedron Lett.* **2004**, *45*, 3283. (b) Patil, M. L.; Borate, H. B.; Ponde, D. E.; Deshpande, V. H. *Tetrahedron* **2002**, *58*, 6615. (c) Elban, M. A.; Hecht, S. M. *J. Org. Chem.* **2008**, *73*, 785.

[38] (a) Calcott, W. S.; Tinker, J. M.; Weinmayr, V. *J. Am. Chem. Soc.* **1939**, *61*, 1010. (b) Brown, F. C. *J. Am. Chem. Soc.* **1946**, *68*, 872.

[39] Olah, G. A.; Olah, J. A.; Ohyama, T. *J. Am. Chem. Soc.* **1984**, *106*, 5284.

[40] (a) Olah, G. A.; Kobayashi, S.; Tashiro, M. *J. Am. Chem. Soc.* **1972**, *94*, 7448. (b) Dermer, O. C.; Wilson, D. M.; Johnson, F. M.; Dermer, V. H. *J. Am. Chem. Soc.* **1941**, *63*, 2881.

[41] Tsuchimoto, T.; Tobita, K.; Hiyama, T.; Fukuzawa, S. *J. Org. Chem.* **1997**, *62*, 6997.

[42] Tsuchimoto, T.; Maeda, T.; Shirakawa, E.; Kawakami, Y. *Chem. Commun.* **2000**, 1573.

[43] (a) Kawada, A.; Mitamura, S.; Kobayashi, S. *J. Chem. Soc., Chem. Commun.* **1993**, 1157. (b) Chapman, C. J.; Frost, C. G.; Hartley, J. P.; Whittle, A. J. *Tetrahedron Lett.* **2001**, 42, 773. (c) Kobayashi, S.; Komoto, I.; Matsuo, J. *Adv. Synth. Catal.* **2001**, *343*, 71.

[44] (a) Komoto, I.; Matsuo, J.; Kobayashi, S. *Topics Catal.* **2002**, *19*, 43. (b) Nagarajan, R.; Perumal, P. T. *Tetrahedron* **2002**, *58*, 1229.

[45] Olah, G. A.; Farooq, O.; Farnia, S. M. F.; Olah, J. A. *J. Am. Chem. Soc.* **1988**, *110*, 2560.

[46] Xiao, Y.; Malhotra, S. V. *J. Mol. Catal. A: Chem.* **2005**, *230*, 129.

[47] Yin, D. H.; Li, C. Z.; Tao, L.; Yu, N. Y.; Hu, S.; Yin, D. L. *J. Mol. Catal. A: Chem.* **2006**, *245*, 260.

[48] Xin, H. L.; Wu, Q.; Han, M. H.; Wang, D. Z.; Jin, Y. *Appl. Catal. A: Gen.* **2005**, *292*, 354.

[49] Song, C. E.; Shim, W. H.; Roh, E. J.; Choi, J. H. *Chem. Commun.* **2000**, 1695.

[50] Gmouh, S.; Yang, H.; Vaultier, M. *Org. Lett.* **2003**, *5*, 2219.

[51] Goodrich, P.; Hardacre, C.; Mehdi, H.; Nancarrow, P.; Rooney, D. W.; Thompson, J. M. *Ind. Eng. Chem. Res.* **2006**, *45*, 6640.

[52] Li, C. Z.; Liu, W. J.; Zhao, Z. B. *Catal. Commun.* **2007**, *8*, 1834.

[53] (a) Okumura, K.; Yamashita, K.; Hirano, M.; Niwa, M. *J. Catal.* **2005**, *234*, 300. (b) Narender, N.; Mohan, K. V. V. K.; Kulkarni, S. J.; Reddy, I. A. K. *Catal. Commun.* **2006**, *7*, 583. (c) Kamala, P.; Pandurangan, A. *Catal. Lett.* **2006**, *110*, 39. (d) Trong On, D.; Desplantier-Giscard, D.; Danumah, C.; Kaliaguine, S. *Appl. Catal. A: Gen.* **2003**, *253*, 545.

[54] (a) Sartori, G.; Maggi, R. *Chem. Rev.* **2006**, *106*, 1077. (b) Ebitani, K; Kato, M.; Motokura, K.; Mizugaki, T.; Kaneda, K. *Res. Chem. Intermed.* **2006**, *32*, 305. (c) Corma, A., Garcia, H. *Chem. Rev.* **2003**, *103*, 4307.

[55] Smith, K.; El-Hiti, G. A. *Curr. Org. Chem.* **2006**, *10*, 1603.

[56] Ralston, A. W.; Ingle, A.; McCorkle, M. R. *J. Org. Chem.* **1942**, *7*, 457.

[57] Baddeley, G. *J. Chem. Soc.* **1949**, S99.

[58] Dowdy, D.; Gore, P. H.; Waters, D. N. *J. Chem. Soc., Perkin Trans. 2* **1991**, 1149.

[59] Ichihara, J. *Chem. Commun.* **1997**, 1921.

[60] Lim, H. J.; Keum, G.; Kang, S. B.; Kim, Y.; Chung, B. Y. *Tetrahedron Lett.* **1999**, *40*, 1547.

[61] (a) Kaneko, M.; Hayashi, R.; Cook, G. R. *Tetrahedron Lett.* **2007**, *48*, 7085. (b) Hayashi, R.; Cook, G. R. *Org. Lett.* **2007**, *9*, 1311.

[62] Ipatieff, V. N.; Corson, B. B.; Pines, H. *J. Am. Chem. Soc.* **1936**, *58*, 919.

[63] (a) Olson, A. C. *Ind. Eng. Chem.* **1960**, *52*, 833. (b) Swisher, R. D.; Kaelble, E. F.; Liu, S. K. *J. Org. Chem.* **1961**, *26*, 4066.

[64] Harrington, P. E.; Kerr, M. A. *Synlett* **1996**, 1047.

[65] Manabe, K.; Aoyama, N.; Kobayashi, S. *Adv. Synth. Catal.* **2001**, *343*, 174.

[66] (a) Bandani, M.; Cozzi, P. G.; Giacomini, M.; Melchiorre, P.; Selva, S.; Umani-Ronchi, A. *J. Org. Chem.* **2002**, *67*, 3700. (b) Bandani, M.; Melchiorre, P.; Melloni, A.; Umani-Ronchi, A. *Synthesis* **2002**, 1110. (c) Bandini, M.; Fagioli, M; Melloni, A.; Umani-Ronchi, A. *Synthesis* **2003**, 397.

[67] (a) Yadav, J. S.; Abraham, S.; Reddy, B. V. S.; Sabitha, G. *Synthesis* **2001**, 2165. (b) Yadav, J. S.; Abraham, S.; Reddy, B. V. S.; Sabitha, G. *Tetrahedron Lett.* **2001**, *42*, 8063.

[68] (a) Reddy, R.; Jaquith, J. B.; Neelagiri, V. R.; Saleh-Hanna, S.; Durst, T. *Org. Lett.* **2002**, *4*, 695. (b) Bandini, M.; Cozzi, P. G.; Melchiorre, P.; Umani-Ronchi, A. *J. Org. Chem.* **2002**, *67*, 5386.

[69] Taylor, S. K.; Hockerman, G. H.; Karrick, G. L.; Lyle, S. B.; Schramm, S. B. *J. Org. Chem.* **1983**, *48*, 2449.

[70] Nagumo, S.; Miyoshi, I.; Akita, H.; Kawahara, N. *Tetrahedron Lett.* **2002**, *43*, 2223.

[71] Hajra, S.; Maji, B.; Bar, S. *Org. Lett.* **2007**, *9*, 2783.

[72] (a) McKenna, J. F.; Sowa, F. J. *J. Am. Chem. Soc.* **1937**, *59*, 470. (b) Toussaint, N. F.; Hennion, G. F. *J. Am. Chem. Soc.* **1940**, *62*, 1145.

[73] (a) Price, C. C.; Ciskowski, J. M. *J. Am. Chem. Soc.* **1938**, *60*, 2499. (b) Price, C. C.; Shafer, H. M.; Huber, M. F.; Bernstein, C. *J. Org. Chem.* **1942**, *7*, 517.

[74] Pines, H.; Huntsman, W. D.; Ipatieff, V. N. *J. Am. Chem. Soc.* **1951**, *73*, 4483.

[75] Sowa, F. J.; Hennion, G. F.; Nieuwland, J. A. *J. Am. Chem. Soc.* **1935**, *57*, 709.

[76] (a) Shen, Y. S.; Liu, H. X.; Chen, Y. Q. *J. Org. Chem.* **1990**, *55*, 3961. (b) Shen, Y. S.; Liu, H. X.; Wu, M.; Chen, Y. Q.; Li, N. P. *J. Org. Chem.* **1991**, *56*, 7160.

[77] Noji, M.; Ohno, T.; Fuji, K.; Futaba, N.; Tajima, H.; Ishii, K. *J. Org. Chem.* **2003**, *68*, 9340.

[78] Jana, U.; Maiti, S.; Biswas, S. *Tetrahedron Lett.* **2007**, *48*, 7160.

[79] Yamaguchi, M.; Kido, Y.; Hayashi, A.; Hirama, M. *Angew. Chem. Int. Ed. Engl.* **1997**, *36*, 1313.

[80] (a) Yamaguchi, M.; Hayashi, A.; Hirama, M. *J. Am. Chem. Soc.* **1995**, *117*, 1151. (b) Sartori, G.; Bigi, F.; Pastorio, A.; Porta, C.; Arienti, A.; Maggi, R.; Moretti, N.; Gnappi, G. *Tetrahedron Lett.* **1995**, *36*, 9177.

[81] (a) Song, C. E.; Jung, D.; Choung, S. Y.; Roh, E. J.; Lee, S. *Angew. Chem. Int. Ed.* **2004**, *43*, 6183. (b) Yoon, M. Y.; Kim, J. H.; Choi, D. S.; Shin, U. S.; Lee, J. Y.; Song, C. E. *Adv. Synth. Catal.* **2007**, *349*, 1725.

[82] Shi, Z.; He, C. *J. Org. Chem.* **2004**, *69*, 3669.

[83] Choi, D. S.; Kim, J. H.; Shin, U. S.; Deshmukh, R. R.; Song, C. E. *Chem. Commun.* **2007**, 3482.

[84] (a) Roberts, R. M.; El-Khawaga, A. M.; Sweeney, K. M.; El-Zohry, M. F. *J. Org. Chem.* **1987**, *52*, 1591. (b) Olah, G. A.; Rasul, G.; York, C.; Prakash, G. K. S. *J. Am. Chem. Soc.* **1995**, *117*, 11211. (c) Saito, S.; Ohwada, T.; Shudo, K. *J. Am. Chem. Soc.* **1995**, *117*, 11081.

[85] Wang, X.; Wang, Y. K.; Du, D. M.; Xu, J. X. *J. Mol. Catal. A: Chem.* **2006**, *255*, 31.

[86] (a) Roberts, R. M.; El-Khawaga, A. M.; Roengsumran, S. *J. Org. Chem.* **1984**, *49*, 3180. (b) El-Khawaga, A. M.; Roberts, R. M. *J. Org. Chem.* **1984**, *49*, 3832.

[87] Hashimoto, Y.; Hirata, K.; Kihara, N.; Hasegawa, M.; Saigo, K. *Tetrahedron Lett.* **1992**, *33*, 6351.

[88] Miyai, T.; Onishi, Y.; Baba, A. *Tetrahedron Lett.* **1998**, *39*, 6291.

[89] (a) Klumpp, D. A.; Baek, D. N.; Prakash, G. K. S.; Olah, G. A. *J. Org. Chem.* **1997**, *62*, 6666. (b) Olah, G. A.; Moffatt, M. E.; Kuhn, S. J.; Hardie, B. A. *J. Am. Chem. Soc.* **1964**, *86*, 2198.

[90] Simons, J. H.; Randall, D. I.; Archer, S. *J. Am. Chem. Soc.* **1939**, *61*, 1795.

[91] (a) Yin, W.; Ma, Y.; Xu. J. X.; Zhao, Y. F. *J. Org. Chem.* **2006**, *71*, 4312. (b) Ready, T. E.; Chien, J. C. W.; Rausch, M. D. *J. Organomet. Chem.* **1999**, *583*, 11.

[92] Ralston, A. W.; McCorkle, M. R.; Bauer, S. T. *J. Org. Chem.* **1940**, *5*, 645.

[93] (a) Sartori, G.; Casnati, G.; Bigi, F.; Predieri, G. *J. Org. Chem.* **1990**, *55*, 4371. (b) Zhang, L.; Zhang, J. Y. *J. Comb. Chem.* **2006**, *8*, 361.

[94] (a) Gilman, H.; Calloway, N. O. *J. Am. Chem. Soc.* **1933**, *55*, 4197. (b) Kakushima, M.; Hamel, P.; Frenette, R.; Rokach, J. *J. Org. Chem.* **1983**, *48*, 3214. (c) Ketcha, D. M.; Gribble, G. W. *J. Org. Chem.* **1985**, *50*, 5451.

[95] (a) Ottoni, O.; Neder, A. de V. F. ; Dias, A. K. B. ; Cruz, R. P. A.; Aquino, L. B. *Org. Lett.* **2001**, *3*, 1005. (b) Okauchi, T.; Itonaga, M.; Minami, T.; Owa, T.; Kitoh, K.; Yoshino, H. *Org. Lett.* **2000**, *2*, 1485.

[96] (a) Noller, C. R.; Adams, R. *J. Am. Chem. Soc.* **1924**, *46*, 1889. (b) Groggins, P. H.; Nagel, R. H. *Ind. Eng. Chem.* **1934**, *26*, 1313.

[97] (a) Groggins, P. H.; Newton, H. P. *Ind. Eng. Chem.* **1930**, *22*, 157. (b) Snyder, H. R.; Werber, F. X. *J. Am. Chem. Soc.* **1950**, *72*, 2965. (c) Popp, F. D.; McEwen, W. E. *Chem. Rev.* **1958**, *58*, 321. (d) Downing, R. G.; Pearson, D. E. *J. Am. Chem. Soc.* **1962**, *84*, 4956.

[98] (a) Srinivas, C.; Raju, C. M. H.; Acharyulu, P. V. R. *Org. Pro. Res. Dev.* **2004**, *8*, 291. (b) Reinheimer, J. D.; Taylor, S. *J. Org. Chem.* **1954**, *19*, 802.

[99] (a) Baddeley, G.; Holt, G.; Makar, S. M. *J. Chem. Soc.* **1952**, 3289. (b) DeWalt, C. W. Jr.; Hawthorne, J. O.; Sheppard, C. S.; Schowalter, K. A. *J. Org. Chem.* **1957**, *22*, 582. (c) Yates, P.; Eaton, P. *J. Am. Chem. Soc.* **1960**, *82*, 4436. (d) Zuzack, J. W.; Hufker, W. J. Jr.; Donahue, H. B.; Meek, J. S.; Flynn, J. J. *J. Org. Chem.* **1972**, *37*, 4481.

[100] Hashimoto, I.; Kawaji, T.; Badea, F. D.; Sawada, T.; Mataka, S.; Tashiro, M. *Res. Chem. Intermed.* **1996**, *22*, 855.

[101] Newton, H. P.; Groggins, P. H. *Ind. Eng. Chem.* **1935**, *27*, 1397.

[102] Hartough, H. D.; Kosak, A. I. *J. Am. Chem. Soc.* **1947**, *69*, 3098.

[103] (a) Firousabadi, H.; Iranpoor, N.; Nowrouzi, F. *Tetrahedron Lett.* **2003**, *44*, 5343. (b) Ranu, B. C.; Ghosh, K.; Jana, U. *J. Org. Chem.* **1996**, *61*, 9546. (c) Khodaei, M. M.; Alizadeh, A.; Nazari, E. *Tetrahedron Lett.* **2007**, *48*, 4199.

[104] (a) Prakash, G. K. S.; Yan, P.; Török, B.; Olah, G. A. *Catal. Lett.* **2003**, *87*, 109. (b) Rendy, R.; Zhang, Y.; McElrea, A.; Gomez, A.; Klumpp, D. A. *J. Org. Chem.* **2004**, *69*, 2340. (c) De Castro, C.; Primo, J.; Corma, A. *J. Mol. Catal. A: Chem.* **1998**, *134*, 215.

[105] (a) Metz, G. *Synthesis* **1972**, *11*, 612; 614. (b) Premasagar, V.; Palaniswamy, V. A.; Eisenbraun, E. J. *J. Org. Chem.* **1981**, *46*, 2974. (c) Wade, L. G., Jr.; Acker, K. J.; Earl, R. A.; Osteryoung, R. A. *J. Org. Chem.* **1979**, *44*, 3724. (d) Cui, D.M.; Zhang, C.; Kawamura, M.; Shimada, S. *Tetrahedron Lett.* **2004**, *45*, 1741. (e) Cui, D. M.; Kawamura, M.; Shimada, S.; Hayashi, T.; Tanaka, M. *Tetrahedron Lett.* **2003**, *44*, 4007.

[106] Babu, S. A.; Yasuda, M.; Baba, A. *Org. Lett.* **2007**, *9*, 405.

[107] For recent reviews, see: (a) Bandini, M.; Melloni, A.; Umani-Ronchi, A. *Angew. Chem. Int. Ed.* **2004**, *43*, 550. (b) Bandini, M.; Melloni, A.; Tommasi, S.; Umani-Ronchi, A. *Synlett* **2005**, 1199. (c) Wang, Y.; Ding, K. L. *Chin. J. Org. Chem.* **2001**, *21*, 763. (d) Jørgensen, K. A. *Synthesis* **2003**, 1117. (e) Sheng, Y.,-F.; Zhang, A.-J.; Zheng, X.-J.;You, S.-L. *Chin. J. Org. Chem.* **2008**, *28*, 605.(f) Poulsen, T. B.; Jørgensen, K. A. *Chem.Rev.* **2008**, *108*, 2903.

[108] (a) Bigi, F.; Casiraghi, G.; Casnati, G.; Sartori, G.; Soncini, P.; Gasparri Fava, G.; Belicchi, M. F. *Tetrahedron Lett.* **1985**, *26*, 2021. (b) Casiraghi, G.; Bigi, F.; Casnati, G.; Sartori, G.; Soncini, P.; Gasparri Fava, G.; Belicchi, M. F. *J. Org. Chem.* **1988**, *53*, 1779.

[109] Bigi, F.; Casiraghi, G.; Casnati, G.; Sartori, G.; Gasparri Fava, G.; Belicchi, M. F. *J. Org. Chem.* **1985**, *50*, 5018.

[110] Erker, G.; van der Zeijden, A. A. H. *Angew. Chem. Int. Ed. Engl.* **1990**, *29*, 512.

[111] Bigi, F.; Casnati, G.; Sartori, G.; Dalprato, C.; Bortolini, R. *Tetrahedron: Asymmetry* **1990**, *1*, 857.

[112] Bigi, F.; Sartori, G.; Maggi, R.; Cantarelli, E.; Galaverna, G. *Tetrahedron: Asymmetry* **1993**, *4*, 2411.

[113] Bigi, F.; Bocelli, G.; Maggi, R.; Sartori, G. *J. Org. Chem.* **1999**, *64*, 5004.

[114] Kwiatkowski, P.; Majer, J.; Chaładaj, W.; Jurczak, J. *Org. Lett.* **2006**, *8*, 5045.

[115] Hauser, F. M.; Ganguly, D. *J. Org. Chem.* **2000**, *65*, 1842.

[116] Madan, S.; Sharma, A. K.; Bari, S. S. *Tetrahedron: Asymmetry* **2000**, *11*, 2267.

[117] Bauer, T.; Gajewiak, J. *Synthesis* **2004**, 20.

[118] Costa, P. R. R.; Cabral, L. M.; Alencar, K. G.; Schmidt, L. L.; Vasconcellos, M. L. A. A. *Tetrahedron Lett.* **1997**, *38*, 7021.

[119] Kaim, E. L.; Guyoton, S.; Meyer, C. *Tetrahedron Lett.* **1996**, *37*, 375.

[120] Ishii, A.; Soloshonok, V. A.; Mikami, K. *J. Org. Chem.* **2000**, *65*, 1597.

[121] Yuan, Y.; Wang, X.; Li, X.; Ding, K. L. *J. Org. Chem.* **2004**, *69*, 146.

[122] Dong, H. M.; Lu, H. H.; Lu, L. Q.; Chen, C. B.; Xiao, W. J. *Adv. Synth. Catal.* **2007**, *349*, 1597.

[123] Gathergood, N.; Zhuang, W.; Jørgensen, K. A. *J. Am. Chem. Soc.* **2000**, *122*, 12517.

[124] (a) Kwiatkowski, P.; Wojaczyńska, E.; Jurczak, J. *Tetrahedron: Asymmetry* **2003**, *14*, 3643. (b) Kwiatkowski, P.; Wojaczyńska, E.; Jurczak, J. *J. Mol. Catal. A: Chem* **2006**, *257*, 124.

[125] Zhuang, W.; Gathergood, N.; Hazell, R. G.; Jørgensen, K. A. *J. Org. Chem.* **2001**, *66*, 1009.

[126] Jia, Y. X.; Xie, J. H.; Duan, H. F.; Wang, L. X.; Zhou, Q. L. *Org. Lett.* **2006**, *8*, 1621.

[127] Lyle, M. P. A.; Draper, N. D.; Wilson, P. D. *Org. Lett.* **2005**, *7*, 901.

[128] Johannsen, M. *Chem. Commun.* **1999**, 2233.

[129] (a) Saaby, S.; Fang, X.; Gathergood, N.; Jørgensen, K. A. *Angew. Chem., Int. Ed. Engl.* **2000**, *39*, 4114. (b) Saaby, S.; BayLn, P.; Aburel, P. S.; Jørgensen, K. A. *J. Org. Chem.* **2002**, *67*, 4352.

[130] Jensen, K. B.; Thorhauge, J.; Hazell, R. G.; Jørgensen, K. A. *Angew. Chem. Int. Ed.* **2001**, *40*, 160.

[131] Zhuang, W.; Hansen, T.; Jørgensen, K. A. *Chem. Commun.* **2001**, 347.

[132] (a) Zhou, J.; Ye, M. C.; Huang, Z. Z.; Tang, Y. *J. Org. Chem.* **2004**, *69*, 1309. (b) Ye, M. -C.; Li, B.; Zhou, J.; Sun, X. -L.; Tang, Y. *J. Org. Chem.* **2005**, *70*, 6108.

[133] Zhou, J.; Tang, Y. *J. Am. Chem. Soc.* **2002**, *124*, 9030.

[134] Zhou J.; Tang, Y. *Chem. Commun.* **2004**, 432.

[135] Zhou, J.; Tang, Y. *Chem. Soc. Rev.* **2005**, *34*, 664.

[136] Jia, Y. X.; Zhu, S. F.; Yang, Y.; Zhou, Q. L. *J. Org. Chem.* **2006**, *71*, 75.

[137] Lu, S. F.; Du, D. M.; Xu, J. *Org. Lett.* **2006**, *8*, 2115.

[138] Liu, H.; Xu, J; Du, D. M. *Org. Lett.* **2007**, *9*, 4725.

[139] Gothelf, A. S.; Hansen, T.; Jørgensen, K. A. *J. Chem. Soc., Perkin Trans. 1.* **2001**, 854.

[140] (a) Bandini, M.; Fagioli, M.; Melchiorre, P.; Melloni, A.; Umani-Ronchi, A. *Tetrahedron Lett.* **2003**, *44*, 5843. (b) Bandini, M.; Fagioli, M.; Garavelli, M.; Melloni, A.; Trigari, V.; Umani-Ronchi, A. *J. Org. Chem.* **2004**, *69*, 7511.

[141] Blay, G.; Fernández, I.; Pedro, J. R.; Vila, C. *Org. Lett.* **2007**, *9*, 2601.

[142] (a) Evans, D. A.; Scheidt, K. A.; Fandrick, K. R.; Lam, H. W.; Wu, J. *J. Am. Chem. Soc.* **2003**, *125*, 10780. (b) Evans, D. A.; Fandrick, K. R.; Song, H. J. *J. Am. Chem. Soc.* **2005**, *127*, 8942. (c) Evans, D. A.; Fandrick, K. R. *Org. Lett.* **2006**, *8*, 2249. (d) Evans, D. A.; Fandrick, K. R.; Song, H. J.; Scheidt, K. A.; Xu, R. *J. Am. Chem. Soc.* **2007**, *129*, 10029.

[143] (a) Paras, N. A.; MacMillan, D. W. C. *J. Am. Chem. Soc.* **2001**, *123*, 4370. (b) Austin, J. F.; MacMillan, D. W. C. *J. Am. Chem. Soc.* **2002**, *124*, 1172. (c) Paras, N. A.; MacMillan, D. W. C. *J. Am. Chem. Soc.* **2002**, *124*, 7894.

[144] Li, C. F.; Liu, H.; Liao, J.; Cao, Y. J.; Liu, X. P.; Xiao, W. J. *Org. Lett.* **2007**, *9*, 1847.

[145] Li, D. P.; Guo, Y. C.; Ding, Y.; Xiao, W. J. *Chem. Commun.* **2006**, 799.

[146] Chen, W.; Du, W.; Yue, L.; Li, R.; Wu, Y.; Ding, L. S.; Chen, Y. C. *Org. Biomol. Chem.* **2007**, *5*, 816.

[147] Bartoli, G.; Bosco, M.; Carlone, A.; Pesciaioli, F.; Sambri, L.; Melchiorre, P. *Org. Lett.* **2007**, *9*, 1403.

[148] Li, H.; Wang, Y. Q.; Deng, L. *Org. Lett.* **2006**, *8*, 4063.

[149] Wang, Y. Q.; Song, J.; Hong, R.; Li, H.; Deng, L. *J. Am. Chem. Soc.* **2006**, *128*, 8156.

[150] Uraguchi, D.; Sorimachi, K.; Terada, M. *J. Am. Chem. Soc.* **2004**, *126*, 11804.

[151] Terada, M.; Yokoyama, S.; Sorimachi, K.; Uraguchi, D. *Adv. Synth. Catal.* **2007**, *349*, 1863.

[152] Kang, Q.; Zhao, Z. A.; You, S. L. *J. Am. Chem. Soc.* **2007**, *129*, 1484.

[153] Rowland, G. B.; Rowland, E. B.; Liang, Y.; Perman, J. A.; Antilla, J. C. *Org. Lett.* **2007**, *9*, 2609.

[154] Li, G.; Rowland, G. B.; Rowland, E. B.; Antilla, J. C. *Org. Lett.* **2007**, *9*, 4065.

[155] Liu, T. Y.; Cui, H. L.; Chai, Q.; Long, J.; Li, B. J.; Wu, Y.; Ding, L. S.; Chen, Y. C. *Chem. Commun.* **2007**, 2228.

[156] Herrera, R. P.; Sgarzani, V.; Bernardi, L.; Ricci, A. *Angew. Chem. Int. Ed.* **2005**, *44*, 6576.

[157] Fleming, E. M.; McCabe, T.; Connon, S. J. *Tetrahedron Lett.* **2006**, *47*, 7037.

[158] Zhuang, W.; Hazell, R. G.; Jørgensen, K. A. *Org. Biomol. Chem.* **2005**, *3*, 2566.

[159] Jia, Y. X.; Zhong, J.; Zhu, S. F.; Zhang, C. M.; Zhou, Q. L. *Angew. Chem. Int. Ed.* **2007**, *46*, 5565.

[160] Terada, M.; Sorimachi, K. *J. Am. Chem. Soc.* **2007**, *129*, 292.

[161] Bringmann, G.; Menche, D.; Kraus, J.; Mühlbacher, J.; Peters, K.; Peters, E.; Brun, R.; Bezabih, M.; Abegaz, B. M. *J. Org. Chem.* **2002**, *67*, 5595.

[162] Boger, D. L.; Hong, J.; Hikota, M.; Ishida, M. *J. Am. Chem. Soc.* **1999**, *121*, 2471.

[163] Quesada, E.; Stockley, M.; Taylor, R. J. K. *Tetrahedron Lett.* **2004**, *45*, 4877.

[164] Solorio, D. M.; Jennings, M. P. *J. Org. Chem.* **2007**, *72*, 6621.

[165] Reeder, M. D.; Srikanth, G. S. C.; Jones, S. B.; Castle, S. L. *Org. Lett.* **2005**, *7*, 1089.

[166] Quallich, G. J.; Williams, M. T.; Friedmann, R. C. *J. Org. Chem.* **1990**, *55*, 4971.

赫克反应

(Heck Reaction)

刘磊* 唐诗雅

1 历史背景简述

Richard F. Heck 于 1931 年 8 月出生于美国马萨诸塞州的斯普林菲尔德 (Springfield)。分别于 1952 年和 1954 年从加利福尼亚大学洛杉矶分校 (UCLA) 获得理学学士学位和博士学位。在瑞士皇家理工学院 (ETH) 和 UCLA 完成博士后研究之后，他于 1957 年加入美国 Hercules 公司。1971 年，他转到特拉华大学 (University of Delaware)，并作为 Willis F. Harrington 教授一直工作到 1989 年退休。多年来，Heck 一直致力于金属催化偶联反应的研究。

Heck 反应的发展过程可以追溯到 20 世纪 70 年代初。1971 年，Mizoroki 等人使用类似于 Ni 催化芳烃羧基化的反应条件，发现零价钯或者二价钯可以催化碘苯与乙烯基化合物之间的偶联反应 (式 1)[1]。

$$PhI + CH_2=CHR + CH_3CO_2K \xrightarrow[\text{CH}_3\text{OH, N}_2\text{, 120 }^\circ\text{C}]{\text{PdCl}_2 \text{ or Pd}} PhCH=CHR + CH_3CO_2H + KI \qquad (1)$$

$$(R = -H, -C_6H_5, -CH_3, -CO_2CH_3)$$

与此同一个时期，Heck 在大量研究金属催化偶联反应的基础[2~13]上，独立发现并更加全面地报道了金属钯催化乙烯基化合物芳基化的反应。比较 Mizoroki 的研究结果，Heck 报道的偶联反应具有产率高和反应条件更加温和的优点。同时，Heck 还简要地提出了钯的催化机理，并指出了该反应存在的一些局限，例如：立体化学不够专一、分子内有着异构化现象等[14]。

随后，Heck 继续深入地研究了这一反应，不仅显著地拓展了底物范围[15~19]，而且成功地缩减了催化剂的用量，使之能够达到 0.05 mol% 用量 (式 2)[18]。这些工作初步奠定了 Heck 反应在合成有机化学中的重要地位。

$$(2)$$

现在，Heck 反应已经成为有机合成中一个极其重要的构建碳-碳键的方法，被广泛用于各类芳香取代烯烃或者联烯烃的合成。

2 Heck 反应的定义和机理

钯催化的卤代芳烃、卤代烯烃或者它们的类似物与乙烯基化合物之间的交又偶联反应被称之为 Heck 反应 (有时也称为 Mizoroki-Heck 反应)[20~27]。该反应是合成芳香取代烯烃或者联烯烃等化合物的有效方法之一，可以用以下通式 (式 3) 来表示。

图 1 所示的催化循环过程是目前普遍接受的 Heck 反应机理[28]。该机理将 Heck 反应的催化循环过程分为四个阶段：催化剂前驱体活化 (catalyst preactivation)、中间体 $RPdXL_2$ 氧化加成 (oxidative addition)、烯烃迁移插入 (alkene insertion)、钯氢的 β-还原消除 (β-hydrogen elimination)。

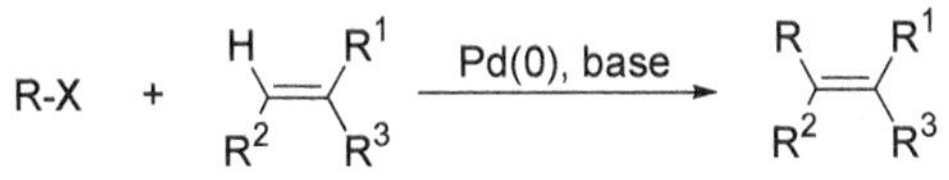

$$R\text{-}X \quad + \quad \underset{R^2}{\overset{H}{\diagup}}\!\!=\!\!\underset{R^3}{\overset{R^1}{\diagdown}} \quad \xrightarrow{\text{Pd(0), base}} \quad \underset{R^2}{\overset{R}{\diagdown}}\!\!=\!\!\underset{R^3}{\overset{R^1}{\diagup}} \quad\quad (3)$$

R = aryl or alkenyl

X = I, Br, Cl, N_2^+X, COCl, OTf, SO_2Cl, etc.

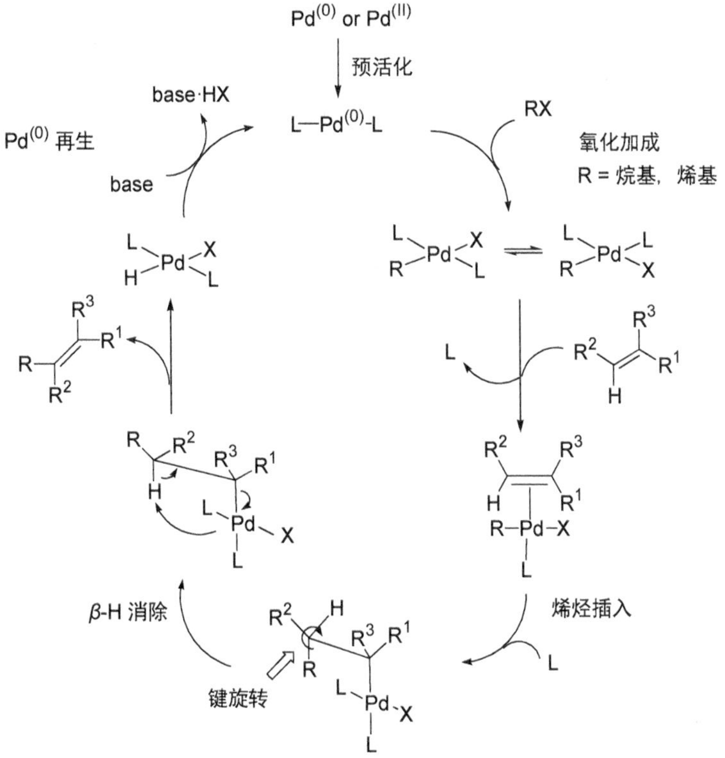

图 1　Heck 反应机理示意图

2.1　活化

Heck 反应的最初步骤是零价或二价的钯催化剂前驱体被活化，生成配位数较低的零价钯。该步骤的必要性是由于 Heck 反应中真正起催化作用的通常是二配位的零价钯。这种二配位的零价钯中间体活性很高，难以稳定地保存。因此实验室通常使用更加稳定的四配位零价钯配合物 [例如：$Pd(PPh_3)_4$] 或者二价钯盐 [例如：$Pd(OAc)_2$] 与三价膦配体的混合物作为催化剂前驱体。

如果使用四配位的零价钯配合物作为催化剂前驱体，它们可以经过配体的解离与交换，生成具有催化活性的二配位零价钯活性中间体 (式 4)。

$$Ph_3P-\underset{\underset{PPh_3}{|}}{\overset{\overset{PPh_3}{|}}{Pd}}-PPh_3 \;\rightleftharpoons\; \underset{\underset{PPh_3}{|}}{\overset{\overset{PPh_3}{|}}{Pd^{(0)}}} \;+\; 2\,PPh_3 \qquad (4)$$

使用二价钯盐和三价膦配体的混合物作为催化剂前驱体时，生成二配位零价钯活性中间体需要经过一个氧化还原的过程 (式 5)[29]。由于该氧化还原需要消耗一当量的三价膦，一般要求三价膦的投量为二价钯的三倍。此外，零价钯配合物的形成通常需要亲核试剂 (Nu^-) 的参与，常用的亲核试剂为体系中存在的氢氧化物[30]、烷氧基负离子[27]、水[27]、醋酸根离子[31]以及氟离子[32]等。如果膦配体上带有拉电子基团，往往能够加速催化剂的活化速率[33]。

$$\underset{}{\overset{}{-\underset{|}{\overset{|}{Pd}}-PPh_3}} \longrightarrow -\underset{|}{\overset{|}{Pd^{(0)}}} \;+\; \overset{\oplus}{Nu}PPh_3$$

$$O=PPh_3 \longleftarrow$$

例如：当 $Nu^- = AcO^-$ 时，

$$AcO-PPh_3 \xrightarrow{+\,H_2O} \underset{\underset{H}{\overset{|}{H}}}{\overset{AcO}{\underset{H-\overset{\oplus}{O}}{\diagdown}}}PPh_3 \longrightarrow AcOH + O=PPh_3 + H^{\oplus} \qquad (5)$$

由于具有活性的催化剂需要具有较低的配位数，因而膦配体的投量多少对于反应的效果有着显著的影响。如果加入了过量的膦配体，会导致活性催化剂浓度急剧下降，结果抑制了催化过程。相反，如果膦配体的投量不足，则过量的二配位钯中间体会由于浓度过高而发生歧化反应，生成在溶液中较为稳定的三配位 Pd-配合物以及更不稳定的单配位 Pd-配合物。继而单配位的钯配合物快速聚集成簇，最终形成缺乏催化活性的钯黑沉淀物，导致催化剂的损失 (式 6)[27]。

$$2\,PdL_2 \rightleftharpoons PdL_3 + PdL$$

$$\Big\Updownarrow$$

$$Pd_mL_n \longrightarrow Pd\text{-black} \qquad (6)$$

除了使用膦还原二价钯之外，活性的零价钯配合物还可以通过电化学方法生成[27]。另外，钯与二亚苄基丙酮 (dba) 的配合物也是很好的 Heck 反应催化剂前驱体 (式 7)[27,29]。

$$Pd(dba)_2 + 2 L \longrightarrow PdL_2 + 2 dba \qquad (7)$$

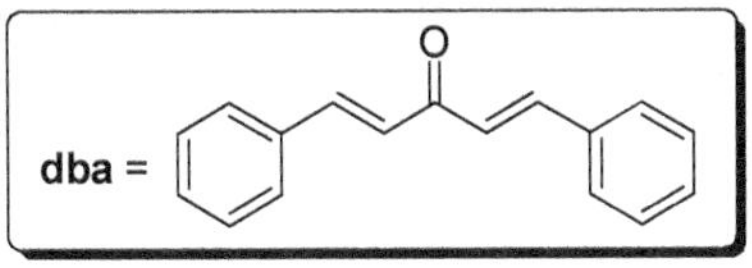

dba =

2.2 氧化加成

Heck 反应的第二个阶段是被活化了的二配位零价钯与卤代 (或者类卤代) 芳烃 (及烯烃) 发生反应，通过氧化加成生成四配位的中间体 RPdXL$_2$。在氧化加成的过程中，C-X 键的断裂与 M-C 和 M-X 键的形成是同时进行的。各种不同的卤代 (或者类卤代) 芳烃在氧化加成中反应速率的大小顺序通常为：ArN$_2^+$X > ArI >> ArOTf > ArBr >> ArCl >> ArF。其中碘代芳烃不仅反应速度快、产率高，而且反应的条件温和，因而成为最为常用的 Heck 反应底物 (式 8)。氟代芳烃很难参与氧化加成反应，因而一般不在 Heck 反应中使用。当芳基上带有拉电子取代基时，氧化加成的反应速率在一般情况下加快[34]。

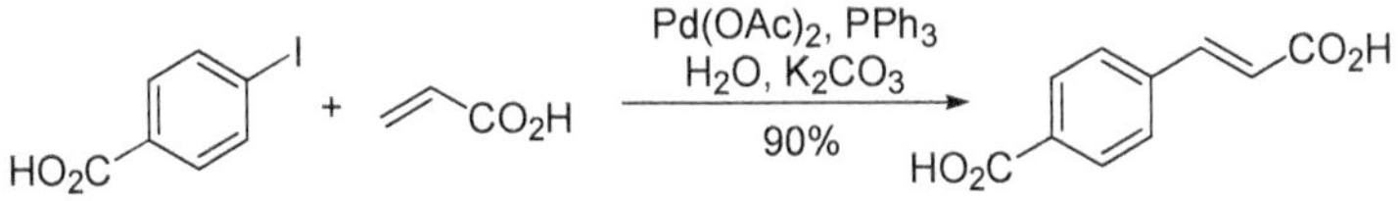

$$HO_2C-C_6H_4-I + CH_2=CH-CO_2H \xrightarrow[\text{90\%}]{\begin{array}{c} Pd(OAc)_2, PPh_3 \\ H_2O, K_2CO_3 \end{array}} HO_2C-C_6H_4-CH=CH-CO_2H \qquad (8)$$

2.3 迁移插入

Heck 反应的第三阶段是烯烃的迁移插入[35,36]。该步骤决定着整个 Heck 反应的区域选择性，导致生成以 α- 和 β-两种不同方式插入的偶联产物 (式 9)。

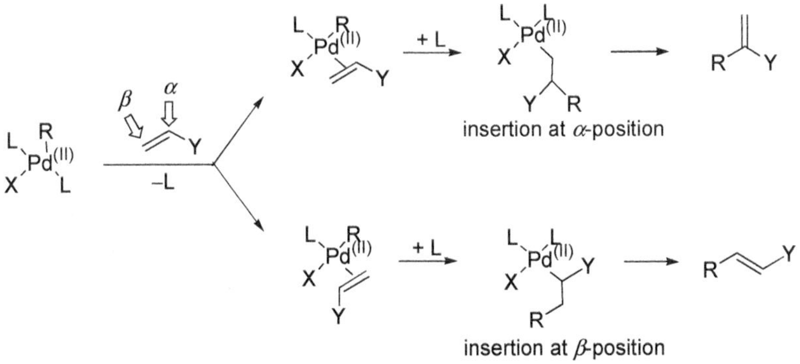

insertion at α-position

insertion at β-position

$$(9)$$

在迁移插入过程的开始，四配位的 Pd-配合物 (RPdXL$_2$) 需要与进攻的烯烃形成 π-配合物。因此，RPdXL$_2$ 必须首先脱离一个配位基团，为新来的烯烃提供一个空位。根据该 π-配合物形成过程中离去基团的不同，可以将迁移插入的机理分为中性途径 (neutral pathway) 和阳离子途径 (cationic pathway) (式10)[37]。在某些 Heck 反应中主要以其中一种途径为主，而在另外一些 Heck 反应中则同时存在。如表 1 所示[37]，烯烃上的取代基是影响其途径选择的重要因素之一。当然，更为重要的影响因素是 Pd-配合物中离去基团的性质。

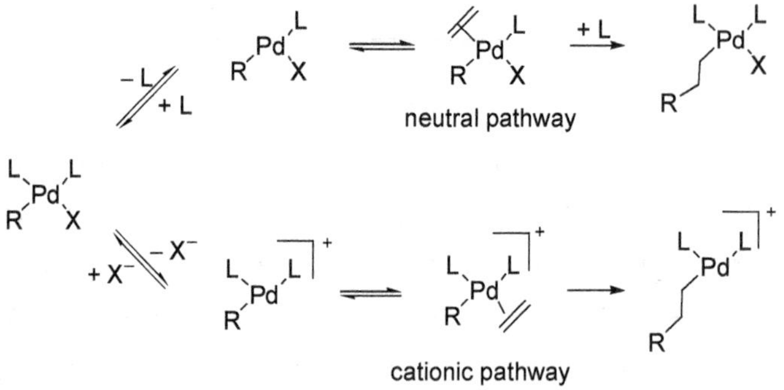

(10)

表 1　烯基取代基对区域选择性的影响

序号	乙烯基化合物	α-位插入/ β-位插入	
		中性途径	阳离子途径
1	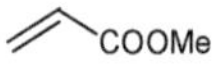 ⟍COOMe	0/100	0/100
2	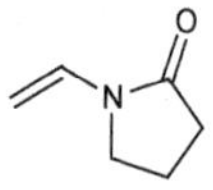 （N-乙烯基吡咯烷酮）	40/60	100/0
3	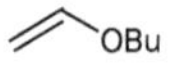 ⟍OBu	异构体混合物	100/0
4	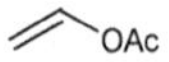 ⟍OAc	异构体混合物	95/5
5	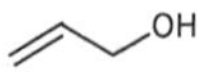 ⟍⟍OH	0/100	100/0
6	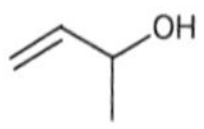 ⟍（OH）	10/90	95/5
7	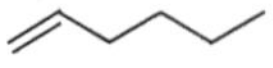 ⟍⟍⟍	20/80	(80/20)~(85/15)

2.3.1　中性途径

在 Pd-配合物中，如果离去基团 X 与 Pd 原子之间的结合很紧密，使得L-Pd 的键能低于 X-Pd 的键能，则配体 L 比 X 更易从 Pd 原子上脱去。在这种情况下 Heck 反应倾向于中性途径。

在中性途径中，R 基团通常插入到取代较少的双键碳原子上。产生这种现象的原因主要可以归结为空间位阻效应。除此之外，电子效应也发挥了重要的作用。例如：对于双键上取代基为拉电子基的情况，由于 β-位的电子云密度较 α-位来得更低，带有负电荷性质的 R 基团更加倾向于在 β-位插入。相反，如果双键上的取代基是强推电子基时，由于电子云密度的影响，则在两个位置的插入都成为可能，而反应产物也变成混合物。这时，R 基团上取代基的效应也会影响 R 基团的插入位置 (式 11 和表 2)[38]。由此可见，使用中性途径的 Heck 反应对于很多底物的区域选择性不够理想[37,39]。

$$(11)$$

$$R = H, NO_2$$

表 2　式 11 中 R 基上取代基对区域选择性的影响

| 序号 | R | 转化率/% | 产率/% | | 比率 |
			α-位插入	β-位插入	α/β
1	H	66	22	34	0.6
2	NO_2	100	71	21	3.4

2.3.2　阳离子途径

1992 年，Cabri[40] 和 Hayashi[41] 提出了阳离子途径机理，主要用于描述 Ar-OTf 等底物在双齿膦钯配合物催化下的 Heck 反应。在这种情况中 (X = OTf)，其配合 Pd 的能力比不上膦配体，因而优先离去。这导致了带有正电荷的阳离子 Pd-配合物中间体的形成，并与烯烃的双键进行络合。在该途径中，阳离子配合物的电子效应较强，并对插入的选择性有着很大的影响。对于双键上带有强推电子基的情况，Pd 上的芳基极易插入到电子云密度低的仲碳 (α-位)上，区域选择性较为理想 (式 12 和表 3)[39]。当然，除了电子效应的影响之外，空间位阻因素对于插入选择性的影响也要考虑[42]。

$$(12)$$

$$R = OCH_3, CN, NO_2$$

表 3　式 12 中 R 取代基及其位置对区域选择性的影响

序号	R	反应温度/℃	反应时间/h	α/β
1	H	80	3	>99/1
2	o-OCH₃	80	4	>99/1
3	m-OCH₃	80	2	>99/1
4	p-OCH₃	80	1.5	>99/1
5	o-CN	80	2.5	>99/1
6	m-CN	80	4.5	>99/1

续表

序号	R	反应温度/℃	反应时间/h	α/β
7	p-CN	80	3	>99/1
8	o-NO$_2$	100	6	>99/1
9	m-NO$_2$	100	3	95/5
10	p-NO$_2$	100	3.5	99/1

值得指出的是，以上两种途径的机理并不是绝对的。如式 13 所示：通过向反应体系中加入化学计量的食卤剂 (主要是银盐和铊盐)，可以改变 X 基团的离去能力，从而将中性途径转变为阳离子途径。

$$\underset{Ar}{\overset{L}{\underset{L}{\diagdown}}}\overset{X}{\underset{\diagup}{Pd^{(II)}}} \ + \ Ag^+ \ (or \ Tl^+) \ \longrightarrow \ \left[\underset{Ar}{\overset{L}{\underset{L}{\diagdown}}}Pd^{(II)}\right]^+ \ + \ AgX \ (or \ TlX) \tag{13}$$

此外，某些极性溶剂分子 (例如：DMF) 能够作为弱的配体参与 Pd 催化的 Heck 反应，也可以促进阳离子配合物的生成 (式 14)。

$$ArPdL_2X \ + \ DMF \ \underset{+X^-}{\overset{-X^-}{\rightleftharpoons}} \ ArPdL_2(DMF)^{\oplus} \tag{14}$$

2.4 β-还原消除

Heck 反应的最后一步是 β-还原消除，得到产物为取代烯烃和钯氢配合物。钯氢配合物在碱的作用下能够重新生成二配位的零价钯，从而再次进入催化循环。但是，目前对催化循环中 Pd(II) 如何被还原生成 Pd(0) 的过程还没有准确的实验结论。比较普遍接受的观点认为，碱促进的脱氢反应使得 Pd(II) 被还原成为 Pd(0)。

还原消除这一步骤的重要性在于它涉及到产物的立体化学。在通常的情况下，还原消除遵从 Curtin-Hammett 动力学控制规则，即过渡态的能量反映了顺反异构体的比例。其结果是只有与 Pd 原子同一侧的 β-氢才能发生消除反应，从而得到热力学更稳定的反式烯烃产物 (式 15)。

(15)

favored product

值得注意的是，由于钯氢的还原消除是一个可逆过程。由于钯氢与双键的解离速度较慢，所以含有 β-氢的烯烃分子很容易发生双键的异构化反应 (式 16)[37]。这种异构化现象在环烯参与的 Heck 反应中尤为显著，导致生成一些难以预料的产物。通过在环烯和卤代芳烃的 Heck 反应中加入一价 Ag 盐或者 Tl

盐可以较好地减少异构化产物的生成。

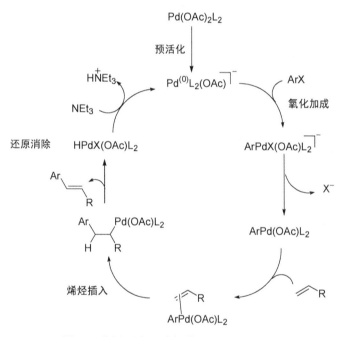

$$\text{(16)}$$

异构化产物　　　　　　　　　　　异构化产物

2000 年，Amatore 和 Jutand[43]提出了另一种全新的机理，即所谓的阴离子途径来解释 Heck 反应 (图 2)。在该机理中，三配位的阴离子型 Pd-配合物 $Pd^0L_2Cl^-$ 或者 $Pd^0L_2(OAc)_2^-$ 是有效的活性催化剂。其中氧化加成经过一个五配位的过渡态，阴离子的负电荷有效地加速了氧化加成。但是，这一观点的正确性还有待进一步的探讨。

图 2　使用阴离子途径的 Heck 反应机理

3　Heck 反应的催化条件

3.1　催化剂

Heck 反应的催化剂体系主要包括了钯以及配体两个部分，它们是研究 Heck 反应所关心的核心问题。从各种简单的无机钯盐 ［例如：$PdCl_2$ 和 $Pd(OAc)_2$ 等］ 到含有膦配体的钯催化体系，从环境友好的无膦钯催化剂体系到不使用额外配体的环钯催化剂体系，不断有新的钯配合物及配体被合成出来并应用到各类 Heck 反应中。

3.1.1 配体

3.1.1.1 膦配体

单齿膦配体是 Heck 芳基化反应中最为常用的一类配体，其中重要的一个代表是 P(o-Tol)₃ (式 17)。实验表明：当配体中磷原子上的取代基为强推电子基团时，Pd 对于 R-X 的氧化加成将变得更加容易，这一点对于氯苯等惰性底物尤其重要。但是，富电子的膦配体会导致 Heck 催化循环中后续几个步骤速率降低。此外，富电子的膦配体对空气非常敏感，增加了使用的难度。

$$\text{OHC}-\text{C}_6\text{H}_4-\text{Br} + \text{CH}_2\text{=CHCN} \xrightarrow[\substack{\text{NaOAc, DMF, 130 }^\circ\text{C} \\ 79\%}]{\text{Pd(OAc)}_2\ (0.001\ \text{mol}\%),\ \text{P(o-Tol)}_3} \text{OHC}-\text{C}_6\text{H}_4-\text{CH=CH-CN}$$ (17)

除了烷基的膦配体之外，P(OR)₃ 类化合物也可以作为 Heck 反应的配体。这类化合物便宜而且稳定，其催化效果也较为理想。1983 年，Spencer 等人[44]报道配体 P(OPh)₃ 的催化效果与经典的 PPh₃ 和 P(o-Tol)₃ 相似 (式 18)[45]。

$$\text{OHC}-\text{C}_6\text{H}_4-\text{Br} + \text{CH}_2\text{=CHCN} \xrightarrow[\substack{\text{P(OPh)}_3,\ \text{NaOAc, DMF, 130 }^\circ\text{C} \\ 65\%\sim85\%,\ \text{TON} = 13000}]{\text{Pd(OAc)}_2(0.005\sim0.01\ \text{mol}\%)} \text{OHC}-\text{C}_6\text{H}_4-\text{CH=CH-CN}$$ (18)

随着对 Heck 反应机理的深入研究，人们发现双齿配体对于阳离子途径起着至关重要的作用。双齿配体只需与 Pd 等当量加入，而且形成的 Pd-配合物更加稳定，催化活性更高。人们还发现：使用 Ar-OTf 替代卤代芳烃或者是向反应中加入银盐和铊盐等食卤剂，会更加利于双齿配体发挥作用。1992 年，Overman[46]小组于最先报道了 BINAP，该化合物是一种性质较好的双齿膦配体。它能够催化卤代芳烃的分子内 Heck 环化反应，表现出良好的立体选择性。因而，它在不对称 Heck 反应的发展过程中有着极其重要的历史地位。

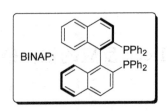

BINAP:

1998 年，Boyes 等人[47]报道的二茂铁双齿膦配体 dppf 和 disoppf (图 3)。该类配体与 Pd 形成的配合物在 CuI 的存在下催化 Heck 反应，能够表现出优秀的区域选择性。

另外，Shaw 等人[48]报道了一类由烷烃链接的双齿膦配体 (图 4)。基于这类配体的钯催化剂在芳基卤化物与苯乙烯或甲基丙烯酸酯的 Heck 反应中，其 TON 值可以达到 2.2×10^5。

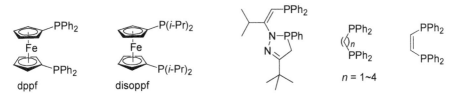

图 3　二茂铁双齿膦配体示例　　　图 4　一类由烷烃链接的双齿膦配体

3.1.1.2　卡宾配体

1995 年，Herrmann 等人报道了一类新型的配体，即杂环卡宾 (图 5)，该类化合物可以从咪唑或者三唑衍生得到[49~51]。它们是强的 σ-给体和弱的 π-受体，类似于 P-原子可以与 Pd 配位，并在配位时采用四边形的平面结构。从而减小了迁移插入过程中的空间位阻，更适合 Heck 反应的进行。

R = Alkyl, Aryl

图 5　Herrmann 等人报道的杂环卡宾类配体

和其它配体类似，杂环卡宾可以在反应过程中与 Pd 形成配合物从而充当催化剂，试验表明杂环卡宾与 Pd 生成的配合物在溶剂中是稳定的 (式 19)。

$$\text{(19)}$$

在催化条件下，单齿或者双齿的杂环卡宾钯配合物表现出了优秀的稳定性和较高的反应速率[52~54]。更为重要的是，不少杂环卡宾钯配合物催化反应的 TON 值都相当的惊人 (式 20 和式 21)[54,55]。

$$\mathbf{L^1} \ (2 \times 10^{-4} \ \text{mol\%})$$
NaOAc, DMA, 120 °C, 10 h
con. 99%, TON = 330000

$$\text{(20)}$$

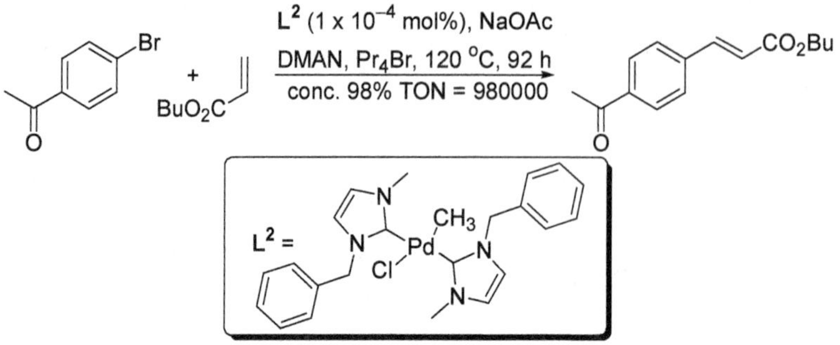

$$(21)$$

2000 年，RajanBabu 小组[56]报道了第一例手性杂环卡宾配体 (图 6)，它具有耐高温、对空气和水不敏感等优点。遗憾的是，人们发现该手性杂环卡宾配体并不能起到手性控制的作用，可能原因是该杂环卡宾配合物通过初步分解释放出自由的低浓度 Pd(0) 活性物种来催化反应。这导致在反应体系中，手性杂环卡宾配体没有足够稳定的配位层来催化不对称 Heck 反应[20]。

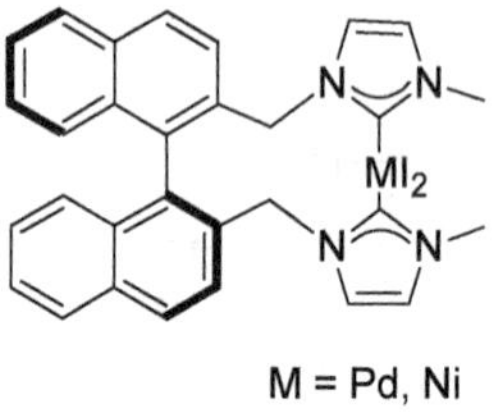

M = Pd, Ni

图 6　第一例手性杂环卡宾配体

3.1.1.3　其它配体

砷元素与磷有着类似的性质，因而一些三价砷也可作为 Pd 的配体。Kaufmann 等人曾使用 AsPh₃ 作为配体，利用 Heck 反应合成了生物碱 Epibatidine，产率达 92% (式 22)[57]。

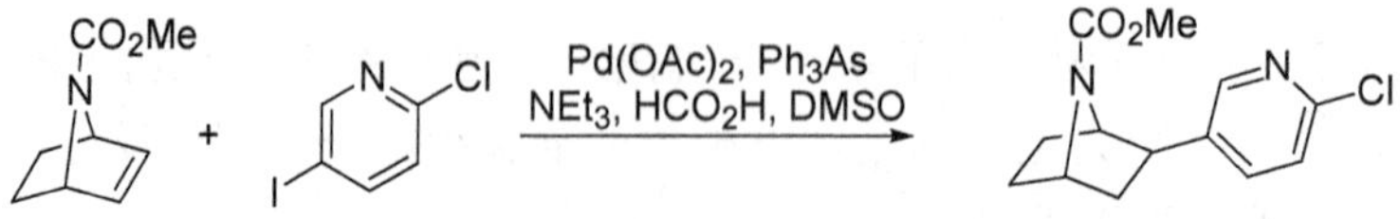

$$(22)$$

1993 年，Cabri[58]报道了一系列 1,10-邻二氮杂菲双齿配体 (图 7)。这类配体被用于杂原子取代烯烃的 Heck 芳基化反应，能够得到很好的反应速率，产率以及区域选择性也较为理想。

2004 年，Yang 等[59]报道了一类具有较大位阻的硫脲配体 (图 8)。这类配体对空气以及潮湿气氛较为稳定，并且对于芳碘和芳溴与烯烃之间的 Heck 反应催化活性较高。

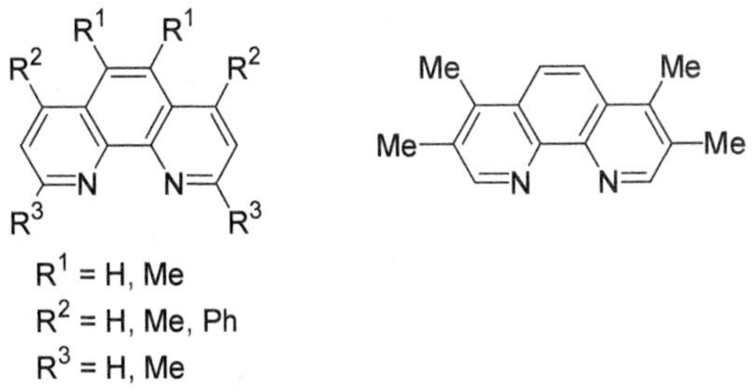

R[1] = H, Me
R[2] = H, Me, Ph
R[3] = H, Me

图 7 Cabri 报道的 1,10-邻二氮杂菲类双齿配体

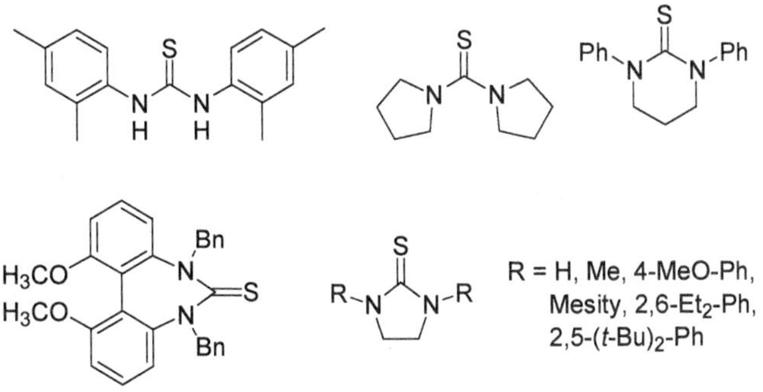

R = H, Me, 4-MeO-Ph,
Mesity, 2,6-Et$_2$-Ph,
2,5-(t-Bu)$_2$-Ph

图 8 一类具有大位阻的硫脲配体

2006 年，Liu 和 Guo 等[60]研究了一系列 N,O-双齿氨基酸配体在 Heck 反应中的应用 (图 9)。发现 N,N-二甲基-β-丙氨酸是一种较为奏效的配体，其参与配位的 Pd-催化剂在各类芳溴、芳碘及活化芳氯的 Heck 反应中均实现了 10^3 的周转数。

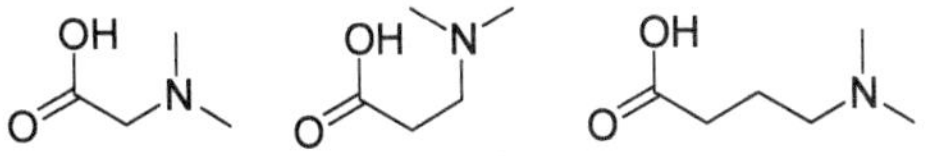

图 9 N,O-双齿氨基配类配体示例

3.1.2 环钯化合物 (Palladacycles)

1995 年，Herrmann 和 Beller 等人[46]报道了一种结构新奇的二聚钯配合物 Pd$_2$(P(o-Tol)$_3$)$_2$(μ-OAc)$_2$。这些配合物现在被称作 Herrmann 催化剂，简称 hc (图 10)。该类型催化剂的合成方法简单，对空气和水不敏感，能够长期存放，而且具有较高的催化活性和选择性等优异性质。它的出现代表了钯催化化学的一个里程碑。

一般认为固态的钯环化合物具有较高的稳定性，而最近的研究表明环钯化合物在反应条件下是不稳定的。这主要是由于在 Heck 反应的预活化过程中环钯化合物会发生开环反应，分解释放出被膦配体络合的或者没有膦配体络合的活性 Pd(0) 物种。根据这一观点，环钯类化合物不是 Heck 反应的催化剂，而是一类无需外加配体的催化剂前驱体。而钯环化合物的功能是在反应的混合液中缓慢地释放出低浓度的活性 Pd(0) 物种。此过程有助于抑制产生高浓度的活性 Pd(0) 物种，从而避免了催化剂的失活[61]。

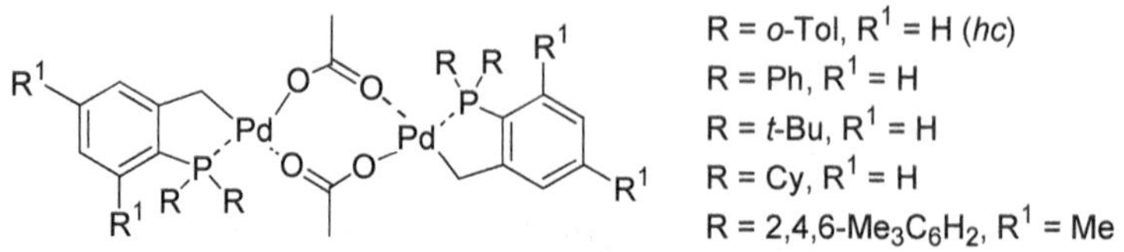

图 10   二聚钯配合物结构示例

目前已知的环钯化合物的合成方法有[48]：(1) 直接环钯化法   即在温和的条件下，将配体和钯盐在溶剂中直接进行反应而生成；(2) C-X 键或配位原子邻位 C-X 键的氧化加成法   即通过 C-X 键或邻位 C-X 键对已有配体络合的 Pd 原子进行氧化加成，从而与配位原子一起形成环钯化合物；(3) 金属转移法   即先合成其它金属的环金属化合物 (例如：环 Pt、Hg 等)，再通过转金属反应合成环钯化合物；(4) 配体交换法   即利用不同配体之间配位能力的不同，使得钯从一个配体向另一个配体转移。最常用的环钯化合物的合成方法是直接环钯化法，而其它三种方法通常只是在直接环钯化失败时的备用方案。常用的环钯化试剂包括 $PdCl_2$、Li_2PdCl_4、Na_2PdCl_4、$Pd(OAc)_2$、$PdCl_2(SEt_2)_2$、$PdCl_2(C_6H_5CN)_2$ 和 $Pd_2(dba)_3$ 等。该反应一般在极性溶剂(例如：CH_3OH、$CHCl_3$、CH_3COCH_3、CH_3CN、HOAc 和 H_2O) 中进行，而在苯或者甲苯等非极性溶剂中的合成例子较为少见。

Herrmann 催化剂 (*hc*) 是最早应用于 Heck 反应的环钯化合物。该化合物由 Herrmann 等人通过混合加热 $Pd(OAc)_2$ 和 $P(o\text{-}Tol)_3$ 的直接环钯化方法合成 (式 23)。Herrmann 催化剂在催化活化的溴代芳烃 (含有拉电子取代基，例如：CN、CHO 和 COMe 等) 与丙烯酸丁酯的 Heck 反应中，即使催化剂用量下降到 5×10^{-4} mol%，其周转数 (TON) 仍达到 2×10^5。

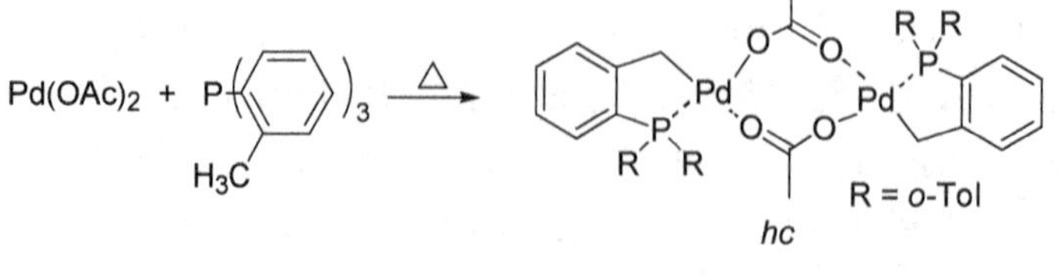

在 Herrmann 的工作基础上，Shaw 等人[62]于 1998 年报道了另一类 P-C 环钯化合物 (图 11)。该类环钯化合物的催化功能总体上与 Herrmann 催化剂相似。例如：在碘代苯与丙烯酸甲酯的 Heck 反应中，**2b** 催化剂量降至 5×10^{-5} mol% 时，TON 仍然能够达到 10^6。

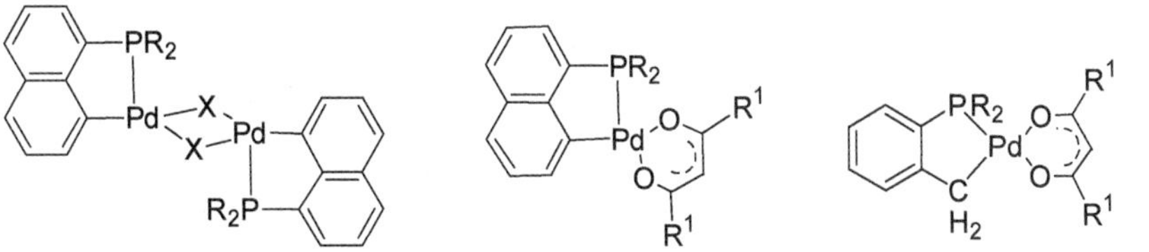

1a R = 萘基，X = OAc
1b R = 萘基，X = I
1c R = 萘基，X = Br

2a R = 萘基，R^1 = Me
2b R = 萘基，R^1 = CF$_3$

3a R = o-Tol，R^1 = Me
3b R = o-Tol，R^1 = CF$_3$

图 11　Shaw 等人于 1998 年报道的一类 P-C 环钯化合物

除了双齿的环钯化合物之外，研究人员还发展了钳形的三齿环钯化合物 (图 12)。无论这些三齿环钯化合物采用五员环还是六员环的结构，它们都有着较好的热稳定性，而且对氧气不敏感。

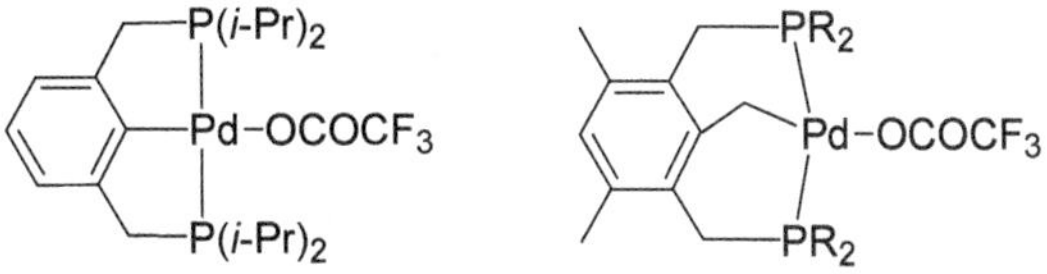

R = i-Pr, t-Bu

图 12　钳形三齿环钯化合物示例

随后，Shibasaki[64]进一步发展了这类钳形的环钯化合物，并将其用在含有推电子基团的碘代芳烃的 Heck 反应中，得到了相当出色的 TON 值 (式 24)。

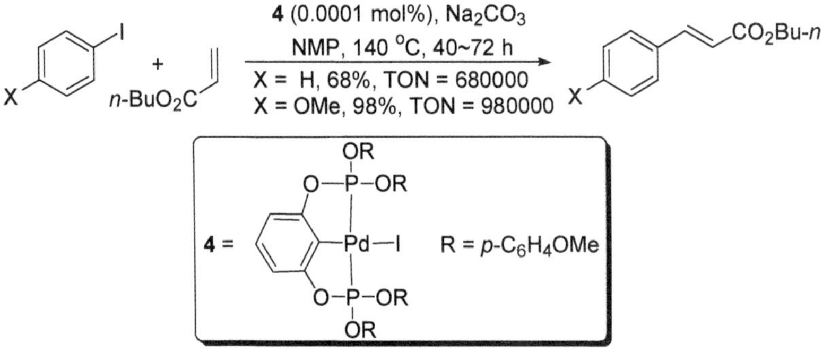

4 (0.0001 mol%)，Na$_2$CO$_3$
NMP，140 $^\circ$C，40~72 h
X = H，68%，TON = 680000
X = OMe，98%，TON = 980000

(24)

4 = R = p-C$_6$H$_4$OMe

值得指出的是，早期的环钯化合物大都采用 P 原子配位。随着研究的深入，人们发现配体只是参与 Pd 的承载，而与其催化活性无关。由于这个原因，人们逐渐对 N、O、S 等原子参与配位的环钯化合物产生了兴趣。Milstein 等人[65]以唑啉为基础合成了一系列亚胺类环钯化合物 (5~7)。他们发现这些环钯化合物在催化碘代苯与丙烯酸甲酯的反应中，不但转化率高，而且 TON 达到了百万次以上。

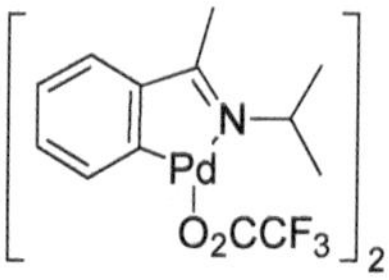

5

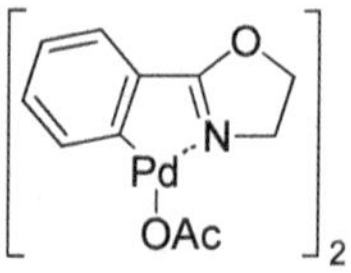

6

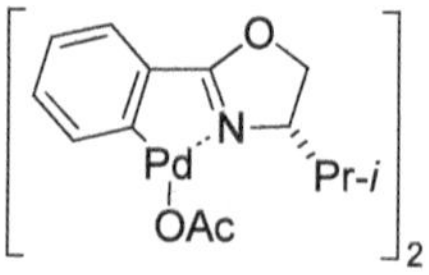

7

Najera 等人[66]合成了一系列从肟生成的环钯化合物 **8** 和 **9**。他们发现这类环钯化合物不仅对具有较好的稳定性，而且对空气和湿气不敏感，原料价廉易得。将这些肟环钯化合物用于碘代苯与丙烯酸甲酯的 Heck 反应都表现出优秀的催化活性，许多时候可以获得定量的收率。这些反应的最高 TON 值达到 10^{10}，可以与酶的催化效率相比拟[51]。

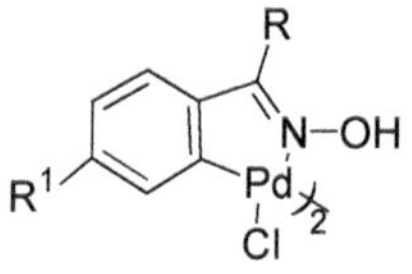

R = H, R^1 = Ph
R = Cl, R^1 = p-ClC_6H_4
R = OMe, R^1 = p-$MeOC_6H_4$
R = H, R^1 = Me

8

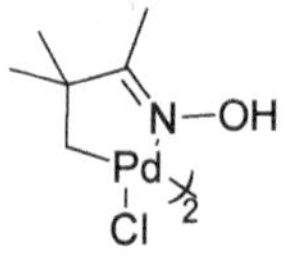

9

除了 N-配位的环钯化合物之外，也有 O 和 S 原子配位的环钯化合物 (图 13)。一些简单的 O-配位环钯化合物在 Heck 反应中的催化活性与 N-配位的环钯化合物相近[68]，但是在大多数情况下 O- 和 S-配位的环钯化合物比 P- 和 N-配位的环钯化合物活性要低一些。

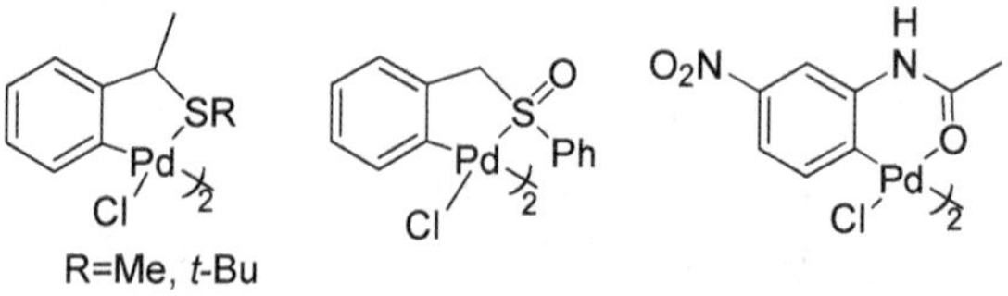

图 13 O、S 原子配位的环钯化合物示例

3.2 碱

在钯氢还原消除反应完成之后，生成的钯氢配合物需在碱的作用下才能重新生成具有催化活性的二配位零价钯，从而再次进入催化循环 (式 25)。在 Heck 反应中常用的无机碱有：NaOAc、Na_2CO_3、K_2CO_3 和 $CaCO_3$ 等。一些叔胺类有机碱也可以用于 Heck 反应，例如：Et_3N、i-Pr_2NEt、和 1,2,2,6,6-五甲基哌啶 (PMP) 等[69]。

$$PdHL_2X + base \longrightarrow Pd^{(0)}L_2 + base \cdot HX \qquad (25)$$

3.3 添加剂

添加剂在 Heck 反应中经常扮演着一个不可缺少的角色。例如：一价银离子 Ag(I) 在不饱和卤代物的 Heck 反应中能够显著地提高反应的速率，防止催化剂的钝化，以及减少产品烯烃的异构化。这是由于银盐是有效的食卤剂，能够促进 16 电子的 Pd 阳离子中间体的形成，使得一些反应从中性途径转向为阳离子途径，有利于提高 Heck 反应的效率和选择性。常用的银盐有：Ag_2CO_3、Ag_3PO_4 和 Ag 掺杂沸石 (silver-exchanged zeolite)。铊盐 (例如：Tl_2CO_3、TlOAc 以及 $TlNO_3$) 也能起到食卤剂的作用，但强烈毒性使它们的应用受到限制。

3.4 溶剂和温度

在 Heck 反应中常用的溶剂一般是极性的非质子性溶剂，例如：THF、乙腈、DMF、DMA、HMPA (六甲基膦酰三胺) 和 NMP (1-甲基-2-吡咯酮) 等。在一些特殊的 Heck 反应中，苯、甲苯 和 DCE (二氯乙烷) 等低极性溶剂也有应用的报道。在许多不对称的 Heck 环化反应中，溶剂的极性可以影响反应的立体选择性，因而需要根据实际底物来筛选。

Heck 反应的温度范围通常为室温至 100 °C 以上[69]，具体的反应温度随体系的不同变化较大。通常，升高反应温度或减少溶剂的用量能够加快反应的速度，缩短反应时间[39]。

4 Heck 反应的底物

在经典的 Heck 反应中，对于 R-X 部分通常使用的是卤代的芳香化合物。

4.1 卤代物

4.1.1 卤代芳香化合物

卤代芳香烃是 Heck 反应研究中最早使用和最为经典的一类反应底物。它们的反应速率大小顺序一般为：ArI > ArBr >> ArCl。碘代芳烃的反应速度最快，产率也最高。Mizoroki 和 Heck 最初的发现就是从碘代苯的催化反应中取得了突破。但是，碘代芳烃价格通常比较昂贵，使得它们在实际应用中受到了不少的限制。相比之下，溴代芳烃的价格较为低廉，而且反应速度适中。由于它们在反应过程一般只经过中性中间体途径，因而副产物较少，是目前 Heck 反应中比较常用的卤代底物。

氯代芳烃的反应活性很低，但是其价格低廉、市场供应充足，是在工业化应用中最为理想的卤代试剂[70]。比较于碘代和溴代芳烃的 Heck 反应，有关氯代芳烃的 Heck 反应研究目前还不够成熟，非常值得继续深入探索[71]。一些较为重要的研究进展可以通过下面几个例子来介绍。

在 1984 年，Spencer[145]首先报道了氯代芳烃与含有拉电子取代基的烯烃之间的 Heck 反应。通过对多种配体的筛选，当采用 P(p-Tol)$_3$ 时最高产率可以达到 34% (式 26)。

$$\text{(26)}$$

1988 年，Bozell[72]报道了使用双金属体系 (钯和镍) 催化的氯代芳烃与烯烃的 Heck 反应。镍的使用显著地提高了催化体系的活性，使得产率提高到 85% 左右 (式 27)。

$$\text{(27)}$$

1999 年，Fu 小组[71]使用 P(t-Bu)$_3$ 等富电子高位阻配体，系统地研究了氯代芳烃的 Heck 反应。他们发现：除了被拉电子基团活化的氯代苯之外，氯苯本身也能够得到较好的反应结果，最高产率可达 83% (式 28)。

$$\text{(28)}$$

2002 年，Beller 等[73]使用卡宾配体参与的钯催化剂催化氯苯以及活化氯苯的 Heck 反应，也取得了较高的转化率和产率 (式 29)。这些研究表明：富电子和高位阻的膦配体与杂环卡宾配体在催化氯代芳烃的 Heck 反应中有着较好的效果。

$$\text{(29)}$$

除了膦配体和卡宾配体之外，其它一些配体有时也能催化氯苯的 Heck 反应。例如：2006 年 Liu 和 Guo 等[60]报道了 N,N-二甲基-β-丙氨酸 (式 30) 催化的 Heck 反应，活化氯代苯的反应产率高达 96%。

$$\text{(30)}$$

4.1.2　其它卤代物

4.1.2.1　苄基氯[74]

有实验证明：苄基氯有着足够的活性，能够与甲基丙烯酸酯在 Pd(OAc)$_2$/PPh$_3$ 的催化条件下进行 C-C 偶联反应。如式 31 所示[14]：生成的产物由于 β-氢消除位置的不同而分为两种，产率分别达到 67% 和 9%。

$$PhCH_2Cl + \diagup CO_2CH_3 \xrightarrow[100\ ^\circ C,\ 15\ h]{Pd(OAc)_2,\ (n\text{-}Bu)_3N} \qquad (31)$$

4.1.2.2　卤代杂环

噻吩和呋喃等五员杂环卤代物在 Heck 反应条件下均能顺利发生 C-C 偶联反应 (式 32 和式 33)[75]。

$$(32)$$

$$(33)$$

对于六员杂环化合物的 Heck 反应，可以用降烟碱 (Nornicotine) 的合成作为例子。该化合物从 3-溴吡啶为底物出发，通过 Heck 反应等四步合成得到预期的目标产物 (式 34)[74]。

$$(34)$$

Nornicotine

4.1.2.3 卤代烯烃

人们期望烯烃之间能发生 C-C 偶联反应，以便应用在脂肪族化合物的合成中。Heck 等人很早就做了尝试，得到了良好的结果[16,76] (式 35)。

$$\text{\raisebox{0pt}{}}\quad\text{Br} + \quad\text{CO}_2\text{CH}_3 \xrightarrow[\text{75\%}]{\substack{\text{Pd(OAc)}_2, \text{PPh}_3 \\ 100\ ^{\circ}\text{C}, 70\ \text{h}}} \quad\text{CO}_2\text{CH}_3 \qquad (35)$$

4.2 类卤代物

4.2.1 磺酸基取代苯

苯酚类化合物经过磺酰化反应可以转化为活性相对较高的磺酸基取代苯。这类化合物代表了 Heck 反应中一类重要的亲电试剂，为酚类化合物在 C-C 键生成反应中的应用开辟了途径。重要的磺酸基取代苯类化合物包括：Ar-OTf (三氟甲磺酸基衍生物)、Ar-OTs (对甲苯磺酸基衍生物)以及 Ar-ONf (九氟丁磺酸基衍生物) 等 (结构如下所示)。

$$\underset{\textbf{Ar-OTf}}{\text{Ar}-\text{O}-\overset{\text{O}}{\underset{\text{O}}{\overset{\|}{\underset{\|}{\text{S}}}}}-\text{CF}_3} \qquad \underset{\textbf{Ar-OTs}}{\text{Ar}-\text{O}-\overset{\text{O}}{\underset{\text{O}}{\overset{\|}{\underset{\|}{\text{S}}}}}-\text{}-\text{CH}_3} \qquad \underset{\textbf{Ar-ONf}}{\text{Ar}-\text{O}-\overset{\text{O}}{\underset{\text{O}}{\overset{\|}{\underset{\|}{\text{S}}}}}-\text{(CF}_2)_2\text{CF}_3}$$

4.2.1.1 Ar-OTf

由于 OTf 作为离去基团与 Pd 的结合能力较差，大部分 Ar-OTf 的 Heck 反应倾向于阳离子途径。因此，这类化合物的 Heck 反应比卤代芳烃具有更好的区域选择性，而且在不对称 Heck 反应[56]中有着广泛的应用[67,68]。

早期，Stille 等[77]曾经报道了一系列 Ar-OTf 与有机锡化合物在 Pd 催化下发生的 C-C 偶联反应。随后，Hallberg 等人[78]报道了 Ar-OTf 参与的 Heck 反应以及该反应中的选择性控制问题。他们发现：可以通过加入卤素离子更好地控制反应的区域选择性，并在富电子烯烃上实现了选择性的 β-末端插入(式 36)。

$$\qquad (36)$$

	1.5 : 1
1% Pd(OAc)$_2$/DMF	1.5 : 1
1% Pd(OAc)$_2$/DMF + LiCl (2 eq)	13 : 1
1% Pd(OAc)$_2$/CH$_3$CN	0.5 : 1
1% Pd(OAc)$_2$/CH$_3$CN + 100% Bu$_4$NCl	8 : 1

现在，Ar-OTf 作为一种易于进行选择性控制的底物被广泛使用。2005 年，Skrydstrup 等[70]报道使用 Heck 反应高效地合成 N-酰基-α-芳基乙烯胺。如式 37 所示：该反应可以给出 62%~98% 的产率，并且产物的区域选择性是专一的。

$$\text{ArOTf} + \underset{\text{H}}{\overset{\text{O}}{\diagup\text{N}}}\text{R} \xrightarrow[\text{DIPEA, dioxane, 85 }^{\text{o}}\text{C, 1 h}]{\text{Pd}_2(\text{dba})_3\ (1.5\ \text{mol}\%),\ \text{DPPF}\ (3\ \text{mol}\%)} \underset{\text{H}}{\overset{\text{O}}{\text{Ar}\diagup\text{N}}}\text{R} \quad (37)$$

4.2.1.2　Ar-OTs

Ar-OTs 比 Ar-OTf 价格更为低廉，但是它的化学活性也较低。2002 年，Fu 等人报道了第一例 Ar-OTs 的 Heck 反应 (式 38)[79]。

$$\quad (38)$$

Pd(OAc)$_2$, PPh$_3$, CH$_2$=CHCO$_2$Me
DMA/DMF/TEA, 105 ^{o}C, 0.5 h
90%

2006 年，Skrydstrup 等人[80]报道了对甲苯磺酸基取代的烯烃化合物与缺电子烯烃及苯乙烯衍生物之间的 Heck 偶联反应 (式 39)。

$$\underset{\text{R}\quad\text{R}^1}{\overset{\text{OTs}}{\diagdown}} + \overset{}{\diagdown}\text{R}^2 \xrightarrow[\text{LiCl (1 eq), Cy}_2\text{NMe (2 eq), DMF, 100 }^{\text{o}}\text{C}]{\text{PdCl}_2(\text{cod})\ (5\ \text{mol}\%),\ \text{HBF}_4\text{P}(t\text{-Bu})_3\ (10\ \text{mol}\%)} \underset{\text{R}^1}{\text{R}}\diagup\diagdown\text{R}^2 \quad (39)$$

4.2.1.3　Ar-ONf

1997 年，Webel 和 Reissig 报道了一锅法合成 1,3-丁二烯类化合物的新型方法[81]。该方法以硅甲基烯基醚为起始物，经过九氟丁磺酸基官能团的转换，再通过 Heck 反应得到产物 (式 40)。他们注意到，Ar-ONf 相对于其它磺酸基芳烃具有更高的反应活性。

$$\diagup\diagdown\text{OSiMe}_3 \xrightarrow{\text{NfF, Bu}_4\text{NF}} \diagup\diagdown\text{ONf} \xrightarrow[\text{Heck}]{\text{R}\diagdown} \diagup\diagdown\diagup\text{R} \quad (40)$$

4.2.2　其它取代芳香化合物

4.2.2.1　芳基重氮盐 (Ar-N$_2^+$X)

芳基重氮盐是较早发现的一类 Heck 反应底物[82]。它们参与的 Heck 反应不需要碱，也可以不需要膦配体的参与，而且反应条件较为温和。它们的反应活性较芳碘更高，唯一的缺点是制备较为昂贵 (式 41)[83]。

2002 年，Andrus 报道了一个由芳基重氮盐参与的 Heck 反应。在这个例子中，卡宾配体的使用使得反应可以在室温下实现 (式 42)[84]。

$$
\begin{array}{c}
\text{(Me,I,N}_2\text{BF}_4) \xrightarrow[\text{X = Ph, CO}_2\text{Et}]{\substack{\text{H}_2\text{C=CH}_2\text{X, Pd(OAc)}_2 \\ \text{(2 mol\%), EtOH, 80 °C}}} \text{(Me,I,X)}
\end{array}
$$

$$
\xrightarrow[\substack{\text{NaHCO}_3\text{, DMF, 100 °C} \\ \text{Y = CO}_2\text{Et, CN}}]{\text{H}_2\text{C=CH}_2\text{Y, Pd(OAc)}_2 \text{ (2 mol\%)}} \tag{41}
$$

$$
\text{Ar}^-\text{N}_2^+\text{BF}_4^- + \underset{R}{\diagup} \xrightarrow[\text{80\%~90\%}]{\text{Pd(OAc)}_2 \text{ (2 mol\%), L, THF, rt, 2~4 h}} \text{Ar} \diagup R \tag{42}
$$

R = Ar, CO₂Me, CN

L = (结构式)

4.2.2.2 芳基碘鎓盐

芳基碘鎓盐跟芳基重氮盐有着较为相似的性质，但是前者对于反应条件 (尤其是碱) 具有更好的承受能力。此外，芳基碘鎓盐在低温下也有着较高的反应活性，因此一些不能在通常 Heck 反应条件下进行的转换反应可以被顺利实现。但是，由于芳基碘鎓盐的制备较为昂贵，将这类底物用于简单的 Heck 反应是不够经济的[20]。

1996 年，Kang 等人[85]报道了烯丙基醇的 Heck 反应。如式 43 所示：芳基碘鎓盐的应用使得反应条件温和，避免了酮或醛的副产物。

$$
\underset{R}{\overset{\text{OH}}{\diagup}} + \text{R}^1\text{IPh}^+\text{BF}_4^- \xrightarrow[\text{71\%~89\%}]{\substack{\text{Pd(OAc)}_2 \text{ (2 mol\%), NaHCO}_3 \\ \text{DMF or MeCN/H}_2\text{O (5:1), rt}}} \underset{R}{\overset{\text{OH}}{\text{R}^1 \diagup}} \tag{43}
$$

R = H, n-C₅H₁₁, CH(OH)CH₂OBn
R¹ = Ph, PhCH=CH₂

烯基碘鎓盐与单取代烯烃之间的 Heck 反应甚至可以在室温条件下实现 (式 44)[86]。

$$
\underset{R}{\overset{R^1 \quad R^2}{\diagdown}}\overset{\oplus}{\underset{\text{Ph}}{}} + \underset{R^3}{\diagup} \xrightarrow{\text{Pd(OAc)}_2\text{, NaHCO}_3\text{, DMF, rt}} \underset{R \quad R^3}{\overset{R^1 \quad R^2}{}} \tag{44}
$$

4.2.2.3 芳基酰氯 (Ar-COCl)

芳基酰氯是 Heck 反应中较早发现的替代底物之一[87]，反应活性较高。有时 Pd(OAc)₂ 的用量在 0.005 mol% 时都可发生反应，TON 值达 10⁴。该底物参与的反应过程不需要使用配体，这是因为它们的 Heck 催化循环中多了一个脱羧的过程 (式 45)。因此，加入配体可能阻碍 CO 对钯的配位，抑制催化循环。通常，该反应需在含有高位阻的碱 (BnNMe$_2$) 和非极性溶剂中进行 (式 46)。

$$ArCOCl \xrightarrow{Pd(0)} ArCOPdCl \longrightarrow \underset{OC-Pd-Cl}{\overset{Ar}{|}} \xrightarrow[-CO]{MeCH=CH_2} \underset{Pd-Cl}{\overset{Ar}{|}} \qquad (45)$$

$$(46)$$

4.2.2.4 芳基磺酰氯 (Ar-SO$_2$Cl)

2005 年，Vogel 等[88] 报道了芳基磺酰氯类化合物的 Heck 反应，发现双取代的烯烃化合物与芳基磺酰氯的 Heck 反应有着较好的顺反选择性 (式 47 和式 48)。

$$(47)$$

Ar = 4-MeO-Ph, 47% (E:Z = 21:1)
Ar = 3-CN-Ph, 60% (E:Z = 15:1)

$$(48)$$

4.3 Heck 反应中的烯基化合物

在经典的 Heck 反应中，烯烃部分通常使用的是甲基丙烯酸酯以及苯乙烯等缺电子的或者电中性的乙烯基化合物。在区域选择性上，这些缺电子的或者电中性的乙烯基化合物主要生成 β-位置取代的产物，即在双键上取代基团较少的位置上被芳基化或乙烯化。富电子的乙烯基化合物的区域选择性则不够理想，常常得到两个位置分别被取代的混合物。使用磺酸基的芳香化合物作为反应底物，或者加入化学等当量的银盐或铊盐，可以在一定程度上提高富电子乙烯基化合物的反应区域选择性。

为了提高富电子乙烯基化合物在 Heck 反应中的应用，Xiao 等[89,90]最近研究了离子液体 [bmim][BF$_4$] 中富电子乙烯基化合物与卤代芳香化合物之间的 Heck 反应。他们发现：在没有加入食卤剂的条件下，离子液体中的反应也能得到区域选择专一性的产物 (式 49)。尽管这些反应的 TON 值仍然较低，但这些研究结果显示出一定的潜在价值。

$$\ce{\diagdown OBu} + ArX \xrightarrow[\text{NEt}_3, \text{ Ionic Liquid}]{\text{Pd(OAc)}_2, \text{ Phosphine}} \xrightarrow{\text{HCl}} Ar\overset{O}{\diagup} \qquad (49)$$

> 99% regioselectivity

5　Heck 反应的一些改进

Heck 反应的缺点表现在反应条件有时仍然较为苛刻，需要比较严格的无氧条件，而且在很多情况下对水较为敏感。此外，钯催化剂的昂贵价格也限制了它在工业大规模生产中的应用。为此，人们不断地在改善 Heck 反应的条件与催化剂等方面做出努力，例如：将催化剂固载化、利用氟相化学方法回收催化剂、使用无膦催化剂、使用铜催化剂、使用微波反应以及发展水相中的 Heck 反应等等。这些进展对于 Heck 反应真正走向大规模的工业生产应用有着重要的意义。

5.1　绿色化的 Heck 反应

5.1.1　水相 Heck 反应

水是一种环境友好的溶剂，不仅没有毒害作用，而且价格低廉不易挥发。在绿色化学呼声日益高涨的今天，水相中的有机反应成为研究的热点。过去人们一直认为水分子的存在对于 Heck 反应具有负面的影响。但是随着研究的深入，越来越多的研究者发现水对 Heck 反应有着奇特的促进作用。从机理上讲，水是强极性溶剂，可以充当 Pd-配体使用。因此，水在阳离子途径的机理中可以加速迁移插入等过程。这一点对于使用无膦配体或者没有配体的催化体系尤其重要[91]。

1993 年，Zhang 等人[92]对一系列 Heck 反应进行比较后得出结论：在 Pd 催化的含氮杂环衍生物与呋喃衍生物的 Heck 反应中，含水的溶剂体系比传统有机溶剂体系更有效。如式 50 和式 51 所示：有些反应在传统有机溶剂体系 (例如：DMF) 中无法实现，但在有水参与的溶剂体系中 (水:乙醇 = 1:1, v/v) 却能够进行。

进一步的研究表明：不是所有底物的水相 Heck 反应都有着理想的效果，一个重要的障碍是很多有机分子难以在水中溶解。使用相转移催化剂可以部分地解决这个问题[93]，使得原料可以在较为均匀分散的体系中进行反应。由于传统的有机膦配体在水中的溶解度很差，人们还设计了一批既能催化反应、又能溶于水的新型膦配体。TPPMS 和 TPPTS 是其中两个十分常见的例子[94]，它们在水中的溶解性很好，而在有机相中的溶解性较差。利用这一特点，人们可以使用有机溶剂将反应产物萃取出来，而把配体和 Pd-配合物留在水相中循环使用[95]。这一策略对于实际的工业应用具有一定的意义。

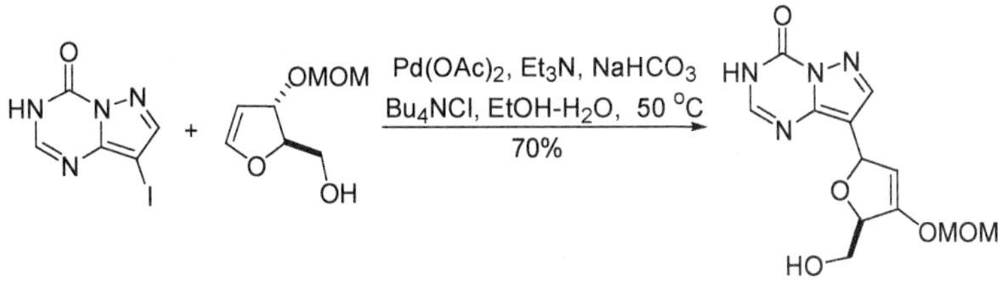

(50)

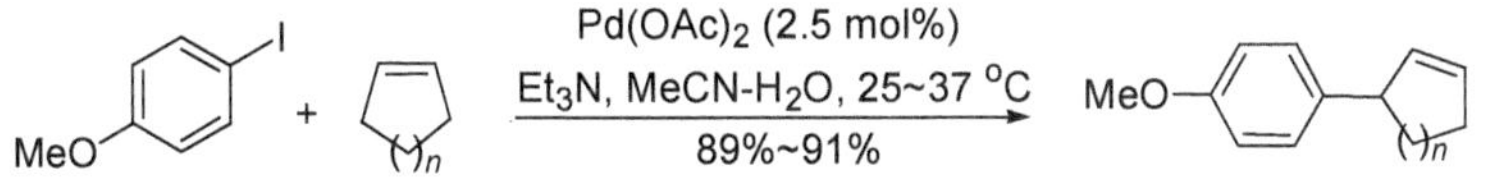

(51)

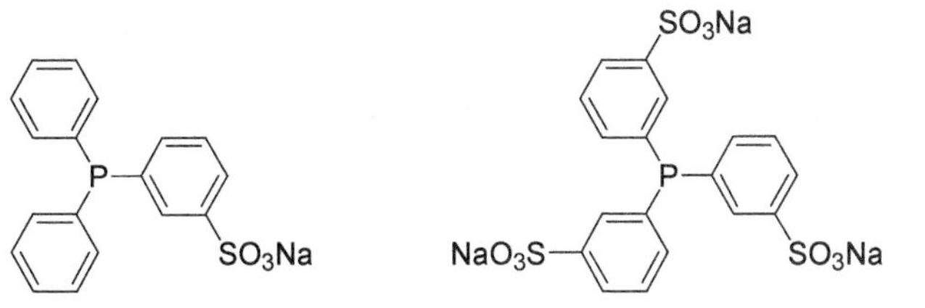

TPPMS

TPPTS

　　最新的一些研究表明：使用水溶性高分子承载的卡宾配体[96]或者其它一些水溶性树枝状分子负载的 Pd-催化剂[97] 也可以实现水相中的 Heck 反应。

5.1.2　微波反应

　　Heck 反应通常需要较高的温度，加热方式包括油浴、水浴、沙浴和微波加热等。研究表明，如果用普通的方法加热，不但要求达到的温度较高，而且反应时间也较长。使用微波加热可以大大缩短反应的时间[98]，尽管这种方法对于产率和选择性的影响并不大[27,99]。

　　如式 52 所示[100]：在传统加热条件下，该反应需要经过 20 h 才能完成。反应产率为 68%，β- 和 γ-位置偶联产物的选择性为 99.5:0.5。如果使用微波加热方法，同样的反应在 10 min 之内即可完成，而产率和选择性基本没有变化[100,101]。

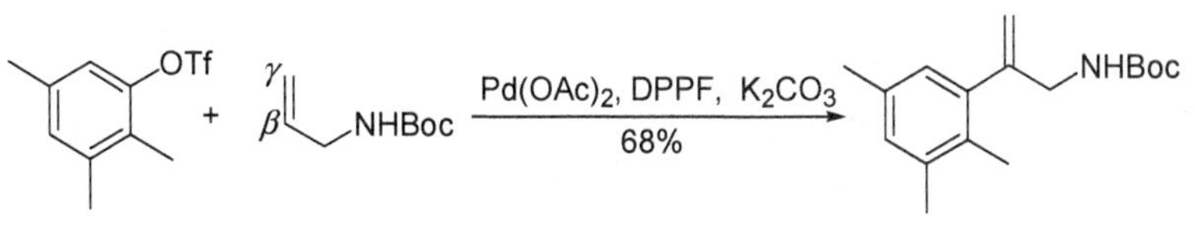

(52)

5.1.3 离子液体的应用

室温离子液体代表了一类新兴的反应介质，具有非挥发性、低熔点、宽液程、良好的导热性、高稳定性以及选择性溶解能力与可设计性等优点。室温离子液体具有很多独特的性质，尤其它与非极性溶剂和水的互溶性可以由温度控制，使得在离子液体中进行的反应催化剂可以方便回收。常见的室温离子液体包括 bmim、pmim、C_6py 等阳离子和 Cl^-、BF_4^-、PF_6^- 等阴离子相互组合形成的熔盐（图 14）[102]。

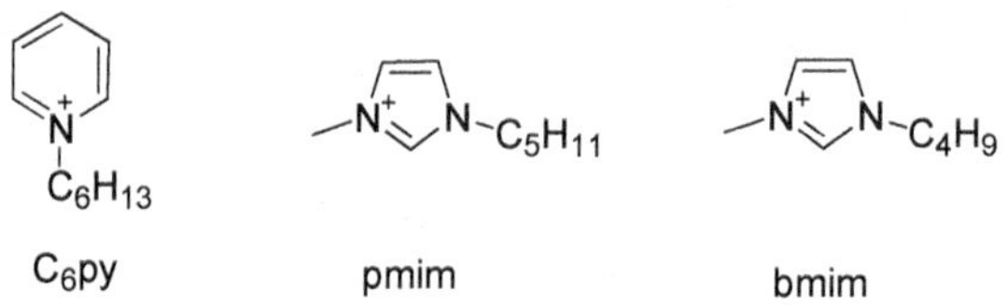

图 14 常见的室温离子液体

从机理上考虑，离子液体应该可以促进 Heck 反应的发生。这是因为离子液体具有较大的极性，利于阳离子途径的 Heck 反应机理。如式 53 所示：在没有膦配体参与的条件下，使用 2 mol% 的 $Pd(OAc)_2$ 在离子液体中可以在 40 ℃时催化肉桂酸的生成。无机碱（例如：$NaHCO_3$）或者有机碱（例如：三乙胺)都可以使该反应产率达到几乎定量[102]。

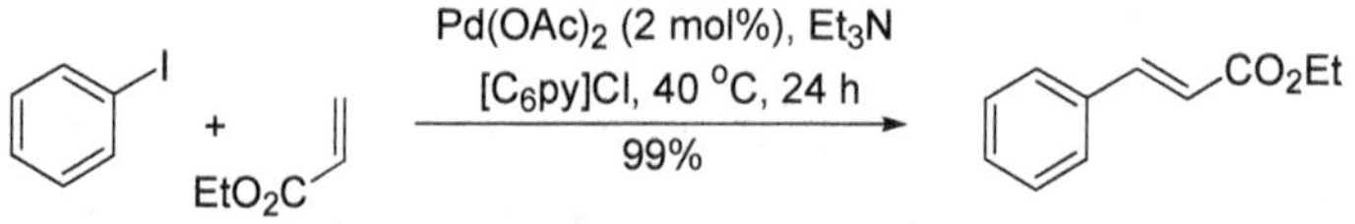

(53)

5.2 催化剂的拓展

5.2.1 纳米钯

在没有配体加入的反应体系中，活性 Pd(0) 容易聚集生成纳米尺寸的钯簇，而这些钯簇会进一步生长形成缺乏催化活性的钯黑。长期以来，人们一直不知道这些纳米尺寸的钯簇中间体是否具有催化功能。而最近的实验表明这些纳米钯有着奇特的催化活性[27,103,104]。如式 54 所示：纳米钯催化的 Heck 反应的周转数达到了 10^5。这些发现使得人们开始研究和探索在无膦配体的条件下让纳米钯粒子稳定存在。一些研究者提出可以使用表面活性剂或者聚合物来稳定纳米钯的方法，使其稳定分布在有机溶剂中[24,103,105~107]。

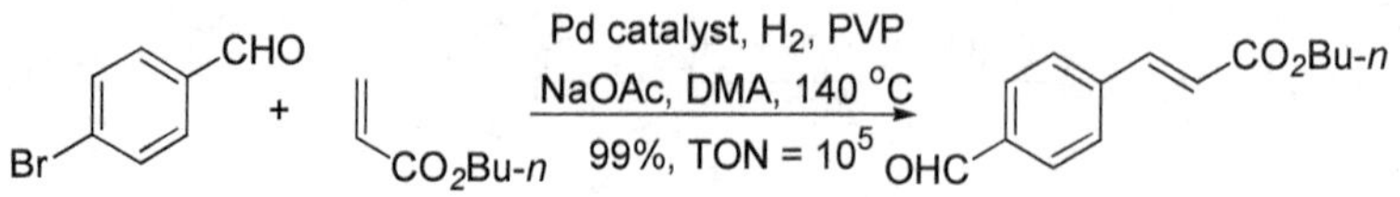

(54)

纳米钯催化机理的关键问题在催化作用是来自于其表面上，还是那些从团簇中脱离下来的自由 Pd 原子。Thathagar 等人[108]最近用实验证明：纳米钯的催化作用来自于其表面，只有位于团簇棱角上的或晶格上有缺点处的 Pd 原子才能提供足够的配位空间，使其完成催化过程 (图 15)。

图 15 纳米钯催化作用示意

5.2.2 其它金属

除了钯之外，其它一些金属有时也能催化 Heck 反应。虽然这些金属在反应的效率上不能与 Pd 媲美，但是 Pd 金属的昂贵价格使得人们对替代金属的催化活性产生浓厚的兴趣。

5.2.2.1 Cu

1997 年，Iyer[109]报道了亚铜催化的 Heck 反应 (式 55)。

$$\text{ArI} \ + \ \underset{R}{\|} \ \xrightarrow[R = CO_2Me\,,\ Ph]{CuX,\ K_2CO_3,\ NMP,\ 150\ ^oC,\ Ar} \ Ar \diagdown\diagup R \qquad (55)$$

进一步研究表明，尽管绝大多数 Cu-催化的 Heck 反应效率很低 (TON 值最大不超过 10)，但是 Cu 的廉价和低毒性仍然引起了很多人的重视。Calo 等人[110]利用青铜作催化剂，在四丁基溴化铵的存在下实现了卤代芳烃与丙烯酸丁酯的 Heck 反应 (式 56)。他们发现：真正起催化作用的是铜纳米粒子。

$$\text{Ph-I} \ + \ \diagdown CO_2Bu \ \xrightarrow[70\%]{\substack{Copper\ bronze\ (3\ mol\%)\\ TBAB,\ TBAA,\ N_2,\ 130\ ^oC,\ 24\ h}} \ Ph \diagdown\diagup CO_2Bu \qquad (56)$$

此外，Li 等人[111]最近报道了使用碘化亚铜催化各种碘代芳烃以及溴代乙烯与烯烃之间的 Heck 反应。发现该反应的选择性较好，产率较为理想。

5.2.2.2 Co、Rh、Ir

Iyer[112]曾经报道 $CoCl(PPh_3)_3$、$RhCl(PPh_3)_3$ 和 $IrCl(CO)(PPh_3)_2$ 这三种配合物都能够高效地催化碘代芳烃与丙烯酸甲酯或苯乙烯之间的 Heck 反应，但是其反应条件比较苛刻 (式 57)。Co 与 Rh 的催化性质相似，而 Ir-催化的反应需要更高的温度，并且产率也较低。

$$\text{(57)}$$

K$_2$CO$_3$, NMP, 110 $^\circ$C, 24 h

CoCl(PPh)$_3$, 83%
RhCl(PPh)$_3$, 98%
IrCl(CO)(PPh)$_2$, 80%

5.2.2.3 Ru

某些 Ru-配合物（例如：Ru(COD)(COT)、[RuCl$_2$(C$_6$Me$_6$)$_2$]$_2$ 和 RuCl$_3 \cdot n$H$_2$O）能够催化烯烃之间的 Heck 反应（式 58）[113]。值得注意的是，Ru-催化的反应对于氯代底物也有明显的效果，值得进一步研究。

$$\text{(58)}$$

Ru-cat (2~5 mol%)
Et$_3$N, 100 $^\circ$C, 4~22 h
X = Cl, 26%~45 %
X = Br, 57%~68 %

5.2.2.4 Ni

事实上，除了 Pd 之外，只有 Ni 能够较好地催化 Heck 反应，并且反应的条件较为温和。有趣的是，Ni 不但能够催化卤代芳烃的 Heck 反应，还能够催化卤代烯烃甚至卤代烷烃的偶联（式 59）。但是，Ni 催化剂的再生比较困难，有时需要消耗别的还原性金属（例如：Zn）来实现高的 TON 值[114]。

$$\text{(59)}$$

NiCl$_2$(PPh$_3$)$_2$ (5 mol%)
Zn, Py, MeCN, 65 $^\circ$C

5.3 氟相化学在 Heck 反应中的应用

如何实现催化剂的重复利用是将 Heck 反应推广到工业化生产需要解决的一个关键问题。氟相化学的出现，使得 Heck 反应催化剂的回收和循环利用成为可能[115]。自从 1993 年，Zhu 等人[116]第一次在有机合成中引入氟相反应的概念，氟相化学因其独特的性质引起了人们的研究兴趣。氟相的最大特点是它与有机相水相均不混溶，有利于产物的分离和催化剂回收。此外，氟化物溶剂具有小的表面张力、小的介电常数以及大的密度，而且稳定性很好和毒性较低等优点。最近，氟相化学被引入众多的催化反应中，取得了良好的结果[117,118]。

式 60 给出了氟相化学在 Heck 反应中应用的一个例子[115]。根据经验，氟化度达到 60% 以上的含氟化合物通常能够溶解于氟溶剂。于是在该反应中，在配体的苯基上引入了长的含氟基团，使得它与 Pd-配合物能够很好的溶解于氟溶剂 C$_8$F$_{18}$ 中。值得注意的是，由于氟的极性很强，如果氟原子与反应活性中心过于靠近，会通过诱导效应影响反应结果。所以通常在反应活性中心点和氟化官能团之间加上一个短的烷基链来减少这种诱导效应的影响。使用该催化剂进行 Heck 反应，在提高温度时氟相溶剂与有机相 (CH₃CN) 互溶，发生反应；之后降低温度，氟相和有机相两相就可以很好地分离开。利用这个方法实现了催化剂的回收和循环使用。从式 60 给出的数据可以发现，催化剂在每一次使用之后都有很大的活性衰减，这是由于每次循环过程中都有部分催化剂分解聚集成钯黑，失去活性。因此，如何改进配体或者体系的其它一些参数来进一步提高催化剂的循环利用，仍然是一个值得深入研究的问题。

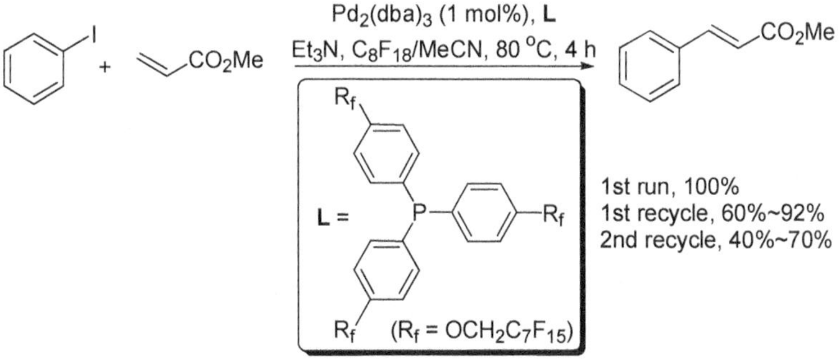

$$
\text{(60)}
$$

1st run, 100%
1st recycle, 60%~92%
2nd recycle, 40%~70%

$L =$ ($R_f = OCH_2C_7F_{15}$)

6 不对称 Heck 反应

虽然 Heck 反应的应用非常广泛，但是有关不对称 Heck 反应的研究直到最近才得到迅速的发展[42]。1989 年，Shibasaki[119]和 Overman[120]分别独立的报道了不对称的 Heck 反应。Shibasaki 第一次通过分子内的 Heck 反应组建了叔碳手性中心 (式 61)。同年，Overman 报道的不对称 Heck 反应则直接形成了季碳手性中心 (式 62)。在此基础上，人们分别发展出分子内的不对称 Heck 反应和分子间的不对称 Heck 反应。

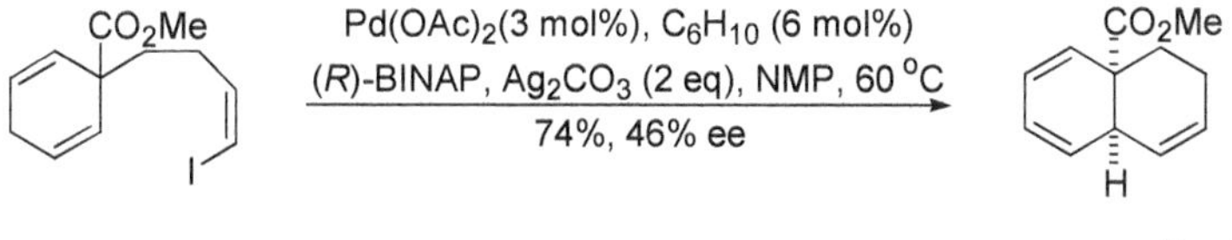

$$
\text{(61)}
$$

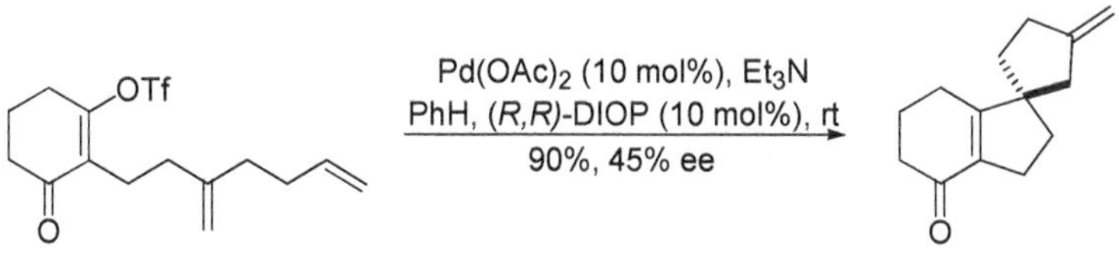

$$
\text{(62)}
$$

6.1 分子内不对称 Heck 反应

6.1.1 叔碳手性中心的建立

Shibasaki 小组通过筛选不同的溶剂 (THF、MeCN、DMSO 和 NMP 等)、不同的手性膦配体 (BPPM、BPPFA、(R)-BINAP)、碱 (CaCO₃、K₂CO₃)以及添加剂 (Ag⁺) 等，能够用 Heck 反应以很高的立体选择性得到手性萘烷 (式 63~式 65)。

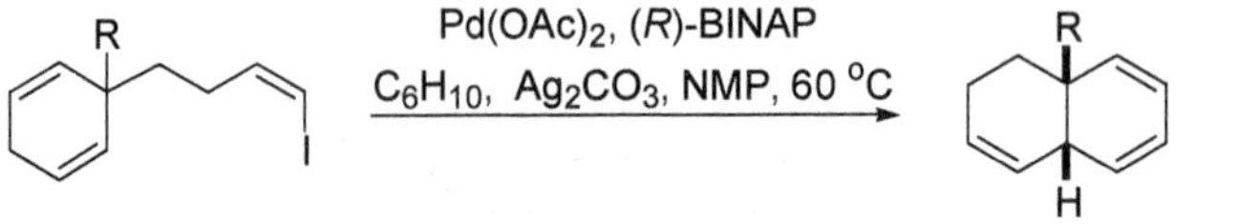

$$\text{(63)}$$

10a R = CO₂Me
10b R = CH₂OTBS
10c R = CH₂OAc

11a 74%, 46% ee
11b 70%, 44% ee
11c 66%, 36% ee

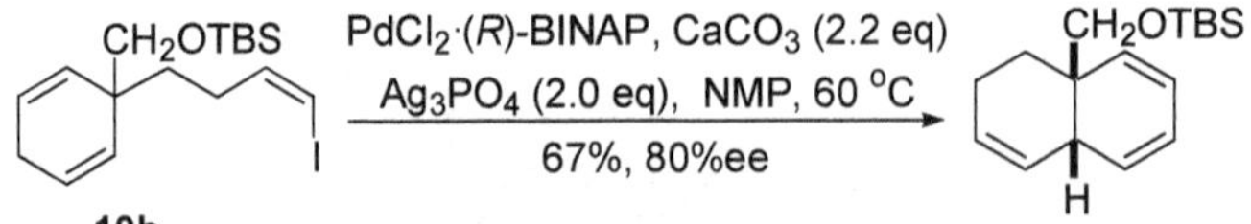

$$\text{(64)}$$

10b

11b

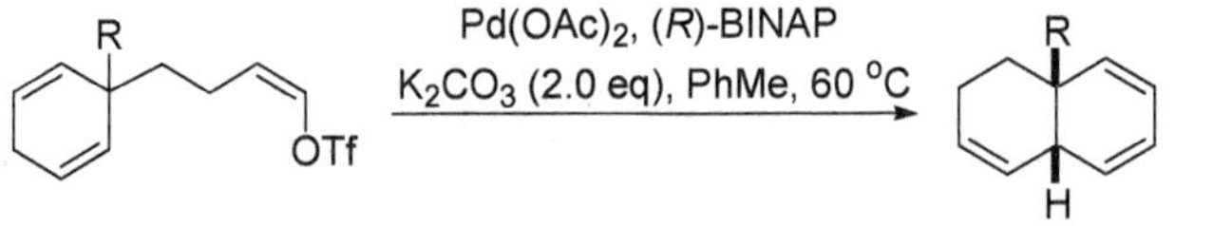

$$\text{(65)}$$

12a R = CO₂Me
12b R = CH₂OTBS
12c R = CH₂OAc
12d R = CH₂OPv

13a 54%, 91% ee
13b 35%, 92% ee
13c 44%, 89% ee
13d 60%, 91% ee

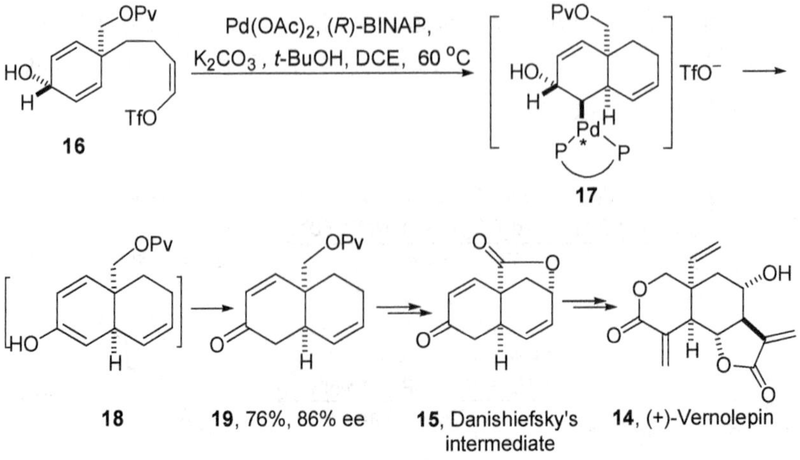

16

17

$$\text{(66)}$$

18

19, 76%, 86% ee

15, Danishiefsky's intermediate

14, (+)-Vernolepin

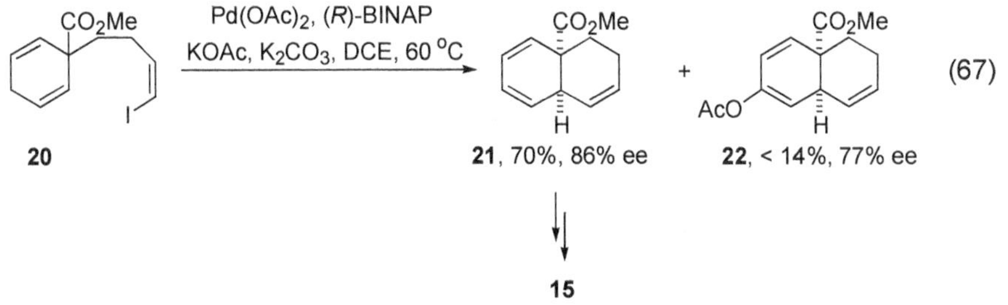

(67)

20　　　　　　　　　**21**, 70%, 86% ee　　　　**22**, < 14%, 77% ee

↓

15

在此基础上，Shibasaki 将其成果应用到萜类化合物 Vernolepin (**14**) 的全合成研究之中。该化合物的全合成路线涉及到 Danishiefsky 中间体 **15**[121]，而化合物 **15** 的合成巧妙地利用了不对称的 Heck 关环反应。如式 66 和式 67 所示：Shibasaki 提出了两种 Heck 反应的方案来实施该合成[122,123]。根据第一种方案，化合物 **16** 通过不对称 Heck 环化反应得到化合物 **19** (76% 产率和 86% ee)。然后，再经过九步反应得到中间体 **15**。在第二条路线中，使用不对称的 Heck 环化反应一步得到了顺式的十氢化萘中间体 **21** (70% 产率和 86% ee)。然后，再经过九步反应也可以得到 **15**。

6.1.2　季碳手性中心的建立

季碳手性中心的构建一直是合成有机化学中的一个重要问题，有着很大的难度。如式 68 所示[124,125]：Overman 成功地发展了基于 Heck 反应的季碳手性中心构建方法，并成功地应用于毒扁豆碱的全合成。

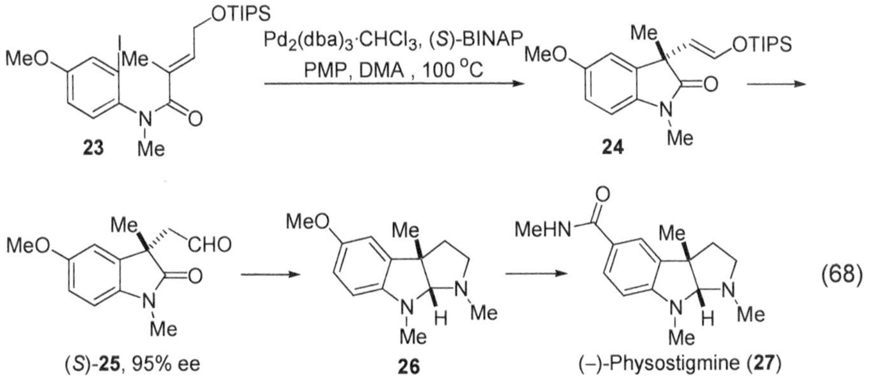

(68)

(S)-**25**, 95% ee　　　　　**26**　　　　　(−)-Physostigmine (**27**)

Overman 等人针对这一步骤的立体选择性控制做了细致的研究，并且优化了催化体系。他们发现：(Z)-**28** 在 PMP 促进下发生不对称 Heck 反应可以得到较高的产率和立体选择性。而换作银试剂时，反应产率和立体选择性都明显降低(式 69)。

$$(69)$$

6.2 分子间不对称 Heck 反应

分子间的不对称 Heck 反应相对于分子内的反应，其立体选择性更难控制。1991 年，Hayashi 报道了第一例分子间的不对称 Heck 反应[41]。如式 70 所示：该反应使用三氟甲磺酸苯，成功地实现了 2,3-二氢呋喃的不对称芳基化[41]。

$$(70)$$

如果使用芳基碘和银盐添加剂，上述反应几乎没有立体选择性。但如果使用三氟甲磺酸苯和 Pd(OAc)$_2$/BINAP 催化体系，其主要产物 **31** 的立体选择性可高达到 93% ee，而次要产物 **32** 的立体选择性为 67% ee (式 71)。

$$(71)$$

从中可以看到：在中间体 (*R*)-**35** 生成之后，作为催化剂的 HPdL$_n$ 能够再次络合其双键，并进行迁移插入以及二次 β-氢消除，最终得到双键被异构化的产物 **31**。另一方面，在中间体 (*S*)-**35** 生成之后，由于空间位阻的因素导致 Pd-配合物会立即解离，直接生成 **32**。进一步优化催化体系发现，当使用吸质子海绵作为碱时，主要产物 **31** 的对映体选择性可以达到 >96% ee，同时 **31**/**32** 的比例为 71/29。而当使用 Na$_2$CO$_3$ 作为碱时，主要产物 **31** 虽然只有 75% ee，但是 **31**/**32** 的比例达到 97/3。此外，当体系中有醋酸根离子存在时，可以促进 (*S*)-**35** 的解离，使主要产物 **31** 的产率进一步提高。值得一提的是：当芳基化底物被换成烯烃的三氟甲磺酸基取代物时，其产物的对映体选择性也可以达到 >96% ee (式 72)。

$$(72)$$

虽然 Shibasaki 使用手性配体 BINAP 可以实现完全没有双键异构化的不对称烯烃-烯烃偶联反应，但遗憾的是产率和对映体选择性都不够理想 (式 73)。

$$(73)$$

进一步研究发现，对于配体的优化可以显著地提高催化的效果。如式 74 和式 75 所示：使用三氟甲磺酸基取代的底物，使用新型手性膦配体 **36** 不仅可以大幅度地提高产率，而且对映体选择性也得到显著提高。

$$(74)$$

$$(75)$$

二氢吡咯也可以作为不对称分子间 Heck 反应的底物。它们与三氟甲磺酸基取代的芳烃 (式 76) 和烯烃 (式 77) 之间的偶联也可以得到较为理想的对映体选择性。与此产生鲜明对照的是，使用碘代芳烃对于同样的反应则几乎没有立体选择性。

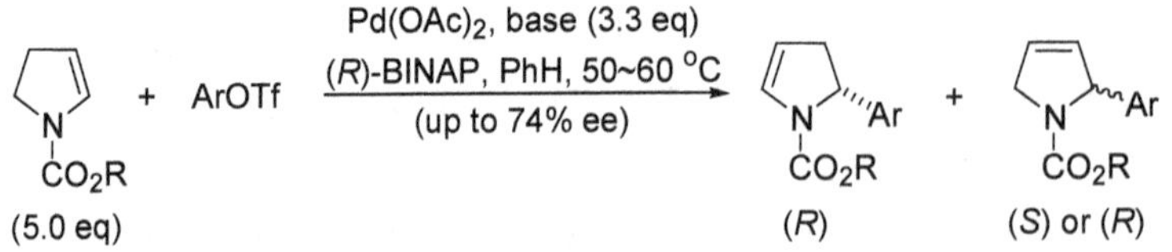

$$(76)$$

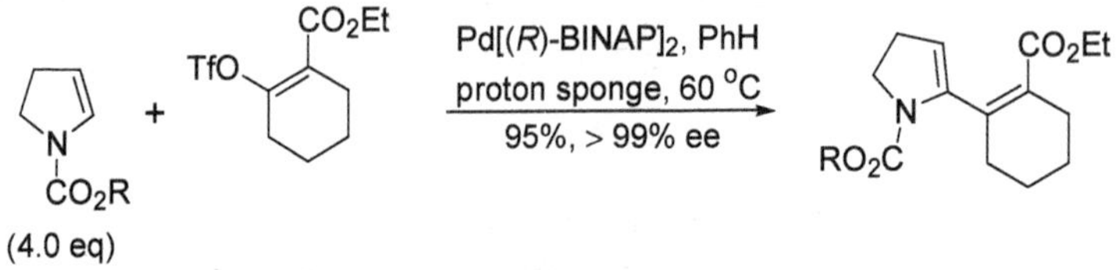

$$(77)$$

除了配体的优化外，研究人员还尝试加入一些促进剂来改善反应的效果。如式 78 所示：Sonesson 和 Hallberg 曾报道在反应中加入 TlOAc 作共催化剂，产物的产率和对映体选择性均稍微得到了提高。

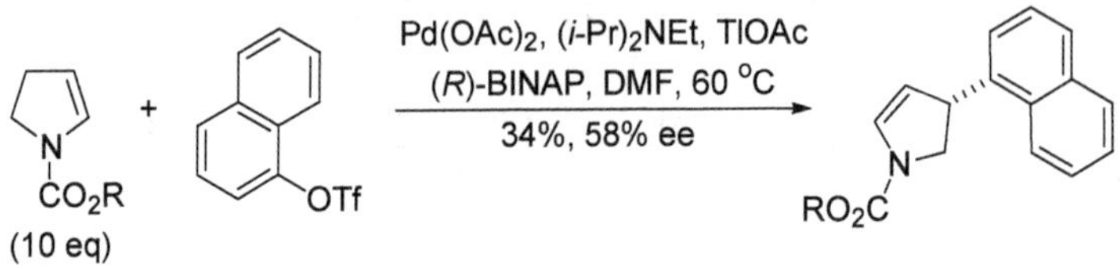

$$(78)$$

总结上面的一些内容我们可以发现，发展不对称 Heck 反应的关键是对于底物和配体的筛选。虽然不断有一些新型的手性配体被发展出来 (图 16)[126]，但在不对称 Heck 反应中表现良好的手性配体仍然非常有限，应用最多的还是 BINAP 配体[127]。因此，发现更为优秀的手性配体，并将它们应用到更加复杂的底物合成将是今后不对称 Heck 反应研究的热点[69]。同时，如何发展原子经济性的不对称 Heck 反应，是该反应用于手性中间体合成工业的一个亟待解决的问题。

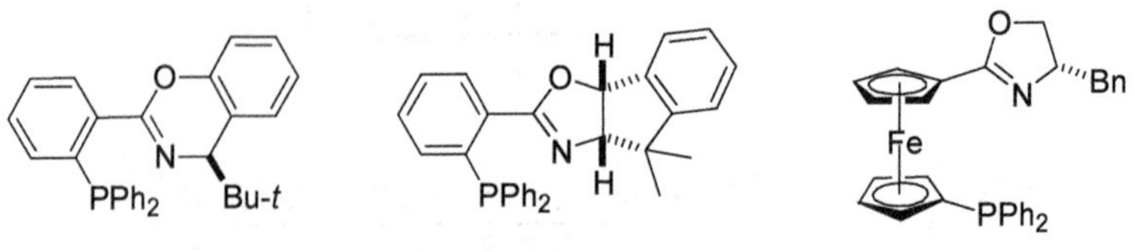

Kündig[128]   Hashimoto[129]   Hou[130~133]

图 16

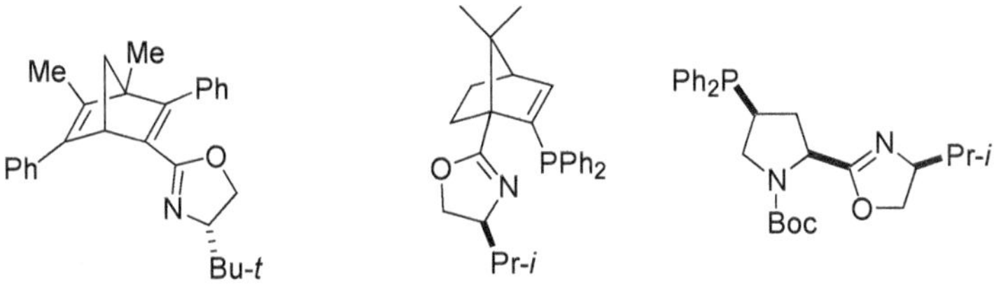

Gilbertson 1[134]　　Gilbertson 2[135]　　Gilbertson 3[136]

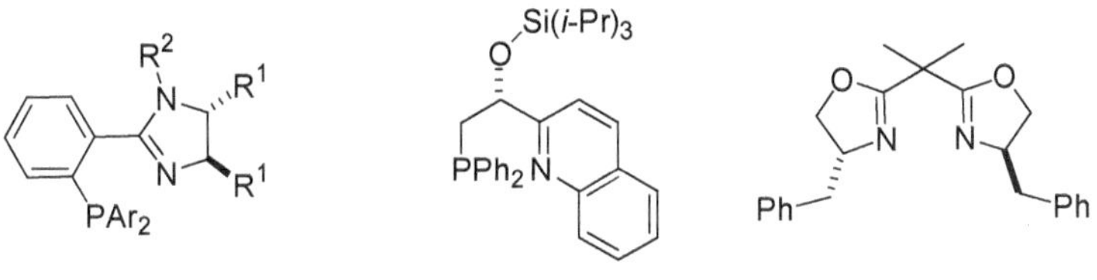

Bussacca[137]　　Pfaltz[138]　　Larock and Zenner[139]

图 16　已合成出的新型手性配体示例 (续)

7　Heck 反应在全合成中的应用

自从 Heck 反应被发现以来，人们逐渐发现 Pd-催化的这一反应对于许多有机官能团有着良好的兼容性和适应性，而且在大空间位阻情况下也能顺利完成 C-C 键的偶联。这些优秀的性质使得 Heck 反应在复杂化合物的合成中得到了广泛的应用，尤其是在含有多个碳环或者杂环的天然产物的全合成之中。

Iejimalide[140]是一种稀有的细胞毒素，它是一个 24 员的多烯大环内酯。根据 2-位和 32-位上取代基的不同，可以衍生出 Iejimalides A-D 等一系列化合物 (图 17)。在 Iejimalides B 的全合成中，有两处反应用到了 Heck 反应 (式 79 和式 80)。反应中分别用了溴代及碘代烯烃作底物，在温和条件下顺利地实现了双烯的偶联。

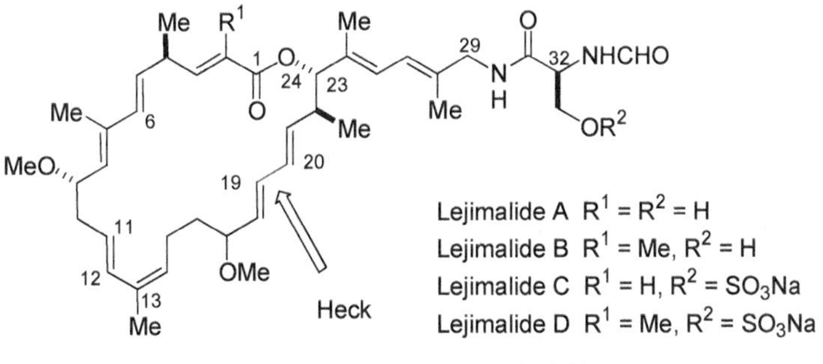

图 17　Iejimalide A-D 的结构

MeO₂C—CH=CBr + CH₂=C(Me)CH₂—N(Boc)₂

$$\xrightarrow[\text{84\%}]{\substack{\text{Pd(OAc)}_2\text{ (3 mol\%)} \\ \text{P(o-tol)}_3\text{ (6 mol\%), Et}_3\text{N, 100 °C}}}$$

MeO₂C—CH=CH—CH=C(Me)—CH₂—N(Boc)₂

$\longrightarrow$

HO —C₄H₅— CH=CH—C(Me)=CH—CH₂—NHBoc **37** (79)

37 + [HO—CH₂—C(Me)=CH—CH₂CH₂—CH(OMe)—CH=CH—I] **38**

$$\xrightarrow[\text{46\%}]{\substack{\text{Pd(OAc)}_2\text{ (10 mol\%)} \\ \text{AgOAc (1.2 eq), DMF, rt}}}$$

HO ... OMe **19** ... **20** ... OH ... NHBoc **39** (80)

Spinosyn A 的中文名称是多杀霉素 (结构如下)，是一种低毒、高效、广谱的杀虫剂。在最近完成的 Spinosyn A 类似物[141]的全合成路线中，作者设计的一个关键步骤是 B 环的形成，其中连续使用了两次 Heck 反应 (式 81)。第一次 Heck 反应中通过对反应条件的控制，成功地实现了官能团的选择性反应。碘代烯部分优先于溴苯部分参与反应，选择性生成顺式烯烃。接着，通过一个高效的分子内 Heck 反应顺利地关上 B 环，实现了 A-B-C 环部分的合成。

R = H, (−)-Spinosyn A
R = Me, (−)-Spinosyn D

天然产物 (+)-Nakadomarin A 分子中包含着 6-5-5-5 的四环核结构 (其中含 3 个不同的杂环)，侧面上还有一个 8 员及 15 员环[142]。整个分子中有 4 个手性中心，结构较为复杂。在该分子的全合成路线中，Heck 反应成为重要的成环手段。如式 82 所示：该反应的温和条件能够避免对多个脆弱基团的干扰。

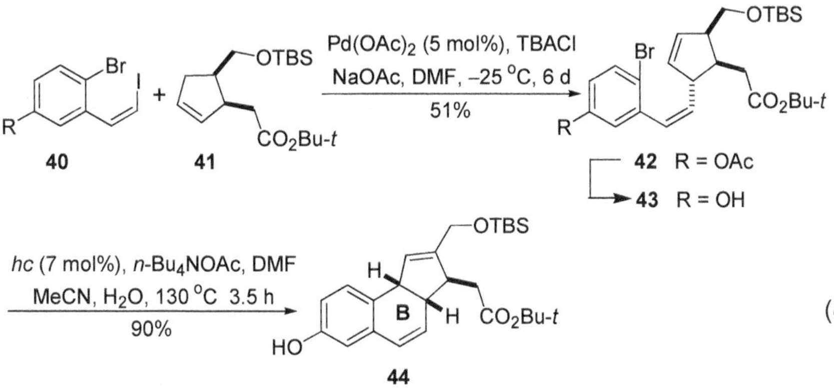

$$\text{(81)}$$

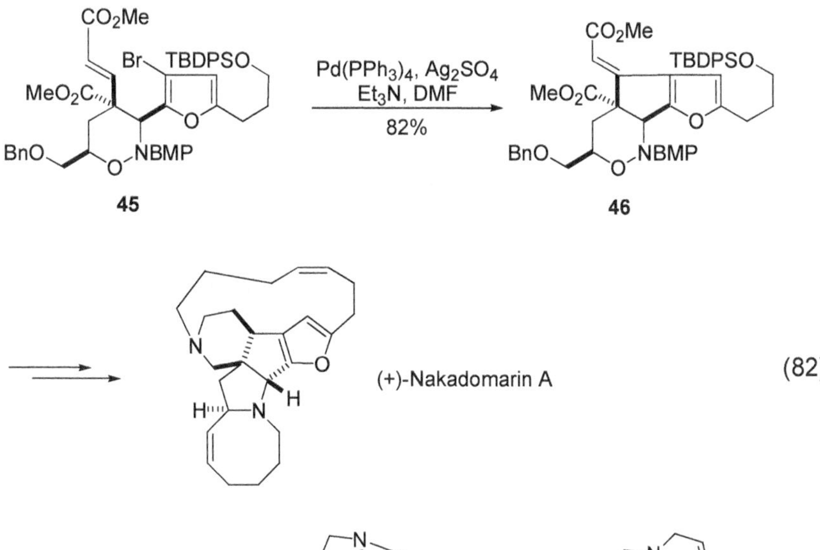

$$\text{(82)}$$

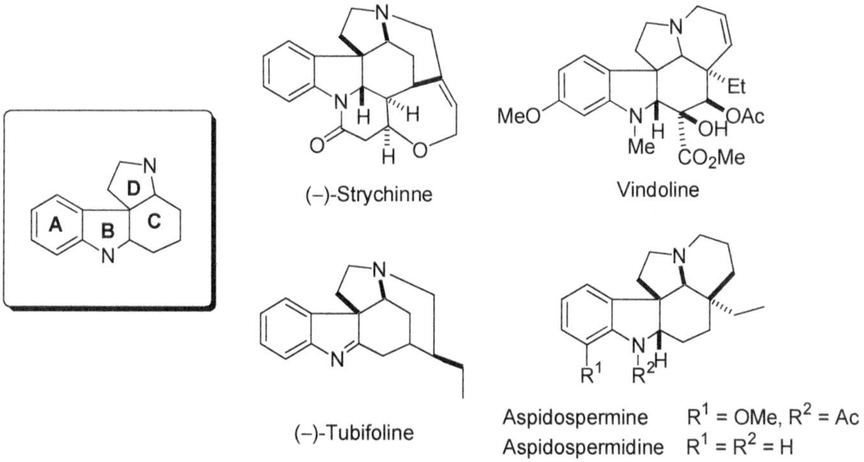

图 18　吲哚类生物碱结构示例

吲哚类生物碱 (Aspidosperma Alkaloids) 代表了天然产物中一类很重要的生理活性物质，它们大多具有 ABCD 的四环骨架结构 (图 18)。在最近报道的一个全合成路线中[143]，Heck 反应被成功地应用到该四环骨架结构的构建，极大地提高了合成的效率 (式 83)。而这种成环策略难以使用传统的 C-C 键生成方法来实现。

Archazolids[144]是一个含有 8 个手性中心的大环内酯，具有明显的抑制癌细胞生长的活性。如式 84 所示：Menche 等人第一次完成了 Arcgazolid A 的全合成。他们在温和的反应条件下，运用了 Heck 反应较高立体选择性地实现了双烯的偶联。

Archazolid A

8 Heck 反应实例

例 一

肉桂酸甲酯的合成[71]

$$\text{PhCl} + \diagup\!\!\diagup\text{CO}_2\text{Me} \xrightarrow[\substack{\text{Cs}_2\text{CO}_3 \, (1.1 \text{ eq}), \text{ dioxane}, 100\,^{\circ}\text{C}, 42 \text{ h} \\ 76\%}]{\text{Pd}_2(\text{dba})_3 \, (1.5 \text{ mol}\%), \text{ P}(t\text{-Bu})_3 \, (6 \text{ mol}\%)} \text{Ph}\diagup\!\!\diagup\!\!\diagup\text{CO}_2\text{Me} \quad (85)$$

在氮气或氩气保护下，在装有 Pd$_2$(dba)$_3$ (0.015 mmol)、Cs$_2$CO$_3$ (1.10 mmol) 以及搅拌磁子的 Schlenk 管中先后加入苯氯的 1,4-二氧六环溶液 (2.0 mmol, 0.5 mL)、P(t-Bu)$_3$ 的 1,4-二氧六环溶液 (0.12 mmol, 0.5 mL) 以及丙烯酸甲酯 (2.0 mmol)。生成的混合物在 100 $^{\circ}$C 的油浴温度下反应 42 h 后，冷却至室温。用乙醚稀释后，经过硅胶层过滤。浓缩后用柱色谱纯化 (硅胶, 5% 乙酸乙酯/正己烷) 得到产物，产率 76%。

例 二

4-硝基肉桂酸甲酯的合成[67]

$$(86)$$

将溶有 4-氯硝基苯 (318 mg, 2 mmol)、丙烯酸甲酯 (216 μL, 2.4 mmol)、碳酸钾 (387 mg, 2.8 mmol)、n-Bu$_4$NBr (129 mg, 0.4 mmol)、Pd 催化剂 (4.079 mg, 0.005 mmol) 的 DMF (4 mL) 混合溶液在 130 $^{\circ}$C 下搅拌加热，反应过程由 GLC 跟踪。反应完成后将反应液倒入大量的水中，用乙酸乙酯多次萃取。有机相经干燥浓缩得到粗产物。经色谱纯化产物，产率为 65%。

例 三

β-(1-萘基)丙烯酸正丁酯的合成[88]

$$(87)$$

在手套箱中称得 1-萘磺酰氯 (2.00 mmol)，Herrmann 环钯化合物 (hc) (0.002~0.01 mmol) 以及碳酸钾 (4 mmol)，在氮气保护下将上述化合物加入真空干燥过的圆底烧瓶中。烧瓶通氩气三次，并在氩气保护下加入间二甲苯 (5 mL)，Me(oct)₃NCl (0.3 mmol) 以及丙烯酸正丁酯 (5.0 mmol)。搅拌回流 4~5 h。反应完成后，将反应液冷却至室温，用乙醚稀释，水洗，水层再用乙醚萃取三次。有机相用硫酸镁干燥过滤，减压浓缩至 5 mL，然后经柱色谱纯化。产率为 90%。

例　四

4-(1-正丁氧基乙烯基)苯甲醛的合成[89]

(离子液体中的 Heck 反应)

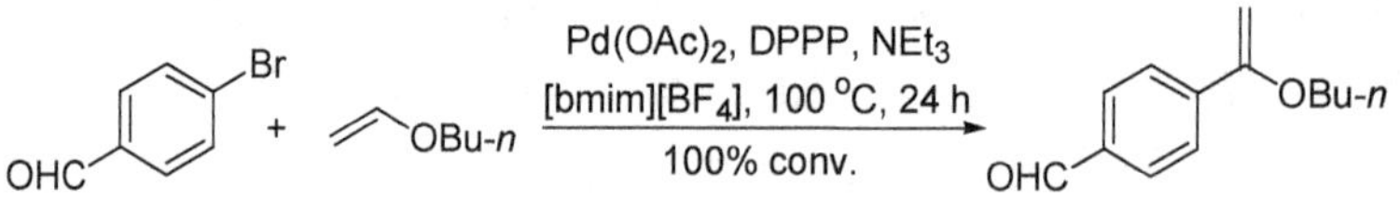

$$(88)$$

室温下在氮气置换后装有搅拌子的双颈圆底烧瓶中加入 4-溴苯甲醛 (1.0 mmol)，Pd(OAc)₂ (0.025 mmol)，DPPP (0.05 mmol)，以及 [bmim][BF₄] (2 mL)。然后注入正丁基乙烯醚 (5.0 mmol) 和 NEt₃。在油浴 100 °C 条件下加热搅拌 24 h。反应完成后，将反应液冷却至室温。加入 HCl 溶液 (5%, 5 mL)，继续搅拌 30 min，再加入 CH₂Cl₂ (20 mL)。分离有机相，水层用 CH₂Cl₂ (2 × 20 mL) 萃取，收集有机相经水洗至中性。经 Na₂SO₄ 干燥过滤，真空浓缩。残留物以乙酸乙酯/正己烷 [(1/99)~(10/90)] 作淋洗剂进行柱色谱分离，得到产物的收率为 100%。

例　五

Spinosyn A 全合成中的中间体 **44** 的合成[141]

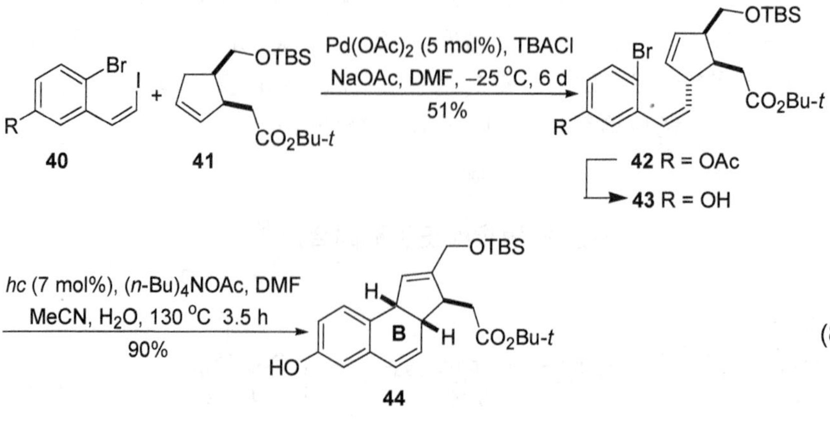

$$(89)$$

(1) 在氩气保护、隔光条件下，取 **40** (37 mg, 100 mmol) 和 **41** (82 mg, 250 mmol) 溶于无水 DMF (1 mL)，于 $-25\ ^{\circ}C$ 下加入 $Pd(OAc)_2$ (1.1 mg, 5 mmol)，NaOAc (25 mg, 300 mmol) 和 TBACl (28 mg, 100 mmol)。反应 6 天后，加入乙醚 (10 mL) 稀释，然后用水 (10 mL) 洗一次，水相再用乙醚 (2×10 mL) 萃取。之后用饱和 NaCl 水溶液 (20 mL) 洗涤有机相，并用无水 Na_2SO_4 干燥。用薄层色谱分离得到黄色油状的产物 **42**，产率为 51%。

(2) 在氩气保护、隔光条件下，取 **43** (4.55 g, 8.69 mmol)，Herrmann 催化剂 *hc* (572 mg, 610 mmol) 和 *n*-Bu$_4$NOAc (3.31 g, 17.4 mmol) 溶于的 DMF/MeCN/H$_2$O 混合溶剂 (5:5:1, 220 mL)，在 130 $^{\circ}C$ 反应 3.5 h 后，冷却至室温。然后，加入乙醚 (150 mL) 和水 (250 mL)。分离出有机相，水相用乙醚 (2×150 mL) 萃取。合并的有机相用无水 MgSO$_4$ 干燥后，经柱色谱分离得到黄色油状产品 **44**，产率为 90%。

9　参考文献

[1] Mazoroki, T.; Mori, K.; Ozaki, A. *Bull. Chem. Soc. Jap.* **1971**, *44*, 581.

[2] Heck, R. F. *J. Am. Chem. Soc.* **1968**, *90*, 313.

[3] Heck, R. F. *J. Am. Chem. Soc.* **1968**, *90*, 317.

[4] Heck, R. F. *J. Am. Chem. Soc.* **1968**, *90*, 5518.

[5] Heck, R. F. *J. Am. Chem. Soc.* **1968**, *90*, 5526.

[6] Heck, R. F. *J. Am. Chem. Soc.* **1968**, *90*, 5535.

[7] Heck, R. F. *J. Am. Chem. Soc.* **1968**, *90*, 5538.

[8] Heck, R. F. *J. Am. Chem. Soc.* **1968**, *90*, 5542.

[9] Heck, R. F. *J. Am. Chem. Soc.* **1968**, *90*, 5531.

[10] Heck, R. F. *J. Am. Chem. Soc.* **1968**, *90*, 5546.

[11] Heck, R. F. *J. Am. Chem. Soc.* **1969**, *91*, 6707.

[12] Heck, R. F. *J. Am. Chem. Soc.* **1971**, *93*, 6896.

[13] Heck, R. F. *J. Am. Chem. Soc.* **1972**, *94*, 2712.

[14] Heck, R. F.; J. P. Nolley, J. *J. Org. Chem.* **1972**, *37*, 2320.

[15] Dieck, H. A.; Heck, R. F. *J. Am. Chem. Soc.* **1974**, *96*, 1133.

[16] Dieck, H. A.; Heck, R. F. *J. Org. Chem.* **1975**, *40*, 1083.

[17] Melpolder, J. B.; Heck, R. F. *J. Org. Chem.* **1976**, *41*, 265.

[18] Patel, B. A.; Ziegler, C. B.; Cortese, N. A.; Plevyak, J. E.; Zebovitz, T. C.; Terpko, M.; Heck, R. F. *J. Org. Chem.* **1977**, *42*, 3903.

[19] Zebovitz, T. C.; Heck, R. F. *J. Org. Chem.* **1977**, *42*, 3907.

[20] Crips, G. T. *Chem. Soc. Rev.* **1998**, *27*, 427.

[21] Heck, R. F. *Org. React.* **1982**, *27*, 345.

[22] Hegedus, L. S. *Tetrahedron* **1984**, *40*, 2415.

[23] Meijere, A. d.; Maeyer, F. E. *Angew. Chem. Int. Ed.* **1995**, *33*, 2379.

[24] Beller, M.; Fischer, H.; Kühlein, K.; Reisinger, C.-P.; A.Herrmann, W.; A., W. *J. Organomet. Chem.* **1996**,

520, 257.

[25] Heck, R. F. *Comprehensive Organic Synthesis*; Pergamon Press: Oxford, 1991; Vol. 4.

[26] Heck, R. F. *Palladium reagents in organic syntheses* Academic Press: London, 1985.

[27] Beletskaya, I. P.; Cheprakov, A. V. *Chem. Rev.* **2000**, *100*, 3009.

[28] Mundy, B. P.; Ellerd, M. G.; Frank G. Favaloro, J. *Name Reactions and Reagents in Organic Synthesis*; 2 ed.; John Wiley, **2005**.

[29] Amatore, C.; Jutand, A.; Khalil, F.; M'Barki, M. A.; Mottier, L. *Organometallics* **1993**, *12*, 3168.

[30] Grushin, V. V. *J. Am. Chem. Soc.* **1999**, *121*, 5831.

[31] Ozawa, F.; Kubo, A.; Hayashi, T. *Chem. Lett.* **1992**, *11*, 2177.

[32] McLaughlin, P. A.; Verkade, J. G. *Organometallics* **1998**, *17*, 5937.

[33] Amatore, C.; Carre, E.; Jutand, A.; M'Barki, M. A. *Organometallics* **1995**, *14*, 1818.

[34] Jutand, A.; Mosleh, A. *Organometallics* **1995**, *14*, 1810.

[35] Thorn, D. L.; Hoffmann, R. *J. Am. Chem. Soc.* **1978**, *100*, 2079.

[36] Samsel, E. G.; Norton, J. R. *J. Am. Chem. Soc.* **1984**, *106*, 5505.

[37] Cabri, W.; Candiani, I. *Acc. Chem. Res.* **1995**, *28*, 2.

[38] Andersson, C.-M.; Hallberg, A. *J. Org. Chem.* **1987**, *52*, 3529.

[39] Cabri, W.; Candiani, I.; Bedeschi, A.; Penco, S. *J. Org. Chem.* **1992**, *57*, 1481.

[40] Cabri, W.; Candiani, I.; DeBernardinis, S.; Francalanci, F.; Penco, S. *J. Org. Chem.* **1991**, *56*, 5796.

[41] Ozawa, F.; Kubo, A.; Hayashi, T. *J. Am. Chem. Soc.* **1991**, *113*, 1417.

[42] Cabri, W.; Candiani, I.; Bedeschi, A. *J. Org. Chem.* **1992**, *57*, 3558.

[43] Amatore, C.; Jutand, A. *Acc. Chem. Res.* **2000**, *33*, 314.

[44] Spencer, A. *J. Organomet. Chem.* **1983**, *258*, 101.

[45] Beller, M.; Zapf, A. *Synlett* **1998**, *7*, 792.

[46] Ashimori, A.; Overman, L. E. *J. Org. Chem.* **1992**, *57*, 4571.

[47] Boyes, A. L.; Butler, I. R.; Quayle, S. C. *Tetrahedron Lett.* **1998**, *39*, 7763.

[48] Shaw, B. L.; Perera, S. D. *Chem. Commun.* **1998**, 1863.

[49] Herrmann, W. A.; Reisinger, C.-P.; Spiegler, M. *J. Organomet. Chem.* **1998**, *557*, 93.

[50] Herrmann, W. A.; Schwarz, J. r.; Gardiner, M. G.; Spiegler, M. *J. Organomet. Chem.* **1999**, *575*, 80.

[51] Gardiner, M. G.; Herrmann, W. A.; Reisinger, C.-P.; Schwarz, J. r.; Spiegler, M. *J. Organomet. Chem.* **1999**, *572*, 239.

[52] Herrmann, W. A.; Elison, M.; Fischer, J.; Köcher, C.; Artus, G. R. J. *Angew. Chem. Int. Ed.* **1995**, *34*, 2371.

[53] McGuinness, D. S.; Cavell, K. J.; Skelton, B. W.; White, A. H. *Organometallics* **1999**, *18*, 1596.

[54] McGuinness, D. S.; Green, M. J.; Cavell, K. J.; Skelton, B. W.; White, A. H. *J. Organomet. Chem.* **1998**, *565*.

[55] Magill, A. M.; McGuinness, D. S.; Cavell, K. J.; Britovsek, G. J. P.; Gibson, e. C.; White, A. J. P.; Williams, D. J.; White, A. H.; Skelton, B. W. *J. Organomet. Chem.* **2001**, *617*, 546.

[56] Clyne, D. S.; Jin, J.; Genest, E.; Gallucci, J. C.; RajanBabu, T. V. *Org. Lett.* **2000**, *2*, 1125.

[57] Namyslo, J. C.; Kaufmann, D. E. *Synlett* **1999**, 114.

[58] Cabri, W.; Candiani, I.; Bedeschi, A. *J. Org. Chem.* **1993**, *58*, 7421.

[59] Yang, D.; Chen, Y.-C.; Zhu, N.-Y. *Org. Lett.* **2004**, *6*, 1577.

[60] Cui, X.; Li, Z.; Tao, C.-Z.; Xu, Y.; Li, J.; Liu, L.; Guo, Q.-X. *Org. Lett.* **2006**, *8*, 2467.

[61] Beletskaya, I. P.; Cheprakov, A. V. *J. Organomet. Chem.* **2004**, *689*, 4055.

[62] Shaw, B. L.; Perera, S. D.; Staley, E. A. *Chem. Commun.* **1998**, 1361.

[63] Ohff, M.; Ohff, A.; Boom, M. E. v. d.; Milstein, D. *J. Am. Chem. Soc.* **1997**, *119*, 11687.

[64] Miyazaki, F.; Yamaguchi, K.; Shibasaki, M. *Tetrahedron Lett.* **1999**, *40*, 7379.

[65] Ohff, M.; Ohff, A.; Milstein, D. *Chem. Commun.* **1999**, 357.

[66] Alonso, D. A.; Nájera, C.; Pacheco, M. C. *Org. Lett.* **2000**, *2*, 1823.

[67] Alonso, D. A.; Najera, C.; Pacheco, M. C. *Adv. Synth. Catal.* **2002**, *344*, 172.

[68] Beletskaya, I. P.; Kashin, A. N.; Karlstedt, N. B.; Mitin, A. V.; Cheprakov, A. V.; Kazankov, G. M. *J. Organomet. Chem.* **2001**, *622*, 89.

[69]   Dounay, A. B.; Overman, L. E. *Chem. Rev.* **2003**, *103*, 2945.

[70]   Hansen, A. L.; Skrydstrup, T. *J. Org. Chem.* **2005**, *70*, 5997.

[71]   Littke, A. F.; Fu, G. C. *J. Org. Chem.* **1999**, *64*, 10.

[72]   Bozell, J. J.; Vogt, C. E. *J. Am. Chem. Soc.* **1988**, *110*, 2655.

[73]   Selvakumar, K.; Zapf, A.; Beller, M. *Org. Lett.* **2002**, *4*, 3031.

[74]   Heck, R. F. *Acc. Chem. Res.* **1979**, *12*, 146.

[75]   Frank, W. C.; Kim, Y. C.; Heck, R. F. *J. Org. Chem.* **1978**, *43*, 2947.

[76]   Patel, B. A.; Heck, R. F. *J. Org. Chem.* **1978**, *43*, 3898.

[77]   Echavarren, A. M.; Stille, J. K. *J. Am. Chem. Soc.* **1987**, *109*, 5478.

[78]   Andersson, C.-M.; Hallberg, A. *J. Org. Chem.* **1988**, *53*, 2112.

[79]   Fu, X.; Zhang, S.; Yin, J.; McAllister, T. L.; Jiang, S. A.; Tann, C.-H.; Thiruvengadam, T. K.; Zhang, F. *Tetrahedron Lett.* **2002**, *43*, 573.

[80]   Hansen, A. L.; Ebran, J.-P.; Ahlquist, M.; Norrby, P.-O.; Skrydstrup, T. *Angew. Chem. Int. Ed.* **2006**, *45*, 3349.

[81]   Webel, M.; Reissig, H.-U. *Synlett* **1997**, 1141.

[82]   Fujiwara, Y.; Abe, M.; Taniguchi, H. *J. Org. Chem.* **1980**, *45*, 2359.

[83]   Sengupta, S.; Sadhukhan, S. K.; Bhattacharyya, S. *Tetrahedron* **1997**, *53*, 2213.

[84]   Andrus, M. B.; Song, C.; Zhang, J. *Organometallics* **2002**, *4*, 2079.

[85]   Kang, S.-K.; Lee, H.-W.; Su-Bum Jang; Kim, T.-H.; Pyun, S.-J. *J. Org. Chem.* **1996**, *61*, 2604.

[86]   Moriarty, R. M.; Epa, W. R.; Awasthi, A. K. *J. Am. Chem. Soc.* **1991**, *113*, 6315.

[87]   Spencer, A. *J. Organomet. Chem.* **1984**, *265*, 323.

[88]   Dubbaka, S. R.; Vogel, P. *Chem. Eur. J.* **2005**, *11*, 2633.

[89]   Mo, J.; Xu, L.; Xiao, J. *J. Am. Chem. Soc.* **2005**, *127*, 751.

[90]   Mo, J.; Xiao, J. *Angew. Chem. Int. Ed.* **2006**, *45*, 4152.

[91]   Li, C.-J. *Chem. Rev.* **2005**, *105*, 3095.

[92]   Zhang, H.-C.; G. Doyle Daves, J. *Organometallics* **1993**, *12*, 1499.

[93]   Jeffery, T. *Tetrahedron Lett.* **1994**, *35*, 3051.

[94]   Genet, J. P.; Blart, E.; Savignac, M. *Synlett* **1992**, 715.

[95]   Casalnuovo, A. L.; Calabrese, J. C. *J. Am. Chem. Soc.* **1990**, *112*, 4324.

[96]   Schönfelder, D.; Fischer, K.; Schmidt, M.; Nuyken, O.; Weberskirch, R. *Macromolecules* **2005**, *38*, 254.

[97]   Scott, R. W. J.; Wilson, O. M.; Crooks, R. M. *J. Phys. Chem. B* **2005**, *109*, 692.

[98]   Lidström, P.; Tierney, J.; Wathey, B.; Westman, J. *Tetrahedron* **2001**, *57*, 9225.

[99]   Larhed, M.; Hallberg, A. *J. Org. Chem.* **1996**, *61*, 9582.

[100]   Olofsson, K.; Helena Sahlin, M. L.; Hallberg, A. *J. Org. Chem.* **2001**, *66*, 544.

[101]   Olofsson, K.; Larhed, M.; Hallberg, A. *J. Org. Chem.* **2000**, *65*, 7235.

[102]   Carmichael, A. J.; Earle, M. J.; Holbrey, J. D.; McCormac, P. B.; Seddon, K. R. *Org. Lett.* **1999**, *1*.

[103]   Reetz, M. T.; Lohmer, G. *Chem. Commun.* **1996**, *16*, 1921.

[104]   Reetz, M. T.; Westermann, E. *Angew. Chem. Int. Ed.* **2000**, *39*, 165.

[105]   Reetz, M. T.; Breinbauer, R.; Wanninger, K. *Tetrahedron Lett.* **1996**, *37*, 4499.

[106]   Bars, J. l. *Langmuir* **1999**, *15*, 7621.

[107]   Yinghuai, Z.; Peng, S. C.; Emi, A.; Zhenshun, S.; Monalisa; Kempd, R. A. *Adv. Synth. Catal.* **2007**, *349*, 1917.

[108]   Thathagar, M. B.; Elshof, J. E. t.; Rothenberg, G. *Angew. Chem. Int. Ed.* **2006**, *45*, 2886.

[109]   Iyer, S.; Ramesh, C.; Sarkar, A.; Wadgaonkar, P. P. *Tetrahedron Lett.* **1997**, *38*, 8113.

[110]   Calo, V.; Nacci, A.; Monopoli, A.; Ieva, E.; Cioffi, N. *Org. Lett.* **2004**, *7*, 617.

[111]   Li, J.-H.; Wang, D.-P.; Xie, Y.-X. *Tetrahedron Lett.* **2005**, *46*, 4941.

[112]   Iyer, S. *J. Organomet. Chem.* **1995**, *490*, C27.

[113]   Mitsudo, T.-a.; Takagi, M.; Zhang, S.-W.; Watanabe, Y. *J. Organomet. Chem.* **1992**, *423*, 405.

[114]   Condon-Gueugnot, S.; LBonel, E.; NBdBlec, J.-Y.; PBrichon, J. *J. Org. Chem.* **1996**, *60*, 7684.

[115] Moineau, J.; Pozzi, G.; Quici, S.; Sinou, D. *Tetrahedron Lett.* **1999**, *40*, 7683.

[116] Zhu, D.-W. *Synthesis* **1993**, 953.

[117] Horváth, I. T. *Acc. Chem. Res.* **1998**, *31*, 641.

[118] Horváth, I. T.; Rabai, J. *Science* **1994**, *266*, 72.

[119] Sato, Y.; Sodeoka, M.; Shibasaki, M. *J. Org. Chem.* **1989**, *54*, 4738.

[120] Carpenter, N. E.; Kucera, D. J.; Overman, L. E. *J. Org. Chem.* **1989**, *54*, 5846.

[121] Danishefsky, S.; Schuda, P. F.; Kitahara, T.; Etheredge, S. J. *J. Am. Chem. Soc.* **1977**, *99*, 6066.

[122] Ohrai, K.; Kondo, K.; Sodeoka, M.; Shibasaki, M. *J. Am. Chem. Soc.* **1994**, *116*, 11737.

[123] Kondo, K.; Sodeoka, M.; Mori, M.; Shibasaki, M. *Tetrahedron Lett.* **1993**, *34*, 4219.

[124] Ashimori, A.; Matsuura, T.; Overman, L. E.; Poon, D. J. *J. Org. Chem.* **1993**, *58*, 6949.

[125] Ashimori, A.; Bachand, B.; Overman, L. E.; Poon, D. J. *J. Am. Chem. Soc.* **1998**, *120*, 6477.

[126] Shibasaki, M.; Vogl, E. M.; Ohshima, T. *Adv. Synth. Catal.* **2004**, *346*, 1533.

[127] Takaya, H.; Mashima, K.; Koyano, K.; Yagi, M.; Kumobayashi, H.; Taketomi, T.; Akutagawa, S.; Noyori, R. *J. Org. Chem.* **1986**, *51*, 629.

[128] Kündig, E. P.; Meier, P. *Helv. Chim. Acta* **1999**, *82*, 1360.

[129] Hashimoto, Y.; Horie, Y.; Hayashia, M.; Saigob, K. *Tetrahedron: Asymmetry* **2000**, *11*, 2205.

[130] Deng, W.-P.; Hou, X.-L.; Dai, L.-X.; Dong, X.-W. *Chem. Commun.* **2000**, 1483.

[131] Dai, L.-X.; Tu, T.; Shu-LI You; Debg, W.-P.; Hou, X.-L. *Acc. Chem. Res.* **2003**, *36*, 659.

[132] Tu, T.; Deng, W.-P.; Hou, X.-L.; Dai, L.-X.; Dong, X.-C. *Chem. Eur. J.* **2003**, *9*, 3073.

[133] Tu, T.; Hou, X.-L.; Dai, L.-X. *Org. Lett.* **2003**, *5*, 3651.

[134] Gilbertson, S. R.; Genov, D. G.; Rheingold, A. L. *Org. Lett.* **2000**, *2*, 2885.

[135] Gilbertson, S. R.; Fu, Z. *Org. Lett.* **2001**, *3*, 161.

[136] Gilbertson, S. R.; Xie, D.; Fu, Z. *J. Org. Chem.* **2001**, *66*, 7240.

[137] Busacca, C. A.; Grossbach, D.; So, R. C.; O'Brien, E. M.; Spinelli, E. M. *Org. Lett.* **2003**, *5*, 595.

[138] Drury, W. J.; Zimmermann, N.; Keenan, M.; Hayashi, M.; Kaiser, S.; Goddard, R.; Pfaltz, A. *Angew. Chem. Int. Ed.* **2004**, *43*, 70.

[139] Larock, R. C.; Zenner, J. M. *J. Org. Chem.* **1995**, *60*, 482.

[140] Fürstner, A.; Aïssa, C.; Carine Chevrier; Teplý, F.; Nevado, C.; Tremblay, M. *Angew. Chem. Int. Ed.* **2006**, *45*, 5832.

[141] Tietze, L. F.; Brasche, G.; Stadler, C.; Grube, A.; Böhnke, N. *Angew. Chem. Int. Ed.* **2006**, *45*, 5015.

[142] Young, I. S.; Kerr, M. A. *J. Am. Chem. Soc.* **2007**, *129*, 1465.

[143] Pereira, J.; Barlier, M.; Guillou, C. *Org. Lett.* **2007**, *9*, 3101.

[144] Menche, D.; Hassfeld, J.; Li, J.; Rudolph, S. *J. Am. Chem. Soc.* **2007**, *129*, 6100.

[145] Spencer, A. *J. Organomet. Chem.* **1984**, *270*, 115.

烯烃复分解反应
(Olefin Metathesis)

王歆燕

1 历史背景简述

2005 年度诺贝尔化学奖颁发给了法国石油研究所的肖万研究员 (Yves Chauvin)、美国加州理工学院的格拉布教授 (Robert H. Grubbs) 和美国麻省理工学院的施罗克教授 (Richard R. Schrock)，以表彰他们在烯烃复分解方法研究方面作出的杰出贡献[1]。他们的发现被认为"已经对学术研究、新型药物和生物活性化合物以及高分子材料的研发和工业合成的发展产生了巨大影响，并将极大地有益于民生、健康和环境"。

Chauvin 生于 1930 年，自里昂高等化学学校毕业后，一直在法国石油研究所分子催化实验室从事均相催化方面的研究工作。目前他已经退休并担任该研究所的名誉所长。

Grubbs 生于 1942 年，分别于 1963 年和 1965 年在佛罗里达大学获得学士和硕士学位，1968 年获哥伦比亚大学博士学位。1968-1969 年，他在斯坦福大学从事博士后研究。1969-1978 年间，他在密歇根州立大学担任助理教授和副教授，1978 年至今在加州理工学院担任化学系教授。他所从事的研究工作主要包括催化剂、新型配体和新型过渡金属配合物的设计和合成，以及它们在催化烯烃复分解反应中的应用。

Schrock 生于 1945 年，1967 年毕业于美国加利福尼亚大学河滨分校，1971 年在哈佛大学获得博士学位。在英国剑桥大学进行一年博士后研究之后，1972-1975 年在杜邦公司研发中心工作。1975 年任职于麻省理工学院，并于 1980 年成为该学院化学系教授至今。他的主要研究方向包括钼、钨、铼等金属卡宾配合物和新型手性配体的设计与合成，以及在催化不对称复分解反应中的应用。

研究碳-碳键断裂与形成的规律是有机化学的核心问题之一。最著名的碳-碳键的形成反应包括：Grignard 反应、Diels-Alder 反应、Wittig 反应以及金属催化的各种偶联反应等。而烯烃复分解反应则打破了通常意义下碳-碳双键的反应模式，使用特殊催化剂首先使双键发生断裂，然后在断裂的部分发生位置交换生成新的双键，为有机化合物的合成提供了新途径。

早在 20 世纪 50 年代，人们已经从烯烃聚合的工业过程中观察到了烯烃复分解现象。Ziegler[2]在使用烷基铝催化乙烯的聚合反应中偶然发现：在反应中加入镍化合物时只得到 1-丁烯 (式 1)，而不是通常得到的 $C_{10} \sim C_{20}$ 的长链烯烃 (式 2)。当使用钛或锆的卤化物与烷基铝共用时，得到了一种新型的聚乙烯 (式 3)。Natta 使用类似的催化剂发现了从丙烯得到立体等规聚合物的反应。

$$n\ CH_2{=}CH_2 \xrightarrow[\text{Ni}]{\text{AlEt}_3} \qquad\qquad\qquad (1)$$

$$n\ CH_2{=}CH_2 \xrightarrow{\text{AlEt}_3} \qquad\qquad\qquad (2)$$

$$n\ CH_2{=}CH_2 \xrightarrow{\text{TiCl}_4/\text{AlR}_3} \qquad\qquad\qquad (3)$$

1957 年，Eleuterio[3]在一项专利中提到：将 Ziegler-Natta 型催化体系用于环烯的聚合反应可以从单体烯烃得到含有烯键的高聚物 (式 4)。Banks 和 Bailey[4]在 1964 年发现：丙烯在 $W(CO)_6/Al_2O_3$ 催化体系中会发生"歧化"，生成 2-丁烯和乙烯 (式 5)。1967 年，Calderon[5]在使用与 Natta[6]相似的催化体系进行环烯的聚合后，第一次提出了"烯烃复分解反应" (Olefin Metathesis Reaction) 的名词。

$$\xrightarrow{\text{TiCl}_4/\text{AlR}_3} \qquad\qquad\qquad (4)$$

$$\xrightarrow{\text{W(CO)}_6/\text{Al}_2\text{O}_3} \qquad\qquad\qquad (5)$$

Calderon[7]和 Grubbs[8]分别提出了两种烯烃复分解反应的机理。如式 6 和式 7 所示：前者是一种金属环丁烷配合物中间体机理，而后者是一种金属杂环戊烷中间体机理。但是，这两种机理都只能部分地解释所观察到的实验现象。

$$(6)$$

$$(7)$$

1971 年，Chauvin[9]创新性地提出了金属卡宾催化的金属四员杂环机理。在诺贝尔奖得主演讲中，Chauvin 认为他的灵感主要是受到 1964 年 Fischer[10~12]报道的钨卡宾化合物结构的影响。Chauvin 机理将复分解反应的催化剂研究从合成不明结构的催化物种 (ill-defined catalyst) 推向了开发结构明确的催化剂 (well-defined catalyst)。

随后，Schrock[13]、Grubbs[14]和 Katz[15]等人在实验室进行了大量的研究工作来证实 Chauvin 机理。1980 年，Schrock 合成了第一个具有明确分子结构的烯烃复分解反应的钽卡宾催化剂[16]。随后，他又合成了一系列钼和钨的卡宾复合物[17]，其中一个钨催化剂已经实现商品化[18]。1992 年，Grubbs 合成出可以在空气中稳定存在和具有广泛官能团相容性的钌卡宾催化剂[19]。随后他对该催化剂进行了改进，使其成为在烯烃复分解反应中最普遍使用的一种催化剂[20]。

前人在烯烃复分解反应方面的大量研究编织了一个崭新的关于有机反应从现象观察、机理解释到广泛应用的完美故事。诺贝尔化学奖评委会文告给予烯烃复分解反应以高度的评价："烯烃复分解反应的发现，将为化学工业制造更多新型的化合物 (如新药物)，提供了千载难逢的机会。只要我们能够想到，没有哪一种新的化合物是不可以被制造出来的"。

2 烯烃复分解反应的定义和机理

2.1 烯烃复分解反应的定义和类型

Metathesis 是希腊文字 meta (变化) 和 thesis (位置) 的组合，意思是"变化位置"。Metathesis 在化学上被称之为复分解反应，常常被用来描述下列过程 (式 8)：

$$AB + CD = AC + BD \qquad (8)$$

烯烃的复分解反应[21]是指在金属催化剂的作用下，两个底物烯烃中由双键连接的两部分发生交换，生成了两个新的烯烃的化学过程 (式 9)。

$$\underset{R^1}{\overset{R^1}{\diagdown}}\!=\!\underset{R^2}{\overset{R^2}{\diagup}} + \underset{R^1}{\overset{R^1}{\diagdown}}\!=\!\underset{R^2}{\overset{R^2}{\diagup}} \xrightarrow[\text{催化剂}]{} \underset{R^1}{\overset{R^1}{\diagdown}}\!=\!\underset{R^1}{\overset{R^1}{\diagup}} + \underset{R^2}{\overset{R^2}{\diagdown}}\!=\!\underset{R^2}{\overset{R^2}{\diagup}} \qquad (9)$$

按照反应过程中分子骨架的变化，烯烃复分解反应可以分为五种类型：(1) 交叉复分解反应[22] (CM, 式 10)；(2) 关环复分解反应[23] (RCM, 式 11)；(3) 开环交叉复分解反应 (ROCM, 式 12)；(4) 开环易位聚合反应 (ROMP, 式 13)；(5) 非环双烯的易位聚合反应 (ADMEP, 式 14)。

$$\text{(10)} \qquad \xrightarrow{\text{CM}}$$

$$\text{(11)} \qquad \xrightarrow{\text{RCM}}$$

$$\text{(12)} \qquad \xrightarrow{\text{ROCM}}$$

$$\text{(13)} \qquad \xrightarrow{\text{ROMP}}$$

$$\text{(14)} \qquad \xrightarrow{\text{ADMEP}}$$

虽然该反应被称为烯烃复分解反应，但炔烃也可以用作该反应的底物。根据反应中使用的底物，烯烃复分解反应又可以分为四种类型：(1) 烯-炔关环复分解反应[24] (RCEM, 式 15)；(2) 烯-炔交叉复分解反应[24] (ECM, 式 16)；(3) 炔-炔关环复分解反应[25] (RCAM, 式 17)；(4) 炔-炔交叉复分解反应[25] (ACM, 式 18)。

$$\text{(15)} \qquad \xrightarrow{\text{RCEM}}$$

$$R^1\!\!-\!\!\!\equiv\!\!\!-\!\!R^2 + \underset{R^3}{\overset{}{\diagup}}\!\!=\!\!\underset{}{\overset{R^4}{\diagdown}} \xrightarrow{\text{ECM}} \underset{R^3}{\overset{R^1}{\diagup}}\!\!=\!\!\underset{}{\overset{R^2}{\diagdown}}\!\!-\!\!R^4 \qquad (16)$$

$$\text{(17)} \qquad \xrightarrow{\text{RCAM}}$$

$$R^1\!\!-\!\!\!\equiv\!\!\!-\!\!R^2 + R^3\!\!-\!\!\!\equiv\!\!\!-\!\!R^4 \xrightarrow{\text{ACM}} R^1\!\!-\!\!\!\equiv\!\!\!-\!\!R^3 + R^2\!\!-\!\!\!\equiv\!\!\!-\!\!R^4 \qquad (18)$$

2.2 烯烃复分解反应的机理

自从 1971 年 Chauvin 提出金属卡宾催化机理以来，该机理的正确性不断得到证实和广泛地认同。它的简单表达如式 19 所示：金属卡宾化合物催化两个端烯形成一个中间烯烃的产物 (一般为顺式和反式异构体的混合物) 和乙烯。该反应是一个可逆过程，通常情况下可通过连续除去反应过程中生成的小分子产物 (例如：乙烯) 来促使反应平衡向右移动。

$$\diagdown R^1 \quad + \quad \diagdown R^1 \quad \underset{\xrightarrow{\hspace{1cm}}}{\overset{[M]=}{\rightleftharpoons}} \quad R^1 \diagdown\!\!\!\sim R^1 \quad + \quad = \qquad (19)$$

Chauvin 机理实际上是一个金属卡宾催化的金属四员杂环循环机理。如式 20 所示：带有配体的金属卡宾 **1** 首先与底物烯烃 **2** 反应，形成一个金属四员杂环中间体 **3**。然后，该中间体分解生成乙烯和一个新的金属卡宾 **4**。乙烯中的两个 CH$_2$ 基团分别来自于金属卡宾 **1** 和底物烯烃 **2**，而底物烯烃 **2** 的另一半则形成新的金属卡宾 **4**。金属卡宾 **4** 再和另一分子 **2** 反应形成另一个金属四员杂环中间体 **5**，并接着分解成为产物 **6** 和金属卡宾 **1**。就这样，卡宾 **1** 从一个循环中出来又进入另一个循环，并不断地有新的产物分子生成。因为在催化循环的每一步中都出现了卡宾的交换，该反应又被形象地比喻为"交换舞伴的舞蹈"。该反应机理还说明：从严格意义上讲，金属卡宾 **1** 不是反应的催化剂，而是反应的引发剂。

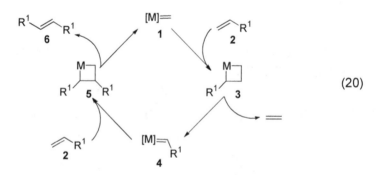

$$(20)$$

3 烯烃复分解反应的催化剂综述

3.1 不明结构的催化剂

在早期的烯烃复分解反应中，催化剂主要是由过渡金属盐与主族金属烷基试剂或固体支撑底物所形成的混合物，例如：WCl$_6$/Me$_4$Sn、MoO$_3$/SiO$_2$ 和 Re$_2$O$_7$/Al$_2$O$_3$ 等，它们实际上是一些不明结构的催化剂。这些催化剂容易合成并且成本较低，在早期的研究中被广泛使用[26]。但是，它们催化的反应通常需要较为苛刻的条件，常常需要强路易斯酸作为助催化剂。因此，底物中的许多官能团在反应过程中被破坏。Chauvin 机理的提出和被广泛接受，使得催化剂的研究进入到开发结构明确的均相催化剂阶段。

3.2 钛卡宾催化剂和钨卡宾催化剂

Grubbs 的早期研究曾经发现：利用 Tebbe 试剂 [Cp$_2$TiCH$_2$(AlMe$_2$Cl)] 原位产生的钛卡宾中间体可以将羰基转化为亚甲基，而生成的亚甲基还可以接着发生烯烃复分解反应[27]。1996 年，Petasis 合成出可以与 Tebbe 试剂产生相同钛卡宾中间体的钛配合物 Cp$_2$TiMe$_2$。该试剂也可用于烯烃复分解反应，被称为 Petasis 试剂[28]。由于 Petasis 试剂对空气和水汽均不敏感，所以可以作为 Tebbe 试剂的替代品使用。在天然产物 Brevetoxin、Ciguatoxin 和 Maitotoxind 的全合成中[29]，Nicolaou 使用 Tebbe 试剂和 Petasis 试剂使得带有酯基的烯烃发生分子内烯烃复分解反应，一步得到聚环醚化合物 (式 21)。

1992 年，Basset[30]等人合成了钨卡宾化合物 **7**，并用于催化 RCM 反应 (式 22)。由于化合物 **7** 具有较大的空间位阻，不易与底物发生配位而失活，因此适用于含有杂原子 S、Si、P 和 Sn 等底物的反应。但是，催化剂 **7** 只针对较少范围的官能团进行了实验，主要用于从二烯丙基的底物生成五员环的反应[31]。事实上，较大的空间位阻也在一定程度上限制了它的应用。例如：它不能催化 1,2-二取代烯烃和烯丙位带有取代基的底物之间的反应。

1995 年，Nugent[32]等人报道了钨配合物 **8** 和四乙基铅配合使用可以催化烯烃复分解反应。配合物 **8** 不含有卡宾结构，本身不具有催化能力。但是，在 2 倍量四乙基铅的存在下，**8** 被转化成活泼卡宾中间体 **9** (式 23)。该催化体系已经被用于一系列 5~6 员环化合物的合成中 (式 24)，但是仍然存在一定的缺陷。

例如：该体系需要较高的温度来完成从 **8** 到 **9** 的转变，而且对许多官能团的兼容性也不理想[33]。

$$\tag{23}$$

$$\tag{24}$$

3.3 Schrock 催化剂

Schrock 等人合成出了一系列通式为 [Mo(=CHMe$_2$Ph)(=N-Ar)(OR)$_2$] 的钼卡宾配合物，被通称为 Schrock 催化剂。但是大多数情况下，Schrock 催化剂是专指已经实现商品化的配合物 **10**[18]。

10

催化剂 **10** 具有很高的催化活性，底物分子中取代基的空间效应和电子效应对其活性影响不大。例如：它可以催化单取代至三取代双键底物的 RCM 反应，顺利得到含有二取代至四取代双键的环状产物。但是，该催化剂对于空气、潮气和溶剂中的痕量杂质都很敏感。在储存和使用上的不便，很大程度上限制了它的应用。它也可以与一些质子性官能团或者羰基官能团发生反应，其应用范围进一步受到了限制。例如：在 α,β- 或 β,γ-不饱和酰胺的 RCM 反应中，催化剂 **10** 会受到分子内羰基的影响而失活。也有文献报道，它在合成中环和大环烯烃的 RCM 反应中催化效率不高[34]。

3.4 Grubbs 催化剂

人们在发展复分解反应催化剂过程中已经清楚地认识到：优秀的催化剂既要有较高的催化活性，同时也要有较好的官能团兼容性[35]。1992 年，Grubbs[19] 等人合成出第一个具有明确结构的钌卡宾配合物 **11**。后来，他们又制备了被广泛应用于有机合成中的"第一代 Grubbs 催化剂" (**12**)[20]和"第二代 Grubbs 催化剂" (**13** 和 **14**)[36]。其中，催化剂 **12** 和 **14** 已经实现了商品化。

虽然催化剂 **12** 和 **14** 需要在惰性气体保护下制备，但是一经分离就可以在空气中稳定存在。在标准的实验条件下，它们催化的反应一般在惰性溶剂 (例如：二氯甲烷或者苯) 中进行，用量一般为 1~5 mol%。它们的反应温度大多在 25~80 °C 之间，对大多数常见官能团都具有良好的兼容性。

"第二代 Grubbs 催化剂" (**14**) 比 "第一代 Grubbs 催化剂" (**12**) 具有更高的催化活性。对于二者都能催化的反应，使用前者一般可以提高反应速率和减少催化剂的用量。对于一些位阻较大或者缺电子的烯烃，使用后者不能催化时也可以考虑使用前者来完成。例如：催化剂 **14** 可以有效地催化含有四取代双键的 5~6 员环烯的 RCM 反应[36]以及含有三取代双键或含有拉电子基团双键烯烃的 CM 反应[37]。又例如：催化剂 **12** 需要添加路易斯酸才能有效催化缺电子烯烃的反应，而单独使用 **14** 就可以获得很好的催化效果[38]。

3.5 催化剂研究的新进展

3.5.1 Grubbs-Hoveyda 催化剂

虽然钼和钌卡宾催化剂具有很高的催化活性，但在有些反应中仍然需要较大的用量。有时甚至需要使用高达 50 mol% 的催化剂[39]，而且催化剂不能被重复使用。此外，反应产物中残余的痕量金属杂质在后处理中也很难被除去。

1999 年，Hoveyda 对催化剂 **12** 和 **14** 进行了修饰，合成出在空气和水汽中能够稳定存在、并且可以通过柱色谱回收使用的新型催化剂 **15**[40]和 **16**[41]。目前，**16** 已经实现商品化，被称为 "Grubbs-Hoveyda 第二代催化剂"。对催化剂 **16** 继续进行修饰，可以得到活性更高的催化剂 **17**[42]和 **18**[43] (式 27)。但是与催化剂 **16** 相比，它们的稳定性有所下降。Grubbs-Hoveyda 催化剂的出现，促进了烯烃复分解反应在工业上的应用。例如：使用 3 mol% 的催化剂 **15** 即可实现丙型肝炎蛋白酶抑制剂 BILN 2061 ZW 的大规模生产 (> 400 kg)[44]。

15 **16** **17** **18**

3.5.2 其它含氮杂环配体的钌卡宾催化剂

近年来，Grubbs 等人致力于研究钌卡宾催化剂中配体结构对反应的影响[45]。他们发现了一系列新型催化剂 (如 **19~23** 所示)[46]，大大扩展了反应的底物适用范围。

19a R^1 = H, R^2 = Me, R^3 = H   **20a** R = Et
19b R^1 = i-Pr, R^2 = i-Pr, R^3 = H   **20b** R = i-Pr

21

22a R^1 = R^2 = R^3 = H   **23a** R^1 = R^2 = R^3 = Me
22b R^1 = H, R^2 = Me, R^3 = H   **23b** R^1 = Et, R^2 = Et, R^3 = H
22c R^1 = R^2 = R^3 = Me
22d R^1 = Et, R^2 = Et, R^3 = H
22e R^1 = i-Pr, R^2 = i-Pr, R^3 = H

3.5.3 水溶性钌卡宾催化剂

虽然 Grubbs 系列催化剂中的大多数具有很强的官能团兼容性，可以在水和醇等质子溶剂存在时也不会失活。但是，它们本身不溶于这些溶剂，因而不能催化那些不溶于有机溶剂的底物的反应。为此，Grubbs 等人又陆续开发出了一系列水溶性钌卡宾催化剂 **24~27**[47]。这些催化剂具有稳定的物化性质，不仅在水或甲醇中存在数天不会发生分解，而且也可以在这些溶剂中进行催化相关的反应。

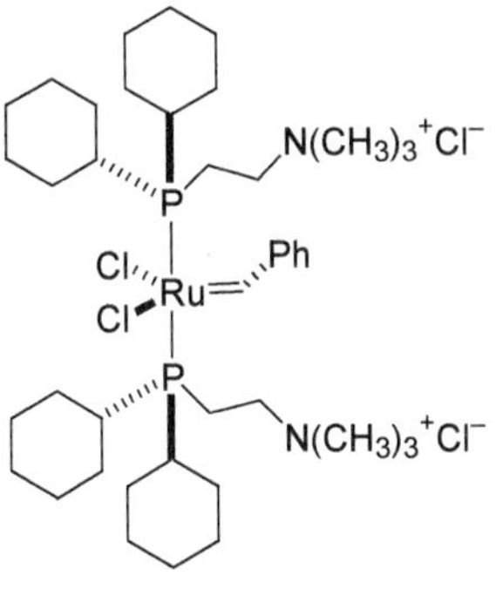

24

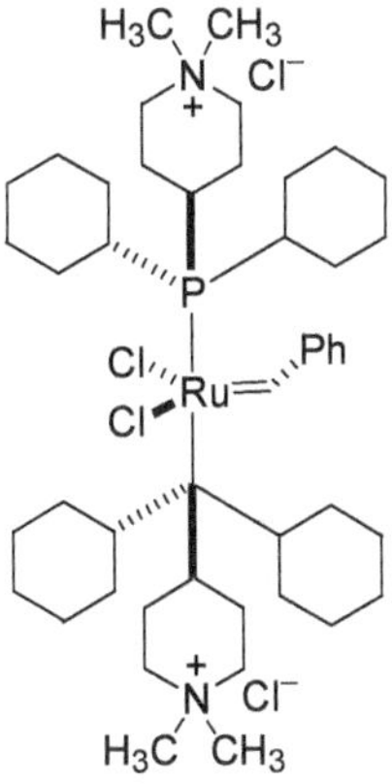

25

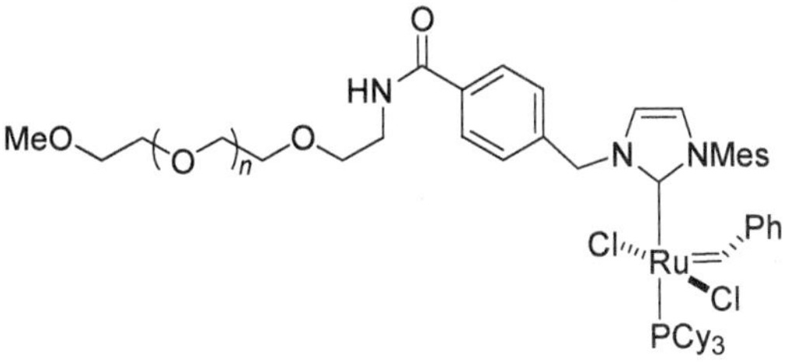

26

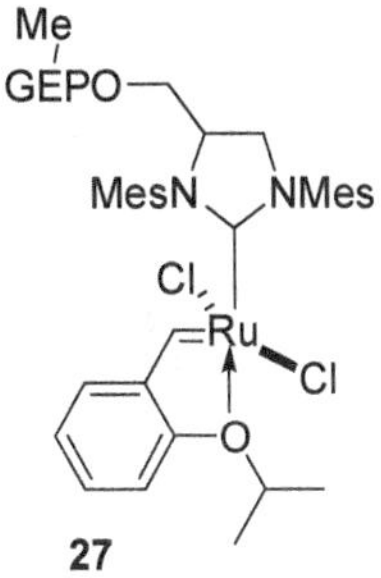

27

3.5.4 不对称催化剂

Hoveyda 和 Schrock 使用手性配体，制备出了一系列手性钼卡宾催化剂 **28~31**[48]，从而使烯烃复分解反应进入到催化不对称合成阶段。目前，**28a** 已经实现了商品化。在使用这些催化活性高但同时对于空气、水和痕量杂质高度敏感的钼卡宾催化剂时，最好采用原位生成的方法[49]。在具体操作中，首先将手性配体与前体金属配合物混合，生成的催化剂不经分离和纯化而直接用于后续的反应。最近，Hoveyda 又将手性配体引入钌卡宾配合物，得到了可在空气中稳定存在和可回收的手性催化剂 **32** 和 **33**[50]。

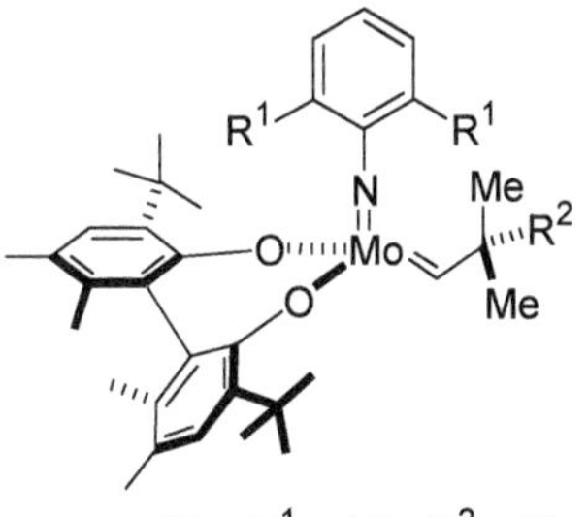

28a R¹ = *i*-Pr, R² = Ph
28b R¹ = Me, R² = Ph
28c R¹ = Cl, R² = Me
28d R¹ = Cl, R² = Ph

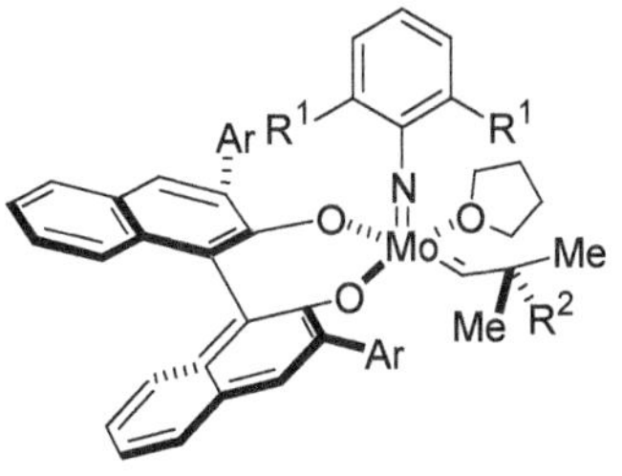

29a R¹ = *i*-Pr, R² = Ph
29b R¹ = H, CF₃, R² = Me
Ar = 2,4,6-(*i*-Pr)₃C₆H₃

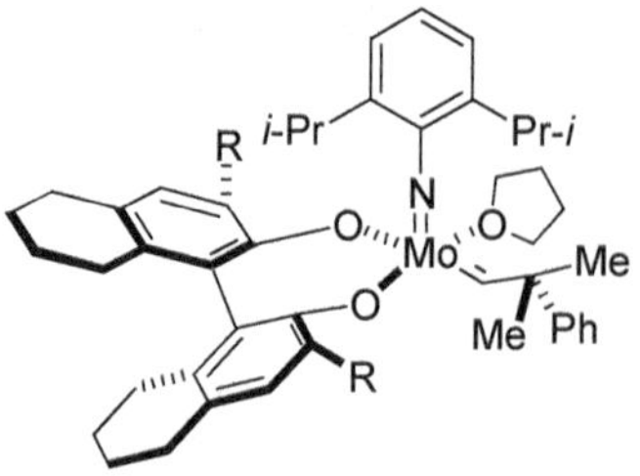

30a R = *t*-Bu
30b R = Mes
30c R = CHPh₂

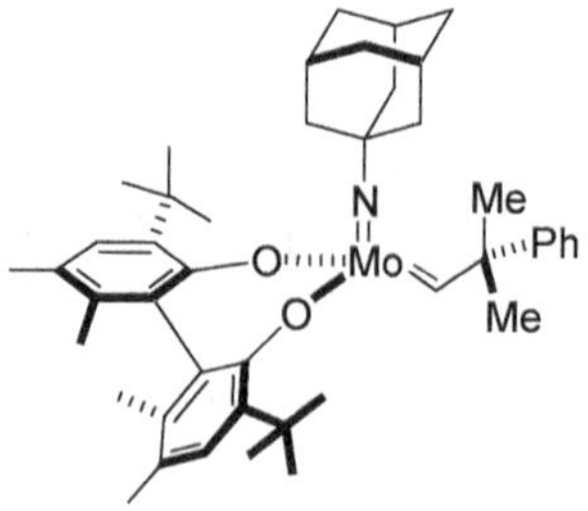

31

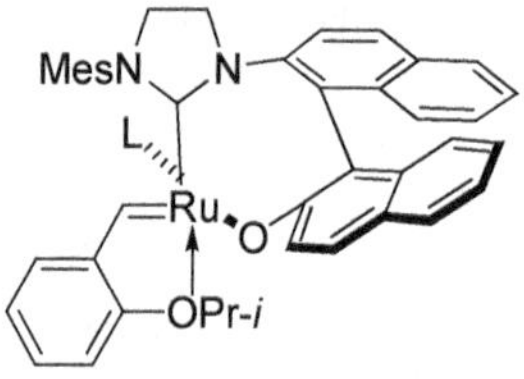

32a L = Cl
32b L = I

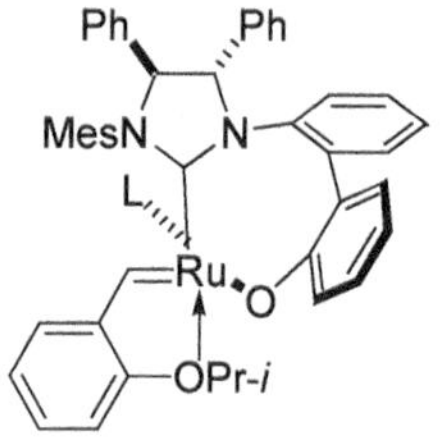

33a L = Cl
33b L = I

4 关环复分解反应 (RCM) 综述

1980 年，Villemin[51]和 Tsuji[52]分别使用 WCl₆/Me₄Sn 和 WOCl₄/Cp₂TiMe₂ 进行大环内酯的合成，这是最早出现的 RCM 反应 (式 25 和式 26)。但是直到 1990 年以后，随着具有明确结构的金属卡宾催化剂的出现，RCM 反应才作为生成碳-碳键最有效的方法被广泛使用。如今，该反应已经被认为是生成各种大小环状化合物最直接和最可靠的方法之一。

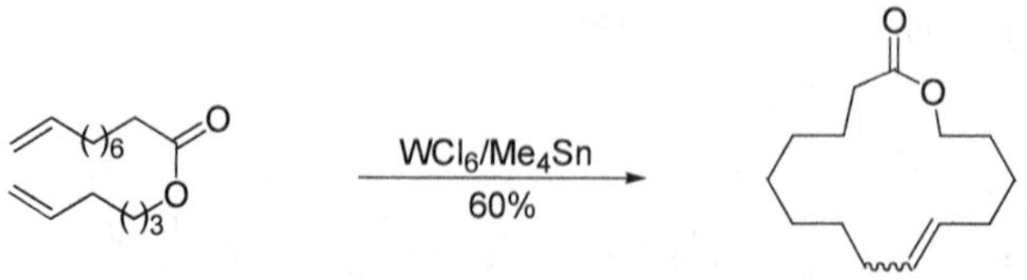

(25)

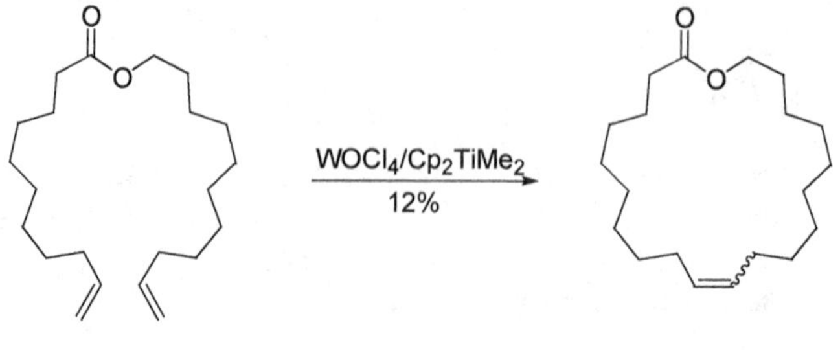

(26)

RCM 反应的主要竞争反应是底物二烯烃分子间的聚合反应 (式 27)，形成环烯产物和聚合产物的速度可以用 k_{clo}/k_{oligo} 表示。对于一个特定的二烯烃底物而言，聚合反应的速率基本上是一个常数。可以通过降低底物的浓度或者采用缓慢滴加底物的方法来减小聚合产物生成的速度，也可以升高温度来增大 RCM 反应的速度。但是，这些方法同时也会加速催化剂的分解。因此，在底物容易发生聚合的反应中，通常需要使用较大量的催化剂。

$$(27)$$

4.1　5~7 员环烯的合成

4.1.1　底物结构对反应的影响

在 RCM 反应条件下，非常容易以较高的产率合成 5~7 员环烯。一些常见的官能团 (例如：硅氧基、苄氧基、乙氧基和羟基等) 在该反应条件下均能稳定存在[53] (式 28 和式 29)。

$$(28)$$

$$(29)$$

在 RCM 反应中，带有 β, γ 或者 γ, δ 不饱和羰基的二烯烃底物往往比较困难。这主要是因为羰基与催化剂可以形成稳定的六员或七员螯合物，阻断了催化循环途径。解决这一问题的简单方法是在反应体系中加入催化量的路易斯酸，阻止螯合物的生成。如式 30 所示：催化剂 **12** 单独催化丙烯酸酯 **34** 的 RCM 反应可以得到 40% 的产物。加入催化量的 Ti(OPr-*i*)$_4$ 后，该反应可以得到 72% 的产物[54,55]。

缺电子烯烃（包括 α,β-不饱和酯和酰胺）在 RCM 反应中具有较低的反应活性，通常需要路易斯酸作为助催化剂。但是对于 α- 或 β-不饱和羰基烯烃底物，如果具有合适的空间排列，有时不需要加入路易斯酸也能很好地进行 RCM 反应[56]（式 31 和式 32）。

如果底物烯烃中含有多个双键，那么带较少取代基的双键优先发生 RCM 反应。如式 33 所示：含有多种不同类型烯烃的底物可以化学选择性地发生 RCM 反应[57]。

生成七员环烯的 RCM 反应通常可以获得很高的产率，即使含有三取代和四取代双键也能得到同样的结果[58]（式 34 和式 35）。

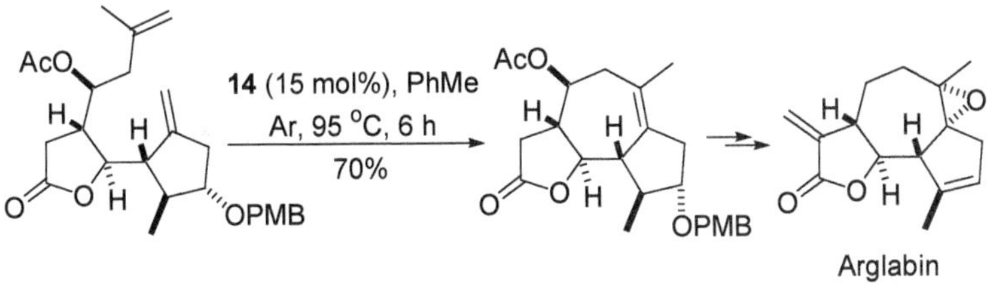

$$(35)$$

Arglabin

4.1.2 催化剂活性对反应的影响

许多时候，RCM 反应的成功与否取决于对不同催化剂的选择。一些情况下，使用钌卡宾催化剂不能进行的反应换用钼卡宾催化剂后可以顺利进行。如式 36 所示：由催化剂 **12** 催化的 RCM 反应仅能得到 12%~18% 的三取代产物，而在催化剂 **10** 的作用下则可以得到中等的产率[59]。

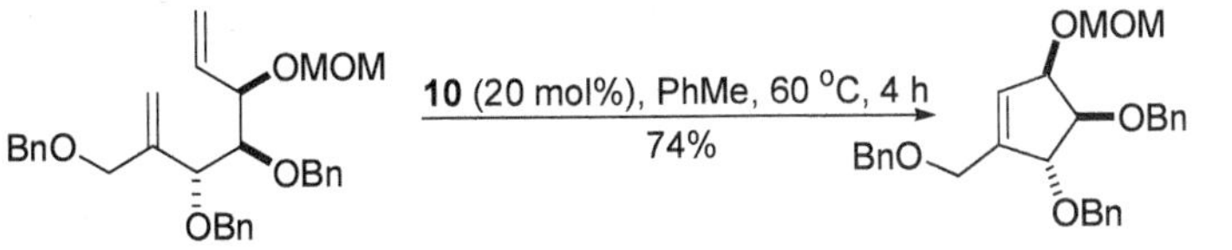

$$(36)$$

在有些情况下，使用催化剂 **14** 可以完成催化剂 **10** 和 **12** 在添加路易斯酸后才能完成的 RCM 反应[38](式 37~式 39)。

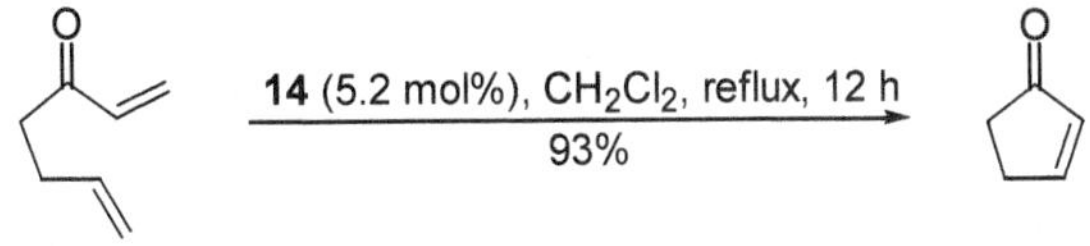

$$(37)$$

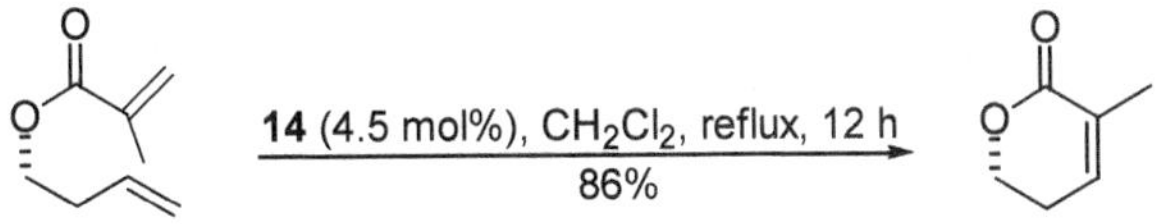

$$(38)$$

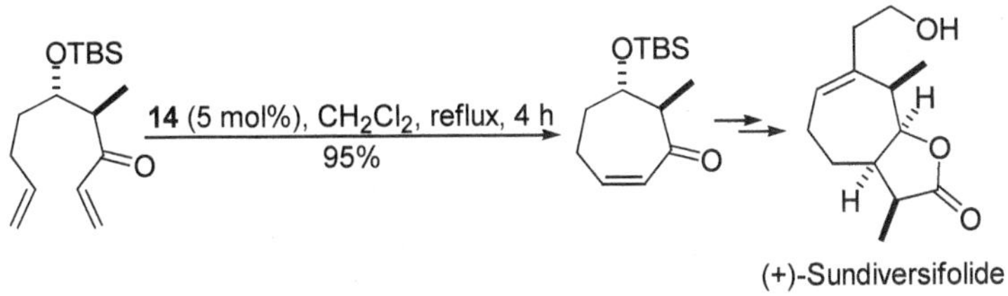

(+)-Sundiversifolide

$$(39)$$

在催化剂 **12** 催化的 RCM 反应中，将底物中的羟基保护后可以有效地提高反应的速率和产率（式 40）[60]。但是，使用催化剂 **14** 时，底物中的羟基无需保护就可以得到非常满意的反应的速率和产率[61]（式 41）。

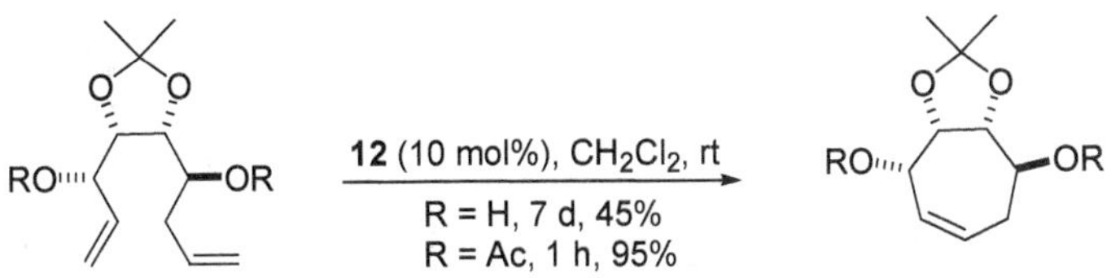

$$(40)$$

$$ \text{(41)} $$

HO、、、 —OH $\xrightarrow[\text{89\%}]{\textbf{14}\ (2\ \text{mol\%}),\ CH_2Cl_2,\ reflux,\ 20\ min}$ HO、、、 —OH

4.2 中环烯烃的合成

由于环扭曲的原因，通过 RCM 反应合成中环烯烃通常是非常困难的。事实上，8~11 员环烯烃更趋向于发生 RCM 反应的逆反应：开环聚合复分解反应 (ROMP)。其中，以生成八员环烯的 RCM 反应最困难。但是，近年来有人成功地使用 RCM 反应从末端二烯烃合成八员环烯。这主要因为末端二烯在 RCM 反应中生成乙烯，乙烯挥发所获得的熵可以补偿在成环过程中焓的增加。尽管如此，底物结构的细微变化也将极大地影响反应的结果。Grubbs 小组发现：如果底物中存在构象制约因素时，RCM 反应更容易进行[62]。如式 42 所示：反式取代的环己二烯化合物可以较容易地通过 RCM 反应构筑双环[6.4.0] 化合物。但是，顺式异构体却有一定的困难 (式 43)。其它构象制约因素的存在 (例如：增环反应、偕二烷基效应、氢键以及分子中的手性中心等) 也有利 RCM 反应的进行[63]。

$$ \xrightarrow[\text{75\%}]{\textbf{12}\ (5\ \text{mol\%}),\ PhH,\ rt,\ 4\ h} \quad \text{(42)} $$

$$ \xrightarrow[\text{33\%}]{\textbf{12}\ (5\ \text{mol\%}),\ PhH,\ rt,\ 20\ h} \quad \text{(43)} $$

在天然脂肪氧合酶抑制剂 Halicholactone 的全合成中，RCM 反应被用作合成九员环不饱和内酯片段的关键步骤[64]。在高度稀释和 Ti(OPr-i)$_4$ 的存在下，该反应的产率可以达到 72% (式 44)。

$$ \xrightarrow[\text{72\%}]{\substack{\textbf{12}\ (30\ \text{mol\%}),\ CH_2Cl_2 \\ Ti(OPr\text{-}i)_4\ (30\ \text{mol\%}),\ reflux,\ 43\ h}} $$

(0.0001 mol/L)

$$ \xrightarrow[\text{61\%}]{K_2CO_3,\ MeOH} \quad \text{(44)} $$

Halicholactone

2001 年，有人报道了第一例通过 RCM 反应合成十员环烯例子。如式 45

所示[65]：将底物 **35** 和催化剂 **12** 在二氯甲烷中回流 36 h，以 76% 的总产率得到三种产物。

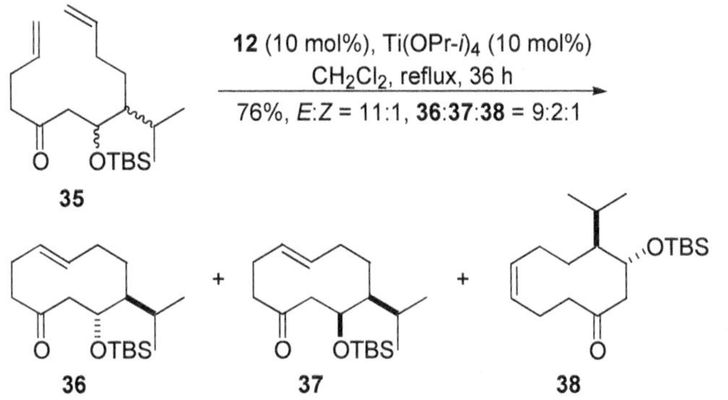
12 (10 mol%), Ti(OPr-i)4 (10 mol%)
CH2Cl2, reflux, 36 h
76%, E:Z = 11:1, 36:37:38 = 9:2:1
O
OTBS
35
OTBS
O
OTBS
36
O
OTBS
37
O
38

(45)

4.3 大环烯烃的合成

4.3.1 底物结构对反应的影响

生成大环烯烃的 RCM 反应相对比较容易，即使在二烯烃底物中缺乏预先存在的构象制约因素也能得到很好的结果。因此，在大环天然产物的全合成中，有许多运用 RCM 反应构筑骨架结构的精彩范例[66]。一般情况下，生成大环烯烃的 RCM 反应需要在高度稀释的溶剂中进行，增大底物的浓度将导致分子间产物的显著增加。从底物结构上说[67]，极性官能团 (例如：酯、酰胺、酮、醚、磺酰胺和氨基甲酸酯等) 的存在有利于反应的进行 (式 46 和式 47)。底物中双键的位置对于 RCM 反应的成功与否也有着至关重要的影响 (式 48 和式 49)。当使用催化剂 **11** 或 **12** 时，在双键附近的大位阻基团将显著降低反应的产率 (式 50)。

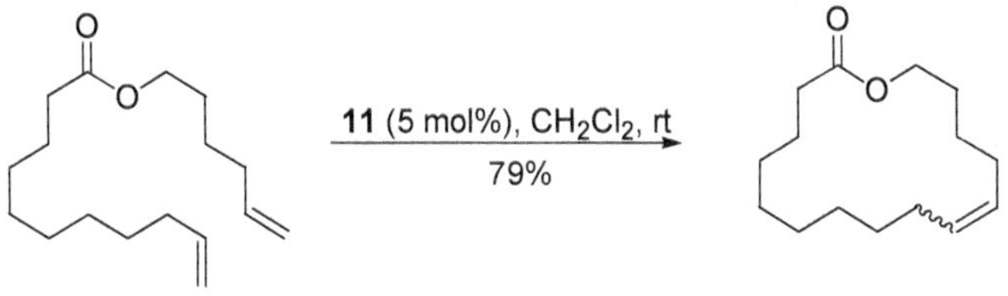
O
O
11 (5 mol%), CH2Cl2, rt
79%
O
O

(46)

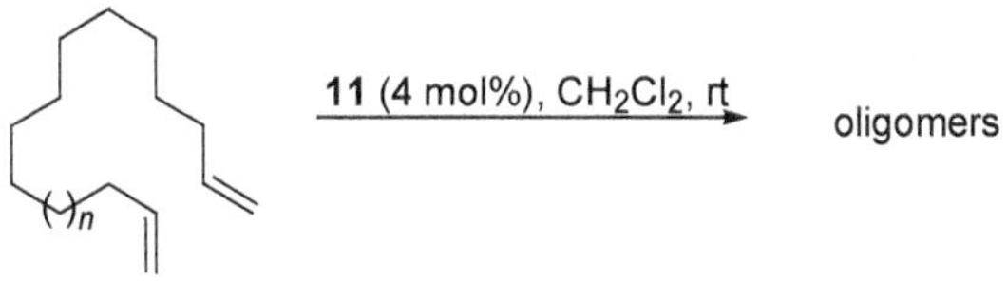
n
11 (4 mol%), CH2Cl2, rt
oligomers

(47)

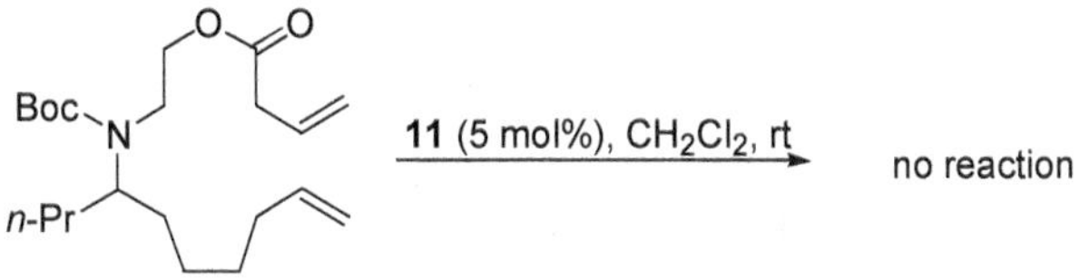
O
O
Boc
N
n-Pr
11 (5 mol%), CH2Cl2, rt
no reaction

(48)

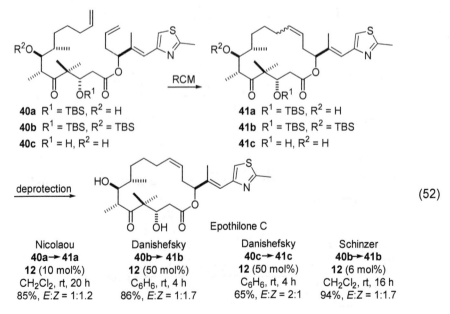

$$\text{(49)} \quad \text{11 (5 mol\%), CH}_2\text{Cl}_2\text{, rt} \quad 84\%$$

$$\text{(50)} \quad \text{11 (4 mol\%), CH}_2\text{Cl}_2\text{, rt} \quad R = H, 52\%; R = Me, 10\%$$

虽然构象制约因素对于大环烯烃的 RCM 反应不是必需的，但是不合适的底物构象也会导致 RCM 反应完全失败。如式 51 所示：只有在化合物 **39** 的分子中引入构象制约基团 X，使得两个烯烃官能团更加靠近后才能发生 RCM 反应[68]。

$$\text{(51)} \quad \text{12 (30 mol\%), CH}_2\text{Cl}_2\text{, 40 }^\circ\text{C, 25 h} \quad X = H, 0\%; X = OTIPS, 60\%$$

一般情况下，利用 RCM 反应得到的大环烯烃是顺式和反式异构体的混合物。当使用催化剂 **11** 或 **12** 时，异构体的比例主要受到底物结构的影响，新生成双键的构象也无法预测和控制。例如：在对 Epothilone 系列天然产物的全合成中，Nicolaou[69]、Danishefsky[70] 和 Schinzer[71] 等人均运用 RCM 反应作为成

Nicolaou	Danishefsky	Danishefsky	Schinzer
40a → 41a	**40b → 41b**	**40c → 41c**	**40b → 41b**
12 (10 mol%)	**12** (50 mol%)	**12** (50 mol%)	**12** (6 mol%)
CH$_2$Cl$_2$, rt, 20 h	C$_6$H$_6$, rt, 4 h	C$_6$H$_6$, rt, 4 h	CH$_2$Cl$_2$, rt, 16 h
85%, E:Z = 1:1.2	86%, E:Z = 1:1.7	65%, E:Z = 2:1	94%, E:Z = 1:1.7

环的关键步骤。但是，当底物中的羟基保护基发生变化时，所得成环产物不仅在顺反异构体的比例上有所变化，甚至会引起优势构象的改变 (式 52)。

4.3.2 催化剂活性对反应的影响

使用高活性催化剂进行大环烯烃的 RCM 反应时，底物结构对反应的影响相对较小 (式 53)。因此，在大环天然产物的全合成工作中，高活性催化剂 **13** 或 **14** 已经得到广泛使用。例如：在天然产物 Lejimalide A-D 的全合成中，即使在底物 **42** 中双键附近的位置上存在一定的位阻，反应的产率仍然高达 96%[72]。

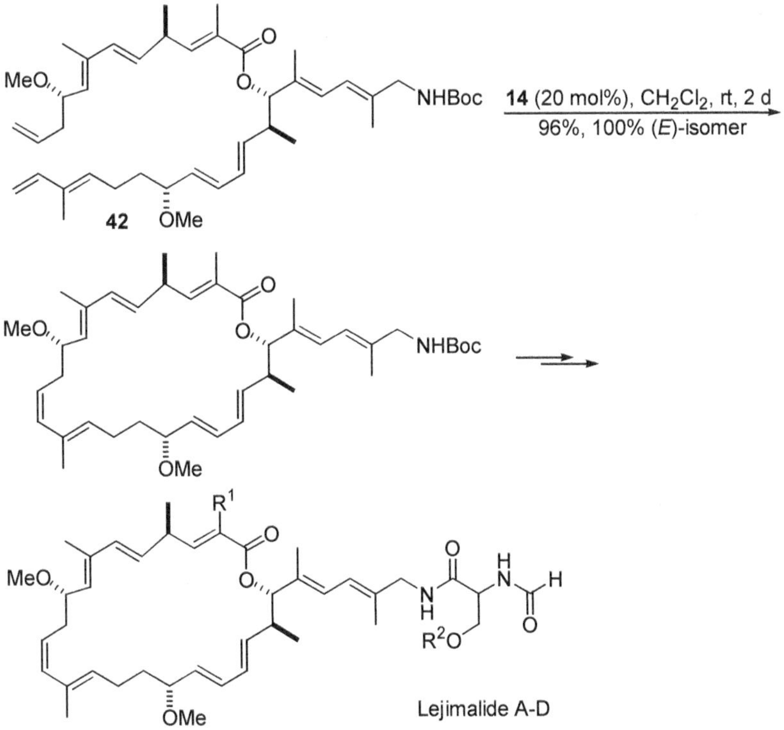

Lejimalide A-D

(53)

催化剂 **14** 对反式产物的选择性远远高于催化剂 **12**，而且底物结构的变化对顺反异构体的比例影响也不大 (式 54)[73]。在式 53 中可以看到，该反应只生成反式产物。这主要是因为催化剂 **14** 可以使反应最初得到的混合产物发生二次复分解反应，将其中的顺式异构体转化成热力学上更稳定的反式异构体。

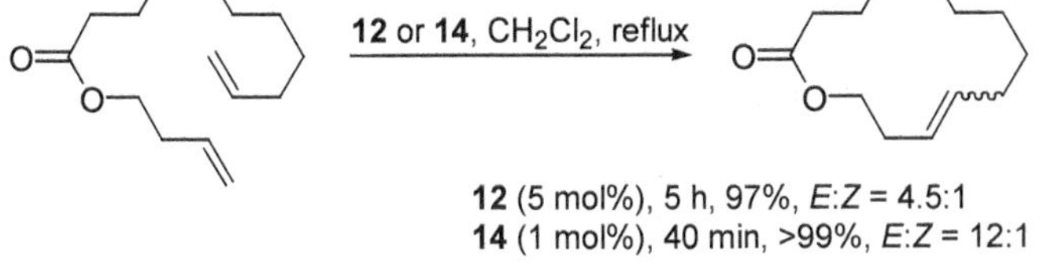

(54)

12 (5 mol%), 5 h, 97%, $E:Z$ = 4.5:1
14 (1 mol%), 40 min, >99%, $E:Z$ = 12:1

在大环烯烃的合成中，催化剂活性对 RCM 反应的影响不仅仅表现在产物异构体的选择性上，有时甚至得到结构不同的产物。如式 55 所示：在大环内酯 Sanglifehrin A 类似物的全合成中[74]，使用催化剂 **12**，底物 **43** 在 RCM 反应中生成二十二员环产物 **44**。但是，使用催化剂 **14** 得到的却是二十员环产物 **45**。这主要是因为催化剂 **14** 具有较高的催化活性，可以与取代基较多的中间双键发生反应。

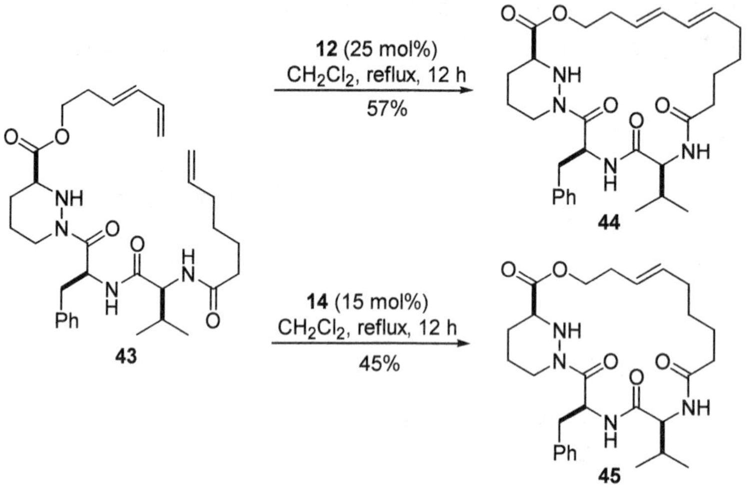

(55)

4.4 螺环烯烃的合成

RCM 反应也常常被用在含有螺环结构的天然产物合成中。例如：在 (+)-Aigialospirol 的全合成工作中[75]，化合物 **46** 发生 RCM 反应生成 86% 的螺环烯烃中间体 (式 56)。而在 (+)-Elatol 的全合成中[76]，化合物 **47** 经过 RCM

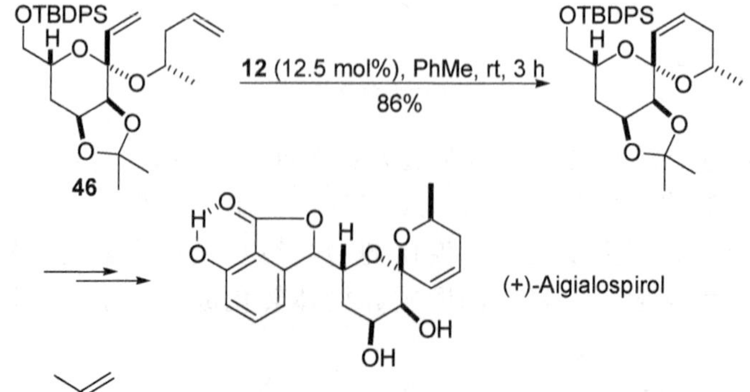

(56)

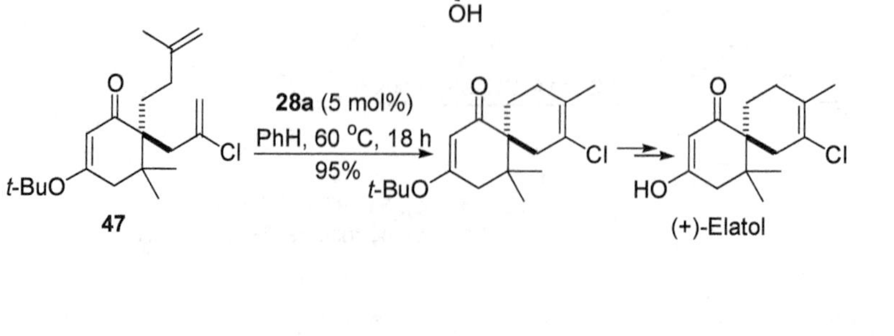

(57)

反应生成带有四取代双键的螺环烯烃化合物 (式 57)。

4.5 桥环烯烃的合成

与普通环烯的合成一样，5~7 员桥环烯烃可以方便地通过 RCM 反应来制备。而在同样的反应条件下，不能得到 8 员桥环烯烃产物 (式 58)[77]。

$$n = 0, m = 2; \text{rt, 87\%}$$
$$n = 0, m = 3; \text{reflux, oligomer}$$
$$n = 1, m = 1; \text{rt, 95\%}$$
$$n = 1, m = 3; \text{reflux, oligomer}$$

12 (5 mol%), CH$_2$Cl$_2$, 4 h

(58)

如式 59 所示：化合物 **48** 的 RCM 反应在室温下 9 h 内即可完成，产率高达 95%。但是，当分子中羟基被保护成硅醚后，需要在二氯甲烷中回流 18 h 才能得到 65% 的产率[78]。这主要是因为羟基和羰基之间可以生成分子内氢键，从而导致顺式构型占优势并顺利发生 RCM 反应。

12 (5 mol%), CH$_2$Cl$_2$

R = H, rt, 9 h, 95%
R = TBS, reflux, 18 h, 65%

48

(59)

4.6 含 Si、P 和 S 杂环烯烃的合成

如式 60 所示[79]：人们用双(烯丙基二甲基)硅醚 **49** 完成了首例含硅底物参与的 RCM 反应。该反应是在无溶剂条件下进行的，产物的产率高达 95%。

10 (1 mol%), no solvent, rt, 1 h

95%

49

(60)

化合物 **50** 的 RCM 反应在催化剂 **12** 的存在下得到单一的对映选择性产物 (式 61)。但是，使用催化剂 **14** 时，却给出 1:1 的非对映异构体混合物[80]。

Cat., PhH, reflux, 48 h

50

12 (25 mol%), 7S:7R = 100:0
14 (10 mol%), 7S:7R = 1:1

(61)

如式 62 所示[81]：在催化剂 **12** 的存在下，含有膦酸酯和膦酰胺的烯烃底物可以顺利地发生 RCM 反应，以几乎定量的产率得到相应的环状膦酸酯和膦酰胺产物。

$$\text{(62)}$$

X = O, R = Me, CH₂Cl₂, reflux, 0.5 h, 99%
X = NMe, R = Ph, PhMe, reflux, 1.5 h, 99%

在 1999 年和 2000 年，Hanson 分别报道了烯丙基磺酰胺和乙烯基磺酰胺的 RCM 反应[82] (式 63 和式 64)。其中烯丙基磺酰胺的反应速率明显高于乙烯基磺酰胺的反应，这主要是由于缺电子烯烃的反应速度通常较慢。

$$\text{12 (3 mol\%), CH}_2\text{Cl}_2\text{, reflux, 2 h} \quad 87\% \quad \text{(63)}$$

$$\text{12 (3 mol\%), CH}_2\text{Cl}_2\text{, reflux, sluggish} \quad 85\% \quad \text{(64)}$$

2002 年，Heck 使用 RCM 反应将链状二烯烃硫化物、二烯烃二硫化物以及二烯烃二噻烷化合物转化为相应的环烯烃硫化物、二硫化物和二噻烷化合物[83]。该反应的原料具有挥发性，因此采用氘代试剂作溶剂，并使用核磁来监测产物的生成以及原料二烯的消失 (式 65~式 67)。

$$\text{13 (5 mol\%), C}_7\text{D}_8\text{, 80 }^\circ\text{C, 1 h} \quad 100\% \quad \text{(65)}$$

$$\text{13 (5 mol\%), CD}_2\text{Cl}_2\text{, reflux, 4 h} \quad 100\% \quad \text{(66)}$$

$$\text{13 (5 mol\%), C}_7\text{D}_8\text{, 80 }^\circ\text{C, 6 h} \quad 63\% \quad \text{(67)}$$

4.7 多向 RCM 反应

从理论上说，四烯烃底物的 RCM 反应可以得到多种不同的环烯产物。但是，生成六员环烯的选择性远远高于生成其它环烯烃。所以，四烯烃 **51** 在 RCM 反应中选择性地只生成一种螺环烯烃 **52**[84] (式 68)。

$$\text{12 (2 mol\%), CH}_2\text{Cl}_2\text{, rt, 6 h} \quad 92\% \quad \text{(68)}$$

51   **52**

4.8　烯-炔关环复分解反应 (RCEM)

RCEM 反应是一类独特的反应，包括双键和三键的断裂以及新的双键的生成过程。该反应产物含有丁二烯结构，可以与 Diels-Alder 反应或者其它成环反应串联使用，因此具有重要的合成应用价值。RCEM 反应包括两类：一类是由过渡金属卡宾配合物催化的反应；另一类是由过渡金属 (如钯、铂、铱、钌和镓等) 配合物催化的反应 (又称骨架重排反应)。

4.8.1　过渡金属卡宾配合物催化的烯-炔 RCEM 反应

1985 年，Katz[85]首次报道了 RCEM 反应。如式 69 所示：他使用 Fischer钨卡宾配合物 **55** 使烯炔化合物 **53** 发生分子内环化反应，得到了 31% 的产物**54**。在该反应中，实际起催化作用的是钨卡宾配合物 **56**。

$$55\ (1\ mol\%),\ 75\ ^\circ C,\ 24\ h$$
$$31\%$$

$$55 = (OC)_5W{=}\!\!\begin{array}{c} Me \\ OMe \end{array}$$

$$56 = L_nW{=}CH_2$$

(69)

随后，Grubbs[86]和 Schrock[18]的工作证明：使用活性更高的催化剂，RCEM反应能够更有效地进行。对于同一个反应，RCEM 反应在惰性气氛下的反应速率可能很慢。但是，在反应体系中通入乙烯将大大提高反应速率。这主要是因为：乙烯气体的存在有助于保持体系中活性催化剂钌卡宾的浓度[87]。例如：化合物**57** 在氩气中进行的 RCEM 反应生成 21% 的产物；但是，在乙烯气氛中可以得到90% 的产物 (式 70)。

$$12\ (1\ mol\%),\ CH_2Cl_2,\ rt,\ 22\ h$$
$$Ar,\ 21\%;\ CH_2{=}CH_2,\ 90\%$$

(70)

1996 年，Mori[88]使用 RCEM 反应进行了 (−)-Stemoamide 的全合成，以 73%的产率将底物 **58** 转化成稠环化合物 **59** (式 71)。

$$12\ (5\ mol\%)$$
$$PhH,\ 50\ ^\circ C,\ 11\ h$$
$$73\%$$

(−)-Stemoamide

(71)

2007 年，Kaliappan[89]和 Brown[90]等人在对 YM-181741 等五个天然产物以及 (−)-Galanthamine 的合成中，也使用 RCEM 反应作为合成六员环烯中间体的关键步骤 (式 72 和式 73)。

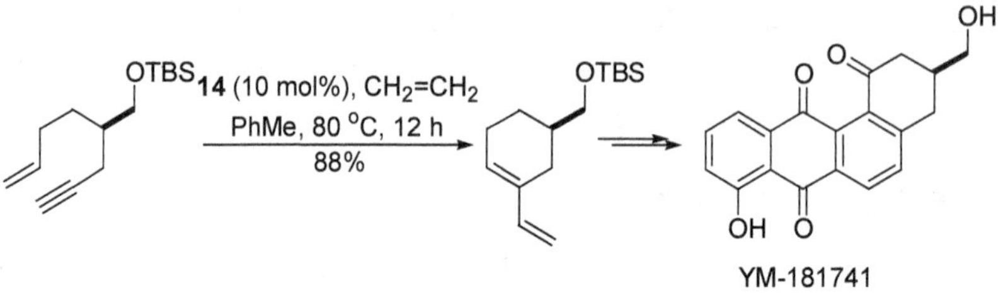

YM-181741

(72)

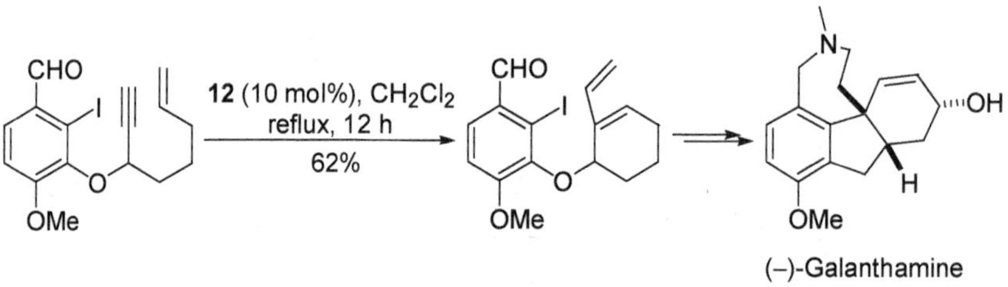

(−)-Galanthamine

(73)

在含有氮杂桥环骨架结构生物碱的合成中，RCEM 反应常常被用来构筑重要的手性桥环结构。例如：在 Ferruginine[91]和 Anatoxin-a[92]的全合成中，手性 2,5-二取代吡咯烷衍生物和手性 2,6-二取代哌啶衍生物发生 RCEM 反应，以较高的产率得到了带有共轭二烯的手性桥环化合物 (式 74 和式 75)。

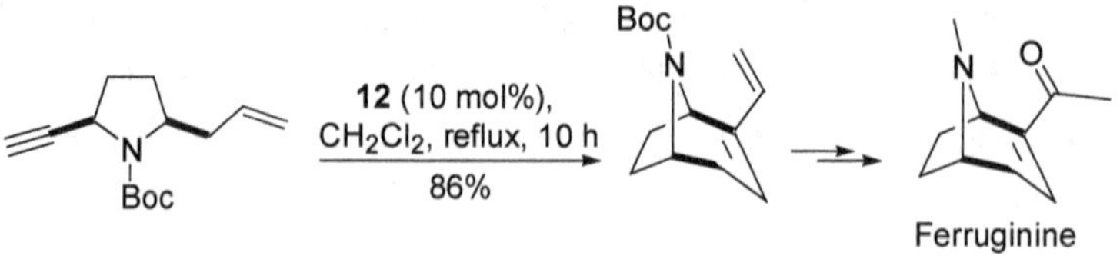

Ferruginine

(74)

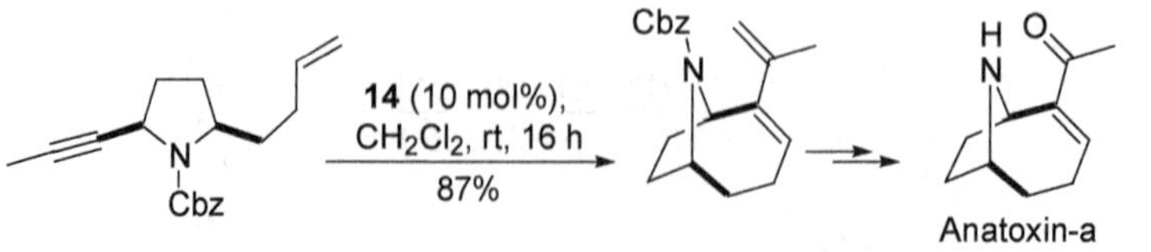

Anatoxin-a

(75)

通常情况下，环张力很大的 3~4 员环烯不能通过 RCM 反应来制备。2008 年，Campagne[93]等人使用催化剂 16 促进的 1,5-烯炔的 RCEM 反应，成功构筑出芳基取代的四员环烯 (式 76)。

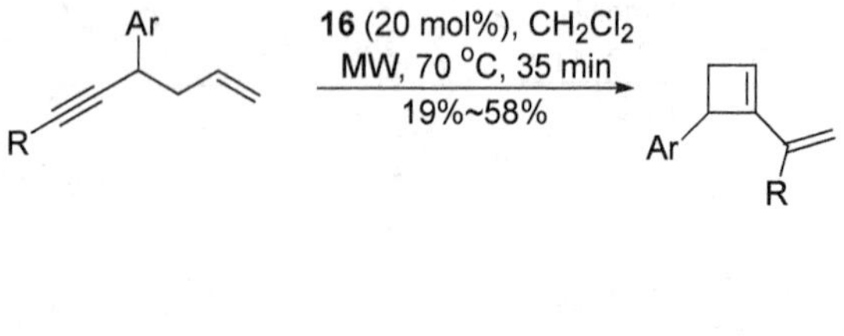

(76)

在催化剂 **12** 的存在下，单取代双键可以发生 RCEM 反应，但二取代双键却不能。虽然催化剂 **13** 或 **14** 可以促进这些底物发生反应，但通常得到两种产物[94] (式 77 和式 78)。

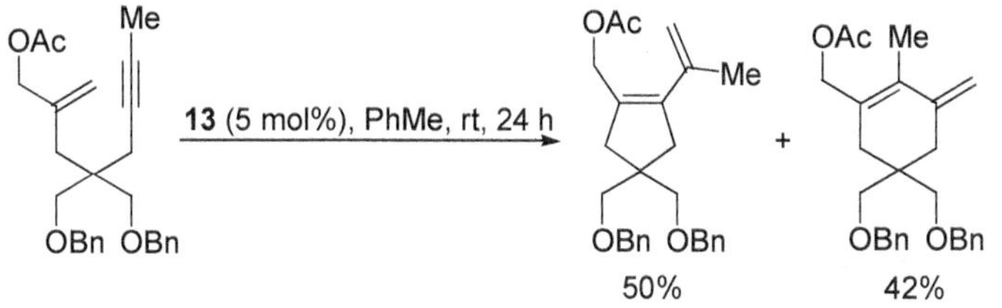

$$(77)$$

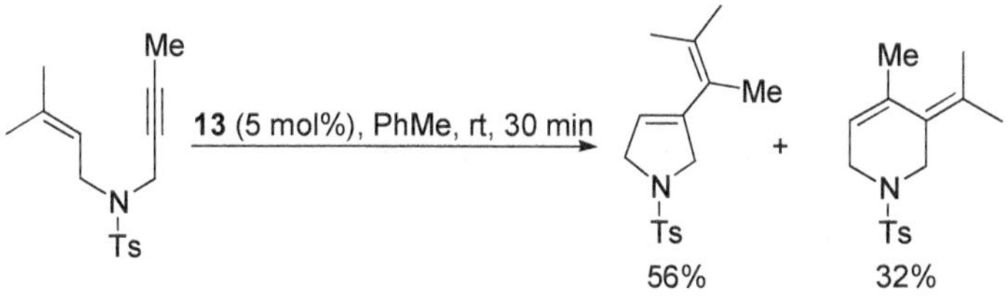

50% 42%

$$(78)$$

56% 32%

4.8.2 过渡金属配合物催化的 RCEM 反应

Trost[95]等发现：在钯催化剂 **60** 的作用下，烯-炔化合物 **61** 在发生成环反应生成 **62** 的同时，也生成复分解反应产物 **63** (式 79)。

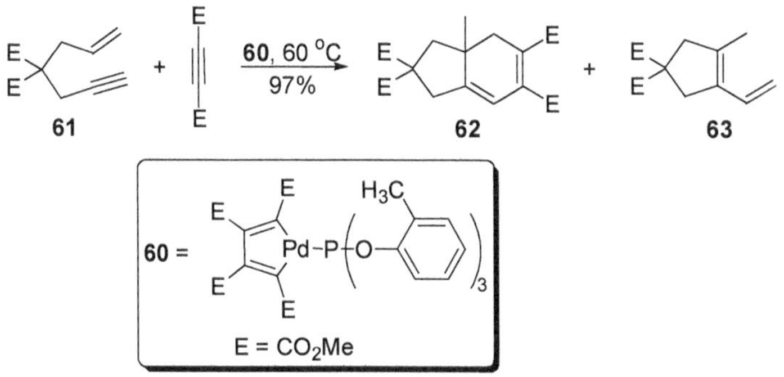

$$(79)$$

61   **62**   **63**

$60 =$ $E = CO_2Me$

Murai 和 Chatani[96a]使用 $[RuCl_2(CO)_3]_2$ 作为催化剂，在 CO 气氛中可以使 1,6-二烯炔化合物发生 RCEM 反应。有趣的是，无论是使用纯的 *E*-**64** 或 *Z*-**64** 进行反应都生成顺反异构体的混合物 **65** (式 80)。但是，使用顺反混合的 **66** 为底物时，却只得到反式产物 **67** (式 81)。其它过渡金属 (例如：铂、铱、镓等) 的配合物也可以用来催化 RCEM 反应[96b~c]。

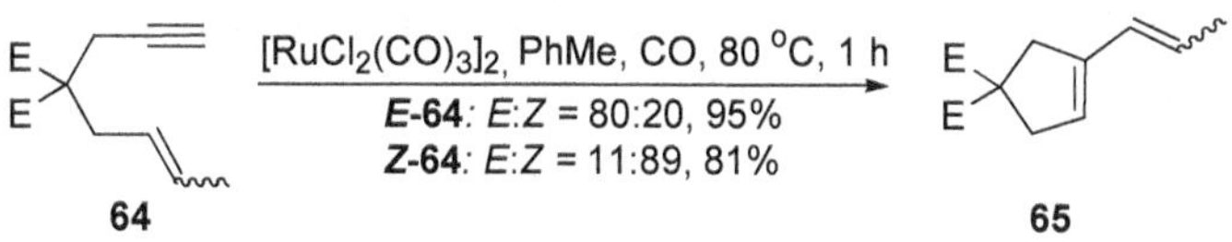

$[RuCl_2(CO)_3]_2$, PhMe, CO, 80 °C, 1 h
E-64: *E:Z* = 80:20, 95%
Z-64: *E:Z* = 11:89, 81%

$$(80)$$

64   **65**

$$(81)$$

4.9 炔-炔关环复分解反应 (RCAM)

RCAM 反应是将链状二炔转化成环炔的过程。1998 年，Fürstner[97]使用 Schrock 型钨卡宾催化剂 **68** [(*t*-BuO)₃W≡CCMe₃，现在已经是商品试剂] 首次成功进行了大环炔烃的 RCAM 反应。该反应具有以下特点：(1) 合成十二员以上的大环炔烃的产率很高，一些非常大的环炔也可以通过该方法容易地获得；(2) 反应速度比具有相同结构二烯的 RCM 反应更快；(3) 对底物中的醚、酯、硅醚、胺、聚氨酯、酮、砜、磺酰胺和呋喃等官能团具有良好的兼容性；(4) 三氯苯、氯苯、甲苯和四氢呋喃等均可用作反应溶剂，对产率没有明显影响；(5) 使用的催化剂对炔基具有很高的化学选择性，甚至对烯基呈惰性；(6) 在反应中必须使用非末端炔烃，末端炔烃由于可与催化剂配位而使催化剂失活。

钼卡宾配合物 Mo[N(*t*-Bu)(Ar)]₃ (**69**) 也可催化 RCAM 反应，但必须与 CH₂Cl₂、CHCl₃、CCl₄、CH₂Br₂、CH₂I₂、C₆H₅CHCl₂、C₆H₅CH₂Cl 或者 ClMe₃SiCl 等卤化物配合使用[98]。催化剂 **69** 比 **68** 的兼容性更强，即使在能够导致催化剂 **68** 失活的官能团存在下也表现优秀。例如：化合物 **70** 和 **71** 都可以在催化剂 **69** 的作用下发生 RCAM 反应 (式 82 和式 83)。

$$(82)$$

$$(83)$$

RCAM 反应一般需要在较高温度下进行，因此对温度比较敏感的化合物受到一定的限制。2008 年，Tamm[99]等人合成出一种具有明确结构的钨卡宾配合物 **72**，扩展了 RCAM 反应的应用范围。如式 84 所示[100]：该配合物在室温即可催化二炔底物 **73** 的 RCAM 反应。

$$(84)$$

RCAM 反应与 Lindlar 还原反应串联，可以提供一个获得顺式大环烯烃的方法。该方法弥补了 RCM 反应在合成大环烯烃时立体选择性方面的不足，并在 Epothilone 系列天然产物的合成中显示出独特的优越性。如式 85 所示[101]：二炔底物 **76** 在催化剂 **69** 的存在下首先发生 RCAM 反应；然后，生成的环炔产物经 Lindlar 还原后仅得到顺式烯烃中间体；最后，脱去保护基完成了 Epothilone C 的全合成。

$$(85)$$

如式 86 所示[102]：二炔化合物 **77** 在催化剂 **69** 的存在下发生 RCAM 反应，生成的环炔 **78** 经 Lindlar 还原，可以得到用于天然产物 Cruentaren A 全合成的中间体 **79**。

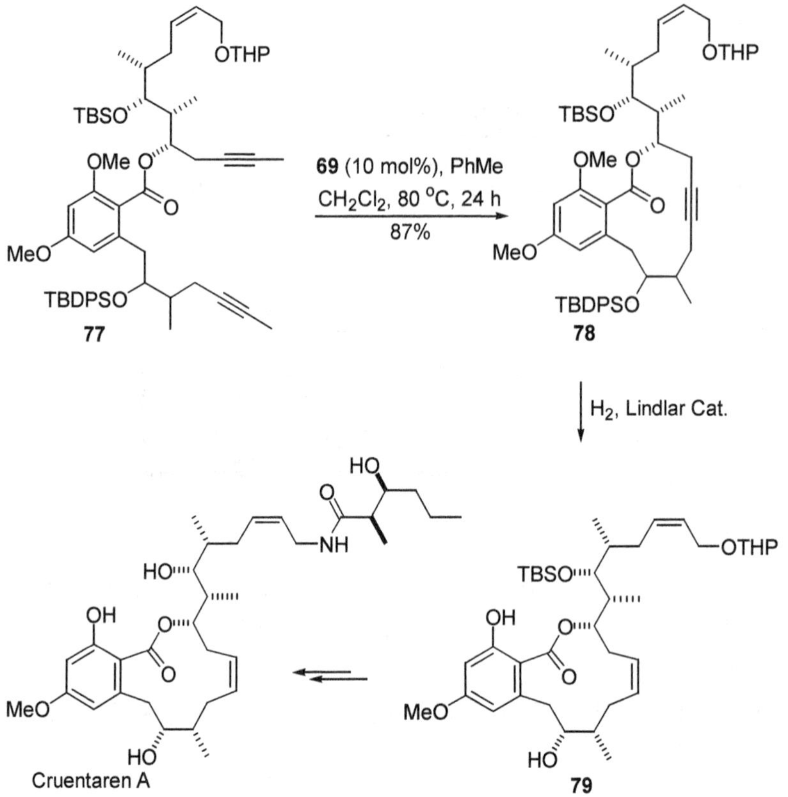

OTHP
TBSO
OMe
O
O
MeO
TBDPSO
77
69 (10 mol%), PhMe
CH2Cl2, 80 °C, 24 h
87%
78
H2, Lindlar Cat.
HO
NH
HO
OH
Cruentaren A
OTHP
TBSO
79

(86)

与获得顺式大环烯烃的方法相比，反式大环烯烃的合成方法普遍存在立体选择性低和官能团兼容性不高的缺点[103]。2002 年，Trost[104]提出了一种新的氢化硅烷化/去硅烷化的合成策略，有效地解决了上述问题。如式 87 所示[105]：Fürstner 等运用该方法与 RCAM 反应串联，使用阳离子钌配合物 $[Cp^*Ru(MeCN)_3]PF_6$ 和 $(EtO)_3SiH$ 对三键进行氢化硅烷化，高度化学和立体选择性地得到反式加成产物；然后使用催化量的 AgF 在温和条件下完成去硅烷化反应，得到单一的反式烯烃产物。

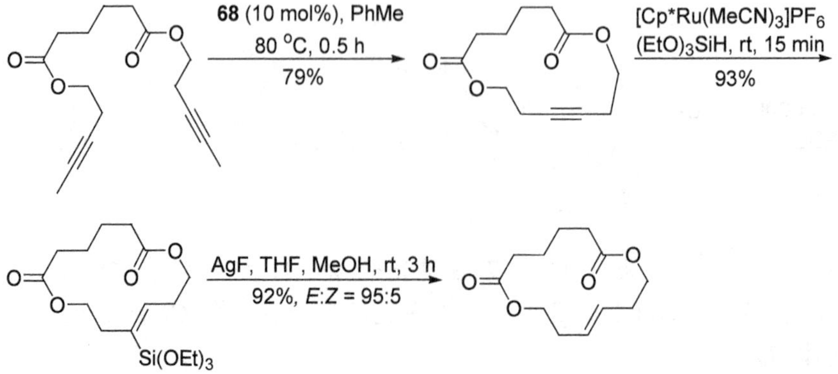

68 (10 mol%), PhMe
80 °C, 0.5 h
79%
[Cp*Ru(MeCN)3]PF6
(EtO)3SiH, rt, 15 min
93%
AgF, THF, MeOH, rt, 3 h
92%, E:Z = 95:5
Si(OEt)3

(87)

5 交叉复分解反应 (CM) 综述

CM 反应是指两个烯烃分子中的亚烷基部分在金属卡宾催化剂的作用下发生分子间交换，形成两个新的烯烃分子的反应。该反应是从简单烯烃前体合成官能团化的烯烃或高级烯烃的有效方法。CM 反应是一个简单的热力学控制的分子间反应，化学和立体选择性均不高。如式 88 所示：通常得到的是交叉复分解产物 **80** 以及底物自身二聚的产物 **81** 和 **82** 三种产物的混合物。由于新生成的双键还存在立体选择性的问题，因此 CM 反应的产物比较复杂。

$$R^1\diagup\diagdown + R^2\diagup\diagdown \xrightarrow{\text{Cat.}} R^1\diagup\diagdown R^2 + R^1\diagup\diagdown R^1 + R^2\diagup\diagdown R^2 \qquad (88)$$

80　　　　**81**　　　　**82**

5.1 CM 反应产物的立体选择性

由于反式烯烃产物是热力学稳定的产物，所以成为大多数 CM 反应中的优势产物。人们发现：在烯丙位引入位阻大的取代基可以进一步提高反式产物的选择性[106]。如式 89 所示：在末端烯烃 **83** 与烯丙基三甲基硅的反应中，产物 *E:Z* = 2.6:1。而使用烯丙基三异丙基硅反应时，产物 *E:Z* = 7.6:1。

$$\begin{array}{c} \text{OPh} \\ \diagdown\diagup\diagdown\diagup \end{array} + \diagup\diagdown\text{SiR}_3 \xrightarrow[\substack{R = Me, 72\%, E:Z = 2.6:1 \\ R = i\text{-Pr}, 77\%, E:Z = 7.6:1}]{\textbf{10}\ (2\ \text{mol\%}),\ \text{DME},\ 23\ ^{\circ}\text{C},\ 4\ h} \begin{array}{c} \text{OPh} \qquad \text{SiR}_3 \\ \diagdown\diagup\diagdown\diagup\diagdown\diagup \end{array} \qquad (89)$$

83

底物的立体构型也对提高 CM 反应的反式选择性有重要的影响[107]。例如：非手性化合物 **84** 与烯丙基三甲基硅烷进行反应所得产物的 *E:Z* = 70:30 (式 90)。换用手性底物 **85** 后，产物的 *E/Z* 比例提高到 80:20 (式 91)。改用手性底物 **86** 后，产物的 *E/Z* 比例高达 92:8 (式 92)。

$$\begin{array}{c} \text{OH} \\ \text{Ph}\underset{2}{()}\diagdown\diagup\diagdown \end{array} \xrightarrow[\substack{\text{CH}_2\text{Cl}_2,\ 40\ ^{\circ}\text{C},\ 4\ h \\ 86\%,\ E:Z = 70:30}]{\textbf{14}\ (2\ \text{mol\%}),\ \text{CH}_2\text{=CHCH}_2\text{SiMe}_3} \begin{array}{c} \text{OH} \\ \text{Ph}\underset{2}{()}\diagdown\diagup\diagdown\text{SiMe}_3 \end{array} \qquad (90)$$

84

$$\begin{array}{c} \text{OH} \\ \text{Ph}\underset{2}{()}\diagdown\underset{}{\diagup}\diagdown \end{array} \xrightarrow[\substack{\text{CH}_2\text{Cl}_2,\ 40\ ^{\circ}\text{C},\ 4\ h \\ 81\%,\ E:Z = 80:20}]{\textbf{14}\ (2\ \text{mol\%}),\ \text{CH}_2\text{=CHCH}_2\text{SiMe}_3} \begin{array}{c} \text{OH} \\ \text{Ph}\underset{2}{()}\diagdown\diagup\diagdown\text{SiMe}_3 \end{array} \qquad (91)$$

85

$$\begin{array}{c} \text{OH} \\ \text{Ph}\underset{2}{()}\diagdown\underset{}{\diagup}\diagdown \end{array} \xrightarrow[\substack{\text{CH}_2\text{Cl}_2,\ 40\ ^{\circ}\text{C},\ 4\ h \\ 86\%,\ E:Z = 92:8}]{\textbf{14}\ (2\ \text{mol\%}),\ \text{CH}_2\text{=CHCH}_2\text{SiMe}_3} \begin{array}{c} \text{OH} \\ \text{Ph}\underset{2}{()}\diagdown\diagup\diagdown\text{SiMe}_3 \end{array} \qquad (92)$$

86

高活性的催化剂可以与首次生成的产物发生二次复分解反应，将其中的顺式异构体转化为热力学上更稳定的反式异构体。因此，使用活性高的催化剂可以提高产物的反式选择性 (式 93)。

$$\text{Cat. 12}\quad E{:}Z = 3.2{:}1$$
$$\text{Cat. 14}\quad E{:}Z = 7{:}1$$

如果要获得顺式烯烃产物，可以通过两步反应来完成。如式 94 所示[107b]：使底物 **87** 首先发生 RCM 反应，得到硅氧杂环中间体 **88**；然后，在钯催化的偶联反应条件下使硅-氧键发生断裂，生成顺式苯乙烯产物 **89**。

丙烯腈与末端烯烃的 CM 反应是这类反应中的特殊例子，顺式异构体是反应的优势产物。如果在烯键的附近增加位阻，将会增大反式异构体的比例[108] (式 95)。

R = H, 79%, $E{:}Z$ = 1:7
R = Me, 64%, $E{:}Z$ = 1:3

5.2 CM 反应的产物选择性

由于在 CM 反应中包括多种卡宾中间体以及多个一次和二次复分解过程，很难准确地预测空间因素和电子因素对烯烃反应性的影响。2003 年，Grubbs 根据几种常用催化剂与烯烃的 CM 反应结果，提出了一个产物选择性经验模型。该模型将烯烃按照反应性分为四种类型，可以用于大概地预测 CM 反应产物的选择性。

5.2.1 不同活性催化剂作用下烯烃的反应性分类

判断烯烃反应性最简便的方法是检测它们自身发生复分解反应的能力，根据该能力可以将它们分为以下四类[22a]：(1) 迅速发生自身复分解反应，生成的产物可以继续参与 CM 反应；(2) 自身复分解反应很慢，生成的产物在后续的 CM 反应中也消耗得很少；(3) 自身不发生复分解反应，但是可以与第一类和第二类烯烃发生 CM 反应；(4) 在特定催化剂作用下不发生 CM 反应，但是也不会影响其它烯烃的反应。通常情况下，空间位阻小的富电子烯烃被归为第一类烯烃。第二至第四类烯烃的空间位阻依次增大，电子云密度依次减小。使用两个第一类烯烃进行的 CM 反应被称为统计学分布的 CM 反应，使用两个相同类型烯烃 (除第一类烯烃外) 进行的 CM 反应被称为非选择性 CM 反应，使用两个不同类型烯烃进行的 CM 反应被称为选择性 CM 反应。

表 1 分别列出了使用催化剂 **10**、**12** 和 **14** 与不同底物发生 CM 反应的分类[22a]。控制 CM 反应的选择性主要有两个关键策略：(1) 最好尽量减少自身复分解反应的发生；(2) 如果自身复分解反应不可避免，那么生成的副产物在二次复分解过程中最好全部被转化。

表 1 选择性CM反应的烯烃底物分类表

烯烃类型	12	14	10
第一类	末端烯烃，烯丙基硅烷，1° 烯丙醇，醚，酯，烯丙基硼酸酯，烯丙基卤化物	末端烯烃，1° 烯丙醇，酯，烯丙基硼酸酯，烯丙基卤化物，苯乙烯(无大的邻位取代基)，烯丙基磷酸酯，烯丙基硅烷，烯丙基磷氧化物，烯丙基硫化物，保护的烯丙基胺	末端烯烃，烯丙基硅烷
第二类	苯乙烯，2° 烯丙醇，乙烯基二氧六环，乙烯基硼酸酯	苯乙烯(大的邻位取代基)，丙烯酸酯，丙烯酰胺，丙烯酸，丙烯醛，乙烯基酮，未保护的 3° 烯丙醇，乙烯基环氧化物，2° 烯丙醇，全氟取代的烷基烯烃	苯乙烯，烯丙基锡烷
第三类	乙烯基硅氧六环	1,1-二取代烯烃，三取代烯烃(不带大取代基)，乙烯基磷酸酯，苯基乙烯基砜，4° 烯丙基碳(四烷基取代)，3° 烯丙醇(被保护的)	3° 烯丙基胺，丙烯腈
第四类	1,1-二取代烯烃，二取代α,β-不饱和羰基烯烃，含有 4° 烯丙基碳的烯烃，全氟取代的烷基烯烃，3° 烯丙基胺(被保护的)	乙烯基硝基烯烃，三取代烯丙醇(被保护的)	1,1-二取代烯烃

5.2.2 使用两个第一类烯烃进行的非选择性 CM 反应

当两个第一类烯烃进行 CM 反应时，两者发生自身复分解反应的速率相近。由于两种自身复分解产物和交叉复分解产物进行第二次复分解反应的活性都很高，最后三种产物达到一个热力学平衡。如果想得到交叉复分解为主的产物，必须提高一种烯烃的用量。如式 96 所示[109]：当使用 10 倍以上摩尔当量的底物时，交叉复分解产物的产率可以超过 90%。

$$R^1 \diagdown \diagup + R^2 \diagdown \diagup \xrightarrow{\text{CM 反应}} \quad
\begin{array}{c}
R^1 \diagdown\diagup R^1 \\
R^1 \diagdown\diagup R^2 \\
R^1 \diagdown\diagup R^2 \\
R^2 \diagdown\diagup R^2
\end{array}$$

	A:B	CM 产物选择性
$R^1 \diagdown\diagup R^1$	1:1	50%
	2:1	66%
$R^1 \diagdown\diagup R^2$	4:1	80%
	10:1	91%
$R^2 \diagdown\diagup R^2$	20:1	95%

(96)

5.2.3 产物选择性 CM 反应

使用第一类烯烃可以与低反应性的第二类或第三类烯烃发生选择性 CM 反应。虽然第一类烯烃很容易发生自身复分解反应，但生成的产物仍然能够与第二类或第三类烯烃发生第二次复分解反应。如式 97 所示：如果不可逆地将乙烯释放到体系之外，产物分布逐渐趋向于生成交叉复分解产物。

$$R^1 \diagdown\diagup + R^2 \diagdown\diagup \xrightarrow{\text{[M]}} \boxed{R^1 \diagdown\diagup R^2} + \parallel\uparrow$$

$$R^1 \diagdown\diagup + R^1 \diagdown\diagup \xrightarrow{\text{[M]}} R^1 \diagdown\diagup R^1 + \parallel\uparrow \xrightarrow[R^2 \diagdown\diagup]{\text{[M]}} \boxed{R^1 \diagdown\diagup R^2} + R^1 \diagdown\diagup$$

$$R^2 \diagdown\diagup + R^2 \diagdown\diagup \xrightarrow[\mathbf{X}]{\text{[M]}} R^2 \diagdown\diagup R^2 + \parallel\uparrow$$

(97)

烯丙基仲醇属于第二类烯烃，它可以与第一类烯烃方便地发生 CM 反应。如式 98 所示[110]：仅使用 2 倍过量的第一类烯烃就可以得到高达 92% 的 CM 产物。

$$\text{HO}\diagdown\diagup + \text{AcO}\diagdown\diagdown\diagup \xrightarrow[92\%]{\mathbf{12}\ (5\ \text{mol\%}),\ \text{CH}_2\text{Cl}_2,\ 23\ ^\circ\text{C},\ 12\ \text{h}} \text{产物}$$

(2.0 eq)　　　　　　　E:Z = 13:1

(98)

烯丙基位为季碳的底物对于催化剂 **12** 属于第四类烯烃，不影响催化剂的活性，也不发生反应[110]。但是，它们对于催化剂 **14** 属于第三类烯烃。不仅可以与末端烯烃发生 CM 反应，而且产率都很高。由于分子内存在大的位阻，

$$\text{HO}\diagdown\diagup + \text{AcO}\diagdown\diagdown\diagup \xrightarrow[93\%]{\mathbf{14}\ (3\sim5\ \text{mol\%}),\ \text{CH}_2\text{Cl}_2,\ 40\ ^\circ\text{C},\ 12\ \text{h}} \text{产物}$$

(2.0 eq)　　　　　　　E:Z = 100:0

(99)

$$(100)$$

几乎单一地得到反式产物 (式 99 和式 100)。

第一类烯烃与第二类或第三类烯烃的 CM 反应常被用于天然产物的合成。例如：在 Sammakia[111]报道的 RK-397 的合成路线中，使用 CM 反应一步构筑出共轭三烯的分子片段 (式 101)。Williams[112]在合成 (−)-Stephacidin A 的过程中，使用高活性的催化剂 **16** 在微波条件下顺利地实现了 2-甲基丙烯醛与末端烯烃底物的 CM 反应 (式 102)。

$$(101)$$

$$(102)$$

使用烯丙基膦酸酯和丙烯酸甲酯的 CM 反应，可以制备官能团化的不饱和膦酸酯[113] (式 103)；乙烯基硼酸酯和 α-烯烃的 CM 反应可以生成用于 Suzuki 偶联反应的硼酸酯试剂[114] (式 104)。

$$(103)$$

$$(104)$$

第二类烯烃与第三类烯烃的选择性 CM 反应主要得到交叉复分解的产物 (式 105)。为了提高 CM 反应的产率，必须使用大大过量的第三类烯烃或者直接将其用作反应溶剂。这主要是因为第二类烯烃自身复分解反应的产物在二次复分解过程中消耗很少，而第三类烯烃的反应性又很低。缓慢滴加第二类烯烃使其保持在较低的浓度下反应，可以减少自身复分解反应产物的生成，也有助于提高产物的选择性。

$$(105)$$

许多烯烃会根据自身结构或者催化剂的活性变化而改变自己在 CM 反应中的类别。例如：苯乙烯在使用不明结构的催化剂[115]以及催化剂 10[116]和 12[117] 时，都能得到很高的反式选择性。其自身复分解物发生二次复分解反应的速度也很慢，被认为属于第二类烯烃。当它与含有端烯的第一类烯烃进行 CM 反应时，可以得到 90% 以上的交叉复分解产物。但是，在使用高活性催化剂 14[117] 时，苯乙烯却表现出第一类烯烃的性质，与其它末端烯烃的反应得到的是统计学分布的混合产物 (式 106 和式 107)。然而，在苯乙烯的 2-位引入溴原子后，它又变回到第二类烯烃。如式 108 所示：即使在 14 的催化下，其交叉复分解产物的产率仍高达 98%。

$$(106)$$

$$(107)$$

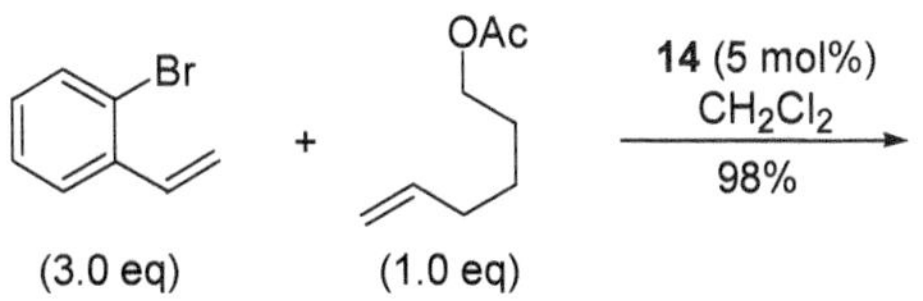

(108)

当使用含有多个双键的复杂分子作为反应底物时，表 1 给出的烯烃分类还有助于预测 CM 反应发生的位置，从而推断出最终的反应产物。如式 109 所示：化合物 **90** 与苯乙烯反应时，高度化学选择性地发生在末端双键上。

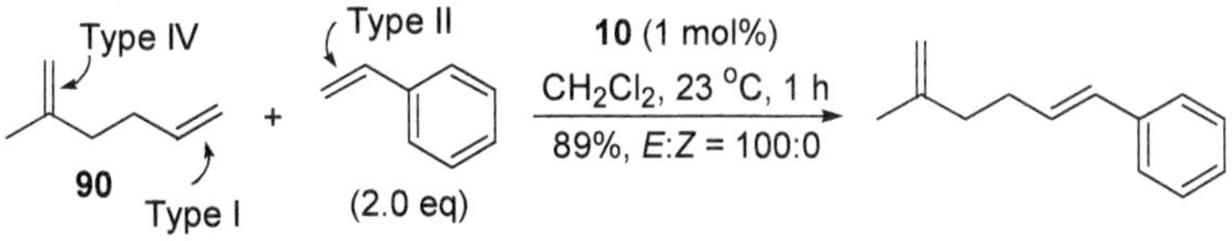

(109)

从理论上说，三组分的 CM 反应是可行的。但是，如果反应过程缺乏选择性，那么将生成大量的混合物，使该方法从实际上变得不可行。然而，当反应体系中存在两种相互不发生或者发生很慢的 CM 反应的烯烃时，加入第三种带有高反应性的二烯将与前两种烯烃反应生成结构不对称的产物。如式 110 所示：选择合适的烯烃底物类型，有可能高度选择性地只生成一个由三组分共同参与的产物。如果三组分反应物中包括了两种第一类烯烃，必须分两步进行反应才能保证化学选择性。如式 111 所示：首先使其中一种第一类烯烃与第二类烯烃反应，然后再加入另外一种第一类烯烃。

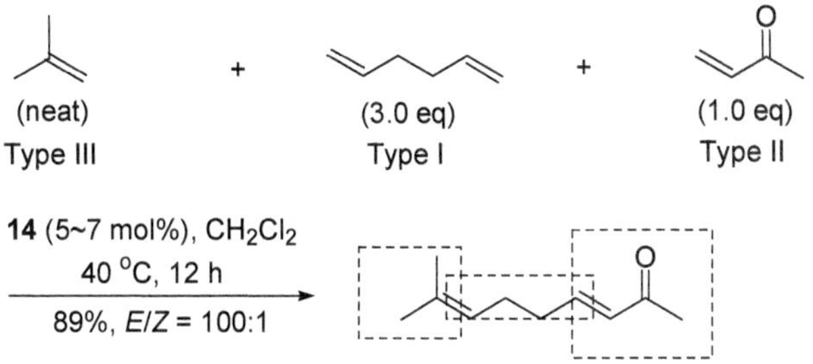

(110)

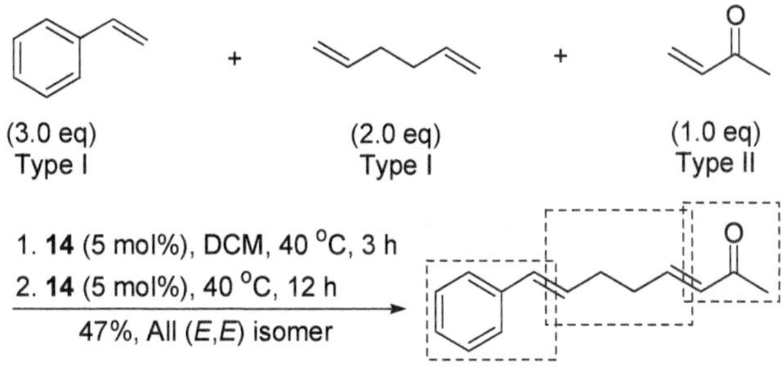

(111)

5.3　催化剂配体的空间结构对大位阻烯烃 CM 反应的影响

大位阻烯烃的 CM 反应具有一定的难度。Grubbs 使用带有位阻不同的含氮杂环配体的钌卡宾催化剂对这类烯烃进行的研究结果表明：减小催化剂中含氮杂环配体的位阻，有利于生成大位阻二取代烯烃；增大含氮杂环配体的位阻，会增加生成三取代烯烃的产率[45]（式 112 和式 113）。

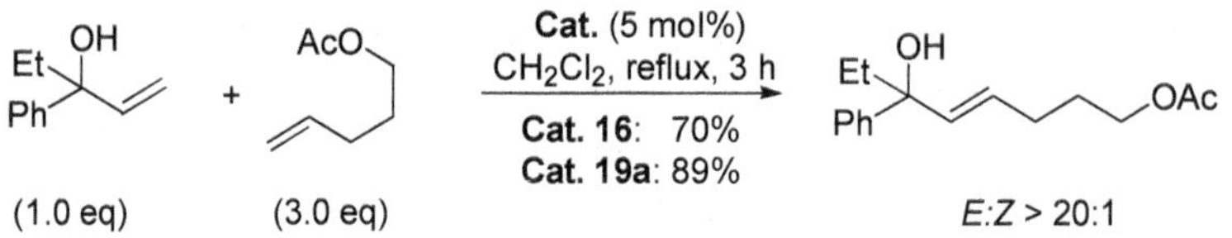

(112)

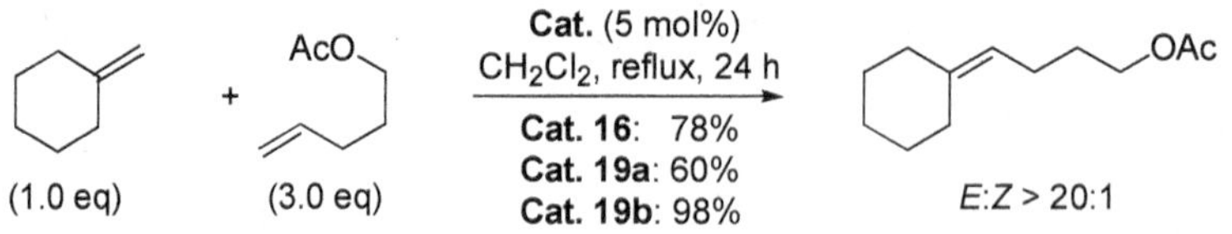

(113)

5.4　烯-炔交叉复分解反应 (ECM)

ECM 反应的过程很复杂，可能包括烯烃复分解、烯-炔复分解和炔-炔复分解过程。所以，该反应的产物可能含有数种烯烃、二烯和聚合物。为了解决这一问题，可以选用乙烯作为烯烃组分与其它炔烃进行反应，生成 1,3-二烯化合物[118]。在催化剂 12 的存在下，只有炔丙位上带有杂原子的炔烃才能很好地进行反应 (式 114)。而使用高活性催化剂 14 时，端炔、中间炔烃以及带有硅基和甲酯基的炔烃都能转化成相应的产物[119]（式 115 和式 116）。

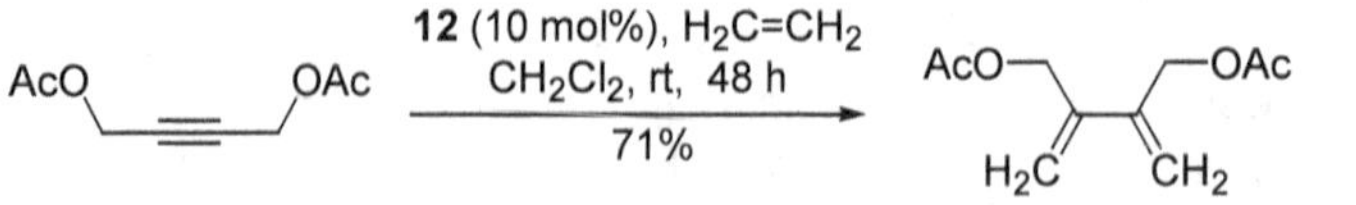

(114)

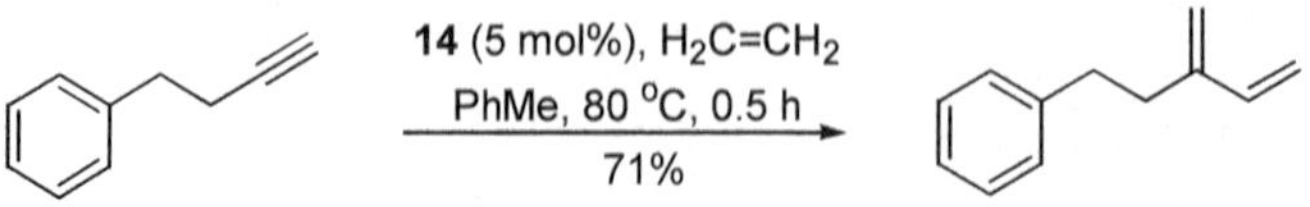

(115)

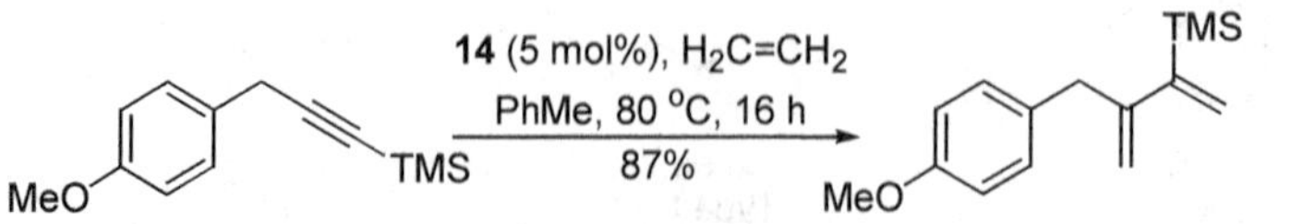

(116)

催化剂 12 也可以催化末端炔烃和末端烯烃的 ECM 反应[120]。如式 117 所示：在该反应中一般使用 5~7 mol% 的催化剂，末端烯烃的用量为末端炔烃的 2~3 倍。

$$R^1 \!\!=\!\!=\!\! + \!\!=\!\!\diagdown_{R^2} \xrightarrow[\text{63\%~90\%, } E\!:\!Z = (1\!:\!1)\!\sim\!(1\!:\!3)]{\textbf{12} (5\!\sim\!7 \text{ mol\%}), CH_2Cl_2, \text{rt}, 12\!\sim\!48 \text{ h}} R^1 \diagup\!\!\diagdown\!\!\diagdown_{R^2} \qquad (117)$$

5.5 炔-炔交叉复分解反应 (ACM)

ACM 反应是指两个非末端炔烃中由三键连接的两部分发生交换，生成两个新的炔烃的过程。最早用于该反应的催化剂是由钨氧化物和硅化物组成的非均相催化剂。随后，Mortreux[121]使用 Mo(CO)$_6$ 和苯酚衍生物组成的均相催化剂在高温条件下成功催化了取代二苯乙炔的 ACM 反应（式 118）。

$$2 \ p\text{-MePh}\!=\!\!=\!\!=\!\!\text{Ph} \xrightarrow[160\ ^\circ C, 3 \text{ h}]{\text{Mo(CO)}_6} p\text{-MePh}\!=\!\!=\!\!=\!\!p\text{-MePh} + \text{Ph}\!=\!\!=\!\!=\!\!\text{Ph} \qquad (118)$$

各种取代的芳基丙炔可以在催化剂 **69** 的作用下发生自身 ACM 反应，说明该催化体系的适用范围很广泛[122]（式 119）。

$$2 \ R\text{-Ph}\!=\!\!=\!\!=\! \xrightarrow[\substack{CH_2Cl_2, 80\ ^\circ C, 8 \text{ h} \\ R = p\text{-CHO, } 46\% \\ R = p\text{-CN, } 58\% \\ R = m\text{-CF}_3, 59\% \\ R = o\text{-OMe, } 68\% \\ R = o\text{-CO}_2\text{Me, } 76\%}]{\textbf{69} (10 \text{ mol\%}), \text{PhMe}} R\text{-Ph}\!=\!\!=\!\!=\!\!\text{Ph-R} \qquad (119)$$

催化剂 **69** 也可以催化芳基丙炔与脂肪族炔烃的 ACM 反应，以中等产率得到交叉复分解产物[122]（式 120）。

$$Ar\!=\!\!=\!\!=\! + \ \diagdown\!\!(\ )_m\!=\!\!=\!\!=\!\!(\ )_n\!\diagup^{R^1}_R \xrightarrow[CH_2Cl_2, 80\ ^\circ C, 8 \text{ h}]{\textbf{69} (10 \text{ mol\%}), \text{PhMe}} Ar\!\!-\!\!\!\equiv\!\!\!-\!\!(\ )_m\!\!-\!\!R \qquad (120)$$

Ar	R	R^1	m	n	产率/%
p-CNPh	Cl	Cl	3	3	70
m-CF$_3$Ph	Cl	Cl	3	3	70
o-OMePh	CN	CN	3	3	82
2-thiophene	Cl	Cl	3	3	67
Ph	PhSO$_2$	H	2	1	71

Fürstner 对天然产物 PGE-2 的合成是 ACM 反应在天然产物合成中的首次应用[123]。如式 121 所示：烯炔化合物 **91** 在催化剂 **69** 的作用下与对称二炔 **92** 发生反应，所得产物再经还原和脱去保护基即完成全合成过程。

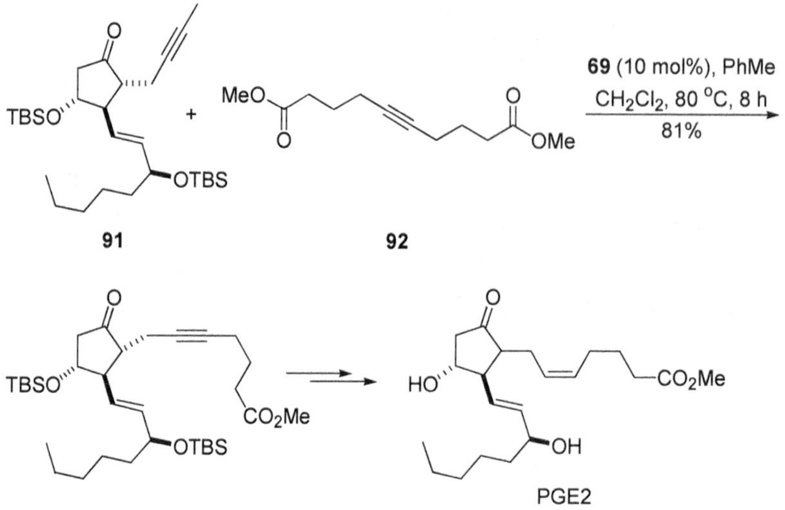
TBSO
OTBS
MeO
OMe
69 (10 mol%), PhMe
CH2Cl2, 80 °C, 8 h
81%
CO2Me
HO
OH
PGE2

91 92

(121)

6 串联复分解反应综述

串联反应是指在一个步骤中包括至少两种转化，并且后一转化通常是在前一转化形成的官能团基础上继续发生的反应[124]。这些反应在一个步骤内完成了从简单前体化合物到复杂结构产物的转变，不仅简便和经济，而且减少了能源的消耗和化学垃圾的产生。

6.1 开环复分解与关环复分解串联反应 (ROM-RCM)

ROM-RCM 反应是在同一个底物分子中环内双键和环外双键之间发生的复分解反应。在这一过程中，原有的环被打开从而生成新环 (式 122)。

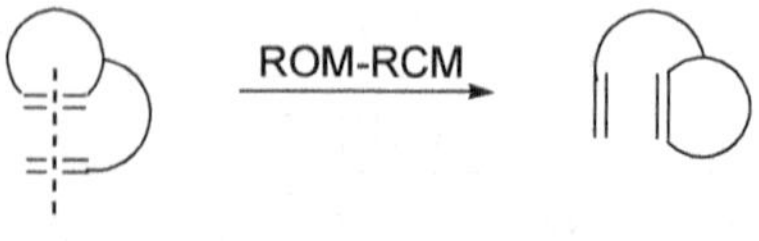
ROM-RCM

(122)

具有较大环张力的环烯比较容易发生 ROM-RCM 反应，反应的推动力是环内张力的释放。如式 123 所示：烯基取代的降冰片烯 **93** 在乙烯气氛中进行反应，以 88% 的产率得到产物 **94**[125]。

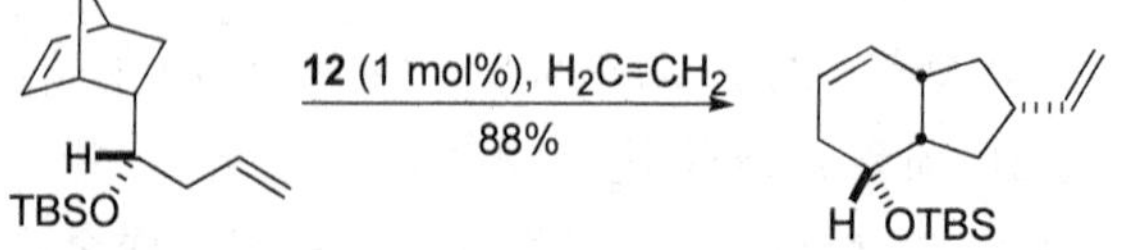
H
TBSO
12 (1 mol%), H2C=CH2
88%
H OTBS

93 **94**

(123)

没有环张力的烯基取代的环烯也可以发生 ROM-RCM 反应。Hoveyda[126] 报道: 化合物 **95** 在乙烯气氛中发生 ROM-RCM 反应, 以 92% 的产率得到产物 **96** (式 124)。

$$(124)$$

ROM-RCM 反应也常被用于由 D- 或 L-烯丙基甘氨酸衍生物 **97** 为原料立体选择性地合成 cis- 或 trans-2,6-二取代哌啶衍生物 **98**[127]。在温和的反应条件下, **98** 中甲酯 α-位上的手性碳不会发生消旋。该反应可以使用消旋的 **97** 为原料, 因为所生成的 **98b** 在碱性条件下可以转化为热力学更稳定的 cis-2,6-二取代哌啶衍生物 **98a** (式 125)。

$$(125)$$

97a R = CO_2Me, R^1 = H   **98a** R = CO_2Me, R^1 = H
97b R = H, R^1 = CO_2Me   **98b** R = H, R^1 = CO_2Me

双烯基取代的环烯可以通过两次 ROM-RCM 反应生成多环化合物, 其反应的推动力是反应过程中生成挥发性的副产物 (如乙烯) 所获得的熵。4~5 员环烯开环反应的速度很快, 即使在浓度很高时也能获得很好的产率 (式 126 和式 127)。

$$(126)$$

$$(127)$$

但是, 6~8 员环烯在同样的浓度下反应主要得到聚合的副产物。只有减小反应物浓度, 才能以中等或较好的产率得到预期产物 (式 128)。为了减少竞争反应, 可以在末端烯烃上引入取代基, 通过增加位阻的方法减少底物自身的反应。实际上, 引入取代基的同时也降低了非环状烯烃进行分子间复分解反应的活性, 从而更有利于分子内复分解反应的进行。但是, 这类底物通常需要更长的反应时间, 因为它们的反应速率显著下降。

$$\text{(128)}$$

使用第二代 Grubbs 催化剂可以扩大底物的应用范围[128]。例如：α,β-不饱和羰基化合物在第一代 Grubbs 催化剂作用下不能反应，但是在第二代 Grubbs 催化剂作用下却能以较高的产率得到目标产物。如式 129 所示：使用催化剂 14 可以使 α,β-不饱和羰基化合物 **99** 以 89% 的产率得到产物 **100**。

$$\text{(129)}$$

双烯基取代环烯的 ROM-RCM 反应也常被用于天然产物的全合成中。例如：在哌啶类生物碱 (−)-Halosaline 的合成中[129]，使用化合物 **101** 为原料制得复分解反应的前体化合物 **102**。然后，在催化剂 **12** 的作用下，**102** 发生两次串联 ROM-RCM 反应，几乎以定量产率得到关键中间体 **103** (式 130)。

$$\text{(130)}$$

6.2　开环复分解与交叉复分解串联反应 (ROCM)

ROCM 反应是环内双键和环外双键之间发生的分子间复分解反应。如式 131 所示：环烯 **104** 首先发生 ROM 反应，生成开环二烯烃 **105**；然后，再与另一个非环状烯烃 **106** 发生 CM 反应，最终得到产物 **107**。

$$\text{(131)}$$

为确保 ROCM 反应顺利，中间体 **105** 与 **106** 反应的速率必须要大于 **105** 再次回到 **104** 的速率。这种竞争主要取决于环烯底物的结构性质，使用

环张力大的环烯 **104** 和不易发生自身聚合反应的非环状烯烃 **106** 将有利于该反应的进行。在 ROCM 反应中，也同样存在有反应的立体选择性和产物选择性的问题。

含有环丁烯结构的化合物具有较大的环张力，该类化合物的 ROCM 反应通常可以较好地进行。例如：双环[3.2.0]庚烯与不同的末端烯烃反应，可以得到各种 1,2-二取代烯烃，并且主要生成顺式构象的产物[130](式 132)。又例如：环丁烯化合物 **108** 与烯丙基三甲基硅的 ROCM 反应，以 92% 的产率得到了产物 **109**[131](式 133)。

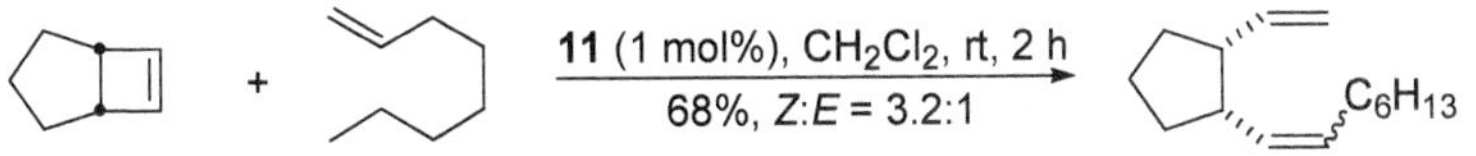

$$
\text{(132)}
$$

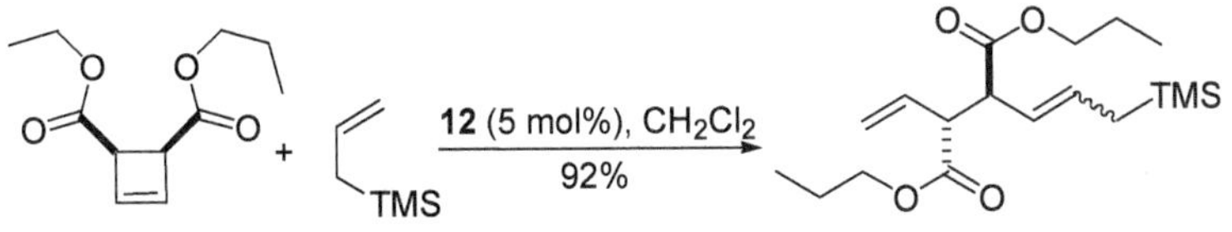

$$
\text{(133)}
$$

108　　　　　　　　　　　　　　　　　　　　**109**

降冰片烯类化合物是另一类具有较大环张力的化合物，它们与 1,2-二取代烯烃或者末端烯烃的 ROCM 反应都能取得较好的产率，而且在产物中 E,E-异构体的比例要高于 E,Z-异构体[132]。例如：化合物 **110** 与 10 倍摩尔量的 3-己烯反应，产率为 94%，E,E:E,Z = 2:1 (式 134)；而 **110** 与对甲氧基苯乙烯的反应只生成反式产物，产率高达 95% (式 135)。

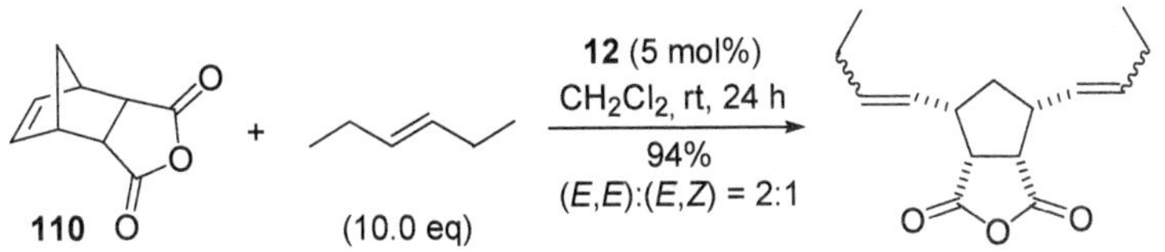

$$
\text{(134)}
$$

110 O　　(10.0 eq)

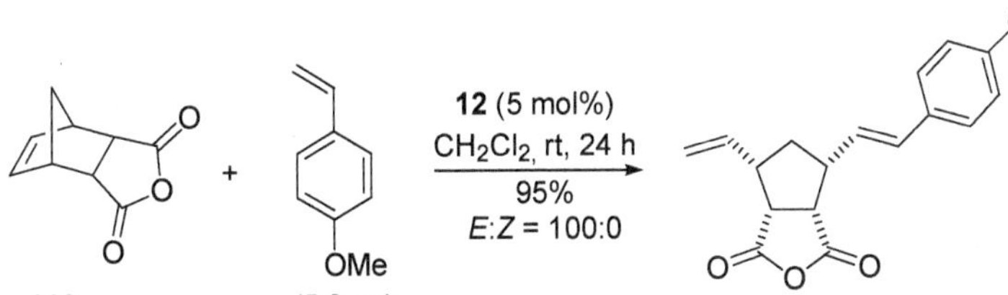

$$
\text{(135)}
$$

110　　(5.0 eq)

Wood 将降冰片烯类化合物的 ROCM 反应用于天然产物 Ingenol 的全合成中[133]。如式 136 所示：在乙烯气氛中，降冰片烯衍生物 **111** 的反应以 98% 的产率得到二烯烃中间体 **112**。

$$(136)$$

环丙烯比环丁烯具有更大的环内张力，因此含有环丙烯结构的化合物更易发生 ROCM 反应[134]。例如：仅使用 1 mol% 的催化剂 **12** 即可催化 **113** 与末端烯烃发生 ROCM 反应，主要生成反式构象的产物 (式 137)。

$$(137)$$

R = Ph, 5 h, 86%, *E*:*Z* = 96: 4
R = C$_6$H$_{13}$, 0.5 h, 79%, *E*:*Z* = 86:14

如果使用高活性催化剂，非张力环烯的 ROCM 反应也可以顺利进行[135]。例如：催化剂 **14** 催化的环戊烯与甲基乙烯基酮的 ROCM 反应[136]，产率为 62%。如果使用催化剂 **16**，产率可以提高到 86% (式 138)。催化剂 **14** 也可以催化环己烯与丙烯酸的 ROCM 反应，产率高达 94% (式 139)。在这些反应中，通常使用过量的环烯以降低缺电子末端烯烃的自身反应。

$$(138)$$

$$(139)$$

6.3 含有三键的串联 RCM 反应

非环状二烯炔可以在钌卡宾催化剂作用下可以发生两次 RCM 反应，生成含有稠环 [*n*,*m*,0] 结构的化合物。使用对称结构的二烯炔进行反应，可以得到单一产物 (式 140)。如果使用非对称结构的二烯炔，则得到等物质的量的两种不同产物[86c] (式 141)。

$$(140)$$

$$(141)$$

该方法可以用来合成含有稠环结构的天然产物。例如：二烯炔化合物 **114** 在 **14** 的作用下发生串联 RCM 反应，生成用于 Colchicine 全合成的中间体 **115**[137]（式 142）。

$$(142)$$

原则上说，串联的 RCM 反应可以继续扩展到生成多环化合物。Grubbs 使用二烯二炔化合物一步完成了三环化合物的合成，证实了这一观点的正确性。根据二烯二炔化合物中双键和三键位置的不同，可以分别得到稠环三烯或者非稠环三烯[138]（式 143 和式 144）。

$$(143)$$

$$(144)$$

在催化剂 **12** 的作用下，化合物 **116** 在乙烯气氛中发生串联烯炔反应。分子中原有的六员环被打开，生成含氮五员杂环产物 **117**[139]（式 145）。

$$(145)$$

如式 146 所示：三炔化合物 **118** 在催化剂 **12** 的作用下发生异构化反应生成苯环衍生物 **119**[140]。这一过程实际包括多个复分解反应的串联：首先，催化剂 **12** 与底物 **118** 中一个末端炔键反应形成钌卡宾中间体 **120**；然后，连续发生两次分子内复分解反应得到 **121**；最后，通过 RCM 反应构筑出含有苯环的产物 **119**（式 146）。

$$(146)$$

6.4　RCM 反应与其它反应的串联

Sutherland 将氮杂 Claisen 重排与 RCM 反应串联[124a]，合成出各种环烯基三氯乙酰胺化合物，其中 5~7 员环烯的产率都在 80% 以上。使用催化剂 **14** 时，即使是难以合成的八员环烯也能得到 62% 的产率（式 147）。如果使用手性 Pd-催化剂 (S)- 或 (R)-COP-Cl，产物的对映选择性可以达到 88% ee。

$$(147)$$

Poli 将 Tsuji-Trost 烯丙基化反应与 RCM 反应串联[124c]，使用 Pd(PPh₃)₄ 和 **14** 作为催化剂，以较高产率得到各种取代环戊烯产物（式 148）。为了简化操作，可以直接使用 Pd(OAc)₂ 和 PPh₃ 催化烯丙基化反应。然后，再加入催化剂 **14** 继续进行 RCM 反应。

$$(148)$$

7 不对称复分解反应综述

随着用于复分解反应中手性催化剂的发展，烯烃复分解反应在不对称合成方面起到了越来越重要的作用。不对称烯烃复分解反应主要包括三种类型：(1) 使用手性底物进行的非对映选择性复分解反应 (式 149)；(2) 使用手性金属卡宾配合物催化非环状二烯烃的动力学拆分 (式 150)；(3) 使用手性金属卡宾配合物催化烯烃底物的不对称复分解反应[141,142](式 151)。

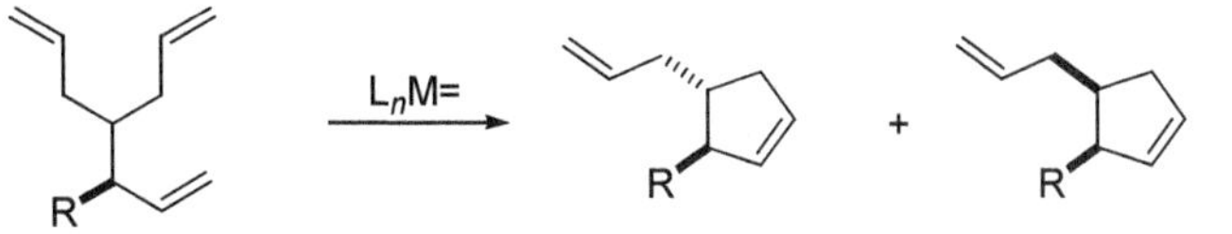

(149)

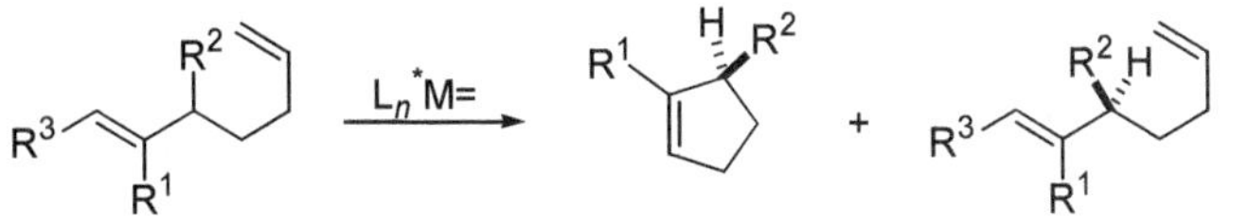

(150)

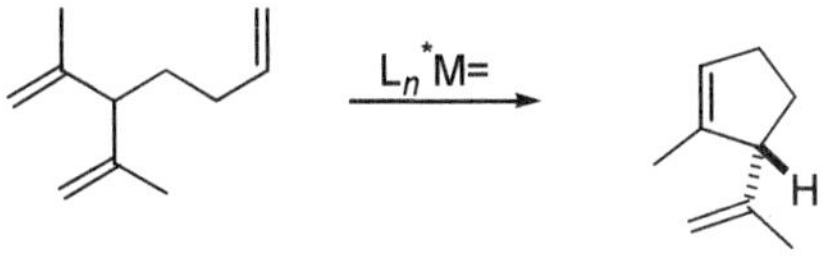

(151)

7.1 非对映选择性复分解反应

1996 年，Blechert[143]报道了首例非对映选择性 RCM 反应。如式 152 所示：手性底物 **122** 在催化剂 **10** 的作用下主要得到顺式构型的产物，而在催化剂 **12** 的作用下主要得到反式构型的产物。

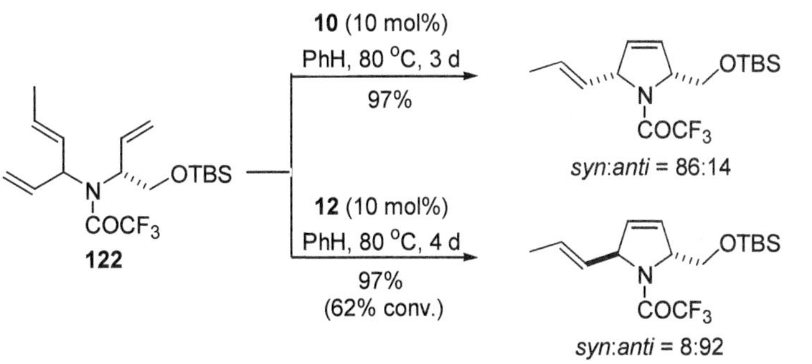

(152)

如式 153 所示：手性底物 **123** 在催化剂 **12** 的作用下连续发生两次 RCM 反应，生成非对映异构体产物 **124** 和 **125**。非常有趣地观察到：底物分子中手性中心上所带的取代基对产物的非对映异构体比例几乎没有任何影响[144]。

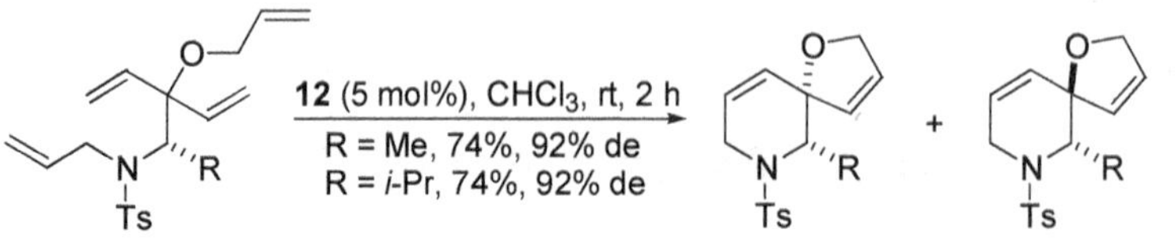

$$\text{(153)}$$

123 → **124** + **125**

12 (5 mol%), CHCl₃, rt, 2 h
R = Me, 74%, 92% de
R = i-Pr, 74%, 92% de

7.2　手性金属卡宾配合物催化的非环状二烯烃的动力学拆分

　　1998 年，Hoveyda 等人使用手性钼卡宾配合物 **28a-d** 对一系列二烯化合物进行动力学拆分。如图 1 和图 2 所示：催化剂 **28a** 对 1,6-二烯 **126~131** 均能取得好的结果，但使用底物 1,7-二烯 **132** 和 **133** 时的 k_{rel} 值却小于 5。Hoveyda 等人对该催化剂进行了改进，合成出含有手性联萘酚的钼卡宾配合物 **29a-b**[48]。将 **29a** 用于 1,7-二烯 **132** 和 **133** 的动力学拆分，所得 $k_{rel} > 24$。

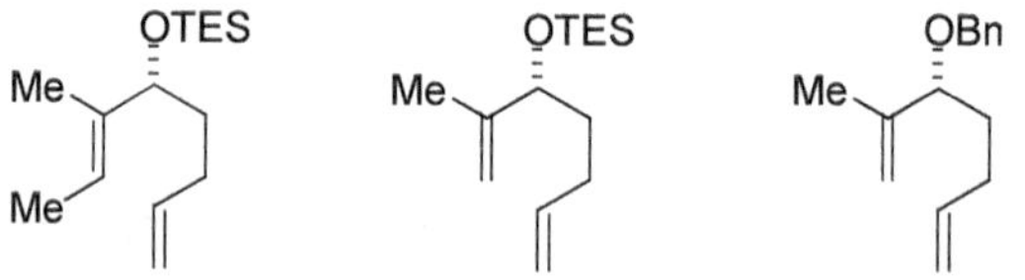

(R)-**126**
$k_{rel} > 25$
with **28a**

(R)-**127**
$k_{rel} = 23$

(R)-**128**
$k_{rel} = 22$

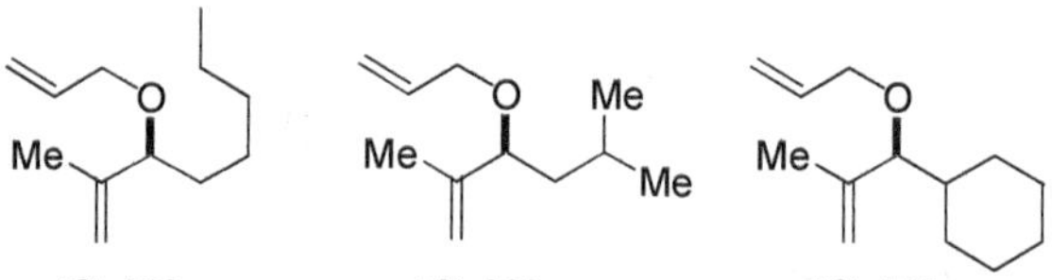

(S)-**129**
$k_{rel} = 10$
with **28a**

(S)-**130**
$k_{rel} = 23$

(S)-**131**
$k_{rel} = 17$

图 1　催化剂 **28a** 用于不同二烯的动力学拆分结果

(S)-**132**
with **28a**　$k_{rel} < 5$
with **29a**　$k_{rel} = 24$

(S)-**133**
with **28a**　$k_{rel} < 5$
with **29a**　$k_{rel} > 25$

图 2　**28a** 和 **29a** 对化合物 **132** 和 **133** 的动力学拆分结果

　　其实，催化剂结构对动力学拆分的影响机理仍不十分清楚。例如：使用催化剂 **29a** 对化合物 **134** 和 **135** 进行动力学拆分时，$k_{rel} < 5$。但使用催化剂 **28a** 时，$k_{rel} > 20$ (图 3)。因此，在对含氧 1,6- 或 1,7-二烯化合物的手性动力学拆分中，没有一种催化剂可以适用于所有的底物。但是，通过简单地更换催化剂，仍然有可能对大多数的底物进行高度立体选择性地动力学拆分。

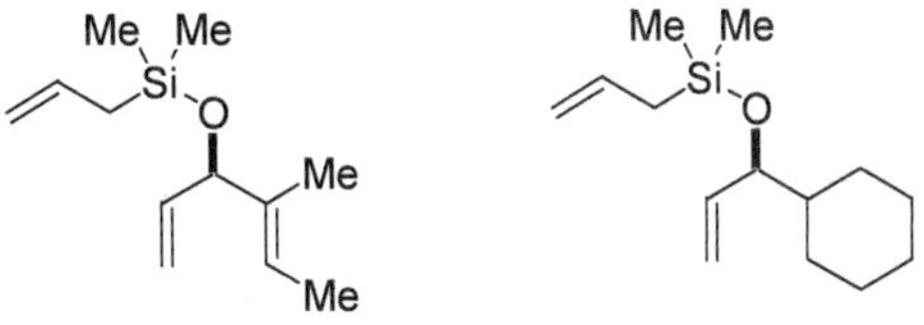

	(*R*)-**134**	(*S*)-**135**
with **28a**	k_{rel} = 21	k_{rel} > 25
with **29a**	k_{rel} < 5	k_{rel} < 5

图 3 **28a** 和 **29a** 对化合物 **134** 和 **135** 的动力学拆分结果

7.3 手性金属卡宾配合物催化的不对称烯烃复分解反应

通过催化不对称烯烃复分解反应，可以将容易获得的非手性原料转化为手性分子。手性钼催化剂常常用于该目的，其用量一般为 5 mol%，但是 1~2 mol% 的催化剂用量也能达到同样的选择性。大多数反应在甲苯、苯或者烷烃 (例如：正戊烷) 中进行，有些甚至可以在无溶剂的条件下进行。例如：在催化剂 **28a** 的存在下，非手性化合物 **136** 通过不对称 RCM 反应可以生成手性化合物 (*R*)-**137** (式 154)；而化合物 **138** 的转化则需要在催化剂 **29a** 的作用下进行 (式 155)。

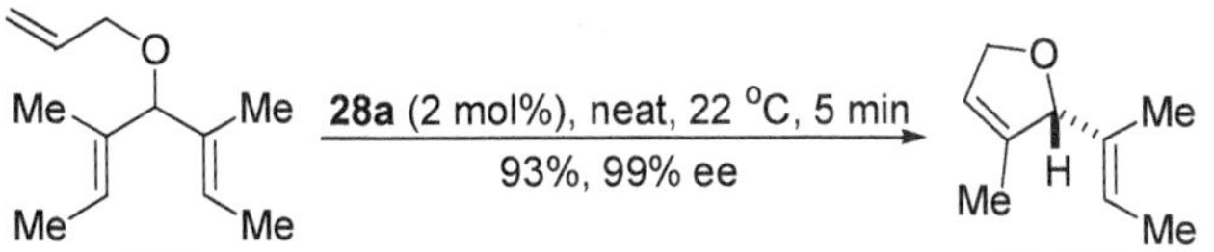

136 (*R*)-**137** (154)

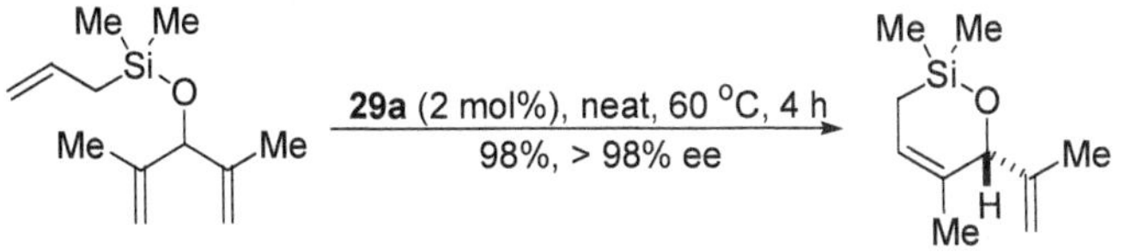

138 (*R*)-**139** (155)

在手性钼催化剂分子中的亚胺配体部分或二氧配体部分引入拉电子基团，可以增加催化剂的路易斯酸性，从而提高催化剂的催化活性和产物的对映选择性[48e]。例如：在化合物 **140** 的不对称 RCM 反应中，使用催化剂 **28d** 能显著提高产物的对映选择性 (式 156)。

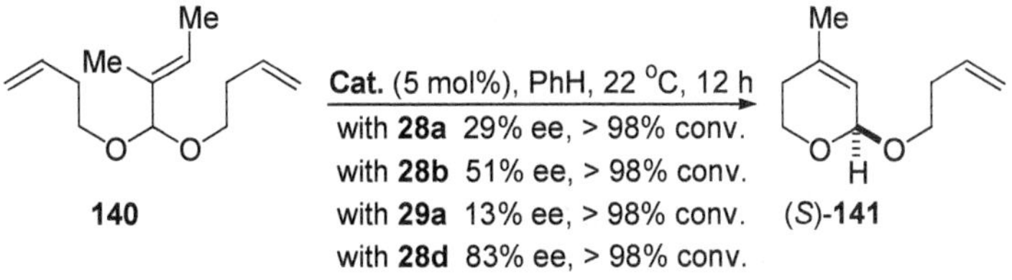

140 (*S*)-**141** (156)

手性钼催化剂可用于合成小环或者中环的含氧或含氮杂环的不对称 RCM 反应。如式 157 所示：化合物 **142** 在 **28d** 的催化下，生成的手性七员环产物

143 可以达到 98% 的产率和 94% ee [141c]。化合物 **144** 在 **28a** 的催化下，生成的产物 **145** 可以达到 90% 的产率和 82% ee (式 158)。在催化剂 **28b** 的作用下，底物 **146** 发生不对称 RCM 反应，以 93% 的产率和大于 98% ee 得到了不易获得的手性八员环产物 **147**[145](式 159)。

$$(157)$$

$$(158)$$

$$(159)$$

AROM 与 RCM 或 CM 的串联反应是一种仅用一步反应合成复杂分子的有效方法，该方法是天然产物和药物合成中常用的步骤之一。例如：由于手性二烯前体化合物不易获得，手性吡喃化合物不能简单地使用手性二烯前体化合物的 RCM 反应来合成。但是，它们却可以由非手性原料通过 AROM-RCM 反应来制备[141e,146]。如式 160 所示：在催化剂 **29a** 的存在下，非手性原料 **148** 被高产率 (87%) 和高度对映选择性 (96% ee) 地转化成为手性产物 **149**。在天然产物 (+)-Africanol 的合成中，使用催化剂 **29a** 使底物 **150** 发生 AROM-RCM 反应，以几乎定量的产率和 87% ee 得到了手性稠环化合物 **151**[147](式 161)。

$$(160)$$

$$(161)$$

2007 年，Hoveyda[141a]等人进行了氮杂桥环化合物和苯乙烯的 AROM-CM 反应，得到一系列手性 2,6-二取代哌啶化合物。如式 162 所示：在底物 **152** 与苯乙烯的反应中，生成的产物达到 91% 的产率和 98% ee。

$$(162)$$

与手性钼系列卡宾催化剂相比较，手性钌系列卡宾催化剂具有较低的反应活性和手性诱导能力。但是，该类催化剂却具有更为广泛的官能团兼容性。此外，它们自身的稳定性很好，可以在空气中进行反应。有时不需要使用纯化的溶剂，而且反应后大部分的催化剂可以回收重复使用。Hoveyda 等人在 Grubbs-Hoveyda 第二代催化剂基础上发展了手性钌卡宾催化剂，它们在 AROM 与 CM 的串联反应中也能获得高的光学选择性。如式 163 所示[148]：使用 0.5 mol% 的催化剂 **32a**，产物的对映选择性可以高达 95% ee。

$$(163)$$

8 含氮烯烃复分解反应综述

烯烃复分解反应自发现以来，就被频繁应用于合成各种含氮化合物[149]。其中，最常见的是合成那些具有重要生物活性的吡咯烷和哌啶化合物。人们发现：氮原子上带有孤对电子的底物不能顺利地进行烯烃复分解反应。这是因为孤对电子可以与金属卡宾催化剂发生配位，从而使催化剂失活。

为了阻止这种配位作用的发生，最常用的方法是将胺转化成各种氨基甲酸酯、磺酰胺或者酰胺衍生物后再进行反应。但是这些方法增加了引入保护基和脱去保护基的步骤，降低了整个合成策略的效率。此外，引入保护基中的羰基还可能与金属卡宾配合物发生螯合[150]，生成不能进行复分解反应的副产物。另一类方法是将胺进行质子化，降低氮原子的配位能力[151]。也有人将游离胺原位与对甲苯磺酸或樟脑酸混合后再进行反应[152]，但该方法不能用于对酸敏感的底物[153]。2005 年，Yang 等人报道：在体系中加入路易斯酸也可以使游离胺的烯烃化合物发生复分解反应[154]。

8.1 空间效应对含氮烯烃复分解反应的影响

空间位阻较大的含氮烯烃更容易发生复分解反应，可能是因为大位阻降低了氨基与催化剂中心金属之间的配位。例如：氨基醇化合物 **153** 可以通过 RCM 反应生成吡咯烷化合物 **154**，底物中羟基保护基的位阻大小对反应产率有明显的影响 (式 164)[155]。在生成哌啶化合物 **156** 的 RCM 反应中，随着氮原子 α-位取代基的增大而反应产率升高[156] (式 165)。使用 N-三苯基甲基保护基甚至可以使仲胺的烯烃化合物 **157** 发生 RCM 反应，其反应产率甚至高于使用 N-α-Boc 衍生物的反应[156e] (式 166)。

对于 2,5-二取代吡咯烷和 2,6-二取代哌啶的烯烃化合物，由于具有更大的空间位阻，通常可以得到很高的反应产率。如式 167 所示：化合物 **159** 在催化剂 **12** 的作用下，以 94%~96% 的产率得到产物 **160**[157]。由于氮原子的邻位有很大的取代基，所以底物 **161** 可以使用弱催化剂 **12** 在较低剂量下得到 92% 的产物 **162** (式 168)。但是，对于位阻较小的化合物 **163**，则需要使用高活性催化剂 **13** 在较高温度下进行反应[158] (式 169)。

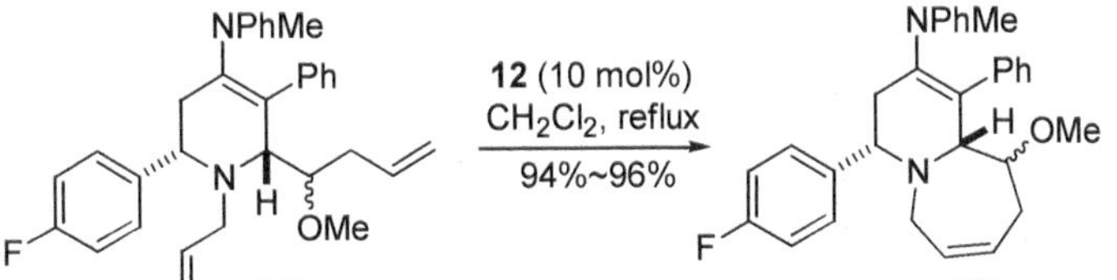

159 160 (167)

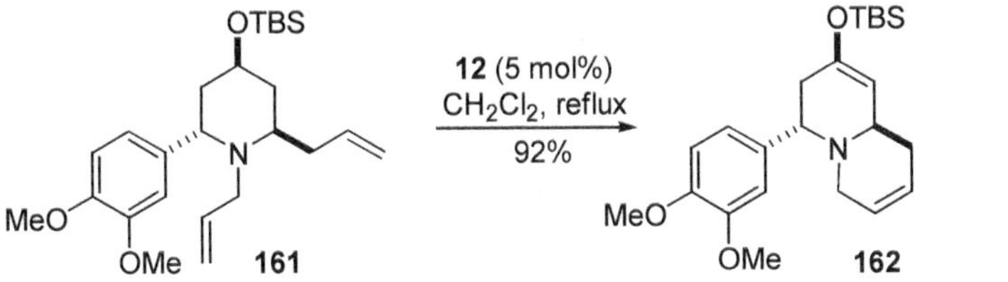

161 162 (168)

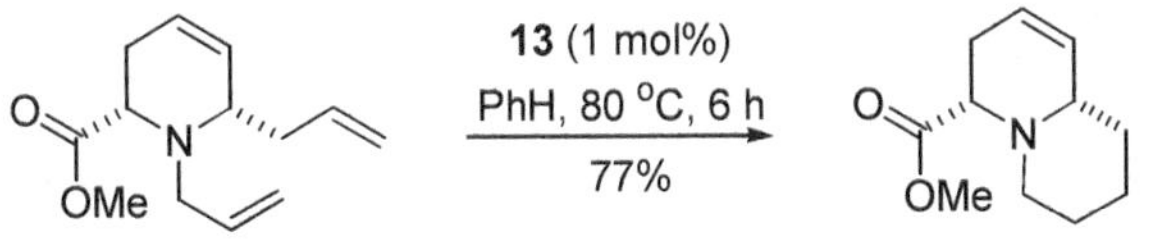

163 164 (169)

8.2 电子效应对含氮烯烃复分解反应的影响

在含氮烯烃上引入拉电子基团可以减小氮原子上的电子云密度，从而降低氨基对催化剂的配位能力。如式 170 所示：当底物分子中带有强拉电子三氟甲基时，反应很容易发生，而且通常可以得到很高的产率[159]。

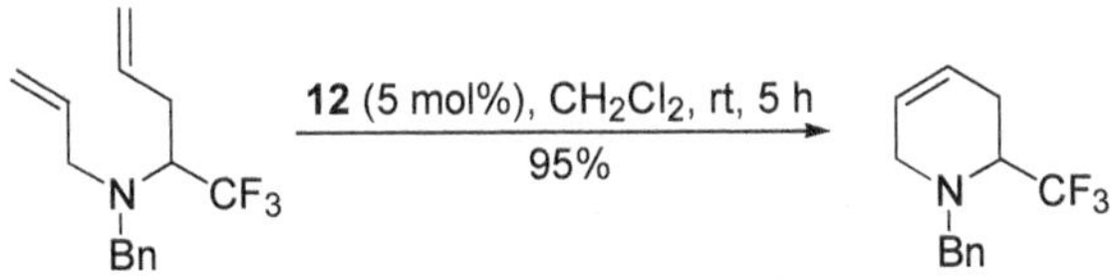

(170)

在体系中加入路易斯酸可以在很大程度上阻止了氨基与催化剂配位，因而可以提高含氮底物的反应产率。例如：化合物 **165** 在使用催化剂 **12** 存在下不能发生 RCM 反应，使用高活性催化剂 **14** 时也仅能得到 24% 的产物。但是，在体系中加入 20 mol% 的 $Ti(OPr\text{-}i)_4$ 后，产物 **166** 的产率可以提高到 93% (式 171)。因为三键具有较高的反应活性，所以含氮烯炔底物 **167** 无需加入路易斯酸也能很好地发生 RCEM 反应[156,160] (式 172)。

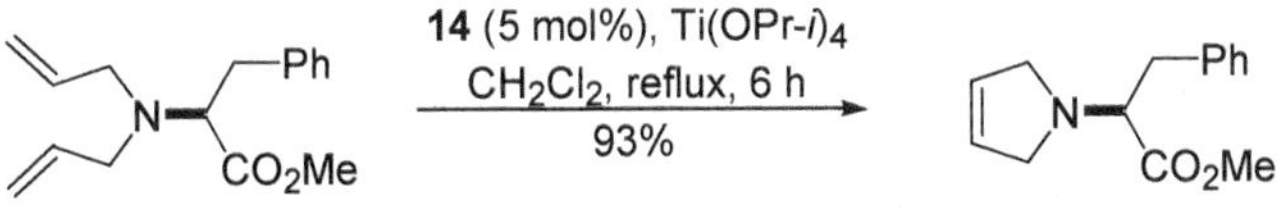

165 166 (171)

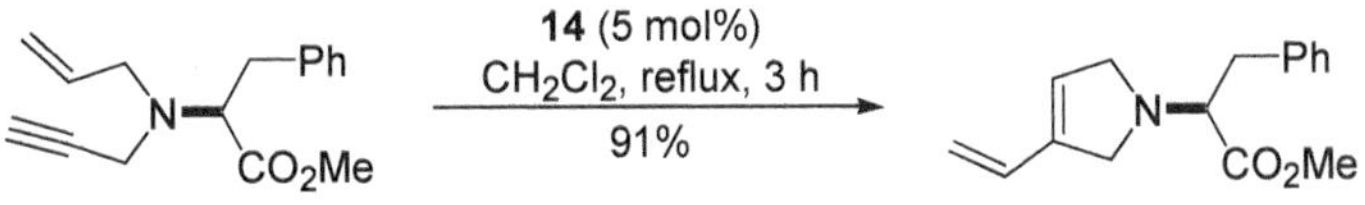

167 168 (172)

　　苯胺及其衍生物也是烯烃复分解反应的良好底物，这些分子中氮原子上的电子云密度因为孤对电子与苯环的共轭作用而降低。使用钌卡宾催化剂时，苯环上的拉电子基团有利于反应，而推电子基团会降低反应的产率。例如：在催化剂 **12** 的存在下，2,4-二甲氧基苯胺的转化率极低。但是，在相同的反应条件下，2,4-二溴苯胺几乎以定量的产率被转化成为产物 **170**[161](式 173)。如式 174 所示：如果底物分子中另外带有强拉电子基团，即使苯环上连有推电子基团仍然能以高产率发生反应。值得注意的是：化合物 **171** 和催化剂 **12** 在二氯甲烷中室温下进行的 RCM 反应生成正常的产物 **172**；但是。它与催化剂 **14** 在回流甲苯中反应，则得到双键位移的产物 **173**[124f,159b]。

$$
\begin{array}{c}
\textbf{169} \xrightarrow[\substack{\text{R = OMe, low conv.}\\ \text{R = Br, 98\%}}]{\textbf{12} \text{ (2 mol\%), CH}_2\text{Cl}_2 \\ \text{rt, 12~24 h}} \textbf{170}
\end{array} \tag{173}
$$

$$
\textbf{171} \xrightarrow{\substack{\textbf{12} \text{ (5 mol\%), CH}_2\text{Cl}_2 \\ \text{rt, 2 h} \\ 90\% \\ \\ \textbf{14} \text{ (10 mol\%), PhH} \\ \text{reflux, 3 h} \\ 75\%}} \begin{array}{c} \textbf{172} \\ \textbf{173} \end{array} \tag{174}
$$

　　在使用钼卡宾催化剂的反应中，苯环上取代基的电子效应对反应不产生明显的影响。如式 175 所示：当使用 **28a** 时，无论底物 **174** 中的苯环上带有甲氧基还是溴取代基，对反应的产率和对映体选择性几乎都没有影响[145,162]。

$$
\textbf{174} \xrightarrow[\substack{\text{Ar = Ph, 78\%, 98\% ee} \\ \text{Ar = }p\text{-MeOC}_6\text{H}_4, 81\%, 97\% ee \\ \text{Ar = }p\text{-BrC}_6\text{H}_4, 81\%, 98\% ee}]{\textbf{28a} \text{ (5 mol\%), PhH, 22 }^{\circ}\text{C, 20~25 min}} \tag{175}
$$

　　虽然游离的脂肪族仲胺一般不容易进行复分解反应，但是芳基仲胺却没有任何问题。例如：在使用芳基仲胺 **175** 直接进行的不对称 RCM 反应中，产物 **176** 可以得到 80% 的产率和 93% ee (式 176)[162]。芳基仲胺 **177** 甚至可以与非共轭烯烃发生 CM 反应，以中等的产率得到产物 **178**[163](式 177)。

$$
\textbf{175} \xrightarrow[80\%, 93\% ee]{\textbf{30a} \text{ (5 mol\%), PhH, 55 }^{\circ}\text{C, 3 h}} \textbf{176} \tag{176}
$$

$$(177)$$

9　烯烃复分解反应在天然产物合成中的应用

9.1　Spirofungin A 的全合成

Spirofungin A 是从链霉菌 Tü 4113 的次级代谢物中分离得到的一种天然产物，具有抑制白色念珠菌增殖的作用。该天然产物对异亮氨酰 tRNA 合成酶表现出特殊的抑制作用，因而对哺乳动物细胞也具有抗增殖活性。

Spirofungin A 的分子是一个带有两条不饱和侧链的手性螺环缩酮结构，在合成上具有相当大的挑战性。2007 年，Kozmin 报道了一条该化合物的全合成路线[66e]，其中综合运用了多种类型的烯烃复分解反应，精彩地展示了该反应在天然产物全合成中的重要作用。

如式 178 所示：在催化剂 **14** 的存在下，底物 **179** 首先与环丙烯化合物 **180** 发生 ROCM 反应，以 72% 的产率得到二烯烃 **181**。经过转化在引入不饱和烯烃取代基后，再次使用催化剂 **14** 经 RCM 反应得到环烯酮 **182**。在构筑不饱和侧链时，第三次使用催化剂 **14** 将 **183** 经 CM 反应转化成 **184**。最后，在螺环缩酮片段上引入另一条侧链后，完成了 Spirofungin A 的全合成。

$$\text{(178)}$$

9.2 Coleophomone B 和 Coleophomone C 的全合成

Coleophomone B 和 Coleophomone C 是从柱孢葡萄穗酶(*Stachybotrys cylindrospora*) 培养液中分离得到的两种天然产物。它们可以抑制心脏糜酶的活性，从而减少血管紧张素-**I** 向血管紧张素-**II** 的转化。因此，已经被用作研发治疗高血压和充血性心力衰竭药物的先导化合物。

两种天然产物结构上的区别仅仅在于 C16-C17 位的双键构型,前者是反式构型，而后者是顺式构型 (式 179)。因此，合成这些化合物的关键问题之一是如何准确控制双键的构型。在 Nicolaou 报道的全合成路线中[164]，巧妙地利用了底物结构上的细微变化对大环烯烃 RCM 反应的影响，使用共同的中间体分别得到两个单一构型的产物。该路线以 2,3-二甲基苯酚为原料经过数步反应制得中间体 **185**，然后使用 CH_2N_2 对 **185** 进行甲基化得到 **186** 和 **187** 的混合物。

$$\text{(179)}$$

正是由于 **186** 和 **187** 中甲基化位置的不同，因此使得随后的 RCM 反应具有明显差异。如式 180 所示：在催化剂 **14** 的作用下，**186** 的 RCM 反应得到单一反式构型的大环产物。而在同样的条件下，**187** 的反应却得到单一顺式构型的大环产物。将所得两种产物经过简单的官能团修饰，即可得到天然产物 Coleophomone B 和 Coleophomone C。

Coleophomone B   Coleophomone C

(180)

9.3   Baconipyrone C 的全合成

Baconipyrone C 是从海洋软体动物 *Siphonaria baconi* 中分离得到的一种具有重要生物活性的聚丙酸酯类次级代谢物，其分子中含有与聚丙酸酯侧链相连的四取代 γ 吡喃酮结构和多个手性中心。因此，对该化合物进行全合成不仅对有机化学家具有很强的吸引力，而且具有很大的挑战性。目前，文献中已经报道了多条关于该化合物的全合成路线。

2007 年，Hoveyda 等人报道了以不对称 ROCM 反应作为关键步骤的全合成路线[142a]。如式 181 所示：在原位生成的手性钌卡宾催化剂 **33b** 的作用下，氧杂桥环底物 **188** 首先发生不对称 ROM 反应；紧接着，再与苯乙烯进行 CM 反应，以 >98% 的转化率和 89% ee 生成中间体 **189**。经过二步官能团转化构筑出三烯化合物 **190** 后，作者使用催化剂 **16** 完成了一个 RCM 反应，得到二醇化合物 **191**。最后，经过适当的官能团修饰，完成了 Baconipyrone C 的全合成。

$$(181)$$

10 烯烃复分解反应实例

例 一
4,4-二乙氧酰基-1-甲基环己烯的合成[165]
(RCM 反应)

$$(182)$$

　　将 5,5-二乙氧酰基-2-甲基-1,7-辛二烯 (1.34 g, 5.0 mmol) 加入到含有催化剂 **12** (0.20 g, 0.25 mmol) 的无水 CH₂Cl₂ (200 mL) 溶液中。混合物在室温被搅拌 24 h 后，蒸去溶剂。粗产物经柱色谱分离和纯化 (硅胶，5% EtOAc/C₆H₁₄)，得到无色油状液体产物 (1.17 g, 97%)。

例 二
(2R,6R,E)-2-(3-羧基-1-丙烯基)-6-正戊基哌啶-1-碳酸苄酯的合成[166]
(CM 反应)

$$(183)$$

在氮气保护下，将 (2*R*,6*R*)-2-正戊基-6-乙烯基哌啶-1-碳酸苄酯 (0.50 g, 1.75 mmol) 和巴豆醛 (0.33 g, 4.76 mmol) 的无水 CH_2Cl_2 (10 mL, 经脱气处理) 混合溶液加热至回流。加入催化剂 **16** (99 mg, 0.175 mmol) 后，继续回流 12 h。然后将反应体系冷却至室温，蒸去溶剂后得到的混合物经柱色谱分离和纯化 (硅胶，5% $EtOAc/C_6H_{14}$)，得到淡黄色油状液体产物 (0.48 g, 88%)。

例 三

乙酸(2-亚甲基-3-苯乙基-3-丁烯)酯的合成[167]

(ECM 反应)

$$(184)$$

将催化剂 **14** (21.7 mg, 0.23 mmol) 加入到乙酸(5-苯基-2-戊炔)酯 (0.52 g, 2.55 mmol) 的无水甲苯溶液 (10 mL) 中。混合物在乙烯气氛中和 80 ℃ 搅拌 2 h 后，将反应体系冷却至室温，加入乙烯基乙醚 (2 mL)。蒸去溶剂后得到的混合物经柱色谱分离和纯化 (硅胶，12% $EtOAc/C_6H_{14}$)，得到带有少量杂质的淡黄色油状液体 (0.57 g, 97%)。粗产物经克氏蒸馏得到无色液体产物 (0.56 g, 94%)。

例 四

(2*R*,3'*S*)-1'-(4-硝基苯磺酰基)-3,6,1',2',3',6'-六氢-2*H*-[2,3']二哌啶-1-碳酸叔丁酯的合成[168]

(串联 ROM-RCM 反应)

$$(185)$$

将底物 **192** (2.5 g, 10.47 mmol) 和催化剂 **14** (89 mg, 0.105 mmol) 的无水 CH_2Cl_2 (100 mL, 0.1 mol/L) 混合溶液加热回流 2 h 后，冷却至室温。蒸去溶剂得到的残留物经柱色谱分离和纯化 (硅胶，15% $EtOAc/C_6H_{14}$)，得到白色固体产物 (3.86 g, 82%)，mp 158~159 ℃。

例 五

(*R*)-2-烯丙基-2-苯乙基-3,6-二氢-2*H*-吡喃的合成[141e]

(不对称 ROM-RCM 反应)

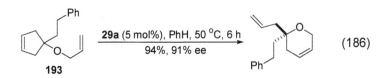

$$(186)$$

在手套箱中将底物 **193** (0.13 g, 0.56 mmol) 加入到催化剂 **29a** (13.0 mg, 0.028 mmol) 的无水苯 (5 mL, 经脱气处理) 溶液中。生成的混合物在 50 °C 搅拌 24 h 后冷却至室温, 加入 Et$_2$O (0.5 mL)。蒸去溶剂后得到的残留物经柱色谱分离和纯化 (硅胶, C$_5$H$_{12}$:Et$_2$O = 500:1), 得到带有少量配体杂质的粗产物。再经过高真空蒸馏得到无色液体产物 (0.12 g, 94%, 91% ee)。

11 参考文献

[1] Nobel Lecture: (a) Chauvin, Y. *Angew. Chem., Int. Ed.* **2006**, *45*, 3740. (b) Schrock, R. R. *Angew. Chem., Int. Ed.* **2006**, *45*, 3748. (c) Grubbs, R. H. *Angew. Chem., Int. Ed.* **2006**, *45*, 3760.

[2] Ziegler, K.; Holzkamp, E.; Breil, H.; Martin, H. *Angew. Chem.* **1955**, *67*, 541.

[3] (a) Eleuterio, H. S. Ger. Pat. 1072811 (1957). (b) Eleuterio, H. S. *J. Mol. Catal.* **1991**, *65*, 55.

[4] Banks, R. L.; Bailey, G. C. *Ind. Eng. Chem., Prod. Res. Develop.* **1964**, *3*, 170.

[5] Calderon, N.; Chen, H. Y.; Scott, K. W. *Tetrahedron Lett.* **1967**, *8*, 3327.

[6] (a) Natta, G. *Angew. Chem., Int. Ed. Engl.* **1964**, *3*, 723. (b) Natta, G.; Dall'Asta, G.; Bassi, I. W.; Carella, G. *Makromol. Chem.* **1966**, *91*, 87.

[7] Calderon, N. *Acc. Chem. Res.* **1972**, *5*, 127.

[8] Grubbs, R. H.; Brunck, T. K. *J. Am. Chem. Soc.* **1972**, *94*, 2538.

[9] Hérisson, J.-L.; Chauvin, Y. *Makromol. Chem.* **1971**, *141*, 162.

[10] Fischer, E. O.; Maasböl, A. *Angew. Chem., Int. Ed. Engl.* **1964**, *3*, 580.

[11] Calderon, N.; Ofstead, E. A.; Ward, J. P.; Judy, W. A.; Scott, K. W. *J. Am. Chem. Soc.* **1968**, *90*, 4133.

[12] Mol, J. C.; Moulijn, J. A.; Boelhouwer, C. *Chem. Commun.* **1968**, 633.

[13] (a) Schrock, R. R. *J. Am. Chem. Soc.* **1974**, *96*, 6796. (b) Wood, C. D.; McLain, S. J.; Schrock, R. R. *J. Am. Chem. Soc.* **1979**, *101*, 3210.

[14] Grubbs, R. H.; Burk, P. L.; Carr. D. D. *J. Am. Chem. Soc.* **1975**, *97*, 3265.

[15] Katz, T. J.; McGinnis, J. *J. Am. Chem. Soc.* **1975**, *97*, 1592.

[16] Schrock, R. R. Rocklage, S. M.; Wengrovius, J. H.; Rupprecht, G.; Fellmann, J. *J. Mol. Catal.* **1980**, *8*, 73.

[17] Schrock, R. R.; Czekelius, C. *Adv. Synth. Catal.* **2007**, *349*, 55.

[18] Schrock, R.; Murdzek, J. S.; Bazan, G. C.; Robbins, J.; DiMare, M.; O'Regan, M. *J. Am. Chem. Soc.* **1990**, *112*, 3875.

[19] Nguyen, S. T.; Johnson, L. K.; Grubbs, R. H.; Ziller, J. W. *J. Am. Chem. Soc.* **1992**, *114*, 3974.

[20] Fu, G. C.; Grubbs, R. H. *J. Am. Chem. Soc.* **1993**, *115*, 3800.

[21] 烯烃复分解反应的综述见：(a) Hoveyda, A. H.; Zhugralin, A. R. *Nature* **2007**, *450*, 243. (b) Schmidt, B.;

Hermanns, J. *Top. Organomet. Chem.* **2004**, *7*, 223. (c) Connon, S. J.; Blechert, S. *Top. Organomet. Chem.* **2004**, *7*, 93. (d) Grubbs, R, H. *Tetrahedron* **2004**, *60*, 7117. (e) Grubbs, R. H. *Handbook of Metathesis*; Wiley-VCH: Weinheim, 2003, Vol. 1, 2, 3. (f) Fürstner, A. *Angew. Chem., Int. Ed. Engl.* **2000**, *39*, 3013. (g) Grubbs, R, H.; Chang, S. *Tetrahedron* **1998**, *54*, 4413. (h) Grubbs, R, H.; Pine, S. H. *Comprehensive Organic Synthesis*; Pergamon Press: New York, 1991, Vol. 9, p 1115. (i) Grubbs, R, H.; Miller, S. J. Fu, G. C. *Acc. Chem. Res.* **1995**, *28*, 446. (j) Fürstner, A. *Alkene Metathesis in Organic Synthesis*; Springer: Berlin, 1998.

[22] CM 反应的综述见: (a) Chatterjee, A. K.; Choi, T.-L.; Sanders, D. P.; Grubbs, R, H. *J. Am. Chem. Soc.* **2003**, *125*, 11360. (b) Connon, S. J.; Blechert, S. *Angew. Chem., Int. Ed. Engl.* **2003**, *42*, 1900. (c) Schuster, M.; Blechert, S. *Angew. Chem., Int. Ed. Engl.* **1997**, *36*, 2036.

[23] RCM 反应的综述见: (a) Michaut, A.; Rodriguez, J. *Angew. Chem., Int. Ed. Engl.* **2006**, *45*, 5740. (b) Armstrong, S. K. *J. Chem. Soc., Perkin Trans. I* **1998**, 371.

[24] RCEM 和 ECM 反应的综述见: (a) Villar, H.; Frings, M.; Bolm, C. *Chem. Soc. Rev.* **2007**, *36*, 55. (b) Mori, M. *Adv. Synth. Catal.* **2007**, *349*, 121. (c) Hansen, E. C.; Lee, D. *Acc. Chem. Res.* **2006**, *39*, 509. (d) Varela, J. A.; Saa, C. *Chem.Eur. J.* **2006**, *12*, 64. (e) Van de Weghe, P.; Bisseret, P.; Blanchard, N.; Eustache, J. *J. Organomet. Chem.* **2006**, *691*, 5078. (f) Diver, S. T. *J. Mol. Catal. A: Chem.* **2006**, *254*, 29. (g) Lloyd-Jones, G. C.; Margue, R. G.; de Vries, J. G. *Angew. Chem., Int. Ed.* **2005**, *44*, 7442. (h) Maifeld, S. V.; Lee, D. *Chem.Eur. J.* **2005**, *11*, 6118. (i) Diver, S. T.; Giessert, A. J. *Chem. Rev.* **2004**, *104*, 1317. (j) Poulsen, C. S.; Madsen, R. *Synthesis* **2003**, 1. (k) Aubert, C.; Buisine, O.; Malacria, M. *Chem. Rev.* **2002**, *102*, 813.

[25] RCAM 和 ACM 反应的综述见: (a) Zhang, W.; Moore, J. S. *Adv. Synth. Catal.* **2007**, *349*, 93. (b) Bunz, U. H. F. *Science* **2005**, *308*, 216. (c) Fürstner, A.; Davies, P. W. *Chem. Commun.* **2005**, 2307.

[26] (a) Quignard, F.; Leconte, M.; Basset, J.-M. *J. Chem. Soc., Chem. Commun.* **1985**, 1816. (b) Schrock, R. R.; Krouse, S. A.; Knoll, K.; Feldman, J.; Murdzek, J. S.; Yang, D. C. *J. Mol. Catal.* **1988**, *46*, 243. (c) Warwel, S.; Kätker, H.; Rauenbusch, C. *Angew. Chem., Int. Ed. Engl.* **1987**, *26*, 702.

[27] (a) Howard, T. R.; Lee, J. B.; Grubbs, R. H. *J. Am. Chem. Soc.* **1980**, *102*, 6876. (b) Stille, J. R.; Grubbs, R. H. *J. Am. Chem. Soc.* **1986**, *108*, 855.

[28] (a) Petasis, N. A.; Lu, S.-P.; Bzowej, E. I.; Fu, D.-K.; Staszewski, J. P.; Adritopoulou-Zanze, I.; Patane, M. A.; Hu, Y.-H. *Pure Appl. Chem.* **1996**, *68*, 667. (b) Petasis, N. A.; Hu, Y.-H. *Curr. Org. Chem.* **1997**, *1*, 249.

[29] (a) Nicolaou, K. C.; Postema, M. H. D.; Clairborne, C. F. *J. Am. Chem. Soc.* **1996**, *118*, 1565. (b) Nicolaou, K. C.; Postema, M. H. D.; Yue, E. W.; Nadin, A. *J. Am. Chem. Soc.* **1996**, *118*, 10335.

[30] Couturier, J.-L.;Tanaka, M.; Leconte, M.; Basset, J.-M.; Ollivier, J. *Angew. Chem., Int. Ed. Engl.* **1993**, *32*, 112.

[31] (a) Leconte, M.; Pagano, S.; Mutch, A.; Lefebvre, F.; Basset, J.-M. *Bull. Soc. Chim. Fr.* **1995**, *132*, 1069. (b) Lefebvre, F.; Leconte, M.; Pagano, S.; Mutch, A.; Basset, J.-M. *Polyhedron* **1995**, *14*, 3209. (c) Leconte, M.;Jourdan, I.; Pagano, S.; Lefebvre, F.; Basset, J.-M. *J. Chem. Soc., Chem. Commun.* **1995**, 857.

[32] Nugent, W. A.; Feldman, J.; Calabrese, J. C. *J. Am. Chem. Soc.* **1995**, *117*, 8992.

[33] Martinez, L. E.; Nugent, W. A.; Jacobsen, E. J. *J. Org. Chem.* **1996**, *61*, 7963.

[34] Barrett, A. G.; Baugh, S. P. D.; Gibson, V. C.; Giles, M. R.; Marshall, E. L.; Procopiou, P. A. *Chem. Commun.* **1996**, 2231.

[35] Clavier, H.; Grela, K.; Kirschning, A.; Mauduit, M.; Nolan, S. P. *Angew. Chem., Int. Ed. Engl.* **2007**, *46*, 6786.

[36] Scholl, M.; Ding, S.; Lee, C. W.; Grubbs, R. H. *Org. Lett.* **1999**, *1*, 953.

[37] Moll, J. C. *Green Chem.* **2002**, *4*, 5.

[38] (a) Chatterjee, A. K.; Morgan, J. P.; Scholl, M.; Grubbs, R. H. *J. Am. Chem. Soc.* **2000**, *122*, 3783. (b) Yokoe, H.; Sasaki, H.; Yoshimura, T.; Shindo, M.; Yoshida, M.; Shishido, K. *Org. Lett.* **2007**, *9*, 969.

[39] (a) Morales, C. A.; Layton, M. E.; Shair, M. D. *Proc. Natl. Acad. Sci. USA* **2004**, *101*, 12036. (b) Layton, M. E.; Morales, C. A.; Shair, M. D. *J. Am. Chem. Soc.* **2002**, *124*, 773.

[40] Kingsbury, J. S.; Harrity, J. P. A.; Bonitatebus, Jr., P, J.; Hoveyda, A. H. *J. Am. Chem. Soc.* **1999**, *121*, 791.

[41] Garber, S. B.; Kingsbury, J. S.; Gray, B. L.; Hoveyda, A. H. *J. Am. Chem. Soc.* **2000**, *122*, 8618.

[42] Wakamatsu, H.; Blechert, S. A.; *Angew. Chem., Int. Ed. Engl.* **2002**, *41*, 2403.

[43] Grela, K.; Harutyunyan, S.; Michrowska, A. *Angew. Chem., Int. Ed.* **2002**, *41*, 4038.

[44] Yee, N. K.; Farina, V.; Houpis, I. N. *et al. J. Org. Chem.* **2006**, *71*, 7133.

[45] Stewart I. C.; Douglas, C. J.; Grubbs, R. H. *Org. Lett.* **2008**, *10*, 441.

[46] (a) Anderson D. R.; Lavallo, V.; O'Leary, D. J.; Bertrand, G.; Grubbs, R. H. *Angew. Chem., Int. Ed. Engl.* **2007**,

46, 7262. (b) Vougioukalakis, G. C.; Grubbs, R. H. *J. Am. Chem. Soc.* **2008**, *130*, 2234.

[47] (a) Lynn, D. M.; Mohr, B.; Grubbs, R. H. *J. Am. Chem. Soc.* **1996**, *118*, 784. (b) Lynn, D. M.; Mohr, B.; Grubbs, R. H. *J. Am. Chem. Soc.* **1998**, *120*, 1627. (c) Kirkland, T. A.; Lynn, D. M.; Grubbs. R. H. *J. Org. Chem.* **1998**, *63*, 9904. (d) Lynn, D. M.; Mohr, B.; Grubbs, R. H.; Henling, L. M.; Day, M. W. *J. Am. Chem. Soc.* **2000**, *122*, 6601. (e) Lynn, D. M.; Kanoaka, S.; Grubbs, R. H. *J. Am. Chem. Soc.* **2001**, *123*, 3187. (f) Gallivan, J. P.; Jordan, J. P.; Grubbs, R. H. *Tetrahedron Lett.* **2005**, *46*, 2577. (g) Hong, S. H.; Grubbs, R. H. *J. Am. Chem. Soc.* **2006**, *128*, 3508.

[48] (a) Alexander, J. B.; La, D. S.; Cefalo, D. R.; Hoveyda, A. H.; Schrock, R. R. *J. Am. Chem. Soc.* **1998**, *120*, 4041. (b) La, D. S.; Alexander, J. B.; Cefalo, D. R.; Graf, D. D.; Hoveyda, A. H.; Schrock, R. R. *J. Am. Chem. Soc.* **1998**, *120*, 9720. (c) Alexander, J. B.; Schrock, R. R.; Davis, W. M.; Hultzsch, K. C.; Hoveyda, A. H.; Houser, J. H. *Organometallics* **2000**, *19*, 3700. (d) Zhum S. S.; Cefalo, D. R.; La, D. S.; Jamieson, J. Y.; Davis, W. M.; Hoveyda, A. H.; Schrock, R. R. *J. Am. Chem. Soc.* **1999**, *121*, 8251. (e) Weatherhead, G. S.; Houser, J. H.; Ford, J. G.; Jamieson, J. Y.; Schrock, R. R.; Hoveyda, A. H. *Tetrahedron Lett.* **2000**, *41*, 9553. (f) Aeilts, S.; Cefalo, D. R.; Bonitatbeus, Jr., P. J.; Houser, J. H.; Hoveyda, A. H.; Schrock, R. R. *Angew. Chem., Int. Ed.* **2001**, *40*, 1452. (g) Schrock, R. R.; Hoveyda, A. H. *Angew. Chem., Int. Ed.* **2003**, *42*, 4592.

[49] Hock, A. S.; Schrock, R. R.; Hoveyda, A. H. *J. Am. Chem. Soc.* **2006**, *128*, 16373.

[50] (a) Van Veldhuizen, J. J.; Kingsbury, J. S.; Garber, S. B.; Hoveyda, A. H. *J. Am. Chem. Soc.* **2002**, *124*, 4954. (b) Hoveyda, A. H.; Gillingham, D. G.; Van Veldhuizen, J. J.; Kataoka, O.; Garber, S. B.; Kingsbury, J. S.;Harrity, J. P.A. *Org. Biomol. Chem.* **2004**, *60*, 7345. (c) Van Veldhuizen, J. J.; Campbell, J. E.; Giudici, R. E.; Hoveyda, A. H. *J. Am. Chem. Soc.* **2005**, *127*, 6877.

[51] Villemin, D. *Tetrahedron Lett.* **1980**, *21*, 1715.

[52] Tsuji, J.; Hashiguchi, S. *Tetrahedron Lett.* **1980**, *21*, 2955.

[53] Paquette, L. A.; Peng, X.; Yang, J. *Angew. Chem., Int. Ed.* **2007**, *46*, 7817.

[54] Ghosh, A. K.; Cappiello, J.; Shin, D. *Tetrahedron Lett.* **1998**, *39*, 4651.

[55] Ghosh, A. K.; Liu, C. *Chem. Commun.* **1999**, 1743.

[56] (a) Reddy, M. V. R.; Rearick, J. P.; Hoch, N.; Ramachandran, P. V. *Org. Lett.* **2001**, *3*, 2737. (b) Ramachandran, P. V., Chandra, J. S.; Reddy, M. V. R. *J. Org. Chem.* **2002**, *67*, 7547. (c) Shigeyama, T.; Katakawa, K.; Kogure, N.; Kitajima, M.; Takayama. H. *Org. Lett.* **2007**, *9*, 4069.

[57] Du, Y. M.; Wiemer, D. F. *Tetrahedron Lett.* **2001**, *42*, 6069.

[58] (a) Nakashima, K.; Inoue, K.; Sono, M.; Tori, M. *J. Org. Chem.* **2002**, *67*, 6034. (b) Kalidindi, S.; Jeong, W. B.; Schall, A.; Bandichhor, R.; Nosse, B.; Reiser, O. *Angew. Chem., Int. Ed.* **2007**, *46*, 6361.

[59] Callam, C. S.; Lowary, T. L. *Org. Lett.* **2000**, *2*, 167.

[60] Marco-Contelles, J.; De Opazo, E. *J. Org. Chem.* **2000**, *65*, 5416.

[61] Conrad, R. M.; Grogan, M. J. *Org. Lett.* **2002**, *4*, 1359.

[62] Miller, S. J.; Kim, S.-H.; Chen, Z.-R.; Grubbs, R. H. *J. Am. Chem. Soc.* **1995**, *117*, 2108.

[63] (a) Mitchell, L.; Parkinson, J. A.; Percy, J. M.; Singh, K. *J. Org. Chem.* **2008**, *73*, 2389. (b) Buszek, K. R.; Sato, N.; Jeong Y. *Tetrahedron Lett.* **2002**, *43*, 181. (c) Codesido, M.; Rodriguez, J. R.; Castedo, L.; Granja, J. R. *Org. Lett.* **2002**, *4*, 1651. (d) Mendez-Andino, J.; Paquette, L. A. *Adv. Synth. Catal.* **2002**, *344*, 303. (e) Boyer, F. D.; Hanna, I.; Nolan, S. P. *J. Org. Chem.* **2001**, *66*, 4094. (f) Krafft, M. E.; Cheung, Y. Y.; Juliano-Capucao, C. A. *Synthesis* **2000**, 1020. (g) Bourgeois, D.; Pancrazi, A.; Ricard, L.; Prunet, J. *Angew. Chem., Int. Ed. Engl.* **2000**, *39*, 726. (h) Paquette, L. A.; Schloss, J. D.; Efremov, I.; Fabris, F.; Gallou, F.; Mendez-Andino, J.; Yang, J. *Org. Lett.* **2000**, *2*, 1259. (i) Crimmins, M. T.; Tabet, E. A. *J. Am. Chem. Soc.* **2000**, *122*, 5473. (j) Holt, D. J.; Barker, W. D.; Jenkins, P. R.; Davies, D. L.; Russell, D. R.; Ghosh, S. *Angew. Chem., Int. Ed. Engl.* **1998**, *37*, 3298. (k) Fürstner, A.; Langemann, K. *J. Org. Chem.* **1996**, *61*, 8746.

[64] Baba, Y.; Saha, G.; Nakao, S.; Iwata, C.; Tanaka, T.; Ibuka, T.; Ohishi, H.; Takemoto, Y. *J. Org. Chem.* **2001**, *66*, 81.

[65] (a) Nevalainen, M.; Koskinen, A. M. P. *J. Org. Chem.* **2002**, *67*, 1554. (b) Nevalainen, M.; Koskinen, A. M. P. *Angew. Chem., Int. Ed. Engl.* **2001**, *40*, 4060.

[66] RCM 合成大环烯烃见：(a) Nicolaou, K. C.; Sun, Y.-P.; Guduru, R.; Banerji, B.; Chen, D. Y.-K. *J. Am. Chem. Soc.* **2008**, *130*, 3633. (b) Kwon, M. S.; Woo, S. K.; Na, S. W.; Lee, E. *Angew. Chem., Int. Ed.* **2008**, *47*, 1733. (c) Kuzniewski, C. N.; Gertsch, J.; Wartmann, M.; Altmann, K.-H. *Org. Lett.* **2008**, *10*, 1183. (d) Fürstner, A.;

Bouchez, L. C.; Funel, J.-A.; Liepins, V.; Porée, F.-H.; Gilmour, R.; Beaufils, F.; Laurich, D.; Tamiya, M. *Angew. Chem., Int. Ed.* **2007**, *46*, 9265. (e) Marjanovic, J.; Kozmin, S. A. *Angew. Chem., Int. Ed. Engl.* **2007**, *46*, 8854. (f) Nicolaou, K. C.; Guduru, R.; Sun, Y.-P.; Banerji, B.; Chen, D. Y.-K. *Angew. Chem., Int. Ed.* **2007**, *46*, 5896. (g) Krauss, I. J.; Mandal, M.; Danishefsky, S. J. *Angew. Chem., Int. Ed. Engl.* **2007**, *46*, 5576. (h) Roethle, P. A.; Chen, I. T.; Trauner, D. *J. Am. Chem. Soc.* **2007**, *129*, 8960. (i) Jin, J.; Chen, Y.; Li, Y.; Wu, J.; Dai, W.-M. *Org. Lett.* **2007**, *9*, 2585. (j) Li, Y.; Hale, K. J. *Org. Lett.* **2007**, *9*, 1267.

[67] (a) Fürstner, A.; Langemann, K. *J. Org. Chem.* **1996**, *61*, 3942. (b) Fürstner, A.; Langemann, K. *Synthesis* **1997**, 792.

[68] Kim, S. H.; Figueroa, I.; Fuchs, P. L. *Tetrahedron Lett.* **1997**, *38*, 2601.

[69] (a) Yang Z.; He, Y.; Vourloumis, D.; Vallberg, H.; Nicolaou, K. C. *Angew. Chem., Int. Ed. Engl.* **1997**, *36*, 166. (b) Nicolaou, K. C.; He, Y.; Vourloumis, D.; Vallberg, H.; Roschangar, F.; Sarabia, F.; Ninkovic, S.; Yang Z.; Trujillo, J. I. *J. Am. Chem. Soc.* **1997**, *119*, 7960.

[70] Meng, D.; Bertinato, P.; Balog, A.; Su, D.-S.; Kamenecka, T.; Sorensen, E. J.; Danishefsky, S. J. *J. Am. Chem. Soc.* **1997**, *119*, 10073.

[71] (a) Schinzer, D.; Limberbg, A.; Bauer, A.; Böhm, O. M.; Cordes, M. *Angew. Chem., Int. Ed. Engl.* **1997**, *36*, 523. (b) Schinzer, D.; Bauer, A.; Böhm, O. M.; Limberbg, A.; Cordes, M. *Chem. Eur. J.* **1999**, *5*, 2483.

[72] Fürstner, A.; Nevado, C.; Waser, M.; Tremblay, M.; Chevrier, C.; Teply, F.; Aïssa, C.; Moulin, E.; Müller, O. *J. Am. Chem. Soc.* **2007**, *129*, 9150.

[73] Lee, C. W.; Grubbs, R. H. *Org. Lett.* **2000**, *2*, 2145.

[74] Wagner, J.; Vabrejas, L. M. M.; Grossmith, C. E.; Papageorgious, C.; Senia, F.; Wagner, D.; France, J.; Nolan, S. P. *J. Org. Chem.* **2000**, *65*, 9255.

[75] Figueroa, R.; Hsung, R. P.; Guevarra, C. C. *Org. Lett.* **2007**, *9*, 4857.

[76] White, D. E.; Stewart I. C.; Grubbs, R. H.; Stoltz, B. M. *J. Am. Chem. Soc.* **2008**, *130*, 810.

[77] Morehead, A.; Grubbs, R. H. *Chem. Commun.* **1998**, 275.

[78] Rodriguez, J. R.; Castedo, L.; Mascarenas, J. L. *Org. Lett.* **2000**, *2*, 3209.

[79] Forbes, M. D.; Patton, J. T.; Myers, T. L.; Maynard, H. D.; Smith, D. W.,Jr.; Schulz, G. R.; Wagener, K. B. *J. Am. Chem. Soc.* **1992**, *114*, 10978.

[80] Boiteau, J. G.; Van De Weghe, P.; Eustache, J. *Tetrahedron Lett.* **2001**, *42*, 239.

[81] (a) Hanson, P. R.; Stoianova, D. S. *Tetrahedron Lett.* **1999**, *40*, 3297. (b) Hanson, P. R.; Stoianova, D. S. *Tetrahedron Lett.* **1998**, *39*, 3939.

[82] (a) Hanson, P. R.; Probst, D. A.; Robinson, R. E. Yau, M. *Tetrahedron Lett.* **1999**, *40*, 4761. (b) Wanner, J.; Harned, A. M.; Probst, D. A.;Poon, K. W. C.; Klein, T. A.; Snelgrove, K. A.; Hanson, P. R. *Tetrahedron Lett.* **2002**, *43*, 917.

[83] Spagnol, G.; Heck, M. P.; Nolan, S. P.; Mioskowski, C. *Org. Lett.* **2002**, *4*, 1767.

[84] Bassindale, M. J.; Hamley, P.; Leitner, A.; Harrity, J. P. A. *Tetrahedron Lett.* **1999**, *40*, 3247.

[85] Kata, T. J.; Sivavec, T. M. *J. Am. Chem. Soc.* **1985**, *107*, 737.

[86] (a) Schwab, P.; France, M. B.; Ziller, J. W.; Grubbs, R. H. *Angew. Chem., Int. Ed.* **1995**, *34*, 2039. (b) Grubbs, R. H.; Chang, S. *Tetrahedron* **1998**, *54*, 4413. (c) Kim, S. H.; Bowden, N. B.; Grubbs, R. H. *J. Am. Chem. Soc.* **1994**, *116*, 10801. (d) Kim, S. H.; Zuercher, W. J.; Bowden, N. B.; Grubbs, R. H. *J. Org. Chem.* **1996**, *61*, 1073.

[87] Mori, M.; Sakakibara, N.; Kinoshita, A. *J. Org. Chem.* **1998**, *63*, 6082.

[88] Kinoshita, A.; Mori, M. *J. Org. Chem.* **1996**, *61*, 8356.

[89] Kaliappan, K. P.; Ravikumar, V. *J. Org. Chem.* **2007**, *72*, 6116.

[90] Satcharoen, V.; McLean, N. J.; Kemp, S. C.; Camp, N. P.; Brown, R. C. D. *Org. Lett.* **2007**, *9*, 1867.

[91] Aggarwal, V. K.; Astle, C. J.; Rogers-Evans, M. *Org. Lett.* **2004**, *6*, 1469.

[92] Neipp, C. E.; Martin, S. F. *J. Org. Chem.* **2003**, *68*, 8867.

[93] Debleds, O.; Campagne, J.-M. *J. Am. Chem. Soc.* **2008**, *130*, 1562.

[94] Kitamura, T.; Sato, Y.; Mori, M. *Adv. Synth. Catal.* **2002**, *344*, 678.

[95] (a) Trost, B. M.; Tanoury, G. J. *J. Am. Chem. Soc.* **1988**, *110*, 1636. (b) Trost, B. M.; Chang, V. K. *Synthesis* **1993**, 824.

[96] (a) Chatani, N.; Morimoto, T.; Muto, T.; Murai, S. *J. Am. Chem. Soc.* **1994**, *116*, 6049. (b) Chatani, N.; Kataoka, K.; Murai, S. *J. Am. Chem. Soc.* **1998**, *120*, 9104. (c) Chatani, N.; Inoue, H.; Kotsuma, H.; Murai, S. *J. Am. Chem.*

Soc. **2002**, *124*, 10294.

[97] Fürstner, A.; Seidel, G. *Angew. Chem., Int. Ed. Engl.* **1998**, *37*, 1734.

[98] (a) Fürstner, A.; Mathes, C.; Lehmann, C. W. *J. Am. Chem. Soc.* **1999**, *121*, 9453. (b) Fürstner, A.; Rumbo, A. *J. Org. Chem.* **2000**, *65*, 2608. (c) Fürstner, A.; Mathes, C.; Lehmann, C. W. *Chem. Eur. J.* **2001**, *7*, 5299.

[99] Beer, S.; Hrib, C. G.; Jones, P. G.; Brandhorst, K.; Grunenberg, J.; Tamm, M. *Angew. Chem., Int. Ed.* **2007**, *46*, 8890.

[100] Beer, S.; Brandhorst, K.; Grunenberg, J.; Hrib, C. G.; Jones, P. G.; Tamm, M. *Org. Lett.* **2008**, *10*, 981.

[101] Fürstner, A.; Mathes, C.; Grela, K. *Chem. Commun.* **2001**, 1057.

[102] Fürstner, A.; Bindl, M.; Jean, L. *Chem., Int. Ed. Engl.* **2007**, *46*, 9275.

[103] (a) Jones, T. K.; Denmark, S. E. *Org. Synth.* **1986**, *64*, 182. (b) Smith, A. B.; Levenberg, P. A.; Suits, J. Z. *Synthesis* **1986**, 184. Brandsma, L.; Nieuwenhuizen, W. F.; Zwikker, J. W.; Mäeorg, U. *Eur. J. Org. Chem.* **1999**, 775. (c) Brandsma, L.; Nieuwenhuizen, W. F.; Zwikker, J. W.; Mäeorg, U. *Eur. J. Org. Chem.* **1999**, 775.

[104] (a) Trost, B. M.; Ball, Z. T.; Jöge, T. *J. Am. Chem. Soc.* **2002**, *124*, 7922. (b) Trost, B. M.; Ball, Z. T. *J. Am. Chem. Soc.* **2001**, *123*, 12726.

[105] (a) Fürstner, A.; Radkowski, K. *Chem. Commun.* **2002**, 2182. (b) Lacombe, F.; Radkowski, K.; Seidel, G.; Fürstner, A. *Tetrahedron* **2004**, *60*, 7315.

[106] Crowe, W. E.; Goldberg, D. R.; Zhang, Z. J. *Tetrahedron Lett.* **1996**, *37*, 2117.

[107] (a) Engelhardt, F. C.; Schmitt, M. J.; Taylor, R. E. *Org. Lett.* **2001**, *3*, 2209. (b) Denmark, S. E.; Yang, S. M. *Org. Lett.* **2001**, *3*, 1749.

[108] Crowe, W. E.; Goldberg, D. R.; *J. Am. Chem. Soc.* **1995**, *117*, 5162.

[109] Ivin, K. J.; Mol, J. C. *Olefin Metathesis and Metathesis Polymerization*; Academic Press: London, 1997.

[110] Blackwell H. E.; O'Leary, D. J.; Chatterjee, A. K.; Washenfelder, R. A.; Bussmann, D. A.; Grubbs, R. H. *J. Am. Chem. Soc.* **2000**, *122*, 58.

[111] Mitton-Fry, M. J.; Cullen, A. J.; Sammakia, T. *Angew. Chem., Int. Ed.* **2007**, *46*, 1066.

[112] ARTman III, G. D.; Grubbs, A. W.; Williams, R. M. *J. Am. Chem. Soc.* **2007**, *129*, 6336.

[113] Chatterjee, A. K.; Choi, T.-L.; Grubbs, R. H. *Synlett* **2001**, 1034.

[114] (a) Yammamoto, Y.; Takahashi, M.; Miyaura, N. *Synlett* **2002**, 128. (b) Goldberg, S. D.; Grubbs, R. H. *Angew. Chem., Int. Ed. Engl.* **2002**, *41*, 807.

[115] Warwel, S.; Winkelmuller, W. *J. Mol. Catal.* **1985**, *28*, 247.

[116] (a) Feher, F. J.; Soulivong, D.; Eklund, A. G.; Wyndham, K. D. *Chem. Commun.* **1997**, 1186. (b) Biagini, S. C. G.; Gibson, S. E.; Keen, S. P. *J. Chem. Soc., Perkin Trans. 1* **1998**, 2485. (c) Huwe, C. M.; Woltering, T. J.; Jiricek, J.; Weitz-Schmidt, G.; Wong, C.-H. *Bioorg. Med. Chem.* **1999**, 773. (d) Seshadri, H.; Lovely, C. J. *Org. Lett.* **2000**, *2*, 327. (e) Eichelberger, U.; Mansourova, M.; Henning, L.; Findeisen, M.; Giesa, S.; Muller, D.; Welzel, P. *Tetrahedron* **2001**, *57*, 9737. (f) Yammamoto, Y.; Takahashi, M.; Miyaura, N. *Synlett* **2002**, 128.

[117] (a) Crowe, W. E.; Zhang, Z. J. *J. Am. Chem. Soc.* **1993**, *115*, 10998. (b) Crowe, W. E.; Goldberg, D. R.; Zhang, Z. J. *Tetrahedron Lett.* **1996**, *37*, 2117.

[118] Kinoshita, A.; Sakakibara, N.; Mori, M. *J. Am. Chem. Soc.* **1997**, *119*, 12388.

[119] (a) Tonogaki, K.; Mori, M. *Tetrahedron Lett.* **2002**, *43*, 2235. (b) Smulik, J. A.; Diver, S. T. *Org. Lett.* **2000**, *2*, 2271.

[120] (a) Stragies, R.; Schuster, M.; Blechert, S. *Angew. Chem., Int. Ed. Engl.* **1997**, *36*, 2518. (b) Schürer, S. C.; Blechert, S. *Synlett* **1998**, 166. (c) Schürer, S. C.; Blechert, S. *Tetrahedron Lett.* **1999**, *403*, 1877.

[121] Mortreux, A.; Blanchard, M. *J. Chem. Soc., Chem. Commun.* **1974**, 786.

[122] Fürstner, A.; Mathes, C. *Org. Lett.* **2001**, *3*, 221.

[123] Fürstner, A.; Grela, K.; Mathes, C.; Lehmann, C. W. *J. Am. Chem. Soc.* **2000**, *122*, 11799.

[124] 烯烃复分解反应的各种串联反应见：(a) Kammerer, C.; Prestat, G.; Gaillard, T.; Madec, D.; Poli, G. *Org. Lett.* **2008**, *10*, 405. (b) Fustero, S.; Jiménez, D.; Sánchez-Roselló, M.; del Pozo, C. *J. Am. Chem. Soc.* **2007**, *129*, 6700. (c). Swift, M. D.; Sutherland, A. *Org. Lett.* **2007**, *9*, 5239. (d) Clark, D. A.; Kulkami, A. A.; Kalbarczyk, K.; Schertzer, B.; Diver, S. T. *J. Am. Chem. Soc.* **2006**, *128*, 15632. (e) Beligny, S.; Eibauer, S.; Maechling, S.; Blechert, S. *Angew. Chem., Int. Ed. Engl.* **2006**, *45*, 1900. (f) Fustero, S.; Sánchez-Roselló, M.; Jiménez, D.; Sanz-Cervera, J. F.; del Pozo, C.; Aceña, J. L. *J. Org. Chem.* **2006**, *71*, 2706. (g) Böhrsch, V.; Blechert, S. *Chem. Commun.* **2006**, 1968. (h) Seigal, B. A.; Fajardo, C.; Snapper, M. L. *J. Am. Chem. Soc.* **2005**, *127*, 16329. (i)

Schmidt, B. *J. Org. Chem.* **2004**, *69*, 7672. (j) Schmidt, B. *Eur. J. Org. Chem.* **2003**, 816. (k) Lee, H.-Y.; Kim, H. Y.; Tae, H.; Kim, B. G.; Lee, J. *Org. Lett.* **2003**, *5*, 3439. (l) Sutton, A. E.; Seigal, B. A.; Finnegan, D. F.; Snapper, M. L. *J. Am. Chem. Soc.* **2002**, *124*, 13390. (m) Louie, J.; Bielawski, C. W.; Grubbs, R. H. *J. Am. Chem. Soc.* **2001**, *123*, 11312.

[125] Stragies, R.; Blechert, S. *Synlett* **1998**, 169.

[126] (a) Harrity, J. P. A.; Visser, M. S.; Gleason, J. D.; Hoveyda, A. H. *J. Am. Chem. Soc.* **1997**, *119*, 1488. (b) Harrity, J. P. A.;La, D. S.; Cefalo, D. R.; Visser, M. S.; Hoveyda, A. H. *J. Am. Chem. Soc.* **1998**, *120*, 2343.

[127] Voigtmann, U. Blechert, S. *Synthesis* **2000**, 893.

[128] Choi, T.-L.; Grubbs, R. H. *Chem. Commun.* **2001**, 2648.

[129] Stragies, R, Blechert, S. *Tetrahedron* **1999**, *55*, 8179.

[130] Randall, M. L.; Tallarico, J. A.; Snapper, M. L. *J. Am. Chem. Soc.* **1995**, *117*, 9610.

[131] Schneider, M. F.; Lucas, N.; Velder, J.; Blechert, S. *Angew. Chem., Int. Ed. Engl.* **1997**, *36*, 257.

[132] (a) Schneider, M. F.; Blechert, S. *Angew. Chem., Int. Ed.* **1996**, *35*, 411. (b) Cuny, G. D.; Cao, J.; Hauske, J. R.. *Tetrahedron Lett.* **1997**, *38*, 5237. (c) Cuny, G. D.; Cao, J.; Sidhu, A.; Hauske, J. R.. *Tetrahedron* **1999**, *55*, 8169. (d) Karlou-Eyrisch, K.; Müller B. K. M.; Herzig, C.; Nuyken, O. *J. Organomet. Chem.* **2000**, *606*, 3. (e) Katayama, H.; Urushima, H.; Nishioka, T.; Wada, C. Nagao, M.; Ozawa, F. *Angew. Chem., Int. Ed. Engl.* **2000**, *39*, 4513. (f) Ishikura, M.; Saijo, M.; Hino, A. *Heterocycles* **2002**, *57*, 241.

[133] Nickel, A.; Maruyama, T.; Tang, H.; Murphy, P. D.; Greene, B.; Yusuff, N.; Wood, J. L. *J. Am. Chem. Soc.* **2004**, *126*, 16300.

[134] Michaut, M.; Parrain, J.-L.; Santelli, M. *Chem. Commun.* **1998**, 2567.

[135] Stuer, W.; Wolf, J.; Werner, H.; Schwab, P.; Schuiz, M. *Angew. Chem., Int. Ed.* **1998**, *37*, 3421.

[136] (a) Randl, S.; Connon, S. J.; Blechert, S. *Chem. Commun.* **2001**, 1796. (b) Choi, T.-L.; Lee, C. W.; Chatterjee, A. K.; Grubbs, R. H. *J. Am. Chem. Soc.* **2001**, *123*, 10417.

[137] Boyer, F.-D.; Hanna, I. *Org. Lett.* **2007**, *9*, 2293.

[138] Zuercher, W. J.; Scholl, M.; Grubbs, R. H. *J. Org. Chem.* **1998**, *63*, 4291.

[139] Kitamura, Y.; Mori, M.; *Org. Lett.* **2001**, *3*, 1161.

[140] Peters, J.-U.; Nlechert, S. *Chem. Commun.* **1997**, 1983.

[141] 手性钼-卡宾催化剂的不对称烯烃复分解反应见：(a) Cortez, G. A.; Schrock, R. R.; Hoveyda, A. H. *Angew. Chem., Int. Ed. Engl.* **2007**, *46*, 4534. (b) Weatherhead, G. S.; Cortez, G. A.; Schrock, R. R.; Hoveyda, A. H. *Proc. Natl. Acad. Sci. USA* **2004**, *101*, 5805. (c) Kiely, A. F.; Jemelius, J. A.; Schrock, R. R.; Hoveyda, A. H. *J. Am. Chem. Soc.* **2002**, *124*, 2868. (d) Hultzsch, K. C.; Jernelius, J. A.; Hoveyda, A. H.; Schrock, R. R. *Angew. Chem., Int. Ed. Engl.* **2002**, *41*, 589. (e) Cefalo, D. R.; Kiety, A. F.; Wuchrer, M.; Jamieson, J. Y.; Schrock, R. R.; Hoveyda, A. H. *J. Am. Chem. Soc.* **2001**, *123*, 3139. (f) Weatherhead, G. S.; Ford, J. G.; Alexander, J. B.; Schrock, R. R.; Hoveyda, A. H. *J. Am. Chem. Soc.* **2000**, *122*, 1828. (g) Burke, S. D.; Muller, N.; Beudry, C. M.; *Org. Lett.* **1999**, *1*, 9720.

[142] 手性钌-卡宾催化剂的不对称烯烃复分解反应见：(a) Gillingham, D. G.; Hoveyda, A. H. *Angew. Chem., Int. Ed. Engl.* **2007**, *46*, 3860. (b) Funk, T.W.; Berlin, J. M.; Grubbs, R. H. *J. Am. Chem. Soc.* **2006**, *128*, 1840. (c) Berlin, J. M.; Goldberg, S. D.; Grubbs, R. H. *Angew. Chem.* **2006**, *118*, 7753. (d) Berlin, J. M.; Goldberg, S. D.; Grubbs, R. H. *Angew. Chem., Int. Ed. Engl.* **2006**, *45*, 7591. (e) Gillingham, D. G.; Kataoka, O.; Garber, S. B.; Hoveyda, A. H. *J. Am. Chem. Soc.* **2004**, *126*, 12288. (f) Van Veldhuizen, J. J.; Gillingham, D. G.; Garber, S. B.; Kataoka, O.; Hoveyda, A. H. *J. Am. Chem. Soc.* **2003**, *125*, 12502. (g) Seiders, T. J.; Ward, D. W.; Grubbs, R. H. *Org. Lett.* **2001**, *3*, 3225.

[143] (a) Huwe, C. W.; Velder, J.; Blechert, S. *Angew. Chem., Int. Ed. Engl.* **1996**, *35*, 2376. (b) Huwe, C. W.; Blechert, S. *Synthesis* **1997**, 61.

[144] (a) Wallace, D. J.; Bulger, P. G.; Kennedy, D. J.; Ashwood, M. S.; Cottrell, I. F.; Dolling, U. H. *Tetrahedron Lett.* **2000**, *41*, 2017. (b) Wallace, D. J.; Bulger, P. G.; Kennedy, D. J.; Ashwood, M. S.; Cottrell, I. F.; Dolling, U. H. *Synlett* **2001**, 357.

[145] Dolman, S.J.; Sattely, E. S.; Hoveyda, A, H. *J. Am. Chem. Soc.* **2002**, *124*, 6991.

[146] Teng, X.; Cefalo, D. R.; Schrock, R. R.; Hoveyda, A. H. *J. Am. Chem. Soc.* **2002**, *124*, 10779.

[147] Weatherhead, G. S.; Cortez, G. A.; Schrock, R. R.; Hoveyda, A. H. *Proc. Natl. Acad. Sci. USA* **2004**, *101*, 5805.

[148] (a) Kingsbury, J. S.; Harrity, J. P. A.; Bonitatebus, P. J.; Hoveyda, A. H. *J. Am. Chem. Soc.* **1999**, *121*, 791. (b)

Garber, S. B.; Kingsbury, J. S.; Gray, B. L.; Hoveyda, A. H. *J. Am. Chem. Soc.* **2000**, *122*, 8168.

[149] 在含氮化合物合成中的应用见：(a) Compain, P. *Adv. Synth. Catal.* **2007**, *349*, 1829. (b) Chattopadhyay, S. K.; Karmakar, S.; Biswas, T.; Majumdar, K. C., Rahaman, H.; Roy, B. *Tetrahedron* **2007**, *63*, 3919. (c) Nicolaou, K. C.; Bulger, P. G.; Sarlah, D. *Angew. Chem., Int. Ed.* **2005**, *44*, 4490. (d) Deiters, A.; Martin, S. F. *Chem. Rev.* **2004**, *104*, 2199. (e) Felpin, F.-X.; Lebreton, J. *Eur. J. Org. Chem.* **2003**, 3693. (f) Vernall, A. J.; Abell, A. D. *Aldrichim. Acta* **2003**, *36*, 93. (g) Philips, A. J.; Abell, A. D. *Aldrichim. Acta* **1999**, *32*, 75.

[150] Fürstner, A.; Langemann, K. *J. Am. Chem. Soc.* **1997**, *119*, 9130.

[151] (a) Weihofen, R.; Tverskoy, O.; Helmchen, G. *Angew. Chem., Int. Ed.* **2006**, *45*, 5546. (b) Scheiper, B.; Glorius, F.; Leitner, A.; Fürstner, A. *Proc. Natl. Acad. Sci. USA* **2004**, *101*, 11960. (c) Shimizu, K.; Takimoto, M.; Mori, M. *Org. Lett.* **2003**, *5*, 2323. (d) Connon, S. J.; Blechert, S.; *Bioorg. Med. Chem.* **2002**, *12*, 873. (e) Liras, S.; Allen, M. P.; Blake, J. F. *Org. Lett.* **2001**, *3*, 3483. (f) Suzuki, H.; Yamazaki, N.; Kibayashi, C. *Tetrahedron Lett.* **2001**, *42*, 3013. (g) Rambaud, L.; Compain, P.; Martin, O. R. *Tetrahedron: Asymmetry* **2001**, *12*, 1807. (h) Birman, V. B., Rawal, V. H. *J. Org. Chem.* **1998**, *63*, 9146. (i) Fu, G. C.; Nguyen, S. T.; Grubbs, R. H. *J. Am. Chem. Soc.* **1993**, *115*, 9856.

[152] (a) Pearson, W. H.; Aponick, A.; Dietz, A. L. *J. Org. Chem.* **2006**, *71*, 3533. (b) Gracias, V.; Gasiecki, A. F.; Moore, J. D.; Akritopoulou-Zanze, I.; Djuric, S. W. *Tetrahedron Lett.* **2006**, *47*, 8977. (c) Verhelst, S. H. L.; Martinez, B. P.; Timmer, M. S. M.; Lodder, G.; Van der Marel, G. A.; Overkleeft, H. S.; Van Boom, J. H. *J. Org. Chem.* **2003**, *68*, 9598. (d) Wipf, P.; Rector, S. R.; Takahashi, H. *J. Am. Chem. Soc.* **2002**, *124*, 14848. (e) Edwards, A. S.; Wybrow, R. J.; Johnstone, C.; Adams, H.; Harrity, J. P. A. *Chem. Commun.* **2002**, 1542. (f) Wright, D. L.; Schulte II, J. P.; Page, M. A. *Org. Lett.* **2000**, *2*, 1847.

[153] (a) Godin, G.; Compain, P.; Martin, O. R. *Org Lett.* **2003**, *5*, 3269. (b) Itoh, T.; Yamazaki, N.; Kibayashi, C. *Org. Lett.* **2002**, *4*, 2469. (c) Fürstner, A.; Thiel, O. R.; Ackermann, L.; Schanz, H.-J.; Nolan, S. P. *J. Org. Chem.* **2000**, *65*, 2204. (d) Hyldoth, L.; Madsen, R. *J. Am. Chem. Soc.* **2000**, *122*, 8444.

[154] Yang, Q.; Xiao, W.-J.; Yu, Z. *Org. Lett.* **2005**, *7*, 871.

[155] (a) Badorrey, R.; Cativiela, C.; DXaz-de-Villegas, M. D.; DXez, R.; GYlvez, J. A. *Tetrahedron Lett.* **2004**, *45*, 719. (b) Badorrey, R.; Cativiela, C.; DXaz-de-Villegas, M. D.; DXez, R.; GYlvez, J. A. *Synlett* **2005**, 1734.

[156] (a) Pachamuthu, K.; Vankar, Y. D. *J. Organomet. Chem.* **2001**, *624*, 359. (b) Davies, S. G.; Iwamoto, K.; Smethurst, C. A. P.; Smith, A. D.; Rodriguez-Solla, H. *Synlett* **2002**, 1146. (c) Kim, S.; Lee, J.; Lee, T.; Park, H.-G.; Kim, D. *Org. Lett.* **2003**, *5*, 2703. (d) Perlmutter, P.; Rose, M.; Vounatsos, F. *Eur. J. Org. Chem.* **2003**, 756. (e) Campagne, J.-M.; Ghosez, L. *Tetrahedron Lett.* **1998**, *39*, 6175.

[157] (a) Davis, F. A.; Yang, B. *J. Am. Chem. Soc.* **2005**, *127*, 8398. (b) Davis, F. A.; Santhanaraman, M. *J. Org. Chem.* **2006**, *71*, 4222.

[158] (a) Kinderman, S. S.; Doodeman, R.; Van Beijma, J. W.; Russcher, J. C.; Tjen, K. C. M. F.; Kooistra, T. M.; Mohaselzadeh, H.; Van Maarseveen, J. H.; Hiemstra, H.; Shoemaker, H. E.; Rutjes, F. P. J. T. *Adv. Synth. Catal.* **2002**, *344*, 736. (b) Liu, S.; Fan, Y.; Peng, X.; Wang, W.; Hua, W.; Akber, H.; Liao, L. *Tetrahedron Lett.* **2006**, *47*, 7681.

[159] (a) Rutjes, F. P. J. T.; Schoemaker, H. E. *Tetrahedron Lett.* **1997**, *38*, 677. (b) Magueur, G.; Legros, J.; Meyer, F.; Ourévitch, M.; Crousse, B.; Bonnet-Delpon, D. *Eur. J. Org. Chem.* **2005**, 1258. (c) Gille, S.; Ferry, A.; Billard, T.; langlois, B. E. *J. Org. Chem.* **2003**, *68*, 8932.

[160] Yang, Q.; Alper, H.; Xiao, W.-J. *Org. Lett.* **2007**, *9*, 769.

[161] Evans, P.; Grigg, R.; Monteith, M. *Tetrahedron Lett.* **1999**, *40*, 5247.

[162] Dolman, S. J.; Schrock, R. R.; Hoveyda, A. H. *Org. Lett.* **2003**, *5*, 4899.

[163] Toste, F. D.; Chatterjee, A. H.; Grubbs, R. H. *Pure Appl. Chem.* **2002**, *74*, 7.

[164] (a) Nicolaou, K. C.; Vassilikogiannakis, G.; Montagnon, T. *Angew. Chem., Int. Ed.* **2002**, *41*, 3276. (b) Vassilikogiannakis, G.; Margaros, I.; Tofi, M. *Org. Lett.* **2004**, *6*, 205. (c) Nicolaou, K. C.; Montagnon, T.; Vassilikogiannakis, G.; Mathison, J. N. *J. Am. Chem. Soc.* **2005**, *127*, 8872.

[165] Kirkland, T. A.; Grubbs, R. H. *J. Org. Chem.* **1997**, *62*, 7310.

[166] 刘惠. 清华大学博士后研究报告，2008.

[167] Mori, M.; Tonogaki, K.; Kinoshita, A. *Org. Synth.* **2005**, *81*, 1.

[168] Schaudt, M.; Blechert, S. *J. Org. Chem.* **2003**, *68*, 2913.

葡森-侃德反应

(Pauson-Khand Reaction)

许家移

1　历史背景简述

Pauson-Khand 反应 (简称 P-K 反应) 被定义为在过渡金属参与下，等摩尔的炔烃、烯烃和一氧化碳经过一个类似于 [2+2+1]环加成过程生成环戊烯酮的反应 (式 1)。P-K 反应现在已经成为合成环戊烯酮最有效的反应之一[1]，它是由英国化学家 Peter L. Pauson 和他的学生 Ihsan U. Khand 在 1973 年最早发现的[2,3]。

$$\text{R}\!\!=\!\!\!=\!\!\text{R}^1 \ + \ \overset{R^4}{\underset{R^5}{\diagup}}\!\!=\!\!\!\underset{R^3}{\diagup} \ + \ \text{CO} \ \xrightarrow{[M]} \quad \tag{1}$$

Pauson 于 1925 年出生于一个德国犹太家庭，1937 年随家人流亡到英国。1942 年，他开始在 Glasgow 大学跟随 Thomas S. Steven 教授学习化学。1946-1949 年，他在 Haworth 教授的指导下获得 Scheffield 大学的博士学位。在此期间，他首次合成并鉴定了 Tripolone 类化合物。1951 年，Pauson 和他的研究生 Tom Kealy 在美国的 Duquesne 大学合成了二茂铁，并首次鉴定其分子式为 $C_{10}H_{10}Fe$，从而成为金属有机化学的先驱之一。之后，Pauson 先后在芝加哥大学和哈佛大学从事独立博士后研究，并于 1954 年回到英国。Pauson 现在是英国 Strathclyde 大学的退休教授[4]。

Pauson-Khand 反应的发现始出偶然。在此之前，人们已经知道炔基六羰基二钴能够与二分子炔烃反应生成稳定的配合物，并可以在加热或氧化条件下降解生成苯的衍生物[5]。Pauson 和 Khand 设想：有内张力的烯烃是否也可以像炔烃一样和炔基六羰基二钴配位形成稳定的配合物？当他们将炔基六羰基二钴和 2,5-降冰片二烯 (Norbornadiene, NBD) 溶解于乙二醇二甲醚或异辛烷中在 60~70 ℃ 下加热 4 h 后，并没有得到预期的二分子烯烃和一分子炔基六羰基二钴生成的配合物，而是得到了一个新的芳基金属配合物茂基二羰基钴 (1)，并且分离出了一个含酮的有机化合物 2 (式 2)[3]。他们很快就认识到这是一个很有用的反应，并对其进行了仔细的研究[6]。

$$\tag{2}$$

在随后的十年里，几乎只有 Pauson 小组继续对该反应进行研究。随着现代有机化学的发展，"原子经济性" 逐渐成为有机反应的一个重要研究内容[7]。因此，P-K 反应非常有效地利用简单便宜的基本工业原料和通过独特的三组分反应一步合成环戊烯酮结构的优越性逐渐引起了化学家们的注意。从 20 世纪 90 年代开始，有关 P-K 反应的机理研究、条件优化、底物范围拓广以及在有机合成中应用的研究论文呈现出指数增长。目前，对 P-K 反应的机理虽然缺少直接的实验证据，但基本的共识已经形成并得到理论计算的支持。添加剂的发现和使用，大大加快了反应速度并降低了反应温度。反应物的范围已经从使用化学计量炔基六羰基二钴发展到可以使用催化量的多种金属 (例如：钴、钛、钼、钌、铑、钯、铱等)；从使用有张力的富电子烯烃到使用缺电子烯烃、1,3-共轭二烯和丙二烯等；从使用剧毒的一氧化碳到使用相对安全的醛类作为羰基源；从分子间的 P-K 反应到分子内的 P-K 反应。虽然催化不对称 P-K 反应的研究目前在催化效率和立体选择性方面还不尽如人意，但也取得了一定的成就。因此，随着 P-K 反应研究的继续深入，它将在有机合成中得到越来越广泛的应用。

2 Pauson-Khand 反应的机理研究

2.1 机理概述

1985 年，Magnus 和 Príncipe 最早提出了 P-K 反应的机理[8]。目前，已经得到广泛认可的金属钴催化的 P-K 反应的机理如图 1 所示。首先八羰基二钴与炔反应形成炔基六羰基二钴 **S**，这是目前唯一能分离鉴定的中间体。接着，烯烃对一分子 CO 进行置换生成烯烃配合物。由于烯烃 (特别是无张力烯烃) 的配位能力 (弱 π-给体) 比羰基 (强 σ-给体和 π-受体) 要弱得多，所以对炔基六羰基二钴中一分子 CO 的置换反应通常是 P-K 反应的决速步。Nakamura[9]和 Pericàs[10]分别用密度泛函 (DFT) 计算结果显示：从炔基六羰基二钴解离一分子一氧化碳会使体系能量升高约 26.4 kcal/mol。因此，虽然 P-K 反应总体上是个剧烈放热的反应 (反应中断裂 3 个 π-键，形成 3 个 σ-键，ΔG = -40.8 kcal/mol)，却需要在高温下长时间进行。由于这一步的活化能远高于后续的其它任何一步，这也解释了为什么其它的中间体至今都没有被分离到。

如图 1 所示：烯烃配合物 **b** 接着与炔基发生迁移插入反应形成金属环化物 **c**，Milet 的计算显示烯烃在轴向位的插入要比在平伏位容易[11]。这一步自由能变化很小但活化能却较高 ($\Delta G^{\neq}$ = 10.0~14.4 kcal/mol)，在高温或使用添加剂降低炔基六羰基二钴 CO 解离能的情况下有可能成为反应限速步。这可能是由于成键过程需要满足一定的空间构象，而此空间构象和分子的基态存在较大的差异。以上的几步基元反应都是可逆的，但接下来 **c** 和一分子 CO 配合并大量热 (ΔG = -30.5 kcal/mol) 形成 **d** 的过程则几乎是不可逆的。一般认为，中间体 **d** 中轴线上的

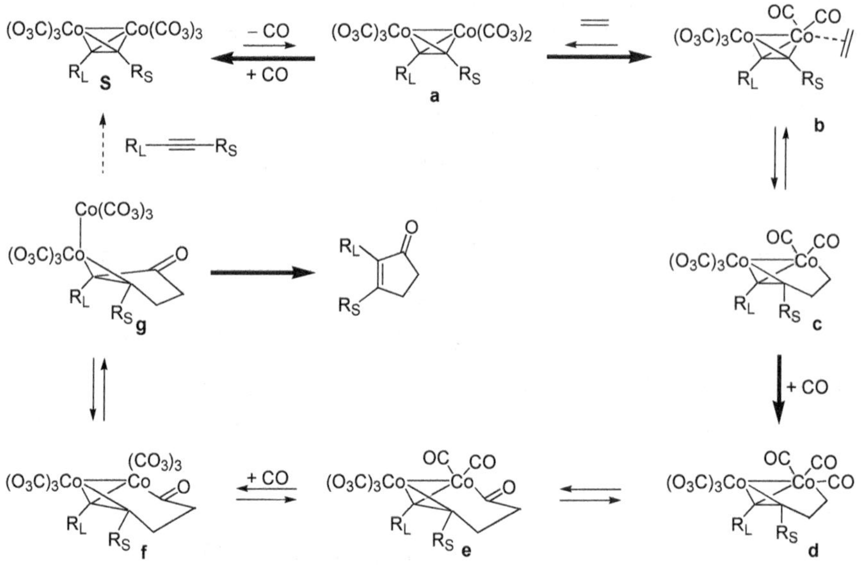

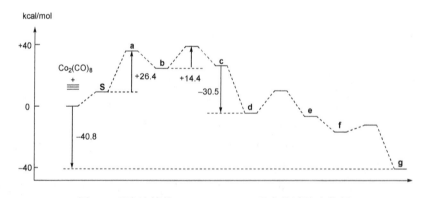

图 1 Pauson-Khand 反应的 Magnus 机理

图 2 理论计算的 Pauson-Khand 反应的过渡态能量

那个 CO 会有选择性地发生迁移插入生成 **e**。最后，经过还原消除和配体置换，得到产物环戊二烯酮并重生催化剂，从而完成整个反应过程 (图 2)。

2.2 实验证据

虽然以上的机理能够成功地解释绝大部分的实验现象，但一直缺少直接的证据。但随着对 P-K 反应研究的不断加深，有更多新的实验证据支持以上的机理。以下是对目前已有的实验证据的总结。

（1）在 Magnus 机理中，通常认为一氧化碳从炔基六羰基二钴中解离是反应的决速步。然而，由于解离后的炔基五羰基二钴非常不稳定，至今没有被分离鉴定。但是，通过光谱的方法可以证实它的存在[12]。例如：在 12 K 温度下对苯乙炔六羰基二钴的氩原子点阵进行短波长紫外照射 (254 nm) 会引起一个 CO 解离，用红外光谱可以观察到游离的一氧化碳和炔基五羰基二钴的产生。

（2）负电子喷雾离子化质谱的证据支持 CO 解离先于烯烃配位这一过程[13]。为了能够电离，DPPM (双二苯膦甲烷，Ph$_2$PCH$_2$PPh$_2$)-苯乙炔四羰基二钴配合物 (M = 716) 被用作是炔基六羰基二钴的等同物进行研究。在其电喷雾质谱中可以找到 m/z 715 的 [M-H]⁻ 峰和失去一至三分子羰基的碎片峰。对其 [M－H]⁻ 离子进行和降冰片烯 (norbornene) 的碰撞反应 (collision-activated reaction, CAR)，可以观察到 m/z 781 的 [M-H-CO + norbornene]⁻ 峰，但完全没有观察到 m/z 809 {[即 M－H + norbornene]⁻} 的离子峰。在完全相同条件下 m/z 687 的 [M－H－CO]⁻ 离子和降冰片烯的碰撞反应得到 m/z 781 的离子。这些都支持羰基解离先于烯烃配合的假定。

（3）稳定的烯基-炔基-五羰基二钴中间体最近首次被分离，并用 X 射线晶体衍射法证实了其结构[14]。如式 3 所示：经过非常巧妙设计的化合物 **3**，同时带有 P-K 反应所需的炔基和有张力的烯基。在室温下的四氢呋喃中，**3** 与八羰基二钴配位反应形成配合物 **4**，但同时也分离到 **4** 失去一分子 CO 的配合物 **5**。由于分子刚性的原因，烯基恰好处在能够跟金属成键的位置上。因此，烯基取代羰基使得体系的熵增加要比分子间反应中的熵变大得多，从而大大降低了体系的活化能，这使得烯基的置换反应在室温下就能进行。同样，由于分子内部张力的原因，烯基不能够与炔基发生插入反应。因此，烯基-炔基-五羰基二钴中间体 **5** 非常稳定，能够被用硅胶柱色谱分离。在 **5** 的晶体结构中，烯基的 C=C 键长从 **3** 中的 1.336 Å 增长到 1.403 Å，表明烯基作为 π-给体和钴配合并降低了其键级。

（3）

（4）除了分离中间体的方法外，最近也有关于反应动力学研究的报道[15]。用三甲基硅基乙炔 (TMSC≡CH)、2,5-降冰片二烯 (NBD)、一氧化碳和催化量 $Co_2(CO)_8$ (3 mol%) 在甲苯中的反应为研究体系，利用产物的羰基 C=O 伸缩振动峰 (1698 cm^{-1}) 进行动力学研究。实验得出的反应速率方程为：

$$v = k[TMSC \equiv CH]^0 \times [NBD]^{0.3 \sim 1.2} \times [Co_2(CO_8)]^{1.3} \times [CO]^{-1.9}$$

从此动力学研究可以得出以下结论：① 钴催化的 P-K 反应中催化剂与炔烃的配合不是决速步。② 反应与 NBD 的浓度成正指数关系，而跟一氧化碳的浓度成负指数关系，这说明烯烃对羰基的置换是反应的决速步；NBD 浓度的反应级数随着反应的进行而增加，这表明真实的反应机理要比 Magnus 机理复杂得多。③ 反应与 $Co_2(CO_8)$ 浓度的关系不是简单的一阶指数，有可能催化剂的二聚体也在一定程度上参与反应。

3　Pauson-Khand 反应的条件综述

早期 Pauson 等报道的 P-K 反应都是分子间反应，一般需要二步反应。首先，将炔烃和 $Co_2(CO)_8$ 在惰性溶剂中 (例如：石油醚) 加热生成炔基六羰基二钴配合物。在大多数情况下，该反应的产率较高，生成的配合物可以用减压蒸馏、柱色谱或重结晶的方法纯化。然后，将该配合物与过量的烯烃溶解于苯、甲苯或己烷等溶剂中，在氮气下回流数小时甚至几天。如果使用气体烯烃反应则需要在高压釜中进行，带有反应条件较为苛刻 (高温和高压)、反应速度慢和产物分离困难的缺点。相比较而言，使用端炔和有张力的烯烃或乙烯作为底物可以得到较高的产率，但内炔及无张力烯烃的产率很低。特别是该反应还存在使用不对称烯烃时区域选择性较差和必须使用化学计量的金属试剂等问题，严重地影响了它在有机合成中的地位。

为此，人们围绕如何加快 P-K 反应的速度和提高反应的区域选择性等问题进行了大量的研究工作。1981 年，Schore 等人首次使用 1-辛烯-6-炔和 $Co_2(CO)_8$ 的分子内 P-K 反应合成了二环[3.3.0]辛烷[16]。这不仅大大提高了 P-K 反应的合成实用性，而且还解决了很多分子间反应存在的反应活性、区域选择性和立体选择性不佳等问题。随着催化 P-K 反应的发展以及反应底物的拓广，P-K 反应的条件根据体系的不同也在不断地发展和完善。

3.1　经典 Pauson-Khand 反应

由于催化 P-K 反应还不成熟，目前有机合成中使用的 P-K 反应大多仍然使用化学计量的羰基钴试剂。这种实验条件下的 P-K 反应也被称之为经典 P-K 反应。

3.1.1 反应活性的优化

由于早期的 P-K 反应的反应条件苛刻、反应慢和分离产率低，因此大量的研究工作旨在提高 P-K 反应的活性。根据这些工作的作用原理主要可以分为几类：使用固定相吸附、使用活化添加剂以及使用适当的外部条件 (例如：溶剂、光照、微波和超声波等)，有时需要采用多种优化方式的组合。

3.1.1.1 使用固定相吸附

最早成功提高反应速度的报道是利用硅胶或氧化铝吸附的烯基炔基醚的分子内 P-K 反应[17]。如式 4 所示：3-烯丙氧基-3-甲基丁炔的六羰基二钴配合物在 60 °C 的异辛烷中加热 24 h 只生成 29% 的产物。但是，将其吸附在硅胶上后反应 30 min 即可得到 75% 的产物。实验结果显示：硅胶的型号和颗粒的大小对催化效果没有明显的影响。但硅胶的含水量却非常重要，超过 30% 或低于 5% 时均没有加速反应的效果。他们也观察到：不同 pH 值的氧化铝、硅藻土[18]和分子筛[19,20]都有类似的效果。到目前为止，固定相吸附可以提高分子内 P-K 反应速度的原因还不清楚，一种可能的解释是极性的吸附相对非极性的烯基和炔基端的疏水亲脂排斥作用使得它们相互靠近，从而降低了过渡态的熵变。

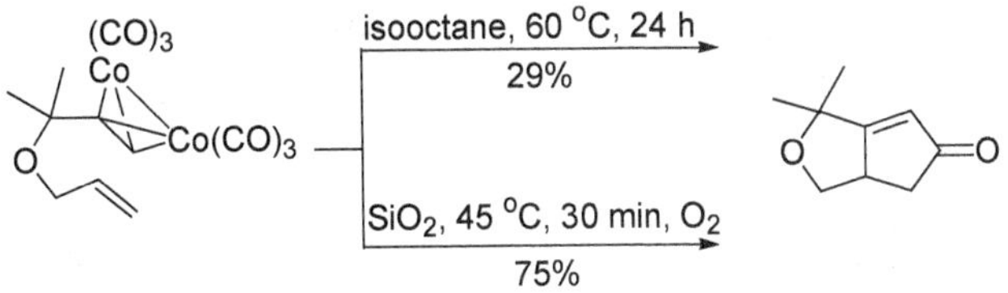

(4)

3.1.1.2 使用活化添加剂

从 P-K 反应的机理研究中，其决速步是炔基六羰基二钴解离一分子羰基的过程。因此，很多关于提高 P-K 反应活性的研究都着眼于如何加快羰基的解离。其中，最常用的策略是使用氧化和路易斯碱辅助脱羰基方法。

如式 5 所示：在 P-K 反应中使用过量的叔胺氮氧化物 (例如：三甲胺氮氧化物，TMANO) 或者氮甲基吗啉氮氧化物 (NMO) 等可以明显降低反应所需的时间和反应温度，并明显提高反应的产率和选择性[21~24]。

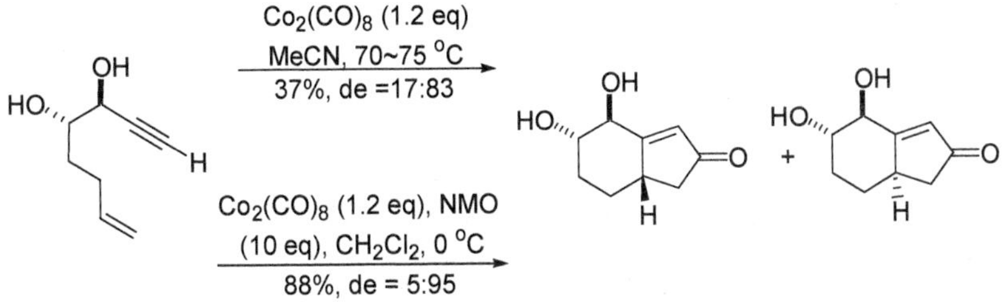

(5)

叔胺氮氧化物作为添加剂可以活化 P-K 反应的机理很可能是将配位能力强的 CO 氧化成为配位能力差的 CO_2，从而形成可供烯烃配位的空位[25~28] (式 6)。膦氧化物的氧化能力不能将 CO 氧化为 CO_2，但它可以作为配体将羰基置换出来。虽然添加膦氧化物不能明显提高 P-K 反应的活性，特别是分子内的 P-K 反应[29]，但这一实验结果支持氮氧化物氧化脱羰基加速反应的观点。其它的实验还显示：强氧化剂 [例如：硝酸铈铵 (CAN)] 并不具有类似的作用[22]。

$$(6)$$

使用氮氧化物添加剂具有两个明显的缺点：(1) 由于氧化剂的存在不能使零价钴再生，因此不适合在催化 P-K 反应中使用[30]；(2) 由于氮氧化物氧化效率不高，通常需要使用六倍当量以上时[28]才能取得明显的效果。因此，该类反应不仅不经济而且对官能团的兼容性也造成影响。如式 7 所示：采用高分子负载的固相氮氧化物添加剂可以部分地避免上述缺点。当反应完成后，通过简单地过滤即可方便地分离和回收固相氮氧化合物。然后，使用 Davis 试剂 (磺酰啶)[31]对回收试剂进行处理即可再生，而且重复使用五次后反应活性没有明显的降低[32,33]。

$$(7)$$

路易斯碱 [例如：环己胺[34]、1,2-二甲氧基乙烷 (DME)[35]、水[35]、甲基丁基硫醚[36]或四甲基硫脲 (TMTU)[37]等] 属于另一种能有效加速 P-K 反应的添加剂，而且这类添加剂可以在催化 P-K 反应中使用。实验结果显示 (式 8)：环己胺不适用于炔丙位上有容易离去的原子或基团的底物 (容易引起底物分解)。在经典 P-K 反应中，使用甲基丁基硫醚 (3.5 eq) 在 1,2-二氯乙烷中回流可以得到较好的效果。但是，甲基丁基硫醚具有不愉快气味、价格较贵和不容易回收的缺点。采用高分子负载的固相甲基硫醚不仅避免了以上缺点，而且基本保持了甲基丁基硫醚的活性[38]。将反应后的试剂用 2 mol/L 的盐酸-四氢呋喃溶液洗涤即可再生，重复使用五次后反应活性没有明显的降低。

$$\text{(OC)}_3\text{Co——Co(CO)}_3 \quad (\text{Ph, H})$$

NMO (6 eq), DCM, rt, 10 min
Decomposition

PhMe, 110 °C, 3 d
23%

n-BuSMe (4 eq), DCE, 83 °C, 90 min
95%

(8)

关于使用路易斯碱加速 P-K 反应的机理，过去通常认为是方便 CO 的解离。然而，最近的密度泛函计算结果不支持这种观点[39]。Milet 等给出更合理的解释是：在没有路易斯碱存在时，烯烃的插入反应是可逆的，逆反应活化能 (11.1 kcal/mol) 和正反应活化能 (10.0 kcal/mol) 相仿。而在路易斯碱存在时，该反应则是不可逆的，其逆反应的活化能 (22 kcal/mol) 远远高于正反应的活化能 (8.4 kcal/mol)。

值得注意的是使用添加剂的效果并不一致，其效能的比较也只能针对某个特定的反应。最近的反应动力学研究甚至认为：在三甲基硅基乙炔和 NBD 的分子间 P-K 反应中，所有以上提到的路易斯碱实际上都降低了 $\text{Co}_2(\text{CO})_8$ 的活性。其中以环己胺最为严重，路易斯碱也许仅仅是方便了产物的分离[15]。

3.1.1.3　使用特殊的外部反应条件

使用特殊的外部反应条件 (例如：光照、微波辐射、超声波以及使用特定溶剂等) 提高 P-K 反应的活性的例子也时有报道。

1996 年，Livinghouse 等报道了在强钨灯照射下的催化 [$\text{Co}_2(\text{CO})_8$, 5 mol%] 分子内 P-K 反应。在温和的条件下 (1 atm CO, DME, 50 °C)，4~12 h 内就可以很好的产率完成反应[40]。不过，他们在后来的论文中认为：在相同的温度下，光照反应比暗反应只稍稍快一点[41]。

有报道显示：使用强超声波可以明显加快分子间 P-K 反应。例如：在强超声波作用下，羰基二钴配合物 **6** 和 2,5-二氢呋喃的反应在室温下反应 40 min 就可以得到 84% 的产物。相比之下，没有使用超声波的反应需要在 60~70 °C 下加热 21 h 才完成，而且产率只有 37% (式 9)。

$$\text{(OC)}_3\text{Co——Co(CO)}_3$$
6 (OH, H)

))), PhMe, rt, 40 min
69%

TMANO, PhMe
60~70 °C, 21 h
37%

(9)

在配合 TMANO 氧化添加剂使用时效果更好,反应的产率比只有 TMANO 时要好[29,42]。在此条件下,苯乙炔六羰基二钴和反应活性较低的环庚烯也可以在室温下 1 h 内顺利反应,产率达到 84%(在甲苯中回流三天的产率只有 23%)(式 10)。

$$(OC)_3Co \!\!-\!\! Co(CO)_3 \quad + \quad \xrightarrow[\;84\%\;]{\text{)))}, \text{TMANO, PhCH}_3 \atop \text{rt, 1 h}} \quad Ph \qquad \qquad (10)$$

微波辐射的方法对 P-K 反应有明显的加速作用。例如:在微波照射下,三甲基硅基乙炔和 2,5-降冰片烯的分子间 P-K 反应可以在 90 °C 和 5 min 内定量地完成,远远比常规加热有效 (110 °C, 16 h)[43]。值得提到的是:反应活性非常低的环己烯在微波辐射下也有相当的活性。它在 1,2-二氯乙烷中加热至 150 °C 反应 10 min 的产率为 20%,明显高于普通加热时 3% 的产率。

P-K 反应总体来说是一个熵减少的环合过程。在水相 P-K 反应中,非极性反应物分子在疏水亲脂作用力的影响下会簇集或自卷[44]。这种行为可以预先形成与反应过渡态类似的构象,从而大大减少过渡态的熵变和提高反应速度。由于反应底物的水溶性很低,一般需要使用表面活性剂来增加其溶解度。实验证明:最好的表面活性剂是十六烷基三甲基溴化铵 (Cetyltrimethylammounium bromide, CTAB)。如式 11 所示:在 CTAB (0.6 eq) 的存在下,含有内炔和 1,1- 或者 1,2-二取代烯基的底物都可以高产率地环合形成 5,5- 或者 5,6-二环产物[45]。

$$\begin{array}{c} \text{MeO}_2\text{C} \\ \text{MeO}_2\text{C} \end{array} \!\!\!\!\!\!\!\!\!\! \diagdown \!\!\!\!\!\! \equiv\!\!\!-\text{Me} \quad \xrightarrow[\;60\%\;]{\text{Co}_4(\text{CO})_{12} \text{ (1 eq), CTAB} \atop (0.6 \text{ eq), H}_2\text{O, N}_2, 70\,^\circ\text{C, 18 h}} \quad \begin{array}{c} \text{MeO}_2\text{C} \\ \text{MeO}_2\text{C} \end{array} \qquad (11)$$

3.1.2 反应的底物范围

P-K 反应对绝大部分官能团的兼容性都很好,例如:芳烃、卤代烃、醇、醚、硫醚、季胺、酮、缩酮、酯、酰胺甚至金属卡宾[46,47]等。但是,与参加反应的炔烃或者烯烃直接相连的官能团对 P-K 反应有较大的影响,不能一概而论。

3.1.2.1 P-K 反应中炔烃(基)的范围

大部分的炔烃都能参与 P-K 反应,其中乙炔和单取代端炔 (丙炔酸酯除外[6]) 的反应活性比双取代的内炔高。内炔的两端都有较大基团取代时,分子间的 P-K 反应相对比较困难。除了烷基、硅烷基和芳基之外,许多官能团直接取代的炔烃在合成中更有吸引力。从这些炔烃不仅可以得到带有各种官能团的烯酮产物,而且在有些情况下其反应活性比一般的内炔甚至端炔还要好 (图 3)。

在 P-K 反应中,具有共轭结构的丙炔酸酯[6]最具惰性。但是,其它非共轭炔酸酯或酰胺均无障碍。例如:2-丁炔酸乙酯甚至可以和无张力的 1-庚烯顺利反应[48]。

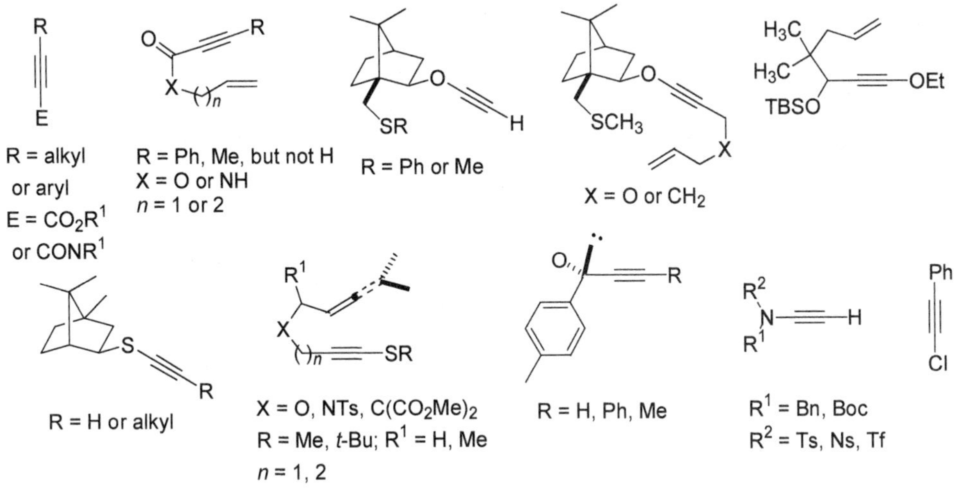

图 3 P-K 反应的炔烃或炔基底物范围摘要

尽管有报道认为乙氧基乙炔和羰基钴的配合物在反应条件下不稳定[6]，P-K 反应产率非常低。但是，某些乙炔醚在 NMO 的活化下可以和有张力的烯烃发生高产率的反应[49]。如果发生分子内反应，烯烃部分甚至可以是没有张力的乙烯基或环戊烯基[50,51]。乙炔基硫醚或者末端带有巯基的炔烃均能够非常成功地发生分子间[52]和分子内 P-K 反应[51]，反应产率和立体选择性都明显好于没有取代或者烷氧基取代的底物。

一端有亚砜取代的炔烃和有张力的烯烃也可以发生 P-K 反应，但另一端的取代基对炔的反应活性有很大的影响。H 或 TMS 取代基不利于反应，生成产物的产率一般小于 10%。有趣地观察到：直接加热比使用 NMO 或 TMANO 活化的产率要好[53]。

氨基乙炔的羰基钴配合物可以和多种有张力或无张力的环烯或链烯反应，生成各种 2-氨基环戊烯酮衍生物，产率一般在 41%~98% 之间[54]。炔烃一端连接卤素原子的情况也偶有报道，但反应产率很低[55]。

3.1.2.2 P-K 反应中烯烃(基)的范围

烯烃的结构对 P-K 反应具有重要的影响，分子间的反应对此更为敏感。一般而言，张力大的烯烃比张力小的容易反应，取代少的烯烃比取代多的容易反应。环己烯以及有空阻的三取代烯烃的反应性很差，四取代烯烃参加的 P-K 反应很少见。但是，分子内 P-K 反应对烯烃的适用范围要好得多。早期的研究认为富电子的烯烃比缺电子的容易反应，但最近的研究发现这一结论并不确切。不少带有拉电子基团的烯烃不仅可以参与 P-K 反应，而且反应性比普通烯烃还要好。

在环烯中，反应活性的次序大概为：环丙烯 > 环丁烯、降冰片二烯、降冰

片烯 > 环戊烯、环庚烯 > 环己烯。在使用活化添加剂活化时，环丙烯在 −35 °C 就可以顺利地与大位阻的叔丁基乙炔发生反应[54,56]。带有环丙烯基的分子内 P-K 反应甚至可以在 −78 °C 进行[57]，环丁烯、降冰片烯或二烯可以在 −20~0 °C 之间发生反应[49]。环戊烯和环庚烯一般需要加热[36]，而环己烯必需进行长时间加热才能反应[36,58]。但是，环己烯基参与的分子内 P-K 反应并不少见。

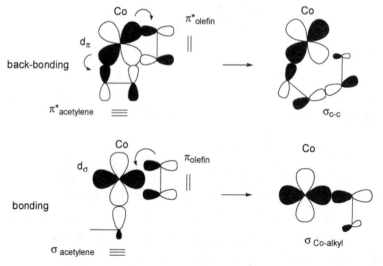

直观的理解：张力越大的烯烃在插入反应中释放的能量越多，也就越容易反应。理论计算结果显示[59] (图 4)：成键过程是炔基五羰基钴的 HOMO 和烯烃的 LUMO 重叠，烯烃的 LUMO (即 π^*-反键轨道) 在两个方面对烯烃的反应活性产生关键的影响。一方面，烯烃 LUMO 的能级影响了金属 d-轨道对烯烃电子反馈的难易程度：LUMO 能级高 (例如：环己烯) 则电子反馈难，π-键的键级降低得少而不容易断裂。反之，LUMO 能级低则使烯烃的 π-键容易断裂。另一方面，炔基五羰基钴的 HOMO 和烯烃 LUMO 间的能级差决定了轨道重叠的程度：能级差别越大则轨道重叠越弱，反应活性越低。环己烯的 LUMO-HOMO 能级间距最大，其反应活性也最差。

图 4　烯烃插入反应的 HOMO 和 LUMO 重叠示意图

在许多不同 P-K 反应条件下，2,3-二氢呋喃[6,60] 和 2,5-二氢呋喃

[29,32,33,38,42,43,61]的反应性和环戊烯相仿，环戊二烯也可以参与反应[62]。在 Co 参与的 P-K 反应的条件下，环己二烯首先与炔烃发生 Diels-Alder 反应，生成的加成产物接着再与炔烃进一步发生 P-K 反应[63]。但近年来发现：在使用[RhCl(CO)$_2$]$_2$催化的条件下，环己二烯基的分子内 P-K 反应可以高产率地完成[64]。

双键两端都与杂原子相连的环内烯烃参与的 P-K 反应也有报道。如式 14 所示：Mukai 等[65]在抗真菌类天然产物 8α-Hydroxystreptazolone 的合成中，噁唑酮衍生物和分子内炔基的 P-K 反应被用于关键中间体的制备。

8α-Hydroxystreptazolone

三取代环内烯烃 1-甲基环戊烯不容易反应,但在 "催化" 的条件下 (相对于 Co 大量过量的炔和烯和 CO 气氛下) 产率可以达到 69% (按金属配合物计算) (式 15)[66]。在此条件下，甚至可以得到罕见的四取代烯烃的产物，这主要是因为三取代烯烃在 P-K 反应下很快异构化成为更稳定的四取代烯并参加反应 (式 16)。尽管该反应的产率和选择性都不好，但在 P-K 反应中同时形成两个季碳中心的例子并不多。

在非环内烯烃中，反应活性最好的是丙二烯。这和 2,5-降冰片二烯的情况一样，主要是因为丙二烯的内部张力提高了它的反应活性。Cazes 等发现：在 NMMO 活化情况下，丙二烯与不活泼内炔的分子间 P-K 反应甚至可以在室温下完成。如式 17 所示[67]：丙二烯中取代少的双键优先发生反应。杂原子或酯基 (OBu^t、SiPhMe$_2$、SnBu$_3$、CO$_2$Et 或者 SO$_2$Ph 等) 取代的丙二烯也可以参与分子间 P-K 反应，甚至可以在低温下 (-78 °C 至室温) 3~4 h 内完成反应[68,69]。

$$(17)$$

丙二烯基参与的分子内 P-K 反应比较普遍[70]，在不同金属羰基化合物的作用下均可反应 (例如：计量 $Fe(CO)_4(NMe_3)$[71]、计量 $Mo(CO)_6$[72]、催化量 $[Rh(CO)_2Cl]_2$[73~75]、计量 $Co_2(CO)_8$[76,77]、催化量 $Co_2(CO)_8$[51] 和 $IrCl(CO)(PPh_3)_2$[78] 等)。由于丙二烯比普通烯基活泼，不仅可以形成 [3.3.0] 和 [4.3.0] 双环产物，甚至可以形成 [5.3.0] 双环产物[73,75]。

乙烯由于没有空间位阻的影响而具有较高的反应活性。但是，反应必须在高压釜中进行。Kerr 等发现[60,79]：在使用活化剂的条件下，乙烯基酯或溴化物也可以参与 P-K 反应。它们能够生成相当于乙烯反应的产物，但反应的机理尚不清楚 (式 18)。

$$(18)$$

$$R = Ph, \text{ }n\text{-Pent, THPOCH}_2, \text{ THPOCH}_2CH_2$$
$$Me_3SiCH_2, \text{ HOCH}_2, \text{ HOCH}_2CH_2$$

即使在加热条件下，乙烯基乙醚与乙炔或苯乙炔的六羰基二钴配合物的 P-K 反应产率也非常低。但是，在 NMO 或 TMANO 活化情况下 (有时需要同时使用超声波)，可能得到中等产率的 5-乙氧基环戊烯[60]。乙烯基硫醚在 P-K 反应条件下容易发生聚合[80]，目前还没有成功的例子。

N-Boc 烯胺[81]或其它烯胺的酰胺[82]等已经被广泛地用作烯胺的等价体参与 P-K 反应，这类反应为杂环化合物的合成提供了一个重要的方法 (式 19)。

$$(19)$$

在传统的分子间 P-K 反应条件下，缺电子烯烃 (例如：α,β-不饱和羰基化合物) 表现出很低的反应活性 (P-K 反应的产物是 α,β-不饱和酮)。如式 20 所示：

双键 1-位上无取代的 α,β-不饱和羰基化合物在加热条件下不能够生成环戊烯酮，得到的主要产物却是共轭双烯羰基化合物。这可能是因为在吸电子基团的存在下，烯炔插入反应后形成的金属环状中间体的 β-H 消除反应快于羰基的插入反应[6]。

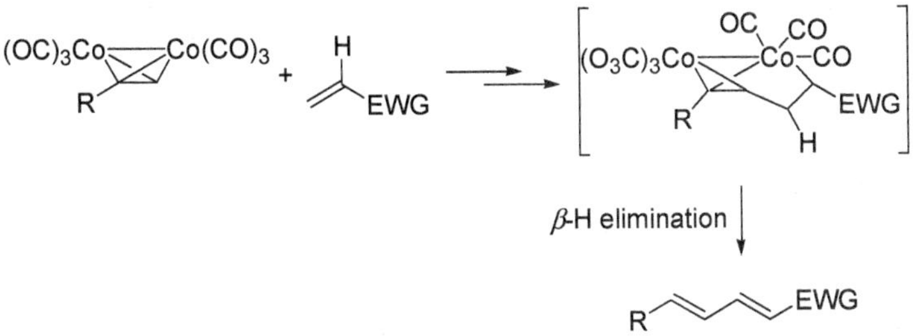

(20)

1991 年，Veretenov、Smit 和 Caple 等人[18,83]首次报道了缺电子烯酮的 P-K 反应。他们的结果显示：使用特定的缺电子烯烃，反应可以在比较温和的条件下进行。如式 21 所示：环戊烯基酮由于缺少可以消除形成共轭烯酮的氢，而环张力又能够保证烯烃有足够的配位能力。Keese 等利用这一特点设计了一个连锁 P-K 反应，仅一步反应就同时合成了具有四个环的 [5.5.5.5] 窗烷结构 (式 22)[84]。该反应从一个手性中心诱导生成了三个新的手性中心，其中包括一个季碳中心，充分体现了 P-K 反应的合成价值。

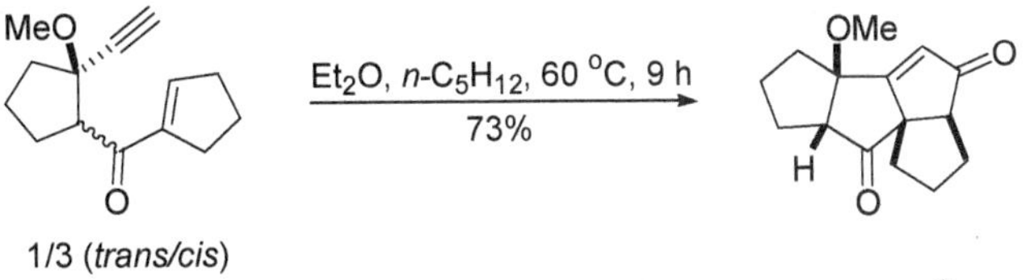

(21)

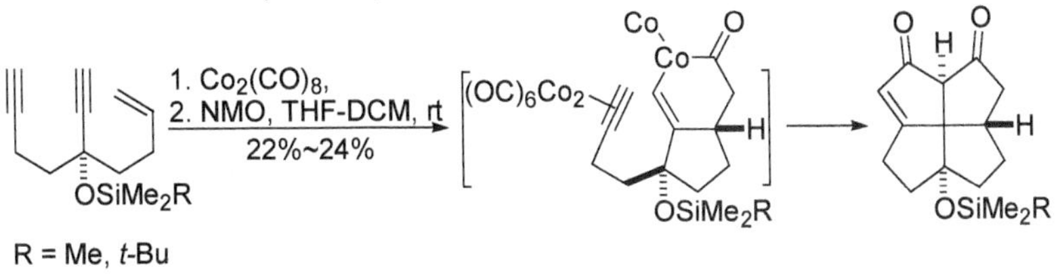

1/3 (trans/cis)

(22)

R = Me, t-Bu

在使用活化剂降低反应温度后，缺电子烯烃的 β-H 消除反应也得到抑制。如式 23 所示：缺电子烯烃能够以中等的反应产率得到正常的环戊烯酮产物[85]。

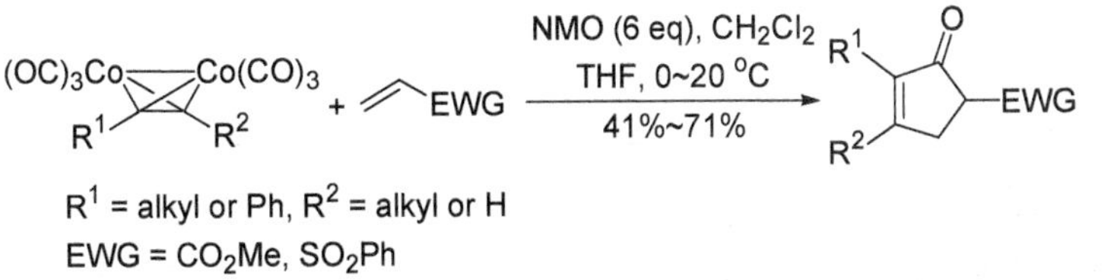

(23)

R^1 = alkyl or Ph, R^2 = alkyl or H
EWG = CO_2Me, SO_2Ph

在分子内 P-K 反应中，许多带有强吸电子基团的烯基都可以发生反应[86,87]。

这些吸电子基团包括：酮、砜、亚砜、酯、氰、氟和氯等。在使用羰基钴的反应中，通常仍然需要使用活化剂来降低反应温度。除此之外，使用化学计量的 W(CO)$_5$ 或 [Ti(Oi-Pr)$_2$(η^2-propene)] 以及 [RhCl(CO)$_2$]$_2$ 催化的条件也有报道。

芳基烯烃 (例如：苯乙烯) 的分子间 P-K 反应也容易发生 β-H 消除反应，生成正常产物和副产物 (1,3-二烯) 差不多比率的混合物[88,89]。但是，环内芳基烯烃 (例如：1,2-二氢萘) 则很少发生 β-H 消除反应。

1,3-共轭二烯参与的 P-K 反应一般生成很复杂的产物。除了正常的 P-K 反应产物外，主要副产物来自于 Diels-Alder 反应。在正常的 P-K 反应过程中，由于烯烃的共轭而生成二种可能的产物：一种是一个双键参与生成的 [2+2+1] 产物，另一种是两个双键都参与生成的 [4+2+1] 产物。最近，Wender 等发现：在铑的催化 P-K 反应中，通过严格控制溶剂和温度可以高度选择性地获得一个双键参与生成的 P-K 反应产物 (式 24)[90~93]。

$$\text{TMS}\!\!\equiv\!\!\text{CO}_2\text{Et} \; + \quad \xrightarrow[\substack{(1\text{ atm}),\text{ DCE, TCE, }60\ ^\circ\text{C, }24\text{ h} \\ 95\%}]{[\text{RhCl(CO)}_2]_2\ (5\text{ mol\%}),\text{ CO}} \tag{24}$$

烯烃的反应活性除了受双键上取代基的影响外，在分子内的竞争反应中，链长以及链的性质都有影响。在通常情况下，形成五员环比六员环容易，形成七员环则较不容易。而相同长度的链中含氧的似乎要比全碳的容易形成 (式 25 和式 26)[94,95]。

$$\xrightarrow[60\sim70\ ^\circ\text{C, }0.5\sim2.5\text{ h}]{\text{Co}_2(\text{CO})_8,\text{ SiO}_2,\text{ dry state}} \quad 18\% \quad + \quad 38\% \tag{25}$$

$$\xrightarrow[\text{dry state, heat}]{\text{Co}_2(\text{CO})_8,\text{ SiO}_2} \quad 32\% \quad + \quad 30\% \tag{26}$$

在发现活化添加剂的用途以后，三取代烯烃的分子内 P-K 反应时有报道。许多时候，这些反应的产率和速度并不比取代少的烯烃差。如式 27 所示：Kerr 等[96]使用甲基丁基硫醚作为活化添加剂时，三取代烯烃的分子内 P-K 反应可以在 30 min 内完成。

$$(27)$$

3.1.3　P-K 反应的区域选择性

3.1.3.1　分子内反应的区域选择性

分子内 P-K 反应的产物是稠环化合物。因此，反应的区域选择性除了受到烯基和炔基上取代基的影响外，最主要取决于烯基和炔基之间的链长或者产物环的大小。烯和炔之间的链长不能少于 3 个原子，因为形成 4,5-稠环产物几乎是不可能的。虽然从理论上来讲，烯基与炔基经 P-K 反应可能通过四种途径 a-d 生成 C-C 键 (式 28~式 31)，但事实上最多只得到了其中的三种产物。

$$(28)$$

$$(29)$$

$$(30)$$

$$(31)$$

当 $n = 1,2$ 时，由于短链造成的张力，形成 5,5- 或 5,6-稠环金属环化物中间体是唯一可能的途径 (途径 a)(式 32, $m = 1$)。当 $n = 3,4$ 时，其主要的反应途径是 b，只得到 2,4-二取代产物[97] (式 32, $m = 2,3$)。

当 $n \geqslant 5$ 时，炔基和烯基之间的链足够长。根据底物以及反应条件[98]，反应的主要途径可以为 a 或 c(式 33 和式 34)。到目前为止，还没有经途径 d 形成 3,5-二取代产物的报道。

$$(32)$$

$$(33)$$

$$(34)$$

$$(35)$$

丙二烯的两个双键都可以参与 P-K 反应。根据丙二烯上取代基的大小及其位置的不同，其中的一个双键可能优先发生反应[70]。1,3-二取代丙二烯中两个二取代双键的位阻差别不大，产物的稳定性决定只生成 5,5-稠环产物 (式 35)[72]。3,3-二取代丙二烯中端头双键的位阻比中间三取代双键的小很多，其反应活性差别大于形成 5,5- 和 5,6-二环的差别，因此只生成 5,6-稠环产物 (式 36)[71,76]。

$$(36)$$

当底物结构合适时，使用 3,3-二取代丙二烯甚至可以得到 5,7-二环优先于 5,6-二环的产物 (式 37)[75~77,99]。

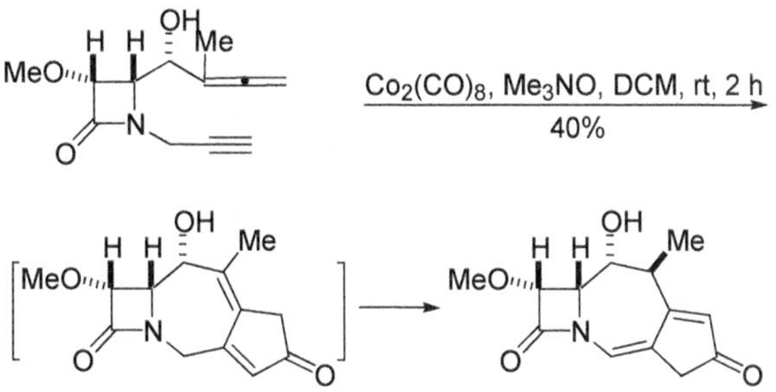

(37)

除此之外，金属配合物的性质对丙二烯的区域选择性也有影响。使用相同的反应底物，在化学计量 [Mo(CO)$_6$]/DMSO 的作用下选择性地与中间的双键反应生成二环[3.3.0]辛烷烯酮化合物。而在 [Rh(CO)$_2$Cl]$_2$ 或 [Ir(COD)Cl]$_2$ 的催化下，则选择性地得到和端头双键反应的二环[4.3.0]壬烷产物 (式 38 和式 39)[73]。

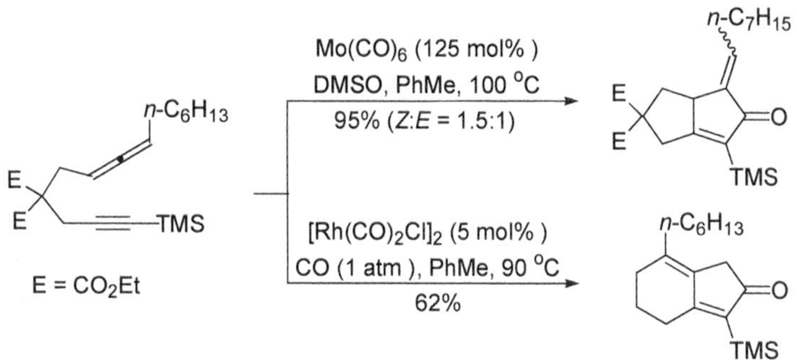

(38)

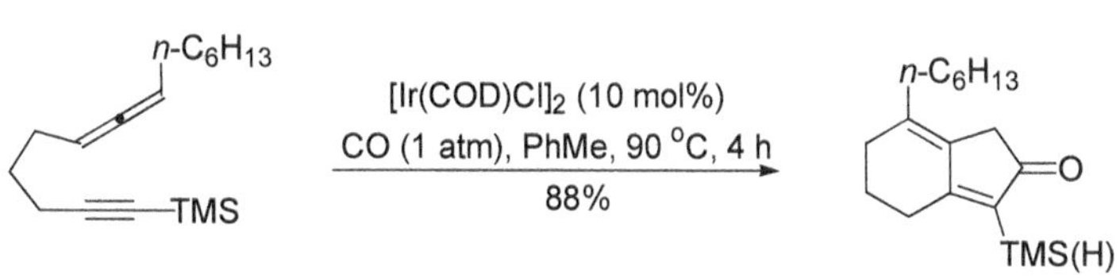

(39)

3.1.3.2 分子间反应的区域选择性

P-K 反应的区域选择性取决于烯烃和炔烃迁移插入反应时四种可能过渡态的相对活化能。分子间 P-K 反应没有分子内反应中链长的影响，其区域选择性除了受金属及其配体和反应条件的影响外，主要取决于炔烃和烯烃两端取代基产生的电子效应和空间位阻效应。由于不同反应体系中的决定因素会发生变化，它们的区域选择性虽有一定规律可循，但结果比较复杂。

（1）炔烃部分的区域选择性 炔烃的区域选择性通常很高，大多数情况下主要由取代基的空间位阻决定。由于烯烃迁移插入是反应区域选择性的来源，由炔烃较小的一端和烯烃成键是主要途径。因此，大基团在 2-位上的烯酮是主要产物。许多时候，即使两端取代基空间位阻的微小差别都可以得到很好的选择性 (式 40)[100]。

$$C_2H_5\!\!-\!\!\equiv\!\!-\!\!CH_3 \xrightarrow[\substack{27\%,\ 8:1}]{\substack{Co_2(CO)_8,\ CH_2=CH_2 \\ PhMe,\ 110\ ^\circ C,\ 36\ h}} \quad (40)$$

最近的实验及理论计算结果显示：P-K 反应中炔基的电子分布不是对称的。因此，电子效应也影响炔基的区域选择性[101,102]。如式 41 所示：在空间位阻差别可以完全忽略的情况下仍然能够得到单一的异构体。

$$\text{(41)}$$

反转炔烃区域选择性的一个策略是利用大位阻硅基来控制反应的区域选择性，生成 2-硅基-3-取代环戊烯酮产物。然后脱去硅基，最终得到 3-取代的环戊烯酮[93,103]。

（2）烯烃部分的区域选择性　烯烃的区域选择性比较复杂，而且还受炔烃上取代基的影响。通常在和端炔的反应中，单取代或 1,2-二取代烯烃两端取代基空间位阻对选择性的影响不大。式 42 所示：产物为 1:1 的区域异构体混合物[104]。

$$\xrightarrow[\substack{49\%,\ 1:1}]{\substack{PhCH_3,\ 98\ ^\circ C}} \quad (42)$$

如果烯烃其中一端的空间阻碍比另一端大很多，较小的一端则优先与炔烃成键[61]。1,1-二取代的烯烃通常是用末端与炔烃成键 (式 43 和式 44)[105]，理论计算也支持这些实验结果[9]。

在烯和炔成键的过渡态中 (图 5)，烯烃两端取代基周围的空间较宽 (直线基团 CO 或 H 原子)，对一定大小的取代基之间的位阻差异不敏感。只有当烯烃的一端远远大于另一端时，才有明显的区域选择性。

$$\xrightarrow[\substack{12\%}]{\substack{\triangle}} \quad (43)$$

100:0

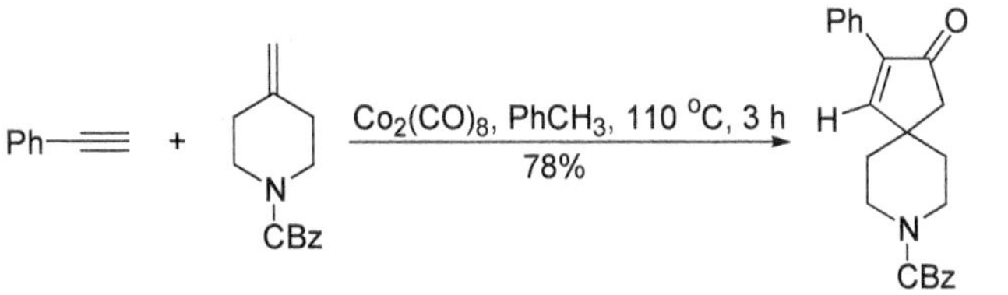

$$\text{Ph}\!\!=\!\!=\ +\ \underset{\substack{\text{CBz}}}{\text{(piperidine ring with =CH}_2)}\quad\xrightarrow[\text{78\%}]{\text{Co}_2(\text{CO})_8,\ \text{PhCH}_3,\ 110\ ^\circ\text{C},\ 3\ \text{h}}\quad \text{(product)} \qquad (44)$$

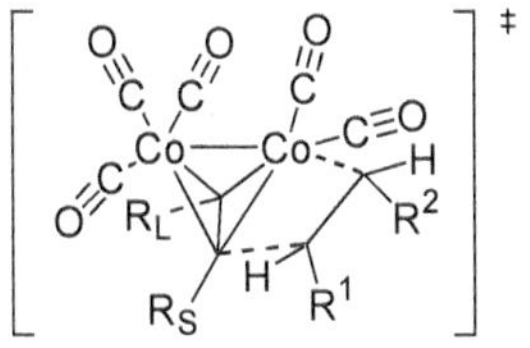

图 5　P-K 反应中烯烃和炔烃成键的过渡态示意图

　　有时炔烃上有较大取代基 (即靠近 Co 原子的 R_L 很大) 也可以增加反应对烯烃两端取代基位阻差别的敏感性，提高反应的区域选择性 (式 45a 和式 45b)[106]。

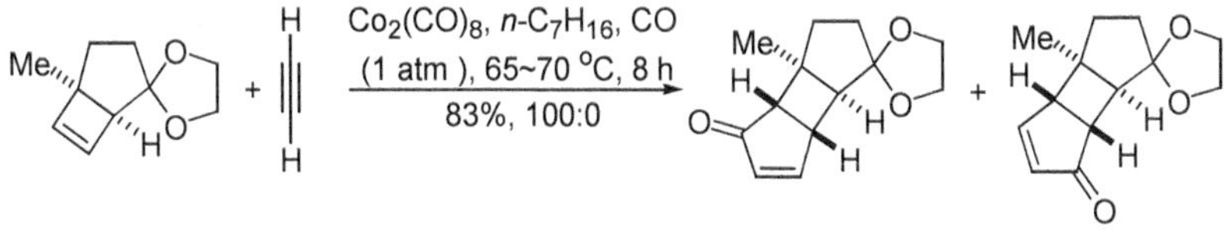

$$\text{(式 45a)} \qquad \xrightarrow[\substack{83\%,\ 100:0}]{\substack{\text{Co}_2(\text{CO})_8,\ n\text{-}\text{C}_7\text{H}_{16},\ \text{CO}\\(1\ \text{atm}),\ 65\sim70\ ^\circ\text{C},\ 8\ \text{h}}} \qquad (45a)$$

$$\text{(式 45b)} \qquad \xrightarrow[\substack{86\%,\ 0:100}]{\substack{\text{Co}_2(\text{CO})_8,\ n\text{-}\text{C}_8\text{H}_{18},\ \text{CO}\\(1\ \text{atm}),\ 112\sim118\ ^\circ\text{C},\ 23\ \text{h}}} \qquad (45b)$$

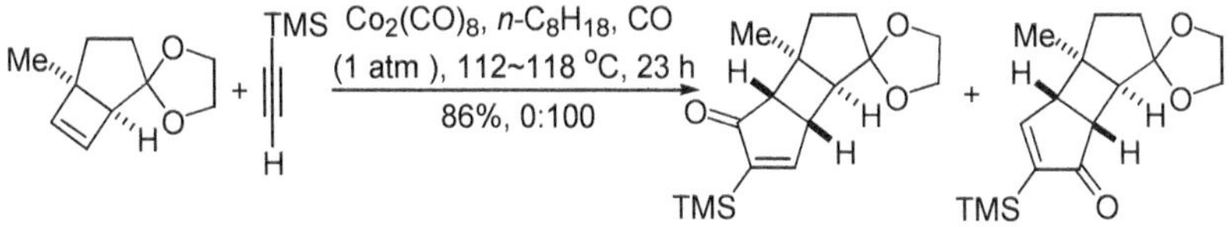

　　在式 46 所示的反应中，内炔两端的位阻差别表明其看来比端炔的位置差别小，似乎烯烃部分的区域选择性应该差。但事实上，由于炔烃上的 R_S 取代基的位阻提高了对烯烃上取代基的位阻敏感度，烯烃部分影响的区域选择性反而大大提高[104]。

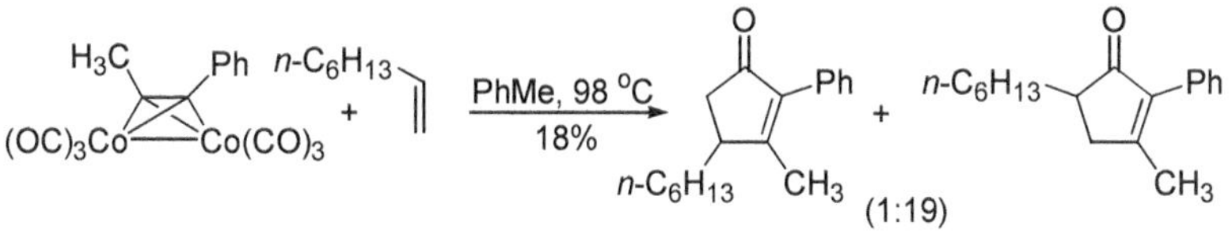

$$\underset{(\text{OC})_3\text{Co}\!-\!\text{Co}(\text{CO})_3}{\overset{\text{H}_3\text{C}\quad \text{Ph}}{\triangle}}\ +\ \diagup\!\!\diagdown\ \xrightarrow[18\%]{\text{PhMe},\ 98\ ^\circ\text{C}}\ \underset{n\text{-}\text{C}_6\text{H}_{13}}{\text{Ph}}\ +\ \underset{\text{CH}_3}{n\text{-}\text{C}_6\text{H}_{13}\ \text{Ph}} \qquad (46)$$

$$(1:19)$$

　　除了利用空间位阻之外，另一种对烯烃的区域选择性的有效控制方法是使用导向基团。Pauson 等很早就发现烯丙基醚参与的反应不仅比没有杂原子的烯烃容易，而且区域选择性异常的好 (式 47)[107]。

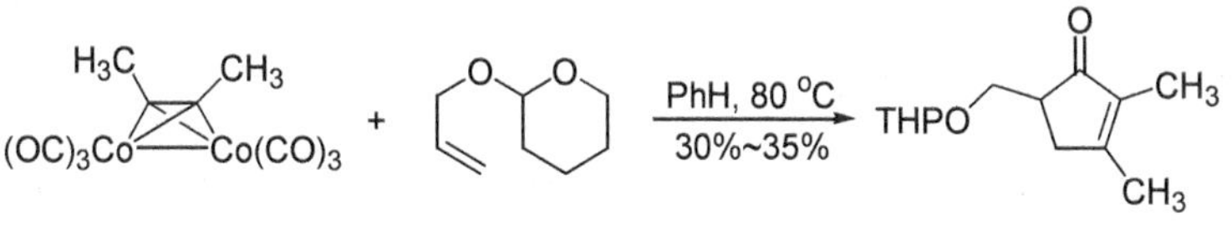

$$\underset{(\text{OC})_3\text{Co}\!-\!\text{Co}(\text{CO})_3}{\overset{\text{H}_3\text{C}\quad \text{CH}_3}{\triangle}}\ +\ \text{(allyl THP ether)}\ \xrightarrow[30\%\sim35\%]{\text{PhH},\ 80\ ^\circ\text{C}}\ \text{THPO}\diagdown\!\!\diagup\overset{\text{CH}_3}{\underset{\text{CH}_3}{\text{(cyclopentenone)}}} \qquad (47)$$

更详细的研究发现：在烯烃的高烯丙位上有硫或氮杂原子取代也有类似的导向作用[108,109]。但是，γ-位上杂原子的导向能力要弱得多，可能是远离反应中心的原因。理论计算的结果[9]和实验结果吻合，其最稳定过渡态是烯烃在准轴线位置。在此状态下，杂原子在与炔基位阻较小一端成键的同时也与相邻钴原子发生配位 (式 48)。

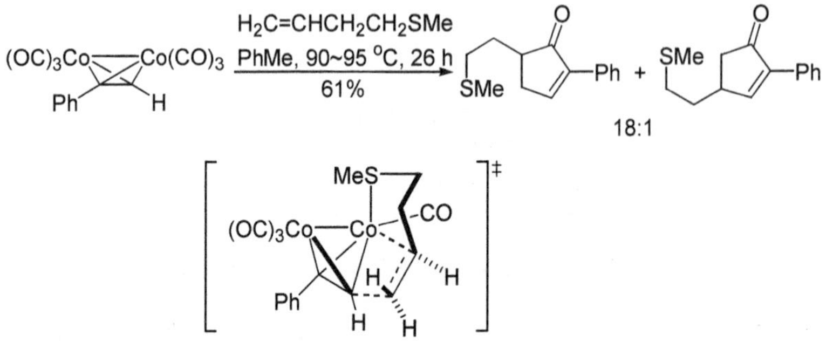

(48)

实验还发现：呋喃基的导向作用甚至强于高烯丙基位上的巯基[110]。如式 49 所示：2-乙烯基呋喃和丙炔六羰基二钴配合物的反应只生成了呋喃基在 5-位上的产物。

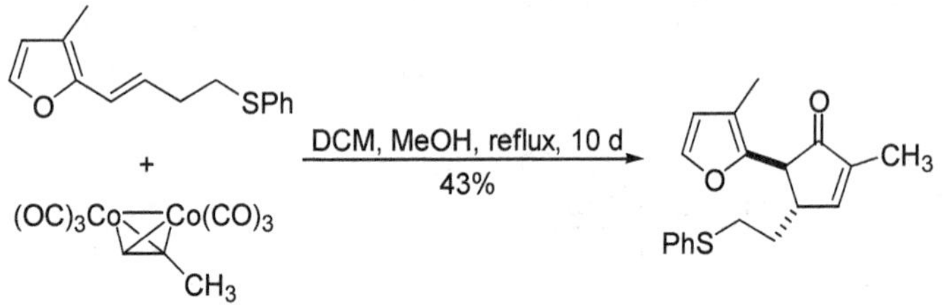

(49)

在烯烃双键附近加上一个能够与金属配位的基团 (例如：2-吡啶基硅基)，可以明显增加其反应活性。实验证明：由于吡啶上的氮原子对金属钌的强配位能力，这一导向基团可以明显增快烯烃和金属的配位过程，从而使得反应能够在催化量的钌和常压的 CO 气氛下进行[111,112]。

当烯烃被极化时，电子效应对区域选择性也产生明显的影响。例如：2,3-二氢呋喃或乙烯基醚[60]参与的反应仅生成 5-取代环戊烯酮产物，而没有生成另一个区域异构体 (式 50)。

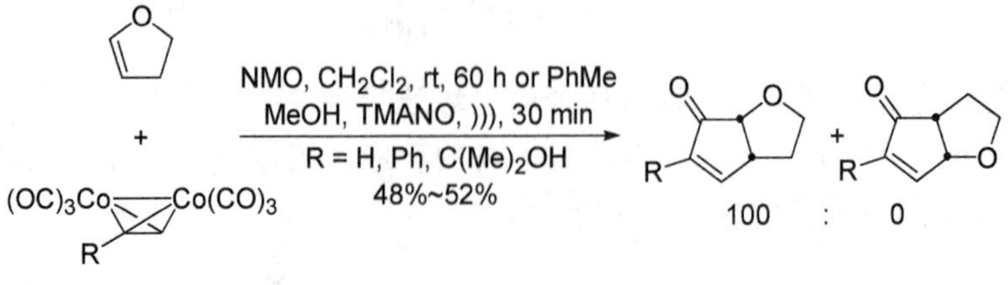

(50)

3.1.3.3 "无痕"链接控制区域选择性

整体而言，能够有效控制分子间 P-K 反应区域选择性的手段并不多。其中一个重要的策略是将分子间的反应通过可以去掉的分子链转换为分子内的反应，利用分子内反应的区域选择性来有效控制产物的生成。这种方法不仅可以使许多反应活性很差的链状烯烃也能够有效地参与反应，而且还可以避免使用气态底物 (例如：乙炔和乙烯等) 在操作上的不便。最常见的链接方法是使用杂原子，例如：氧[113]、硫[114]和硅[115~118]等 (式 51 和式 52)。

(51)

(52)

3.1.4　各种金属羰基化合物

除了金属钴羰基化合物外，还有其它几种金属羰基化合物曾经用于经典的 P-K 反应，例如：$Fe(CO)_5$[119,120]、$(NMe_3)Fe(CO)_4$[71]、$W(CO)_5 \cdot THF$[121]、$K(DB_{18}C_6)[(CO)MF]$、$Bu_4N[(CO)_5MF]$ (M = Cr 或 W)[122]、$Cr(CO)_5$[122]、$Mo(CO)_6/DMSO$[72,123]、Cp_2ZrEt_2[124]、Cp_2ZrBu_2[125]、和 $CpM(CO)_2$ (M = Mo 或 W)[126]等。其中，$Mo(CO)_6/DMSO$ 在丙二烯的分子内反应中应用很广泛。Cp_2ZrBu_2 参与的 1,6-烯炔分子内 P-K 反应具有高度的立体选择性 (> 99%)，曾被成功应用于天然产物 (±)-Pentalenic acid 的全合成。此外，含 Ti、Ni、Ru、Rh、和 Ir 等金属配合物主要被应用在催化 P-K 反应中。

3.2　催化 Pauson-Khand 反应

3.2.1　钴催化的 P-K 反应

经典的 P-K 反应必须使用化学计量的八羰基二钴。这种金属配合物不稳定，在空气中能够自燃且不容易回收。因此，在工业界大量使用对环境有潜在的危害。从 P-K 反应的机理我们知道，八羰基二钴在反应最终会再生。因此，使用催化量金属进行催化 P-K 反应在理论上是可行的。1973 年，Pauson 等在发现此反应的时候就报道了催化条件下乙炔或苯乙炔与降冰片烯或降冰片二烯的反应，反应的催化效率相当好 (式 53)[3]。直到 1990 年，Rautenstrauch 等又报道：在类似的反应条件下，没有张力的烯烃中只有反应活性最高的乙烯才能发生类似的反应，而且催化效率非常高 (TON = 220，TOR = 0.04 s^{-1})(式 54)[127]。

$$
\text{（反应式）} \xrightarrow[\substack{i\text{-}C_8H_{18},\ 60\sim70\ ^\circ C \\ 61.5\%}]{\text{Co}_2(\text{CO})_8\ (2.3\ \text{mol}\%)} \tag{53}
$$

$$
\equiv\!\!-(CH_2)_4CH_3 \xrightarrow[\substack{C_2H_4\ (40\ \text{atm}),\ PhMe,\ 150\ ^\circ C,\ 16\ h \\ 47\%\sim49\%}]{\text{Co}_2(\text{CO})_8\ (0.22\ \text{mol}\%),\ CO\ (100\ \text{atm})} \text{（反应式）}\!\!-(CH_2)_4CH_3 \tag{54}
$$

在使用 $Co_2(CO)_8$ 催化的 P-K 反应中，三分子炔缩合生成芳香化合物是主要的副反应。因此，通常需要使用大大过量的烯烃来减少副反应。催化剂失活的主要途径是通过二聚生成没有活性的高阶金属簇 $Co_4(CO)_{12}$[3,128]。由于该二聚过程是可逆的，$Co_4(CO)_{12}$ 在一氧化碳高压气氛下可以解离为 $Co_2(CO)_8$。因此，多数的催化 P-K 反应都需要高于 1 atm（1atm≈0.1MPa）的一氧化碳气氛下进行。然而，与此相矛盾的是，一氧化碳高压气氛下的条件不利于炔基六羰基二钴中羰基的解离。Livinghouse 等发现：在严格的温度范围内 (55~65 ℃)，使用 5~10 mol% 的 $Co_2(CO)_8$ 催化的分子内 P-K 反应可以在 1 atm 的一氧化碳气氛下顺利进行。但是，该过程要求使用高纯催化剂，不能直接使用商品化的八羰基二钴[41]。适应该类催化剂的反应底物范围较广，带有 1,1- 或 1,2-二取代烯基和二取代炔基的底物均可以高产率地发生反应。1,6-烯炔可以发生分子内 P-K 反应形成 5,5-稠环产物，1,7-烯炔也能高产率地生成 5,6-稠环产物 (式 55)。

$$
\text{MeO}_2\text{C}\,\text{（反应式）} \xrightarrow[\substack{(1\ \text{atm}),\ DME,\ 60\ ^\circ C,\ 12\ h \\ 77\%}]{\text{Co}_2(\text{CO})_8\ (10\ \text{mol}\%),\ CO} \text{MeO}_2\text{C}\,\text{（反应式）}\!\!=\!\!O \tag{55}
$$

有关金属钴催化的 P-K 反应的研究热点主要包括：避免很麻烦的纯化 $Co_2(CO)_8$ 过程；寻找和使用稳定易得的钴源；提高催化剂的活性使反应可以在常压或者低压的 CO 气氛下进行；以及提高催化剂的周转次数和周转率等。

1994 年，Jeong 等首先发现[30]：在稍高的 CO 压力 (3 atm) 下，添加一定量的亚磷酸酯 [例如：P(OPh)$_3$] 能够明显提高催化剂的稳定性和增加反应的产率。根据类似的原理，Gibson 等制备了对空气稳定的配合物七羰基三苯基膦二钴 $(Ph_3P)Co_2(CO)_7$ 作为催化剂。实验证明：采用 5 mol% 的该催化剂，分子内 P-K 反应或者降冰片烯和降冰片二烯参与的分子间 P-K 反应都可以在 1.05 atm 的一氧化碳气氛下顺利完成 (式 56)[129]。

$$
\text{（反应式）} + \equiv\!\!-Ph \xrightarrow[\substack{(1.05\ \text{atm}),\ DME,\ 75\ ^\circ C,\ 4\ h \\ 96\%}]{(Ph_3P)Co_2(CO)_7\ (5\ \text{mol}\%),\ CO} \text{（反应式）}\!\!-Ph \tag{56}
$$

Hashimoto 和 Saigo 等报道：添加特定的路易斯碱 (例如：Bu$_3$P=S)，也可以有效地提高 Co$_2$(CO)$_8$ 的催化效率。如式 57 所示：没有 Bu$_3$P=S 时，该反应的产率只有 25%；但是，在 Bu$_3$P=S 的存在下，该反应能在常压的一氧化碳气氛下高产率地进行[130]。

$$\begin{array}{c}\text{Co}_2(\text{CO})_8\ (10\ \text{mol\%}),\ \text{Bu}_3\text{PS}\ (40\ \text{mol\%}) \\ \xrightarrow[\hspace{2cm}83\%\hspace{2cm}]{\text{CO}\ (1\ \text{atm}),\ \text{PhH},\ 70\ ^\circ\text{C},\ 24\ \text{h}} \end{array} \qquad (57)$$

Chen 和 Yang 等对分子内 P-K 反应的研究发现：添加六倍催化剂量的四甲基硫脲 (TMTU) 也可以达到提高催化效率的作用[37]。

Chung 等通过使用 NaBH$_4$ 在体系内还原高价钴 [Co(acac)$_2$ 或 Co(acac)$_3$] 来获得零价钴，并原位生成羰基配合物催化剂 [很可能是 Co$_2$(CO)$_8$]。虽然这样产生的催化剂仍然需要在 40 atm 的一氧化碳气氛下长时间反应，但催化反应的周转次数很高 (TON = 100)(式 58)[131]。

$$\begin{array}{c}\text{Co(acac)}_2\ (1\ \text{mol\%}),\ \text{NaBH}_4\ (2\ \text{mol\%}) \\ + \quad \equiv\!\!-\text{Ph}\ \xrightarrow[\hspace{2cm}100\%\hspace{2cm}]{\text{CO}\ (40\ \text{atm}),\ \text{DCM},\ 80\sim100\ ^\circ\text{C},\ 2\sim3\ \text{d}} \end{array} \qquad (58)$$

3,3-二甲基-3-羟基-炔基六羰基二钴容易制备，是一个在常温下非常稳定晶体状金属配合物。Livinghouse 等报道：使用该配合物作为钴源，在经三乙基硅还原降解后可以替代 Co$_2$(CO)$_8$ 作为分子内 P-K 反应的有效催化剂 (式 59)[132]。

$$\begin{array}{c}\text{HO}\!-\!\overset{|}{\underset{|}{\text{C}}}\!-\!\text{Co(CO)}_3 \\ (\text{OC})_3\text{Co} \\ \downarrow \text{Et}_3\text{SiH},\ 65\ ^\circ\text{C},\ 15\ \text{min} \end{array}$$

$$\begin{array}{c}\text{EtO}_2\text{C} \\ \text{EtO}_2\text{C} \end{array}\quad \xrightarrow[\hspace{2cm}92\%\hspace{2cm}]{\begin{array}{c}\text{active Co cat.}\ (5\ \text{mol\%}) \\ \text{CO}\ (1\ \text{atm}),\ \text{DME},\ 65\ ^\circ\text{C},\ 6\ \text{h}\end{array}}\quad \begin{array}{c}\text{EtO}_2\text{C} \\ \text{EtO}_2\text{C} \end{array} \qquad (59)$$

Chung 等比较了 (η^5-C$_5$H$_5$)Co(COD) 和 (η^5-C$_9$H$_7$)Co(COD)$_2$ 的催化活性后发现：茚基钴的催化活性要比茂基钴高得多，周转次数可以达到 500 (式 60)[133]。这可能要归功于"茚基效应"，即茚基可以容易地从五配位 η^5 转到三配位 η^3，从而空出配位空间方便烯烃的配位[134]。但是，茚基钴催化的反应通常需要在较高压力 (15 atm) 的一氧化碳气氛下，而且不能够催化无张力烯烃的反应。表 1 总结了各种不同条件下均相钴催化的 P-K 反应 (式 61)。

$$(60)$$

$$(61)$$

表 1　各种不同条件下均相钴催化的 P-K 反应（式 61）的比较

催化剂	添加剂	CO压力 / atm	溶剂，温度，时间	产率 /%
$Co_2(CO)_8$ (1 mol%)[30]	无	3	1,2-二甲氧基乙烷，100 °C，24 h	4
$Co_2(CO)_8$ (3 mol%)[130]	无	1	苯，70 °C 24 h	50
高纯　$Co_2(CO)_8$ (3 mol%)[41]	无	1	二甲氧基乙烷，60 °C，12 h	83
$Co_2(CO)_8$ (3 mol%)[30]	$P(OPh)_3$ (10 mol%)	3	1,2-二甲氧基乙烷，100 °C，24 h	82
$Co_2(CO)_8$ (3 mol%)[130]	Bu_3PS (18 mol%)	1	苯，70 °C，24 h	90
$Co_2(CO)_8$ (5 mol%)[37]	TMTU (30 mol%)	1	苯，70 °C，4 h	90
$(Ph_3P)Co_2(CO)_7$ (5 mol%)[129]	无	1.05	1,2-二甲氧基乙烷，70 °C，4 h	80
$Co(acac)_2$ (5 mol%)　+　$NaBH_4$ (10 mol%)[131]	无	40	二氯甲烷，80~100 °C，2~3 d	66
$(\eta^5\text{-}C_9H_7)Co(COD)_2$ (2 mol%)[133]	无	15	1,2-二甲氧基乙烷，100 °C，40 h	64

　　除了均相催化外，钴的异相催化 P-K 反应研究也取得了一定的成功。异相催化的优点是后处理方便（通常只需过滤）和催化剂可重复使用。2000 年，Gibson 等首先报道：在高分子负载的有机膦配位的羰基钴存在下，分子内 P-K 反应可以在常压的一氧化碳气氛下完成。但是，该论文没有涉及到催化剂的重复使用[135]。几乎同时，Hyeon 和 Chung 等也报道了使用微孔硅胶 (2~10 nm 孔径) 吸附的金属钴可以有效地催化分子内 P-K 反应。但是，该反应条件需要比较高的反应温度和压力 (130 °C, 20 atm)，而且对分子间 P-K 反应的催化效果较差[136]。不过，这一不足在使用炭粉吸附的金属钴作催化剂时得到了大大改观[137]，钴原子胶体[138]和吸附在炭粉上的纳米钴粒子[139]也有类似的催化活性。如果在水相中进行催化 P-K 反应，稳定的钴原子溶胶比其它形式的催化剂更优越[140]。实验证明：这些异相钴催化剂都可以重复使用数次而仍然保持较高的催化活性。表 2 总结了比较典型的异相催化 P-K 反应 (式 62)。

$$(62)$$

表 2　各种不同条件下异相钴催化的 P-K 反应（式 62）的比较

催化剂	用量/mol%	溶剂	CO 压力/atm	产率/%	重用次数
$\begin{array}{c}Ph_2\\P{-}Co(CO)_3\\P{-}Co(CO)_3\\Ph_2\end{array}$	5	四氢呋喃	1	49	—
Co/微孔硅胶	13	二氯甲烷	20	95	3
Co/炭粉	16	四氢呋喃	20	98	9
Co 原子溶胶	45	四氢呋喃	5	97	4
Co 原子溶胶	67	水	20	96	4

3.2.2　其它金属催化剂

除了金属钴催化剂外，其它金属催化的 P-K 反应的研究很不详细。整体而言，这些反应主要局限于分子内 P-K 反应，而且具有底物范围窄和官能团兼容性差的缺点。

1996 年，Buchwald 等最早报道了具有实用性的钛催化的 P-K 反应[141,142]。该反应主要适用于分子内 P-K 反应，使用商品化和稳定的茂基钛配合物 $Cp_2Ti(CO)_2$ (5~20 mol%)。其优点是可以在 1 atm (位阻小的端炔或端烯) 甚至 0.34 atm (位阻大的内炔、二取代烯基、或 1,7-烯炔) 的 CO 气氛中进行 (式 63)。不足之处是对许多重要的官能团不兼容 (例如：羟基、甲基芳基酮、硝基、丙炔基酮以及丙炔基酮酯等)，对烯基和炔基上带有较大基团 (例如：TMS 和 t-Bu) 的底物反应性低。虽然使用 $Cp(DPPP)TiCl_2$ 对大取代基的容忍度较高[143]，但周转次数只略高于 1。

$$\text{(63)}$$

P-K 反应中主要使用的钌催化剂是 $[Ru_3(CO)_{12}]$[144,145]。该催化剂对炔基上的空间位阻容忍性比钛催化剂的好，但反应一般需要在 10~15 atm 的 CO 气氛下进行。

目前，只有 Chen 和 Yang 等报道的一例钯催化的 P-K 反应[146,147]。该反应条件温和，但催化剂的用量较高且反应时间略长 [$PdCl_2$ (15 mol%), TMTU (15 mol%), LiCl (1~15 mol%), CO (1 atm), THF, 60 $^{\circ}$C, 48 h]。其中，使用催化量的

LiCl 是提高反应产率的关键。该反应的适用范围较广，可以使用全碳链、醚链、酯链、或者胺链的烯炔，也可以使用端炔和带有烷基或苯基的炔基。但是，他们没有对炔基上带有大基团的底物进行考察。

可能由于铱较昂贵的原因，铱催化剂主要应用在不对称催化的 P-K 反应中（见第 4 节），但其催化效率并不比其它金属高。2000 年，Shibata 等[148]首先使用 10 mol% 的 [Ir(COD)Cl]$_2$ 在常压的一氧化碳气氛下催化简单丙烯基丙炔基醚的反应。虽然反应在回流的二甲苯中进行，但只得到 23% 的产率。在添加 4 倍量的 PPh$_3$ 后，产率可以提高到 54%。Shibata 还报道了丙二烯的分子内 P-K 反应[78]，最优化的条件是使用 PPh$_3$ 作为配体和较低的 CO 压力 (0.2 atm) (式64)。该催化剂的活性基本上不会受到炔基上带有大基团的底物的影响，在相同条件下比 RhCl(CO)(PPh$_3$)$_2$ 的选择性和产率都好。

$$\text{(64)}$$

1998 年，Narasaka[149,150]和 Jeong[151,152]两个研究小组都报道了使用铑催化可以有效地催化 P-K 反应。现在，在丙二烯[73,75,118]和 1,3-二烯[64,91~93]参与的催化和不对称催化[153,154] P-K 反应中，铑是使用最多的金属之一。其中，常用的均相催化体系包括：*trans*-[RhCl(CO)(dppp)]$_2$[151]、RhCl(PPh$_3$)$_3$/2AgOTf[151] 和 [RhCl(CO)$_2$]$_2$[149,150]等。Chung 等报道了铑的异相催化剂 (硅溶胶-凝胶吸附的 [Rh(cod)(μ-Cl)]$_2$)[155]，但局限于分子内 P-K 反应。在 5 atm 的 CO 气氛下，该催化剂可以重复使用 10 次效率不变。表 3 列举了各种催化体系下炔基上带有大基团的底物的 P-K 反应 (式 65)。

$$\text{(65)}$$

表 3 各种催化体系下炔基上带有大基团的底物的 P-K 反应 (式 65)

Z	催化剂	反应条件	产率
C(CO$_2$Et)$_2$	Cp$_2$Ti(CO)$_2$ (5 mol%)	1.22 atm CO, 甲苯, 90 $^{\circ}$C, 12 h	0%
NPh	Cp(DPPP)TiCl$_2$ (30 mol%), BuLi (60 mol%)	2.1 atm CO, 甲苯, 95 $^{\circ}$C, 24 h	38%
C(CO$_2$Et)$_2$	Ru$_3$(CO)$_{12}$ (2 mol%)	15 atm CO, DMA, 140 $^{\circ}$C, 8 h	85%
C(CO$_2$Et)$_2$	*trans*-[RhCl(CO)(dppp)]$_2$ (2.5 mol%)	1 atm CO, 甲苯, 110 $^{\circ}$C, 24 h	0%
C(CO$_2$Et)$_2$	RhCl(PPh$_3$)$_3$ (5 mol%), AgOTf (10 mol%)	1 atm CO, 甲苯, 110 $^{\circ}$C, 18 h	20%
C(CO$_2$Et)$_2$	[RhCl(CO)$_2$]$_2$ (5 mol%)	1 atm CO, *t*-Bu$_2$O, 150 $^{\circ}$C, 18 h	76%
O[①]	[Rh(cod)(μ-Cl)]$_2$ (10 mol%)/silica sol-gel	5 atm CO, THF, 100 $^{\circ}$C, 12 h	83%

① 底物中使用 TIPS 替代 TMS.

3.3 一氧化碳替代物

在催化 P-K 反应中，通常使用一氧化碳作为羰基源来完成催化剂的再生过程。一氧化碳显然是最经济的羰基源，但是由于剧毒性质而在使用上受到非常严格的限制。因此，使用其它非气体和低毒性的羰基源具有一定的实际意义。2002年，Morimoto 和 Kakiuchi 等人首先报道了使用普通的醛 (例如：C_6F_5CHO 等) 替代一氧化碳在铑、铱和钌等催化的 P-K 反应中作为羰基源[156]。实验表明：使用 2 倍量的 2-萘醛可以得到 85% 的 P-K 反应产物，并回收 41% 的醛 (式66)。该反应具有产率高和底物适用比较广泛的优点，但反应时间比使用一氧化碳时较长。其可能的反应机理如图 6 所示。

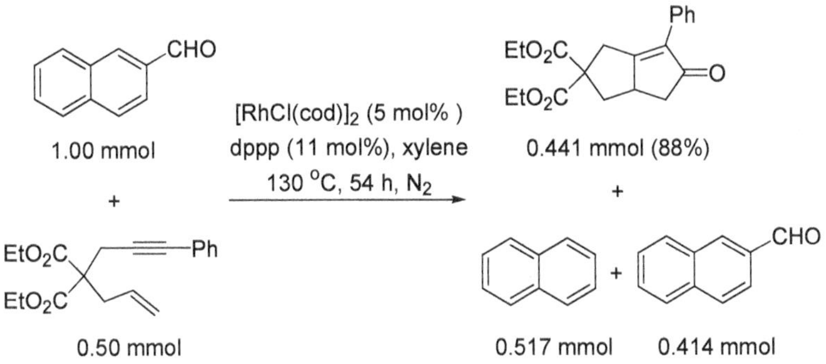

(66)

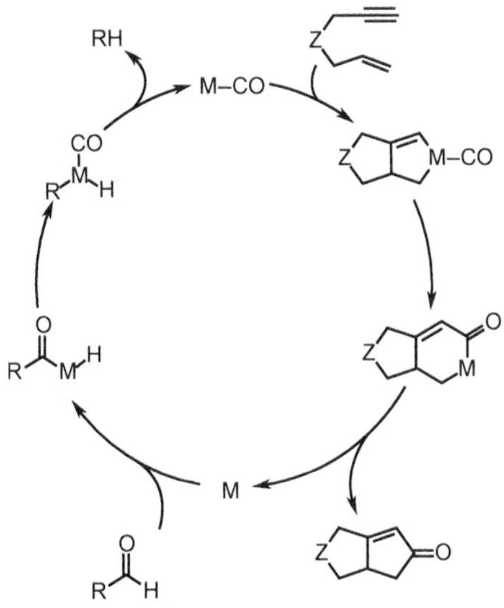

图 6 使用醛作为羰基源的 P-K 反应可能的作用机理

在改进的方法中，Shibata 等[157,158]发现直接使用肉桂醛作为反应溶剂可以将反应时间缩短到数小时。更有意义的是，在此条件下使用非离子化的铑催化剂和手性配体就可以相当好的产率和立体选择性[158]。在该催化过程中，醛在 Rh(dppp)₂Cl 下脱羰基首先产生 P-K 反应的羰基铑催化剂，然后再与底物反应，其中没有游离的一氧化碳放出。

使用甲醛作为羰基源在水相中进行的 P-K 反应最具吸引力[159]，不仅使用便宜低毒的羰基源而且不需要有机溶剂。如式 67 所示：该反应需要使用水溶性的磷配体 TPPTS (triphenylphosphane-3,3′,3″-trisulfonic acid trisodiumsalt)，对相当广范围内的底物都得到很好的产率，包括形成二环 [4.3.0] 产物。

$$\text{(67)}$$

single isomer

特定的甲酸酯也可以被用作为羰基源参与 P-K 反应。Chung 等[160]报道：在 Ru/Co 混合纳米粒子催化下，使用 2-吡啶甲基甲酸酯作为羰基源进行的 P-K 反应可以得到非常高的产率，但使用肉桂醛等则没有反应发生。此催化体系甚至适用于某些分子间的 P-K 反应。

3.4 Pauson-Khand 反应中的主要副反应

根据底物和反应条件等具体情况不同，P-K 反应的副反应有很多种。尤其是分子间的 P-K 反应，难以一一概括。

前面提到，催化分子间 P-K 反应的一个主要副反应是三分子炔烃自身聚合生成芳香化合物 (式 68)。除此之外，两分子炔烃可以与一分子 CO 反应首先形成环戊二烯酮，然后再与一分子炔和一分子 CO 反应形成螺环内酯等一系列副产物 (式 69)[127]。事实上，这些副反应形成的主要原因就是因为烯烃 (特别是那些没有张力的烯烃) 的配位能力远远小于炔烃。为了有效地减少这类副反应，通常需要使用过量的烯烃 (至少 2 倍)。

$$\text{(68)}$$

$$\text{(69)}$$

也有个别文献报道：若炔烃底物的反应活性非常低时，有张力的活性烯烃会自身反应生成一个烯醇内酯[161]，而正常的 P-K 反应完全被抑制 (式 70)。

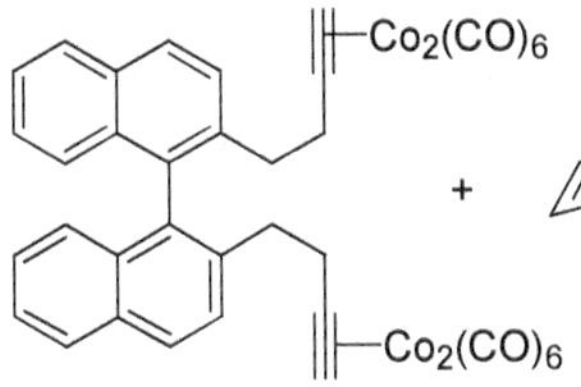

(70)

在某些条件下，反应活性非常高的环丙烯的自身成环反应远远超过与炔烃的 P-K 反应 (式 71)[162]。

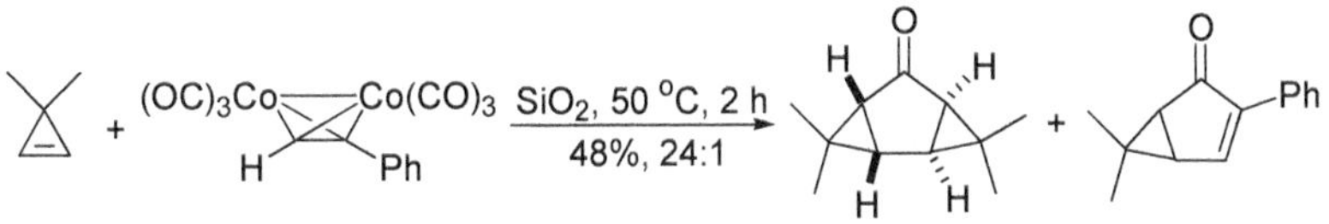

(71)

另外，烯烃在过渡金属作用下发生双键转移的情况也较为普遍。如图 7 所示[163]：在羰基钴存在下，对于炔基上带有大基团的底物，如果在一氧化碳气氛下反应得到正常的 P-K 反应产物。然而，同样的反应在氢气氛下进行，则得到底物双键位移的异构体和一个环戊烯。

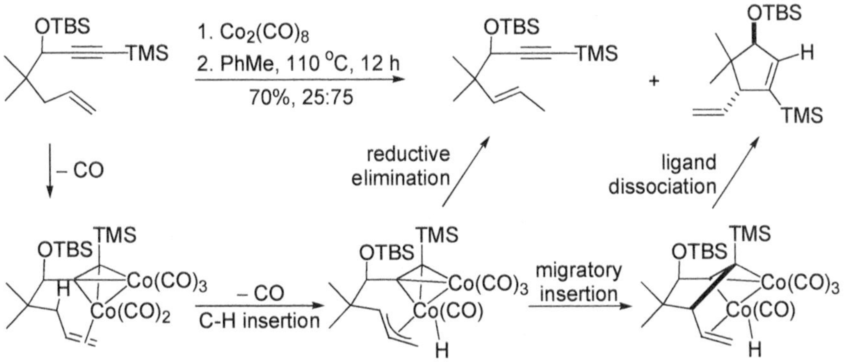

图 7　P-K 反应中的烯基双键位移副反应

前面提到，苯乙烯和带有拉电子基团的烯烃参与的 P-K 反应在加热条件下的一个主要的副反应是形成 1,3-二烯。其反应机理是金属的 β-H 消除快于羰基的插入反应。类似的反应甚至出现在非缺电子烯的分子内 P-K 反应中[164]，在加热条件下相当普遍，是合成 1,3-二烯的一个途径。Krafft 等用同位素标记的方法证实了反应的机理是 β-H 消除而并非 α-H 消除 (式 72 和式 73)。

在 2,2-二取代烯基参加的反应中，有时也会有 1,4-二烯的副产物生成。此时由于季碳使得 β-H 消除形成 1,3-二烯的途径不可能，从而转而和原烯丙基位的氢发生消除 (式 74)。

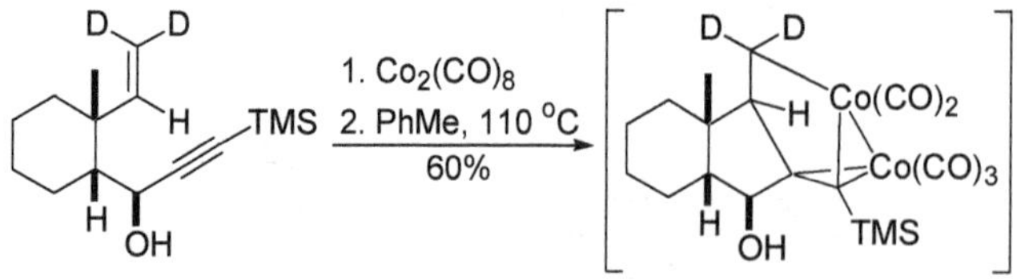

式 (72)

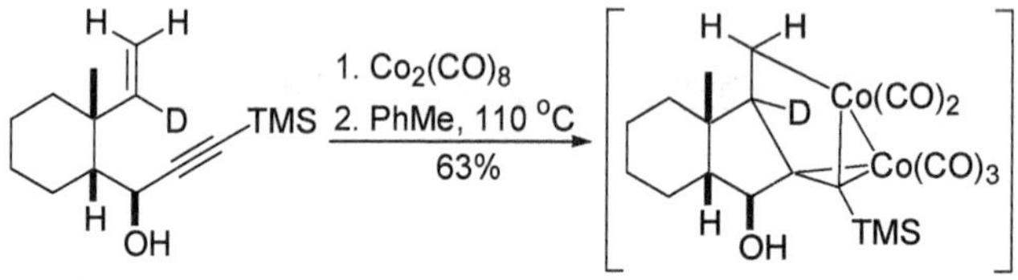

式 (73)

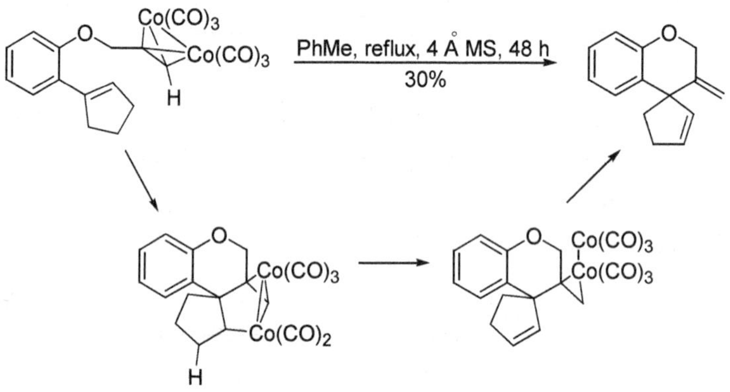

式 (74)

4 不对称 Pauson-Khand 反应

根据 P-K 反应中手性碳原子的形成机制，不对称 P-K 反应大致可以通过五种方法来实现：底物的手性转移、手性底物诱导、手性辅基诱导、手性活化剂诱导和手性配体诱导等。

4.1 底物的手性转移

底物的手性转移是指具有手性的反应底物中一个或多个手性因素参加反应，在反应后原手性因素消失并形成新的手性因素。例如：使用 95% ee 的手性丙二烯与六羰基钼反应，得到 $E/Z = 8/1$ 的 P-K 反应产物 (式 75)。在该反应中，由于硅基的空阻使得金属有选择地与丙二烯中参加反应双键的其中一面发生配位。由于烯基的迁移插入是协同的，因此产物完全继承了反应物的光学活性。由于 E-异构体在硅胶柱色谱中部分异构化为 Z-异构体的对应异构体，从而降低了反应中生成的 Z-异构体的光学活性[165]。

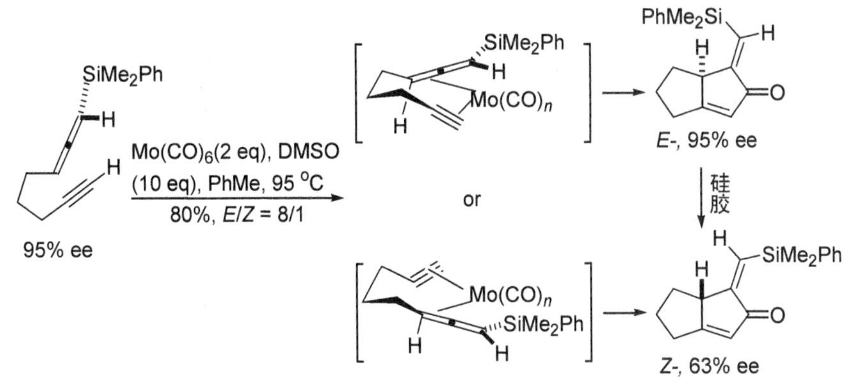

(75)

4.2 手性底物诱导

底物的手性诱导是指具有手性的反应底物参与反应，并在其手性因素的影响下有选择地形成新的手性因素。这种方法在不对称 P-K 反应中比较常用，分子内不对称 P-K 反应能得到高度的非对映异构选择性。

如式 76 所示[24]：烯炔底物中的邻二羟基可以通过氢键作用锁定 P-K 反应中间体的六员环构象，从而使得位阻较大的乙烯基选择性地占据准平伏键的位置。所以，反应产物的非对映异构选择性可以达到 98:2。

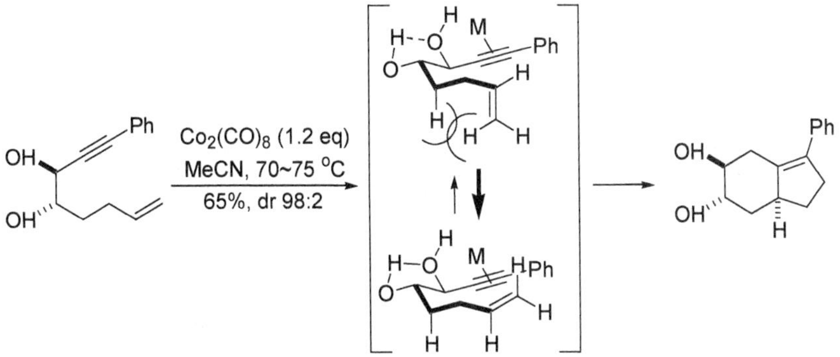

(76)

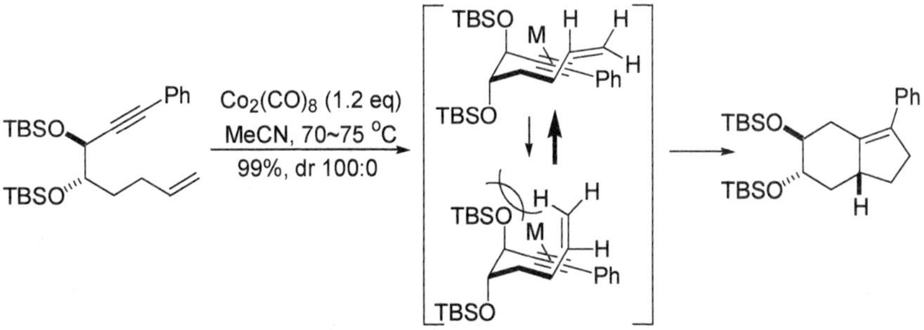

(77)

又如式 77 所示：如果使用 TBS 将烯炔底物中的邻二羟基保护起来，P-K 反应中间体就没有了分子间氢键的影响。此时，两个相邻的 TBS 基团在空间排斥作用下占据了中间体的六员环构象中的准直立键的位置，烯基仍然选择准平伏键的位置。因此，反应得到和没有 TBS 时完全相反的非对映异构选择性。

4.3 手性辅基诱导

手性辅基诱导是指在没有手性的反应物上首先引入一个有手性的基团 (通常是共价键连接的)，并在其诱导下发生不对称反应形成新的手性因素。当手性反应完成后，再将手性辅基去掉。最好的情况下，手性辅基应该可以回收和重复利用。手性辅基在不对称合成中使用很广泛，也是不对称 P-K 反应中的常用手段。较早比较成功使用手性辅基的例子见于 Moyano 等人的 Hirsutene 合成 (式 78)[166]。在手性环己醚辅基的诱导下分子内 P-K 反应达到 55% 的产率和 5.6:1 的非对映异构选择性。

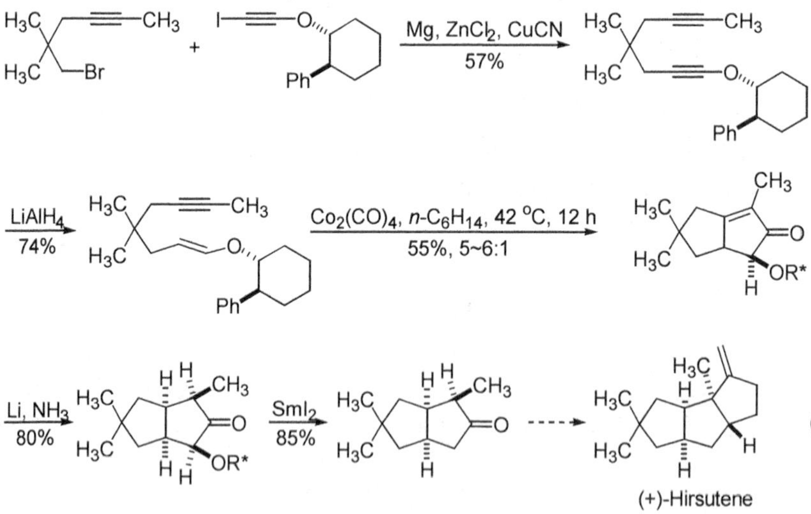

(78)

(+)-Hirsutene

Pericàs 和 Riera 设计的 "螯合辅基" (chelating auxiliary)[49,167,168] 为该方法带来了突破性的进展，使得分子间 P-K 反应的不对称选择性也非常好。如式 79 所示：X 可以是 O- 或 S-原子，后者在和 $Co_2(CO)_8$ 反应时要比前者稳定，但前者比后者的回收率高 (辅基 7 的回收率：X = O, 99%；X = S, 59%)。

"螯合辅基" 中的 -SR 基团是必需的，它的作用是与 Co 原子螯合，使其不能自由绕 Co-Co 轴旋转，从而大大提高反应的立体选择性。将 -SR 替换成 $OCH_2C(CH_3)_3$，产物的非对映选择性下降到 4.6:1 (式 80)。这种手性辅基的缺点是：反应的炔基部分的合成较困难；反应物的范围只限于端炔和有张力的烯烃；辅基不能直接脱掉，必须先将共轭烯酮经还原或 1,4-加成去掉其碳-碳双键后才能用比较激烈的手段 (SmI_2) 脱掉。

此后，Pericàs 和 Riera 等又设计了一系列新的手性辅基[169]，其中以莰烷磺内酰胺 (Bornane-10,2-sultam) 为最好 (式 81)。不过樟脑衍生的手性噁唑酮的诱导选择性也不错，而且手性辅基可以在相对温和的条件下脱除 (式 82)。

Carretero 等利用带有手性亚砜的烯参加 P-K 反应。当亚砜上的取代基合适时，能获得很好的非对映异构选择性 (式 83)。叔丁基在分子内 P-K 反应中给出最好的结果[170]，邻二甲氨基苯基在分子间 P-K 反应中给出最好的结果[171,172]，内炔在此条件下的反应活性很低。

如式 84 所示：此反应已经被成功地应用于 (–)-Pentenomycin 的不对称合成。

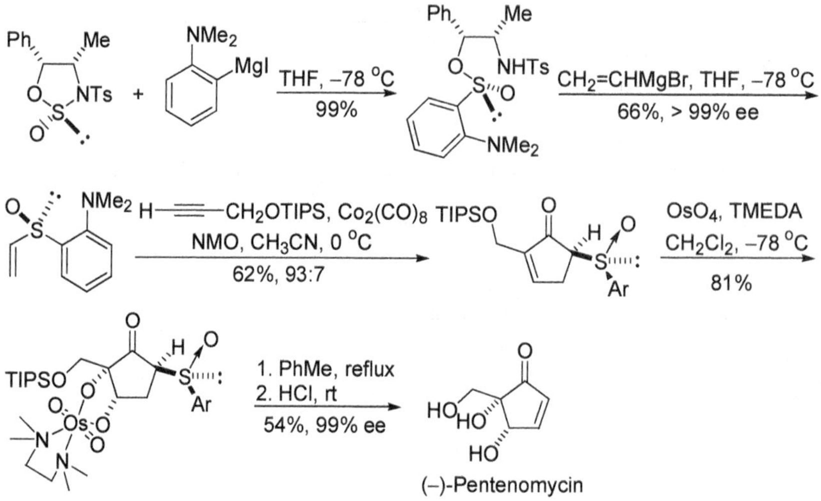

(84)

(–)-Pentenomycin

4.4 手性活化剂

P-K 反应的一个特色是使用活化剂可以加速羰基的离去。在双金属 Co 参与的 P-K 反应中，使用手性活化剂可以立体选择性地加速其中一个 Co 上的羰基的离去。在和烯烃配合后形成非外消旋的反应中间体，从而得到有光学活性的产物 (图 8)。然而，目前通过这种机制实现的立体选择性不高。使用二甲马钱子碱的氮氧化物能够得到最好的手性诱导效果，在某些情况下可以得到 78% ee[173]。使用这种机制的 P-K 反应不多，最主要的局限是必须使用大大过量的手性氮氧化物。

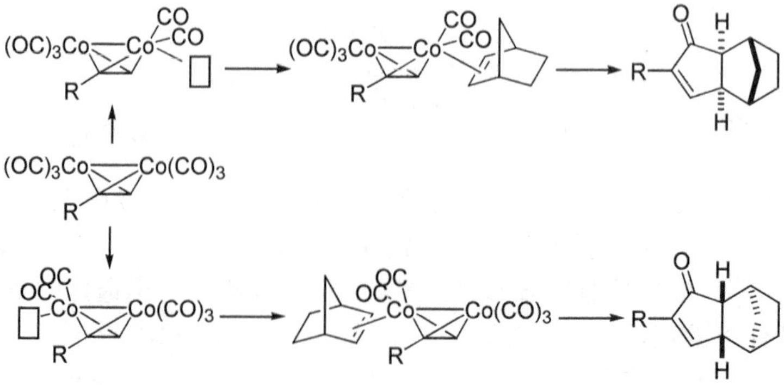

图 8 手性活化剂诱导的不对称 P-K 反应的可能的作用机理

4.5 手性配体诱导

手性配体诱导的机制是通过手性配体和金属配位形成的手性金属配合物来控制新的手性中心形成时的反应过渡态的构象。理想情况下，手性配体和金属的配位要牢固，而且配位后金属配合物的反应速度要比没有配体时快，从而减少背景反应，使得只需要催化量的手性配体就能获得好的对映异构选择性。在手性配体诱导的不对称分子内 P-K 反应方面，目前取得了一些成果，但分子间的还存在很多困难。

4.5.1 使用化学计量手性金属配合物

许多过渡金属参与的不对称反应中，双磷配体由于可以和金属螯合形成较牢固的构象，往往不对称选择性比单磷配体好 (图 9)。但是，双磷配体 (例如：BINAP) 和炔基羰基二钴形成的桥环配合物 (一个磷和一个钴分别配合) 使得烯烃的分子间反应完全被抑制了[174]，仅仅在某些分子内反应中取得了局部成功[175,176]。Greene 等设计的 "P-N-P" 型双磷配体对分子间 P-K 反应中有一定的反应活性，氮原子上带有手性基团的这类配体和苯乙炔羰基二钴形成的手性配合物与 2,5-降冰片烯反应的产物有少许光学活性 (16% ee)[177]。

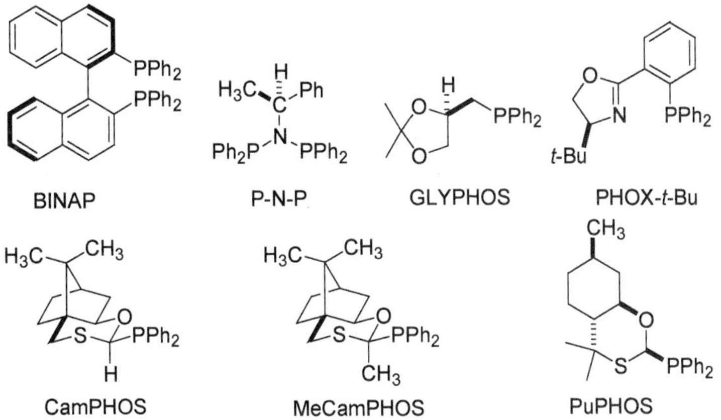

图 9　部分双磷配体的结构

1988 年，Pauson[178]等最早使用手性配体单磷配体 GLYPHOS 和苯乙炔六羰基二钴配合物反应，仅以 3:2 的选择性得到 GLYPHOS 配位的两个非对映异构体。如果使用此混合物和 2,5-降冰片烯反应，产物只得到 35.6% 的光学活性。如果重结晶分离出其中的一个金属配合物异构体，并和 2,5-降冰片烯反应，则可以得到光学纯的产物 (式 85)。

类似地，Moyano 等使用单磷配体 PHOX-t-Bu 和炔基六羰基二钴在较低温度下反应 (PhMe, 70 ℃) 生成单配位的手性配合物 (非对映异构选择性很差，大约在 1:1)[179,180]。使用柱色谱分离后，其中一个异构体在低温下和 NBD 的反应 (使用 NMO 活化) 可以得到很好的立体选择性。表 4 对手性金属配合物诱导的分子间 P-K 反应 (式 86) 进行了比较。

$$(85)$$

31%, > 99% ee 76%, > 99% ee

$$(86)$$

表 4　手性金属配合物诱导的分子间 P-K 反应 (式 86) 的比较

序号	R	手性配体 L	反应条件	金属配合物 dr	产率	产物的 ee
1	Ph	P-N-P	甲苯, 80 °C, 3~5 d	—	54%	16%
2	Ph	GLYPHOS	NMO, DCM, rt, 6~8 h	1.5:1 (可分离)	76%	>99%
3	Ph	PHOX-t-Bu	甲苯, 45 °C, 18 h	1.25:1 (可分离)	98%	74%
4	Ph	PHOX-t-Bu	NMO, DCM, 0 °C, 24 h	1.25:1 (可分离)	99%	97%
5	TMS	PHOX-t-Bu	NMO, DCM, 20 °C, 24 h	1.33:1 (可分离)	50%	19%
7	Ph	PuPHOS	甲苯, 50 °C, 30 min	1:1 (可分离)	99%	99%
8	TMS	PuPHOS	NMO, DCM, rt, 3 d	3:1 (可分离)	93%	97%
9	TMS	MeCamPHOS	NMO, DCM, rt, 2 d	12:1 (不可分离)	72%	79%
10	CON^{i}Pr$_2$	CamPHOS	甲苯, 65 °C, 6~24 h	200:1 (可分离)	91%	91%
11	CON^{i}Pr$_2$	CamPHOS	NMO, DCM, rt, 2 d	200:1 (可分离)	72%	79%

单磷手性配体诱导的 Co 参与的 P-K 反应有以下特点:

(1) 对反应机理的研究发现, 当一个有机磷配体 (弱 π-受体) 置换掉一个 CO (强 π-受体) 后, 和磷配位的金属 Co 对其它的羰基的电子反馈键增强, 使得该 Co 原子上的羰基不容易解离。因此, 烯烃实际上是和另一个 Co 原子配位[10]。

(2) 不对称选择性的来源不是配体自身, 而是整个双金属钴核心的手性[180,181]。通常单一的非对映异构配合物和烯烃反应的立体选择性都很好。但使用混合物的立体选择性非常差。虽然有时可以对两个异构体进行分离富集, 但并不一定总是可行。而且, 在大量合成时非常不实用。所以提高产物的对映异构选择性的关键是提高手性配体在和金属配合时的非对映异构选择性。然而，目前报道的所有配体和炔基六羰基二钴配合时的选择性都远未达到不需要分离的地步。

（3）单磷配体存在的另一个问题是差向异构化，即手性配体配合后得到的非对映异构配合物即使分离提纯了，在某些 P-K 反应的条件下也可以相互转化，从而降低产物的对映异构选择性。往往需要使用活化剂使 P-K 反应能够在温和的条件下足够比差向异构化快[180]。

Pericàs 和 Riera[182~184]设计的磷硫配体（例如：CamPHOS、MeCamPHOS 和 PuPHOS 等）克服了一些单磷配体的不足。它们既有单磷配体的反应活性，但又不容易发生差向异构化。因此，即使在较高温度下反应也能得到不错的立体选择性。有趣地观察到，这些配体在与普通端炔的金属配合时，与其它单磷配体一样没有非对映异构选择性。但是，在长时间加热后，硫原子可以取代一分子 CO 和另外一个钴原子桥配位。根据炔烃上的取代不同，所形成的两个螯合物的非对映异构选择性可达 20:1。CamPHOS 或 PuPHOS 与带有酰胺基的端炔生成的羰基二钴配合时，所得到的螯合物的非对映异构选择性可达 200:1[185]。X 射线晶体衍射显示：这可能要归功于配体上 S 和 P 之间的 CH 与酰胺基之间微弱的氢键。与其它炔烃的不同之处还有，这类底物和 NBD 的 P-K 反应在加热条件下的立体选择性反而好于室温下使用 NMO 的结果。

4.5.2　不对称催化 P-K 反应

成功的不对称催化分子间 P-K 反应比较少见。在催化条件下存在有三个影响立体选择性的问题：① CO 对手性配体的竞争配位；② 手性配体和羰基二钴的配合物的非对映异构选择性不高；③ 差向异构化会变得严重。在不对称催化分子间 P-K 反应中，经典 P-K 反应条件下相当成功的 CamPHOS 和 PuPHOS 配体也暗淡失色（0~40% ee）[186]。这可能是因为在 CO 存在下，配位较弱的硫配位端容易被 CO 置换，使得这些配体的作用相当于普通的单磷配体。目前，使用 Ir-tolBINAP 配合物可以得到最好的不对称催化分子间 P-K 反应。如式 87 所示：Shibata 等利用 Ir-tolBINAP 催化的 1-苯基丙炔和 2,5-降冰片烯之间的反应可以得到 93% ee。但是，催化剂的周转次数（TON）小于 2，而且仅此一例。

$$\text{(87)}$$

事实上，不对称催化 P-K 反应主要是分子内 P-K 反应。除了金属 Co 之外，其它金属（例如：Ti，Rh 和 Ir 等）都有成功的应用。有意思的是，Co 催化剂对端炔的反应性和选择性高于内炔，而其它金属 (特别是 Rh 和 Ir) 则反之。

目前，最成功的金属钴参与的不对称催化体系是 Co$_2$(CO)$_8$-BINAP 或 Co$_4$(CO)$_{12}$-TolBINAP。如式 88 所示[188]：1,6-烯炔的分子内 P-K 反应[175,176,187]可以在常压下的一氧化碳气氛中进行。在底物分子的炔基和烯基上没有任何其它取代时，产物的立体选择性能够达到 90%~96% ee。但是，使用 1,1-二取代烯基将使产物的对映异构选择性大大下降，而内炔则完全没有反应。Co$_2$(CO)$_8$ 和手性联萘酚亚磷酸酯催化的 P-K 反应也只在少数体系中达到中等立体选择性 (< 75% ee)。

Buchwald 等发现了一种手性 Ti-配合物 (*S,S*)-(EBTHI)Ti(CO)$_2$ (式 89)[189]。该催化剂催化的 1,6-烯炔的分子内 P-K 反应是最早具有实用意义的不对称 P-K 反应之一。尽管反应的条件较严格 (温度不能低于 90 °C，一氧化碳的压力需要在 14 psi 左右)，但底物的适用范围较好。它能够兼容炔基上的不同取代基，甚至可以适用于 1,1-二取代烯基。该配合物成功的一个原因是手性配体和金属是以 σ-键相连的，避免了 CO 的竞争配位。但是，这却造成了催化剂对空气和水汽很敏感，反应必须在手套箱中进行。

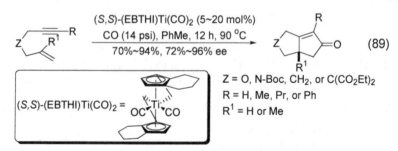

使用后过渡金属可以避免前过渡金属对空气和水的不稳定性。Jeong 等[154]发现：使用离子化的 BINAP-Rh(I) 配合物 [由 [RhCl(CO)$_2$]$_2$ (3 mol%)，(*S*)-BINAP (6 mol%) 和 AgOTf (12 mol%) 在体系中原位制备] 可以有效地催化 1,6-烯炔的分子内 P-K 反应。其中以醚类底物 (Z = O) 的效果最好，烃类 (Z = CH$_2$) 较差。反应速度在甲苯中比较快，但在四氢呋喃中产物的立体选择

性高。一氧化碳的压力对反应的进程和产物立体选择性影响极大，提高压力可以加速反应，但立体选择性明显下降。该反应的立体选择性最高可达 96% ee，而且还可以使用醛 (例如：肉桂醛[158]或甲醛[190]) 替代 CO 作为羰基源。

铑催化剂对水非常稳定，甚至可以在水相中进行。如式 90 所示[190]：在 [RhCl(cod)]₂、亲水配体 TPPTS、憎水配体 (S)-TolBINAP 和表面活性剂 SOS (sodium octadecylsulfate) 的存在下，使用甲醛为羰基源，水相 1,6-烯炔的 P-K 反应可以给出高产率和高度的立体选择性。虽然 1,1-二取代烯基的 1,6-烯炔也可以顺利反应，但端炔不能反应。

$$
\begin{array}{c}
\text{RhCl(cod)}_2\ (5\ \text{mol\%}),\ (S)\text{-Tol-BINAP}\ (10\ \text{mol\%}) \\
\xrightarrow{\quad \text{TPPTS}\ (10\ \text{mol\%}),\ \text{SOS, aq. CH}_2\text{O},\ 1{\sim}8\ \text{h},\ 100\ ^{\circ}\text{C} \quad} \\
47\%{\sim}83\%,\ 74\%{\sim}95\%\ ee
\end{array} \tag{90}
$$

Z = O, NTs or C(CO₂Et)₂
R = Me, Bu, or Ph
R¹ = H or Me

铱可以替代铑催化 1,6-烯炔的 P-K 反应，而且不需要使用离子化的金属配合物。虽然催化剂用量较大，但产率和立体选择性都很好 (式 91)[148]。

$$
\text{TsN} \xrightarrow{\quad \text{conditions} \quad} \tag{91}
$$

conditions		
[RhCl(CO)₂]₂(3 mol%), (S)-BINAP (9 mol%), AgOTf (12 mol%), CO (1 atm), THF, 100 °C, 0.5 h	8% (53% ee)	57% (73% ee)
[RhCl(CO)₂]₂ (5 mol%), (S)-BINAP (10 mol%), cinnamaldehyde (20 eq) Ar, 120 °C, 3 h	7% (53% ee)	74% (71% ee)
[IrCl(CO)₂]₂ (15 mol%), (S)-BINAP (30 mol%), CO (1 atm), PhMe, 130 °C, 24 h	75% (96% ee)	1% (33% ee)

Jeong 等比较了 Rh 或离子化的 Rh⁺ 和 Ir 与 BINAP 类型配体生成的配合物催化的去对称性反应[191]。对几乎所有底物而言，Ir 催化反应的对映异构和非对映异构立体选择性都好于使用 Rh 或 Rh⁺，选择性最好的催化体系是 (4-CH₃OC₆H₄)BINAP-Ir。但是，这些催化反应的速度很慢，催化剂的周转次数和周转率都很低。端炔在各种体系中的立体选择性都很不如意。

Kwang 和 Chan 等[192]详细考查了使用醛作为羰基源时各种手性铱配合物的不对称催化效率。他们发现和铑类似，BINAP 仍然是最好的手性配体，而且不同的醛对产物的对映异构选择性没有影响 (91%~94% ee)。

总体来说，目前不对称催化的 P-K 反应还不尽如人意，催化剂的周转次数和周转率还很低，底物范围非常窄。随着对 P-K 反应的认识的加深，相信会有更加实用的催化剂出现。

5　Pauson-Khand 反应在天然产物合成中的应用

P-K 反应在逆向合成分析中最重要的优点是大大减少了分子的复杂度。特别是分子内 P-K 反应，通常具有非常好的化学、区域和立体选择性。P-K 反应中所使用的烯基和炔基容易得到，而且在许多其它反应中相当惰性，不需要保护(炔基的一个重要的保护方法是形成稳定的六羰基钴的配合物)。而另一方面，P-K 反应对许多其它官能团有很好的兼容性。P-K 反应的产物是天然产物合成中极其有用的环戊烯酮：五员碳环结构是天然产物中的重要骨架，酮基是天然产物中的最常见基团之一，环戊烯酮的每一个碳都可以进一步衍生化。虽然 P-K 反应还相当年轻，但随着对此反应的驾驭程度的逐渐提高，P-K 反应在天然产物全合成中的应用已经越来越多。

5.1　(−)-Dendrobine 的全合成

(92)

(−)-Dendrobine 是从中药石斛兰中提取的生物碱的主要成分，有退热和降压的药效。其主要的结构特点和合成难点是以六员碳环为中心的多环体系，其中六员环的每个碳原子都是手性的。如式 92 所示：Cassayre 和 Zard[193]使用 (+)-*trans*-马鞭草烯醇为原料，巧妙地应用他们自己发展的氮自由基对碳-碳双键的加成关环和自由基诱导的四员环开环的连锁反应，首先合成了重要的氨基醇中间体。然后，他们利用此氨基醇为模板的分子内 P-K 反应，一步构建了分子中的两个五员环。该反应立体专一性地在六员环原来双键的地方形成了两个手性中心，其中一个是季碳中心。最后，再经过若干步反应得到了目标产物。显然，P-K 反应的使用明显简化了全合成的路线。

5.2 (−)-Magellaninone 的全合成

(−)-Magellaninone 是从南美洲石松属植物中分离出的生物碱，其 6-5-5-6 四环结构的构造和立体控制是合成的关键。Mukai[194]等利用分子内 P-K 反应擅长形成 5,5- 及 5,6-双环结构的特点，在全合成路线中两次巧妙地应用 P-K

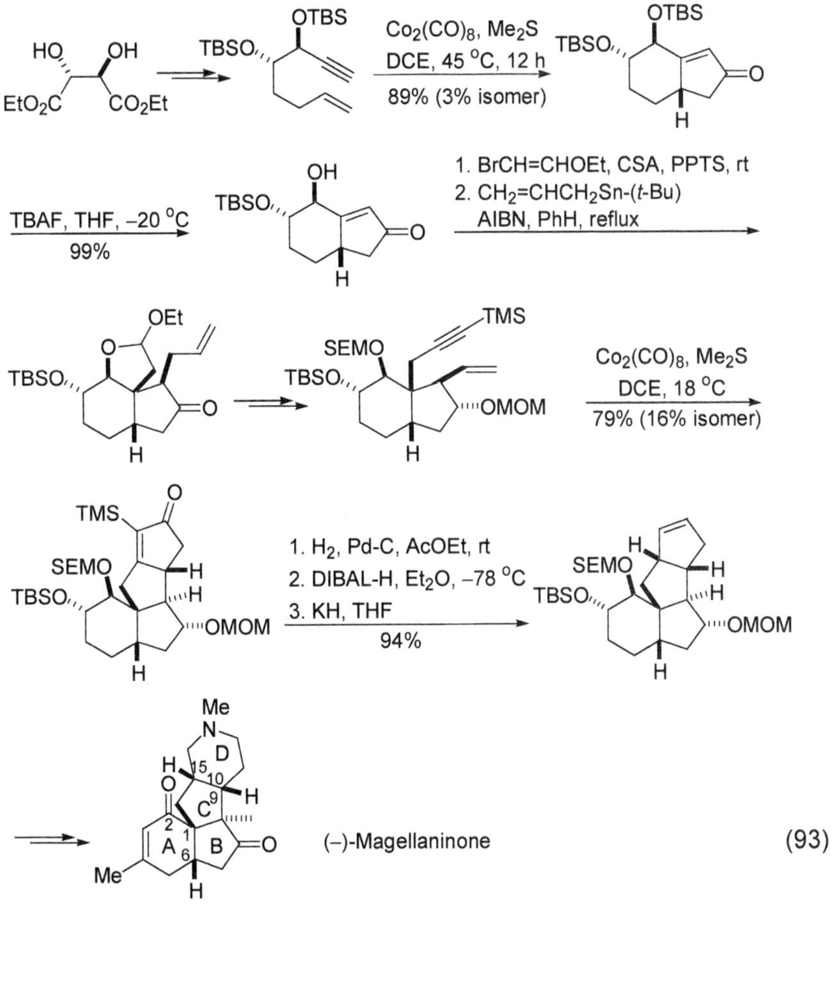

(−)-Magellaninone

(93)

反应来构造双环结构。如式 93 所示：他们使用二乙基酒石酸酯为原料首先得到 1,7-炔烯中间体。然后，经过一个分子内 P-K 反应形成了预期的 6-5 烯酮稠环 (A-环和 B-环)。在底物的手性诱导下，该反应在 C6 上产生一个新的手性中心。当使用硫醚添加剂时，该手性中心的立体选择性可以达到 89:3。然后，用所得到的烯酮产物经过 Ueno-Stork 反应，以很好的立体选择性形成 C1 和 C9 上的另外两个手性中心。在经过一系列的官能团转变后，他们又得到了 1,6-炔烯中间体。在类似的条件下，该中间体经 P-K 反应顺利地形成了预期的 5-5 烯酮稠环 (C-环)。该反应在 C10 形成一个新的手性中心，非对映选择性可以达到 5:1。接着，将所得到的环戊烯酮在催化氢化条件下反应，以单一的非对映选择性形成了手性中心 C15。最后，经过对 D-环的阔环和 A-环的修饰完成了目标产物的全合成。

5.3 (±)-Asteriscanolide 的全合成

(±)-Asteriscanolide 是从植物 *Asteriscus aquaticus* 中分离出来的倍半萜内酯。它有一个[6.3.0]二环和 γ-内酯基团。如式 94 所示：在 Krafft 等报道的全合成路线中[48]，炔酯和丙烯的分子间 P-K 反应被用来高度区域选择性构造多取代的环戊烯酮中间体。接着，通过简单的分子酯化反应形成戊并六员环内酯。由于硅醚具有较大的立体位阻控制，使用常规的催化氢化反应就可以使碳-碳双键在加氢过程中获得非常高的非对映异构选择性 (9:1)。再经过形成分子中的戊并五员环内酯，并以此为模板分别控制醛基的巴豆基加成和内酯 α-位的烯丙基烷基化中的立体选择性。然后，通过分子内烯烃复分解反应形成八员环。最后，经过脱硅烷基和氢化双键完成了目标化合物的全合成。

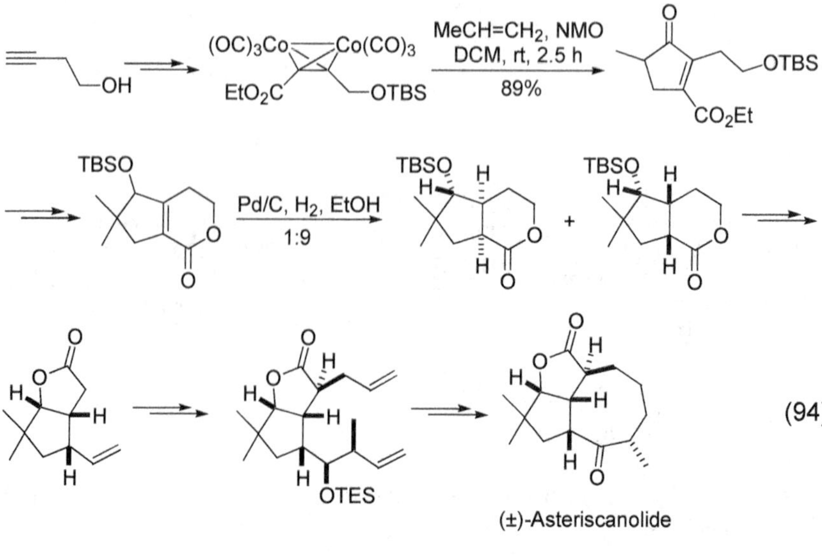

(94)

(±)-Asteriscanolide

6 Pauson-Khand 反应实例

例 一

2,3-二甲基-5-[(2H-四氢吡喃-2-氧基)甲基]-2-烯酮的合成[107]
(经典反应条件下的分子间 P-K 反应)

$$\text{(95)}$$

在 10 °C 和搅拌下，将 2-丁炔 (1.9 g, 35 mmol) 的石油醚 (50 mL, 40~60 °C) 溶液在 0.5 h 内缓慢加入到八羰基二钴 (12 g, 35 mmol) 的石油醚 (100 mL, 40~60 °C) 溶液中。生成的反应混合物在 10~15 °C 下搅拌 5 h 后，用硅藻土助滤剂过滤。滤液经旋转蒸发浓缩，残留的粗产品用中性氧化铝柱色谱分离 (石油醚) 得到深红色油状 (2-丁基炔)六羰基二钴 (11.3 g, 94%) (在冰箱中放置可以得到晶状固体)。

取 (2-丁基炔)六羰基二钴 (2.5 g, 7.3 mmol) 和缩酮 (3 g, 22 mol) 溶于无水甲苯 (100 mL) 中，并在氮气下回流 8 h。然后，将深蓝色的反应溶液用硅藻土过滤后浓缩。残渣分别用氯仿和石油醚提取，合并有机溶剂经旋转蒸发除去溶剂。生成的粗品用快速柱色谱分离 (石油醚和 7:3 的乙醚-石油醚)，得到无色油状产物 (0.43 g, 32%)。

例 二

5-乙酰氧基-6-异丙基-3,11-二甲基-3-氮杂三环[6.2.1.0^{4,11}]-9-十一酮的合成[193]
(NMO 活化的分子内 P-K 反应)

$$\text{(96)}$$

在室温和搅拌下，将八羰基二钴 (1.49 g, 4.36 mmol) 加入到烯炔 (955 mg, 3.63 mmol) 的二氯甲烷 (30 mL) 溶液中反应 1 h 后浓缩。生成的残留物用乙腈

(60 mL) 稀释后，加入 4-甲基吗啉氮氧化物 (NMO, 4.90 g, 36.3 mmol)。在室温继续搅拌 4 h 后，反应溶液从黑色变为紫色 (TLC 分析没有钴配合物残留)。然后，用硅胶过滤反应溶液，并用乙醚洗脱。浓缩后的粗产物用甲醇 (25 mL) 稀释后，加入 10% Pd/C 催化剂 (0.8 g)，并在氢气氛下常压反应 1 h。用硅藻土过滤出后催化剂，滤液在减压下除去溶剂。生成的粗品用硅胶柱色谱分离 (庚烷:乙酸乙酯 = 9:1)，得到白色固体产物 (542 mg, 51%)，mp 95~96 °C (戊烷)。

例 三

7,7-二甲氧酰基-二环[3.3.0]-1-烯-3-辛酮的合成[37]
(TMTU 活化的催化分子内 P-K 反应)

$$\tag{97}$$

在一氧化碳 (气球) 气氛中，将 2-烯丙基-2-烯炔基丙二酸二甲酯 (105 mg, 0.5 mmol) 的无水苯 (10 mL) 溶液逐滴加入到八羰基二钴 (5.1 mg, 0.015 mmol) 和四甲基硫脲 (11.9 mg, 0.09 mmol) 的无水苯 (10 mL) 溶液中。生成的反应混合物在 70 °C 下加热 2 h，观察到其颜色从橙红色变到黑色。然后，蒸去大部分溶剂，残留物用快速柱色谱分离 (石油醚:乙酸乙酯 = 6:1 和 2:1)，得到最终产物 (109.5 mg, 92%)。

例 四

(+)-(1S,2S,6S,7R)-4-苯基三环[5.2.1.0²,⁶]-4,8-二烯-3-十一酮的合成[184]
(手性配体诱导的当量分子间 P-K 反应)

$$\tag{98}$$

在氮气保护下，将苯乙炔六羰基二钴配合物 (100 mg, 0.25 mmol)、

PuPHOS-BH₃ 复合物 (100 mg, 0.25 mmol) 和 DABCO (41 mg, 0.37 mmol) 在苯 (2 mL) 中生成的混合物在 65 °C 反应 18 h。在此期间，不时地抽真空去掉产生的一氧化碳气体并充入氮气。反应结束后，浓缩除去大部分溶剂。残留物用硅胶柱色谱分离，得到红紫色的黏稠液 (两个异构体的混合物) (164 mg, 91%)。取首先被洗脱出来的一个异构体 (29 mg, 0.040 mol)，加入降冰片二烯 (NBD, 0.04 mL, 0.4 mmol) 和甲苯 (2 mL)。混合物在 50 °C 加热 30 min 后，薄层色谱分析表明反应完全。用硅胶柱色谱分离 (乙酸乙酯:己烷 = 1:19)，得到白色固体产物 (9 mg, 99%)。

例 五

2-(4-氯苯基)-7-氧杂二环[3.3.0] -1-烯-3-辛酮[192]
(醛作为羰基源的不对称催化分子内 P-K 反应)

$$\text{(99)}$$

在氮气保护下，将 [IrCl(cod)]₂ (10 mg, 0.015 mmol)、(S)-BINAP (18.9 mg, 0.03 mmol) 的无水二氧六环 (3 mL) 溶液搅拌 10 min。然后，依次用微量注射器加入新蒸馏的壬醛 (659 mg, 1.5 mmol) 和烯炔 (62 mg, 0.3 mmol)。生成的混合物在 100 °C 加热搅拌 48 h 后，冷却到室温并加入乙醚 (5 mL) 稀释。减压浓缩除去大部分溶剂，残留物直接用硅胶柱色谱分离 (石油醚:乙酸乙酯 = 2:1)，得到淡黄色油状产物 (42 mg, 60%)。

7　参考文献

[1]　Gibson, S. E.; Lewis, S. E.; Mainolfi, N. *J. Organomet. Chem.* **2004**, *689*, 3873.

[2]　Khand, I. U.; Knox, G. R.; Pauson, P. L.; Watts, W. E. *J. Chem. Soc., Perkin Trans. 1* **1973**, 975.

[3]　Khand, I. U.; Knox, G. R.; Pauson, P. L.; Watts, W. E.; Foreman, M. I. *J. Chem. Soc., Perkin Trans. 1* **1973**, 977.

[4]　Pauson, P. L. *J. Organomet. Chem.* **2001**, *637*, 3.

[5]　Mills, O. S.; Robinson, G. *Proceedings of the Chemical Society of London* **1964**, 187.

[6]　Pauson, P. L. *Tetrahedron* **1985**, *41*, 5855.

[7]　Trost, B. M. *Science* **1991**, *254*, 1471.

[8]　Magnus, P.; Principe, L. M. *Tetrahedron Lett.* **1985**, *26*, 4851.

[9]　Yamanaka, M.; Nakamura, E. *J. Am. Chem. Soc.* **2001**, *123*, 1703.

[10]　Pericas, M. A.; Balsells, J.; Castro, J.; Marchueta, I.; Moyano, A.; Riera, A.; Vazquez, J.; Verdaguer, X. *Pure Appl. Chem.* **2002**, *74*, 167.

[11] De Bruin, T. J. M.; Milet, A.; Robert, F.; Gimbert, Y.; Greene, A. E. *J. Am. Chem. Soc.* **2001**, *123*, 7184.

[12] Gordon, C. M.; Kiszka, M.; Dunkin, I. R.; Kerr, W. J.; Scott, J. S.; Gebicki, J. *J. Organomet. Chem.* **1998**, *554*, 147.

[13] Gimbert, Y.; Lesage, D.; Milet, A.; Fournier, F.; Greene, A. E.; Tabet, J. C. *Org. Lett.* **2003**, *5*, 4073.

[14] Banide, E. V.; Muller-Bunz, H.; Manning, A. R.; Evans, P.; Mcglinchey, M. J. *Angew. Chem., Int. Ed.* **2007**, *46*, 2907.

[15] Cabot, R.; Lledo, A.; Reves, M.; Riera, A.; Verdaguer, X. *Organometallics* **2007**, *26*, 1134.

[16] Schore, N. E.; Croudace, M. C. *J. Org. Chem.* **1981**, *46*, 5436.

[17] Simonian, S. O.; Smit, W. A.; Gybin, A. S.; Shashkov, A. S.; Mikaelian, G. S.; Tarasov, V. A.; Ibragimov, I. I.; Caple, R.; Froen, D. E. *Tetrahedron Lett.* **1986**, *27*, 1245.

[18] Gybin, A. S.; Smit, W. A.; Caple, R.; Veretenov, A. L.; Shashkov, A. S.; Vorontsova, L. G.; Kurella, M. G.; Chertkov, V. S.; Carapetyan, A. A.; Kosnikov, A. Y.; Alexanyan, M. S.; Lindeman, S. V.; Panov, V. N.; Maleev, A. V.; Struchkov, Y. T.; Sharpe, S. M. *J. Am. Chem. Soc.* **1992**, *114*, 5555.

[19] Perez-Serrano, L.; Casarrubios, L.; Dominguez, G.; Perez-Castells, J. *Org. Lett.* **1999**, *1*, 1187.

[20] Blanco-Urgoiti, J.; Abdi, D.; Dominguez, G.; Perez-Castells, J. *Tetrahedron* **2008**, *64*, 67.

[21] Shambayati, S.; Crowe, W. E.; Schreiber, S. L. *Tetrahedron Lett.* **1990**, *31*, 5289.

[22] Jeong, N.; Chung, Y. K.; Lee, B. Y.; Lee, S. H.; Yoo, S. E. *Synlett* **1991**, 204.

[23] Krafft, M. E.; Scott, I. L.; Romero, R. H.; Feibelmann, S.; Vanpelt, C. E. *J. Am. Chem. Soc.* **1993**, *115*, 7199.

[24] Mukai, C.; Kim, J. S.; Sonobe, H.; Hanaoka, M. *J. Org. Chem.* **1999**, *64*, 6822.

[25]]Shi, Y. L.; Gao, Y. C.; Shi, Q. Z.; Kershner, D. L.; Basolo, F. *Organometallics* **1987**, *6*, 1528.

[26] Shen, J. K.; Shi, Y. L.; Gao, Y. C.; Shi, Q. Z.; Basolo, F. *J. Am. Chem. Soc.* **1988**, *110*, 2414.

[27] Shen, J. K.; Gao, Y. C.; Shi, Q. Z.; Basolo, F. *Organometallics* **1989**, *8*, 2144.

[28] Lagunas, A.; Mairata I Payeras, A.; Jimeno, C.; Pericas, M. A. *Org. Lett.* **2005**, *7*, 3033.

[29] Billington, D. C.; Helps, I. M.; Pauson, P. L.; Thomson, W.; Willison, D. *J. Organomet. Chem.* **1988**, *354*, 233.

[30] Jeong, N.; Hwang, S. H.; Lee, Y. S.; Chung, Y. K. *J. Am. Chem. Soc.* **1994**, *116*, 3159.

[31] Davis, F. A.; Chattopadhyay, S.; Towson, J. C.; Lal, S.; Reddy, T. *J. Org. Chem.* **1988**, *53*, 2087.

[32] Kerr, W. J.; Lindsay, D. M.; Watson, S. P. *Chem. Commun.* **1999**, 2551.

[33] Brown, D. S.; Campbell, E.; Kerr, W. J.; Lindsay, D. M.; Morrison, A. J.; Pike, K. G.; Watson, S. P. *Synlett* **2000**, 1573.

[34] Sugihara, T.; Yamada, M.; Ban, H.; Yamaguchi, M.; Kaneko, C. *Angew. Chem., Int. Ed. Engl.* **1997**, *36*, 2801.

[35] Sugihara, T.; Yamaguchi, M. *Synlett* **1998**, 1384.

[36] Sugihara, T.; Yamada, M.; Yamaguchi, M.; Nishizawa, M. *Synlett* **1999**, 771.

[37] Tang, Y. F.; Deng, L. J.; Zhang, Y. D.; Dong, G. B.; Chen, J. H.; Yang, Z. *Org. Lett.* **2005**, *7*, 593.

[38] Kerr, W. J.; Lindsay, D. M.; Mclaughlin, M.; Pauson, P. L. *Chem. Commun.* **2000**, 1467.

[39] Perez Del Valle, C.; Milet, A.; Gimbert, Y.; Greene, A. E. *Angew. Chem., Int. Ed.Engl.* **2005**, *44*, 5717.

[40] Pagenkopf, B. L.; Livinghouse, T. *J. Am. Chem. Soc.* **1996**, *118*, 2285.

[41] Belanger, D. B.; O'mahony, D. J. R.; Livinghouse, T. *Tetrahedron Lett.* **1998**, *39*, 7637.

[42] Ford, J. G.; Kerr, W. J.; Kirk, G. G.; Lindsay, D. M.; Middlemiss, D. *Synlett* **2000**, 1415.

[43] Iqbal, M.; Vyse, N.; Dauvergne, J.; Evans, P. *Tetrahedron Lett.* **2002**, *43*, 7859.

[44] Jiang, X. K. *Pure Appl. Chem.* **1994**, *66*, 1621.

[45] Krafft, M. E.; Wright, J. A.; Bonaga, L. V. R. *Tetrahedron Lett.* **2003**, *44*, 3417.

[46] Camps, F.; Moreto, J. M.; Ricart, S.; Vinas, J. M. *Angew. Chem., Int. Ed. Engl.* **1991**, *30*, 1470.

[47] Dotz, K. H.; Christoffers, J. *J. Organomet. Chem.* **1992**, *426*, C58.

[48] Krafft, M. E.; Cheung, Y. Y.; Abboud, K. A. *J. Org. Chem.* **2001**, *66*, 7443.

[49] Verdaguer, X.; Vazquez, J.; Fuster, G.; Bernardes-Genisson, V.; Greene, A. E.; Moyano, A.; Pericas, M. A.; Riera, A. *J. Org. Chem.* **1998**, *63*, 7037.

[50] Tormo, J.; Verdaguer, X.; Moyano, A.; Pericas, M. A.; Riera, A. *Tetrahedron* **1996**, *52*, 14021.

[51] Pagenkopf, B. L.; Belanger, D. B.; O'mahony, D. J. R.; Livinghouse, T. *Synthesis* **2000**, 1009.

[52] Montenegro, E.; Poch, M.; Moyano, A.; Pericas, M. A.; Riera, A. *Tetrahedron* **1997**, *53*, 8651.

[53] Montenegro, E.; Moyano, A.; Pericas, M. A.; Riera, A.; Alvarez-Larena, A.; Piniella, J. F. *Tetrahedron: Asymmetry* **1999**, *10*, 457.

[54] Witulski, B.; Gossmann, M. *Synlett* **2000**, 1793.

[55] Balsells, J.; Moyano, A.; Riera, A.; Pericas, M. A. *Org. Lett.* **1999**, *1*, 1981.

[56] Marchueta, I.; Verdaguer, X.; Moyano, A.; Pericas, M. A.; Riera, A. *Org. Lett.* **2001**, *3*, 3193.

[57] Nuske, H.; Brase, S.; De Meijere, A. *Synlett* **2000**, 1467.

[58] Khand, I. U.; Pauson, P. L. *J. Chem. Res. (S)* **1977**, 9.

[59] De Bruin, T. J. M.; Milet, A.; Greene, A. E.; Gimbert, Y. *J. Org. Chem.* **2004**, *69*, 1075.

[60] Kerr, W. J.; Mclaughlin, M.; Pauson, P. L.; Robertson, S. M. *J. Organomet. Chem.* **2001**, *630*, 104.

[61] Billington, D. C. *Tetrahedron Lett.* **1983**, *24*, 2905.

[62] Khand, I. U.; Pauson, P. L.; Habib, M. J. A. *J. Chem. Res. (S)* **1978**, 348.

[63] Khand, I. U.; Pauson, P. L.; Habib, M. J. A. *J. Chem. Res. (S)* **1978**, 346.

[64] Yeh, M. C. P.; Tsao, W. C.; Ho, J. S.; Tai, C. C.; Chiou, D. Y.; Tu, L. H. *Organometallics* **2004**, *23*, 792.

[65] Nomura, L.; Mukai, C. *Org. Lett.* **2002**, *4*, 4301.

[66] Billington, D. C.; Kerr, W. J.; Pauson, P. L.; Farnocchi, C. F. *J. Organomet. Chem.* **1988**, *356*, 213.

[67] Ahmar, M.; Antras, F.; Cazes, B. *Tetrahedron Lett.* **1995**, *36*, 4417.

[68] Ahmar, M.; Chabanis, O.; Gauthier, J.; Cazes, B. *Tetrahedron Lett.* **1997**, *38*, 5277.

[69] Antras, F.; Ahmar, M.; Cazes, B. *Tetrahedron Lett.* **2001**, *42*, 8153.

[70] Alcaide, B.; Almendros, P. *Eur. J. Org. Chem.* **2004**, 3377.

[71] Narasaka, K.; Shibata, T. *Chem. Lett.* **1994**, 315.

[72] Brummond, K. M.; Wan, H. *Tetrahedron Lett.* **1998**, *39*, 931.

[73] Brummond, K. M.; Chen, H. F.; Fisher, K. D.; Kerekes, A. D.; Rickards, B.; Sill, P. C.; Geib, S. J. *Org. Lett.* **2002**, *4*, 1931.

[74] Mukai, C.; Inagaki, F.; Yoshida, T.; Kitagaki, S. *Tetrahedron Lett.* **2004**, *45*, 4117.

[75] Mukai, C.; Nomura, I.; Yamanishi, K.; Hanaoka, M. *Org. Lett.* **2002**, *4*, 1755.

[76] Ahmar, M.; Locatelli, C.; Colombier, D.; Cazes, B. *Tetrahedron Lett.* **1997**, *38*, 5281.

[77] Alcaide, B.; Almendros, P.; Aragoncillo, C. *Chem. Eur. J.* **2002**, *8*, 1719.

[78] Shibata, T.; Kadowaki, S.; Hirase, M.; Takagi, K. *Synlett* **2003**, 573.

[79] Kerr, W. J.; Mclaughlin, M.; Pauson, P. L.; Robertson, S. M. *Chem. Commun.* **1999**, 2171.

[80] Daalman, L.; Newton, R. F.; Pauson, P. L.; Wadsworth, A. *J. Chem. Res. (S)* **1984**, 346.

[81] Magnus, P.; Fielding, M. R.; Wells, C.; Lynch, V. *Tetrahedron Lett.* **2002**, *43*, 947.

[82] Dominguez, G.; Casarrubios, L.; Rodriguez-Noriega, J.; Perez-Castells, J. *Helv. Chim. Acta* **2002**, *85*, 2856.

[83] Veretenov, A. L.; Smit, W. A.; Vorontsova, L. G.; Kurella, M. G.; Caple, R.; Gybin, A. S. *Tetrahedron Lett.* **1991**, *32*, 2109.

[84] Thommen, M.; Veretenov, A. L.; Guidettigrept, R.; Keese, R. *Helv. Chim. Acta* **1996**, *79*, 461.

[85] Ahmar, M.; Antras, F.; Cazes, B. *Tetrahedron Lett.* **1999**, *40*, 5503.

[86] Rivero, M. R.; Adrio, J.; Carretero, J. C. *Eur. J. Org. Chem.* **2002**, 2881.

[87] Rivero, M. R.; Adrio, J.; Carretero, J. C. *Synlett* **2005**, 26.

[88] Khand, I. U.; Murphy, E.; Pauson, P. L. *J. Chem. Res. (S)* **1978**, 350.

[89] Khand, I. U.; Mahaffy, C. A. L.; Pauson, P. L. *J. Chem. Res. (S)* **1978**, 352.

[90] Wender, P. A.; Croatt, M. P.; Deschamps, N. M. *J. Am. Chem. Soc.* **2004**, *126*, 5948.

[91] Wender, P. A.; Croatt, M. P.; Deschamps, N. M. *Angew. Chem., Int. Ed.* **2006**, *45*, 2459.

[92] Wender, P. A.; Deschamps, N. M.; Gamber, G. G. *Angew. Chem., Int. Ed.* **2003**, *42*, 1853.

[93] Wender, P. A.; Deschamps, N. M.; Williams, T. T. *Angew. Chem., Int. Ed.* **2004**, *43*, 3076.

[94] Smit, V. A.; Simonyan, S. O.; Tarasov, V. A.; Shashkov, A. S.; Mamyan, S. S.; Gybin, A. S.; Ibragimov, I. I. *Bull. Acad. Sci. Ussr Div. Chem. Sci.* **1988**, *37*, 2521.

[95] Smit, V. A.; Bukhanyuk, S. M.; Shashkov, A. S.; Struchkov, Y. T.; Yanovskii, A. I. *Bull. Acad. Sci. Ussr Div. Chem. Sci.* **1988**, *37*, 2597.

[96] Kerr, W. J.; Mclaughlin, M.; Morrison, A. J.; Pauson, P. L. *Org. Lett.* **2001**, *3*, 2945.

[97] Lovely, C. J.; Seshadri, H.; Wayland, B. R.; Cordes, A. W. *Org. Lett.* **2001**, *3*, 2607.

[98] Krafft, M. E.; Fu, Z.; Bonaga, L. V. R. *Tetrahedron Lett.* **2001**, *42*, 1427.

[99]   Mukai, C.; Nomura, I.; Kitagaki, S. *J. Org. Chem.* **2003**, *68*, 1376.

[100] Billington, D. C.; Bladon, P.; Helps, I. M.; Pauson, P. L.; Thomson, W.; Willison, D. *J. Chem. Res. (S)* **1988**, 326.

[101] Robert, F.; Milet, A.; Gimbert, Y.; Konya, D.; Greene, A. E. *J. Am. Chem. Soc.* **2001**, *123*, 5396.

[102] De Bruin, T. J. M.; Michel, C.; Vekey, K.; Greene, A. E.; Gimbert, Y.; Milet, A. *J. Organomet. Chem.* **2006**, *691*, 4281.

[103] Khand, I. U.; Pauson, P. L. *J. Chem. Soc., Perkin Trans. 1* **1976**, 30.

[104] Krafft, M. E. *Tetrahedron Lett.* **1988**, *29*, 999.

[105] Ishizaki, M.; Kasama, Y.; Zyo, M.; Niimi, Y.; Hoshino, O. *Heterocycles* **2001**, *55*, 1439.

[106] Kowalczyk, B. A.; Smith, T. C.; Dauben, W. G. *J. Org. Chem.* **1998**, *63*, 1379.

[107] Billington, D. C.; Pauson, P. L. *Organometallics* **1982**, *1*, 1560.

[108] Krafft, M. E. *J. Am. Chem. Soc.* **1988**, *110*, 968.

[109] Krafft, M. E.; Juliano, C. A. *J. Org. Chem.* **1992**, *57*, 5106.

[110] Harwood, L. M.; Tejera, L. S. A. *Chem. Commun.* **1997**, 1627.

[111] Itami, K.; Mitsudo, K.; Fujita, K.; Ohashi, Y.; Yoshida, J. *J. Am. Chem. Soc.* **2004**, *126*, 11058.

[112] Itami, K.; Mitsudo, K.; Yoshida, J. *Angew. Chem., Int. Ed.* **2002**, *41*, 3481.

[113] Smit, V. A.; Simonyan, S. O.; Shashkov, A. S.; Mamyan, S. S.; Tarasov, V. A.; Ibragimov, I. I. *Bull. Acad. Sci. Ussr Div. Chem. Sci.* **1987**, *36*, 213.

[114] Castro, J.; Moyano, A.; Pericas, M. A.; Riera, A. *J. Org. Chem.* **1998**, *63*, 3346.

[115] Brummond, K. M.; Sill, P. C.; Chen, H. F. *Org. Lett.* **2004**, *6*, 149.

[116] Reichwein, J. F.; Iacono, S. T.; Patel, M. C.; Pagenkopf, B. L. *Tetrahedron Lett.* **2002**, *43*, 3739.

[117] Reichwein, J. F.; Iacono, S. T.; Pagenkopf, B. L. *Tetrahedron* **2002**, *58*, 3813.

[118] Brummond, K. M.; Sill, P. C.; Rickards, B.; Geib, S. J. *Tetrahedron Lett.* **2002**, *43*, 3735.

[119] Pearson, A. J.; Dubbert, R. A. *Organometallics* **1994**, *13*, 1656.

[120] Pearson, A. J.; Dubbert, R. A. *J. Chem. Soc. Chem. Commun.* **1991**, 202.

[121] Hoye, T. R.; Suriano, J. A. *J. Am. Chem. Soc.* **1993**, *115*, 1154.

[122] Jordi, L.; Segundo, A.; Camps, F.; Ricart, S.; Moreto, J. M. *Organometallics* **1993**, *12*, 3795.

[123] Jeong, N.; Lee, S. J.; Lee, B. Y.; Chung, Y. K. *Tetrahedron Lett.* **1993**, *34*, 4027.

[124] Takahashi, T.; Xi, Z. F.; Nishihara, Y.; Huo, S. Q.; Kasai, K.; Aoyagi, K.; Denisov, V.; Negishi, E. *Tetrahedron* **1997**, *53*, 9123.

[125] Agnel, G.; Negishi, E. *J. Am. Chem. Soc.* **1991**, *113*, 7424.

[126] Mukai, C.; Uchiyama, M.; Hanaoka, M. *J. Chem. Soc. Chem. Commun.* **1992**, 1014.

[127] Rautenstrauch, V.; Megard, P.; Conesa, J.; Kuster, W. *Angew. Chem., Int. Ed. Engl.* **1990**, *29*, 1413.

[128] Magnus, P.; Principe, L. M.; Slater, M. J. *J. Org. Chem.* **1987**, *52*, 1483.

[129] Gibson, S. E.; Johnstone, C.; Stevenazzi, A. *Tetrahedron* **2002**, *58*, 4937.

[130] Hayashi, M.; Hashimoto, Y.; Yamamoto, Y.; Usuki, J.; Saigo, K. *Angew. Chem., Int. Ed. Engl.* **2000**, *39*, 631.

[131] Lee, N. Y.; Chung, Y. K. *Tetrahedron Lett.* **1996**, *37*, 3145.

[132] Belanger, D. B.; Livinghouse, T. *Tetrahedron Lett.* **1998**, *39*, 7641.

[133] Lee, B. Y.; Chung, Y. K.; Jeong, N.; Lee, Y. S.; Hwang, S. H. *J. Am. Chem. Soc.* **1994**, *116*, 8793.

[134] Hanson, B. E. *Comm. Inorg. Chem.* **2002**, *23*, 289.

[135] Comely, A. C.; Gibson, S. E.; Hales, N. J. *Chem. Commun.* **2000**, 305.

[136] Kim, S. W.; Son, S. U.; Lee, S. I.; Hyeon, T.; Chung, Y. K. *J. Am. Chem. Soc.* **2000**, *122*, 1550.

[137] Son, S. U.; Lee, S. I.; Chung, Y. K. *Angew. Chem., Int. Ed. Engl.* **2000**, *39*, 4158.

[138] Kim, S. W.; Son, S. U.; Lee, S. S.; Hyeon, T.; Chung, Y. K. *Chem. Commun.* **2001**, 2212.

[139] Son, S. U.; Park, K. H.; Chung, Y. K. *Org. Lett.* **2002**, *4*, 3983.

[140] Son, S. U.; Lee, S. I.; Chung, Y. K.; Kim, S. W.; Hyeon, T. *Org. Lett.* **2002**, *4*, 277.

[141] Hicks, F. A.; Kablaoui, N. M.; Buchwald, S. L. *J. Am. Chem. Soc.* **1996**, *118*, 9450.

[142] Hicks, F. A.; Kablaoui, N. M.; Buchwald, S. L. *J. Am. Chem. Soc.* **1999**, *121*, 5881.

[143] Sturla, S. J.; Buchwald, S. L. *Organometallics* **2002**, *21*, 739.

[144] Kondo, T.; Suzuki, N.; Okada, T.; Mitsudo, T. *J. Am. Chem. Soc.* **1997**, *119*, 6187.

[145] Morimoto, T.; Chatani, N.; Fukumoto, Y.; Murai, S. *J. Org. Chem.* **1997**, *62*, 3762.

[146] Deng, L. J.; Liu, J.; Huang, J. Q.; Hu, Y. H.; Chen, M.; Lan, Y.; Chen, J. H.; Lei, A. W.; Yang, Z. *Synthesis* **2007**, 2565.

[147] Tang, Y. F.; Deng, L. J.; Zhang, Y. D.; Dong, G. B.; Chen, J. H.; Yang, Z. *Org. Lett.* **2005**, *7*, 1657.

[148] Shibata, T.; Takagi, K. *J. Am. Chem. Soc.* **2000**, *122*, 9852.

[149] Koga, Y.; Kobayashi, T.; Narasaka, K. *Chem. Lett.* **1998**, 249.

[150] Kobayashi, T.; Koga, Y.; Narasaka, K. *J. Organomet. Chem.* **2001**, *624*, 73.

[151] Jeong, N.; Lee, S.; Sung, B. K. *Organometallics* **1998**, *17*, 3642.

[152] Jeong, N.; Sung, B. K.; Kim, J. S.; Park, S. B.; Seo, S. D.; Shin, J. Y.; In, K. Y.; Choi, Y. K. *Pure Appl. Chem.* **2002**, *74*, 85.

[153] Fan, B. M.; Xie, J. H.; Li, S.; Tu, Y. Q.; Zhou, Q. L. *Adv. Synth. Catal.* **2005**, *347*, 759.

[154] Jeong, N.; Sung, B. K.; Choi, Y. K. *J. Am. Chem. Soc.* **2000**, *122*, 6771.

[155] Park, K. H.; Son, S. U.; Chung, Y. K. *Tetrahedron Lett.* **2003**, *44*, 2827.

[156] Morimoto, T.; Fuji, K.; Tsutsumi, K.; Kakiuchi, K. *J. Am. Chem. Soc.* **2002**, *124*, 3806.

[157] Shibata, T.; Toshida, N.; Takagi, K. *Org. Lett.* **2002**, *4*, 1619.

[158] Shibata, T.; Toshida, N.; Takagi, K. *J. Org. Chem.* **2002**, *67*, 7446.

[159] Fuji, K.; Morimoto, T.; Tsutsumi, K.; Kakiuchi, K. *Angew. Chem., Int. Ed.* **2003**, *42*, 2409.

[160] Park, K. H.; Son, S. U.; Chung, Y. K. *Chem. Commun.* **2003**, 1898.

[161] Coogan, M. P.; Jenkins, R. L.; Nutz, E. *J. Organomet. Chem.* **2004**, *689*, 694.

[162] Kireev, S. L.; Smit, V. A.; Ugrak, B. I.; Nefedov, O. M. *Bull. Acad. Sci. Ussr Div. Chem. Sci.* **1991**, *40*, 2240.

[163] Dolaine, R.; Gleason, J. L. *Org. Lett.* **2000**, *2*, 1753.

[164] Krafft, M. E.; Wilson, A. M.; Dasse, O. A.; Bonaga, L. V. R.; Cheung, Y. Y.; Fu, Z.; Shao, B.; Scott, I. L. *Tetrahedron Lett.* **1998**, *39*, 5911.

[165] Brummond, K. M.; Kerekes, A. D.; Wan, H. H. *J. Org. Chem.* **2002**, *67*, 5156.

[166] Castro, J.; Sorensen, H.; Riera, A.; Morin, C.; Moyano, A.; Pericas, M. A.; Greene, A. E. *J. Am. Chem. Soc.* **1990**, *112*, 9388.

[167] Marchueta, I.; Montenegro, E.; Panov, D.; Poch, M.; Verdaguer, X.; Moyano, A.; Pericas, M. A.; Riera, A. *J. Org. Chem.* **2001**, *66*, 6400.

[168] Verdaguer, X.; Moyano, A.; Pericas, M. A.; Riera, A.; Bernardes, V.; Greene, A. E.; Alvarezlarena, A.; Piniella, J. F. *J. Am. Chem. Soc.* **1994**, *116*, 2153.

[169] Fonquerna, S.; Moyano, A.; Pericas, M. A.; Riera, A. *J. Am. Chem. Soc.* **1997**, *119*, 10225.

[170] Adrio, J.; Carretero, J. C. *J. Am. Chem. Soc.* **1999**, *121*, 7411.

[171] Rivero, M. R.; De La Rosa, J. C.; Carretero, J. C. *J. Am. Chem. Soc.* **2003**, *125*, 14992.

[172] Rivero, M. R.; Alonso, I.; Carretero, J. C. *Chem. Eur. J.* **2004**, *10*, 5443.

[173] Kerr, W. J.; Lindsay, D. M.; Rankin, E. M.; Scott, J. S.; Watson, S. P. *Tetrahedron Lett.* **2000**, *41*, 3229.

[174] Derdau, V.; Laschat, S.; Dix, I.; Jones, P. G. *Organometallics* **1999**, *18*, 3859.

[175] Hiroi, K.; Watanabe, T.; Kawagishi, R.; Abe, I. *Tetrahedron: Asymmetry* **2000**, *11*, 797.

[176] Hiroi, K.; Watanabe, T.; Kawagishi, R.; Abe, I. *Tetrahedron Lett.* **2000**, *41*, 891.

[177] Gimbert, Y.; Robert, F.; Durif, A.; Averbuch, M. T.; Kann, N.; Greene, A. E. *J. Org. Chem.* **1999**, *64*, 3492.

[178] Bladon, P.; Pauson, P. L.; Brunner, H.; Eder, R. *J. Organomet. Chem.* **1988**, *355*, 449.

[179] Castro, J.; Moyano, A.; Pericas, M. A.; Riera, A.; Alvarez-Larena, A.; Piniella, J. F. *J. Organomet. Chem.* **1999**, *585*, 53.

[180] Castro, J.; Moyano, A.; Pericas, M. A.; Riera, A.; Alvarez-Larena, A.; Piniella, J. F. *J. Am. Chem. Soc.* **2000**, *122*, 7944.

[181] Hay, A. M.; Kerr, W. J.; Kirk, G. G.; Middlemiss, D. *Organometallics* **1995**, *14*, 4986.

[182] Verdaguer, X.; Moyano, A.; Pericas, M. A.; Riera, A.; Maestro, M. A.; Mahia, J. *J. Am. Chem. Soc.* **2000**, *122*, 10242.

[183] Verdaguer, X.; Pericas, M. A.; Riera, A.; Maestro, M. A.; Mahia, J. *Organometallics* **2003**, *22*, 1868.

[184] Verdaguer, X.; Lledo, A.; Lopez-Mosquera, C.; Maestro, M. A.; Pericas, M. A.; Riera, A. *J. Org. Chem.* **2004**, *69*, 8053.

[185] Sola, J.; Riera, A.; Verdaguer, X.; Maestro, M. A. *J. Am. Chem. Soc.* **2005**, *127*, 13629.

[186] Lledo, A.; Sola, J.; Verdaguer, X.; Riera, A.; Maestro, M. A. *Adv. Synth. Catal.* **2007**, *349*, 2121.

[187] Gibson, S. E.; Lewis, S. E.; Loch, J. A.; Steed, J. W.; Tozer, M. J. *Organometallics* **2003**, *22*, 5382.

[188] Sturla, S. J.; Buchwald, S. L. *J. Org. Chem.* **2002**, *67*, 3398.

[189] Hicks, F. A.; Buchwald, S. L. *J. Am. Chem. Soc.* **1996**, *118*, 11688.

[190] Fuji, K.; Morimoto, T.; Tsutsumi, K.; Kakiuchi, K. *Tetrahedron Lett.* **2004**, *45*, 9163.

[191] Jeong, N.; Kim, D. H.; Choi, J. H. *Chem. Commun.* **2004**, 1134.

[192] Kwong, F. Y.; Lee, H. W.; Lam, W. H.; Qiu, L. Q.; Chan, A. S. C. *Tetrahedron: Asymmetry* **2006**, *17*, 1238.

[193] Cassayre, J.; Zard, S. Z. *J. Am. Chem. Soc.* **1999**, *121*, 6072.

[194] Kozaka, T.; Miyakoshi, N.; Mukai, C. *J. Org. Chem.* **2007**, *72*, 10147.

薗 頭 反 应

(Sonogashira Reaction)

华瑞茂

1 历史背景简述

1963 年，California 大学的 Castro 和 Stephens 报道了在氮气氛下芳基炔铜与碘代芳烃在吡啶中回流反应能生成二芳基取代乙炔，成功地实现了 $C(sp^2)$-$C(sp)$ 键的形成反应 (式 1)[1]。

R = H, OCH$_3$, NH$_2$, CO$_2$H, OH, NO$_2$

十二年后的 1975 年，意大利 Montedison 研究中心的 Cassar 发现了 Pd(PPh$_3$)$_4$ 可以催化末端炔烃与卤代化合物的交叉偶联反应 (式 2)[2]。

R = alkyl, aryl　　R^1 = aryl, vinyl
X = I, Br, Cl

巧合的是，美国 Delaware 大学的 Heck 和 Dieck 也在同一时间、同一杂志上报道了在有机胺的存在下，二价的 Pd(OAc)$_2$ 能催化末端炔烃与碘、溴代芳烃或者烯烃的交叉偶联反应[3]。与此同时，日本大阪大学的薗头健吉 (Sonogashira, Kenkichi)、任田康夫 (Tohda, Yasuo) 和萩原信衞 (Hagihara, Nobue) 也报道了在有机胺的存在下，PdCl$_2$(PPh$_3$)$_2$ 与 CuI 共催化剂能更有效地 (室温下) 催化同样的反应[4]。所以，钯配合物催化的卤代芳烃或者烯烃与末端炔烃的交叉偶联反应经历了由 Cassar 发现，Heck 和 Sonogashira 等人改进的过程。为此，在有些早期的文献中称此类反应为 Cassar-Heck-Sonogashira 反应。但在后来的文献中，无论此类反应是否使用了 CuI 助催化剂都被简称为 Sonogashira 反应。

2 Sonogashira 反应的定义和机理

钯配合物催化的卤代芳烃或者卤代烯烃与末端炔烃的交叉偶联反应被称之为 Sonogashira 反应。它是合成芳炔、烯炔和炔酮等化合物的有效反应，可以用通式 3 来表示。

$$R^1-X \ + \ H\!\!=\!\!\!=\!\!\!=\!\!R \ \xrightarrow{\text{cat. Pd(II)/Cu(I), base}} \ R^1\!\!=\!\!\!=\!\!\!=\!\!R \qquad (3)$$

R = aryl, hetaryl, vinyl, acyl $\quad$ R^1 = alkyl, aryl

X = I, Br, Cl, OTf

经典的 Sonogashira 反应的催化剂是 Pd(PPh$_3$)$_2$Cl$_2$/CuI, 通常在有机胺存在下或者在有机胺溶剂中进行。目前较广泛被认可的 Sonogashira 反应机理如图 1 所示[4], 助催化剂 CuI 的作用是首先与末端炔烃反应形成炔铜。然后, 炔铜与 PdCl$_2$(PPh$_3$)$_2$ 发生转金属化反应以及随后的还原消除反应生成催化反应的关键中间体: 零价钯活性物种 (PPh$_3$)$_2$Pd(0)。接着, 卤代化合物 (R^1-X) 与 (PPh$_3$)$_2$Pd(0) 发生氧化加成反应 (step **A**), 在 CuI 的存在下末端炔烃与 (PPh$_3$)$_2$PdX(R^1) 进行取代反应 (step **B**), 最后发生还原消除反应形成 C-C 键 (step **C**)。

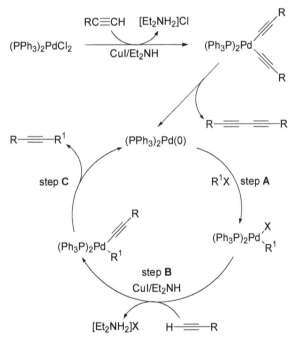

图 1　Sonogashira 反应机理

Cu(I) 盐助催化的 Sonogashira 反应的缺点是生成 1,3-联二炔副产物, 需要使用过量的炔烃底物。为了避免 Cu(I) 存在下炔烃自身偶联副产物的生成, 人们对无 Cu(I) 的 Sonogashira 反应也进行了大量的研究, 发现在催化反应体系中, 只要存在能将 Pd(II) 还原为 Pd(0) 的还原剂, 即使不使用 Cu(I) 助催化剂, 卤代化合物也可以与末端炔烃顺利地进行交叉偶联反应。大量的研究结果表明, 膦配体[5]、有机碱[6]、无机碳酸根 (CO$_3^{2-}$)[7]、末端炔烃[8]以及烯烃[9]都可以作为还原剂将 Pd(II) 还原为 Pd(0), 使催化偶联反应得以进行。

3 Sonogashira 反应的类型综述

3.1 卤代芳烃的炔基化

末端炔烃与不同卤代芳烃的交叉偶联反应生成芳基炔烃是 Sonogashira 反应的一个最重要应用。选择不同的催化剂体系和不同的反应条件可以实现不同芳烃和共轭环化合物的炔基化反应。

最简单的卤代芳烃炔基化反应是碘苯或者溴苯与末端炔烃的交叉偶联反应。例如： Sonogashira 报道的 Pd(PPh₃)₂Cl₂/CuI 催化碘苯与乙炔或者苯乙炔的交叉偶联反应是合成二苯乙炔简便有效的方法 (式 4a 和 式 4b)[4]。

在本节中将重点介绍 Sonogashira 反应在合成末端芳炔、含官能团芳烃以及复杂共轭分子中的应用。

3.1.1 末端芳炔的合成

末端芳炔是重要的有机合成中间体，可以通过传统的卤代烯烃和卤代烷烃脱卤化氢等反应来合成。但是，传统方法难以合成那些含官能团取代基的末端芳炔和含复杂共轭结构的末端炔烃。Sonogashira 反应为这些化合物的合成提供了新方法和有效途径。

在使用 Sonogashira 反应来合成末端芳炔时，三甲基硅乙炔和 2-甲基-3-丁炔-2-醇是"乙炔"基团的主要炔源。通常情况下，卤代芳烃与三甲基硅乙炔或者 2-甲基-3-丁炔-2-醇首先进行交叉偶联反应，随后分别进行脱硅烷或者碱促进的消除丙酮过程 (式 5)。前者具有反应条件温和的特点，但硅试剂价格昂贵。后者具有原料便宜和易得的优点，但脱丙酮生成末端芳炔时需要在强碱中进行。

中性、富电子和缺电子卤代芳烃与三甲基硅乙炔的交叉偶联反应以及脱硅基合成末端芳炔的典型例子如式 6[10]、式 7[10b,11]、式 8[12] 所示。其中，式 8 的交叉偶联反应是在无 Cu(I) 存在下进行的。

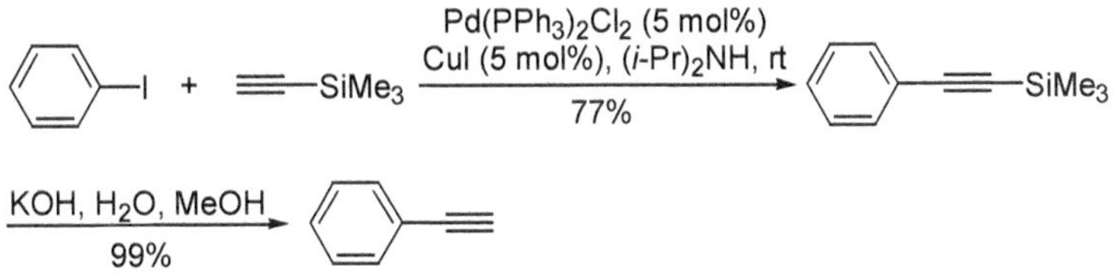

(6)

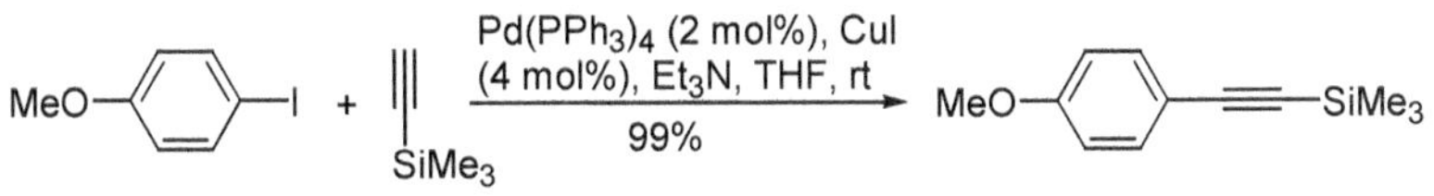

(7)

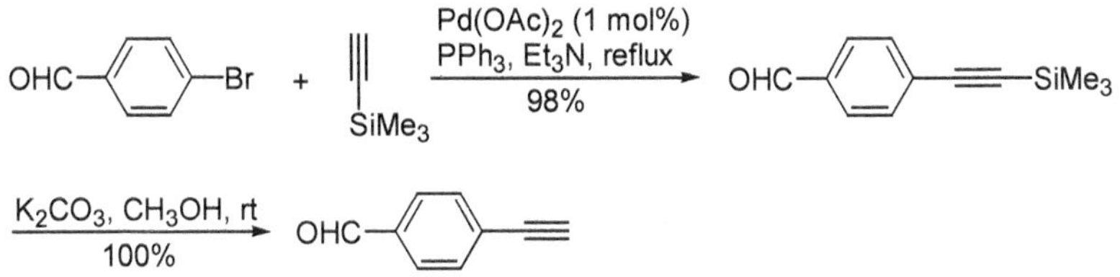

(8)

在提高反应温度的条件下，具有空间位阻的邻位取代卤代芳烃也可以发生同样的炔基化反应。如式 9 所示：2,6-二(4-甲基苯)碘苯在典型的 Sonogashira 催化反应条件下，与三甲基硅乙炔在 1,4-二氧六环溶剂中加热回流，得到中等产率的炔基化产物；然后再经脱硅基反应，得到相应的末端炔烃[13]。

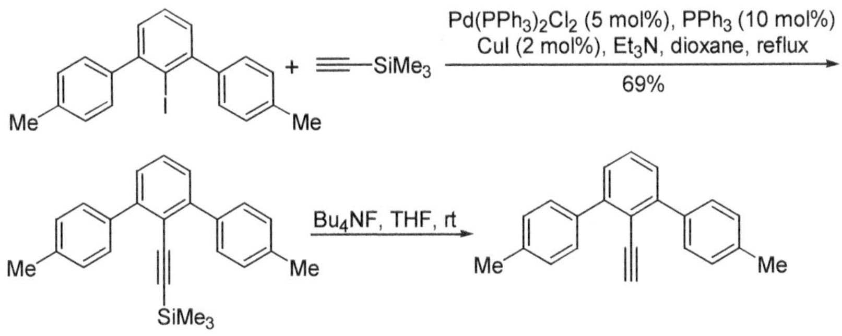

(9)

α,α-联-β-萘酚 (BINOL) 是一类重要手性配体的骨架结构。由 Sonogashira 反应得到的炔基化 BINOL 衍生物是合成其它更为复杂结构手性化合物的重要中间体 (式 10)[14]。

如式 11[15] 和式 12[16] 所示，卤代芳烃与 2-甲基-3-丁炔-2-醇发生 Sonogashira 交叉偶联反应也可以用于合成末端芳炔化合物。

$$(10)$$

$$(11)$$

$$(12)$$

3.1.2 二芳基炔烃的合成

如式 13 所示，基于卤代芳烃与芳基乙炔的 Sonogashira 反应，可以简便地合成各种对称或者非对称的二芳基炔烃化合物。

$$(13)$$

将 Sonogashira 反应用于二芳基炔烃合成时，令人更为感兴趣的是"一锅法"合成途径。"一锅法"主要利用了第一次偶联反应产物原位进行的脱硅基反应或者脱丙酮反应生成的末端芳炔为原料，接着发生第二次偶联反应。使用过量的卤代芳烃与三甲基硅乙炔或者 2-甲基-3-丁炔-2-醇发生"一锅法"反应, 可以合成对称二芳基炔烃; 如果不分离单芳基取代炔烃, 直接加入另一种卤代芳烃发生"一锅法"反应, 则可以合成不对称二芳基炔烃。

例如: 以 DBU 为碱和在一定量水的存在下, 过量的 3-溴碘苯与三甲基硅乙炔发生经典的 Sonogashira 交叉偶联反应, 高产率地生成对称二芳基炔烃 (式 14)[17]。

$$\text{(14)}$$

如式 15 所示: 通过修饰反应过程, 此反应可以拓展到不对称二芳基炔烃的"一锅法"合成[17]。

$$\text{(15)}$$

更有意义的是, 通过选择不同的反应温度可实现选择性分步 Sonogashira 交叉偶联反应。用此策略可以"一锅法"合成多乙炔基桥联的共轭芳烃体系 (式 16)[17]。

$$\text{(16)}$$

如式 17 所示, 在 2-碘甲苯和 2-甲基-3-丁炔-2-醇发生 Sonogashira 交叉偶联反应后的反应体系中加入强碱使产物脱去丙酮, 接着再加入碘苯让其发生第二次 Sonogashira 反应, 则可以在同一催化剂体系中合成不对称二芳基化炔烃[18]。

$$\text{(17)}$$

3.1.3 杂环化合物的炔基化反应

杂环化合物具有生物多样性，并在有机合成中有广泛的应用。因此，杂环化合物通过不同方法进行衍生化是一类重要的有机反应。其中，它们的 Sonogashira 交叉偶联反应已被广泛的研究。一般来说，缺电子杂环比富电子杂环易于进行 Sonogashira 交叉偶联反应。

含氮杂环具有配位位点，引入炔基后的衍生物在配位化学、合成导电有机材料分子中具有潜在的应用价值。如式 18 所示，经 Sonogashira 反应可以方便地合成含末端炔基的 2,2'-联喹啉衍生物[19]。

$$\text{(18)}$$

含相同反应活性的多卤代杂环化合物可同时发生多个 Sonogashira 偶联反应。如式 19 所示，2,6-二(4-碘吡唑-1-基)吡啶与三甲基硅乙炔反应，高产率地得到二炔基化产物[20]。

$$\text{(19)}$$

在两个或者两个以上相同卤素取代的杂环化合物中，由于取代位置不同，C-X 键的反应活性也不同。它们在与末端炔烃发生的 Sonogashira 交叉偶联反应中一般具有反应区域选择性，优先发生在亲电性最强的位置上。多卤代 2-(5H)-呋喃酮中 4-位的亲电性最强，所以优先发生 Sonogashira 炔基化反应。例如：3,4-二溴-2-(5H)-呋喃酮与 1-己炔的交叉偶联反应，可以高选择性、高产率地得到 4-炔基化产物。3-位 C-Br 键的 Sonogashira 反应较难进行，即使添加 AsPh₃ 作为配体也只得到产率较低的二炔基化的产物 (式 20)[21]。

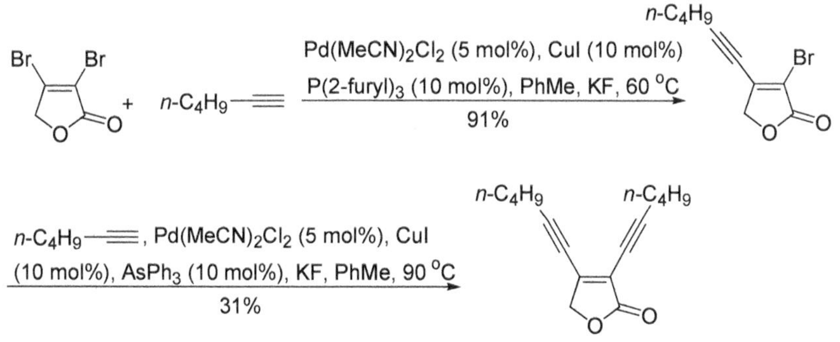

(20)

2-吡喃酮中反应活性最高的位点是 3-位。所以，3,5-二溴-2-吡喃酮在室温下进行的 Sonogashira 交叉偶联反应得到的唯一产物是 5-溴-3-炔基化吡喃酮化合物 (式 21)[22]。

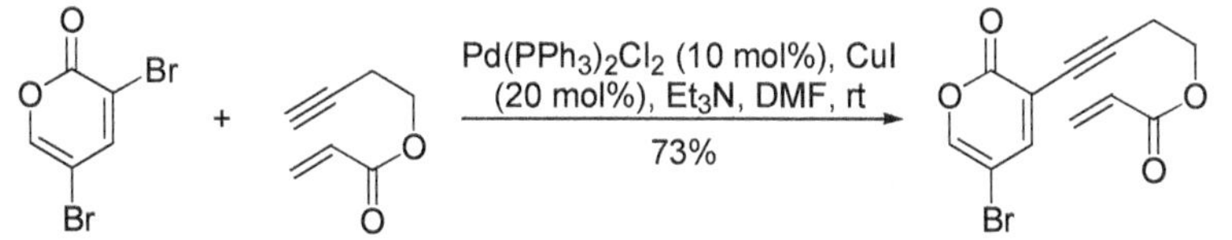

(21)

4-氨基-3,5-二溴吡嗪与 4-戊炔酸乙酯的 Sonogashira 反应选择性地发生在 3-位 (式 22)[23]。

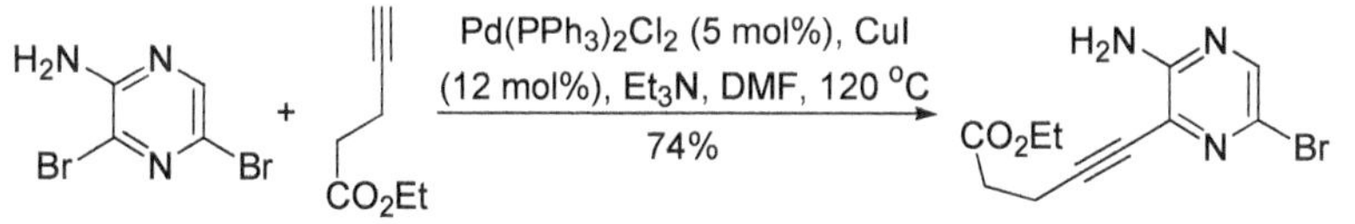

(22)

同样地，2,4-二氯嘧啶和三甲基硅乙炔的 Sonogashira 反应只发生在亲电性较强的 4-位，高度区域选择性地生成 4-炔基化产物 (式 23)[24]。2,4-二溴嘧啶的反应也得到相似的结果[25]。

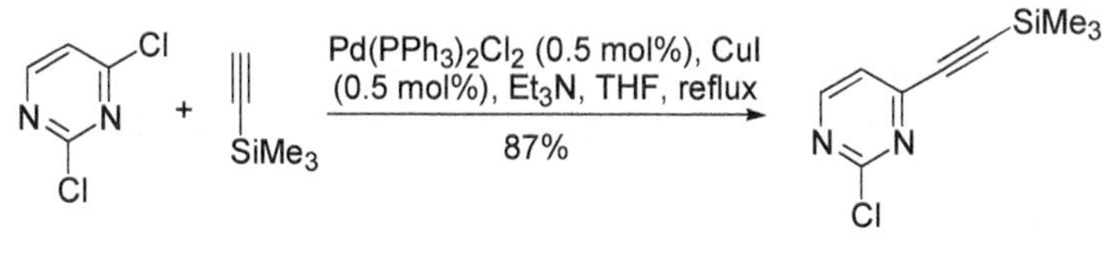

(23)

呋喃、噻吩及其苯并衍生物的 2-位反应活性最高，2,3-二溴苯并呋喃在典型的 Sonogashira 反应条件下，在室温可选择性地得到 2-位炔基化产物 (式 24)[26]。

$$(24)$$

2,4-二溴喹啉与苯乙炔的 Sonogashira 交叉偶联反应选择性生成 2-位炔基化产物 (式 25)[27]。

$$(25)$$

另一方面，含有不同卤素的多卤代杂环化合物在进行 Sonogashira 交叉偶联反应时，由于 C-X 键 (X = I, Br, Cl) 的反应活性不同，反应优先选择性次序一般为 C-I > C-Br > C-Cl。例如：N-Boc 保护的 5-溴-3-碘代吲哚的炔基化反应中，通过选择不同的反应温度，可以达到分步控制 Sonogashira 反应引入不同炔基基团的目的。在室温下反应优先发生在 C-I 键，在较高反应温度下可以进一步完成 C-Br 键的偶联反应得到二炔基化吲哚衍生物 (式 26)[28]。

$$(26)$$

但是，上述优先选择性反应次序并非适用于所有的含不同卤素的多卤代杂环化合物。例如：Pd-C 催化的 5-溴-4-氯嘧啶衍生物的炔基化反应表现出的位置优先选择性是在 4-位的 C-Cl 键，而不是 5-位的 C-Br 键。这主要是由于 5-溴-4-氯嘧啶衍生物分子中 4-位的亲电性比 5-位的强得多，更易于进行 Sonogashira 交叉偶联反应 (式 27)[29]。只有 5-碘-4-氯嘧啶衍生物的 Sonogashira 反应才优先选择在 5-位。

$$(27)$$

3.2 烯炔的合成

1,3-烯炔单元结构存在于一些具有生物活性的合成分子和天然产物分子中，也是合成有机材料分子的重要反应原料。显然，含 1,3-烯炔单元结构的分子可以通过卤代烯烃衍生物与末端炔烃的 Sonogashira 交叉偶联反应制得。由于 Sonogashira 反应在反应过程中可以保持底物的立体结构，所以此方法的最大特点是可以预测生成 1,3-烯炔产物的立体选择性。

由于 C-I 键与 Pd(0) 的氧化加成反应活性最高，以碘代烯烃衍生物为底物可以在较温和的反应条件下通过 Sonogashira 反应合成 1,3-烯炔。在经典的 Sonogashira 反应条件下，1-苯硒-2-碘-3-乙氧基丙烯与苯乙炔的交叉偶联反应生成相应的 1,3-烯炔衍生物，催化剂体系对 C(sp^2)-Se 键是惰性的 (式 28)[30]。2-炔-1,3-丁二烯衍生物可由相应的 2,4-二碘取代烯烃化合物与苯乙炔的 Sonogashira 反应和原位发生 H-I 消除反应而制得 (式 29)[31]。

$$(28)$$

$$(29)$$

相对于碘代烯烃衍生物，溴代和氯代烯烃衍生物在 1,3-烯炔衍生物合成中的应用较少。含吸电子基团的活泼溴代二烯与 α-二氟代炔烃的 Sonogashira 反应可高产率得到相应的交叉偶联产物 (式 30)[32]。此化合物可作为合成炎症、过敏症抑制剂 5,5-二氟-(12*R*)- 或者 (12*S*)-Leukotrienes B$_3$ 的前体。

$$(30)$$

被活化的氯代烯烃衍生物可以在无共催化剂 Cu(I) 的存在下发生 Sonogashira 交叉偶联反应。如式 31 所示，在 Pd(PPh₃)₂Cl₂ 催化下，3-氯-2-庚烯酸甲酯与 1-己炔在甲苯中回流反应，可生成 3-正丁基-(Z)-2-壬烯-4-炔酸甲酯[33]。

$$(31)$$

除了卤代烯烃以外，全氟烷基磺酸烯酯[34]、活泼的芳基磺酸酯[35]以及磷酸烯酯[36]也可作为 Sonogashira 交叉偶联反应中的烯烃部分。含有共轭二乙炔基乙烯 (DEE) 结构单元的化合物可作为有机光电材料 (本章第 5 节)。其中，gem-DEEs 可通过 gem-二卤代烯烃与炔烃的 Sonogashira 交叉偶联反应获得。如式 32 所示，β-二溴代脱氢丙胺酸衍生物与对-溴苯乙炔的双交叉偶联反应生成 gem-DEEs[37]。值得注意的是：(1) 在此催化反应条件下不会发生对溴苯乙炔自身的 Sonogashira 反应；(2) Cs₂CO₃ 的使用是获得双交叉偶联反应产物的关键因素。

$$(32)$$

当与两个不同结构的末端炔烃进行分步双交叉偶联反应时，可能存在烯烃立体化学构型翻转问题。有报道表明，溶剂效应在这种立体化学构型翻转中起着决定性的作用。例如：(Z)-2-溴烯炔衍生物与苯乙炔的 Sonogashira 反应在苯溶剂中立体化学构型基本保持不变，但在二氯甲烷溶剂中立体化学构型发生完全翻转 (式 33)[38]。

烯二炔 (enediyne) 可以通过 1,2-二卤代烯烃与末端炔烃的分步或者一步

Sonogashira 反应合成。如式 34 所示，顺式-1,2-二氯乙烯在 Sonogashira 条件下的偶联反应得到顺式-氯代烯炔，它再与炔基化的苯胺衍生物（也是通过 Sonogashira 炔基化反应制得）发生 Sonogashira 交叉偶联反应得到顺式烯二炔衍生物[39]。这些连续的 Sonogashira 反应为含顺式烯二炔骨架抗癌药物的合成提供了有效的方法。

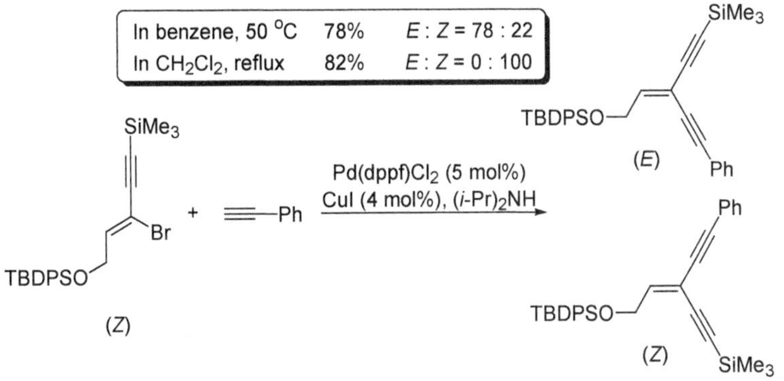

| In benzene, 50 °C | 78% | E : Z = 78 : 22 |
| In CH₂Cl₂, reflux | 82% | E : Z = 0 : 100 |

(33)

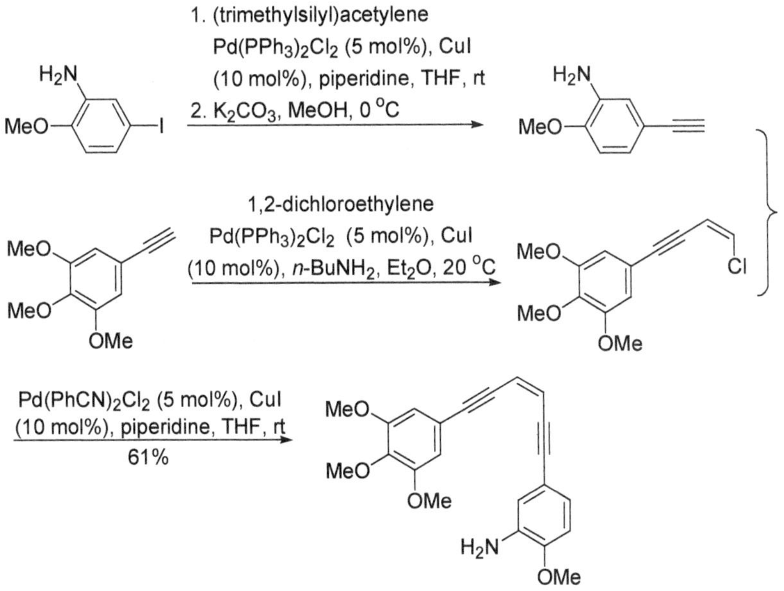

(34)

反式二卤代烯烃的单 Sonogashira 交叉偶联反应可以利用 C-X (X = Cl, Br, I) 反应活性的差异得以实现。在研究反式-1-氯-2-碘乙烯、反式-1-溴-2-碘乙烯和 1,2-二碘乙烯与 1-己炔的 Sonogashira 反应中发现，单炔基化反应的最佳底物是 1-氯-2-碘乙烯，其它底物难以实现选择性 Sonogashira 单炔基化反应（式 35）[40]。

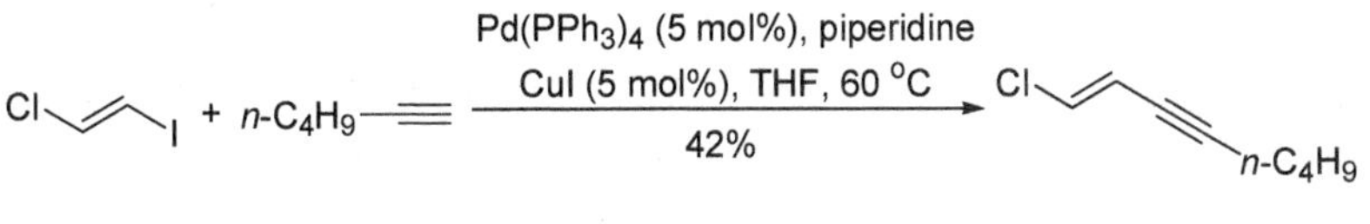

(35)

在典型的 Sonogashira 反应条件下，β-氯-α-碘-α,β-不饱和酯与苯乙炔 (3 eq) 的偶联反应首先发生在更活泼的 C–I 键上，可控制备 β-氯-α-(1-苯乙炔基)丙烯酸酯。要实现 C–Cl 键与苯乙炔的交叉偶联反应，需要使用大过量的苯乙炔 (6 eq) 和较长的反应时间 (式 36)[41]。

$$\text{(36)}$$

在相同的反应条件下，卤代烯烃与炔烃通过 Sonogashira 反应生成的烯炔产物，可能接着与炔烃发生 [4+2]芳环化反应生成多取代苯衍生物。例如：在 Pd(PPh₃)₄/CuCl 催化剂体系中，2-溴丙烯酸酯与苯乙炔反应，可以一锅法高区域选择性地生成四取代苯 (式 37)[42]。

$$\text{(37)}$$

3.3 炔酮的合成

Sonogashira 及其合作者[43]首次报道了酰卤与末端炔烃的交叉偶联反应，这是 Sonogashira 反应的一个重要拓展，为合成炔酮类化合物提供了有效的方法。在该论文中，他们研究了典型的 Pd(PPh₃)₂Cl₂/CuI 催化剂体系催化苯乙炔、1-己炔与各种酰氯、氨基甲酰氯的反应。如式 38 和式 39 所示，在室温下苯乙炔与苯甲酰氯能顺利进行交叉偶联反应生成炔酮化合物；在较高的反应温度下 (90 ℃)，苯乙炔也能与氨基甲酰氯发生相同的反应。

$$\text{(38)}$$

$$\text{(39)}$$

在同样的催化剂体系中，环己基甲酰氯与苯乙炔在 THF 溶剂中室温也能发生交叉偶联反应，高产率生成相应的炔酮化合物 (式 40)[44]。

$$(40)$$

在相似的反应条件下，杂环甲酰氯如 2-噻吩-甲酰氯也能顺利地进行 Sonogashira 交叉偶联反应 (式 41)[45]。

$$(41)$$

此外，虽然氯甲酸酯、甲基草酰氯也可以与末端炔烃进行交叉偶联反应，但产率非常低[44]。炔酮也可通过碘代芳烃、末端炔烃和一氧化碳三组分的偶联反应制得。例如：在高压 CO 气氛下，Pd(OAc)₂/dppf 催化碘苯与对甲基苯乙炔的羰基化 Sonogashira 反应生成相应的炔酮 (式 42)[46]。

$$(42)$$

含反应活性很高的 C-I 键的化合物，即使在常压 CO 气氛中也能进行羰基化 Sonogashira 反应生成相应的炔酮，例如：3-碘吲哚可以在常压下完成该反应 (式 43)[47]。

$$(43)$$

3.4 杂环的合成

合成杂环化合物是有机合成化学的重要目标之一。烯炔或者邻位亲核杂原子取代的芳香炔烃发生分子内环化作用是杂环化合物合成的重要方法。由于 Sonogashira 反应适合于烯炔和芳香炔烃的合成，所以被广泛应用于杂环化合物的制备中。在典型的 Sonogashira 反应条件下，苯并呋喃可通过一锅法制备。反应包括钯催化的邻卤代苯酚与炔烃的 Sonogashira 交叉偶联反应和随后的邻炔基苯酚的分子内环化加成反应。如式 44 所示，3-氯-2-碘苯酚与 1-己炔偶联反应生成炔基酚中间体，然后在钯催化下进行环化加成反应得到苯并呋喃化合物[48]。

3-碘代苯并呋喃还可以通过亲电试剂碘或者 ICl 等促进的邻炔基苯甲醚衍生

物的环化反应来合成 (式 45)[49]。

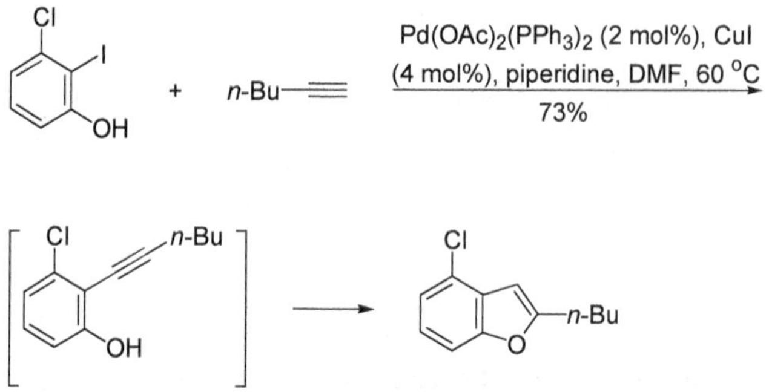

(44)

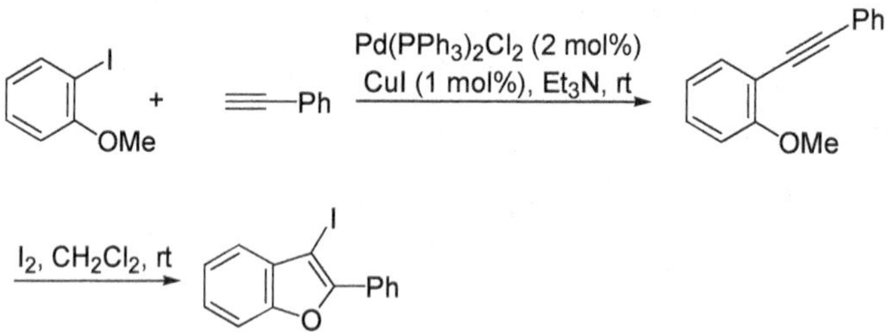

(45)

二苯并呋喃可以通过邻碘代苯甲醚和丙炔醇的 Sonogashira 偶联反应及几步转化合成苯环过程来制备 (式 46)[50]。

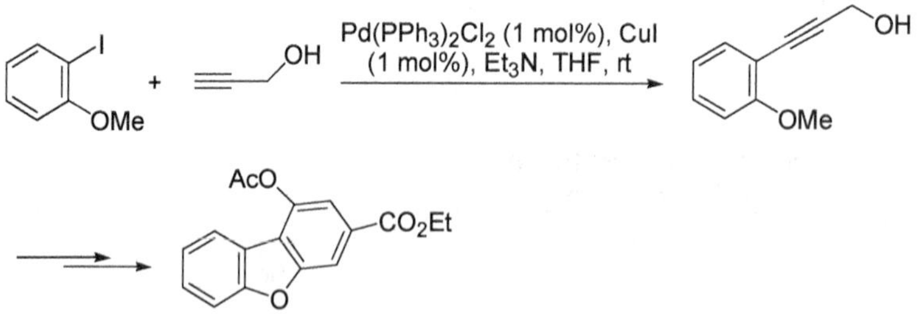

(46)

如式 47 所示，2-甲氧基苯甲酰氯与苯乙炔在室温下发生偶联反应得到相应的炔酮衍生物，然后在 ICl 的诱导下发生环化反应，生成碘代苯并氧杂环化合物[51]。

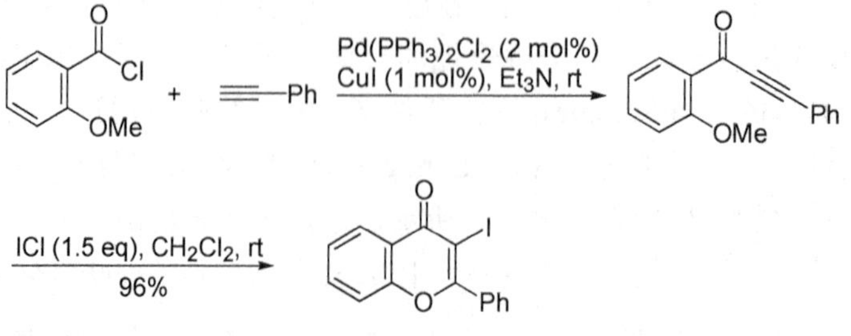

(47)

硫杂环化合物也可用相似的合成途径制备。邻碘代苯甲硫醚与苯乙炔的

Sonogashira 反应首先生成邻苯乙炔基苯甲硫醚，然后在碘的存在下发生亲电环化反应得到 2-苯-3-碘苯并噻吩（式 48）[52]。

$$(48)$$

如式 49 和式 50 所示，同样的方法可以应用于苯并硒吩[53]、噻吩并吡啶衍生物[54]的合成。

$$(49)$$

$$(50)$$

Sonogashira 交叉偶联反应也是吲哚多步合成或者"一锅法"合成方法中的重要步骤之一。采用上述合成苯并呋喃、苯并噻吩衍生物的相似方法，邻二甲氨基碘苯与苯乙炔首先发生 Sonogashira 反应生成邻苯乙炔基苯胺衍生物，然后在亲电试剂碘的促进下发生环化反应生成吲哚衍生物（式 51）[55]。

$$(51)$$

吲哚衍生物也可以在"一锅法"反应中合成。如式 52 所示，由 Sonogashira

反应生成的邻苯乙炔基氯苯在不经分离的情况下接着用强碱处理，可以直接与苯胺反应得到邻苯乙炔基苯胺衍生物，并继续发生加成环化反应得到吲哚衍生物[56]。

$$(52)$$

Sonogashira 交叉偶联反应也在合成氮杂吲哚衍生物中得到应用。如式 53 所示，在典型的 Sonogashira 反应条件下，碘代吡啶衍生物与三甲基硅乙炔偶联得到含硅基的炔烃，其在 CuI 作用和微波照射下环化生成硝基氮杂吲哚中间体，Pt/C 催化还原反应生成 5-氨基-7-氮杂吲哚[57]。

$$(53)$$

邻碘苯甲醛与苯乙炔在 Sonogashira 条件下交叉偶联得到的芳基炔烃与叔丁胺脱水缩合反应，再经碘促进的成环及随后的异丁烯消除反应可制备碘代异喹啉 (式 54)[58]。

$$(54)$$

由 Sonogashira 反应生成的烯炔与亲核杂原子发生亲电环化反应可以有效地合成五员、六员单杂环化合物。例如：在典型的 Sonogashira 反应条件下，β-碘代丙烯酰胺衍生物与苯乙炔反应生成烯炔，然后在 ICl 诱导作用下发生环化反应生成 2(5H)-吡咯酮衍生物 (式 55)[59]。

$$(55)$$

3.5 多环化合物的合成

多环芳烃是一类重要的有机化合物，通过 Sonogashira 反应可以合成这类化合物的合适前体。例如：[4]螺烯的合成可以首先通过二溴代二苯乙烯与三甲基硅乙炔进行双 Sonogashira 交叉偶联反应得到 *gem*-二炔烯，然后 *gem*-二炔烯经脱硅基化以及在钌的配合物催化剂存在下进行环化反应生成 [4]螺烯（式 56）[60]。其它多环芳烃和含杂原子的多环化合物也可以通过这种简单的合成方法制得。

$$(56)$$

4 Sonogashira 反应条件综述

4.1 无 Cu(I) 助催化剂的 Sonogashira 反应

典型的 Sonogashira 催化剂体系是 Pd(PPh₃)₂Cl₂ 与 CuI 组成的催化剂体系，添加 CuI 作为助催化剂的目的是活化末端炔烃的 C-H 键形成炔铜中间体。炔铜中间体的形成一方面促进还原 Pd(II) 形成 Pd(0) 催化活性物种，另一方面促进 Pd(II)-炔中间体的形成。由于炔铜促进的 Pd(II) 还原过程必然导致 1,3-二炔副产物的形成，不仅降低了炔烃的有效利用率，而且使有机产物的分离和纯化复杂化。因此，研究无 Cu(I) 助催化剂存在的 Sonogashira 反应体系具有重要的意义。

大量的研究工作发现，只要选择合适的其它反应条件 (包括溶剂、碱或者添加其它的有机助剂)，几乎所有类型的 Sonogashira 反应都可以在无 Cu(I) 条件下顺利进行。例如：选择 Bu₂NH 为有机碱 (式 57)[61]、或者 TBAF 为非金属盐添加剂 (式 58)[62]，Pd(PPh₃)₂Cl₂ 也可以在无 Cu(I) 条件下有效地催化溴代芳烃与末端炔烃的交叉偶联反应，高产率地得到相应的芳炔产物。但在以六氢吡啶为碱和溶剂的体系中，Pd(PPh₃)₂Cl₂ 只对碘代芳烃或者缺电子的活泼溴代芳烃与末端炔烃的交叉偶联反应表现出有效的催化活性[63]。

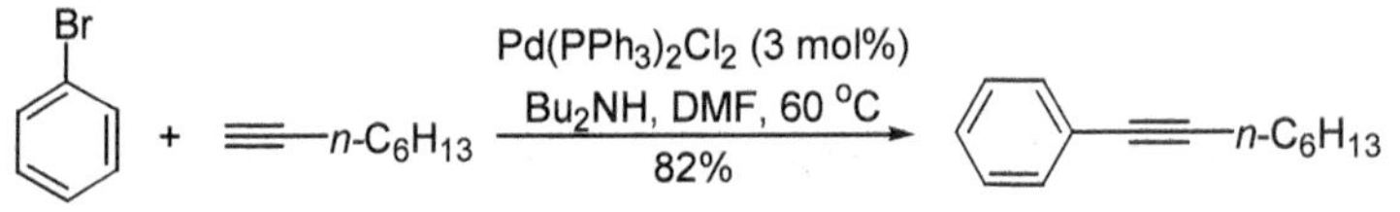

$$
\text{(57)}
$$

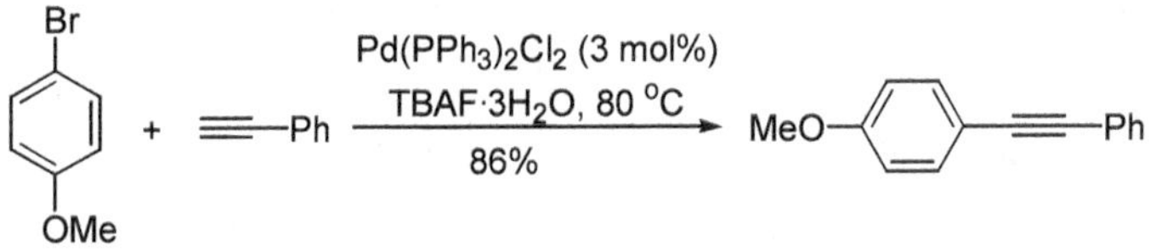

$$
\text{(58)}
$$

在无 Cu(I) 的 Sonogashira 反应中，Pd(OAc)₂ 表现出多样的催化活性。例如：在 Bu₄NOAc 的存在下，Pd(OAc)₂ 能在室温有效地催化对碘苯乙酮与苯乙炔的交叉偶联反应 (式 59)[64]。在 Bu₄NF 的存在下，Pb(OAc)₂ 能有效地催化 1-苯基-2-三甲基硅乙炔与 3-碘吡啶的交叉偶联反应 (式 60)[65]。

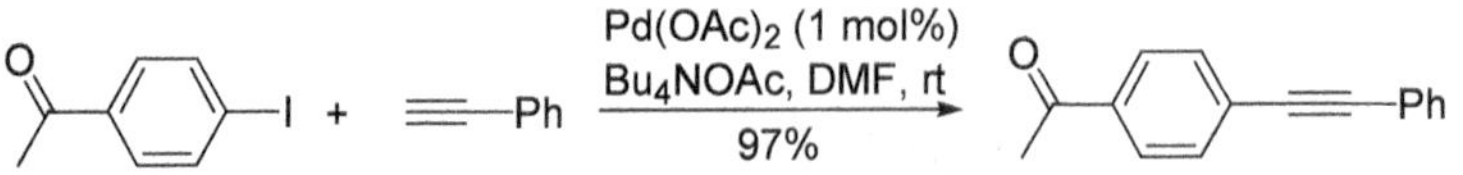

$$
\text{(59)}
$$

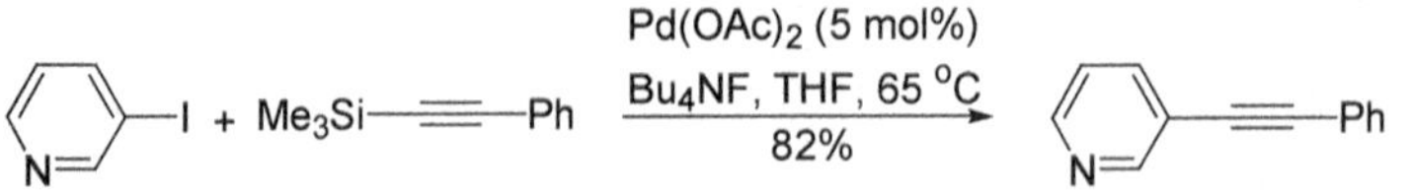

$$
\text{(60)}
$$

在甲苯溶剂中，Pd(OAc)₂ 在催化苯甲酰氯与苯乙炔的交叉偶联反应中表现出极高的催化活性，在催化剂用量较低的情况下能以定量的产率得到 α,β 不饱和炔酮衍生物 (式 61)[66]。进一步的实验证明，以三乙胺为溶剂能显著地提高 Pd(OAc)₂ 的催化活性[67]。

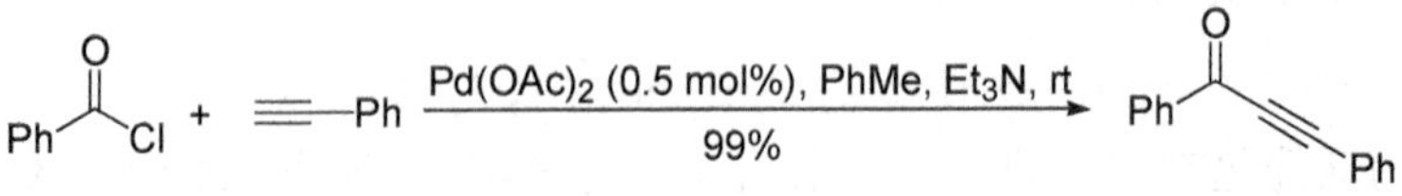

$$
\text{(61)}
$$

在无 Cu(I) 的 Sonogashira 反应中，Pd(PPh₃)₂Cl₂ 可有效地催化碘代芳烃、末端炔烃和一氧化碳三组分的羰基化反应，高选择性地合成 α,β 不饱和炔酮衍生物。如式 62 所示，在室温下以氨水和 THF 为混合溶剂时，Pd(PPh₃)₂Cl₂ 催化 4-碘苯甲醚与苯乙炔的羰基化偶联反应生成相应的 α,β 不饱和炔酮衍生物。

有趣的是，若添加 CuI 作为共催化剂，此反应的主要产物是正常的卤代芳烃和末端炔烃的交叉偶联产物，炔酮的生成产率大大降低[68]。

$$\text{MeO}\longrightarrow\hspace{-0.5em}\square\hspace{-0.5em}\longrightarrow\text{I} \ + \ \equiv\!\!-\text{Ph} \xrightarrow[72\%]{\substack{\text{Pd(PPh}_3)_2\text{Cl}_2\ (1\ \text{mol\%}),\ \text{CO} \\ (1\ \text{atm}),\ \text{aq. NH}_3,\ \text{THF, rt}}} \text{MeO}\longrightarrow\hspace{-0.5em}\square\hspace{-0.5em}\longrightarrow\!\!\underset{\text{O}}{\overset{}{\text{C}}}\!\!-\!\!\equiv\!\!-\text{Ph} \quad (62)$$

在无 Cu(I) 条件下，负载型 Pd(II) 催化剂也能有效地催化卤代芳烃与末端炔烃的 Sonogashira 交叉偶联反应[69]。值得指出的是，虽然"无铜" Sonogashira 反应不乏有许多成功的范例，但对该反应体系的细节研究结果提出了许多疑问。因为在所有商业提供的普通 Pd-盐化合物如 $PdCl_2$ 或者 $Pd(OAc)_2$ (制备 Pd 化合物的原料)中 都含有少量的铜盐[70]。

4.2 水溶剂中的 Sonogashira 反应

由于水具有价格低廉、不燃、无毒和环境友好等优点，因此其作为传统有机溶剂的替代溶剂在金属催化反应中的应用越来越受重视[71]。如果使用亲水性催化剂，水的使用不仅可以简化有机物分离过程，而且能使钯催化剂的再生利用变成可能，而这正是绿色化学的主要研究内容之一。典型的 Sonogashira 催化剂 $Pd(PPh_3)_2Cl_2/CuI$ 在 K_2CO_3 的水溶液中若添加少量的 Bu_3N，在室温下就能有效地催化碘代芳烃与末端炔烃的交叉偶联反应 (式 63)[72]。

$$\underset{\text{NO}_2}{\overset{\text{I}}{\square}} \ + \ \underset{\text{R}}{\overset{}{\|}} \xrightarrow[\substack{\text{Bu}_3\text{N}\ (10\ \text{mol\%}),\ \text{K}_2\text{CO}_3,\ \text{H}_2\text{O, rt} \\ R = \text{Ph},\ 98\% \\ R = n\text{-C}_5\text{H}_{11},\ 95\%}]{\text{Pd(PPh}_3)_2\text{Cl}_2\ (1\ \text{mol\%}),\ \text{CuI}\ (2\ \text{mol\%})} \text{O}_2\text{N}\longrightarrow\hspace{-0.5em}\square\hspace{-0.5em}\longrightarrow\!\!\equiv\!\!-\text{R} \quad (63)$$

实验结果表明，在稀氨水溶液 (0.5~2 mol/L) 中，末端炔烃与碘代芳烃、溴代芳烃的 Sonogashira 交叉偶联反应可在室温下完成[73]。如果在反应体系中添加 (S)-脯氨醇，末端炔烃与 3-碘黄酮的偶联反应可以在 DMF 和水的混合溶剂中、室温下进行 (式 64)[74]。(S)-脯氨醇的作用被认为是稳定可能产生的阴离子催化物种，并通过与水分子中的羟基相互作用在水溶液中促进反应的进行。

$$\quad (64)$$

在添加剂 (S)-脯氨醇的存在下，实现了第一个在水溶剂中进行的 Pd/C 催化的 Sonogashira 交叉偶联反应，并应用于苯并呋喃衍生物的合成 (式 65)[75]。

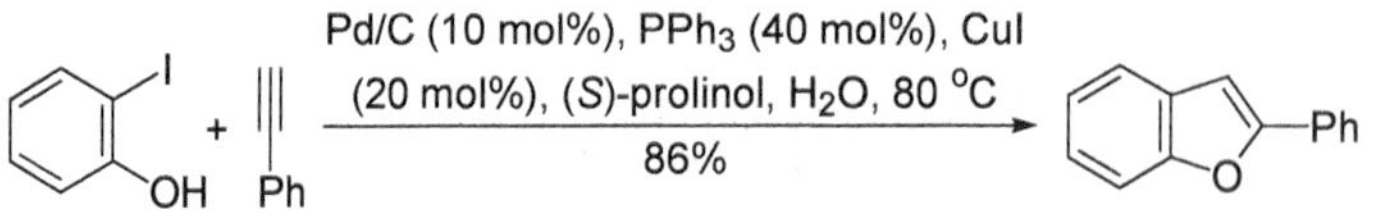

$$
\text{(65)}
$$

在二异丙基乙基胺或者吡咯烷有机碱的存在下，Pd(PPh$_3$)$_4$/CuI 在 70 $^\circ$C 的水溶剂中能催化碘代芳烃和溴代芳烃的 Sonogashira 交叉偶联反应[76]。若以十二烷基磺酸钠为表面活性剂和碳酸钾为碱，典型的 Sonogashira 催化剂体系可在水中有效地催化酰氯与末端炔烃的交叉偶联反应高产率生成炔酮衍生物 (式 66)[77]。

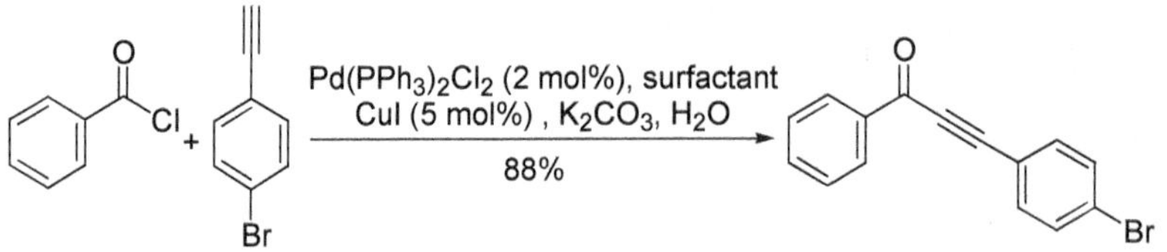

$$
\text{(66)}
$$

为了实现水中均相 Sonogashira 反应，可使用亲水性钯配合物作为催化剂。由于膦配体是钯催化剂中的典型配体，获得水溶性钯配合物的简单方法是使用水溶性膦配体。例如：从 PPh$_2$(m-C$_6$H$_4$SO$_3$Na) 配体制备得到的水溶性配合物 Pd[PPh$_2$(m-C$_6$H$_4$SO$_3$Na)]$_3$，在助催化剂 CuI 的存在下，在 50% 乙腈水溶液中，室温下就能催化碘代芳烃与末端炔烃的交叉偶联反应 (式 67)[78]。

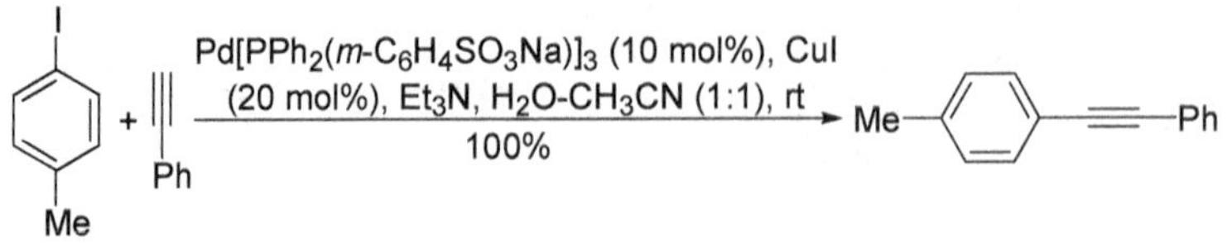

$$
\text{(67)}
$$

用于 Sonogashira 反应的另一类水溶性钯催化剂可在反应体系中原位生成，主要是使用 Pd(OAc)$_2$ 并直接加入水溶性的膦配体。例如：P(m-C$_6$H$_4$CO$_2$Li)$_3$ 与 Pd(OAc)$_2$ 在反应体系中混合后，可在无 Cu(I) 条件下催化碘代芳烃与末端炔烃的交叉偶联反应 (式 68)[79]。

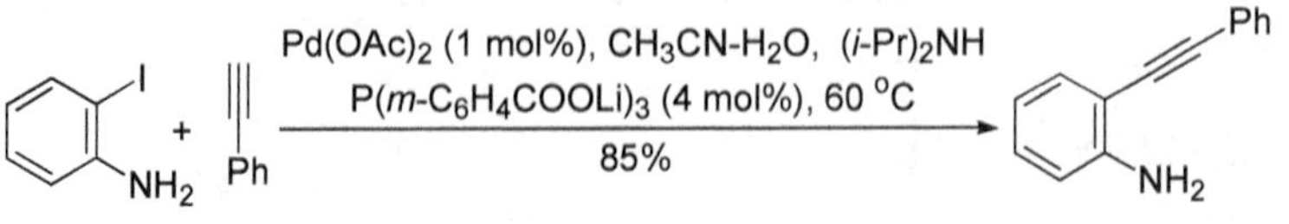

$$
\text{(68)}
$$

水相有机反应的另一个特点是，可以直接使用在水中具有良好溶解性的无机金属盐作为催化剂，Sonogashira 反应在这方面有非常成功的例子。如式 69 所示，以纯水为溶剂和吡咯烷为碱的条件下，可以直接使用 PdCl$_2$ 在室温下催化碘代芳烃与末端炔烃的偶联反应[80]。

$$\text{NC-C}_6\text{H}_4\text{-I} + \text{HC}\!\equiv\!\text{C-R} \xrightarrow[\substack{\text{R = Ph, 95\%} \\ \text{R = }n\text{-C}_4\text{H}_9,\ 70\%}]{\substack{\text{PdCl}_2\ (1\ \text{mol\%}) \\ \text{pyrrolidine, H}_2\text{O, rt}}} \text{NC-C}_6\text{H}_4\text{-C}\!\equiv\!\text{C-R} \qquad (69)$$

在反应中加入添加剂 Bu$_4$NBr 并提高反应的温度 (100 $^\circ$C)，即使催化剂 PdCl$_2$ 的用量可以减至 0.1~0.01 mol% 也能取得高收率的交叉偶联产物[81]。 以吡咯烷为碱和 Bu$_4$NBr 为添加剂，在无 Cu(I) 情况下，PdCl$_2$ 在水溶剂中可有效地催化剂三甲基硅乙炔或者双(三甲基硅)乙炔直接双芳基化反应，生成对称的双芳基化乙炔衍生物 (式 70)[82]。

$$\text{4-Cl-C}_6\text{H}_4\text{-I} + \text{HC}\!\equiv\!\text{C-SiMe}_3 \xrightarrow[\text{Bu}_4\text{NBr, H}_2\text{O, 100 }^\circ\text{C}]{\text{PdCl}_2\ (1\ \text{mol\%}),\ \text{pyrrolidine}} \text{Cl-C}_6\text{H}_4\text{-C}\!\equiv\!\text{C-C}_6\text{H}_4\text{-Cl} \qquad (70)$$

在有机溶剂和水的混合溶剂中，非均相催化剂也可以催化 Sonogashira 反应。如式 71 所示，在 N,N-二甲基乙酰胺 (DMA) 和水的混合溶剂中，Pd/C 和 CuI 的催化剂体系能催化缺电子卤代杂环 2-溴吡啶和 2-氯吡啶与 2-甲基-3-丁炔-2-醇的交叉偶联反应[83]。

$$\text{2-X-Py} + \text{HC}\!\equiv\!\text{C-C(CH}_3)_2\text{-OH} \xrightarrow[\substack{\text{(}i\text{-Pr)}_2\text{NH, DMA-H}_2\text{O, reflux} \\ \text{X = Br, 65\%} \\ \text{X = Cl, 51\%}}]{\text{Pd/C (5 mol\%), CuI (10 mol\%)}} \text{Py-C}\!\equiv\!\text{C-C(CH}_3)_2\text{-OH} \qquad (71)$$

作为另一种绿色溶剂，室温离子液体近年来在许多催化转化反应中被广泛地应用。其主要优点体现在除了可保持催化体系的催化活性之外，催化体系与最终产物分离后可以循环使用[84]。在离子液体中进行的 Sonogashira 反应的催化剂体系可以使用单一的钯催化剂[85]。

4.3 氯代芳烃的 Sonogashira 反应

相对于碘代芳烃和溴代芳烃，氯代芳烃较为廉价且容易获得。因此建立氯代芳烃的 Sonogashira 反应是更具有实用性的研究工作。由于氯代芳烃的 C-Cl 键比 C-I 和 C-Br 键更稳定而难以活化，氯苯和富电子氯代芳烃底物在典型的 Sonogashira 条件下不发生反应。因此，早期报道的典型 Sonogashira 反应主要局限于缺电子氯代芳烃，它们的 C-Cl 键具有高反应活性而能够与炔烃发生交叉偶联反应。如式 72[86] 和式 73[87] 所示，典型的 Sonogashira 反应条件能有效地催化 3-氰基-4-氯吡啶和 2,4-二氯喹唑啉与末端炔烃的交叉偶联反应，但对于氯苯和含给电子基团的氯苯衍生物没有催化活性。

$$\text{(72)}$$

$$\text{(73)}$$

在 Sonogashira 反应机理中，卤代化合物中 C-X 键的活化断裂是通过与催化活性物种进行氧化加成反应实现的。含富电子膦配体的钯配合物对活化 C-Cl 键具有促进作用，选择合适的富电子膦配体制备高活性的钯催化剂，可以实现氯代芳烃的 Sonogashira 反应。例如：钯配合物 **A**、膦配体 **B** 和 **C** 都是能有效地催化氯代芳烃 Sonogashira 反应的钯配合物或者钯配合物的膦配体。此外，商业化产品 P(*t*-Bu)₃ 和 PCy₃ 配体生成的钯催化剂也可以有效地催化氯苯的 Sonogashira 反应。

A   B   C

催化剂 **A** 与 ZnCl₂ 组合的催化剂体系是第一个对富电子氯代芳烃的 Sonogashira 反应具有高催化活性的体系。如式 74 所示，此催化剂体系在较高的反应温度下能催化对甲氧基氯苯与苯乙炔的交叉偶联反应，高产率地生成偶联产物。值得注意的是，催化剂 **A** 与 CuI 组合的催化剂体系活性却非常低[88]。

$$\text{(74)}$$

将 Na₂[PdCl₄] 与含金刚烷的膦配体 **B** 混合而得到的催化剂体系也对同样反应表现出很高的催化活性[89]。在 CuI 助催化剂的存在下，该催化剂体系在较温和的反应温度下也能得到较高产率的交叉偶联产物 (式 75)。Na₂[PdCl₄]/P(*t*-Bu)₃/CuI 组合的催化剂体系也具有同样的催化活性。

$$\text{(对位 Cl, OMe 苯)} + \underset{Ph}{|||} \xrightarrow[\substack{\text{CuI (1.5 mol\%), Na}_2\text{CO}_3\text{, PhMe, 100 }^\circ\text{C} \\ 75\%}]{\text{Na}_2[\text{PdCl}_4]\ (2\ \text{mol\%), Ligand } \mathbf{B}\ (4\ \text{mol\%})} \text{MeO}-\text{C}_6\text{H}_4-\!\!\equiv\!\!-\text{Ph} \qquad (75)$$

配体 **C** 与 Pd(CH$_3$CN)$_2$Cl$_2$ 组成的催化剂体系在无 CuI 条件下就能有效地催化氯代芳烃的 Sonogashira 反应 (式 76)[90]。与其它的催化剂体系不同，在该催化剂体系中添加 CuI 不仅不能促进反应，反而会抑制反应。

$$\text{(对位 Cl, OMe 苯)} + \underset{Ph}{|||} \xrightarrow[\substack{(3\ \text{mol\%), Cs}_2\text{CO}_3\text{, CH}_3\text{CN, 70 }^\circ\text{C} \\ 87\%}]{\text{Pd(CH}_3\text{CN)}_2\text{Cl}_2\ (0.1\ \text{mol\%), Ligand } \mathbf{C}} \text{MeO}-\text{C}_6\text{H}_4-\!\!\equiv\!\!-\text{Ph} \qquad (76)$$

用 PCy$_3$ 富电子膦配体生成的钯配合物 Pd(PCy$_3$)$_2$Cl$_2$ 在无 Cu(I) 条件下，也能够有效地催化氯苯、富电子氯苯衍生物与末端炔烃的 Sonogashira 交叉偶联反应 (式 77)[91]。

$$\text{(对位 Cl, R 苯)} + \equiv\!\!-\text{Ph} \xrightarrow[\substack{\text{Cs}_2\text{CO}_3\text{, DMSO, 120 }^\circ\text{C} \\ \text{R = H, 81\%} \\ \text{R = CH}_3\text{, 74\%}}]{\text{Pd(PCy}_3\text{)}_2\text{Cl}_2\ (3\ \text{mol\%})} \text{R}-\text{C}_6\text{H}_4-\!\!\equiv\!\!-\text{Ph} \qquad (77)$$

如果使用过量的氯代芳烃与 2-甲基-3-丁炔-2-醇反应时，还可以高产率地生成对称的二芳基取代乙炔类化合物 (式 78)[92]。

$$\begin{array}{l}\text{PhCl} \\ \\ \text{2-噻吩基-Cl} \\ \\ \text{对位乙烯基苯基-Cl}\end{array} + \underset{CH_3}{\overset{CH_3}{\underset{|}{\overset{|}{\text{C}}}}}\!\!-\!\text{OH} \xrightarrow[\substack{\text{piperidine, DMSO, 120 }^\circ\text{C}}]{\text{Pd(PCy}_3\text{)}_2\text{Cl}_2\ (5\ \text{mol\%), Cs}_2\text{CO}_3}\ \begin{array}{l}\text{Ph}-\!\!\equiv\!\!-\text{Ph, 86\%} \\ \\ \text{噻吩-}\!\!\equiv\!\!-\text{噻吩, 82\%} \\ \\ \text{乙烯基苯-}\!\!\equiv\!\!-\text{苯乙烯, 82\%}\end{array} \qquad (78)$$

4.4 非钯催化的 Sonogashira 反应

Sonogashira 反应是合成内部炔烃、末端炔烃的有效方法，成为过渡金属钯配合物催化的重要碳-碳键形成反应之一。因此，研究以廉价、简单的金属催化剂体系代替钯催化剂的 Sonogashira 反应也是催化合成化学领域的重要课题之一。

4.4.1 镍催化的 Sonogashira 反应

镍是钯的同族元素，镍配合物作为催化剂在其它碳-碳键形成的交叉偶联反应中表现出良好的催化活性。但是，镍配合物很少用于催化 Sonogashira 反应。

在 1,4-二氧六环与水的混合溶剂中，NiCl$_2$(PPh$_3$)$_2$/CuI 能有效地催化碘代芳烃与末端苯乙炔或者富电子苯乙炔衍生物的 Sonogashira 偶联反应 (式 79)。但该催化剂体系的催化活性受溶剂性质影响较大，在 THF、CH$_3$CN、1,4-二氧六环和哌啶溶剂中的催化活性都非常低。同时，该催化剂的配体效应也非常突出。尽管 PPh$_3$ 是有效的配体，但二齿配体催化剂都没有任何催化活性[93]，例如：Ni(dppf)Cl$_2$、Ni(dppb)Cl$_2$ 和 Ni(dppe)Cl$_2$。

$$\text{(79)}$$

在异丙醇中回流的条件下，末端炔烃与碘代芳烃、碘代烯烃和溴代芳烃的偶联反应也可以在可循环的细小 Ni 粉、CuI 和 PPh$_3$ 的混合物中进行 (式 80)。无论使用末端炔烃或三甲基硅取代的内部炔烃，在该条件下都能得到高产率的 Sonogashira 交叉偶联产物[94]。

$$\text{(80)}$$

此外，该催化剂体系还可以使用 KF-氧化铝上负载的纳米 Ni(0) 或者在微波加热或者无溶剂条件下进行[95]。

4.4.2 Cu(I) 催化的 Sonogashira 反应

Cu(I) 盐在经典的 Sonogashira 反应催化剂体系中被认为是助催化剂。然而，进一步的研究发现，有些 Sonogashira 反应可以在"无钯"条件下由 Cu(I) 配合物有效地催化完成。这些研究进展不仅简化了 Sonogashira 反应的催化剂体系，而且为该反应的工业化生产提供了可能性。

在 K$_2$CO$_3$ 存在下的 DMF 中，CuI/PPh$_3$ 催化剂体系在加热下能够有效地催化碘代芳烃或者碘代烯烃与末端炔烃的交叉偶联反应 (式 81)[96]。CuBr 和 CuCl 在碘代芳烃的交叉偶联反应中表现出与 CuI 相似的催化活性。二价的 Cu(OAc)$_2$ 与 PPh$_3$ 的组合也具有很高的催化活性，这些反应在微波加热下可以更快地反应[97]。

$$(81)$$

除 PPh$_3$ 配体以外，*N,N*-二甲基氨基乙酸和 CuI 的组合也能有效地催化碘代芳烃、溴代芳烃和末端炔烃的偶联反应 (式 82)[98]。

$$(82)$$

含邻二氮杂菲或联吡啶配体的 Cu(I) 化合物 [例如：Cu(phen)(PPh$_3$)Br, Cu(bipyl)(PPh$_3$)Br] 也可以有效催化碘代芳烃和碘代烯烃的 Sonogashira 反应[99]。Cu(phen)(PPh$_3$)NO$_3$ 可催化邻碘苯酚衍生物与末端芳炔交叉偶联和环化反应，得到 2-苯基苯并呋喃产物 (式 83)[100]。

$$(83)$$

当反应活性极高的高价碘盐作为碘代芳烃和烯烃使用时，CuI 无需配体在室温就能催化它们与末端炔烃的 Sonogashira 反应 (式 84)[101]。

$$(84)$$

可循环使用的负载型 Cu(I) 催化剂在碘代芳烃或者活泼溴代芳烃与末端炔烃的偶联反应中也得到了应用[102]。负载催化剂催化的氯代芳烃的 Sonogashira 反应还没有成功的例子。

4.4.3　其它金属催化的 Sonogashira 反应

非过渡金属无机盐 InCl₃ 也能有效地催化 Sonogashira 反应，而且无需添加任何添加剂和配体。更值得注意的是，InCl₃ 不仅可以催化碘代芳烃、溴代芳烃的反应，而且还可以催化氯代芳烃、甚至氟苯与苯乙炔的交叉偶联反应，但反应机理尚未清楚 (式 85)[103]。

$$\langle\text{苯环}\rangle\text{—X} + \text{═══Ph} \xrightarrow[75\%\sim82\%]{InCl_3 (1\ mol\%),\ PhH,\ 80\ ^oC} Ph\text{—═══—}Ph \qquad (85)$$

X = I, Br, Cl, F

以催化剂的回收再利用为目的，负载型钯催化体系在 Sonogashira 反应中得到广泛的研究和应用，但非钯负载催化剂在 Sonogashira 反应中的应用研究非常少。有人报道，以 Et₃N 为碱的乙腈溶剂中，氧化铝负载的 Ru (质量分数 5%) 催化剂可以催化碘代芳烃与末端炔烃的 Sonogashira 反应。该负载催化剂可回收再循环使用，催化活性几乎保持不变 (式 86)[104]。

$$\langle\text{苯环}\rangle\text{—I} + \text{═══Ph} \xrightarrow[85\%]{\substack{Ru/Al_2O_3\ (5\ \%,\ 5\ mol\%)\\ Et_3N,\ CH_3CN,\ 90\ ^oC}} Ac\text{—}\langle\text{苯环}\rangle\text{—═══—}Ph \qquad (86)$$

4.4.4　无过渡金属催化的 Sonogashira 反应

以水为溶剂，在无机碱和相转移催化剂的存在下，微波照射加热可促进无过渡金属催化剂存在的 Sonogashira 偶联反应。例如：在以 Bu₄NBr 为相转移催化剂和 Na₂CO₃ 为碱的条件下，碘代或者溴代芳烃与苯乙炔在水中经微波加热至 175 ℃，在数分钟内即可得到相应的交叉偶联产物 (式 87)[105]。

$$\langle\text{苯环}\rangle\text{（Br/Cl）} + \text{═══Ph} \xrightarrow[76\%]{\substack{Bu_4NBr,\ Na_2CO_3,\ H_2O\\ MW,\ 175\ ^oC,\ 20\ min}} Cl\text{—}\langle\text{苯环}\rangle\text{—═══—}Ph \qquad (87)$$

以 PEG 为相转移催化剂和 NaOH 为碱，碘代或者溴代芳烃与末端炔烃在水中经微波加热至 170 ℃ 也可以发生 Sonogashira 反应 (式 88)[106]。

$$\langle\text{苯环}\rangle\text{（Br/Me）} + \text{═══—R} \xrightarrow[\substack{R = Ph,\ 92\%\\ R = n\text{-}C_4H_9,\ 16\%}]{\substack{PEG,\ NaOH,\ H_2O\\ MW,\ 170\ ^oC,\ 5\ min}} Me\text{—}\langle\text{苯环}\rangle\text{—═══—}R \qquad (88)$$

显然，无过渡金属催化的 Sonogashira 反应体系是有机合成化学家更感兴趣的体系，对其反应机理的研究也是非常有趣的课题。但需要指出的是，人们在商业提供的 Na₂CO₃ 中检测出含有 50 μg/kg 的 Pd 污染物[107]。所以，"无过渡金属"催化的说法已经受到了严重的怀疑，因为微量的钯有可能就是催化 Sonogashira 反应的真正催化剂。

4.5 其它 Sonogashira 反应

4.5.1 离子型溴代化合物的 Sonogashira 反应

在典型的 Sonogashira 反应条件下，离子型卤代杂环化合物与末端炔烃也能进行交叉偶联反应。例如：溴代喹嗪阳离子可在 2-位和 3-位进行炔基化反应，得到相应的芳基和杂环芳基乙炔基喹嗪阳离子 (式 89)[108]。

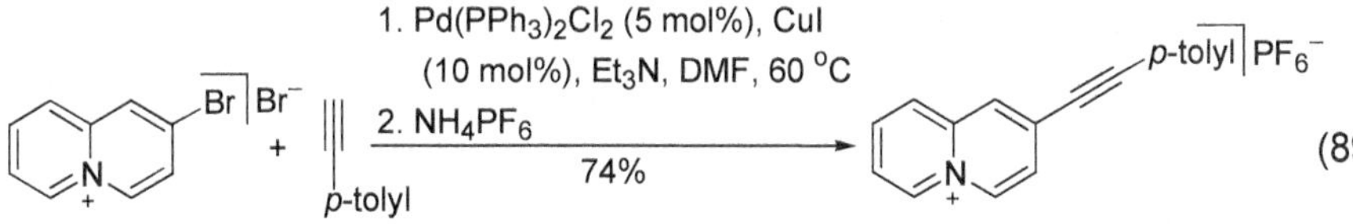

$$
\text{(89)}
$$

4.5.2 反 Sonogashira 交叉偶联反应

经典的 Sonogashira 反应是末端炔烃与卤代化合物的交叉偶联反应。所谓的反 Sonogashira 反应（Inverse Sonogashira reaction）是指使用 1-卤代炔烃与芳环活泼 C-H 键之间的交叉偶联反应。很显然，与经典的 Sonogashira 反应机理不同，反 Sonogashira 反应是通过亲核加成、消除反应机理进行的，所以无需钯催化剂的存在。如式 90 所示，在 Al_2O_3 存在下，吡咯衍生物在室温可以与 1-苯甲酰-2-溴乙炔进行交叉偶联反应生成 Sonogashira 反应类型的产物[109]。

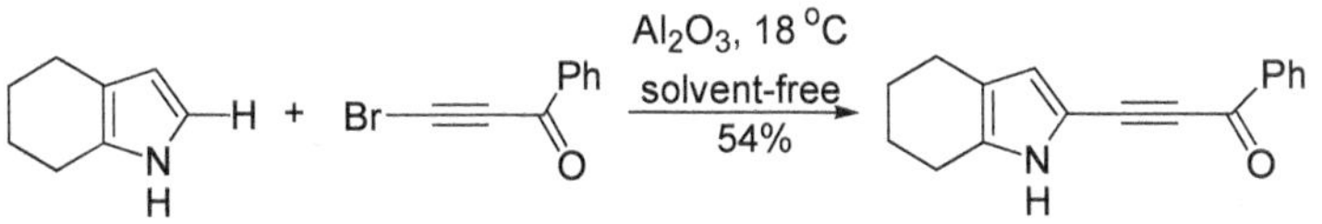

$$
\text{(90)}
$$

4.5.3 溴代烷烃的 Sonogashira 反应

参与 Sonogashira 反应的碳卤键一般指的是 $C(sp^2)$-X 键 (X = I, Br, Cl 等)，对于卤代烷烃与末端炔烃的交叉偶联反应研究的非常少。但是，金刚烷取代的咪唑类配体与钯组合的催化剂体系能有效地催化溴代烷烃与末端炔烃的交叉偶联反应 (式 91)[110]。用 t-Bu 代替金刚烷基也有相似的催化活性，这些结果再度拓展了 Sonogashira 反应的范围。

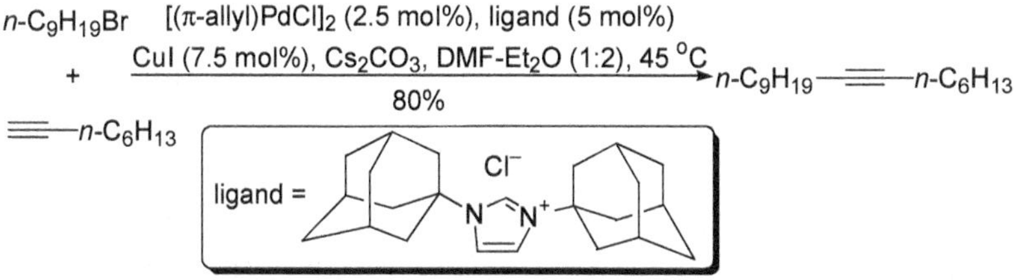

$$
\text{(91)}
$$

5 Sonogashira 反应在有机材料分子合成中的应用

在 20 世纪末，结构和性能各异的有机液晶材料、有机光电材料分子的大量合成与应用是现代有机合成法在功能材料合成与发展中最重要的贡献之一。这些材料分子的结构特点之一是含乙烯和乙炔桥的芳烃共轭分子。其中，聚共轭芳炔类化合物已被应用于液晶材料[111]、发光材料[112]、非线性光学材料[113]、导电材料[114]等领域。 Sonogashira 交叉偶联反应作为引入炔键的重要碳-碳键形成反应之一，在开发、合成这些共轭链有机材料分子中发挥了极其重要的作用，得到了广泛的应用[115]，例如：聚芳乙炔[poly(aryleneethynylene), PAEs] 和寡聚芳乙炔[oligo(aryleneethynylene), OAEs]，尤其是聚苯乙炔 [poly(phenyleneethynylene), PPEs] 和寡聚苯乙炔[oligo(phenyleneethynylene), OPEs]。

在合成共轭链有机材料分子中，无论是卤代芳烃与末端炔烃进行多次反复的交叉偶联反应，还是一锅同时进行的多次交叉偶联反应，典型的 Sonogashira 催化剂体系 PdCl$_2$(PPh$_3$)$_2$/CuI 和 Pd(PPh$_3$)$_4$/CuI 都是十分有效的。如式 92 所示，具有强荧光性质含氰基 PPEs 可以通过多步和集中的 Sonogashira 交叉偶联反应来合成[116]。

$$(92)$$

另一个类 PPE 的合成方法是在典型的 Sonogashira 催化剂体系中，使用二乙炔基芳烃与二卤代芳烃的一锅交叉偶联聚合反应。如式 93 所示，取代二乙炔基芳烃与二碘代化合物交叉偶联反应得到的聚合物不仅具有光电性质，而且可以用作自组装分子制备阵列微空材料[117]。

以烯炔为聚合单元的低聚烯炔是另一类线形有机材料分子，表现出有趣的光电性质，Sonogashira 交叉偶联反应已经成为合成这类化合物的有效方法[118]。如

式 94 所示，以反式碘代烯炔 (*trans*-enyne) 与 2-甲基-3-丁炔-2-醇为原料经
Sonogashira 交叉偶联反应合成 1,2-烯二炔中间体，经该中间体的重复脱硅基化
及 Sonogashira 反应可合成低聚烯炔线形分子[119]。

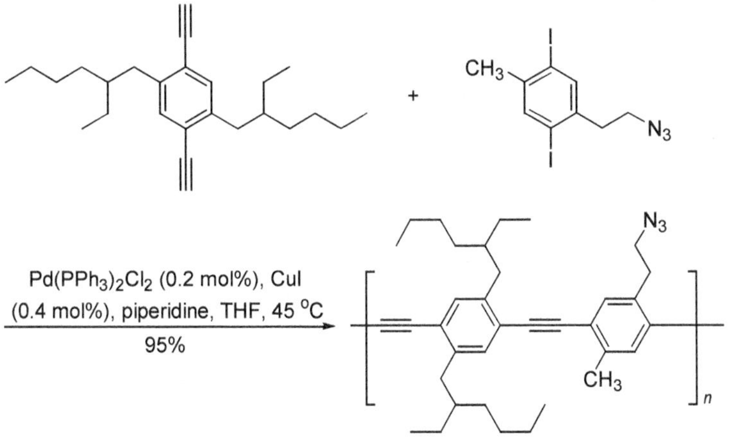

(93)

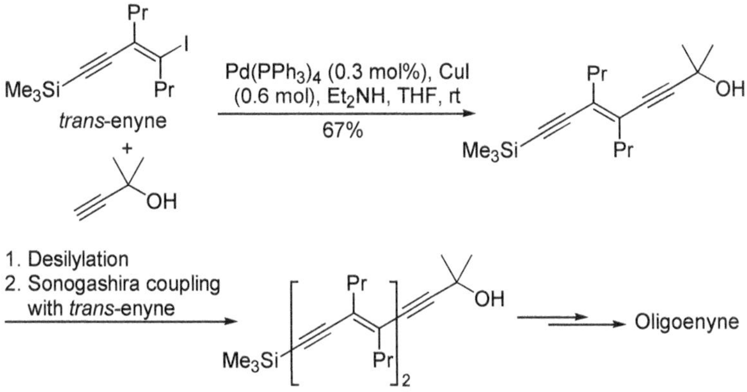

(94)

含 *gem*-二炔基结构的大共轭体系也表现出有趣的荧光性质，它们的合成途
径也是以 Sonogashira 反应为关键步骤。例如：1,4-二(*gem*-二溴乙烯)苯与苯乙
炔进行交叉偶联可一步生成含 *gem*-二炔基的大共轭分子，它们的荧光性质可以
通过改变二烯芳桥结构进行调节 (式 95)[120]。

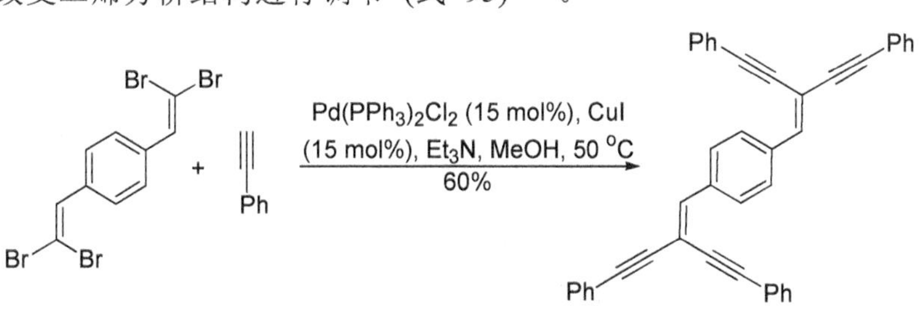

(95)

含三乙炔基乙烯和四乙炔基乙烯结构单元的共轭分子也具有电化学和光物
理性质[68]。如式 96 所示，采用 Sonogashira 交叉偶联反应可以方便地构建含

四乙炔基乙烯结构单元的给体-受体有机共轭体系。值得注意的是，使用典型的 Sonogashira 反应催化剂 Pd(PPh₃)₂Cl₂ 时得到的产物的产率非常低。在声波降解条件下，使用大剂量的大基团富电子膦配体 P(t-Bu)₃ 和 (PhCN)₂Cl₂ 组合作为催化剂[121]，可以获得较高的产率。

$$(96)$$

含炔基桥联树枝状大共轭分子低聚物和聚合物也是重要的光电材料分子，Sonogashira 交叉偶联反应是这类树枝状分子合成的关键步骤[122]。如式 97 所示，雪花状炔烃低聚物合成的主要反应是 1,3,5-三乙炔苯与相应的其它碘代苯乙炔衍生物的交叉偶联反应，甚至反应原料也可以由 Sonogashira 反应来获得[123]。

类石墨化结构的盘状稠环芳烃 [例如：六苯并蔻 (Hexabenzocoronene, HBC) 及其衍生物] 具有平面离域大 π-共轭体系，具有 π-堆垛自组装的性质。这些盘状分子 π-堆垛形成的组装物在制备有机场效应晶体管、太阳能电池或者光发射二极管、有机磁性材料、碟状液晶、管束状分子通道等领域有着重要的潜在应用前景。如式 98 所示，溴代芳烃与苯乙炔衍生物经 Sonogashira 交叉偶联反应首先得到芳基炔烃；然后，再与 2,3,4,5-四苯基环戊二烯酮发生 Diels-Alder 反应并消除一氧化碳得到六芳基苯，继续发生氧化脱氢反应还可以得到 HBC 衍生物[124]。

碘代 HBC 衍生物在 Pd(PPh₃)₄/CuI 催化剂体系中能进一步进行 Sonogashira 交叉偶联反应，可用于合成刚性的聚亚苯基树状分子 (式 99)[125]。在 Pd(PPh₃)₄/CuI 存在下的六氢吡啶溶液中，碘代共轭芳烃与过量的苯乙炔在室温下能发生交叉偶联反应，高产率地生成可用于合成 C_3-对称石墨类圆盘分子的中间体 (式 100)[126]。

分子内含电子受体和给体基团的氮杂环和稠环炔基化的化合物也已成为一类重要的有机或者金属有机发光材料，它们也可以通过多步 Sonogashira 反应进行有效的合成。如式 101 所示，通过两次 Sonogashira 反应可以得到含萘啶中心结构的共轭给体-受体-给体分子。此化合物对 Hg(II) 具有高度的配位选择性，并表现出两阶段的颜色变化，可用于检测 Hg(II) 离子的可见传感器材料[127]。

(97)

(98)

(99)

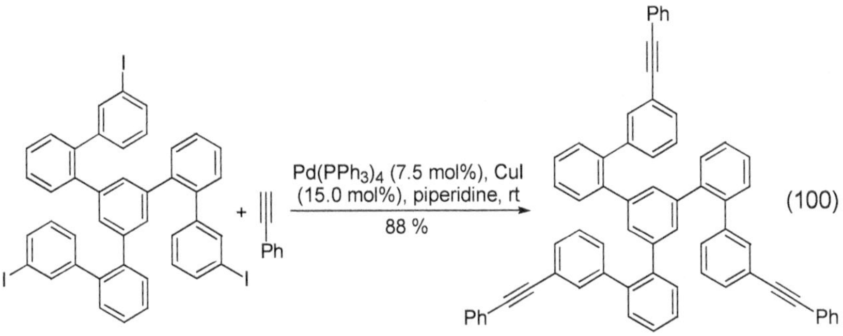

(100)

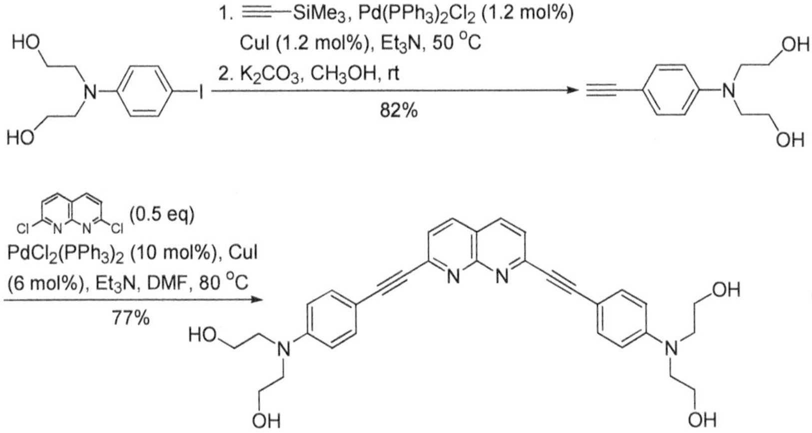

(101)

式 102 所示的给体-受体香蕉形炔桥联低聚物共轭体系是以 2,5-二甲氧基苯乙炔 (也是由 Sonogashira 反应制得)、2,6-二溴吡啶和 1,4-二碘-2,5-二甲氧基苯为原料，经由连续三次 Sonogashira 交叉偶联反应合成的[128]。

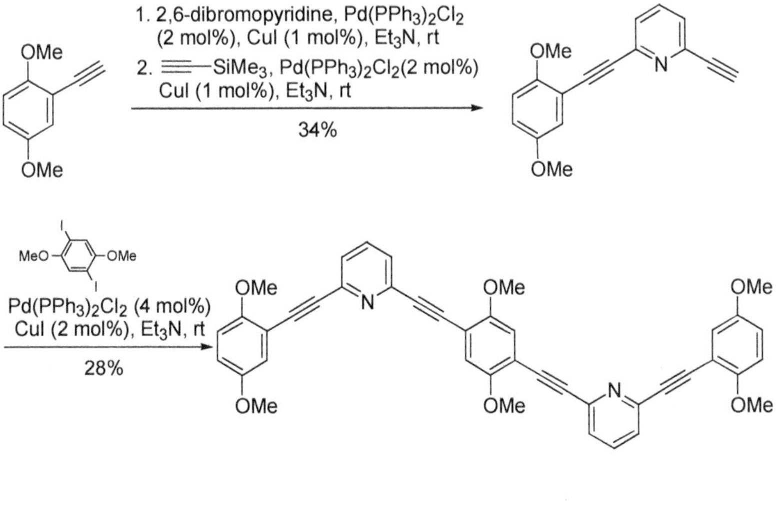

(102)

在 Sonogashira 反应条件下，芴与 2,7-二炔芴反应可制备芴与炔结构单元交替的发光材料。该材料在有机溶剂中具有良好的溶解性，并且能发出强的蓝色荧光。以此制备的发光二极管最大发光波长在 402 nm，且可通过改变分子的共轭长度来调节材料的最大发光波长 (式 103)[129]。

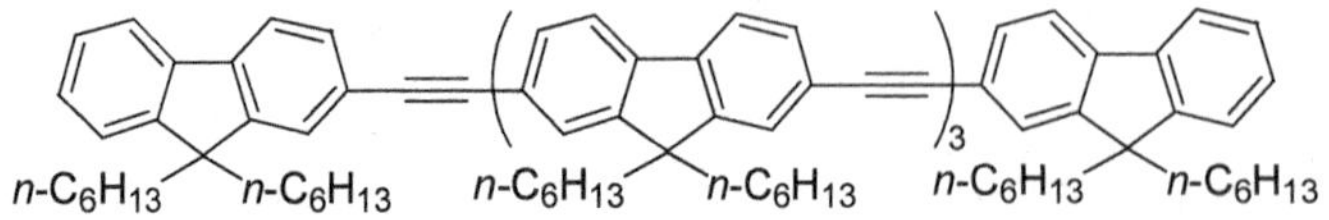

(103)

6 Sonogashira 反应在共轭大环分子合成中的应用

含乙炔和芳基或者低聚乙炔和芳基结构单元的共轭大环分子，不仅具有合成修饰的多样性，而且其高共轭结构还可产生有趣的电子效应以及发生有序地自组装。因此，这类共轭大环分子可应用于合成三维纳米结构、盘状液晶、客体-主体化合物、多孔有机固体材料等。对含炔、芳基共轭大环分子合成方法的研究已经成为合成化学的重要内容之一[130]。Sonogashira 交叉偶联反应在这些共轭大环分子合成中有着广泛的应用。

在 Sonogashira 偶联条件下，碘代芳基炔烃在离子液体 1-丁基-3-甲基咪唑四氟化硼(BMIMBF$_4$) 中发生成环三聚得到三苯并六脱氢[12]轮烯及其类似物 (式 104)[131]。

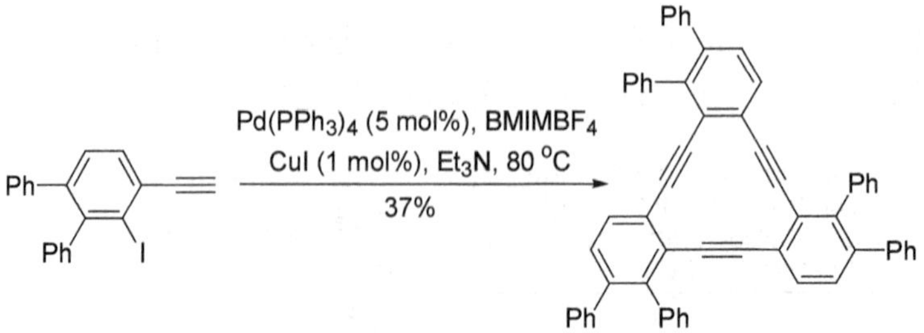

(104)

如式 105 所示：二碘芳烃经过多步连续的 Sonogashira 偶联反应生成二炔、四炔和六炔基中间体，最后六炔基中间体在 Cu(I) 促进下双脱氢偶联反应 (Glaser 反应) 得到大环化合物[132]。

利用 Sonogashira 交叉偶联反应为关键步骤，也能够得到一些具有特殊功能的大环化合物，例如：式 106 是一个能进行非平面 π-π 相互作用而形成自聚体的芳基-炔基大环分子[133]，式 107 是一个二维的二炔桥联芳基共轭纳米尺寸分子[134]。

(105)

(106)

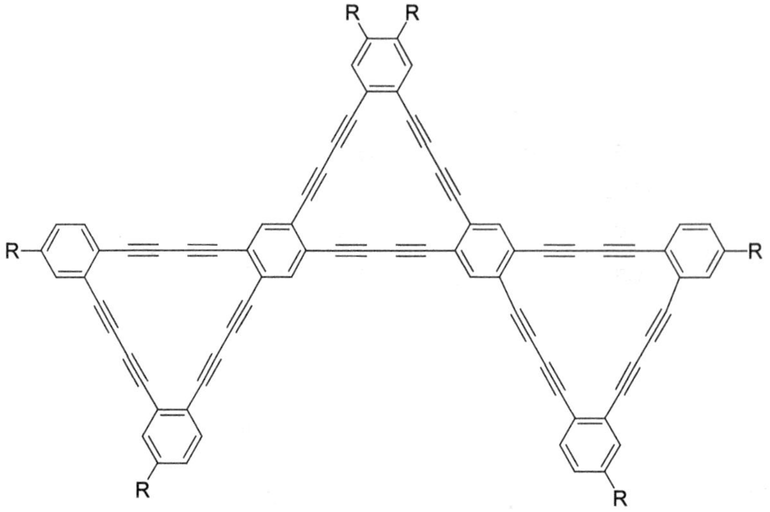

(107)

含有金属配位点的脱氢吡啶轮烯化合物是合成导电分子的重要配体。如式 108 所示，2,6-二乙炔基吡啶与三氟甲磺酸烯炔酯首先进行 Sonogashira 反应，生成的产物随后进行脱硅基化以及铜催化的自身偶联反应即可得到该化合物[135]。类似的含吡啶环-炔-苯环共轭大环分子的合成也包含了多步的 Sonogashira 反应 (式 109[136]，式 110[137])。

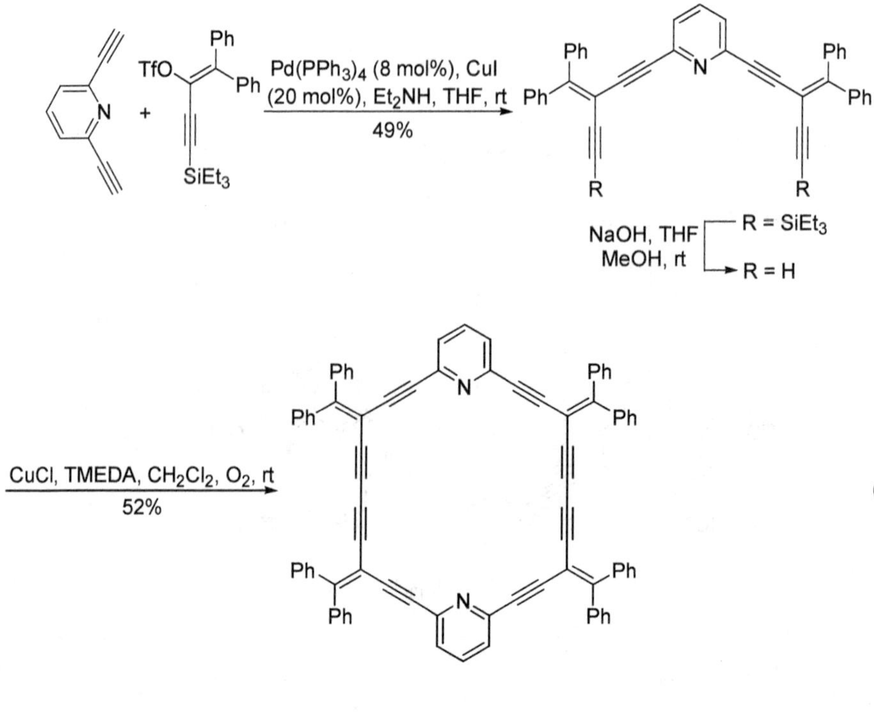

(108)

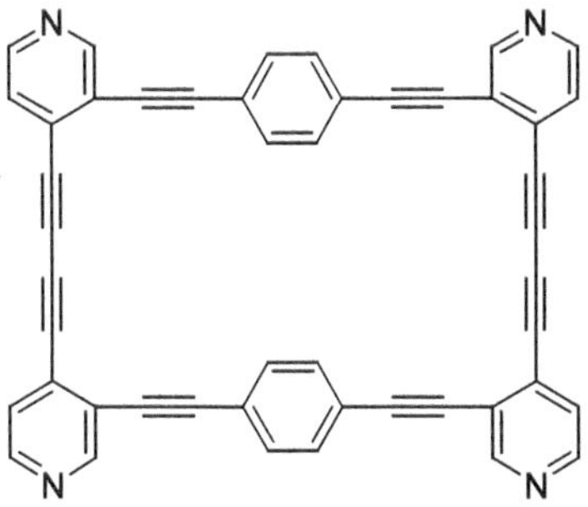

(109) 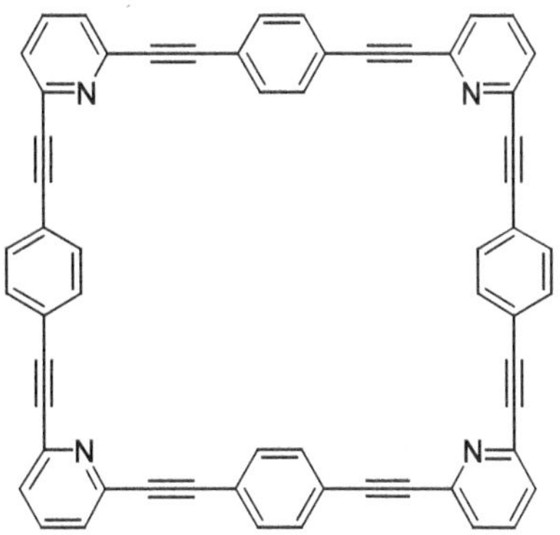　　　　　　　　　　　　　　(110)

7　Sonogashira 反应在天然产物合成中的应用

　　许多天然产物含有炔或者烯炔结构，Sonogashira 反应常用于这些天然产物的合成反应中，而且大多数情况下都采用典型的 CuI 共催化反应体系。如式 111 所示，采用碘代芳烃为原料，在典型的 Sonogashira 催化反应条件下经两步 Sonogashira 反应合成的二芳基取代的内部炔烃是合成天然产物 S-(+)-Laudanosine 和 S-(−)-Xylopinine 的中间体[138]。

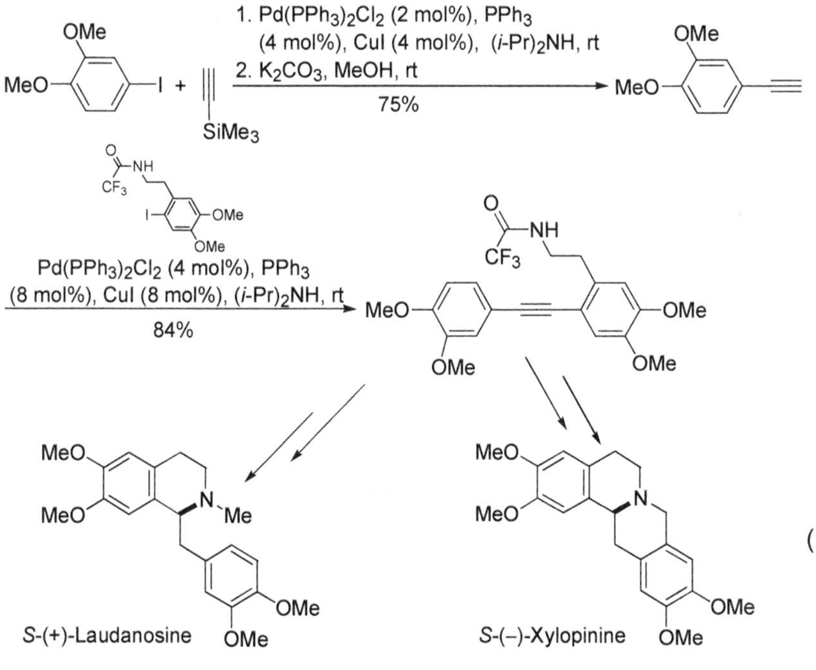

(111)

S-(+)-Laudanosine　　　　　　　S-(−)-Xylopinine

溴代芳烃的 Sonogashira 反应也在天然产物合成中得到广泛的应用。如式 112 所示的天然产物 Cicerfuran 是鹰嘴豆的一种天然防卫剂，其全合成的主要步骤是两步的溴代芳烃与炔烃的交叉偶联反应[139]。

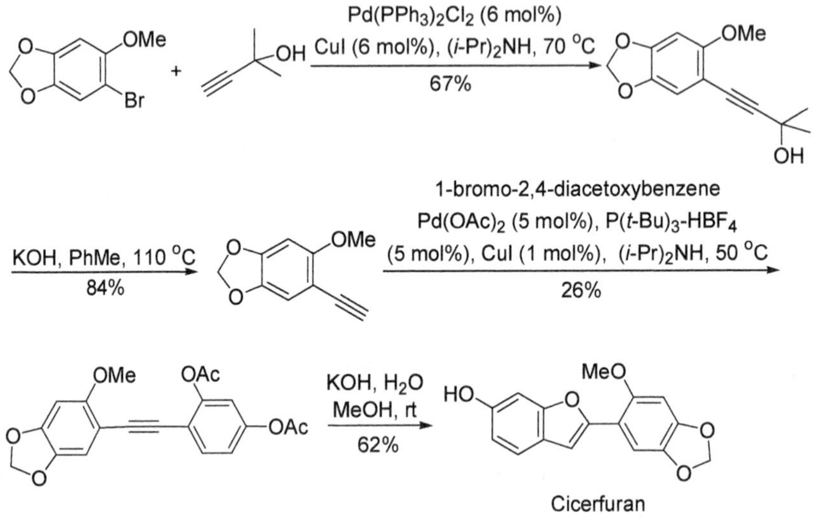

(112)

由于氯代芳烃的反应活性较低，其在包含 Sonogashira 反应的全合成中的应用较少。然而，活性高的氯代杂环化合物、氯代烯烃化合物也成为一些天然产物全合成中的重要原料。如式 113 所示，以二氯代嘧啶为原料，经与 1-己炔的两步 Sonogashira 交叉偶联反应制得的炔基化二环嘧啶化合物是合成生物碱 Tetraponerine T6 的中间体[140]。

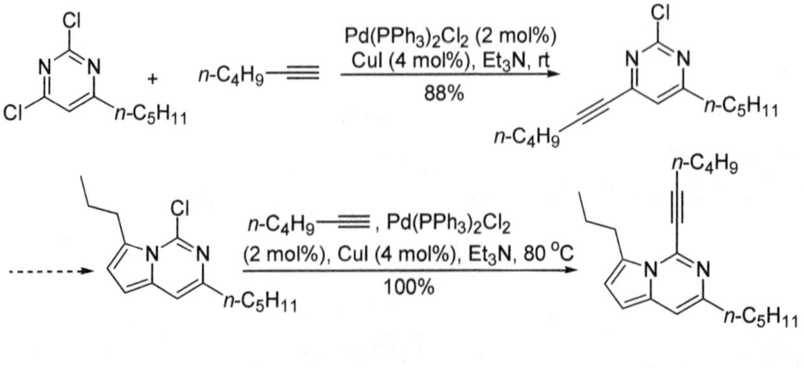

(113)

由于卤代烯烃碳-卤键的取代反应具有化学反应定向性，所以 Sonogashira 反应在天然产物合成中常用的另一个卤代化合物是卤代烯烃。卤代烯烃中最常使用的是碘代烯烃化合物，因为它的反应活性最高，可在较温和的反应条件下进行。如式 114 所示的含联二四氢呋喃结构单元的 Asimicin 是番荔枝科

(Annonaceous) Acetogenins 中的天然产物之一，具有高的抗癌活性。其全合成反应中的关键步骤是官能团化后的两个结构片段的偶联碳链增长反应。在两个结构片段中分别引入末端炔基和碘代烯基，采用 Sonogashira 交叉偶联反应实现了碳链增长的碳-碳键形成反应[141]。

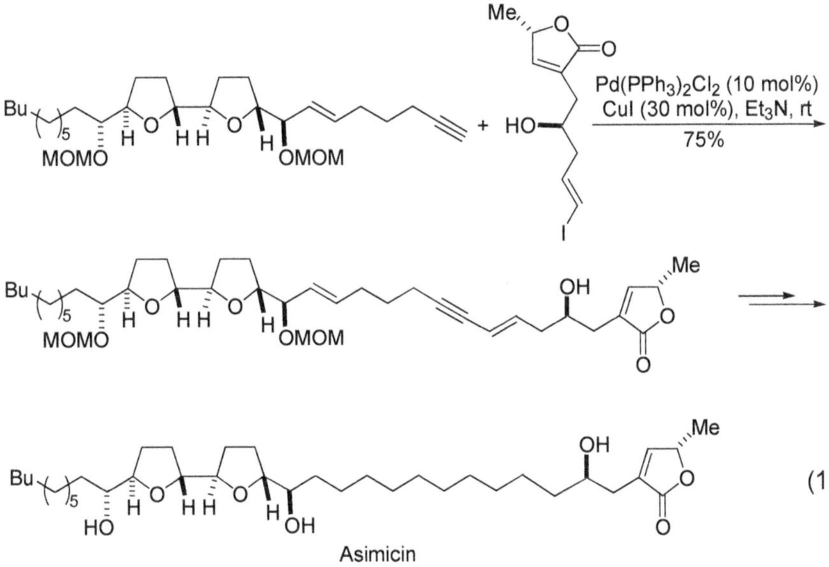

(114)

Asimicin

Xerulin 是生物合成胆固醇的有效抑制剂，它可由 *cis-β*-碘代丙烯酸在室温与十五碳四烯三炔（由 Sonogashira 反应合成）进行交叉偶联以及连续的环化加成反应合成（式 115）[142]。二氢化 Xerulin 也可以用同样的反应途径有效合成。

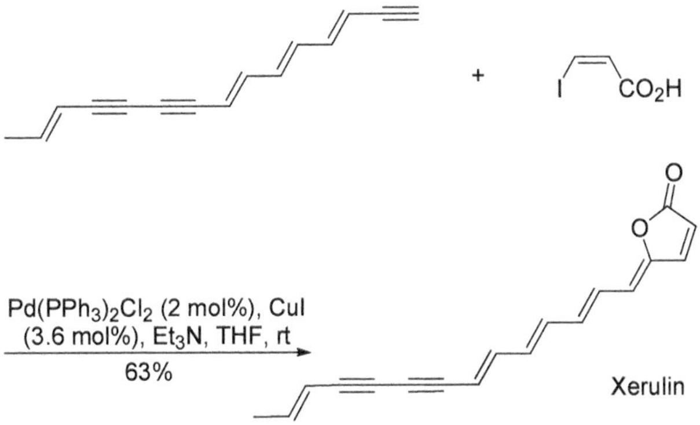

(115)

Xerulin

溴代、氯代烯烃的 Sonogashira 反应也被应用于天然产物的全合成中。如式 116 所示：marine polyacetylene callyberine A 的全合成主要是基于溴代烯烃的多步 Sonogashira 反应[143]。

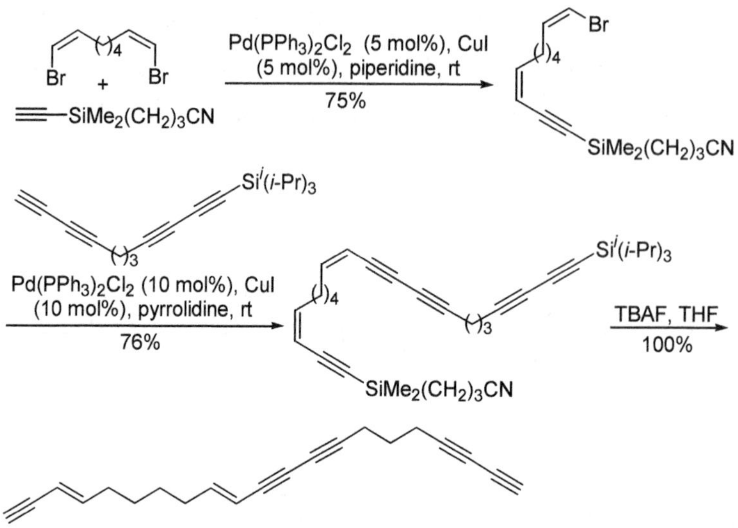

(116)

式 117 是氯代四烯与末端炔酮的 Sonogashira 交叉偶联反应，所生成的多烯、炔不饱和醋酸酯化合物是蚂蚁毒素 (ant venom) 的有效成分[144]。

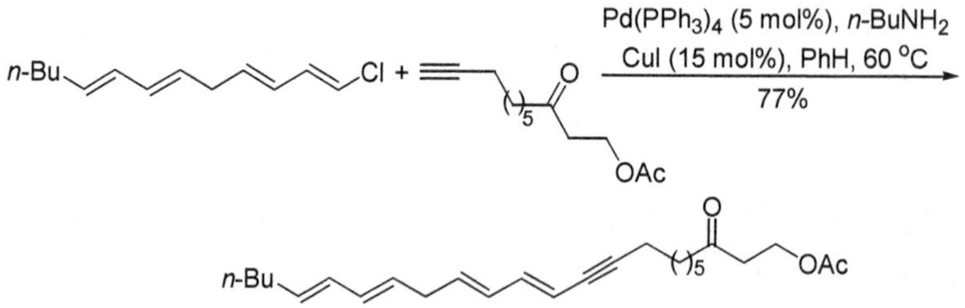

(117)

有趣的是，1-碘代炔烃在 Sonogashira 反应条件下也可以与末端炔烃发生交叉偶联反应，并应用于天然产物的全合成中。如含多烯、炔结构的柴胡炔醇分子 Bupleurynol [(2E,8E,10E)-2,8,10- 十 七 碳 三 烯 -4,6- 二 炔 -1- 醇] 是 从 植 物 *Bupleurum Iongiradiatum* 中分离出来的天然产物，被认为在合成药物方面有潜在的应用价值。式 118 所示的是 Bupleurynol 全合成中的最后一步反应，由 Sonogashira 反应合成的 (3E,5E)-1-碘-十二-二烯-1-炔和 5-羟基戊-3-烯-1-炔在典型的 Sonogashira 反应条件下发生交叉偶联反应生成 Bupleurynol[145]。

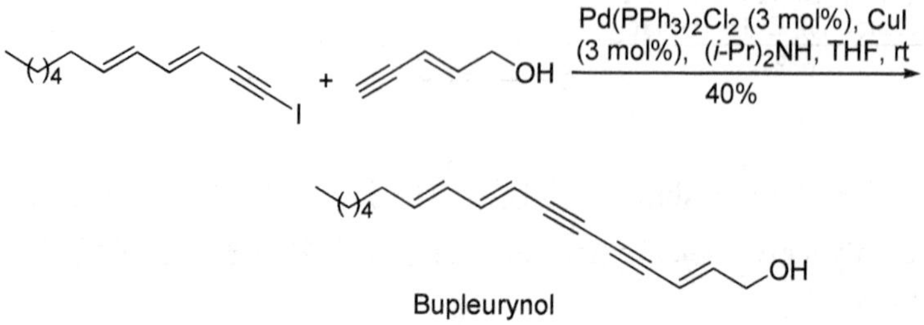

(118)

Bupleurynol

8 Sonogashira 反应实例

例 一

二苯乙炔的合成[61]

(芳基溴发生的 Sonogashira 交叉偶联反应)

在氮气置换后装有磁搅拌子的耐压硬质玻璃管中加入溴苯 (63.0 mg, 0.4 mmol), 苯乙炔 (31.0 mg, 0.3 mmol), Pd(PPh$_3$)$_2$Cl$_2$ (6.3 mg, 0.009 mmol), Bu$_2$NH (39.0 mg, 0.4 mmol) 和 DMF (0.5 mL), 封管后的混合物在 60 $^{\circ}$C (油浴温度) 下加热搅拌 12 h。反应液冷却至室温, 加入正十八烷 (34.0 mg, 0.13 mmol) 作为 GC 分析的内标物质, 用二氯甲烷稀释到 2.0 mL, 然后对混合物进行 GC 和 GC-MS 分析。将溶剂和易挥发的物质用旋转蒸发仪蒸除以后, 以环己烷为展开剂对产物进行薄层色谱分离 (硅胶), 得到白色固体产物 (47.0 mg, 88%)。色谱分析结果表明产物的色谱定量产率为 96%。

例 二

1-苯基-1-辛炔的合成[91]

(芳基氯发生的 Sonogashira 交叉偶联反应)

在氮气置换后装有磁搅拌子的耐压硬质玻璃管中加入氯苯 (75.0 mg, 0.66 mmol), 1-辛炔 (61.5 mg, 0.6 mmol), Pd(PCy$_3$)$_2$Cl$_2$ (15.4 mg, 0.02 mmol), Cs$_2$CO$_3$ (215.0 mg, 0.66 mmol) 和溶剂 DMSO (0.8 mL), 封管后的混合物在 100 $^{\circ}$C (油浴温度) 下加热搅拌 12 h。在冷却至室温的反应液中加入正十八烷 (57.0 mg, 0.22 mmol) 作为 GC 定量分析的内标物质, 并用二氯甲烷将混合液稀释至 2.0 mL, 取少量样品进行 GC 和 GC-MS 分析。用旋转蒸发仪蒸出溶剂和易挥发的物质后, 以环己烷作展开剂进行薄层色谱分离(硅胶), 得到淡黄色油状产物 (103.7 mg, 93%)。色谱分析结果表明产物的色谱定量产率为 99%。

例 三

二(2-噻吩)乙炔的合成[92]

（"一锅法" Sonogashira 交叉偶联反应）

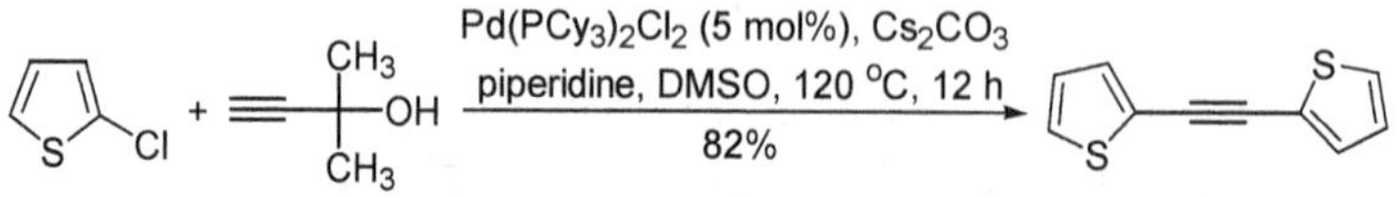

在氮气置换后装有磁搅拌子的耐压硬质玻璃管中加入 2-氯噻吩 (142.0 mg, 1.2 mmol)，2-甲基-3-丁炔-2-醇 (26.0 mg, 0.3 mmol)，Pd(PCy$_3$)$_2$Cl$_2$ (11.6 mg, 0.15 mmol)，Cs$_2$CO$_3$ (450.0 mg, 1.2 mmol) 和 DMSO (1.5 mL)，封管后的混合物在 120 ℃ (油浴温度) 下加热搅拌 12 h。冷却至室温后的反应液用硅胶短柱过滤并用二氯甲烷洗柱。收集的溶液用旋转蒸发仪浓缩后，以环己烷作展开剂进行薄层色谱分离 (硅胶)，得到白色固体产物 (47.0 mg, 82%)。

例 四

3-正丁基-(Z)-2-壬烯-4-炔酸甲酯的合成[33]

（氯乙烯发生的 Sonogashira 交叉偶联反应）

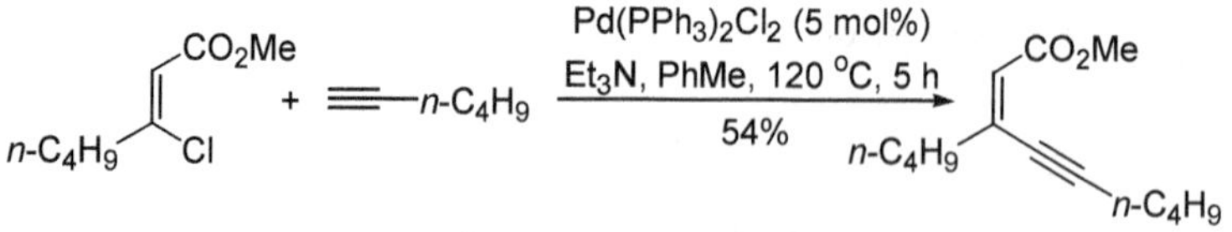

在氮气置换后装有磁搅拌子的硬质玻璃管中加入 3-氯-2-庚烯酸甲酯 (88.2 mg, 0.5 mmol)，1-己炔 (49.2 mg, 0.6 mmol)，Et$_3$N (252.5 mg, 2.5 mmol)，Pd(PPh$_3$)$_2$Cl$_2$ (17.5 mg, 0.025 mmol) 和甲苯 (1.0 mL)，用火烧封口后的玻璃管置于 120 ℃ 油浴中加热搅拌 5 h。冷却至室温的反应混合物用 Al$_2$O$_3$ 短柱过滤并用二氯甲烷洗柱。收集的溶液用旋转蒸发仪浓缩后，以正己烷作淋洗剂进行柱色谱分离 (Al$_2$O$_3$) 和目标产物的收集，得到无色油状产物 (60.0 mg, 54%)。

例 五

1-环己基-3-苯基丙炔酮的合成[44]

（酰氯发生的 Sonogashira 交叉偶联反应）

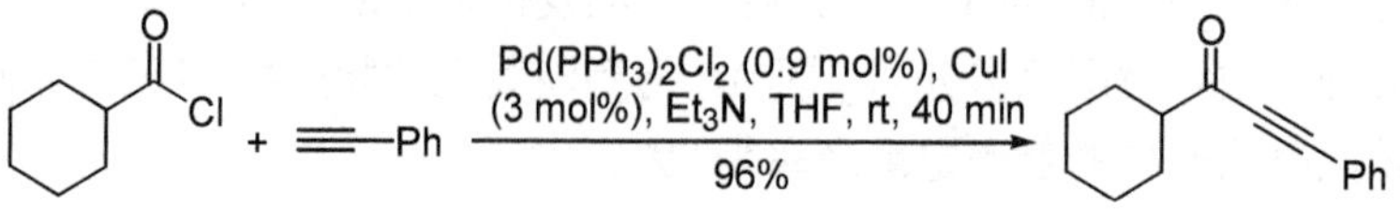

在氮气氛中，将 Pd(PPh$_3$)$_2$Cl$_2$ (12.6 mg, 0.018 mmol) 和 CuI (11.4 mg, 0.06 mmol) 依次加入到含环己基甲酰氯 (439.5 mg, 3.0 mmol) 和苯乙炔 (204.0 mg, 2.0 mmol) 的无水 THF (4 mL) 溶液中，搅拌 1min 后再加入 Et$_3$N (252.5 mg, 2.5 mmol)。所得混合液在室温下搅拌反应 40min 后用乙醚稀释 (30 mL)、水洗 (30 mL)，水层用二氯甲烷萃取 (3 × 30 mL)，合并的有机溶液用 Na$_2$SO$_4$ 干燥。浓缩液用柱色谱分离 (淋洗剂：石油醚/乙酸乙酯 = 98/2)，得到黄色油状产物 (408.0 mg, 96%)。

9　参考文献

[1] (a) Castro, C. E.; Stephens, R. D. *J. Org. Chem.* **1963**, *28*, 2163. (b) Stephens, R. D.; Castro, C. E. *J. Org. Chem.* **1963**, *28*, 3313.

[2] Cassar, L. *J. Organomet. Chem.* **1975**, *93*, 253.

[3] Dieck, H. A.; Heck, F. R. *J. Organomet. Chem.* **1975**, *93*, 259.

[4] Sonogashira, K.; Tohda, Y.; Hagihara, N. *Tetrahedron Lett.* **1975**, *50*, 4467.

[5] (a) Ozawa, F.; Kubo, A.; Hayashi, T. *Chem. Lett.* **1992**, 2177. (b) Amatore, C.; Jutand, A.; M'Barki, M. A. *Organometallics* **1992**, *11*, 3009. (c) Csákai, Z.; Skoda-Földes, R.; Kollár, L. *Inorg. Chim. Acta* **1999**, *286*, 93.

[6] McCrindle, R.; Ferguson, G.; Arsenault, G. J.; McAlees, A. J. *J. Chem. Soc., Chem. Commun.* **1983**, 571.

[7] Quan, L. G.; Lamrani, M.; Yamamoto, Y. *J. Am. Chem. Soc.* **2000**, *122*, 4827.

[8] Negichi, E.; Takahashi, T.; Akiyoshi, K. *J. Organomet. Chem.* **1987**, *334*, 181.

[9] (a) Heck, R. F.; Nolley, J. P. *J. Org. Chem.* **1972**, *37*, 2320. (b) Trost, B. M.; Murphy, D. J. *Organometallics* **1985**, *4*, 1143.

[10] (a) Zeidan, T. A.; Kovalenko, S. V.; Manoharan, M.; Clark, R. J.; Ghiviriga, I.; Alabugin, I. V. *J. Am. Chem. Soc.* **2005**, *127*, 4270. (b) Al-Hassan, M. I. *J. Organomet. Chem.* **1990**, *395*, 227.

[11] (a) Gottardo, C.; Aguirre, A. *Tetrahedron Lett.* **2002**, *43*, 7091.

[12] Austin, W. B.; Bilow, N.; Kelleghan W. J.; Lau, K. S. Y. *J. Org. Chem.* **1981**, *46*, 2280.

[13] Toyota, S.; Iida, T.; Kunizane, C.; Tanifuji, N.; Yoshida, Y. *Org. Biomol. Chem.* **2003**, *1*, 2298.

[14] (a) Sasai, H.; Tokunaga, T.; Watanabe, S.; Suzuki, T.; Itoh, N.; Shibasaki, M. *J. Org. Chem.* **1995**, *60*, 7388. (b) Minatti, A.; Dötz, K. H. *Tetrahedron: Asymmetry* **2005**, *16*, 3256. (c) Frison, J.-C.; Palazzi, C.; Bolm, C. *Tetrahedron* **2006**, *62*, 6700.

[15] Shirakawa, E.; Kitabata, T.; Otsuka, H.; Tsuchimoto, T. *Tetrahedron* **2005**, *61*, 9878.

[16] (a) Hundertmark, T.; Littke, A. F.; Buchwald, S. L.; Fu, G. C. *Org. Lett.* **2000**, *2*, 1729. (b) Gallagher, W. P.; Maleczka, R. E. *J. Org. Chem.* **2003**, *68*, 6775.

[17] Mio, M. J.; Kopel, L. C.; Braun, J. B.; Gadzikwa, T. L.; Hull, K. L.; Brisbois, R. G.; Markworth, C. J.; Grieco, P. A. *Org. Lett.* **2002**, *4*, 3199.

[18] Novák, Z.; Nemes, P.; Kotschy, A. *Org. Lett.* **2004**, *6*, 4917.

[19] Hu, Y.-Z.; Zhang, G.; Thummel, R. P. *Org. Lett.* **2003**, *5*, 2251.

[20] Zoppellaro, G.; Baumgarten, M. *Eur. J. Org. Chem.* **2005**, 2888.

[21] Bellina, F.; Falchi, E.; Rossi, R. *Tetrahedron* **2003**, *59*, 9091.

[22] Shin, J.-T.; Shin, S.; Cho, C.-G. *Tetrahedron Lett.* **2004**, *45*, 5857.

[23] Adamczyk, M.; Akireddy, S. R.; Johnson, D. D.; Mattingly, P. G.; Pan, Y.; Reddy, R. E. *Tetrahedron* **2003**, *59*, 8129.

[24] Deng, X.; Mani, N. S. *Org. Lett.* **2006**, *8*, 269.

[25] Kim, J. T.; Butt, J.; Gegvorgyan, V. *J. Org. Chem.* **2004**, *69*, 5638.

[26] Bach, T.; Bartels, M. *Synthesis* **2003**, 925.

[27] Nolan, J. M.; Comins, D. L. *J. Org. Chem.* **2003**, *68*, 3736.

[28] Witulski, B.; Azcon, J. R.; Alayrac, C.; Arnuatu, A.; Collot, V.; Rault, S. *Synthesis* **2005**, 771.

[29] Pal, M.; Batchu, V. R.; Swamy, N. K.; Padakanti, S. *Tetrahedron Lett.* **2006**, *47*, 3923.

[30] Fu. C.; Chen, G.; Liu, X.; Ma, S. *Tetrahedron* **2005**, *61*, 7768.

[31] Shao, L.-X.; Shi, M. *J. Org. Chem.* **2005**, *70*, 8635.

[32] Manthati, V. L.; Grée, D.; Grée, R. *Eur. J. Org. Chem.* **2005**, 3825.

[33] Hua, R.; Tanaka, M. *New J. Chem.* **2001**, *25*, 179.

[34] (a) Lyapkalo, I. M.; Högermeier, J.; Reissig, H.-U. *Tetrahedron* **2004**, *60*, 7721. (b) Lyapkalo, I. M.; Vogel, M. A. K. *Angew. Chem. Int. Ed.* **2006**, *45*, 4019.

[35] Steinhuebel, D.; Baxter, J. M.; Palucki, M.; Davies, I. W. *J. Org. Chem.* **2005**, *70*, 10124.

[36] Lo Galbo, F.; Occhiato, E. G.; Guarna, A.; Faggi, C. *J. Org. Chem.* **2003**, *68*, 6360.

[37] Abreu, A. S.; Ferreira, P. M. T.; Queiroz, M.-J. R. P.; Gatto, E.; Venanzi, M. *Eur. J. Org. Chem.* **2004**, 3985.

[38] Uenishi, J.; Matsui, K.; Ohmi, M. *Tetrahedron Lett.* **2005**, *46*, 225.

[39] Provot, L.; Giraud, A.; Peyrat, J.-F.; Alami, M.; Brion, J.-D. *Tetrahedron Lett.* **2005**, *46*, 8547.

[40] Organ, M. G.; Ghasemi, H.; Valente, C. *Tetrahedron* **2004**, *60*, 9453.

[41] Lemay, A. B.; Vulic, K. S.; Ogilvie, W. W. *J. Org. Chem.* **2006**, *71*, 3615.

[42] Xi, C.; Chen, C.; Lin, J.; Hong, X. *Org. Lett.* **2005**, *7*, 347.

[43] Tohda, Y.; Sonogashira, K.; Hagihara, N. *Synthesis* **1977**, 777.

[44] Cox, R. J.; Ritson, D. J.; Dane, T. A.; Berge, J.; Charmant, J. P. H.; Kantacha, A. *Chem. Commun.* **2005**, 1037.

[45] Karpov, A. S.; Müller, T. J. *J. Org. Lett.* **2003**, *5*, 3451.

[46] Bishop, B. C.; Brands, K. M. J.; Gibb, A. D.; Kennedy, D. J. *Synthesis* **2004**, 43.

[47] Karpov, A. S.; Merkul, E.; Rominger, F.; Müller, T. J. J. *Angew. Chem., Int. Ed.* **2005**, *44*, 6951.

[48] Sanz, R.; Castroviejo, M. P.; Fernández, Y.; Fanãnás, F. J. *J. Org. Chem.* **2005**, *70*, 6548.

[49] Yue, D. Y.; Yao, T.; Larock, R. C. *J. Org. Chem.* **2005**, *70*, 10292.

[50] Serra, S.; Fuganti, C. *Synlett* **2003**, 2005.

[51] Zhou, C.; Dubrovsky, A. V.; Larock, R. C. *J. Org. Chem.* **2006**, *71*, 1626.

[52] Yue, D.; Larock, R. C. *J. Org. Chem.* **2002**, *67*, 1905.

[53] Kesharwani, T.; Worlinkar, S. A.; Larock, R. C. *J. Org. Chem.* **2006**, *71*, 2307.

[54] Comoy, C.; Banaszak, E.; Fort, Y. *Tetrahedron* **2006**, *62*, 6036.

[55] Yue, D.; Yao, T.; Larock, R. C. *J. Org. Chem.* **2006**, *71*, 62.

[56] (a) Ackermann, L. *Org. Lett.* **2005**, *7*, 439. (b) Kaspar, L. T.; Ackermann, L. *Tetrahedron* **2005**, *61*, 11311.

[57] Pearson, S. E.; Nandan, S. *Synthesis* **2005**, 2503.

[58] Huang, Q.; Hunter, J. A.; Larock, R. C. *J. Org. Chem.* **2002**, *67*, 3437.

[59] Cherry, K.; Thibonnet, J.; Duchêne, A.; Parrain, J.-L.; Abarbri, M. *Tetrahedron Lett.* **2004**, *45*, 2063.

[60] Donovan, P. M.; Scott, L. T. *J. Am. Chem. Soc.* **2004**, *126*, 3108.

[61] Yi, C.; Hua, R. *Catal. Commun.* **2006**, *7*, 377.

[62] Liang, Y.; Xie, Y.-X.; Li, J.-H. *J. Org. Chem.* **2006**, *71*, 379.

[63] Leadbeater, N. E.; Tominack, B. J. *Tetrahedron Lett.* **2003**, *44*, 8653.

[64] Urganonkar, S.; Verkade, J. G. *J. Org. Chem.* **2004**, *69*, 5752.

[65] Sørensen, U. S.; Pombo-Villar, E. *Tetrahedron* **2005**, *61*, 2697.

[66] Alonso, D. A.; Nájera, C.; Pacheco, M. C. *J. Org. Chem.* **2004**, *69*, 1615.

[67] Palimkar, S. S.; Kumar, P. H.; Jogdand, N. R.; Daniel, T.; Lahoti, R. J.; Srinivasan, K. V. *Tetrahedron Lett.* **2006**, *47*, 5527.

[68] Ahmed, M. S. M.; Mori, A. *Org. Lett.* **2003**, *5*, 3057.

[69] (a) Djakovitch, L.; Rollet, P. *Adv. Synth. Catal.* **2004**, *346*, 1782. (b) Djakovitch, L.; Rollet, P. *Tetrahedron Lett.* **2004**, *45*, 1367. (c) Tyrrell, E.; Al-Saardi, A.; Millet, J. *Synlett.* **2005**, 487.

[70] Gil-Moltó, J.; Nájera, C. *Adv. Synth. Catal.* **2006**, *348*, 1874.

[71] (a) Breslow, R. *Acc. Chem. Res.* **1991**, *24*, 159. (b) Li, C.-J. *Chem. Rev.* **1993**, *93*, 2023. (c) Li, C.-J. *Chem. Rev.* **2005**, *105*, 3095.

[72] Bumagin, N. A.; Sukhomlinova, L. I.; Luzikova, E. V.; Tolstaya, T. P.; Beletskaya, I. P. *Tetrahedron Lett.* **1996**,

37, 897.

[73]   (a) Mori, A.; Ahmed, M. S. M.; Sekiguchi, A.; Masui, K.; Koike, T. *Chem. Lett.* **2002**, 756. (b) Ahmed, M. S. M.; Mori, A. *Tetrahedron* **2004**, *60*, 9977.

[74]   Pal, M.; Subramanian, V.; Parasuraman, K.; Yeleswarapu, K. R. *Tetrahedron* **2003**, *59*, 9563.

[75]   Pal, M.; Subramanian, V.; Yeleswarapu, K. R. *Tetrahedron Lett.* **2003**, *44*, 8221.

[76]   Bhattacharya, S.; Sengupta, S. *Tetrahedron Lett.* **2004**, *45*, 8733.

[77]   Chen, L.; Li, C.-J. *Org. Lett.* **2004**, *6*, 3151.

[78]   Casalnuovo, A. L.; Calabrese, J. C. *J. Am. Chem. Soc.* **1990**, *112*, 4324.

[79]   Genin, E.; Amengual, R.; Michelet, V.; Savignac, M.; Jutand, A.; Neuville, L.; Genêt, J.-P. *Adv. Synth. Catal.* **2004**, *346*, 1733.

[80]   Liang, B.; Dai, M.; Chen, J.; Yang, Z. *J. Org. Chem.* **2005**, *70*, 391.

[81]   (a) Nájera, C.; Gil-Moltó, J.; Karlström, S.; Falvello, L. R. *Org. Lett.* **2003**, *5*, 1451. (b) Gil-Moltó, J.; Nájera, C. *Eur. J. Org. Chem.* **2005**, 4073.

[82]   Gil-Moltó, J.; Nájera, C. *Adv. Synth. Catal.* **2006**, *348*, 1874.

[83]   Novak, Z.; Szabo, A.; Repasi, J.; Kotschy, A. *J. Org. Chem.* **2003**, *68*, 3327.

[84]   (a) Welton, T. *Chem. Rev.* **1999**, *99*, 2071. (b) Dupont, J.; de Souza, R. F.; Suarez, A. Z. *Chem. Rev.* **2002**, *102*, 3667.

[85]   (a) Fukuyama, T.; Shinmen, M.; Nishitani, S.; Sato, M.; Ryu, I. *Org. Lett.* **2002**, *4*, 1691. (b) Park, S. B.; Alper, H. *Chem. Commun.* **2004**, 1306.

[86]   Sakamoto, T.; An-naka, M.; Kondo, Y.; Araki, T.; Yamanaka, H. *Chem. Pharm. Bull.* **1988**, *36*, 1890.

[87]   Mangalagiu, I.; Benneche, T.; Undheim, K. *Acta Chem. Scand.* **1996**, *50*, 914.

[88]   Eberhard. M. R.; Wang, Z.; Jensen, C. M. *Chem. Commun.* **2002**, 818.

[89]   Köllhofer, A.; Pullmann, T.; Plenio, H. *Angew. Chem. Int. Ed.* **2003**, *42*, 1056.

[90]   Gelman, D.; Buchwald, S. L. *Angew. Chem. Int. Ed.* **2003**, *42*, 5993.

[91]   Yi, C.; Hua, R. *J. Org. Chem.* **2006**, *71*, 2535.

[92]   Yi, C.; Hua, R. *Adv. Synth. Catal.* **2007**, *349*, 1738.

[93]   Beletskaya, I. P.; Latyshev, G. V.; Tsvetkov, A. V.; Lukashev, N. V. *Tetrahedron Lett.* **2003**, *44*, 5011.

[94]   Wang, L.; Li, P.; Zhang, Y. *Chem. Commun.* **2004**, 514.

[95]   Wang, M.; Li, P.; Wang, L. *Synth. Connun.* **2004**, *34*, 2803.

[96]   Okuro, K.; Furuune, M.; Enna, M.; Miura, M.; Nomura M. *J. Org. Chem.* **1993**, *58*, 4716.

[97]   Wang, J.-X.; Liu, Z.; Hu, Y.; Wei, B.; Kang, L. *Synth. Commun.* **2002**, *32*, 1937.

[98]   Ma, D.; Liu, F. *Chem. Commun.* **2004**, 1934.

[99]   (a) Gujadhur, R. K.; Bates, C. G..; Venkataraman D. *Org. Lett.* **2001**, *3*, 4315. (b) Bates, C. G.; Saejueng, P.; Venkataraman, D. *Org. Lett.* **2004**, *6*, 1411.

[100] Bates, C. G.; Saejueng, P.; Murphy, J. M.; Venkataraman, D. *Org. Lett.* **2002**, *4*, 4727.

[101] Kang, S.-K.; Yoon, S.-K.; Kim, Y.-M. *Org. Lett.* **2001**, *3*, 2697.

[102] Zhang, L.; Li, P.; Wang, L. *Lett. Org. Chem.* **2006**, *3*, 282.

[103] Borah, H. N.; Prajapati, D.; Boruah, R. C. *Synlett* **2005**, 2823.

[104] Park, S.; Kim, M.; Koo, D. H.; Chang, S. *Adv. Synth. Catal.* **2004**, *346*, 1638.

[105] Appukkuttan, P.; Dehaen, W.; Van der Eycken, E. *Eur. J. Org. Chem.* **2003**, 4713.

[106] Leadbeater, N. E.; Marco, M.; Tominack, B. *Org. Lett.* **2003**, *5*, 3919.

[107] Arvela, R. K.; Leadbeater, N. E.; Sangi, M. S.; Williams, V. A.; Granados, P.; Singer, R. D. *J. Org. Chem.* **2005**, *70*, 161.

[108] García, D.; Cuadro, A. M.; Alvarez-Builla, J.; Vaquero, J. J. *Org. Lett.* **2004**, *6*, 4175.

[109] Trofimov, B. A.; Stepanova, Z. V.; Sobenina, L. N.; Mikhaleva, A. I.; Ushakov, I. A. *Tetrahedron Lett.* **2004**, *45*, 6513.

[110] Eckhardt, M.; Fu, G. C. *J. Am. Chem. Soc.* **2003**, *125*, 13642.

[111] (a) Yashima, E.; Matsushima, T.; Okamoto, Y. *J. Am. Chem. Soc.* **1997**, *119*, 6345. (b) Tang, B.-Z.; Kong, X.; Wan, X.; Peng, H.; Lam, W. Y.; Feng, X.-D.; Kwok, H. S. *Macromolecules* **1998**, *31* 2419. (c) Saito, M. A.; Maeda, K.; Onouchi, H.; Yashima, E. *Macromolecules* **2000**, *33*, 4616.

[112] (a) Sun, R.; Zhang, Q.; Zhang, X.-M.; Masua, T.; Kobayashi, T. *Jpn. J. Appl. Phys.* **1999**, *38*, 2017. (b) Huang,

W.-Y.; Gao, W.; Kwei, T. K.; Okamoto, Y. *Macromolecules* **2001**, *34*, 1570. (c) Zhu, A.; Bharathi, P.; White, J. O.; Drickamer, H. G.; Moore, J. S. *Macromolecules* **2001**, *34*, 4606.

[113] (a) Moroni, M.; Moigne, J. L.; Pham, T. A.; Bigot, J.-Y. *Macromolecules* **1997**, *30*, 1964. (b) Tang, B.-Z.; Xu, H.; Lam, J. W. Y.; Lee, P. P. S.; Xu, K.; Sun, Q.; Cheuk, K. K. L. *Chem. Mater.* **2000**, *12*, 1446.

[114] (a) Blumstein, A.; Samuelson, L. *Adv. Mater.* **1998**, *10*, 173. (b) Balogh, L.; de Leuze-Jallouli, A.; Dvornic. P.; Kunugi, Y.; Blumstein, A.; Tomalia, D. A. *Macromolecules* **1999**, *32*, 1036.

[115] (a) Tour, J. M. *Acc. Chem. Res.* **2000**, *33*, 791. (b) Martin, R. E.; Diederich, F. *Angew. Chem. Int. Ed.* **1999**, *38*, 1350. (c) Tour, J. M. *Chem. Rev.* **1996**, *96*, 537. (d) Bunz, U. H. F. *Chem. Rev.* **2000**, 100, 1605. (e) Weder, C. *Chem. Commun.* **2005**, 5378.

[116] Yamaguchi, Y.; Ochi, T.; Wakamiya, T.; Matsubara, Y.; Yoshida, Z.-i. *Org. Lett.* **2006**, *8*, 717.

[117] Erdogan, B.; Song, L.; Wilson, J. N.; Park, J. O.; Srinivasarao, M.; Bunz, U. H. F. *J. Am. Chem. Soc.* **2004**, 126, 3678.

[118] Nielsen, M. B.; Diederich, F. *Chem. Rev.* **2005**, *105*, 1837.

[119] Takayama, Y.; Delas, C.; Muraoka, K.; Sato, F. *Org. Lett.* **2003**, *5*, 365.

[120] Hwang, G. T.; Son, H. S.; Ku, J. K.; Kim, B. H. *J. Am. Chem. Soc.* **2003**, *125*, 11241.

[121] Anderson, A. S.; Qvortrup, K.; Torbensen, E. R.; Mayer, J.-P.; Gisselbrecht, J.-P.; Boudon, C.; Gross, M.; Kadziola, A.; Kilså, K.; Nielsen, M. B. *Eur. J. Org. Chem.* **2005**, 3660.

[122] (a) Moore, J. S. *Acc. Chem. Res.* **1997**, *30*, 402. (b) Berresheim, A. J.; Müllen, K. *Chem. Rev.* **1999**, *99*, 1747. (c) Grayson, S. M.; Fréchet, J. M. J. *Chem. Rev.* **2001**, *101*, 3819.

[123] Kozaki, M.; Okada, K. *Org. Lett.* **2004**, *6*, 485.

[124] Wang, Z.; Watson, M. D.; Wu, J.; Müllen, K. *Chem. Commun.* **2004**, 336.

[125] Wu, J.; Fechtenkötter, A.; Gauss, J.; Watson, M. D.; Kastler, M.; Fechtenkötter, C.; Wagner, M.; Müllen, K. *J. Am. Chem. Soc.* **2004**, *126*, 11311.

[126] Wu, J.; Tomovic, Z.; Enkelmann, V.; Müllen, K. *J. Org. Chem.* **2004**, *69*, 5179.

[127] Huang, J.-H.; Wen, W.-H.; Sun, Y.-Y.; Chou, P.-T.; Fang, J.-M. *J. Org. Chem.* **2005**, *70*, 5827.

[128] Yamaguchi, Y.; Kobayashi, S.; Wakamiya, T.; Matsubara, Y.; Yoshida, Z. *Angew. Chem. Int. Ed.* **2005**, *44*, 7040.

[129] Lee, S. H.; Nakamura, T.; Tsutsui, T. *Org. Lett.* **2001**, *3*, 2005.

[130] (a) Bunz, U. H. F.; Rubin, Y.; Tobe, Y. *Chem. Soc. Rev.* **1999**, *28*, 107. (b) Zhang, W.; Moore, J. S. *Angew. Chem. Int. Ed.* **2006**, *45*, 4416.

[131] Li, Y.; Zhang, J.; Wang, W.; Miao, Q.; She, X.; Pan, X. *J. Org. Chem.* **2005**, *70*, 3285.

[132] Fischer, M.; Lieser, G.; Rapp, A.; Schnell, I.; Mamdouh, W.; De Feyter, S.; De Schryver, F.; Höger, S. *J. Am. Chem. Soc.* **2004**, *126*, 214.

[133] Sugiura, H.; Takahira, Y.; Yamaguchi, M. *J. Org. Chem.* **2005**, *70*, 5698.

[134] Marsden, J. A.; Haley, M. M. *J. Org. Chem.* **2005**, *70*, 10213.

[135] Campbell, K.; Tiemstra, N. M.; Prepas-Strobeck, N. S.; McDonald, R.; Ferguson, M. J.; Tykwinsky, R. R. *Synlett* **2004**, 182.

[136] Baxter, P. N. W.; *Chem. Eur. J.* **2003**, *9*, 2531.

[137] Yamaguchi, Y.; Kobayashi, S.; Miyamura, S.; Okamoto, Y.; Wakamiya, T.; Matsubara, Y.; Yoshira, Z. *Angew. Chem. Int. Ed.* **2004**, *43*, 366.

[138] Mujahidin, D.; Doye, S. *Eur. J. Org. Chem.* **2005**, 2689.

[139] Nováč, Z.; Timári, G.; Kotschy, A. *Tetrahedron* **2003**, *59*, 7509.

[140] Kim, J. T.; Gevorgyan, V. *J. Org. Chem.* **2004**, *69*, 5638.

[141] Marshall, J. A.; Piettre, A.; Paige, M. A.; Valeriotte, F. *J. Org. Chem.* **2003**, *68*, 1771.

[142] Fiandanese, V.; Bottalico, D.; Marchese, G.; Punzi, A. *Tetrahedron* **2004**, *60*, 11421.

[143] López, S.; Fernández-Trillo, F.; Midón, P.; Castedo, L.; Saá, C. *J. Org. Chem.* **2006**, *71*, 2802.

[144] Organ, M. G.; Ghasemi, H. *J. Org. Chem.* **2004**, *69*, 695.

[145] Antunes, L. M.; Organ, M. G. *Tetrahedron Lett.* **2003**, *44*, 6805.

斯蒂尔反应

(Stille Reaction)

席婵娟* 廖骞

1 历史背景简述

Stille 反应是有机反应中一种重要的生成 C-C 键的交叉偶联反应。其雏形最早由 Eaborn 和 Kosugi 小组于 1976-1977 年提出[1~4]。当时是在 Rh 或 Pd 的催化下，用有机锡试剂将酰氯进行烯丙基化、烷基化、乙烯基化和芳基化反应 (式 1 和式 2)。用 Pd 催化的反应需较高的温度和较长的时间，得到中等收率的酮衍生物。

$$\text{RCOCl} + \text{CH}_2=\text{CHCH}_2\text{SnBu}_3 \xrightarrow[\substack{37\%\sim86\%}]{\substack{\text{Rh(PPh}_3)\text{Cl, PhH} \\ 80\ ^{\circ}\text{C, 5}\sim12\ \text{h}}} \text{RCOCH}_2\text{CH}=\text{CH}_2 + \text{Bu}_3\text{SnCl} \quad (1)$$

$$\text{RCOCl} + \text{R}^1_4\text{Sn} \xrightarrow[\substack{55\%\sim85\%}]{\substack{\text{Pd(PPh}_3)_4\ (1\text{mol}\%), \text{PhH, 140}\ ^{\circ}\text{C, 5 h}}} \text{RCOR}^1 + \text{R}^1_3\text{SnCl} \quad (2)$$

R = Me, Ph; R^1 = Me, Bu, Ph

一年之后，Stille 发表了他的关于 Pd-催化的酰氯与有机锡反应生成相应酮的工作 (式 3)[5]。该反应采用有机钯催化剂，反应试剂使用范围很广，反应条件温和，反应几乎定量完成。

$$\text{RCOCl} + \text{R}^1_4\text{Sn} \xrightarrow[\substack{91\%\sim100\%}]{\substack{\text{PhCH}_2\text{Pd(PPh}_3)_2\text{Cl, HMPA, 60}\sim65\ ^{\circ}\text{C}}} \text{RCOR}^1 + \text{R}^1_3\text{SnCl} \quad (3)$$

R = Ph, PhCH$_2$CH$_2$-, CH$_2$=CH-, 4-NO$_2$C$_6$H$_4$, 4-ClC$_6$H$_4$
R^1= Me, *n*-Bu, PhCH$_2$

在此之后，Stille 和其合作者又做了大量的工作。将酰氯扩展为多种其它亲电试剂，初步研究了反应机理，并将其发展成为一种有机合成的标准方法[6, 7]。至此，这类反应被命名为 Stille 反应。

John K. Stille 是美国著名的有机化学家[8,9]，1930 年 5 月 8 日出生于亚利桑那州图森市。他于 1952 年在亚利桑那大学获得学士学位，一年后又从该校获得硕士学位。1957 年，他在伊利诺伊大学获得博士学位，师从 Carl Marvel 教授。博士毕业后，Stille 在爱荷华大学工作，1965 年升为教授。1977 年 Stille 转到科罗拉多州立大学任教授。1989 年 7 月 19 日，Stille 乘坐的飞往 Sioux City, IA 的飞机发生事故，他不幸遇难。

Stille 一生对化学研究做出了非常重要的贡献，他研究的领域包括金属有机化学、催化、有机合成以及高分子化学等。在高分子化学方面，Stille 主要的贡献在于对刚性分子结构的高分子以及高热稳定性高分子材料的研究。在金属有机化学和催化化学方面，他研究了有机卤化物与 Pd 化合物的氧化加成和还原消除、Pd 配位的烯烃被亲核进攻时的立体化学、CO 对金属-碳键的插入反应以及转金属作用等。这些研究为人们对这些过程的理解以及相关应用奠定了基础。他还发展了 Pd(0) 催化的有机卤化物羰基化反应、Pd(II) 催化的烯烃二羰基化反应等。Stille 最重要的贡献是发展了 Pd 催化下的有机亲电试剂与有机锡试剂的交叉偶联反应。该反应条件温和，适用性非常好，后来被广泛应用于各种复杂有机化合物的合成。为纪念 Stille 在这个反应中所做的杰出工作，该反应最终以他的名字命名。

2 Stille 反应的定义与机理

2.1 Stille 反应的定义

Stille 反应被定义为在 Pd 催化下，有机锡试剂与有机亲电试剂之间的交叉偶联反应 (式 4)[10,11]。

$$R^1SnR^2_3 \; + \; R^3\text{-}X \; \xrightarrow{[Pd(0)]} \; R^1\text{-}R^3 + R^2_3SnX \qquad (4)$$

有机锡试剂　　亲电试剂

其中，R^1 一般是不饱和基团，但有时也可以是烷基；R^2 一般是不能转移的基团，例如：甲基和丁基等；亲电试剂一般是卤化物，例如：I、Br、Cl，也可以是磺酸酯等。

Stille 反应是许多过渡金属催化的交叉偶联反应的其中一种类型，但它具有自己的特点[10]：(1) 有机锡试剂对空气和水不敏感，可以被方便的纯化和储存；(2) Stille 反应本身对空气和水也不敏感，在有些情况下，微量的水和空气甚至还可以促进反应的进行；(3) 反应选择性好和对底物的兼容性强，通常不与其它官能团发生反应，因此可以省略许多保护步骤；(4) Stille 反应的产物是锡盐，分离相对容易。

2.2 Stille 反应机理

Stille 在其著名的综述[6]中提出了 Stille 反应的一般机理，他认为反应分为四步 (式 5)：(1) 亲电试剂对 Pd(0) 的氧化加成反应，生成平面四方配合物 **1**；(2) 转移基团从有机锡转移到有机钯的转金属反应，生成平面四方配合物 **2**；(3) Pd 配合物的分子内异构化，从反式配合物 **2** 异构化成为顺式配合物 **3**；(4) 配合物**3**还原消除反应，得到偶联产物。其中，由配合物 **1** 变到配合物 **2** 的转金属步骤是反应的决速步骤。

$$R^1-R^3 \xrightarrow{} [Pd(0)L_2] \xleftarrow{} R^3-X$$

$$(5)$$

$$\begin{bmatrix} X & H & D \\ R^3-Pd & \cdots & Sn(R^2)_3 \\ L & & \end{bmatrix}^{2+}$$

4

$$R^3-Pd-X \atop 1$$

$$R^1Sn(R^2)_3$$

$$R^3-Pd-L \atop 3 \quad R^1$$

$$R^3-Pd-R^1 \atop 2$$

$$(R^2)_3SnX$$

如果催化剂是以 Pd(II) 的形式引入，那么它首先要被有机锡试剂还原为 Pd(0)，再进入催化循环 (式 6)[12]。

$$R^1-X \xrightarrow{} R^1-Pd \atop X \xleftarrow{} R^2-SnBu_3$$

$$2 R^2-SnBu_3$$

$$PdX_2 \xrightarrow{} R^2-Pd \atop R^2 \xrightarrow{} Pd^0 \qquad (6)$$

$$2 X-SnBu_3 \qquad R^2-R^2$$

$$R^1-Pd \atop R^2$$

$$X-SnBu_3$$

亲电试剂对 Pd 的氧化加成通常是交叉偶联反应的第一步。对于 sp³ 杂化态的 C 原子，C-X 键的断裂可能有多种机理[13]：一种是 Pd 原子对 C-X 键的直接插入，另一种可能是 Pd 原子对 C 原子进行 S_N2 亲核取代。前者的 C 原子构型不变，而后者 C 原子构型发生翻转。Stille 研究了手性的苄基衍生物对膦配位 Pd 的氧化加成，发现得到了构型翻转的手性中心，表明该条件下的氧化加成是一个 S_N2 亲核取代过程[14]。

对于含有烯丙基的亲电试剂 (例如：烯丙基氯)，一般认为其氧化加成后有 η^3-烯丙基配位的 Pd 中间体[15]。但实验结果发现，其立体结构还取决于配体、溶剂等多种因素。在没有强配位能力的配体存在时，反应的立体化学主要取决于溶剂。非极性溶剂倾向于构型保持，而极性溶剂则倾向于构型翻转 (式 7)[16,17]。

对于含有 sp² 杂化态碳的 C-X 键，其氧化加成的机理不仅比较复杂，而且有可能是一个可逆的过程[18]。首先是双键与 Pd 形成 π-配位的化合物，紧接着才是一个氧化加成的过程，生成一个 σ-配位的 Pd 化合物 (式 8)。

$$(7)$$

solvent	5	:	6
PhH	100	:	0
THF	95	:	5
CH$_3$COCH$_3$	75	:	25
DMF	29	:	71
DMSO	3	:	97

$$(8)$$

这一反应机理的研究也借助了 Pt(PPh$_3$)$_4$ 催化氧化三氟甲基乙烯基磺酸酯的反应研究成果 (式 9)[19]。

$$(9)$$

通常认为亲电试剂对 Pd(0) 的氧化加成反应经由三中心的过渡态，然后形成顺式加成产物 (式 10)。

$$(10)$$

然而在实际的反应过程中，很少检测到顺式的氧化加成产物，只是在个别情况下得到了顺式加成产物。例如：嘧啶酮衍生物与 Pd(PPh$_3$)$_4$ 反应生成顺式的 Pd(II) 衍生物，然后该化合物异构为更稳定的反式配合物 (式 11)[20]。

$$(11)$$

在标准的 Stille 反应条件下，顺式和反式能够以较快的速度互变异构。因此，在实际应用上，一般可以不考虑顺反异构的影响[12]。

转金属作用是 Stille 反应中非常关键的一步，其过程相当复杂。而且还受到诸如亲电试剂、溶剂和助配体等多种因素的影响[12]。Stille 等研究了含有手性 C 原子的苄基锡试剂的偶联反应[21]，结果发现手性 C 原子的构型发生了翻转 (式 12)。

$$\text{(12)}$$

基于此，Stille 认为转金属过程是经过类似化合物 **4**（式 5）的过渡态，通过 Pd(II) 对有机锡试剂亲电进攻来实现的。在该过程中，Pd-C 键生成和 Sn-C 断裂的同时，也发生了 C 原子的构型翻转。以上机理能较好地解释早期的一些实验事实，但后来 Falck 等[22]又发现了一些不同的实验现象。他们同样使用含有手性 C 原子的有机锡试剂进行 Stille 反应，得到的却是构型保持的产物（式 13）。

$$\text{(13)}$$

为了解释这一实验现象，Espinet 等对 Stille 提出的机理进行了补充，提出了双过渡态机理（式 14）[12]。

$$\text{(14)}$$

Y=(S) or X, (S)=L or solvent molecule

双过渡态之一是环状过渡态：在该过渡态 **7** 中有一个 Pd-X-Sn 的桥键[23,24]，环状桥键结构使得有机锡试剂的 R^2 基团构型保持为 cis-$[PdR^1R^2L_2]$，然后经过还原消除得到 R^1-R^2 偶联产物。双过渡态的另外一种是开放式过渡态：在该过渡态 **8** 中，进攻有机锡试剂 α-C 原子的可以是 Pd 氧化加成直接得到的产物，也可以是氧化加成后 X 进一步被取代的配合物。这种进攻方式使有机锡试剂的手性 C 原子的构型发生翻转。因此，可以认为 Stille 早先提出的机理是开放式过渡态机理[21]。双过渡态机理比较合理地解释了大多数的实验现象，特别是一些立体化学的结果，因而是目前普遍认同的 Stille 反应转金属步骤的机理。

在 Stille 反应中，转金属这一步通常认为是决速步骤，有许多反应中分离到了转金属后的钯配合物。Echavarren 等人研究了分子内的转金属化反应，得到了环钯配合物[25, 26] (式 15)。

$$\underset{\text{O}\text{SnMe}_3}{\text{O}} \quad \xrightarrow{\text{Pd(PPh}_3)_4, \text{PhMe}, 40\,^{\circ}\text{C}} \quad \underset{\text{Ph}_3\text{P}}{\overset{\text{O}}{\text{Pd}}}\text{PPh}_3 \tag{15}$$

当使用不同配体的钯催化剂时，不仅可以分离到转金属后的钯配合物，而且还可以分离到氧化加成产物 (式 16)。

$$\xrightarrow{\text{Pd(dba)dppf}}_{\text{PhMe}, 23\,^{\circ}\text{C}} \quad \xrightarrow{\text{Ag}_2\text{CO}_3}_{\text{MeCN}} \tag{16}$$

当 2-三(丁基锡)呋喃与环钯配合物反应时，生成稳定的转金属化合物 (式 17)[27,28]。

$$\text{Bu}_3\text{Sn}\underset{\text{O}}{\swarrow} \; + \; \xrightarrow{} \; + \; \text{Bu}_3\text{SnOTf} \tag{17}$$

还原消除是 Stille 反应的最后一步，该步骤在具体实施中也存在有多种可能的过程。可能性比较大的是 Pd(II) 上的一分子配体先解离下来首先形成三配位的 Pd，然后由于 Jahn-Teller 效应变形生成 T-型中间体，进而两个烷基再发生偶联[29]。在多数情况下，还原消除进行得比较快，不是 Stille 反应的决速步骤。但是当反应物是烯丙基亲电试剂时，还原消除则有可能是决速步骤，因为烯丙基-R 键的形成比较慢[29]。Schwartz[30]和 Bertani[31]等发现，Pd-原子上两个烯丙基不会直接偶联，除非加入含有吸电子基团的烯烃。Kurosawa 等[32] 还发现含有吸电子基团的烯烃对 Pd 原子上烯丙基与芳基的偶联有促进作用 (式 18)。

$$(18)$$

由于烯丙基与 Pd 原子配位时采取 η^3 的形式，因此该条件下的还原消除还对反应的区域选择性和立体选择性有重要影响。对于烯丙基卤化物，特别是烯丙基氯，当其与一般的有机锡试剂偶联时，C-C 键生成在取代基较少的一边，即有机锡进攻烯丙基上取代基少的一端 (式 19和式 20)[15]。

$$(19)$$

$$(20)$$

如果有机锡也是烯丙基时，情况就比较复杂，但反应仍然有一定的区域选择性，C-C 键在烯丙基锡取代基较多的一端和烯丙基卤取代基较少的一端形成。不过，在有马来酸酐存在时，偶联更倾向于以头对头的方式进行，其立体选择性是生成的 C-C 键与原来的 Pd-C 键在 η^3-烯丙基的同一面 (式 21)[33,34]。

$$(21)$$

3 Stille 反应的试剂综述

3.1 亲电试剂

3.1.1 烯基、芳基和杂环亲电试剂

烯基氯很少在 Stille 反应中被用作亲电试剂，这主要是由于它对 Pd(0) 的

氧化加成活性很低。烯基溴和烯基碘是常用的亲电试剂，简单的烯基碘可以与烯基锡[35] 以及炔基锡[36] 等反应。烯基溴也可以发生类似的反应，但产率通常较低。值得指出的是，烯基卤化物与烯基锡、炔基锡等试剂进行的偶联反应具有很高的立体专一性，反应会保持双键原有的构型 (式 22)。

$$n\text{-Bu} \diagup I + \diagdown \begin{smallmatrix}CO_2Et\\Sn(Bu\text{-}n)_3\end{smallmatrix} \xrightarrow[\substack{25\ ^{\circ}C,\ 4\ h \\ 78\%}]{Pd(CH_3CN)_2Cl_2,\ DMF} n\text{-Bu} \diagup\diagdown \begin{smallmatrix}\\CO_2Et\end{smallmatrix} \qquad (22)$$

由于烯基碘的活性最高，所以反应可以在常温下进行。烯基溴的反应通常需要升温，所以有时会有 E/Z 异构化的产物出现。底物分子同时连有溴和碘时，碘优先被反应 (式 23)[37]。

$$\begin{smallmatrix}O\\ \|\end{smallmatrix}\diagdown\begin{smallmatrix}I\\ Br\\Ph\end{smallmatrix} + PhSnMe_3 \xrightarrow[80\%]{Pd(PPh_3)_2Cl_2,\ THF,\ rt} \begin{smallmatrix}O\\ \|\end{smallmatrix}\diagdown\begin{smallmatrix}Ph\\ Br\\Ph\end{smallmatrix} \qquad (23)$$

烯基磺酸酯也是一类常用的含硫亲电试剂，其中主要是三氟甲基磺酸酯。它的适用范围十分广泛，在 THF 中可以高效地与烯基锡、炔基锡和烯丙基锡等多种有机锡发生偶联反应，这些反应都需要加入稍微过量的 LiCl 作为添加剂 (式 24)[38]。

$$\diagup\begin{smallmatrix}OTf\end{smallmatrix} + Me_3Sn\diagdown TMS \xrightarrow[90\%]{Pd(PPh_3)_4,\ LiCl\\THF,\ reflux} \diagup\diagdown\diagdown TMS \qquad (24)$$

用三氟甲磺酸乙烯酯与六甲基二锡试剂反应，是制备烯基锡烷的重要方法 (式 25)[39]。

$$\begin{smallmatrix}OTf\end{smallmatrix} + Me_3SnSnMe_3 \xrightarrow[80\%]{Pd(PPh_3)_4,\ LiCl\\Li_2CO_3,\ THF,\ 60\ ^{\circ}C} \begin{smallmatrix}SnMe_3\end{smallmatrix} \qquad (25)$$

烯基苯碘鎓也能在温和的条件下与烯基锡烷发生偶联反应 (式 26)[40,41]。

$$Ph\diagdown IPh^+BF_4^- + Bu_3Sn\diagup \xrightarrow[79\%]{Pd(CH_3CN)_2Cl_2\\DMF,\ rt} Ph\diagdown\diagup \qquad (26)$$

芳基卤和烯基卤类似，芳基氯反应最为困难，要求在苯环的对位有强拉电子基团 (例如：硝基) 取代时才能够发生反应。而芳基溴、芳基碘则较为活泼，能与锡烷很好地偶联。对于芳基溴来说，氧化加成是反应的决速步骤，需要稍微剧烈的反应条件，对位的拉电子基团能促进反应进行。芳基溴的另一个特别之处是它可以和氨基锡烷反应，得到一个 C-N 键 (式 27)[42]。氨基锡烷可以由二乙氨基三丁基锡烷与相应的仲胺反应在原位制得。

$$
\text{MeO} \underset{}{\overset{\text{Br}}{\bigcirc}} + \underset{\text{Me}}{\overset{\text{Ph}}{\text{N}}}\text{SnBu}_3 \xrightarrow[79\%]{\text{Pd(PPh}_3)_4, \text{PhMe}, 105\,^{\circ}\text{C}} \underset{\text{Ph}}{\overset{\text{OMe}}{\bigcirc}}\text{N} \quad (27)
$$

芳基三氟甲磺酸酯进行的 Stille 反应已经得到了广泛的研究。在 LiCl 的存在下，这类底物能与烷基锡、烯基锡、炔基锡、烯丙基锡和芳基锡等多种有机锡偶联。这类反应需要的反应温度相对较高 (通常接近 100 $^{\circ}$C)，二氧六环和 DMF 是可供选择的溶剂 (式 28)[43]。

$$
\underset{}{\overset{\text{OTf}}{\bigcirc}} + \text{PhSnMe}_3 \xrightarrow[85\%]{\text{Pd(PPh}_3)_4, \text{LiCl}\atop \text{dioxane}, 98\,^{\circ}\text{C}} \underset{}{\overset{\text{Ph}}{\bigcirc}} \quad (28)
$$

醚键、硝基、酰胺和羰基等对该反应不敏感。但是，由于反应温度相对较高等原因，双键迁移和其它异构化作用是常常需要面对的问题。芳基三氟甲基磺酸酯的活性比芳基碘低，和芳基溴的活性接近。当苯环上同时连有三氟甲基磺酸酯基和溴的时候，偶联产物的选择性取决于催化剂的配位状态。溶剂也可能有影响，但其影响机理还不完全清楚 (式 29)[43]。

$$
\underset{\text{Br}}{\overset{\text{OTf}}{\bigcirc}} + \text{Bu}_3\text{Sn}\diagup \xrightarrow{\text{LiCl}} \underset{\text{Br}}{\bigcirc} + \underset{}{\overset{\text{OTf}}{\bigcirc}} \quad (29)
$$

Pd(PPh$_3$)$_4$, dioxane	1	:	6
Pd(PPh$_3$)$_2$Cl$_2$, DMF	5	:	1

除了三氟甲基磺酸酯以外，其它的一些磺酸酯也可以被用来进行 Stille 反应，例如氟代磺酸酯 (式 30)[44]。

$$
\underset{}{\overset{\text{OSO}_2\text{F}}{\bigcirc\bigcirc}} + \text{Bu}_3\text{Sn}\diagup \xrightarrow[92\%]{\text{Pd(PPh}_3)_2\text{Cl}_2, \text{LiCl, DMF, rt}} \underset{}{\bigcirc\bigcirc} \quad (30)
$$

芳基重氮化合物也可以和烯基锡、烷基锡以及芳基锡烷等发生 Stille 偶联反应。如式 31 所示，苯的四氟硼酸重氮盐与四甲基锡反应生成相应的甲苯产物[45]。

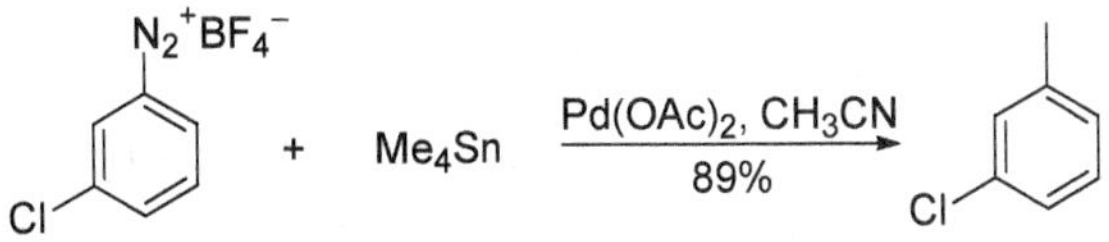

(31)

多种杂芳基卤化物可以与有机锡发生 Stille 反应。一般情况下，碘和溴的反应性比氯和氟高很多 (式 32，式 33)[46]。有时，用碘代物反应的产率并不比用溴代物反应的产率高。例如：2-，3- 或 4-溴吡啶与芳基锡能很好的偶联，但用 3-碘取代的产率则稍微低一些[46]。

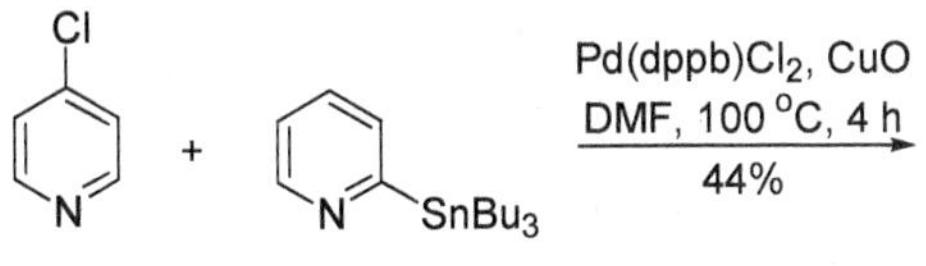

(32)

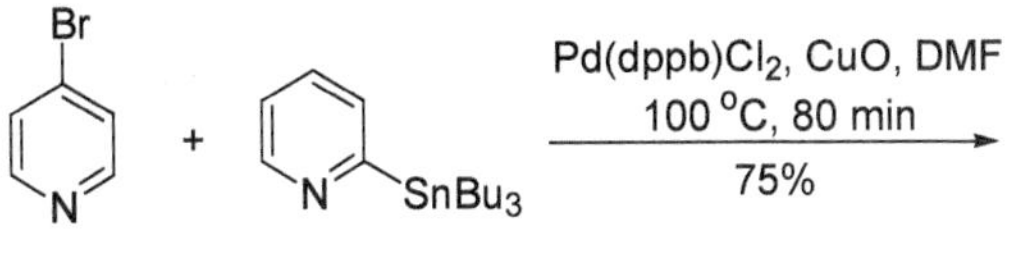

(33)

由于受到杂原子的影响，杂芳环上卤素的反应活性有时不仅取决于卤素原子本身，还与它在环上所处的位置有关系[47]。如式 34 所示，嘧啶环上各位置的反应活性是 C4 > C5 > C2，似乎与卤素原子的种类关系不大。

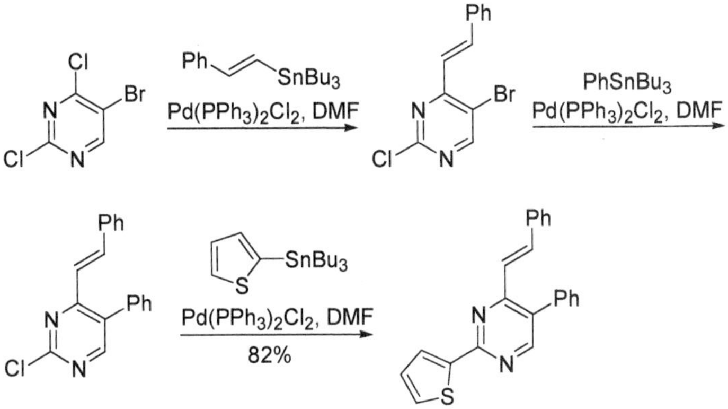

(34)

与杂芳基卤化物类似，杂芳基的三氟甲基磺酸酯同样能与有机锡发生 Stille 偶联，反应常常需要加入 LiCl (式 35)[48]。

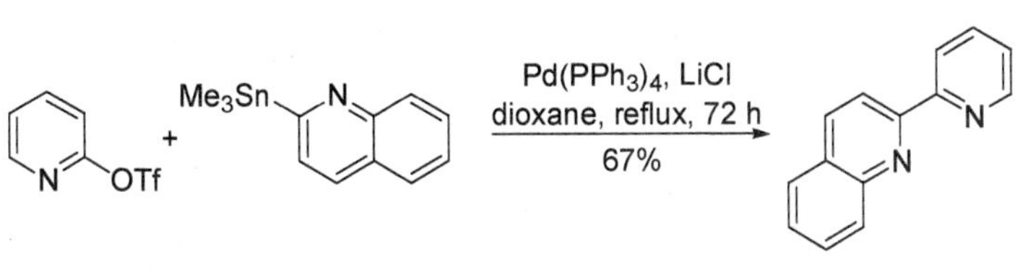

(35)

3.1.2 烯丙基、苄基和炔丙基亲电试剂

烯丙基亲电试剂在 Stille 反应中应用十分广泛，Stille 曾经研究了烯丙基氯和烯丙基溴的应用范围[15]。对于烯丙基亲电试剂，由于它与 Pd 氧化加成后采取 η^3 的配位方式，因此反应存在有区域选择性的问题。如机理部分所述，烯丙基亲电试剂主要在取代基较少的一端发生偶联 (式 36)。

$$\text{Br} \diagdown \text{CN} + \overset{\diagdown}{\underset{\text{SnBu}_3}{}} \xrightarrow[\text{CHCl}_3,\ 65\ ^\circ\text{C, 48 h}]{\text{PhCH}_2\text{Pd(PPh}_3)_2\text{Cl}} \underset{65\%}{} \diagup\diagdown\diagdown\text{CN} \qquad (36)$$

烯丙基的醋酸酯[49,50] 和磷酸酯[51] 在特殊条件下也能与有机锡发生偶联反应。有研究表明，醋酸烯丙酯的偶联反应普适性较好。而且最好结果是在 LiCl 存在的条件下，而不是磷配体的条件下进行反应。同样，偶联发生在烯丙基上取代基较少的碳一端，烯基和芳基锡烷能得到很好的产率 (式 37)[52]。

$$\overset{\diagup}{\underset{\text{OAc}}{}}\diagdown + \text{PhSnMe}_3 \xrightarrow[69\%]{\text{Pd(dba)}_2,\ \text{LiCl, DMF}} \diagup\diagup\diagdown\text{Ph} \qquad (37)$$

炔丙基卤较少被用于 Stille 反应，炔丙基溴与一些有机锡偶联得到丙二烯衍生物[53]。

在 HMPA 溶剂中，PhCH$_2$Pd(PPh$_3$)$_2$Cl 可以催化苄基溴与四甲基锡烷、乙烯基三丁基锡烷等反应，高产率地生成偶联产物 (式 38)[7]。

$$\text{PhCH}_2\text{Br} + \text{Bu}_3\text{Sn} \diagdown \xrightarrow[100\%]{\text{PhCH}_2\text{Pd(PPh}_3)_2\text{Cl, HMPA}} \text{(允)} \qquad (38)$$

在适当条件下，含有 β-H 的苄溴也能顺利地与四甲基锡烷偶联，而不发生 β-H 消除反应 (式 39)[54]。

$$\underset{\text{Ph}}{\overset{\diagup}{}}\text{Br} + \text{Me}_4\text{Sn} \xrightarrow[77\%]{\overset{\text{NC}\diagdown\diagup\text{CN}}{}\ \text{Pd(bpy)Et}_2,\ \text{HMAP, 60}\ ^\circ\text{C}} \underset{\text{Ph}}{\overset{\diagup}{}} \qquad (39)$$

3.1.3 酰氯

早在 1977 年就有报道用 Pd[1] 和 Rh[3] 催化酰氯与有机锡偶联，后来 Stille 拓展了该反应的应用范围。以酰氯作亲电试剂，可以和各种有机锡试剂反应。如果是烯丙基锡试剂，它还会与偶联反应得到的酮进一步发生不需要 Pd 催化的羰基亲核加成。如式 40 所示，分子内酰氯与烷基锡发生交叉偶联反应，可以得到多取代的四氢呋喃衍生物[55]。

$$\underset{\text{SnBu}_3}{\overset{\text{C}_5\text{H}_{11}}{}}\text{O}\overset{\text{C}_4\text{H}_9}{\underset{\text{O}}{}}\text{Cl} \xrightarrow[77\%]{\text{Pd(PPh}_3)_4,\ \text{THF}} \overset{\text{C}_4\text{H}_9}{\underset{\text{O}\ \text{C}_5\text{H}_{11}}{}} \qquad (40)$$

　　氯甲酸酯和氨基甲酰氯也能与有机锡反应，分别高产率地得到酯和酰胺衍生物 (式 41，式 42)[56]。

$$\text{(41)}$$

$$\text{(42)}$$

　　磺酰氯也能与有机锡试剂反应，生成砜类化合物 (式 43)[57]。

$$RSO_2Cl \ + \ Bu_3SnR^1 \xrightarrow[\text{57\%~90\%}]{Pd(PPh_3)_4, \ THF, \ 60\text{~}70\ ^{o}C} RSO_2R^1 \qquad \text{(43)}$$

　　有些情况下，酰氯与 Pd 发生氧化加成反应后，羰基会从中间产物上脱落下来，所以可以观察到脱羰基产物的生成。如果在 CO 气氛下反应，则可以避免这一副反应的发生。这反过来也表明，如果在有 CO 的气氛下进行 Stille 反应，可以使 CO 插入中间体的 C-Pd 键，从而得到相应的羰基化合物。实验证明，之前曾提到过的烯基、芳基、杂芳基、烯丙基和苄基亲电试剂等都可以进行这种插羰反应 (式 44)[58]。

$$\text{(44)}$$

3.1.4　烷基卤化物

　　因为烷基卤化物对 Pd(0) 氧化加成的活性比较低，它们很少在 Stille 反应中被用作亲电试剂。即便是 CH_3I 与 Pd(0) 的反应速率也要比烯丙基、苄基、烯基和芳基的溴化物或碘化物慢[59]。使用烷基卤化物亲电试剂还有另外一个问题，就是一旦形成 Pd(II)-C 键，便会有 β-消除反应的竞争，这对偶联反应是十分不利的[59]。一个比较成功的例子是 Tang 等[60] 用一种新型的含磷配体实现了碘代烷和溴代烷与芳基锡或乙烯基锡的偶联。该反应条件温和，能够容忍醚、酯、酰胺等多种基团的存在，使 Stille 反应的应用范围更加广泛 (式 45)。

$$\text{(45)}$$

3.1.5 其它亲电试剂

如果卤素与羰基的位置合适，卤代羰基化合物可以与含有烯丙基和乙酰甲基这类易于转移基团的锡烷反应。这些反应可能会经历另一种机理，得到含有氧原子的杂环化合物（式 46）[61]。

$$
\text{Ph}\underset{O}{\overset{}{\text{C}}}\!\!\!\diagdown\!\!\!\diagup\!\!\!\diagdown\!\text{Cl} + \text{Sn}(\diagup\!\!\!\diagdown)_4 \xrightarrow[\substack{90\%}]{\substack{\text{PhCH}_2\text{Pd}(\text{PPh}_3)_2\text{Cl} \\ \text{THF, 63 }^{\circ}\text{C, 48 h}}} \quad \text{(46)}
$$

偕氯代亚胺可以作为亲电试剂，参与 Stille 反应，它与炔基锡烷反应可以得到较高的产率（式 47）[62]。

$$
\xrightarrow[\substack{84\%}]{\substack{\text{Pd}(\text{PPh}_3)_2\text{Cl}_2 \\ \text{PhC}_2\text{H}_5, \text{130 }^{\circ}\text{C}}} \quad \text{(47)}
$$

某些杂原子与卤素相连后，也可以作为亲电试剂。这些反应可以通过 Pd(0) 催化的 Stille 反应生成碳-杂原子键，例如：P-Cl、B-Cl[63]和 S-Cl 键[57]。Lo Sterzo 等还发现甚至 Fe-I 键也能与有机锡试剂反应变成 Fe-C 键[64]，这是首例由 Pd(0) 催化生成过渡金属-碳键的反应。随后，Lo Sterzo 等又对这个反应进行了拓展，式 48 是其中一个典型的例子[65]。

$$
\xrightarrow[\substack{67\%}]{\substack{\text{Pd}(\text{CH}_3\text{CN})_2\text{Cl}_2, \text{THF}}} \quad \text{(48)}
$$

3.2 有机锡试剂

3.2.1 烷基锡烷

锡原子上烷基的迁移速率远比其它不饱和基团慢[6]。实际上正是由于这个原因，甲基和丁基才被视为"不可转移"的配体，使锡原子上其它基团得以选择性迁移到 Pd 原子上。但是在很多情况下，特别是当温度升高后，四烷基锡烷也可以有效地发生偶联反应。四甲基锡烷和四丁基锡烷是两种常用的有机锡试剂，其中前者的反应活性更高。它们与芳基卤和苄基卤的反应通常在 HMPA 中进行，产率也很高[7]。

用对称的四烷基锡烷时存在一个问题，那就是只有第一个烷基能以足够快的速度迁移[6]。随着卤化程度的增加，剩余烷基的反应就越来越困难，而且选择性也不好。只有当烷基上连接着某些活化基团时，反应才有一定的选择性。例如：苄基三甲基锡烷会选择性反应掉苄基，同时发生碳原子构型的翻转，苯环上的拉电子基团可以促进反应进行。其它一些活化后的烷基，也可以顺利地转移并偶联，例如：甲氧甲基 (式 49)[66]、氰甲基 (式 50)[67] 和羟甲基[68] 等。

$$
\text{（甲苯Br）} + Bu_3SnCH_2OMe \xrightarrow[\substack{Pd(PPh_3)_2Cl_2 \\ HMPA,\ 80\ ^oC \\ 70\%}]{} \text{（产物 CH_2OMe）} \tag{49}
$$

$$
\text{（Cl—苯Br）} + Bu_3SnCH_2CN \xrightarrow[\substack{Pd[P(o\text{-}Tol_3)]_2Cl_2 \\ xylene,\ 120\ ^oC \\ 66\%}]{} \text{（Cl—苯CN）} \tag{50}
$$

α-(三丁基锡)乙酸乙酯能与溴苯成功地发生交叉偶联，如果在体系中加入 Zn(II) 盐的话，产率还会大大提高 (式 51)[69]。

$$
\text{（苯Br）} + Bu_3SnCH_2CO_2Et \xrightarrow[\substack{Pd[P(o\text{-}Tol_3)]_2Cl_2 \\ ZnCl_2,\ DMF,\ 80\ ^oC,\ 5\ h \\ 100\%}]{} \text{（苯CH_2CO_2Et）} \tag{51}
$$

遗憾的是，目前还没有对以上这些基团迁移活性进行定量研究的报道。在反应基团选择性方面，一个比较重要的进展是化合物 **9** (式 52)，它利用 N-原子的配位作用来活化对面的烷基。用这种方法甚至可以实现仲丁基以及三甲基硅甲基的迁移和反应[70]。

$$
\text{（O_2N—苯Br）} + \text{（N—Sn—CH_2SiMe_3 环状物 9）} \xrightarrow[\substack{Pd(PPh_3)_4,\ PhMe \\ 105\ ^oC,\ 20\ h \\ 85\%}]{} \text{（O_2N—苯CH_2SiMe_3）} \tag{52}
$$

3.2.2 烯基锡烷、芳基锡烷和杂环锡烷

简单的烯基锡烷被广泛用于与各种亲电试剂反应，更多取代基或者更复杂的锡烷反应起来有时很困难甚至不反应。例如：化合物 **10** 在一般条件下不与化合物 **11** 反应，但却可以顺利地与它的异构体 **12** 发生偶联反应。这种差异很可能是由于空间位阻引起的，化合物 **11** 的空间位阻比较大[71]。

$$
\begin{array}{ccc}
\text{SnMe_3} & \text{I\quad CO_2Et\quad NHAc} & \text{I\quad CO_2Et\quad NHAc} \\
\mathbf{10} & \mathbf{11} & \mathbf{12}
\end{array}
$$

α-苯基以及 α-甲基取代的烯基锡烷在有些情况下仍然可以发生正常的 Stille 反应 (式 53[72] 和式 54[73])，其中 α-甲基取代的底物需要以 CuI 为助催化剂才能反应。

$$\text{(53)}$$

$$\text{(54)}$$

类似的一个例子是环己烯基锡烷与芳基三氟甲磺酸酯的反应 (式 55)[74]。在通常情况下，丁基优先偶联。但是如果加入 CuI 的话，则只得到环己烯基偶联的产物。因此，在反应中加入 CuI 可能是解决这种位阻问题的一个有效方法。

$$\text{(55)}$$

TFP, 100 °C, 5 h   36 : 64
AsPh₃, 80 °C, 7 h   10 : 90
AsPh₃+CuI, 80 °C, 6 h   < 2 : > 98

1,1-二锡基烯与烯丙基卤反应可以得到单取代烯和双取代烯的混合物[75]。1,2-二锡基烯如果控制条件的话可以得到只有一边偶联的产物。由于第二个 C-Sn 键反应较慢，因此不需要加入过量的二锡基烯 (式 56)。只有在更强的反应条件下，第二个 C-Sn 键才会反应[76]。

$$\text{(56)}$$

芳基锡也能很好的与多种亲电试剂反应，这一点在之前已经有了不少例子 (式 19，式 20，式 23，式 28，式 42 等)。在合适的条件下，用芳基三氯化锡还可以在水溶液中进行 Stille 反应 (式 57)[77]。

$$\text{(57)}$$

当芳基锡与三氟甲磺酸酯反应时，如果有 LiCl 存在，芳环上吸电子基团和给电子基团都可能促进反应的进行[78]。与烯基锡类似的是，空间效应对芳基锡的反应有较大的影响。如果芳环上锡基的邻位有比较大的基团，芳基的迁移会明显减慢。如果邻位的取代基可以与锡原子配位，那么由锡原子上其它基团 (例如：甲基，丁基) 迁移而生成的副产物增多。

多种杂芳环的锡烷能顺利地发生 Stille 反应[79~81]。对于富电子的杂芳锡烷，例如：2-呋喃基、2-吡咯基和2-噻唑基锡烷等，它们与芳基卤化物的偶联反应可以在相对温和的条件下进行 (式 58)[82]。

$$(58)$$

3.2.3 炔基锡烷

炔基锡烷能与包括烯基卤在内的多种亲电试剂顺利偶联[36]，这类有机锡实际上是最活泼的底物。烷氧基取代的炔基锡烷就被用于合成 α-芳基或杂芳基取代的乙酸乙酯 (式 59)[83]。

$$(59)$$

尽管这类有机锡十分活泼，但实际上很少将它们用于偶联反应，因为末端炔可以在Pd催化剂、铜助催化剂的作用下直接与亲电试剂反应 (Sonogashira反应)。

3.2.4 烯丙基锡烷

两个可能的原因导致烯丙基锡烷在 Stille 反应中很少被使用。(1) 虽然简单烯丙基的迁移速率在大多数情况下可以接受，但也要比烯基慢很多[6]。(2) 另一个更主要原因是烯丙基锡烷的双键在合成中常常异构化，导致无法有区域选择性地合成相应底物，也无法准确预见反应的区域选择性。有研究表明，烯丙基锡烷的双键有形成共轭结构的趋势，特别是在与酰卤、芳基三氟甲磺酸酯等反应的时候[6]。在一些情况下，烯丙基锡烷的双键不与酰氯的羰基发生共轭，而得到 β,γ-不饱和酮。如式 60 所示，产物的碳碳双键就不与羰基发生共轭，得到的烯基醚进一步水解后可以生成 1,4-二羰基化合物[84]。

$$(60)$$

$E:Z = 75:25$

γ-酯基取代的烯丙基锡烷与烯基、芳基、酰基卤反应时，双键不发生位移 (式

61)。但它们与烯丙基亲电试剂反应时，双键却发生了位移 (式 62)[85]。总之，烯丙基锡烷在 Stille 反应中的区域选择性问题仍然是一个值得深入研究的问题。

$$(61)$$

$E:Z = 13:87 \qquad\qquad E:Z = 11:89$

$$(62)$$

从以上 Stille 反应中可以看出，有机锡化合物中取代基的反应的顺序是：炔基 > 乙烯基 > 芳基 > 丙烯基 ≈ 苄基 >> 烷基。

3.2.5 其它有机锡

酰基锡烷在某些情况下被用来与酰氯反应，合成一些非对称的联二酮 (式 63)[86]。该反应容易发生脱羰基的副反应，但在 CO 的气氛下能抑制这个副反应。

$$(63)$$

联锡试剂 (Distannane) 也可以与亲电试剂反应，通常被用于构建有各种取代基的锡烷。当六甲基联二锡与酰卤反应时，通常可以得到不对称酮和联二酮的混合物。但在合适的条件下，反应可以停留在酰基锡烷这一步 (式 64)[87]。

$$(64)$$

六甲基联二锡或六丁基联二锡可以与芳基溴或芳基碘反应，高产率地生成相应的芳基锡烷，自身偶联反应的产物不多。除了卤素对位的氨基和硝基外，其它大多数取代基都不影响反应 (式 65)[88]。

$$(65)$$

氨基锡烷也能与芳基溴、烯基溴等亲电试剂发生 N-芳基化的偶联反应 (式 66)[89]。后来，这个反应经过进一步改造，在原位产生所需的胺，使反应的应用领域得到了扩展 (式 27)[42]。

$$\text{(66)}$$

通过有机锡生成 C-S 键也是可行的，烯基溴[90]、芳基溴[91]和杂芳基溴[92]等都能顺利地与有机锡硫试剂反应 (式 67)。

$$\text{(67)}$$

3.3　催化剂

亲电试剂一般不能够与有机锡试剂直接发生偶联反应，通常需要其它金属化合物的参与。Stille 反应是基于钯配合物催化的亲电试剂与有机锡试剂的偶联反应，最早的钯配合物是 Pd(PPh$_3$)$_4$。但是，该催化剂仅局限于碘代、溴代以及活泼的氯代芳烃的偶联反应，对于不活泼的氯代芳香烃则基本不反应。后来，人们报道了许多其它含磷的钯配合物作为催化剂，进一步扩展了 Stille 反应。最近 Littke 等[93]用三叔丁基膦作配体的钯催化体系催化 Stille 反应，成功地解决了氯代芳烃与有机锡试剂的反应问题。他们利用这一条件进行了一系列反应，但是需要加入 2.2 倍底物量的 CsF 效果最理想 (式 68)。对于带活化基团 (供电子基团) 的氯代芳香烃以及位阻极大的 2,6-二甲基氯苯也取得了较高的产率，有的达到 90% 以上。

$$\text{(68)}$$

R = 4-(n-Bu) (80%), 4-OMe (90%); 4-NH$_2$ (61%), 2,5-Me$_2$ (84%)

Yin 等[94] 研究发现，Pd(PBu-t)$_3$ 对空间位阻较大的 2,6-二甲基氯苯与 2,4,6-三甲基苯基三丁基锡的 Stille 反应显示出高的催化活性。式 69 所示的反应在 100 ℃ 的 1,4-二氧六环中进行，收率达到 89%。

$$\text{(69)}$$

在式 70 的条件下，氯代芳烃的 Stille 偶联反应首次在室温条件下得以实现，产率达到 86%。总之，利用 P(t-Bu)₃ 为配体的 Stille 反应具有底物适用范围宽、反应条件温和以及产物产率高的优点，进一步拓展了 Stille 反应的应用范围。

$$(70)$$

Fu 等人还利用溴代癸烷与苯基三丁基锡的 Stille 偶联反应，研究了不同结构的烷基吡咯烷基膦配体对反应的影响 (式 71)[60]。

$$(71)$$

ligand：	
P(t-Bu)₂Me	12%
PCy₃	22%
PMe(pyrrolidinyl)₂	9%
PEt(pyrrolidinyl)₂	32%
PCy(pyrrolidinyl)₂	45%
P(t-Bu)(pyrrolidinyl)₂	4%
PPh(pyrrolidinyl)₂	7%
P(t-Bu)NCH₂CH₂)₃N	< 2%
PPh₃	< 2%
no ligand	< 2%

除了用较大体积的含磷配体外，Portnoy 和 Milstein 还用双齿磷配体的钯催化剂研究了氯代芳烃的氧化加成过程 (式 72)。动力学数据证实，氯代芳烃的氧化加成过程是通过配体的解离形成 14 电子的配合物[95,96]。

$$(72)$$

Amatore 和 Jutand 等人还用三苯基胂代替三苯基膦作为配体研究了 Stille 反应 (式 73)，并通过动力学方法研究了反应机理，证实了转金属一步为 Stille 反应的决速步[97,98]。

$$ \text{(73)} $$

尽管含磷配体具有高的催化活性，但合成操作上比较困难而且价格昂贵，因此发展高效和价廉的配体仍具有重要意义。研究发现，叔胺也可以用作 Stille 交叉偶联反应的钯配体[99]。研究结果表明：当 dabco (三乙二胺) 作为配体时催化效果最好。在 3 mol% 到 0.0001 mol% 醋酸钯和 6 mol% 到 0.0002 mol% dabco 存在下，卤代芳烃包括芳基碘、芳基溴和芳基氯均可以顺利地与不同类型的有机锡化合物反应得到非常高的产率，最高转换率 (TON) 达到 980000 (式 74)。

$$ \text{(74)} $$

Chiappe 等[100] 报道了在绿色介质中无配体条件下的 Stille 反应，但底物仅局限于碘代芳烃。最近，Park 等[101] 利用可回收重复使用的 SiO$_2$/TEG/Pd 和 TiO$_2$/TEG/Pd 等催化剂来催化 Stille 反应，底物也仅局限于碘代芳烃。

传统的 Stille 反应是钯催化的亲电试剂与有机锡试剂的偶联反应。但是，后来人们还在不断开发其它金属化合物催化的 Stille 反应。例如：Piers 等[102] 曾报道用 CuCl 可以促进乙烯基碘与乙烯基锡进行的分子内偶联反应，生成环状化合物 (式 75)。

$$ \text{(75)} $$

Takeda 等[103]报道，CuI 可以促进乙烯基锡与烯丙基氯反应生成偶联产物 (式 76)。当使用 10 mol% 的 CuI 时，反应在 10 h 内完成，产率为 68%。当使用 50 mol% 或 100 mol% 的 CuI 时，反应在 2 h 即可完成，收率分别达到 83% 和 81%。值得说明的是，在该反应中主要产物为烯丙基 α-偶联产物。

$$ \text{(76)} $$

最近用铜促进的 Stille 反应的报道越来越多。如式 77 所示，Savall 等[104]

在天然产物 Formamicinone 的合成步骤中，用噻吩-2-羧酸亚铜 (CuTC) 来促使碘化物与有机锡的交叉偶联，得到了较高的产率。

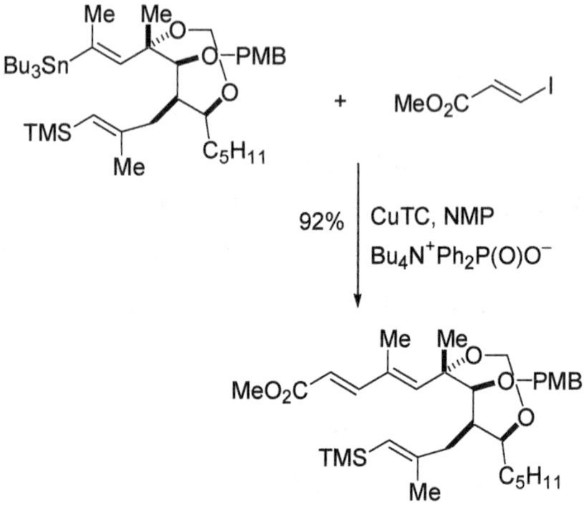

（77）

3.4 铜效应

铜效应是指 CuI 或其它 Cu(I) 盐对 Stille 反应的加速作用[22,105~111]。Farina 等在 1991 年发现了这一现象后，又进行了一番细致的研究。1994 年他们又在此研究基础上建设性地提出了 CuI 促进 Stille 反应的机理[74]。他们认为，在醚溶剂 (如 THF) 中，CuI 起到了配体捕获剂的作用。它能捕获氧化加成中从 PdL_4 上释放的 L，也可以捕获转金属过程前从 $PdRL_2X$ 上分解出来的 L，从而促进反应朝预定方向进行。由于 CuI 对 PPh_3 的捕获能力比对 $AsPh_3$ 的强，而 $AsPh_3$ 从 $[PdRL_2X]$ 上分解下来比 PPh_3 容易，所以 CuI 对以 PPh_3 为配体的 Pd 催化剂效果更为明显。Liebeskind 等[106] 发现，在强极性溶剂 (如 NMP) 中，Sn 和 Cu 之间存在交换作用，这表明有机铜化合物参与了这个反应。

最近，Kim 等[112] 又报道了 3,5-二溴吡喃酮与苯基三丁基锡进行 Stille 偶联时，发现加入 CuI 可以改变反应的选择性 (式 78)。

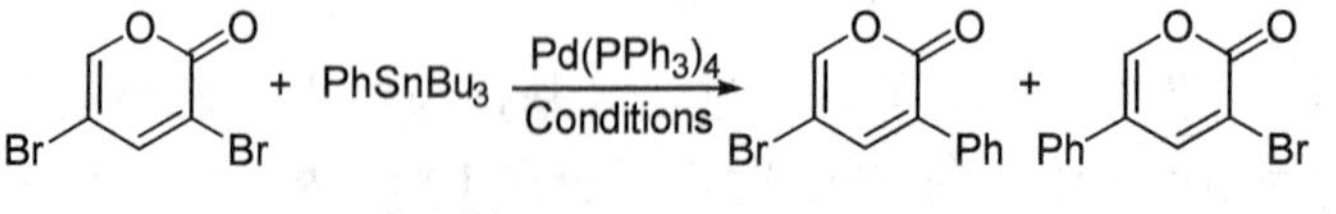

（78）

Conditions		
PhMe, 100 °C, without CuI	100	0
PhMe, 100 °C, CuI (1 eq)	100	0
DMF, 50 °C, without CuI	100	0
DMF, 50 °C, CuI (1 eq)	30	70

多官能团的芳基锡类化合物与芳基类亲电试剂通过 Stille 反应很难得到联芳香类化合物，主要是因为多取代基的位阻影响。Saá 等向上述反应体系中加入

一价铜盐后，以中等的收率得到了具有大位阻的联芳香类化合物 (式 79)[109]。

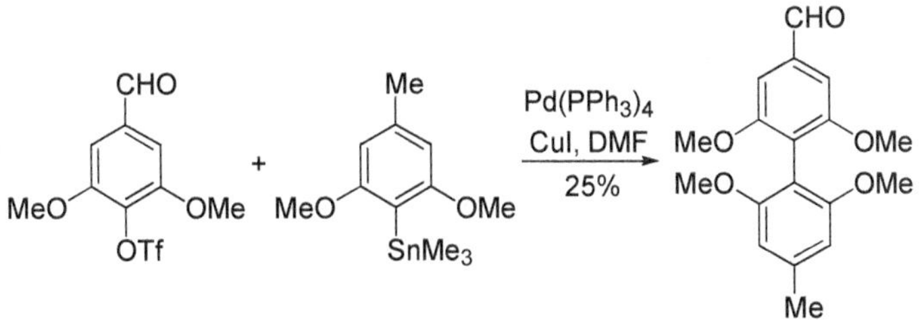

(79)

Stang 等人[41]报道了 Pd(II)/Cu(I) 共同催化碘代烯烃与烯基锡或炔基锡反应，立体选择性地得到了偶联产物 (式 80 和式 81)。

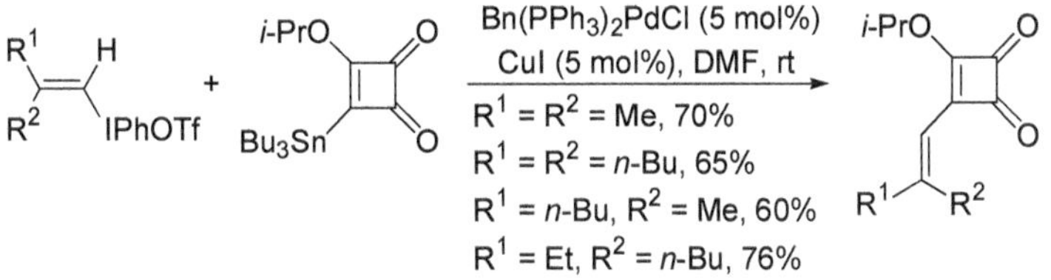

(80)

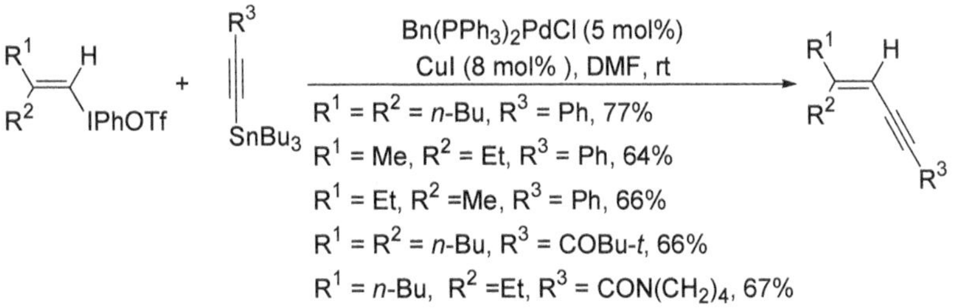

R¹ = R² = Me, 70%
R¹ = R² = n-Bu, 65%
R¹ = n-Bu, R² = Me, 60%
R¹ = Et, R² = n-Bu, 76%

(81)

R¹ = R² = n-Bu, R³ = Ph, 77%
R¹ = Me, R² = Et, R³ = Ph, 64%
R¹ = Et, R² = Me, R³ = Ph, 66%
R¹ = R² = n-Bu, R³ = COBu-t, 66%
R¹ = n-Bu, R² = Et, R³ = CON(CH$_2$)$_4$, 67%

3.5 LiCl 作用

在以三氟甲磺酸酯为有机亲电试剂进行 Stille 反应时，通常需要加入化学计量的 LiCl[38]，反应才能有比较高的产率。但是在有些情况下，在配位性比较强的溶剂 (NMP) 中，LiCl 的加入是没有必要的。还有些情况下，LiCl 的存在有抑制反应的作用。Farina 等[78]在广泛研究的基础上，结合以 Pt 为催化剂的研究成果，提出了如式 82 所示的两条反应途径。

Farina 认为当体系中没有 LiCl 存在时，三氟甲磺酸酯对 Pd 氧化加成后的产物 **13** 或其进一步配位的离子 **14** 和 **15** 是对有机锡进行转金属作用的活性物质，NMP 对这些中间体有较好的稳定作用。相比之下，这些中间体在 THF 中就不够稳定，以至于不能完成催化循环。如果有 LiCl 存在的话，三氟甲磺酸酯对 Pd 氧化加成的产物会被转化为有氯配位的中间体 **16**，然后进入如式 5 所示的催化循环。

$$\text{(82)}$$

不过更新的研究表明，LiCl 不仅仅参与了氧化加成后产物的进一步转化，而且有可能参与了更多的过程[113]。Casado 等研究了 $C_6F_5\text{-OTf}$ 与三丁基乙烯基锡在 THF 中进行的 Stille 反应。当配体是 $AsPh_3$ 时，氧化加成是决速步骤。LiCl 的加入使 $Pd(AsPh_3)_4$ 转变成为亲核性更强的 $[PdCl_n(AsPh_3)_{4-n}]^{n-}$，从而加快了反应速率。不过对于 $Pd(PPh_3)_4$ 来说，亲电试剂对它的氧化加成本来就比较快，下一步的转金属作用才是决速步骤。LiCl 的加入会使氧化加成的产物很快转变为类似 **16** 的中间体，而这个中间体转金属化的速度并不比 **13** 和 **14** 等快，所以观察到反应速率下降现象。总之，当氧化加成是反应决速步骤时，加入 LiCl 会促进反应进行，否则有可能抑制反应。至于在强极性溶剂中有时不需要 LiCl，有可能是极性溶剂稳定了氧化加成的极性过渡态，而不是稳定了氧化加成后得到的产物。

除了使用 LiCl 外，其它卤化物对 Stille 反应也有影响。Migita 等人[69]很早就报道了使用 $ZnCl_2$、$ZnBr_2$ 和 ZnF_2 等对 Stille 反应的影响 (式 83)，但其作用机理还不清楚。

$$\text{Bu}_3\text{SnCH}_2\text{CO}_2\text{Et} + \text{PhBr} \xrightarrow[\text{100\%}]{\substack{\text{Pd[P(}o\text{-Tol)}_3]_2\text{Cl}_2,\ \text{ZnCl}_2 \\ \text{DMF, 80 °C, 5 h}}} \text{PhCH}_2\text{CO}_2\text{Et} \quad \text{(83)}$$

如式 84 所示[78]，Farina 也曾报道使用过 $ZnCl_2$ 作为 Stille 反应的添加剂。

$$(84)$$

4 Stille 反应在有机合成中的应用

Stille 反应是一种构建 C-C 键的有效方法，它选择性高，对底物兼容性强，能够允许底物中多种官能团的存在。另外，该反应的产物是盐，分离也相对容易。因此，Stille 反应在材料合成、药物合成以及复杂天然产物的全合成中得到了越来越广泛的应用[114]。

4.1 通过 Stille 反应合成聚合物

分子中含有两个亲电部位的底物与含有两个 C-Sn 键的底物发生 Stille 偶联反应，将会得到聚合物。由于 Stille 反应生成 C-C 键的机理不同于自由基聚合、阴离子聚合和阳离子聚合等传统的聚合物合成机理，因此能得到一些结构比较独特，由传统方法较难合成的聚合物材料。例如：Ohshita 等利用 Stille 反应合成了一种含有受体-给体型 π-共轭结构的有机硅聚合物 (式 85)[115]。这是首例包含有 Si-π 键的聚合物，并且有望在染料敏化太阳能电池领域获得应用。

$$(85)$$

除了二卤代喹喔啉之外，二卤代苯并噻二唑和二卤代苯并硒二唑也能通过类似的 Stille 反应来聚合 (式 86)[115]。不过，该反应在 DMF 溶液中不能够进行，需要加入乙腈作溶剂。另外，NMR 研究还表明，聚合物分子中含有部分噻吩基硅烷的自聚片段。

$$(86)$$

4.2 Stille 反应在药物合成中的应用

用正电子发射断层成像 (PET) 对人体大脑等重要器官进行扫描是一种被广泛应用的医学技术，它的实现需要一些示踪剂的协助。例如：用于对 5-羟色胺转运体进行活体检测的示踪剂可以是含 ^{123}I 标记的化合物，也可以是含 ^{13}C 标记的化合物[116]。Stille 反应能方便地在分子内引入 ^{13}C 同位素，因此是合成 ^{13}C 示踪剂的有效方法。Madsen 等就成功利用 Stille 反应，合成了一种基于西酞普兰 (Citalopram) 结构的 ^{13}C 示踪剂 (式 87)。该反应最后一步 Stille 偶联只需 5 min，而产率最高可达 90%，放射化学纯度 (The radiochemical purity) 大于 98%。

$$(87)$$

α-吡喃酮是一类具有高生物活性的化合物，它的合成也一直是有机化学和药物化学关注的焦点。Thibonnet 等[117] 利用 Stille 反应，一步法合成了 α-吡喃酮 (式 88)，产率也很好。作者认为首先是酰氯与烯基锡发生 Stille 偶联反应，紧接着是一个分子内关环反应从而得到最后的产物。该方法适用范围广，对于 α-吡喃酮衍生物的合成具有重要意义。

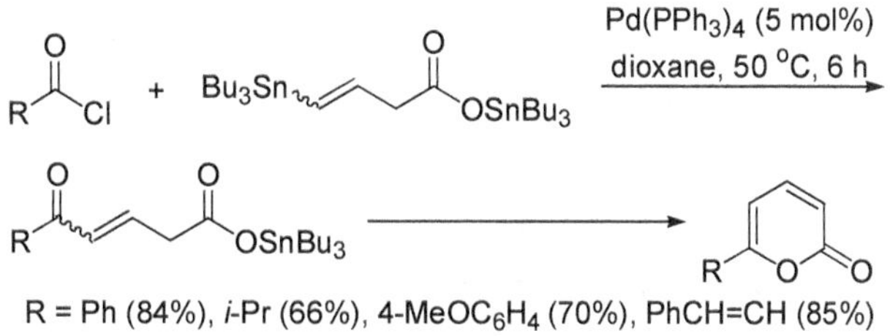

$$\text{R = Ph (84\%), } i\text{-Pr (66\%), 4-MeOC}_6\text{H}_4 \text{ (70\%), PhCH=CH (85\%)}$$

(88)

4.3 Stille 反应在复杂天然产物合成中的应用

天然产物大都是含有多种官能团的复杂结构化合物，温和的反应条件对于天然产物的全合成尤其重要。Stille 反应条件温和、产率高和对多种官能团兼容性好，非常适合天然产物合成的多种要求。经过多年的发展，Stille 反应已经成为天然产物合成的重要方法和有力工具，许多天然产物合成的最关键步骤就可以通过 Stille 反应来完成[118]。

Macrolactin 是一种从深海细菌中提取出来的多烯大环内酯类天然产物。其母体苷元是 Macrolactin A。Macrolactin A 具有强烈的细胞毒性，能够抑制某些肿瘤细胞的生长，还能保护 T-淋巴细胞对抗 HIV 病毒的复制[119]。1996 年，Boyce 等[120] 在合成 Macrolactin A 的路线中，就多次运用了 Stille 反应来构筑分子的骨架。如式 89 所示，用 Pd(OAc)$_2$-AsPh$_3$ 催化烯基碘与烯基锡在 DMF 中发生分子间 Stille 偶联反应，首先得到中间产物 **17**；然后，将其进一步转化为合适的中间体 **18**；最后，再次通过 Pd 催化的分子内 Stille 偶联反应关环，得到 Macrolactin A 独特的 24 员环结构。

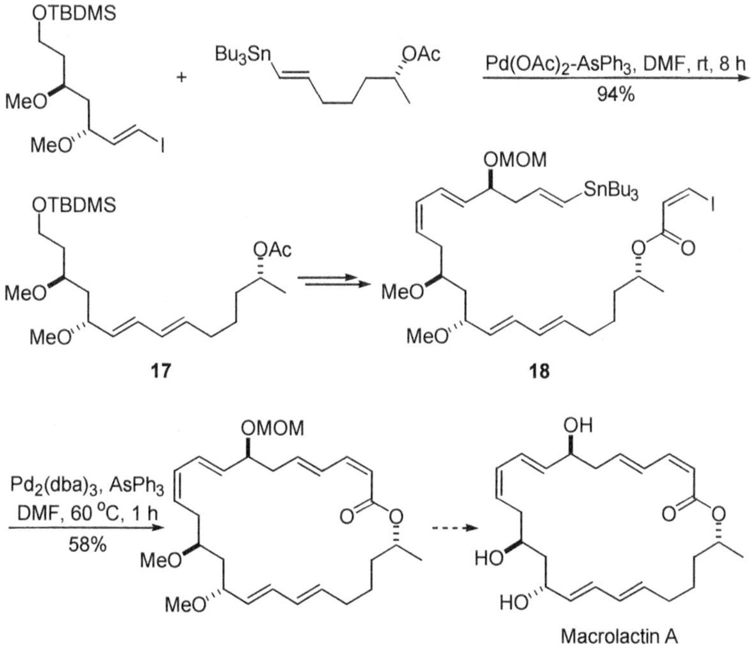

(89)

Polycephalin C 是一种从多头绒泡菌分离出来的代谢物[121]。它的分子中含有长链的共轭双键结构以及一个吡咯烷-2,4-二酮环的结构。Ley 等在 2003 年完成了该分子的全合成[122]，其中关键的一步是二碘化合物 **19** 与两分子有机锡 **20** 在 Pd(CH$_3$CN)$_2$Cl$_2$ 的催化下发生的 Stille 交叉偶联 (式 90)。最后，在三氟乙酸-水 (9:1) 的溶液中脱去保护基 TBS，得到 74% 的 Polycephalin C。

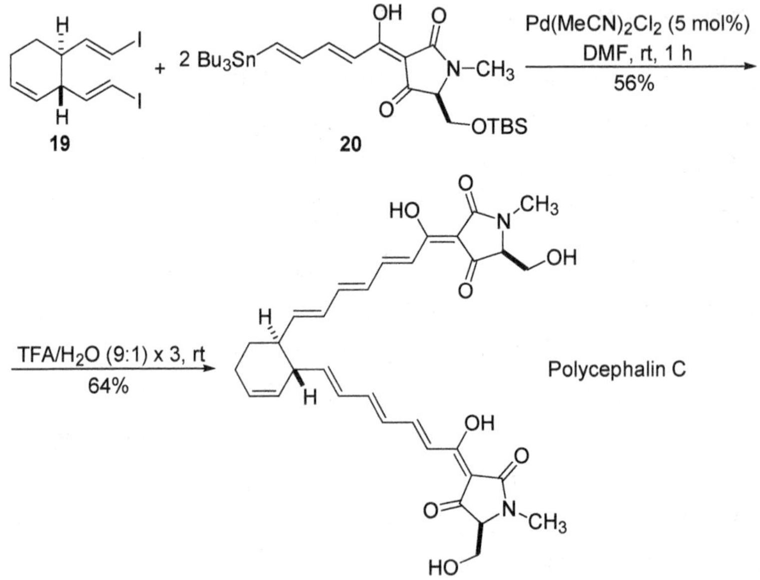

Polycephalin C (90)

Amphidinolide 是从海洋甲藻里分离出来的一类大环内酯天然产物。它对多种 NCI 癌细胞株具有很强的活性[123,124]，Amphidinolide P 是其中的一种。Williams 等[125]在 2000 年完成了对映异构体 (−)-Amphidinolide P 的全合成，同时确定了这个 15 元内酯环的绝对构型。如式 93 所示，该方法首先是将产物逆合成分解为 **22** 和 **26** 两个片段。其中 **22** 是由手性环氧化合物 **21** 经 8 步反应得到 (式 91)，而 **26** 则是由 **23** 和 **24** 经 Sakurai 反应得到 (式 92)。以 Pd$_2$(dba)$_3$·CHCl$_3$ 为催化剂，在常温的 CH$_2$Cl$_2$ 溶液中 **22** 和 **26** 发生 Stille 反应，顺利地得到了关键中间体产物 **27**。但是有趣地观察到，使用磷配体或者三苯基胂以及极性溶剂 (如：DMF、THF 和 NMP 等) 都无法得到偶联产物。产物 **27** 再经过酯交换和脱保护基等，最终得到 (−)-Amphidinolide P (式 93)。

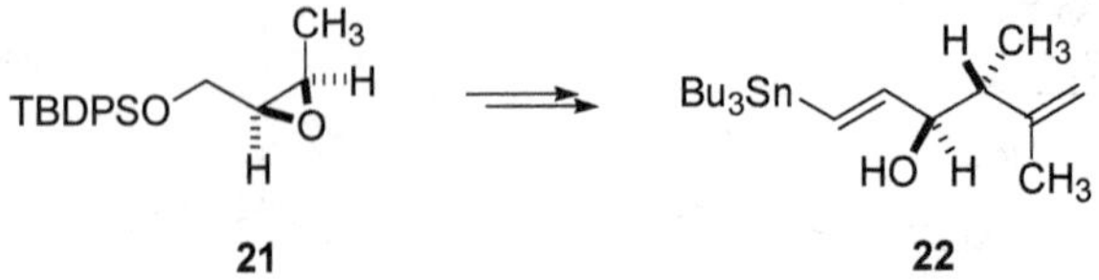

(91)

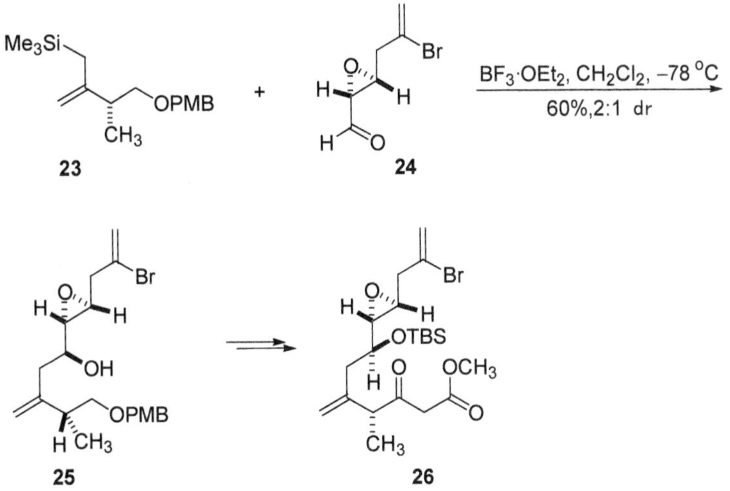

(92)

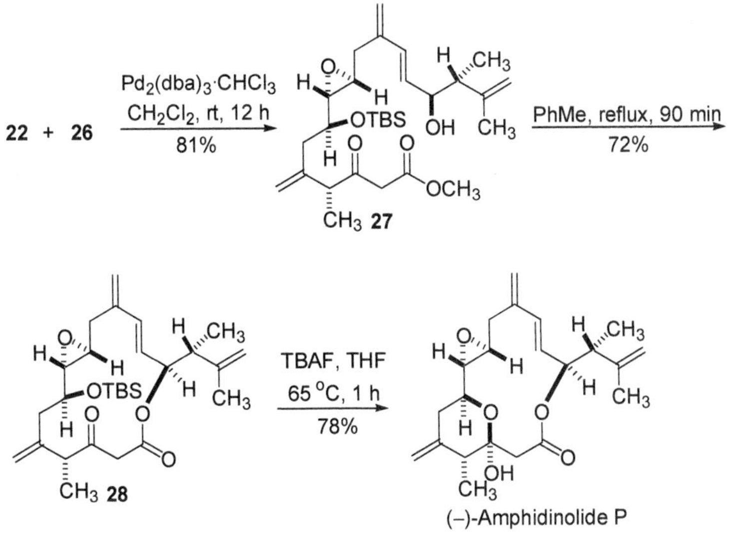

(93)

Lophotoxin 是从太平洋中一种叫 *Lophogorgia* 的生物中分离出来的天然产物[126]。它是一种结构独特的呋喃西松烷，具有强烈的神经毒性。它可以选择性地与乙酰胆碱受体上的乙酰胆碱识别位点发生不可逆结合，从而导致麻痹和呼吸衰竭[127]。在 2001 年，Cases 等[128] 合成了 Lophotoxin 的前体化合物 **32** (式 94)。他们首先使用手性片段 **29** 和 **30** 得到了中间体 **31**，该分子中既有三甲基锡官能团，又有烯基碘亲电部分。在 Pd 催化剂的作用下，中间体 **31** 发生分子内 Stille 偶联反应成环生成目标化合物 **32**。目前，剩下的主要问题就是如何提高最后一步环氧化反应的区域选择性和立体选择性[127]。

$$\text{(94)}$$

Stille 偶联反应在有机合成中的应用十分广泛，上面所提到的只是其在具有生理活性的天然产物和药物合成中应用的众多例子中的一小部分。

目前，Still 偶联反应还有几个问题需要解决：(1) 有机锡化合物是一种剧毒化合物，且造价高昂，因此，使催化量的锡通过置换反应，从而减少有机锡化合物的用量无疑将是一个值得进一步探讨的课题；(2) 进一步寻找适合过渡金属催化的高效、稳定的配体，发现新的反应渠道；(3) 优化条件进一步拓宽 Stille 交叉偶联反应的应用范围。

5 Stille 反应实例

例 一

2-乙氧基-1,3-丁二烯的合成[129]
(烯基亲电试剂的 Stille 偶联)

$$\text{(95)}$$

将 (1-乙氧基乙烯基)三甲基锡烷 (3.0 g, 12.8 mmol)、溴乙烯 (1.64 g, 15.3 mmol) 和 Pd(PPh$_3$)$_4$ (288 mg, 0.25 mmol) 装入带螺帽的硼硅酸耐热玻璃管中，

加热至 80℃ 并搅拌 12 h。反应完成后，将体系冷却，减压抽出挥发性组分；再将挥发性组分蒸馏，收集到无色油状的 2-乙氧基-1,3-丁二烯 (1.0 g, 80%)，bp 94 ℃[130]。

例 二

(*E*)-1-(3-呋喃基)-2-戊烯-1,4-二酮的合成[131]

(酰基亲电试剂的 Stille 偶联)

$$(96)$$

在氩气氛下，将乙酰氯 (78.5 mg, 1 mmol)、(*E*)-3-(三丁基锡基)-1-(3-呋喃基)-丙烯酮 (410.7 mg, 1 mmol) 和 Pd(PPh₃)₄ (57.7 mg, 0.05 mmol) 混合物在 1,4-二氧六环 (7 mL) 中 60 ℃ 下加热 2~3 h。反应完成后，待体系冷却，再加入 5% 的 NaHCO₃ 水溶液和乙酸乙酯使溶液分层。分离出的有机相先用 1.2 mol/L 的 HCl 洗涤，然后用无水 Na₂SO₄ 干燥，减压蒸去溶剂，最后用 7:1 的正己烷/乙酸乙酯作洗脱剂柱色谱分离，除去溶剂便得到浅黄色的固体产物 (152.5 mg, 93%)，该产物受热分解。

例 三

1,4-二烯丙基苯的合成[109]

(芳基三氟磺酸酯的 Stille 偶联)

$$(97)$$

在氩气保护下，将 1,4-二(三氟甲磺酰氧基)苯 (171 mg, 0.5 mmol)、烯丙基三丁基锡烷 (661.4 mg, 2 mmol)、LiCl (170 mg, 4 mmol)、PdCl₂(PPh₃)₂ (70.1 mg, 20 mol%) 和 1-dppf (283 mg, 0.4 mmol) 在 DMF (4~5 mL) 中混合，加热回流 3 h。反应体系冷却后，加入少量水和 25 mL 乙醚。分离的有机相分别用 1.5 mol/L 的 HCl (6 × 20 mL) 和饱和 KF 溶液 (5 × 20 mL) 洗涤后，再用无水 Na₂SO₄ 干燥。

蒸去溶剂后的残余物用乙酸乙酯溶解，然后过滤。蒸干滤液，得到的粗产物用柱色谱（硅胶，正己烷-乙酸乙酯）分离，得到油状的 1,4-二烯丙基苯 (79 mg, 100%)，bp 105~110 °C/0.12 mmHg (1mmHg=133.322Pa)。

例 四

2,3,5-三甲基-6-(2-吡啶基)-1,4-苯醌的合成[108]

（杂芳基亲电试剂的 Stille 偶联）

$$\tag{98}$$

将 Pd$_2$(dba)$_3$ (26 mg, 2.5 mol%) 的 DMF (2 mL) 溶液搅拌 1 min 后，加入 2-碘吡啶 (300 mg, 1.5 mmol) 的 DMF (4 mL) 溶液。生成的混合物在 60 °C 下加热 2 min 后，再依次加入 2,3,5-三甲基-6-三丁基锡基-1,4-苯醌 (500 mg, 1.1 mmol) 的 DMF (4 mL) 溶液和 CuI (110 mg, 50 mol%)。当反应物消耗完全后（TLC 检测），停止加热并冷却至室温。向体系加入乙醚 (30 mL)，用 10% 的 KF 水溶液 (2 × 20 mL) 洗涤后，无水 MgSO$_4$ 干燥。减压除去溶剂后，残留物用柱色谱（硅胶，正己烷-乙酸乙酯）分离，得到棕黄色的固体产物 (200 mg, 76%)。粗产品在 75 °C 升华，在 4.5 mmHg 时变成深黄色针状晶体，mp 61.1~61.3 °C。

例 五

(*E*)-苯乙烯基-对甲苯基亚砜的合成[57]

（磺酰氯的 Stille 偶联）

$$\tag{99}$$

将对甲基苯磺酰氯 (200 mg, 1.0 mmol) 的干燥 THF (5 mL) 溶液加入到 (*E*)-苯乙烯基-三丁基锡烷 (430 mg, 1.1 mmol) 和 Pd(PPh$_3$)$_4$ (12 mg, 1.0 mol%) 中，生成的浅黄色溶液在 65~70 °C 加热搅拌 15 min。反应完成后冷却至室温，再用少量乙酸乙酯稀释。然后加入过量的水合 KF，剧烈搅拌 2~3 h。生成的氟化锡沉淀用过滤的方法除去，并用乙酸乙酯仔细洗涤。分离有机相并用盐水洗涤，无水 Na$_2$SO$_4$ 干燥。减压蒸干溶剂，残留物用柱色谱（硅胶，正己烷-乙酸乙酯) 分离，得到 (*E*)-苯乙烯基-对甲苯基亚砜 (190 mg, 77%)，mp 121~122 °C。

6 参考文献

[1]   Kosugi, M.; Shimizu, Y.; Migita, T. *Chem. Lett.* **1977**, *6*, 1423.

[2]   Azarian, D.; Dua, S. S.; Eaborn, C.; Walton, D. R. M. *J. Organomet. Chem.* **1976**, *117*, C55.

[3]   Kosugi, M.; Shimizu, Y.; Migita, T. *J. Organomet. Chem.* **1977**, *129*, C36.

[4]   Kosugi, M.; Fugami, K. *J. Organomet. Chem.* **2002**, *653*, 50.

[5]   Milstein, D.; Stille, J. K. *J. Am. Chem. Soc.* **1978**, *100*, 3636.

[6]   Stille, J. K. *Angew. Chem., Int. Ed. Engl.* **1986**, *25*, 508.

[7]   Milstein, D.; Stille, J. K. *J. Am. Chem. Soc.* **1979**, *101*, 4992.

[8]   Stille, J. K. *Organometallics* **1990**, *9*, 3007.

[9]   Lenz, R. W. *Macromolecules* **1990**, *23*, 2417.

[10]   Farina, V.; Krishnamurthy, V.; Scott, W. J. *The Stille Reaction In Organic Reactions*; John Wiley & Sons. Inc: New York, 1997, Vol. *50*, p 1-9.

[11]   Mitchell, T. N. *Synthesis* **1992**, 803.

[12]   Espinet, P.; Echavarren, A. M. *Angew. Chem., Int. Ed.* **2004**, *43*, 4704.

[13]   Bickelhaupt, F. M.; Ziegler, T. *Organometallics* **1995**, *14*, 2288.

[14]   Stille, J. K.; Lau, K. S. Y. *Acc. Chem. Res.* **1977**, *10*, 434.

[15]   Sheffy, F. K.; Godschalx, J. P.; Stille, J. K. *J. Am. Chem. Soc.* **1984**, *106*, 4833.

[16]   Kurosawa, H.; Ogoshi, S.; Kawasaki, Y.; Murai, S.; Miyoshi, M.; Ikeda, I. *J. Am. Chem. Soc.* **1990**, *112*, 2813.

[17]   Kurosawa, H.; Kajimaru, H.; Ogoshi, S.; Yoneda, H.; Miki, K.; Kasai, N.; Murai, S.; Ikeda, I. *J. Am. Chem. Soc.* **1992**, *114*, 8417.

[18]   Amatore, C.; Azzabi, M.; Jutand, A. *J. Am. Chem. Soc.* **1991**, *113*, 1670.

[19]   Stang, P. J.; Kowalski, M. H.; Schiavelli, M. D.; Longford, D. *J. Am. Chem. Soc.* **1989**, *111*, 3347.

[20]   Urata, H.; Tanaka, M.; Fuchikami, T. *Chem. Lett.* **1987**, *16*, 751.

[21]   Labadie, J. W.; Stille, J. K. *J. Am. Chem. Soc.* **1983**, *105*, 6129.

[22]   Ye, J.; Bhatt, R. K.; Falck, J. R. *J. Am. Chem. Soc.* **1994**, *116*, 1.

[23]   Casado, A. L.; Espinet, P. *J. Am. Chem. Soc.* **1998**, *120*, 8978.

[24]   Uson, R.; Fornies, J.; Falvello, L. R.; Tomas, M.; Casas, J. M.; Martin, A.; Cotton, F. A. *J. Am. Chem. Soc.* **1994**, *116*, 7160.

[25]   Mateo, C.; Cardenas, D. J.; Fernandez-Rivas, C.; Echavarren, A. M. *Chem. Eur. J.* **1996**, *2*, 1596.

[26]   Cardenas, D. J.; Mateo, C.; Echavarren, A. M. *Angew. Chem., Int. Ed. Engl.* **1994**, *33*, 2445.

[27]   Parshall, G. W. *J. Am. Chem. Soc.* **1974**, *96*, 2360.

[28]   Cotter, W. D.; Barbour, L.; McNamara, K. L.; Hechter, R.; Lachicotte, R. J. *J. Am. Chem. Soc.* **1998**, *120*, 11016.

[29]   Brown, J. M.; Cooley, N. A. *Chem. Rev.* **1988**, *88*, 1031.

[30]   Goliaszewski, A.; Schwartz, J. *J. Am. Chem. Soc.* **1984**, *106*, 5028.

[31]   Bertani, R.; Berton, A.; Carturan, G.; Campostrini, R. *J. Organomet. Chem.* **1988**, *349*, 263.

[32]   Kurosawa, H.; Emoto, M.; Urabe, A.; Miki, K.; Kasai, N. *J. Am. Chem. Soc.* **1985**, *107*, 8253.

[33]   Goliaszewski, A.; Schwartz, J. *Organometallics* **1985**, *4*, 417.

[34]   Goliaszewski, A.; Schwartz, J. *Tetrahedron* **1985**, *41*, 5779.

[35]   Stille, J. K.; Groh, B. L. *J. Am. Chem. Soc.* **1987**, *109*, 813.

[36] Stille, J. K.; Simpson, J. H. *J. Am. Chem. Soc.* **1987**, *109*, 2138.

[37] Angara, G. J.; Bovonsombat, P.; McNelis, E. *Tetrahedron Lett.* **1992**, *33*, 2285.

[38] Scott, W. J.; Stille, J. K. *J. Am. Chem. Soc.* **1986**, *108*, 3033.

[39] Wulff, W. D.; Peterson, G. A.; Bauta, W. E.; Chan, K.; Faron, K. L.; Gilbertson, S. R.; Kaesler, R. W.; Yang, D. C.; Murray, C. K. *J. Org. Chem.* **1986**, *51*, 277.

[40] Moriarty, R. M.; Epa, W. R. *Tetrahedron Lett.* **1992**, *33*, 4095.

[41] Hinkle, R. J.; Poulter, G. T.; Stang, P. J. *J. Am. Chem. Soc.* **1993**, *115*, 11626.

[42] Guram, A. S.; Buchwald, S. L. *J. Am. Chem. Soc.* **1994**, *116*, 7901.

[43] Echavarren, A. M.; Stille, J. K. *J. Am. Chem. Soc.* **1987**, *109*, 5478.

[44] Roth, G. P.; Fuller, C. E. *J. Org. Chem.* **1991**, *56*, 3493.

[45] Kikukawa, K.; Kono, K.; Wada, F.; Matsuda, T. *J. Org. Chem.* **1983**, *48*, 1333.

[46] Gronowitz, S.; Bjoerk, P.; Malm, J.; Hoernfeldt, A. *J. Organomet. Chem.* **1993**, *460*, 127.

[47] Solberg, J.; Undheim, K. *Acta Chem. Scand.* **1989**, *43*, 62.

[48] Godard, A.; Rovera, J. C.; Marsais, F.; Ple, N.; Queguiner, G. *Tetrahedron* **1992**, *48*, 4123.

[49] Bumagin, N. A.; Kasatkin, A. N.; Beletskaya, I. P. *Dokl. Akad. Nauk. SSSR.* **1982**, *266*, 862.

[50] Keinan, E.; Peretz, M. *J. Org. Chem.* **1983**, *48*, 5302.

[51] Kosugi, M.; Ohashi, K.; Akuzawa, K.; Kawazoe, T.; Sano, H.; Migita, T. *Chem. Lett.* **1987**, *16*, 1237.

[52] Del Valle, L.; Stille, J. K.; Hegedus, L. S. *J. Org. Chem.* **1990**, *55*, 3019.

[53] Palmisano, G.; Santagostino, M. *Tetrahedron* **1993**, *49*, 2533.

[54] Sustmann, R.; Lau, J.; Zipp, M. *Tetrahedron Lett.* **1986**, *27*, 5207.

[55] Linderman, R. J.; Graves, D. M.; Kwochka, W. R.; Ghannam, A. F.; Anklekar, T. V. *J. Am. Chem. Soc.* **1990**, *112*, 7438.

[56] Balas, L.; Jousseaume, B.; Shin, H.; Verlhac, J. B.; Wallian, F. *Organometallics* **1991**, *10*, 366.

[57] Labadie, S. S. *J. Org. Chem.* **1989**, *54*, 2496.

[58] Goure, W. F.; Wright, M. E.; Davis, P. D.; Labadie, S. S.; Stille, J. K. *J. Am. Chem. Soc.* **1984**, *106*, 6417.

[59] Cardenas, D. J. *Angew. Chem., Int. Ed. Engl.* **1999**, *38*, 3018.

[60] Tang, H.; Menzel, K.; Fu, G. C. *Angew. Chem., Int. Ed.* **2003**, *42*, 5079.

[61] Pri-Bar, I.; Pearlman, P. S.; Stille, J. K. *J. Org. Chem.* **1983**, *48*, 4629.

[62] Kobayashi, T.; Sakakura, T.; Tanaka, M. *Tetrahedron Lett.* **1985**, *26*, 3463.

[63] Rolland, H.; Potin, P.; Majoral, J. P.; Bertrand, G. *Tetrahedron Lett.* **1992**, *33*, 8095.

[64] Lo Sterzo, C. *J. Chem. Soc., Dalton Trans.* **1992**, 1989.

[65] Crescenzi, R.; Lo Sterzo, C. *Organometallics* **1992**, *11*, 4301.

[66] Kosugi, M.; Sumiya, T.; Ogata, T.; Sano, H.; Migita, T. *Chem. Lett.* **1984**, *13*, 1225.

[67] Kosugi, M.; Ishiguro, M.; Negishi, Y.; Sano, H.; Migita, T. *Chem. Lett.* **1984**, *13*, 1511.

[68] Kosugi, M.; Sumiya, T.; Ohhashi, K.; Sano, H.; Migita, T. *Chem. Lett.* **1985**, *14*, 997.

[69] Kosugi, M.; Negishi, Y.; Kameyama, M.; Migita, T. *Bull. Chem. Soc. Jpn.* **1985**, *58*, 3383.

[70] Vedejs, E.; Haight, A. R.; Moss, W. O. *J. Am. Chem. Soc.* **1992**, *114*, 6556.

[71] Crisp, G. T.; Glink, P. T. *Tetrahedron* **1994**, *50*, 2623.

[72] Mitchell, T. N.; Wickenkamp, R.; Amamria, A.; Dicke, R.; Schneider, U. *J. Org. Chem.* **1987**, *52*, 4868.

[73] Murakami, M.; Amii, H.; Takizawa, N.; Ito, Y. *Organometallics* **1993**, *12*, 4223.

[74] Farina, V.; Kapadia, S.; Krishnan, B.; Wang, C.; Liebeskind, L. S. *J. Org. Chem.* **1994**, *59*, 5905.

[75] Mitchell, T. N.; Reimann, W. *Organometallics* **1986**, *5*, 1991.

[76] Haack, R. A.; Penning, T. D.; Djuric, S. W.; Dziuba, J. A. *Tetrahedron Lett.* **1988**, *29*, 2783.

[77] Rai, R.; Aubrecht, K. B.; Collum, D. B. *Tetrahedron Lett.* **1995**, *36*, 3111.

[78] Farina, V.; Krishnan, B.; Marshall, D. R.; Roth, G. P. *J. Org. Chem.* **1993**, *58*, 5434.

[79] Labadie, S. S.; Teng, E. *J. Org. Chem.* **1994**, *59*, 4250.

[80] Yang, Y.; Wong, H. N. C. *Tetrahedron* **1994**, *50*, 9583.

[81]   Yamamoto, Y.; Yanagi, A. *Heterocycles* **1982**, *19*, 41.

[82]   Bailey, T. R. *Tetrahedron Lett.* **1986**, *27*, 4407.

[83]   Sakamoto, T.; Yasuhara, A.; Kondo, Y.; Yamanaka, H. *Synlett.* **1992**, 502.

[84]   Verlhac, J. B.; Pereyre, M.; Quintard, J. P. *Tetrahedron* **1990**, *46*, 6399.

[85]   Yamamoto, Y.; Hatsuya, S.; Yamada, J. *J. Org. Chem.* **1990**, *55*, 3118.

[86]   Verlhac, J. B.; Chanson, E.; Jousseaume, B.; Quintard, J. P. *Tetrahedron Lett.* **1985**, *26*, 6075.

[87]   Mitchell, T. N.; Kwetkat, K. *Synthesis* **1990**, 1001.

[88]   Azizian, H.; Eaborn, C.; Pidcock, A. *J. Organomet. Chem.* **1981**, *215*, 49.

[89]   Kosugi, M.; Kameyama, M.; Migita, T. *Chem. Lett.* **1983**, *12*, 927.

[90]   Carpita, A.; Rossi, R.; Scamuzzi, B. *Tetrahedron Lett.* **1989**, *30*, 2699.

[91]   Kosugi, M.; Ogata, T.; Terada, M.; Sano, H.; Migita, T. *Bull. Chem. Soc. Jpn.* **1985**, *58*, 3657.

[92]   Chen, J.; Crisp, G. T. *Synth. Commun.* **1992**, *22*, 683.

[93]   Littke, A. F.; Schwarz, L.; Fu, G. C. *J. Am. Chem. Soc.* **2002**, *124*, 6343.

[94]   Yin, J.; Rainka, M. P.; Zhang, X.; Buchwald, S. L. *J. Am. Chem. Soc.* **2002**, *124*, 1162.

[95]   Portnoy, M.; Milstein, D. *Organometallics* **1993**, *12*, 1655.

[96]   Portnoy, M.; Milstein, D. *Organometallics* **1993**, *12*, 1665.

[97]   Amatore, C.; Bucaille, A.; Fuxa, A.; Jutand, A.; Meyer, G.; Ntepe, A. N. *Chem. Eur. J.* **2001**, *7*, 2134.

[98]   Amatore, C.; Bahsoun, A. A.; Jutand, A.; Meyer, G.; Ntepe, A. N.; Ricard, L. *J. Am. Chem. Soc.* **2003**, *125*, 4212.

[99]   Li, J.; Liang, Y.; Wang, D.; Liu, W.; Xie, Y.; Yin, D. *J. Org. Chem.* **2005**, *70*, 2832.

[100] Chiappe, C.; Imperato, G.; Napolitano, E.; Pieraccini, D. *Green Chem.* **2004**, *6*, 33.

[101] Kim, N.; Kwon, M. S.; Park, C. M.; Park, J. *Tetrahedron Lett.* **2004**, *45*, 7057.

[102] Piers, E.; Wong, T. *J. Org. Chem.* **1993**, *58*, 3609.

[103] Takeda, T.; Matsunaga, K.; Kabasawa, Y.; Fujiwara, T. *Chem. Lett.* **1995**, *24*, 771.

[104] Savall, B. M.; Blanchard, N.; Roush, W. R. *Org. Lett.* **2003**, *5*, 377.

[105] Gomez-Bengoa, E.; Echavarren, A. M. *J. Org. Chem.* **1991**, *56*, 3497.

[106] Liebeskind, L. S.; Fengl, R. W. *J. Org. Chem.* **1990**, *55*, 5359.

[107] Ye, J.; Bhatt, R. K.; Falck, J. R. *Tetrahedron Lett.* **1993**, *34*, 8007.

[108] Liebeskind, L. S.; Riesinger, S. W. *J. Org. Chem.* **1993**, *58*, 408.

[109] Saá, J. M.; Martorell, G. *J. Org. Chem.* **1993**, *58*, 1963.

[110] Farina, V. *Pure Appl. Chem.* **1996**, *68*, 73.

[111] Mazzola, R. D., J.; Giese, S.; Benson, C. L.; West, F. G. *J. Org. Chem.* **2004**, *69*, 220.

[112] Kim, W.; Kim, H.; Cho, C. *J. Am. Chem. Soc.* **2003**, *125*, 14288.

[113] Casado, A. L.; Espinet, P.; Gallego, A. M. *J. Am. Chem. Soc.* **2000**, *122*, 11771.

[114] Duncton, M. A. J.; Pattenden, G. *J. Chem. Soc., Perkin Trans. 1: Organic and Bio-Organic Chemistry* **1999**, 1235.

[115] Ohshita, J.; Kangai, S.; Yoshida, H.; Kunai, A.; Kajiwara, S.; Ooyama, Y.; Harima, Y. *J. Organomet. Chem.* **2007**, *692*, 801.

[116] Jacob, M.; Pinelopi, M.; Padideh, D.; Mats, B.; Bengt, L.; Kim, A.; Christian, T.; Lars, M.; M, K. G. *Bioorg. Med. Chem.* **2003**, *11*, 3447.

[117] Thibonnet, J.; Abarbri, M.; Parrain, J.; Duchene, A. *J. Org. Chem.* **2002**, *67*, 3941.

[118] De Souza, M. V. N. *Curr. Org. Synth.* **2006**, *3*, 313.

[119] Gustafson, K.; Roman, M.; Fenical, W. *J. Am. Chem. Soc.* **1989**, *111*, 7519.

[120] Boyce, R. J.; Pattenden, G. *Tetrahedron Lett.* **1996**, *37*, 3501.

[121] Nowak, A.; Steffan, B. *Angew. Chem., Int. Ed.* **1998**, *37*, 3139.

[122] Longbottom, D. A.; Morrison, A. J.; Dixon, D. J.; Ley, S. V. *Tetrahedron* **2003**, *59*, 6955.

[123] Ishibashi, M.; Kobayashi, J. *Heterocycles* **1997**, *44*, 543.

[124] R, W. D.; G, M. K. *J. Am. Chem. Soc.* **2001**, *123*, 765.

[125] Williams, D. R.; Myers, B. J.; Mi, L. *Org. Lett.* **2000**, *2*, 945.

[126] Fenical, W.; Okuda, R. K.; Bandurraga, M. M.; Culver, P.; Jacobs, R. S. *Science* **1981**, *212*, 1512.

[127] Pattenden, G.; Sinclair, D. J. *J. Organomet. Chem.* **2002**, *653*, 261.

[128] Cases, M.; Gonzalez-Lopez de Turiso, F.; Pattenden, G. *Synlett.* **2001**, 1869.

[129] Kwon, H. B.; McKee, B. H.; Stille, J. K. *J. Org. Chem.* **1990**, *55*, 3114.

[130] Matsumoto, M.; Dobashi, S.; Kuroda, K.; Kondo, K. *Tetrahedron* **1985**, *41*, 2147.

[131] Echavarren, A. M.; Perez, M.; Castano, A. M.; Cuerva, J. M. *J. Org. Chem.* **1994**, *59*, 4179.

铃木偶联反应

(Suzuki Coupling Reaction)

刘磊[*] 王晔峰

1 历史背景简述

20 世纪 70 年代，钯催化完成的有机金属化合物的交叉偶联反应得到了广泛发展[1](式 1)。1981 年，Suzuki 和 Miyaura 将苯硼酸作为亲核试剂，引入与溴代化合物的 C-C 交叉偶联反应中[2]。如式 2 所示：在催化剂 Pd(PPh₃)₄ 的存在下，以 Na₂CO₃ 为碱和苯为溶剂可以顺利得到偶联产物。这就是早期的 Suzuki 偶联反应，有时又被称之为 Suzuki-Miyaura 偶联反应。

$$R-M \quad + \quad R^1-X \quad \xrightarrow{\text{Pd Cat.}} \quad R-R^1 \qquad (1)$$

M = Sn, Li, Cu(I), *etc.*

$$(2)$$

相对于其它的有机金属化合物，硼酸衍生物对热、空气、水分不敏感，具有廉价易得、低毒以及副产品易于分离等诸多优点。但是，有机硼化合物的制备通常是通过格氏试剂或有机锂试剂与三烷基硼酸酯的反应来完成 (式 3 和式 4)。这一制备过程有时是限制有机硼化合物作为亲核试剂参与交叉偶联反应的最主要因素[3]。此外，一些硼酸衍生物的提纯较为困难。因此，在一些对于纯度要求较高的应用领域，Suzuki 反应的应用尚有局限性[3]。

$$ArMgX \xrightarrow[\text{2. } H_3O^+]{\text{1. } B(OMe)_3} ArB(OH)_2 \qquad (3)$$

$$RX \xrightarrow[\substack{\text{2. } B(OPr\text{-}i)_3 \\ \text{3. } H_3O^+}]{\text{1. BuLi}} RB(OH)_2 \qquad (4)$$

Akira Suzuki (1930-) 生于日本北海道，就读于北海道大学。1961 年留校任助理教授，1971 年升为教授。曾在美国 Purdue 大学 Herbert C. Brown 教授小组做博士后研究。自 1973 年起先后是 Okayama (冈山) University of Science 和 Kurashiki (仓敷) University of Science and the Art 的教授。他一直致力于有机合成化学，特别是新合成方法学的研究工作。其杰出的化学成就赢得了日本化学会奖、日本有机合成化学特别奖和 Herbert C. Brown 讲座奖等诸多奖项和称号。

Norio Miyaura (1946-) 生于日本北海道，于北海道大学获得学士和博士学位，之后作为助理教授进入该校 Akira Suzuki 研究小组工作，1994 年晋升为教授。曾在美国 Indiana 大学 J. K. Kochi 教授小组从事炔烃的环氧化研究。在金属催化的有机硼化物的合成及相关领域颇有造诣。

2   Suzuki 偶联反应的定义和机理

Suzuki 偶联反应是指在 Pd 催化下的有机硼化合物参与的 C-C 交叉偶联反应，可以用通式 5 来表达。

$$RX + R^1BY_2 \xrightarrow[\substack{R = \text{aryl, vinyl, alkyl} \\ X = \text{Cl, Br, I, OTf} \\ Y = \text{OH, } OR^2, \text{ etc.}}]{\text{Pd Cat.}} R\text{-}R^1 \qquad (5)$$

至今被人们广泛接受的 Suzuki 偶联反应的机理是一个三步历程的催化循环 [4]：(1) 氧化加成；(2) 转移金属化；(3) 还原消去。如图 1 所示：首先，活性催化剂 $L_nPd(0)$ 与亲电试剂 RX 发生氧化加成，生成过渡态化合物 **1**，该步骤往往是整个偶联反应的决速步骤。然后，有机硼化合物在碱的作用下转变为带负电荷的 $R^1BY_3^-$，再与 **1** 发生转移金属化作用，生成 $X\text{-}BY_3^-$ 和过渡态化合物 **2**。最后，**2** 经过还原消去历程生成产物 $R\text{-}R^1$。对活性催化剂 $L_nPd(0)$ 的研究表明[5]：在一些反应中真正发挥催化作用的可能是单配位的化合物 LPd(0)。

通过对卤代烯烃与有机硼化合物偶联反应的研究，Suzuki 又提出了一种新的催化循环理论（图 2）[6]。其不同之处在于：在氧化加成历程后，碱 R^2O^- 参与了催化剂的配合，生成中间体 **3**。**3** 在转移金属化历程中与 $[R^1B(OR^2)]^-$ 发生配合交换之后，才生成中间体 **2**。到目前，机理 (I) 中所涉及的中间体已得到检测和确认，但机理 (II) 尚未得到进一步证实。

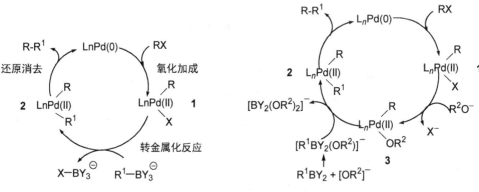

图 1 Suzuki 偶联反应机理 (I)　　　　　图 2 Suzuki 偶联反应机理 (II)

在 Suzuki 偶联反应中，如果 RX 与 R^1BY_2 的反应进行缓慢，往往会生成 R^1BY_2 自身偶联的副产品 R^1-R^1[7]。Moreno-Mañas 曾对这一反应做了专门研究，并对其反应机理进行了推测[8]（图 3）。他们认为：在活性催化剂与 $RB(OH)_2$ 完成加成与消去历程之后会生成 $(HO)_2B$-Pd-$B(OH)_2$，该化合物再以 O=B-OH 形式脱去硼。生成的 PdH_2 脱去 H_2 后再与配体 L 配合生成活性催化剂 $L_nPd(0)$，并完成一个催化循环。

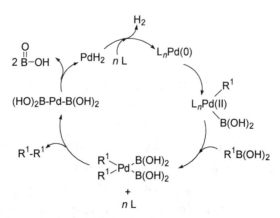

图 3 R^1BY_2 自身偶联反应机理

此外，针对一些具体的配体及反应底物，Buchwald[9] 等也提出了某些更为详细的反应机理，但这些机理均经历了以上三个历程。

3   Suzuki 偶联反应的催化条件

3.1   催化剂前驱体

在常见的过渡金属催化的有机反应中,催化剂前驱体通常可以分为需要配体参与和无需配体参与两种类型。在 Suzuki 偶联反应的催化体系中,前者多为 Pd(OAc)$_2$、PdCl$_2$、Pd$_2$(dba)$_3$ 和 PdI$_2$ 等化合物。而后者则包含了各类常见配体配合后的钯化合物,例如:Pd(PPh$_3$)$_4$、PdCl$_2$(PPh$_3$)$_2$、PdCl$_2$(dppf)、PdCl$_2$(dppb)、PdCl$_2$(allyl)$_2$ 和 PdCl$_2$(SEt$_2$)$_2$ 等。其中,Pd(PPh$_3$)$_4$ 是在 Suzuki 反应发展初期使用最为广泛的一种催化剂前驱体,至今仍被频繁使用。由于 Suzuki 偶联反应经历了近三十年的发展,催化剂前驱体不断推陈出新,因此我们在这里不再按照以上分类来进行介绍。对于常见配体配合后的催化剂前驱体我们将在配体一节讲述,这里主要综述各类新型催化剂前驱体。

3.1.1   环钯化合物催化剂前驱体

环钯化合物分子内通常含有可以提供孤电子对的原子 (主要是 P、N、S) 和金属化的碳原子[10],在两者的共同作用下形成了这类特殊的催化剂前驱体。这类化合物由于其结构所特有的富电子性和大空间位阻而具有较高的催化活性,因而具有所需催化剂量小和 TON (转化数) 高的显著优势。加之它们化学性质稳定和反应条件温和等特性,使之具有很高的工业应用价值。因此,它们的制备和应用也成为了近年来该领域的研究热点。

环钯类催化剂前驱体最早由 Beller 和 Herrmann 合成,并应用于 Suzuki 偶联反应[11] (图 4)。根据其分子内与 Pd 成键的原子类型不同,可以分为 P-C、

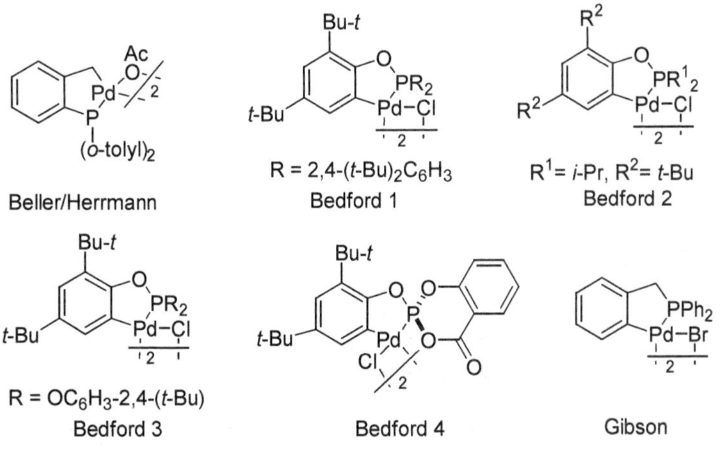

图 4   P-C 型环钯化合物

N-C、S-C 型环钯化合物催化剂前驱体。Beller/Herrmann 环钯化合物也是最早的 P-C 型前驱体。在此基础上，Bedford[10,12~14]和 Gibson[15]又发展了一些新型的 P-C 型环钯化合物 (图 4)。其中，早期 P-C 型环钯化合物 Bedford 1[12]由三(2,4-二异丁基)苯基亚磷酸盐与 PdCl$_2$ 反应得到，在苯硼酸与溴代芳香化合物的反应中，TON 最高可达到 10^6，TOF 则可达 9×10^5。具有相似结构的 Bedford 2[10]可使催化剂量降低到 $10^{-7} \sim 10^{-3}$ mol%，Bedford 3[13b] 在 4-乙酰基溴苯与苯硼酸的反应中，TON 更可高达 10^8。具有亚磷酸盐结构的 Bedford 4[14] 则具有较长的催化寿命，并对各类氯苯的偶联反应有好的催化活性。

N-C 型环钯化合物的种类比较多 (图 5)，这类化合物多数具有稳定的化学性质，对热、空气、水分不敏感。它们发生的反应也不需要在惰性气氛中进行，这也是这类催化剂前驱体最大的优势所在。除此之外，Milstein[16] 亚胺类环钯化合

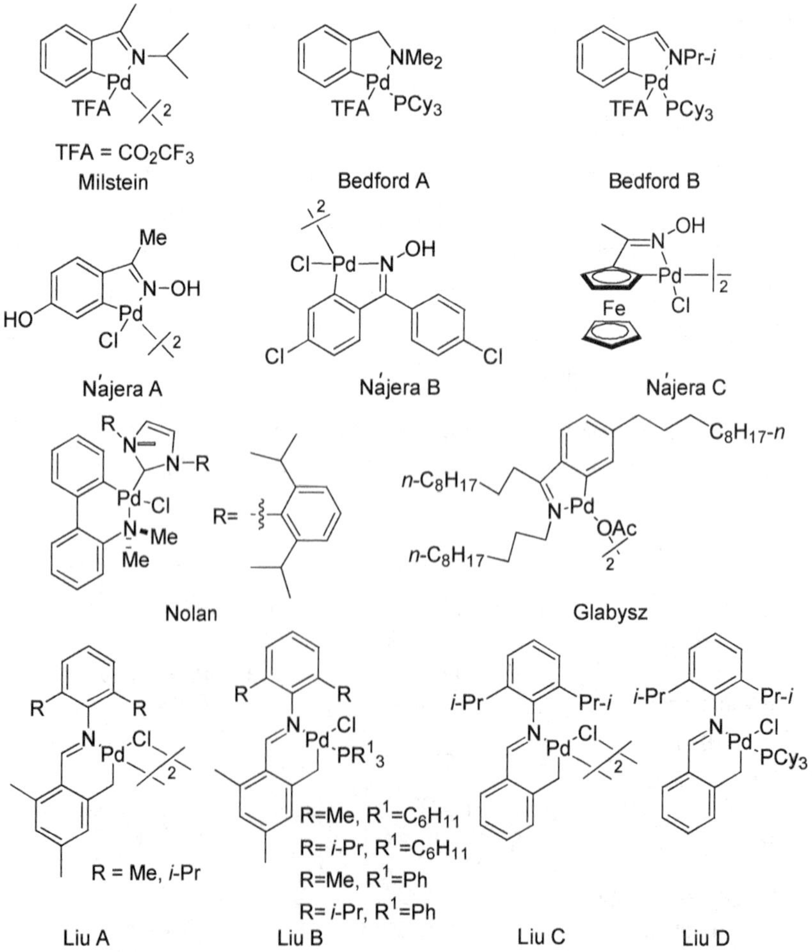

图 5 N-C 型环钯化合物

物和 Nájera[18]环钯化合物中的 Nájera B 可将催化剂量降低至 $10^{-6} \sim 10^{-4}$ mol%。环钯化合物[17]Bedford A 和 Bedford B 则对氯苯具有较高的催化活性，部分转化率可达 100%。含有卡宾结构的 Nolan[19]环钯化合物，在室温下 2 h 内便可完成氯苯的偶联反应。具有长链结构的 Glabysz[20] 环钯化合物，则对溴苯和碘苯的偶联反应都有很好的催化活性。

在环钯化合物中，参与反应的真正活性成分形式可以是非均相催化也可以是均相催化。后者是指环钯化合物在反应过程中会生成零价钯的纳米粒子，这些可溶性微粒是真正发挥催化作用的活性成分。一般可以通过过滤实验或者加入汞、四丁基溴化铵的实验来检测均相或非均相催化[21](这是因为在均相催化中，汞的加入会与零价钯纳米粒子形成合金，使催化剂中毒，从而丧失催化活性；四丁基溴化铵则可以有效稳定钯纳米粒子，提高反应转换率)。N-C 型环钯化合物中，Liu 通过过滤实验在溶液中发现了 50~60 nm 零价钯微粒的存在[22]，由此他们推断 Liu A (图 5) 参与的 Suzuki 偶联反应是一种均相催化反应。

常见的 S-C 型环钯化合物主要有 Dupont/Monteir[23]、Chen/Yang[24] 和 Glabysz[20] 提出的三种类型 (图 6)。其中，Dupont/Monteir 前驱体在室温下可以完成部分碘代、溴代和氯代芳香烃与苯硼酸的偶联反应。而 Chen/Yang 环钯化合物则对溴苯化合物和溴代芳杂环化合物与苯硼酸衍生物的偶联反应具有较高的催化活性。

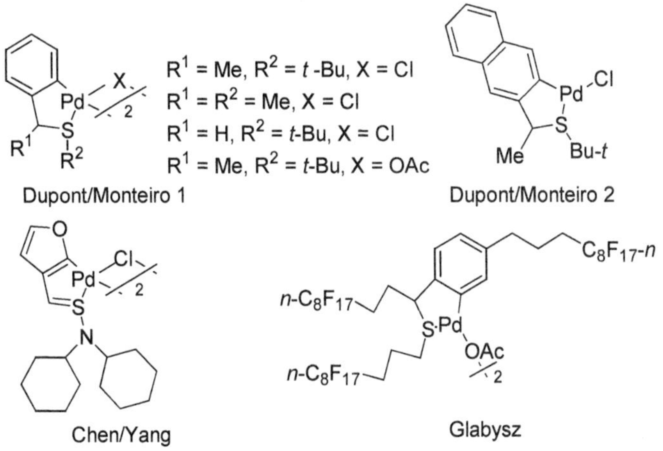

图 6　S-C 型环钯化合物

除以上三种类型外，还有一类钳状环钯化合物[23,25] (又称为 PCP 环钯化合物) (图 7)。这类化合物因分子中的双配体及金属化碳原子共同作用下所形成的钳状结构而得名，通常具有稳定的化学性质。Bedford[25] 曾做过测试：将 Bedford 环钯化合物 (图 7) 置于含水的溶液中，在空气中放置 10 天，其化学性质不会发生任何改变。

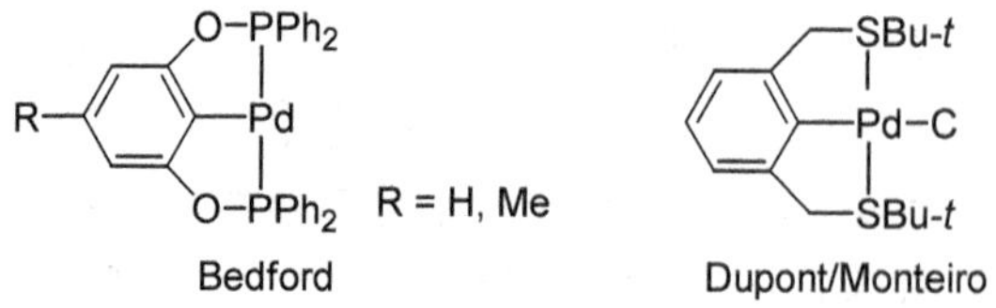

图 7　钳状环钯化合物

3.1.2　有机聚合物负载的催化剂前驱体

有机聚合物负载的催化剂前驱体由于兼具均相和非均相催化剂两者的优势[26] (即催化活性高、易于分离和可重复使用)，因此是一类具有较大工业应用价值的催化剂前驱体。但在这类催化反应中，明显的缺点是易于发生分子内反应和对空间位阻过于敏感[27]。

在 Suzuki 偶联反应中，应用最为广泛的是聚苯乙烯 (简称 PS) 和聚乙二醇 (简称 PEG) 负载的催化剂前驱体 (图 8)。Drian[28] 曾较早地使用了二乙烯基苯交叉连接的聚苯乙烯负载催化剂前驱体，该催化剂具有稳定的化学性质 (在空气中 20 ℃ 下放置一年不会变质或失活)、重复使用 5 次活性基本没有降低，而且在回收过程中仅有 0.6%~0.65% 的损失。

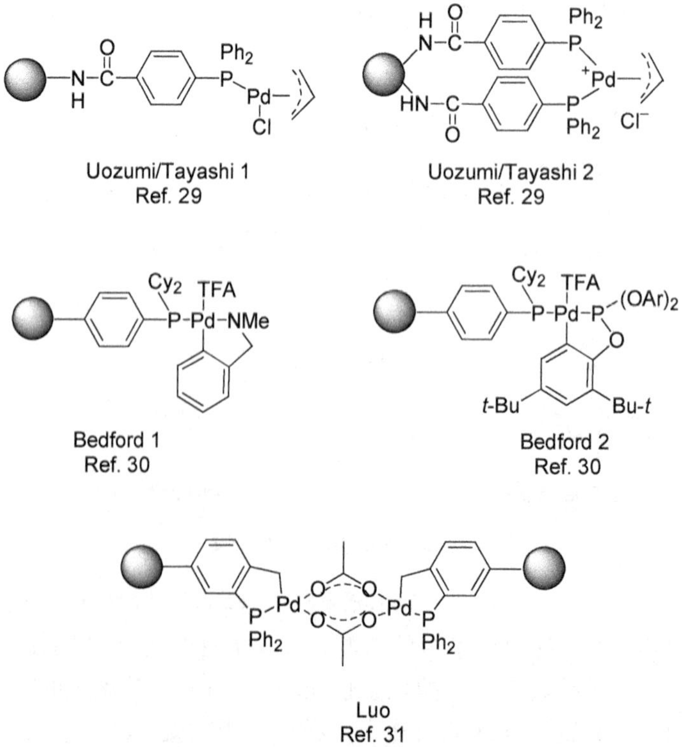

图 8　聚苯乙烯和聚乙二醇负载的催化剂前驱体

在 PS 和 PEG 负载的基础上，通过对树脂的修饰则可以达到改善催化剂性能的目的。因此，修饰的 PS 和 PEG 所负载的催化剂前驱体也是常见的一类催化剂前驱体 (图 9)。例如：Lee[32] 报道的修饰 PS 负载的含卡宾结构的催化剂前驱体，可以实现非均相催化的偶联反应；Kobayashi[34] 提出的修饰 PS 负载的含膦催化剂前驱体，则可以实现催化剂无损耗的回收再利用。

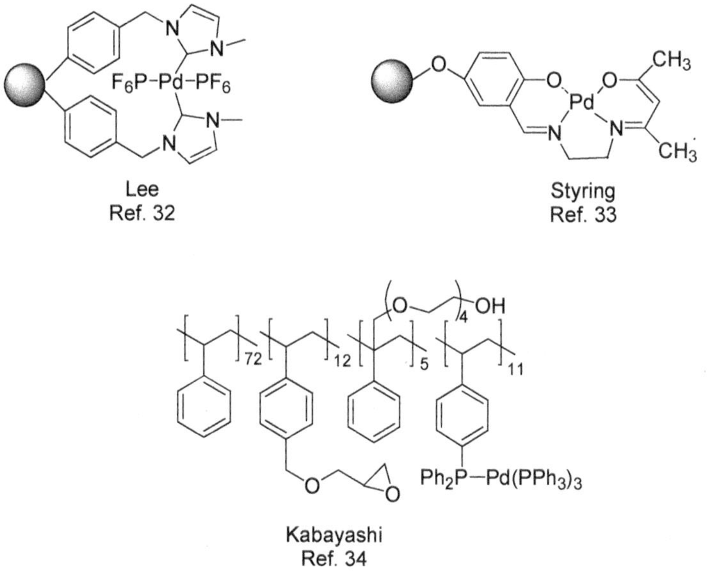

Lee
Ref. 32

Styring
Ref. 33

Kabayashi
Ref. 34

图 9　修饰的聚苯乙烯和聚乙二醇负载的催化剂前驱体

除以上两种类型外，Ikegami[35] 提出的聚酰胺负载的催化剂前驱体也是一类可以用于 Suzuki 偶联反应的高效催化剂 (图 10)。作为非均相催化剂前驱体，它可以使催化剂量降低到 50~500 μg/g，并且在重复使用 10 次后催化活性依然不会减弱。

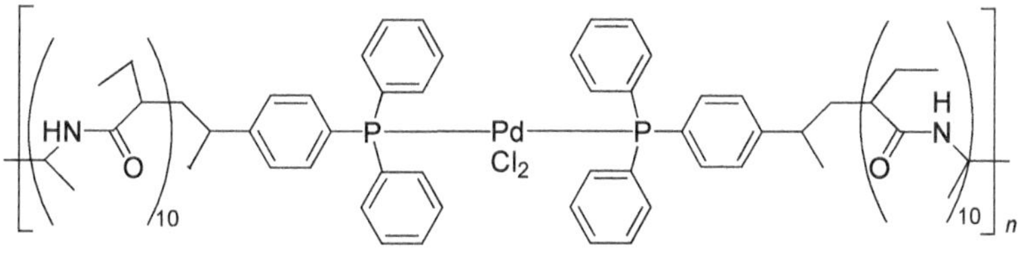

Ikegami

图 10　Ikegami 提出的聚酰胺负载的催化剂前驱体

此外，近年来新兴的壳聚糖负载催化剂前驱体也是有机聚合物负载催化剂前驱体中一重要分支。壳聚糖是甲壳素脱乙酰化的产物，具有无毒无害、可降解、易成膜/纤维和不溶于大多数溶剂等性能，是一类环境友好的天然催化剂载体。Macquarrie[36] 研究发现 (图 11)：这类催化剂前驱体在 Suzuki 偶联反应中具有很好的选择性，即低温下发生脱硼反应，高温下发生 Suzuki 偶联反应。

Macquarrie

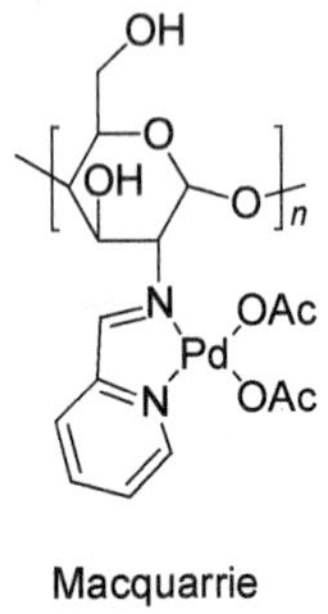

图 11 Macquarrie 提出的壳聚糖负载的催化剂前驱体

3.1.3 无机聚合物负载的催化剂前驱体

负载这类催化剂前驱体的基质多是无机硅氧化合物，它们往往具有化学性质稳定、表面积大、具有周期性的孔洞结构和可以加热再生等优点。Zhang[37] 曾较早地在 Suzuki 偶联反应中应用了这类树脂负载的催化剂前驱体 (图 12)，在其作用下溴代、碘代芳香化合物均可顺利完成偶联反应。在反应完成后，催化剂经过简单的过滤、洗涤便可重复使用。与 Zhang 不同的是，Bedford[38] 随后提出的这类催化剂前驱体却不能很好地重复使用，催化剂活性在二次循环时便大幅度降低。此后，Corma 和 Garcia 提出的负载于这类无机聚合物基质上的环钯化合物，不仅可以在水中高效催化完成溴苯和氯苯的偶联反应，而且催化剂在重复使用七次之后活性依然不会降低[39]。

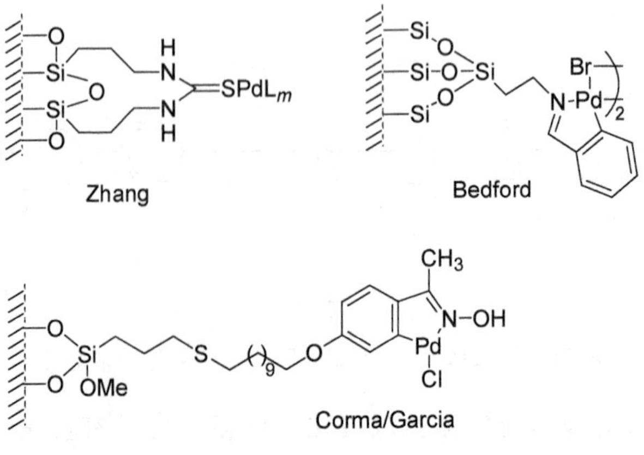

Zhang

Bedford

Corma/Garcia

图 12 无机硅氧聚合物负载的催化剂前驱体

3.1.4　无机基质负载的催化剂前驱体

这类催化剂前驱体根据负载的无机基质不同可以分为两类,即活性炭负载的钯催化剂和沸石、氧化铝等负载的钯催化剂。早在 1994 年,Buchecker[40] 便将负载于活性炭上的钯催化剂应用在了 Suzuki 偶联反应中。他还提出,这类催化剂按照钯还原程度的不同可以分为 Pd(0)/C 和 Pd(II)/C 两种。2001 年,Sun/Sowa[41a] 对 Pd(0)/C 催化的氯代芳香烃与苯硼酸的偶联反应做了进一步研究。实验结果表明:这一催化剂对 C-Cl 键具有明显的活化作用,无需配体的参与反应便可顺利进行。同时,他们认为这一催化剂良好的催化活性源于 Pd 表面与氯苯之间的邻位促进效应和电子效应。在随后对个别偶联反应 (溴代喹啉与含醛基苯硼酸) 的研究中,他们还发现[41b]:Pd(0)/C 并不是完全意义上的非均相催化剂,氧化还原历程会导致部分催化剂溶于溶剂中。2003 年,Nishida[42] 又将 Pd(0)/C 应用在了卤代吡啶与苯硼酸的偶联反应中,只是这一反应需要在膦配体的参与下才能顺利进行。近年,Sajiki[43] 则完成了水相中 Pd(0)/C 催化的芳香溴化物和三氟磺酸酯与苯硼酸的偶联反应,连续使用五次仍具有很好的催化活性。

Suzuki 偶联反应中 Pd(II)/C 的应用相对 Pd(0)/C 较少,Pearlman 催化剂,即[Pd(OH)$_2$/C] 便是其中一种。Seki[44] 曾用 4-硝基溴苯与苯硼酸偶联反应对 Pd(OH)$_2$/C 和 Pd(0)/C 的催化活性进行了对比实验,结果发现产物产率的差别仅为 1%。但是,在可燃性有机溶剂中,前者的操作风险明显小于后者。

在另一类无机基质负载的催化剂前驱体中,主要有 Kabalka[45] 提出的 KF/Al$_2$O$_3$ 负载的 Pd(0) 和 Artok[46] 提出的 Y-型沸石负载的 Pd(0)、Pd(II)。它们都可以顺利地催化完成溴代和碘代芳烃与苯硼酸的偶联反应,但是后者需要再生后才能重复使用。

3.1.5　纳米催化剂前驱体

纳米级催化剂前驱体是一类随着纳米科学的发展而新兴起来的催化剂。这类催化剂通常具有大的比表面积,从而具有高效的催化性能。在 Suzuki 偶联反应中,该类催化剂前驱体往往需要聚合物或者无机物等的辅助才可以稳定存在,它们所能催化完成的多数是碘代或者溴代芳香化合物与硼酸化合物的偶联反应。根据其结构不同一般可以分为担载型催化剂和嵌入型催化剂等。

El-Sayed 从 1999 年开始,对担载型纳米催化剂 PVP-Pd 在 Suzuki 偶联反应中的催化性能及其反应机理进行了详细研究[47]。他们发现,该催化剂可以有效地催化碘代芳香化合物和碘代芳香杂环化合物与硼酸化合物的偶联反应。反应初始速度与催化剂的量成线性关系,这更进一步说明了反应是在纳米催化剂的表面进行的。值得一提的是,相对于其它水溶性催化剂,这一胶状催化剂则有着易于处理和分离等诸多优势。后来 Hyeon[48] 和 Diaconescu[49] 也相继报道了硅担载和聚苯胺担载的纳米催化剂在 Suzuki 偶联反应中的应用。它们除了可以完成碘代芳香化合物和碘代杂环芳香化合物与苯硼酸的偶联反应外,也可以催化氯代芳香烃发生偶联反应。

相对于 El-Sayed 的 PVP-Pd 催化剂前驱体,Ma/Xiao[50] 提出的硅化物负载非均相催化剂 SBA-Si-PEG-Pd(PPh$_3$)$_n$ 则是典型的嵌入型纳米催化剂。这种催化剂由包覆一层 PEG 的硅化物介孔材料制备得到,具有稳定的化学性质,可以在水相中高效催化完成碘代和溴代芳香化合物与硼酸化合物的偶联反应。反应结束后,经过简单的分离便可重复数次使用。其稳定的化学性质则正是来源于介孔材料的稳定性。

除以上两种类型外,Choudary[51] 提出的夹层催化剂 LDH-Pd(0)(图 13) 和 Kaifer[52] 提出的环糊精包覆的钯催化剂也是纳米级的催化剂前驱体。前者由 LDH-PdCl$_4$ 还原得到,可以催化完成氯代芳香烃与硼酸化合物的偶联反应;后者则可以催化完成碘代和溴代芳香烃与苯硼酸的偶联反应。

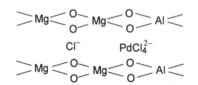

图 13　Choudary 提出的夹层催化剂

此外,微胶囊催化技术在 Suzuki 偶联反应中也有应用[53]。这类化合物多数也是纳米级催化剂前驱体,它们往往在催化剂的分离和回收再利用方面具有明显的优势。

3.2　配体

在 Suzuki 偶联反应近三十年的发展过程中,配体也不断推陈出新。从最早使用的 PPh$_3$ 到无膦的卡宾配体,其种类不一而足。以下我们按照配体中参与配合原子的不同将其分为磷配体、碳配体、氮配体,并分别加以介绍。由于磷配体形式最为多样,因此我们将膦参与的 P-C、P-N、P-O、P-S 等二齿配体也归为磷配体一类讲述。

3.2.1　磷配体

3.2.1.1　单齿膦配体

单齿膦配体是配体中结构最为丰富多样的一类,PPh$_3$ 是最早和最广泛地被应用于 Suzuki 偶联反应的单齿膦配体[54~56]。在这一配体基础上,Fu 等人改变了磷上取代基后又相继提出了 PCy$_3$、P(t-Bu)$_3$ 和 P(t-Bu)$_2$Me 等单齿膦配体 (图 14)。由于这些烷基取代的配体具有更好的富电性和更大的空间位阻,它们在一些活性较低底物参与的反应中表现出更为优秀的催化活性 (式 6)。现在, P(t-Bu)$_3$ 已成为继 PPh$_3$ 之后应用最为广泛的单齿膦配体。此外, Beller[62] 还将烷氧基引入膦化合物中, 这一结构对氯苯的 Suzuki 偶联反应具有很好的催化活性。催化剂用量最低可降至 0.0001 mol%, TON 最高则可达 8.5×10^4。而 Guram[64] 提出的 P(t-Bu)$_2$(p-NMe$_2$-Ph) 所配合的催化剂前驱体, 不仅在空气中可以稳定存在, 还能顺利催化含功能基团的氯代杂环化合物的偶联反应。

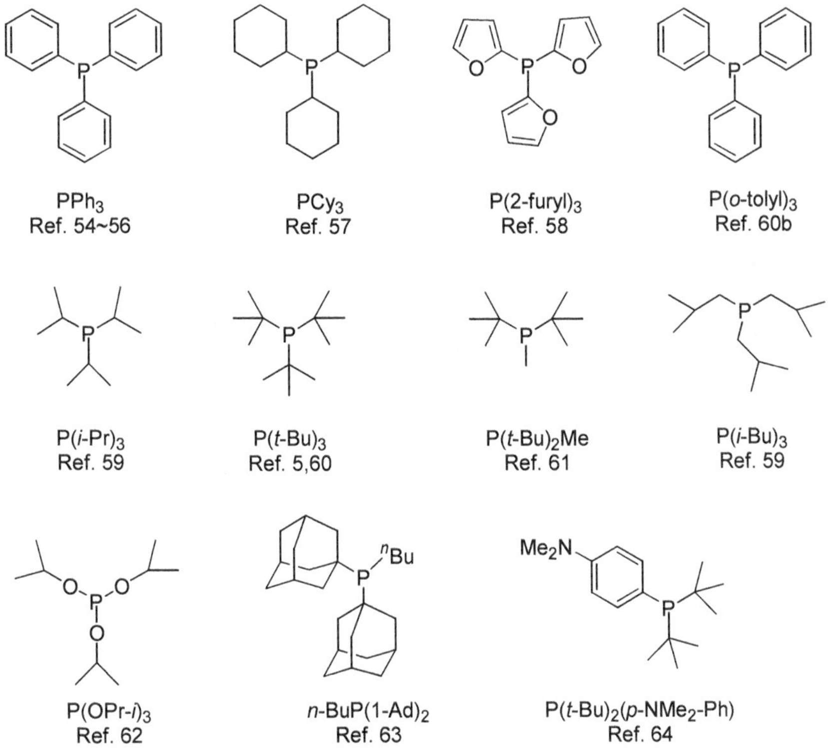

PPh$_3$
Ref. 54~56

PCy$_3$
Ref. 57

P(2-furyl)$_3$
Ref. 58

P(o-tolyl)$_3$
Ref. 60b

P(i-Pr)$_3$
Ref. 59

P(t-Bu)$_3$
Ref. 5,60

P(t-Bu)$_2$Me
Ref. 61

P(i-Bu)$_3$
Ref. 59

P(OPr-i)$_3$
Ref. 62

n-BuP(1-Ad)$_2$
Ref. 63

P(t-Bu)$_2$(p-NMe$_2$-Ph)
Ref. 64

图 14　单齿膦配体示例

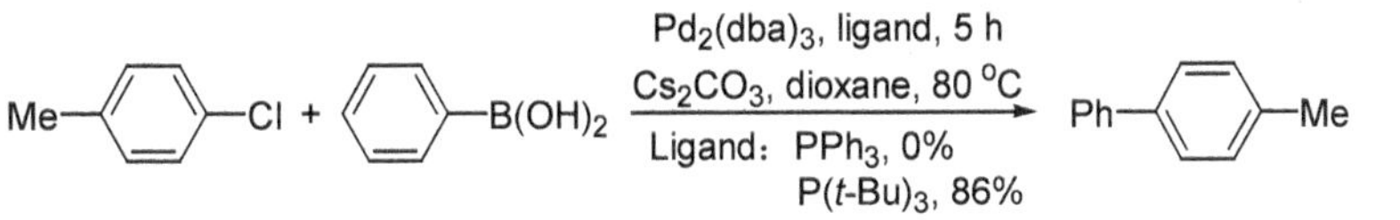

$$\text{Me-}\bigcirc\text{-Cl} + \bigcirc\text{-B(OH)}_2 \xrightarrow[\substack{\text{Cs}_2\text{CO}_3, \text{ dioxane, } 80\,^\circ\text{C} \\ \text{Ligand: PPh}_3, 0\% \\ \text{P(}t\text{-Bu)}_3, 86\%}]{\text{Pd}_2(\text{dba})_3, \text{ ligand, 5 h}} \text{Ph-}\bigcirc\text{-Me} \qquad (6)$$

虽然以上简单烃基取代的单齿膦配体可以顺利催化完成活性较低的氯代芳香烃的偶联反应, 但多数需要较大的催化剂量和配体用量, 并且对于空间位阻较大的底物反应仍不理想。为解决这一问题, Buchwald 等合成了一系列含双芳基的单齿膦化合物 (图 15)。其中, Buchwald 1 在溴代芳香烃的 Suzuki 偶联反应中可将催化剂用量最低降至 10^{-6} mol%; 而 XPhos 则可以催化活性相对更低的 ArOTf 与硼酸衍生物的 C-C 偶联反应。

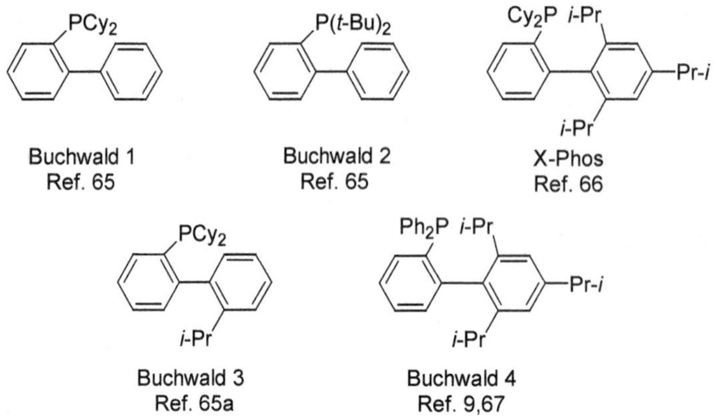

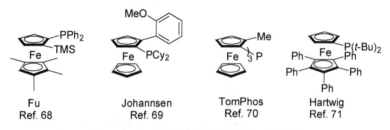

图 15　Buchwald 等合成的含双芳香基的单齿膦化合物

　　二茂铁结构具有较大的空间位阻，并可增加成键磷原子的电子密度。因此，这类结构也是膦配体中一类重要的取代基，Fu 等人便先后提出了含二茂铁结构的各种单齿膦配体 (图 16)。其中，含 TMS 基团的膦化合物不仅具有稳定的化学性质，还可以有效催化未经活化的氯代芳烃的 Suzuki 偶联反应。在 Richards 提出的单齿膦配体 TomPhos 中含有三个二茂铁结构，它在短时间的反应中显示出比 P(t-Bu)₃ 更好的催化活性。

图 16　含二茂铁结构的单齿膦配体示例

　　Beller[70] 提出的含有吡咯结构的 PAP 配体 (图 17) 和含有咪唑结构的膦化合物 (图 18) 也是单齿膦配体中一类重要分支。这类配体可以很好地完成氯代芳香化合物和氯代杂环化合物的 Suzuki 偶联反应，所需配体量通常低于 0.1 mol%。它们催化的反应一般可以在温和的反应条件下完成，TON 最高可达 10^4。

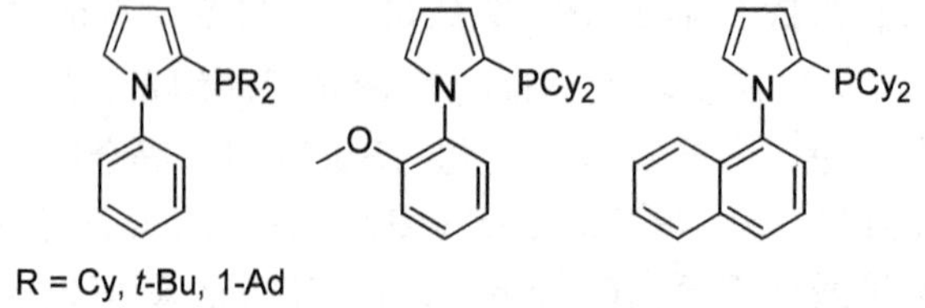

R = Cy, t-Bu, 1-Ad

图 17　Beller 提出的含吡咯结构的单齿膦配体

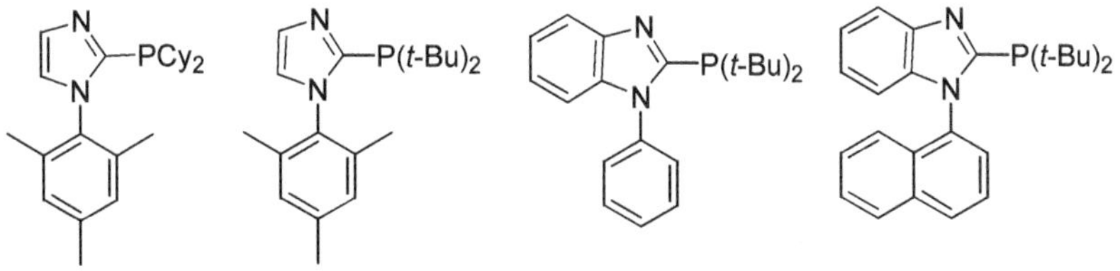

图 18　Beller 提出的含咪唑结构的单齿膦配体

除此之外，还有一些膦化合物也是有效的单齿膦配体 (图 19)。例如：Verkade 提出的笼状结构膦化合物、Capretta 提出的金刚烷结构膦化合物，以及 Li 提出的膦氧化物等。值得一提的是，$P(NMe_2)_3$ 也是可以用于 Suzuki 偶联反应的单齿膦配体[73]，但其应用范围相对其它配体明显较小。

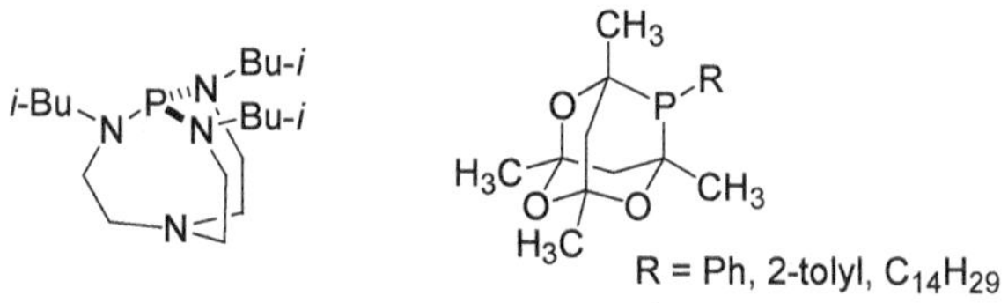

Verkade　Ref. 73　　Capretta　Ref. 74　　Li　Ref. 75

图 19　其它单齿膦配体示例

在单齿膦配体中，还有一类水溶性的膦化合物[76~78] (图 20)。它们一般是以盐的形式 (多为磺酸盐和季铵盐) 或负载于可溶性载体的形式存在，从而使得反应可以在水溶液中进行，化学过程也变得更加环境友好。

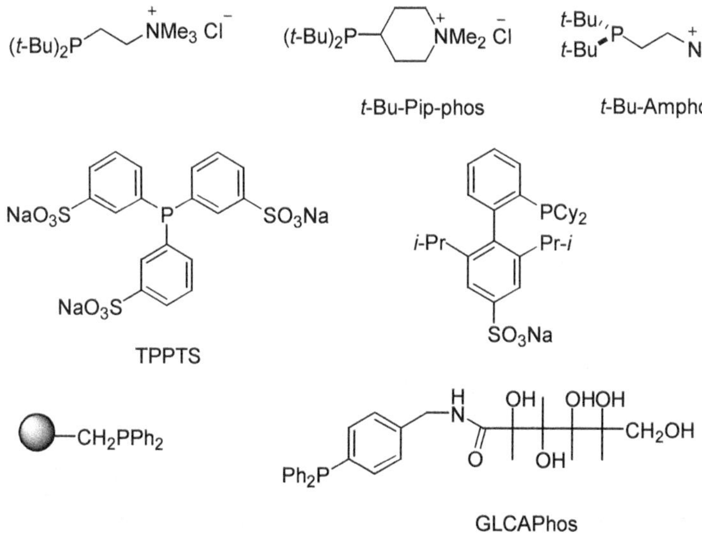

图 20　水溶性单齿膦配体示例

3.2.1.2 双齿含膦配体

在 Suzuki 偶联反应中常见的含膦双齿配体有 P-P、P-C、P-O、P-N 和 P-S 等类型，其中 P-P 型双齿化合物 (图 21) 相对于其它四类配体形式又较为丰富些。最为常用的双齿配体是二茂铁类配体 DPPF，它在和钯催化剂前驱体配合之后，不但可以顺利催化完成各类硼化合物亲核试剂的偶联反应，对不同的亲电试剂也有很好的催化活性[79,80]。在此基础上，Colacot 又将 DtBPF 等形式的二茂铁类 P-P 双齿膦配体应用在了 Suzuki 偶联反应中，它们在未活化、空间位阻较大的氯苯化合物与苯硼酸的偶联反应中则表现出了更高的催化活性[81]。除此之外，一些烃基取代的双膦化合物也是 P-P 型双齿配体中的重要一员，例如：DPPE、DPPB、DPPP、DPPPent、NUPHOS、BINAP 和 (R)-(+)-BINAP 等 (图 21)。

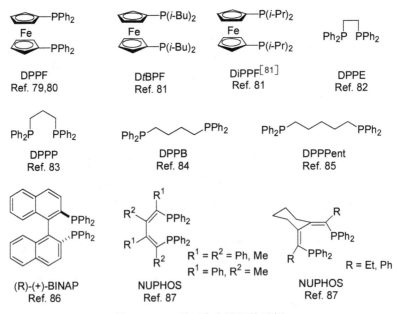

图 21 P-P 型双齿含膦配体示例

其中，NUPHOS[87] 将催化剂前驱体的用量最低可以降至 0.0001 mol%；(R)-(+)-BINAP 则可以应用在不对称 Suzuki 偶联反应中[86]。值得一提的是，DPPPent 可以参与完成甲基苄基碳酸酯衍生物与苯硼酸的 Suzuki 偶联反应，而这一反应在二芳基甲烷这一功能分子的合成中有着重要的应用价值[85]。

氧原子中的孤电子对也可以和钯的空轨道成键，P-O 型双齿配体也是一类重要的含膦双齿配体。Guram[88] 提出的含二氧戊环结构的膦化合物和 Kwong[89] 提出的 t-Bu-Bphos 化合物是这类配体的代表 (图 22)，它们在各类氯代芳烃、氯代杂环化合物的 Suzuki 偶联反应中都有很好的表现。

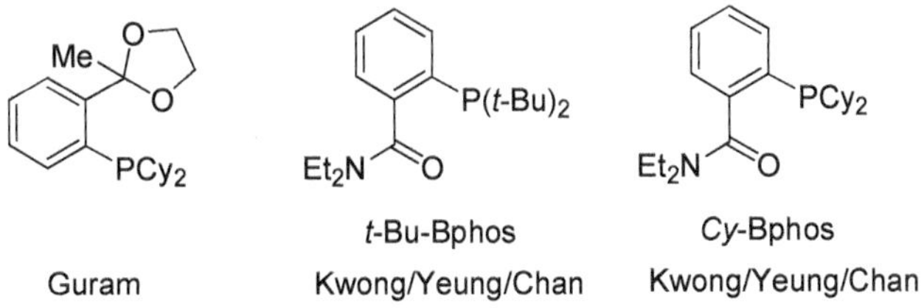

图 22　代表性 P-O 型双齿配体示例

相对于 P-P 型和 P-O 型双齿配体而言，应用于 Suzuki 偶联反应的 P-N 型和 P-S 型双齿配体的种类较少。Buchwald[65b] 提出的 Dave Phos 和 Shi[90] 提出的硫代胺基甲酸酯是这类配体的代表 (图 23)。前者可以催化完成氯代芳烃的偶联反应，而后者则能在相对较短的时间内完成溴代芳烃的偶联反应。

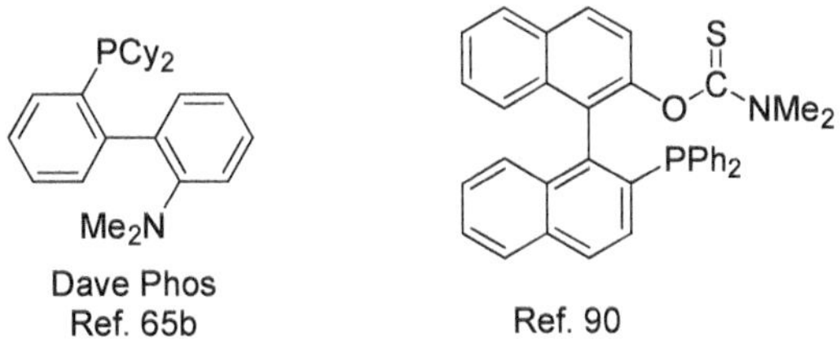

图 23　P-N 型和 P-S 型双齿配体示例

与以上配体不同的是，P-C 型双齿配体不具有鲜明的配位原子特征。通常在这些分子结构中还含有一些可以提供孤电子对的其它原子，但参与反应的实质却是 P-C 型双齿配体。例如：含 N-原子的 MAP 化合物[91]、含 O-原子的 MOP 和 S-Phos 化合物[92~94]，还有易被误认为单齿膦配体的 2-(9'-菲基)苯基二环己基膦[95] (图 24)。

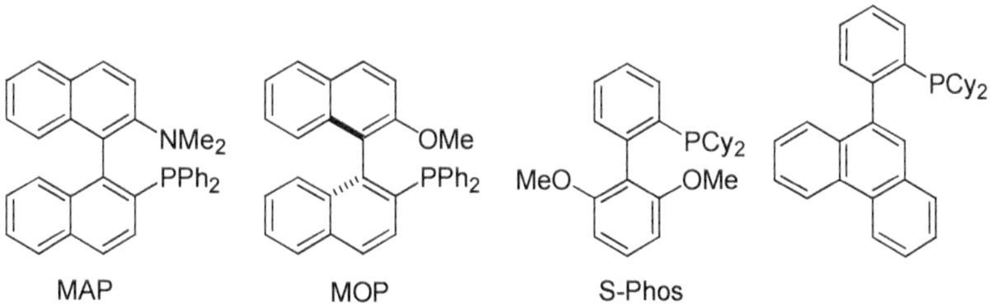

图 24　P-C 型双齿膦配体示例

研究发现：在 MAP 和 MOP 参与的反应中，钯催化剂前驱体首先与配体形成 P-N 型或者 P-O 型的配合物。然后，通过分子内转换最终达到 P-C 型双齿配体配合物的平衡状态[91] (式 7)。

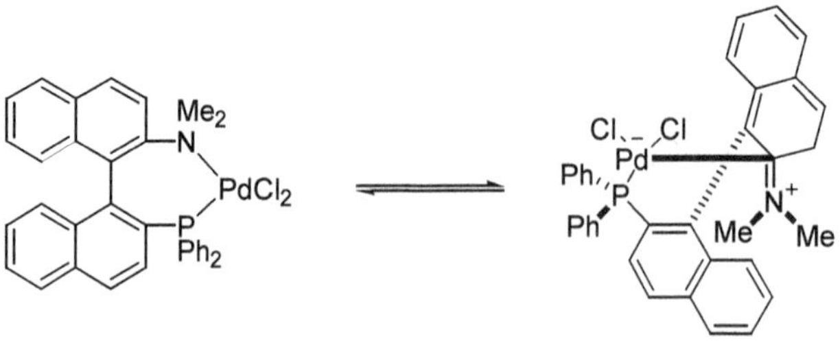

15%　　　　　　　　　　　　　　　　　(7)　　85%

而 S-Phos 和 2-(9′-菲基)苯基二环己基膦在反应中，则分别通过 C-原子和 π-键与 P-原子一起形成 P-C 配合型的过渡态化合物[92b] (式 8)。

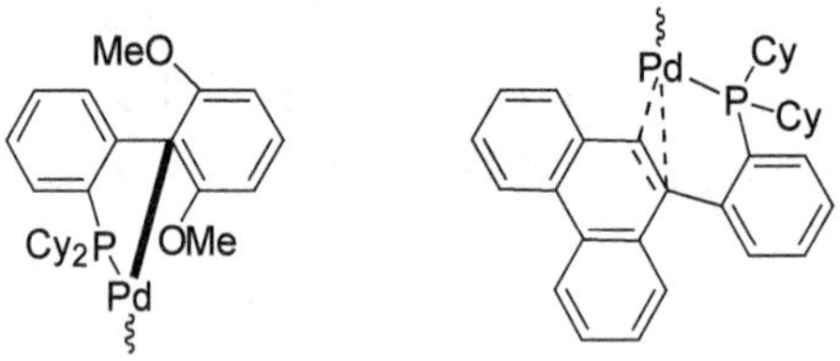

(8)

Buchwald 近年来发现：在 S-Phos 参与的 Suzuki 偶联反应中，这一配体与钯催化剂前驱体会产生一个 P-C 型双齿配合物和膦单齿配合物的平衡状态，而在反应中究竟以哪种形式进入催化循环尚待进一步研究[9](式 9)。

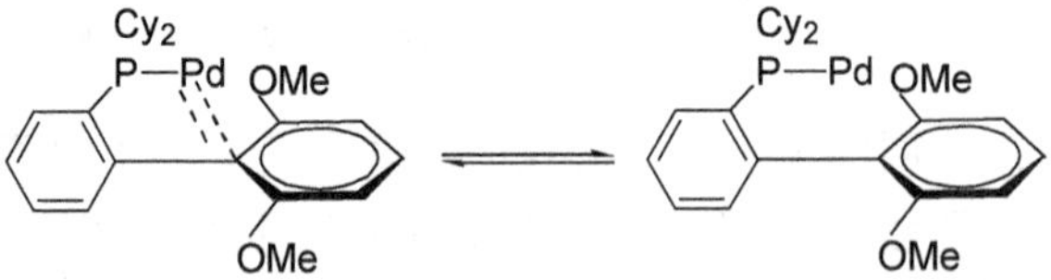

(9)

3.2.1.3　多齿膦配体

在 Suzuki 偶联反应中，Santelli[90] 还提出了一种四齿膦配体 Tedicyp (式 10)。这一配体可以催化完成溴代芳香烃和活化氯代芳香烃的偶联反应，TON 最高可达到 6.8×10^6。

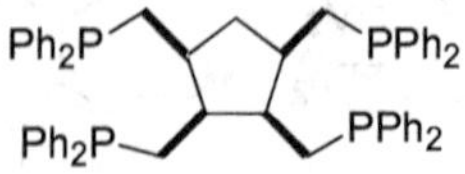

(10)

Tedicyp

CMR = 28.0462

3.2.2　碳配体

根据与金属钯成键形式的不同，碳配体可以分为两类：一类是以碳原子上未成键电子配合的卡宾配体，另一类则是以 π-键配合的各类烯烃化合物。卡宾由于可以和金属形成稳定的配合结构，从而有效地降低了配体的用量 (这是该类配体相对于很多磷配体的最大优势所在[97])。因此，它是一类重要的无磷配体，又被称之为"模拟膦配体"[99a]。这类配体最早由 Herrmann 应用于 Suzuki 偶联反应[98]，发展至今已有多种形式被开发出来 (图 25)。它们通常以咪唑为基本卡宾结构，通过取代基来调节卡宾结构的富电性和空间位阻，从而达到调节配体催化活性的目的。Organ 的研究结果发现：提高富电性可以提高氧化加成的速度，而还原消去历程则主要受到空间位阻的影响[108]。在早期的研究中，卡宾配体参与的 Suzuki 偶联反应往往需较高的温度 (> 80 $^{\circ}$C) 和较长的反应时间[98]。自从 Nolan[99a,100c,101]、Song[99c]、Caddick[100a]和 Vogel[100b] 等人提出 IPr 型卡宾配体之后，卡宾配体参与的 Suzuki 偶联反应也可以在室温下进行，并且催化剂的量可减少至 50 µg/g。使用 Herrmann[103] 和 Glorius[104] 提出的含有金刚烷和环己烷取代基的卡宾配体，除了能

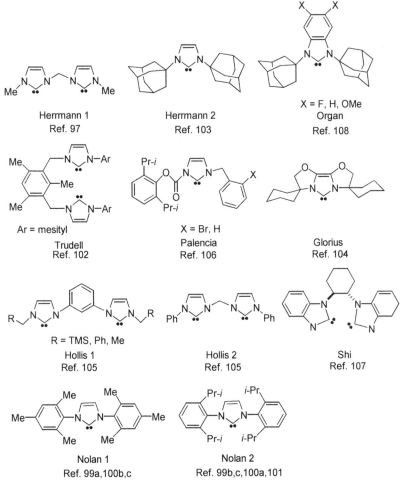

图 25　应用于 Suzuki 偶联反应的卡宾配体示例

够在室温下完成氯代芳香烃的偶联反应外，反应时间可以缩短至 24 min。使用 Plencia[106] 提出的含酰基结构的卡宾配体，TON 则最高可达 10^7。

另一类用于 Suzuki 偶联反应的碳配体多数是双烯烃化合物，常见的包括 COD 和 dba 等。个别单烯烃化合物也可以和其它配体一起参与配合 (图 26)，例如：烯丙基苯可以和卡宾配体一起参与配合等[101]。这类碳配体通常对于氯代芳香化合物和 -OTf 取代芳香化合物的 Suzuki 偶联反应都具有较好的催化活性。

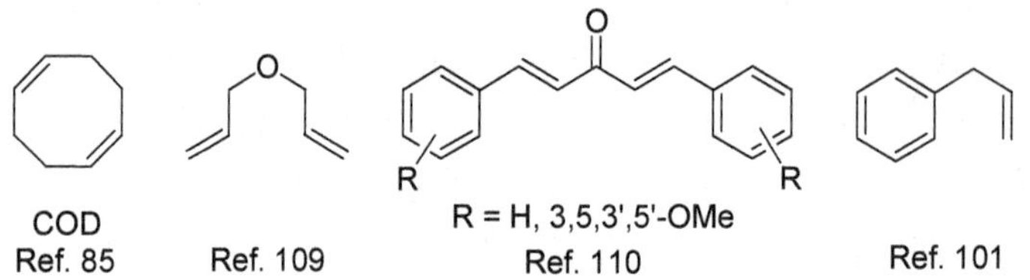

图 26　以 π-键配合的烯烃化合物示例

3.2.3　氮配体

用于 Suzuki 偶联反应的氮配体多是一些胺类、亚胺类和含氮杂环化合物，其中包括单齿、双齿和三齿配体 (图 27)。单齿配体中有 Boykin[111] 提出的 N-环己基哌啶 和 Gossage[112] 提出的含一个唑啉结构的膦化合物等，前者和 Pd(OAc)$_2$ 配合后形成可以在空气中稳定存在的催化剂 DAPCy。该催化剂目前已经市场化，它能很好地催化完成溴代芳香化合物的 Suzuki 偶联反应。

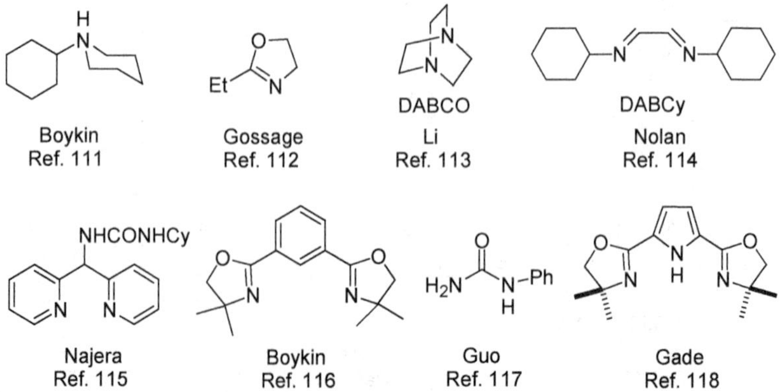

图 27　氮配体示例

双齿配体则包含了 Li[113] 提出的桥胺化合物 DABCO、Nolan[114] 提出的亚胺化合物 DABCy、Najera[115] 提出的含双吡啶结构的化合物和 Boykin[116] 提出的含双唑啉结构的化合物等，它们对碘代、溴代和氯代芳香化合物以及一些氯代烷烃的 Suzuki 偶联反应都有很好的催化活性。有些反应的 TON 最高可达 9.6×10^5，个别反应可在数分钟内完成。近年来 Guo[117] 研究发现：N-苯基脲也是一类很好的 N-O 型双齿配体，室温下数小时便可催化完成溴代和碘代芳香化合物的 Suzuki 偶联反应。三齿配体则主要包含了 Gade[118] 提出的含两个唑啉结构的吡咯衍生物，其结构中的氮原子均参与了与催化剂前躯体的配合，它可以有效催化完成溴代芳香化合物与苯硼酸的 C-C 偶联反应。

3.2.4 硫配体

有机硫化合物也可以作为配体参与 Suzuki 偶联反应。2000 年，Dupont[119]发现二乙基硫醚与 $PdCl_2$ 配合后，可以很好的催化完成溴代芳香化合物和部分氯代芳香化合物的偶联反应。如式 35 所示：一些反应底物甚至可以达到 100% 的转换。

$$\text{(11)}$$

$$\xrightarrow[\text{100\%}]{\begin{array}{c}PdCl_2(SEt_2)_2,\ K_2CO_3\\ (t\text{-Bu})_4NBr,\ DMF,\ rt,\ 62\ h\end{array}}$$

3.3 碱

从 Suzuki 偶联反应的机理我们可以看出，碱在整个反应过程中起着重要的作用：它可以将有机硼化合物转变为带负电荷的 $R^1BY_3^-$，继而再进行转移金属化历程。它的这一作用目前已得到了计算化学的理论支持[120]。Chan[54a] 曾就 Suzuki 偶联反应中碱的影响做了专门研究，结果发现：在溶剂 DME 中，强碱和大的阳离子可以提高反应速率和反应产率 (式 12，表 1)，这是因为强碱可以提高 $R^1BY_3^-$ 的亲核性，从而加快转移金属化历程的进行；而大的阳离子由于具有更好的溶解性，则可以产生亲核性更强的阴离子 $t\text{-BuO}^-$。

$$\xrightarrow[\text{DME, base}]{Pd(PPh_3)_4} \text{(12)}$$

表 1 式 12 中不同碱对反应速率和反应产率的影响

碱	产率/% (反应时间/h)		
	$R^1 = R^2 = H$, $X = Br$	$R^1 = Me$, $R^2 = H$, $X = Br$	$R^1 + R^2 = (CH_2)_4$, $X = Br$
Na_2CO_3	26(90)	0 (90)	0 (90)
NaOH	40(140)	22(24)	44(26)
NaOEt	74(4)	0 (12)	45(26)
KOBu-t	86(4)	83(16)	77(10)

通常用于 Suzuki 偶联反应的碱既有无机碱也有有机碱。常用的无机碱有：K_3PO_4、K_2CO_3、KOH、Cs_2CO_3、Na_2CO_3、KF、CsF 和 $Ba(OH)_2$ 等；常用的有机碱有：KOBu-t、NaOBu-t、KOMe、NEt_3 和 $t\text{-BuNH}_2$ 等。

3.4 溶剂

同碱一样，溶剂在 Suzuki 偶联反应中也起着重要的作用。它除了可以使参与反应的各个组分处于均相之外，也是调节反应温度的载体。到目前为止，对于该反应中的溶剂效应尚没有专门和详尽的研究，但 Boykin[111] 就 DAPCy 参与的苯硼酸与对甲氧基溴苯的偶联反应中不同溶剂的影响进行了研究。如式 13 和表 2 所示：该反应在非极性溶剂甲苯和非质子性溶剂 DMF 中不能顺利进行，但在极性较大的丙醇溶剂中可以得到 95% 的产率。

$$(13)$$

表 2 式 13 中溶剂对反应产率的影响

序号	溶剂	产率/%	序号	溶剂	产率/%
1	甲苯	17	6	MeOH	83
2	丙酮	0	7	EtOH	93
3	二氧六环	0	8	1-PrOH	95
4	DMF	0	9	2-PrOH	30
5	DMSO	0	10	H$_2$O	32

在 Suzuki 偶联反应中各类溶剂均有应用，例如：DMF、二氧六环、THF、甲苯、二甲苯、乙腈、三氯甲烷、丙酮以及各种醇等 [例如：甲醇、丙醇、丁醇和聚乙二醇 (PEG-400)]。其次，一些混合溶剂在该反应中也有很好的表现，例如：Caddick[100a] 所使用的甲苯/乙醇混合溶剂。此外，一些更为环境友好的绿色化溶剂也在 Suzuki 偶联反应中得到了应用，例如：水、离子液体和超临界流体等。

3.5 添加剂

应用于 Suzuki 偶联反应中的添加剂主要有两大类：一类是诸如 LiCl、Ag$_2$O 和 AgOTf 等金属盐[54c,100a,121,122]，另一类便是各种季铵盐[100a,107,119] [例如：TBAB 和 C$_{16}$H$_{33}$(CH$_3$)$_3$NBr 等]。这些添加剂由于可以稳定催化剂与反应底物配合所形成的过渡态化合物，从而起到抑制副反应和提高产率的效果，因此是一些反应中必不可少的组分。2003 年，Cammers-Goodwin 报道：在 Pd(PPh$_3$)$_4$ 催化的 2-碘吡啶与五氟苯硼酸的偶联反应中加入添加剂 Ag$_2$O，可以使该反应产率由 0 提高到 40%。

除以上两类添加剂外，Shi 在 2005 年还报道[107]：在氯代芳香化合物与苯硼酸的 Suzuki 偶联反应中加入少量异丙醇或者叔戊醇可以明显改善反应的效果 (式 14)。

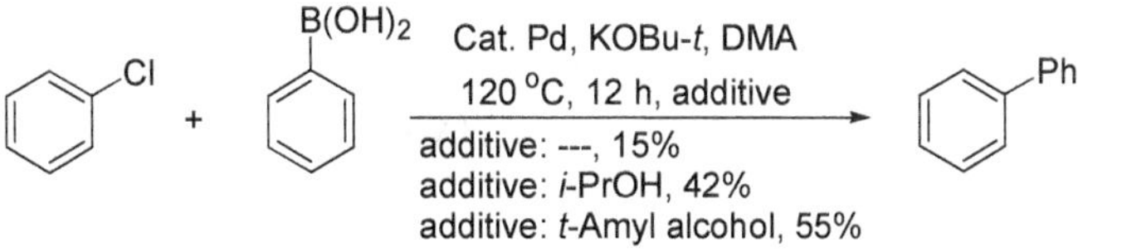

$$(14)$$

additive: ---, 15%
additive: i-PrOH, 42%
additive: t-Amyl alcohol, 55%

4 Suzuki 偶联反应中的亲电试剂

4.1 卤代烃

在 Suzuki 偶联反应中，卤代芳烃是研究最多最广的亲电试剂。不同卤代芳烃的活性依次是：ArI > ArBr >> ArCl > ArF，其中氯代芳烃因为廉价易得和原料丰富而成为研究热点之一。到目前为止，可以用于氯代芳香烃偶联反应的催化体系已经较为丰富[60a,99a,100a,101~104,65a,c,16,88a,41a,17a,13a,18b,70,19,13c,81,72,111,108,92c]，越来越多的配体和催化剂都可以顺利完成氯代芳香烃的偶联反应。甚至在一些催化体系中，未活化的氯代芳香烃在室温下便可完成与苯硼酸的 C-C 偶联 (式 15)[104]。

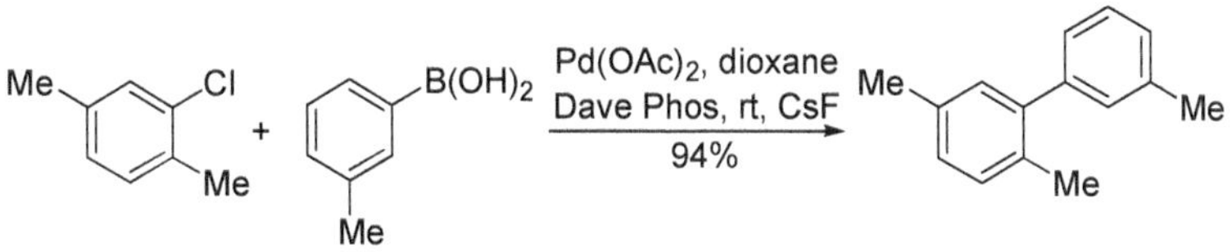

$$(15)$$

对于溴代、碘代芳香化合物，适用的催化体系也多种多样。除专门用于这两类亲电试剂的体系外 (例如：Holmes/Ley[53a,b] 提出的微胶囊催化体系、Genêt[76c] 提出的 TPPTS 体系、Boykin[111] 提出的 DAPCy 体系、Kabalka[45] 提出的负载型催化体系等)，多数可以催化溴代芳烃的体系对部分氯代芳香烃也有一定的催化活性[5,73,74,113a,b,55a,105,18a,22,23,25,39b,69,107,114,119]。值得一提的是，Buchwald[9,95] 提出的 S-Phos 和 2-(9′-菲基)苯基二环己基膦在空间位阻较大的溴代芳香化合物的 Suzuki 偶联反应中有着很好的催化活性 (式 16)。更有趣的是，在前者参与的体系中，如果溴苯中取代基的空间位阻过大时，会产生 C-H 功能化的连串反应，生成异构化的 C-C 偶联产物 (式 17)。此外，Sajiki[43] 提出的负载型 Pd/C 催化剂在没有配体参与的条件下，也可以顺利完成溴代芳香烃的 Suzuki 偶联反应。

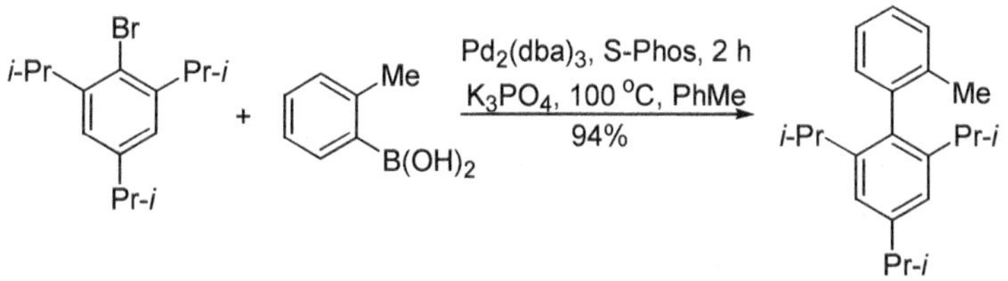

$$(16)$$

$$(17)$$

相对于氯代、溴代和碘代芳香烃而言，对于氟代芳烃的研究明显较少。因为在很长一段时间内，它被认为在钯催化的偶联反应中是不具有活性的[123]。2000年 Widdowson[124] 使用 Pd$_2$(dba)$_3$/PMe$_3$ 体系完成了 Cr(CO)$_3$ 配合的氟苯的 Suzuki 偶联反应。2003 年，Yu[55c] 等人发现 Pd(PPh$_3$)$_4$ 体系可以顺利催化硝基取代氟苯与苯硼酸化合物的 C-C 偶联反应 (式 18)。他们认为：在这一过程中硝基的强吸电子作用有助于钯作为亲核试剂进攻氟苯化合物，从而完成催化循环中的氧化加成历程 (式 19)。近年来，Diaconescu[49] 提出的纳米钯催化剂 PANI 也能完成对二氟苯与苯硼酸的偶联反应。

$$(18)$$

$$(19)$$

除以上各类卤代芳烃外，卤代烯烃和卤代烷烃也是一类可以用于 Suzuki 偶联反应的亲电试剂。Najera 提出的具有双吡啶结构的 N-N 型配体[115]、Nolan 提出的卡宾配体[100c] 等，它们都可以有效催化完成各类卤代烯烃与苯硼酸的 C-C 偶联反应 (式 20)。

$$(20)$$

4.2 卤代杂环化合物

卤代杂环化合物可以通过 Suzuki 偶联反应生成芳基取代杂环化合物，这些产物在医药化学研究领域中占有十分重要的地位。因此，卤代杂环化合物是 Suzuki 偶联反应中一类具有重要应用价值的亲电试剂。

通常这类试剂主要是含氮和含硫两类杂环化合物。由于其分子中所含杂原子的孤电子对也能参与催化剂的配合，从而形成不具催化活性的过渡态。因此，这类亲电试剂的偶联反应往往需要更具选择性的催化体系来完成。2002 年，Breyce[55b] 使用功能化杂环硼酸衍生物在 Pd(PPh₃)₄ 体系中完成了与溴代吡啶、溴代喹啉、溴代嘧啶、溴代吡嗪、溴代噻吩和溴代噻唑等化合物的 Suzuki 偶联反应。但在该反应条件下一些底物的产率仍不理想，例如：溴代吡啶与吡啶硼酸的偶联反应产率仅为 11%。同年，Hyeon[48] 将纳米级钯催化剂应用于碘代噻吩与苯硼酸的偶联反应中，在溶剂乙醇中反应 3 h 产率可达 97%，并且催化剂可重复使用六次而催化活性不受影响。之后，Najera[18b]、Yang[125]、Nishida[42]、Kwong/Yeung/Chan[89] 和 Macquarrie[36] 等也相继提出了适用于卤代杂环化合物 Suzuki 偶联反应的催化体系，对于一些底物产率最高也可达到 96%。2006 年，Guram[64] 提出：膦配体 P(t-Bu)₂(p-NMe₂-Ph) 与 PdCl₂ 配合形成的催化剂 **MG-1**，可以高效催化完成各类含氮杂环化合物 (例如：氯代吡啶衍生物、氯代嘧啶衍生物和溴代吡唑等) 的 Suzuki 偶联反应，产率最高可达 99%。同样，Buchwald[93a] 也提出了一类对氯代吡啶、氯代噻吩、氯代喹啉和氯代吡嗪有着较高催化活性的膦配体 S-Phos 和 X-Phos。在它们的作用下，不仅空间位阻较大的杂环化合物可以顺利完成反应，含氨基的底物也无需保护便可以进行反应，反应产率均在 90% 以上 (式 21)。

(21)

4.3 磺酸酯化合物

可以用于 Suzuki 偶联反应的磺酸酯化合物主要有两类，即 -OTf (三氟甲基磺酸酯) 取代化合物和 -OTs (对甲苯磺酸酯) 取代化合物。早在 1995 年，Percec[54c] 就开展了钯催化的芳香磺酸酯化合物与苯硼酸的偶联反应研究。结果发现：在 Pd(PPh₃)₄ 和 LiCl 的存在下，-OTf 芳香取代物的反应收率可以达到 99%，但 -OTs 衍生物在同样条件下却没有反应。2003 年，Buchwald[66] 就 -OTs 取代化合物的 Suzuki 偶联反应做了专门研究。他们发现：配体 X-Phos 在 THF 溶液中可以很好地催化 -OTs 取代的芳烃、烯烃和杂环衍生物的 Suzuki 偶联反应，不仅可以得到较高的产率，而且含有功能基团的底物也能顺利进行反应。如果使用叔丁醇溶剂，空间位阻较大的硼酸衍生物则可以更好地完成偶联反应 (式 22 和式 23)。

(22)

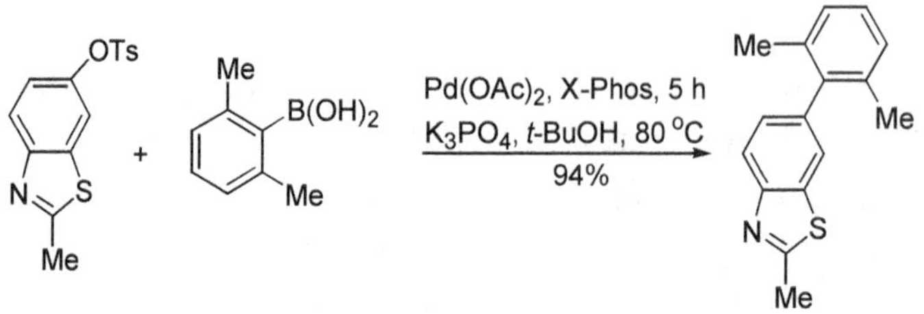

$$(23)$$

此外，Nolan[101] 提出的卡宾配体对 -OTf 取代的萘、甲氧基苯化合物也有很好的催化活性，并且反应在短时间内便可完成。而 Sajiki[43] 提出的负载型催化剂 Pd/C 也可以顺利催化完成各类 -OTf 取代芳香化合物与苯硼酸的偶联反应，含功能取代基的底物亦能顺利进行反应，并且产率多在 90% 以上。

4.4 磺酰氯化合物

2004 年，Vogel[100b] 报道：各类磺酰氯衍生物也是 Suzuki 偶联反应中一类优良的亲电试剂 (式 24)。实验结果表明：它们的反应活性高于溴代芳香烃而低于碘代芳香烃。他们认为：在这类反应中催化剂同样经历了氧化加成、转移金属化和还原消去三个历程，但不同的是在氧化加成历程之后会发生脱 SO_2 反应。如图 28 所示。而整个反应中，硫醚和磺酰氯衍生物自偶联物是主要的副产物。

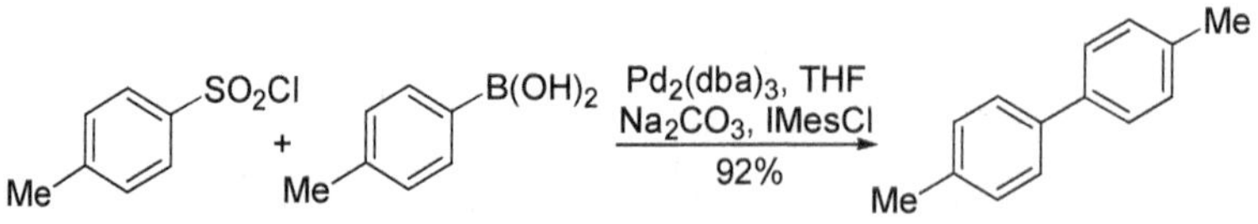

$$(24)$$

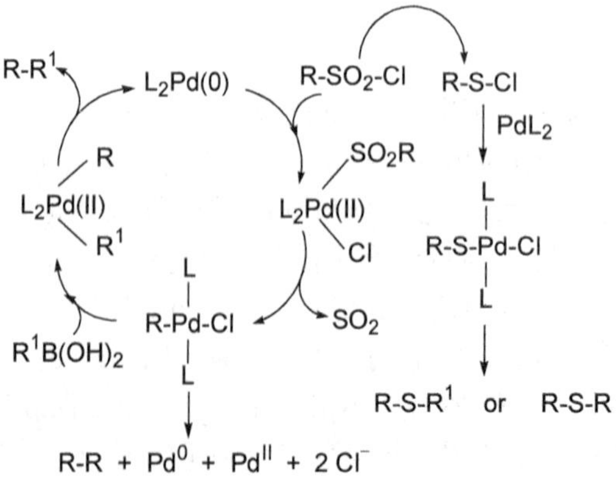

图 28　磺酰氯衍生物的 Suzuki 偶联反应机理

4.5 芳香重氮盐化合物

2001 年，Andrus[99c] 报道了芳香重氮化合物的氟硼酸盐在卡宾配体参与的 $Pd(OAc)_2/IPr\cdot Cl$ 催化体系中可以顺利完成与各类硼酸化合物的 Suzuki 偶联反

应 (式 25)。由于芳香重氮盐可以方便地由芳香胺制得，因此该偶联反应实际上是一类芳胺化合物为亲电试剂参与的 Suzuki 偶联反应 (式 26)。

$$PhN_2^+BF_4^- + PhB(OH)_2 \xrightarrow[95\%]{\substack{Pd(OAc)_2,\ IPrCl \\ THF,\ 23\ ^oC,\ 3\ h}} Ph\text{-}Ph \quad (25)$$

$$Ar\text{-}NH_2 \xrightarrow[THF,\ 0\ ^oC]{t\text{-}BuONO,\ BF_3\cdot OEt_2} Ar\text{-}N_2^+BF_4^- \xrightarrow[IPrCl,\ THF]{R\text{-}B(OH)_2,\ Pd(OAc)_2} Ar\text{-}R \quad (26)$$

4.6 碳酸酯化合物

碳酸酯化合物作为亲电试剂在 Suzuki 偶联中也有应用。2004 年，Najera[115] 报道：在含双吡啶结构的 N-N 型配体配合的催化剂作用下，(1′-苯基烯丙基) 甲基碳酸酯可以和苯硼酸在丙酮/水的混合溶剂中顺利完成 C-C 偶联反应。该反应仅需 45 min，转化率高达 100%。随后，Kuwano[85] 报道了苄基甲基碳酸酯化合物的偶联反应。他们发现：在 [Pd(η³-C₃H₅)Cl]₂/DPPPent 催化体系中，多数苄基甲基碳酸酯衍生物可以顺利地完成与苯硼酸化合物的偶联反应 (式 27)。如式 28 所示：苄基甲基碳酸酯与催化剂的氧化加成存在着路径 A 和 路径 B 两种可能的断键方式。由于苄基部分的 C-O 键更容易受到催化剂的活化，因此氧化加成选择性地按照路径 B 进行。

$$Ph\text{-}O\text{-}C(O)\text{-}OMe + PhB(OH)_2 \xrightarrow[80\%]{\substack{[Pd]\text{-}DPPPent,\ K_2CO_3 \\ DMF,\ 80\ ^oC}} Ph\diagdown Ph \quad (27)$$

$$\underset{OR^2}{\overset{O}{\underset{\|}{Pd\text{-}C\text{-}R^1}}} \xleftarrow[path\ A]{Cat.\ Pd} R^1\text{-}C(O)\text{-}O\text{-}R^2 \xrightarrow[path\ B]{Cat.\ Pd} \underset{R^2}{\overset{O}{\underset{\|}{Pd\text{-}OC\text{-}R^1}}} \quad (28)$$

4.7 *N*-芳香基 *N*-烷基乙酰胺化合物

Shi[121] 的研究发现：在不需要配体参与的情况下，简单的钯催化剂 Pd(OAc)₂ 在 Cu(OTf)₂/Ag₂O 的共同作用下，便可以顺利完成 *N*-芳基-*N*-烷基乙酰胺衍生物的 Suzuki 偶联反应。如式 29 所示：其实质是一种芳香基上 C-H 键被活化后的反应，并且分子中乙酰基上的氧原子也参与了催化剂的配位作用。

$$\xrightarrow[85\%]{\substack{Pd(OAc)_2,\ Cu(OTf)_2 \\ Ag_2O,\ PhMe,\ 120\ ^oC,\ 24\ h}} \quad (29)$$

5　Suzuki 偶联反应中的亲核试剂

自 20 世纪 80 年代发展至今，Suzuki 偶联反应已经成为现代有机合成中一种十分有效的碳-碳成键手段，相比较于其它钯催化的偶联反应 (例如：Still 偶联反应、Hiyama 偶联反应、Negishi 偶联反应、Kumada 偶联反应和 Heck 反应等)，这一反应主要有以下优点：(1) 反应所用亲核试剂 (即各类硼酸衍生物) 化学性质稳定、低毒、易保存；(2) 硼原子具有与碳原子相近的电负性，使得该类亲核试剂中可以有功能基团的存在 (例如：氨基、醛基和羧基等)，从而使得该反应可以用于功能分子的合成；(3) 反应中所产生的硼化合物副产品易于后处理 (例如：碱液洗涤等)。由此我们可以看出，各类硼酸衍生物作为亲核试剂的使用，是奠定 Suzuki 偶联反应重要地位的基础。

5.1　硼酸化合物

在 Suzuki 偶联反应中，硼酸化合物是使用最多和研究最广的一类亲核试剂，而苯硼酸及其衍生物则又是该类化合物中最为常见的。到目前为止，各类苯硼酸及其衍生物与卤代芳烃、烯烃和杂环等亲电试剂的 Suzuki 偶联反应已屡见报道。

除芳基硼酸及其衍生物外，一些烃基硼酸和杂环硼酸也可以用作 Suzuki 偶联反应的亲核试剂。烃基硼酸的使用特别有意义，因为它们所完成的是各种 sp^3 和 sp^2 型碳的 C-C 成键反应。1999 年，Kabalka[45] 使用负载型催化剂 $Pd(0)/KF/Al_2O_3$ 尝试了烯烃硼酸和烷烃硼酸与碘苯的 Suzuki 偶联反应。结果显示：烯丙基硼酸不能进行反应，戊烯基硼酸和戊基硼酸均可反应，但后者的产率不足 30%。2001 年，Andrus[99c] 又将卡宾配体 IPr·Cl 应用于苯乙烯基硼酸的 Suzuki 偶联反应中。在与一系列芳香重氮盐的反应中，室温下短时间内便可得到较好的收率 (式 30)。之后，Ikegami[35a] 使用非均相催化剂 PdAS 在溴代烷烃与己烯基硼酸和苯乙烯基硼酸的偶联反应中也得到了很好的结果。

$$(30)$$

各类含氮杂环硼酸化合物都可以作为 Suzuki 偶联反应的亲核试剂，例如：吡啶硼酸、嘧啶硼酸、吡唑硼酸和吲哚硼酸等。虽然这类亲核试剂生成的偶联产物极其重要，但它们自身在制备上的困难限制了它们的应用[55b,126]。2002 年，Bryce[55b] 曾提出了一种利用卤代吡啶与三异丁基硼酸酯在丁基锂的作用下合成吡啶硼酸的新方法。但是，在 Pd(PPh$_3$)$_4$ 催化体系中，部分吡啶硼酸的反应产率仍不理想。随后，Fu[57c] 和 Buchwald[93a] 对这类亲核试剂进行了专门研究，并分别提出了适用于该类化合物的催化体系。在 Fu 的 Pd$_2$(dba)$_3$/PCy$_3$ 体系中，杂环硼酸不仅能与各种卤代苯反应，也能够顺利与卤代吡啶、卤代吡唑、卤代吲哚和卤代喹啉反应 (式 31)。在 Buchwald 的 Pd$_2$(dba)$_3$/S-Phos 和 Pd$_2$(dba)$_3$/XPhos 体系中，这类含氮杂环硼酸化合物除可以和以上亲电试剂反应外，还能够和卤代噻唑化合物顺利完成 C-C 偶联反应 (式 32)。

$$\text{(31)}$$

$$\text{(32)}$$

硼酸化合物的三聚体形式由于更容易提纯和表征[127]，因此也可以作为亲核试剂应用于 Suzuki 偶联反应，例如：Cioffi[56b] 使用 3-吡啶硼酸的三聚体来合成芳香基取代吡啶化合物。

5.2 硼酸酯化合物

由于硼原子所特有的缺电子性，硼酸化合物在无水条件下更易于以二聚、三聚的形式存在。在我们常见的实验条件下，硼酸化合物多是以这三种形式的混合物存在。因此，在硼酸化合物作为亲核试剂的反应中，首先遇到的问题就是底物结构是不明确的。但是，使用硼酸酯化合物作为亲核试剂便可以方便地解决这一问题。这类化合物通常具有稳定的化学性质 (即对湿气和空气不敏感)，以单体的形式存在，在微量水存在下便可水解成硼酸形式参与反应。它们具有比硼酸化合物较低的极性，更易于通过柱色谱分离或者通过液相色谱和气相色谱对反应进行监测[9]。在这类亲核试剂中，最为常用的是频哪醇苯硼酸酯化合物[9,93b]。如式 33 所示：在膦配体 S-Phos 的作用下，它可以完成与各类氯代芳香化合物的 C-C 偶联反应。

$$\text{(33)}$$

除频哪醇苯硼酸酯外，炔烃硼酸的三异丙醇酯[128]在 Suzuki 偶联反应中也得到了应用。事实上，因为炔烃硼酸化合物是一类强的 Lewis 酸，因而不能在碱性条件下进行 Suzuki 偶联反应。

5.3 有机硼烷化合物

早在 20 世纪 80 年代末，Suzuki 和 Miyaura 已经将各类有机硼烷化合物应用到 Suzuki 偶联反应中[129]。尤其在卤代烷烃、-OTs 取代烷烃、-OTf 取代烷烃参与的 Suzuki 偶联反应中，由于未经活化的 $C(sp^3)$-X 键参与氧化加成历程相当缓慢，而且反应中很容易生成 β-H 消除产物，此时，使用有机硼烷代替硼酸化合物作为亲核试剂便显得更加必要。在这类化合物中，最为常用的则属 9-硼双环[3.3.1]壬烷衍生物 (9-BBN-R)。Fu[57a,b,61a] 的研究发现：在各类位阻较大的单齿膦配体作用下，9-BBN-R 不仅可以和溴代以及氯代烷烃顺利完成 C-C 偶联反应，也能够与 -OTs 取代烷烃顺利进行反应 (式 34)。到目前为止，9-BBN-R 在 Suzuki 偶联反应中的应用已经十分广泛，这些反应在有机合成中所占有的地位也日益重要[130]。

$$
\text{(34)}
$$

反应条件: Pd(OAc)$_2$, P(t-Bu)$_2$Me, 50 ℃, dioxane, NaOH, 76%

Soderquist 和 Woerpe 曾对 9-BBN-R 参与的 Suzuki 偶联反应机理做了进一步研究[131]，并对转移金属化历程提出了四点新的认识：(1) 硼烷先与碱作用形成带负电荷的化合物后再参与转移金属化历程；(2) 在转移金属化历程中，与硼原子相连的 R 基团为伯碳时更容易发生，仲碳则十分困难；(3) 转移金属化历程中可能会形成四员过渡态；(4) 反应的选择性与硼烷的 Lewis 酸性质有关。

5.4 有机硼酸盐化合物

虽然使用硼酸酯化合物作为亲核试剂可以克服硼酸化合物结构不明确的缺点，但是在应用上仍然存在三个主要缺点[79c]：(1) 硼酸酯参与的偶联反应原子经济性较低；(2) 部分硼酸酯化合物不易水解，导致后续处理困难；(3) 硼酸酯水解后产生的醇需要从最终产物中分离，增加了后续工作强度。个别硼酸酯化合物还存在一些特别问题，例如：烯烃硼酸酯化合物的反应选择性通常较差，会同时发生 Heck 反应。为更好地解决这些问题，Molander[79b,c,80a~c] 和 Buchwald[92a] 等人将有机硼酸盐 RBF$_3$K 应用到 Suzuki 偶联反应中。这类化合物具有稳定的化学性质、不易聚合，并且可以通过硼烷与 KHF$_2$ 的反应或者硼酸与 KHF$_2$ 的反应制备。在此体系中，很多取代基均能以氟硼酸盐形式的亲核试剂与各类亲电试剂顺利完成偶联反应，例如：烯烃氟硼酸盐、炔烃氟硼酸盐和杂环氟硼酸盐等 (式 35 和式 36)。

$$(35)$$

$$(36)$$

6 Suzuki 偶联反应的选择性

6.1 立体选择性

具有立体选择性的 Suzuki 偶联反应一般可以分为两类：使用手性底物或者手性配体参与的催化反应，其中以后者为主。2000 年，Cammidge[86]首次利用不对称 Suzuki 偶联反应合成了手性双萘结构化合物。通过尝试不同手性配体的催化活性，例如：R-(+)-BINAP、R-(+)-BINAM、S-R-PFOMe、S-R-PFNMe 和 S-R-DPFOMe 等，对映体选择性最高可以达到 85% ee。随后，Colobert[132a]、Johannsen[69]和 Crépy[132b]也相继将类似的手性配体应用到不对称 Suzuki 偶联反应中，但对映体选择性大多在 50% ee 左右。Crépy 还发现：转移金属化历程对手性结构的生成起着关键作用。2006 年，Wills[94]利用手性配体 S-MeO-MOP 完成了 –OTf 取代芳香化合物的不对称 Suzuki 偶联反应，大多数底物的对映体选择性可以达到 80% ee (式 37)。

$$(37)$$

使用手性的烯烃氟硼酸钾盐[132c]或者手性的碘代芳香化合物[133]作为底物，分别由 Pd(OAc)₂/PPh₃ 或者 Pd(OAc)₂/Dave Phos 催化完成的 Suzuki 偶联反应均能很好地保持底物的原有构型。

6.2 区域选择性

Yang[125]对二氯代吡啶化合物的 Suzuki 偶联反应研究发现：在不同的催化体系中，底物会表现出不同的区域选择性 (式 38)。

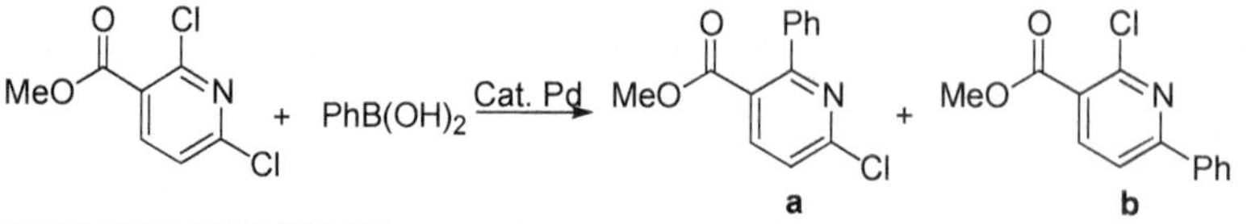

(38)

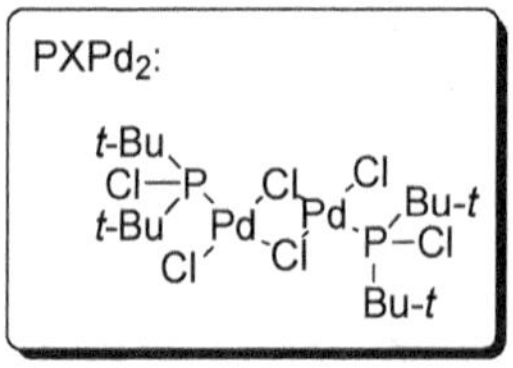

Cat. Pd	Solvent	a:b
Pd(PPh₃)₄	THF	1:5
Pd(dppf)Cl₂	THF	1:2.9
PXPd₂	MeOH	2.5:1

7 绿色化 Suzuki 偶联反应

7.1 固相负载反应

固相负载反应通常是指通过链接在固相载体上的反应底物,与其它试剂分子在固液两相交界处进行的反应。反应完成后,往往只需滤除溶于溶剂中的过量试剂和反应副产物,便可得到链接在载体上的目标产物。最后,通过简单的切断链接键操作就可以使产物被释放出来[134]。因此,这类反应避免了传统有机合成中柱色谱或者重结晶等后续处理环节。

早在 20 世纪 90 年代,Han[135a]、Guiles[135b]和 Snieckus[135c] 等便将这一化学技术应用在了 Suzuki 偶联反应中。他们分别使用了不同的负载物 (即 Wang 树脂、聚苯乙烯树脂、Merrifield 树脂) 和链接方式完成了碘代和溴代芳香化合物与硼酸化合物和硼酸酯化合物的偶联反应 (式 39)。尤其是在 Guiles 的方法中,使用负载亲电试剂 (即:碘代芳香烃) 时,大多反应底物的转化率都接近 100%。

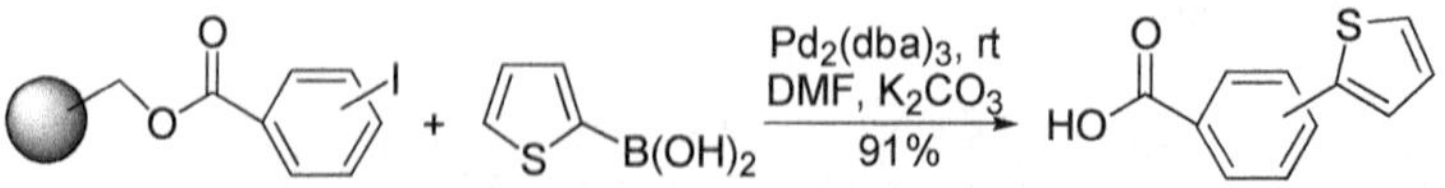

(39)

7.2 无溶剂反应

无溶剂反应是伴随绿色化学的兴起而发展起来的一种有机合成方法,它避免了有机反应中因溶剂所产生的环境污染。1999 年,Kabalka[45] 尝试了无溶剂的 Suzuki 偶联反应。他们发现:使用 KF 为碱和 Al₂O₃ 负载的零价钯为催化剂,在 100 °C 下反应 4 h 便可顺利完成反应。这一催化体系对碘代苯、溴代苯、碘代烯烃、溴代烯烃与苯硼酸化合物的偶联反应,以及碘苯与烯烃硼酸化合物的偶联反应均具有较好的催化活性 (式 40)。由于该体系中的催化剂可以回收再利用,因此弥补了该反应所需催化剂用量较大的弊端。

$$\text{(40)}$$

7.3　微波反应

微波是一类介于红外和无线电波之间的电磁波，它是通过电场能量直接作用于反应底物而产生热量。这种特殊的加热方式通常只需传统加热法的十分之一甚至百分之一的时间便可完成，这就使得微波反应具有反应时间短、操作简单、副产品少或产物纯度高等显著优势。这一绿色的化学手段已经在 Suzuki 偶联反应中得到了很好的研究和应用[136~138]，并在反应时间和催化剂量等多方面都表现出了显著的优势。例如：$PdCl_2$ 和 KF 在 PEG-400 反应介质中，经微波辐射 1min 便可催化完成碘代芳香化合物和溴苯化合物的偶联反应[136a]。使用 $Pd(dppf)Cl_2$[137a] 或者 PS-PPh$_3$-Pd[136c] 催化剂，各类亲电试剂 (即溴代、碘代、氯代、-OTf 取代、磺酸取代芳香化合物) 的 Suzuki 偶联反应均可以在微波辐射条件下完成，部分底物可以实现 100% 的转换 (式 41)。2005 年，Leadbeater[137c,138a] 提出的钯催化体系，不仅催化剂用量最低可降至 2.5 μg/g，而且对于氟硼酸盐作为亲核试剂的 Suzuki 偶联反应也具有很好的催化活性。

$$\text{(41)}$$

此外，微波条件下的 Suzuki 偶联反应在各类有机合成中也得到了应用[136a,b]。值得一提的是，Leadbeater 等[138c] 近年来利用内置红外光谱装置对微波条件下的 Suzuki 偶联反应进行了全程监测。他们发现：在以水为介质的该类反应中，苯硼酸的脱硼反应会与 Suzuki 偶联反应发生竞争，这一发现对反应条件的优化具有十分重要的意义。

7.4　水相反应

水是一类环境友好的反应介质，水相中的有机反应具有操作方便安全、后续处理简单等优势。因此，水相反应是近年来有机反应绿色化的主要趋势之一。在 Suzuki 偶联反应中，对这一清洁介质的应用主要有三种形式：(1) 与其它有机溶剂混合使用；(2) 在特殊加热方式下单独作为溶剂使用；(3) 在传统加热条件下单独作为溶剂使用。第一种形式中主要包括了 Shaughnessy[76a,139] 提出的各种水溶性配体 (例如：TMAPTS 和 TXPTS 等) 参与的催化体系和 Sajiki[43] 提出的 Pd/C 催化体系，在这些反应体系中水需要和乙腈或者醇等有机溶剂混合使用，它们并不是完全意义上的水相反应。第二种形式中则主要包含了 Leadbeater[140] 提出的微波加热条件下的 $Pd(OAc)_2$ 和 Pd/C 催化体系，它们兼具了微波反应和水相反应的双重优势。

这里我们主要介绍第三种形式的水相反应。2003 年，Corma/Garcia[39b] 提出了一类负载于无机聚合物上的 N-C 型环钯化合物催化剂前驱体。它在纯水介质中对 4-乙酰基溴苯和 4-乙酰基氯苯与苯硼酸的 Suzuki 偶联反应具有很好的催化活性，在短时间内 (1~2 h) 便可完成定量转换，并且催化剂重复使用八次后仍保持较高的催化活性。Ma/Xiao[50] 将纳米催化剂 SBA-Si-PEG-Pd(PPh₃)$_n$ 应用于纯水相的 Suzuki 偶联反应，反应后只需从水相中萃取出有机产物，而非均相催化剂可重复使用。2006 年，Bumagin[141] 研究发现：改变反应中试剂加入的次序 (先加入硼酸化合物、卤代芳香烃、催化剂和溶剂水，搅拌后再加入强碱 KOH)，简单的钯催化剂在无需配体的参与下便可催化完成各类碘代和溴代亲电试剂在水相中的 Suzuki 偶联反应。他们认为：在没有配体参与的体系中，卤代芳香烃会与催化剂形成 PdCl₂(ArI)$_n$ 这一过渡态化合物。碱和硼酸化合物一起加入时所形成的硼酸负离子 RB(OH)₃⁻ 会使该 Pd(II) 化合物还原为 Pd(0)(ArI)$_n$，继而使催化剂变为没有催化活性的钯黑，最终导致反应无法进行。

7.5 离子液体中的反应

离子液体是一类具有低熔点、在常温或低温下呈液态的离子型化合物。由于它所具有的独特性质 (几乎没有蒸汽压、只溶于特定有机溶剂和对多数过渡金属具有较好的溶解性)，作为反应溶剂不仅避免了有害气体的生成，而且具有操作简单和可重复使用等优点。离子液体根据阴阳离子的不同可以分为多种类型，在通常用于 Suzuki 偶联反应的离子液体中，阳离子主要包括 N-烷基取代的吡啶离子或烷基季𬭊离子；阴离子主要包括四氟硼酸离子或氯离子。例如：[bmim][BF₄][55b,142b]、[bbim][BF₄][142a] (式 42) 和 THPC (氯化三环己基十四烷基𬭊)[142c] 等。这些离子液体可以单独作为溶剂，也可以和其它有机溶剂混合使用。碘代和溴代芳香化合物的 Suzuki 偶联反应均可在离子液体中顺利进行，部分氯代芳香化合物的 C-C 偶联反应也能进行。

$$R^1-N\overset{\oplus}{\underset{}{\bigcirc}}N-R^2 \qquad \begin{array}{ll} R^1 = n\text{-Bu}, R^2 = \text{Me}: & \text{[bmim]} \\ R^1 = R^2 = n\text{-Bu}: & \text{[bbim]} \\ R^1 = \text{Et}, R^2 = \text{Me}: & \text{[emim]} \end{array} \qquad (42)$$

Srinivasan[142a] 曾对 [bbim][BF₄]/MeOH 混合溶剂中 Pd(OAc)₂ 催化完成的卤代芳烃与苯硼酸的偶联反应做了详细研究。他们发现：离子液体中的吡啶阳离子在反应过程中参与了催化剂的配合，形成了二卡宾配合的过渡态化合物，而且超声作用可以加速过渡态的形成，并对后续的氧化加成、转移金属化和还原消去历程均有积极的影响。

离子液体除用作溶剂外，Chan[143] 还将其作为可溶性载体应用在了 Suzuki 偶联反应中，这为产物的提纯带来了很大的方便。

7.6 超临界流体中的反应

超临界流体是指温度及压力均处于临界点以上的一种物态。此时的流体处于一种介于气态和液态之间的中间态,具有一些特殊的性质。尤其是其溶剂化能力、密度等性质对温度和压力变化十分敏感,这就使得人们可以通过改变体系的压力和温度来改变反应物或产物在超临界流体中的溶解度,从而达到提纯分离的目的。由于常用超临界流体多为无毒无害的超临界二氧化碳,因此它也是一类环境友好的绿色溶剂。1998 年,Holmas[144] 合成了溶解性较好的单齿膦配体 $(C_6F_{13}CH_2CH_2)_2PPh_3$,在超临界二氧化碳 (scCO$_2$) 中完成了苯硼酸、噻吩硼酸与碘苯的 Suzuki 偶联反应,产率在 50% 左右。

8 Suzuki 偶联反应在天然产物合成中的应用

8.1 在苷元合成中的应用

苷类化合物广泛存在于自然界的植物和动物体内,它们不仅是一些中草药的有效成分,也是生物体内能量的主要来源。苷元则是苷水解后的产物之一,是苷类化合物的基本结构单元,常见苷元的合成多用内酯化方法来完成。近年来,Sulikowski[145] 提出了一种合成苷元 **1** 的新方法,其中一个重要分子片段的 C-C 成键反应是利用了碘代烯烃化合物与硼酸酯化合物的 Suzuki 偶联反应来完成的 (式 43)。

(43)

8.2 在维生素 D$_3$ 合成中的应用

1α,25-二羟基维生素 D$_3$ (**2**,见式 44) 是维生素 D$_3$ 在体内的活性形式,它具有显著调节钙和磷代谢的作用,不仅可以促进小肠黏膜对磷的吸收和运转,同时也能促进肾小管对钙和磷的二次吸收，对新骨的钙化和维持血钙平衡具有重要作用。维生素 D₃ 是骨及牙齿正常发育所必需的维生素，通过有机合成是大量获得该化合物的唯一手段。有趣地观察到，在维生素 D₃ 的多种合成方法中均使用了 Suzuki 偶联反应。例如：在 Sato[146] 提出的合成方法中，最终两个分子片段的连接就是利用溴代烯烃化合物与硼酸酯化合物的 Suzuki 偶联反应来完成的 (式 44)。

8.3　在抗癌药物 Epothilone A 合成中的应用

从粘细菌中分离得到的埃坡霉素 (Epothilone) 是一类十六员环的大环内酯类药物，它对乳腺癌和卵巢癌等八种恶性肿瘤都有很好的疗效。相对抗癌明星紫杉醇，其抗肿瘤活性更好、水溶性更高、结构更简单和毒副作用更低。在一系列埃坡霉素化合物的合成中，Suzuki 偶联反应均占有重要的地位。例如：在 Danishefsky[147] 提出的 Epothilone A (3) 的合成中，他们首先将烯烃化合物通过 9-BBN-H 转化为有机硼烷化合物。然后，在催化剂 PdCl₂(dppf) 作用下完成与碘代化合物的 Suzuki 偶联反应 (式 45)，从而完成了中间体化合物的合成。

9 Suzuki 偶联反应实例

例 一

4-甲基联苯的合成[63]
(氯代芳烃与苯硼酸之间的 Suzuki 偶联反应)

$$\text{PhB(OH)}_2 + \text{4-ClC}_6\text{H}_4\text{Me} \xrightarrow[\text{K}_3\text{PO}_4,\ \text{PhMe},\ 100\ ^{\circ}\text{C},\ 20\ \text{h}]{\text{Pd(OAc)}_2,\ \text{BuPAd}_2} \quad 87\% \quad \text{4-MeC}_6\text{H}_4\text{Ph} \tag{46}$$

在氩气氛围中，向 ACE 耐压玻璃管中分别加入 4-氯甲苯 (0.53 mL, 4.5 mmol)、苯硼酸 (548.7 mg, 4.5 mmol)、K_3PO_4 (1273.8 mg, 6.0 mmol)、Pd(OAc)_2 (0.037 mg, 0.0003 mmol)、BuPAd_2 (0.22 mg, 0.0006 mmol)、甲苯 (6.0 mL) 和内标物十六烷 (100.0 μL)。将该管封口后，置于 100 $^{\circ}$C 的油浴中反应 20h。反应结束后冷却至室温，并向反应液中加入二氯甲烷 (10 mL)、稀 NaOH 溶液 (10 mL)。待固体物质溶解后分离出有机层，分别用水和饱和 NaCl 溶液多次洗涤后干燥。蒸出溶剂后得到的粗产品通过柱色谱分离，收集得到白色晶体产物 (657.7 mg, 87%)。

例 二

6,6'-二甲氧基-3,3'-联吡啶的合成[55b]
(溴代杂环芳烃与杂环硼酸之间的 Suzuki 偶联反应)

$$\text{（2-甲氧基-5-吡啶硼酸）} + \text{（2-甲氧基-5-溴吡啶）} \xrightarrow[\text{Na}_2\text{CO}_3,\ 80\ ^{\circ}\text{C},\ 65\ \text{h}]{\text{Pd(PPh}_3)_4,\ \text{DMF}} \quad 83\% \quad \text{（6,6'-二甲氧基-3,3'-联吡啶）} \tag{47}$$

向反应器中加入经脱气处理的 DMF (10 mL)，再依次加入 2-甲氧基-5-吡啶硼酸 (150 mg, 1.0 mmol)、2-甲氧基-5-溴吡啶 (145 mg, 0.8 mmol) 和

Pd(PPh₃)₄ (50 mg, 0.05 mmol)。生成的混合物在室温下搅拌约 30 min，加入 Na₂CO₃ 的 DMF 溶液 (1 mol/L, 3 mL)。然后，在氮氛下于 80 ℃ 的油浴中反应 65h。反应结束后冷却至室温，减压蒸出溶剂。加入乙酸乙酯，分出的有机层经 NaCl 溶液洗涤后用 MgSO₄ 干燥。蒸出有机溶剂后，以石油醚 (沸点为 40~60 ℃) 和乙酸乙酯为洗脱剂进行柱色谱分离，得到纯净的白色固体产物 (138 mg, 83%)。

例 三

正十八烷的合成[57b]

(溴代烷烃与有机硼烷之间的 Suzuki 偶联反应)

$$n\text{-Hex-(9-BBN)} + n\text{-Dodec-Br} \xrightarrow[\quad92\%\quad]{\substack{\text{Pd(OAc)}_2,\ \text{PCy}_3 \\ \text{K}_3\text{PO}_4\cdot\text{H}_2\text{O, rt, 24 h}}} (n\text{-Hex})\text{-}(n\text{-Dodec}) \qquad (48)$$

在手套箱中，向带有螺旋盖和磁搅拌子的玻璃瓶中依次加入 Pd(OAc)₂ (9.0 mg, 0.04 mmol)、PCy₃ (22.4 mg, 0.08 mmol)、K₃PO₄·H₂O (276 mg, 1.2 mmol)、B-己烷基-9BBN 的 THF 溶液 (0.5 mol/L, 2.4 mL) 和 1-溴十二烷 (249 mg, 1.0 mmol)。将该瓶经过惰性气体多次洗气后密封，并在室温下剧烈搅拌 24h。反应结束后，加入乙醚稀释。反应混合物经过填充硅胶的短柱过滤，并用大量乙醚冲洗。收集滤液并蒸出溶剂后，通过柱色谱分离收集得到白色蜡状产物 (235 mg, 92%)。

例 四

4-苯基喹啉的合成[9]

(氯代芳烃与硼酸酯之间的 Suzuki 偶联反应)

$$\xrightarrow[\quad89\%\quad]{\substack{\text{Pd(OAc)}_2,\ \text{S-Phos, 30 min} \\ \text{K}_3\text{PO}_4, 100\ ^\circ\text{C, PhMe/H}_2\text{O}}} \qquad (49)$$

向带有螺旋盖和磁搅拌子的玻璃管中加入 Pd(OAc)₂ (1.1 mg, 0.05 mmol)、S-Phos (4.1 mg, 0.01 mmol)、K₃PO₄ (212 mg, 1.0 mmol) 和硼酸酯 (153 mg, 0.75 mmol)。将该瓶经氩气三次洗气后，用薄膜密封管口。然后，使用注射器向管中依次加入经脱气处理的去离子水 (100 μL) 和甲苯 (1.0 mL)。生成的混合物在室温下搅拌约 2 min 后，用注射器向管中缓慢滴加 4-氯喹啉 (100 μL, 0.5 mmol)。将该管封口后，置于 100 ℃ 的油浴中搅拌加热 30 min。反应结束后冷却至室温，加入乙醚 (10 mL) 稀释。反应混合物经过填充硅胶的短柱过滤，并用大量乙醚冲洗。收集滤液并蒸出溶剂后，通过柱色谱分离收集得到无色油状产物 (91 mg, 89%)。

例 五

4-乙酰基苯乙烯的合成[79b]

(-OTf 取代芳烃与硼酸盐之间的 Suzuki 偶联反应)

$$\text{\ BF}_3\text{K} \ + \ \text{Ac} \underset{\text{OTf}}{\bigcirc} \xrightarrow[\substack{\text{Et}_3\text{N}, \, i\text{-PrOH, 3 h} \\ 95\%}]{\text{PdCl}_2(\text{dppf})\cdot\text{CH}_2\text{Cl}_2} \ \text{Ac} \underset{}{\bigcirc} \qquad (50)$$

向带有磁搅拌子的反应器中加入 PdCl$_2$(dppf)·CH$_2$Cl$_2$ (6 mg, 0.007 mmol)、乙烯基三氟硼酸钾 (60 mg, 0.448 mmol)、三氟甲磺酸对乙酰基苯酯 (100 mg, 0.373 mmol)、Et$_3$N (37.7 mg, 0.373 mmol) 和正丁醇 (6.0 mL)。然后，将生成的混合物在氮氛中回流搅拌 3 h。反应结束后冷却至室温，加入水 (10 mL) 稀释。用乙醚萃取有机物 (3 × 10 mL)，合并的有机层经 NaCl 溶液洗涤后用 MgSO$_4$ 干燥。蒸出溶剂后得到的粗产品通过柱色谱分离，收集得到产物 (52 mg, 95%)。

10　参考文献

[1] (a) Murahashi, S.; Yamamura, M.; Yanagisawa, K.; Mita, N.; Kondo, K. *J. Org. Chem.* **1979**, *44*, 2408. (b) Kosugi, M.; Simizu, Y.; Migita, T. *Chem. Lett.* **1977**, 1423. (c) Milstein, D.; Stille, J. K. *J. Am. Chem. Soc.* **1979**, *101*, 4992.

[2] Miyaura, N.; Yanagi, T.; Suzuki, A. *Synth. Commun.* **1981**, *11*, 513.

[3] Hassan, J.; Sévignon, M.; Gozzi, C.; Schulz, E.; Lemaire, M. *Chem. Rev.* **2002**, *102*, 1359.

[4] Miyaura, N.; Suzuki, A. *Chem. Rev.* **1995**, *95*, 2457.

[5] Littke, A. F.; Dai, C.; Fu, G. C. *J. Am. Chem. Soc.* **2000**, *122*, 4020.

[6] Suzuki, A. *J. Organomet. Chem.* **1999**, *576*, 147.

[7] (a) Campi, E. M.; Jackson, W. R.; Marcuccio, S. M.; Naeslund, C. G. M. *J. Chem. Soc., Chem. Commun.* **1994**, 2395. (b) Gillmann, T.; Weeber, T. *Synlett.* **1994**, 649. (c) Song, Z. Z.; Wog, H. N. C. *J. Org. Chem.* **1994**, *59*, 33.

[8] Moreno-Mañas, M.; Pérez, M.; Pleixats, R. *J. Org. Chem.* **1996**, *61*, 2346.

[9] Barder, T. E.; Walker, S. D.; Martinelli, J. R.; Buchwald, S. F. *J. Am. Chem. Soc.* **2005**, *127*, 4685.

[10] Bedford, R. B.; Welch, S. L. *J. Chem. Soc., Chem. Commun.* **2001**, 129.

[11] Beller, M.; Fischer, H.; Herrmann, W. A.; Öfele, K.; Brossmer, C. *Angew. Chem., Int. Ed. Engl.* **1995**, *34*, 1848.

[12] Albisson, D. A.; Bedford, R. B.; Lawrence, S. E.; Scully, P. N. *Chem. Commun.* **1998**, 2095.

[13] (a) Bedford, R. B.; Cazin, C. S. J.; Hazelwood, S. L. *Angew. Chem., Int. Ed.* **2002**, *41*, 4120. (b) Bedford, R. B.; Hazelwood, S. L.; Limmert, M. E.; Albisson, D. A.; Draper, S. M.; Scully, P. N.; Coles, S. J.; Hursthouse, M. B. *Chem. Eur. J.* **2003**, *9*, 3216. (c) Bedford, R. B.; Hazelwood, S. L.; Limmert, M. E. *Organometallics* **2003**, *22*, 1364.

[14] Bedford, R. B.; Hazelwood, S. L.; Limmert, M. E. *Chem. Commun.* **2002**, 2610.

[15] Gibson, S.; Foster, D. F.; Eastham, G. R.; Tooze, R. P.; ColeHamilton, D. J. *Chem. Commun.* **2001**, 779.

[16] Weissman, H.; Milstein, D. *Chem. Commun.* **1999**, 1901.

[17] (a) Bedford, R. B.; Cazin, C. S. J. *J. Chem. Soc., Chem. Commun.* **2001**, 1540. (b) Coles, S. J.; Gelbrich, T.; Horton, P. N.; Hursthouse, M. B.; Light, M. E. *Organometallics* **2003**, *22*, 987.

[18] (a) Alonso, D. A.; Nájera, C.; Pacheco, M. C. *J. Org. Chem.* **2002**, *67*, 5588. (b) Botella, L.; Nájera, C. *Angew. Chem., Int. Ed.* **2002**, *41*, 179.

[19] Navarro, O.; Kelly, R. A.; Nolan, S. P. *J. Am. Chem. Soc.* **2003**, *125*, 16194.

[20] Rocaboy, C.; Gladysz, J. A. *New. J. Chem.* **2003**, *27*, 39.

[21] (a) Bolliger, J. L.; Blacque, O.; Frech, C. M. *Angew. Chem., Int. Ed.* **2007**, *46*, 6514. (b) Bergbreiter, D. E.; Osburn, P. L.; Frels, J. D. *Adv. Synth. Catal.* **2005**, *347*, 172. (c) Yu, K.; Sommer, W.; Richardson, J. M.; Weck, M.; Jones, C. W. *Adv. Synth. Catal.* **2005**, *347*, 161.

[22] Chen, C. L.; Liu, Y. H.; Peng, S. M.; Liu, S. T. *Organometallics* **2005**, *24*, 1075.

[23] Zim, D.; Gruber, A. S.; Ebeling, G.; Dupont, J.; Monteiro, A. L. *Org. Lett.* **2000**, *2*, 2881.

[24] Xiong, Z.; Wang, N.; Dai, M.; Li, A.; Chen, J.; Yang, Z. *Org. Lett.* **2004**, *6*, 3337.

[25] Bedford, R. B.; Draper, S. M.; Scully, P. N.; Welch, S. L. *New. J. Chem.* **2000**, *24*, 745.

[26] Lieto, J.; Milstein, D.; Albright, R. L.; Minkiewicz, J. V.; Gates, B. C. *Chemtech.* **1983**, 46.

[27] (a) Trost, B. M.; Keinan, E. *J. Am. Chem. Soc.* **1978**, *100*, 7779. (b) Trost, B. M.; Warner, R. W. *J. Am. Chem. Soc.* **1982**, *104*, 6112. (c) Kaneda, K.; Kurosaki, H.; Terasawa, M.; Imanaka, T.; Teranishi, S. *J. Org. Chem.* **1981**, *46*, 2356.

[28] Fenger, I.; Drian, C.L. *Tetrahendron Lett.* **1998**, *39*, 4287.

[29] Uozumi, Y.; Danjo, H.; Hayashi, T. *J. Org. Chem.* **1999**, *64*, 3384.

[30] Bedford, R. B.; Coles, S. J.; Hursthouse, M. B.; Scordia, V. J. M. *J. Chem. Soc., Dalton Trans.* **2005**, 991.

[31] Lin, C. A.; Luo, F. T. *Tetrahedron Lett.* **2003**, *44*, 7565.

[32] Kim, J. H.; Kim, J. W.; Shokouhimehr, M.; Lee, Y. S. *J. Org. Chem.* **2005**, *70*, 6714.

[33] Phan, N. T. S.; Khan, J.; Styring, P. *Tetrahedron* **2005**, *61*, 12065.

[34] Nishio, R.; Sugiura, M.; Kobayashi, S. *Org. Lett.* **2005**, *7*, 4831.

[35] (a) Yamada, Y. M. A.; Takeda, K.; Takahashi, H.; Ikegami, S. *J. Org. Chem.* **2003**, *68*, 7733. (b) Yamada, Y. M. A.; Takeda, K.; Takahashi, H.; Ikegami, S. *Org. Lett.* **2002**, *4*, 3371.

[36] Hardy, J. J. E.; Hubert, S.; Macquarrie, D. J.; Wilson, A. J. *Green Chem.* **2004**, *6*, 53.

[37] Zhang, T. Y.; Allen, M. *Tetrahendron Lett.* **1999**, *40*, 5813.

[38] Bedford, R. B.; Cazin, C. J. S.; Hursthouse, M. B.; Light, M. E.; Pike, K. J.; Wimperis, S. *J. Organomet. Chem.* **2001**, *633*, 173.

[39] (a) Baleizao, C.; Corma, A.; Garcia, H.; Leyva, A. *J. Org. Chem.* **2004**, *69*,439. (b) Baleizao, C.; Corma, A.; Garcia, H.; Leyva, A. *Chem. Commun.* **2003**, 606.

[40] Marck, G.; Villiger, A.; Buchecker, R. *Tetrahendron Lett.* **1994**, *35*, 3277.

[41] (a) LeBlond, C. R.; Andrews, A. T.; Sun, Y. Sowa, J. R. *Org. Lett.* **2001**, *3*, 1555. (b) Conlon, D. Z.; Pipik, B.; Ferdinand, S.; LeBlond, C. R.; Sowa, J. R.; Izzo, B.; Collins, P.; Ho, G. J.; Williams, J. M.; Shi, Y. J.; Sun, Y. *Adv. Synth. Catl.* **2003**, *345*, 931.

[42] Tagata, T.; Nishida, M. *J. Org. Chem.* **2003**, *68*, 9412.

[43] Maegawa, T.; Kitamura, Y.; Sako, S.; Udzu, T.; Sakurai, A.; Tanaka, A.; Kobayashi, Y.; Endo, K.; Bora, U.; Kurita, T.; Kozaki, A.; Monguchi, Y.; Sajiki, H. *Chem. Eur. J.* **2007**, *13*, 5937.

[44] Mori, Y.; Seki, M. *J. Org. Chem.* **2003**, *68*, 1571.

[45] Kabalka, G. W.; Pagni, R. M.; Hair, M. *Org. Lett.* **1999**, *1*, 1423.

[46] (a) Bulut, H.; Artok, L.; Yilmaz, S. *Tetrahedron Lett.* **2003**, *44*, 289. (b) Artok, L.; Bulut, H. *Tetrahedron Lett.* **2004**, *45*, 3381.

[47] (a) Li, Y.; Hong, X. M.; Collard, D. M.; El-Sayed, M. A. *Org. Lett.* **2000**, *2*, 2385. (b) Narayanan, R.; El-Sayed, M. A. *J. Am. Soc. Chem.* **2003**, *125*, 8340. (c) Narayanan, R.; El-Sayed, M. A. *J. Phys. Chem. B* **2004**, *108*, 8572.

[48] Kim, S. W.; Kim, K. M.; Lee, W. Y.; Hyeon, T. *J. Am. Chem. Soc.* **2002**, *124*, 7642.

[49] Gallon, B. J.; Kojima, R. W.; Kaner, R. B.; Diaconescu, P. L. *Angew. Chem., Int. Ed.* **2007**, *46*, 1.

[50] Yang, Q.; Ma, S.; Li, J.; Xiao, F.; Xiong, H. *Chem. Commun.* **2006**, 2495.

[51] Choudary, B. M.; Madhi, S.; Chowdari, N. S.; Kantam, M. L.; Sreedhar, B. *J. Am. Chem. Soc.* **2002**, *124*, 14127.

[52] Strimbu, L.; Liu, J.; Kaifer, A. E. *Langmuir* **2003**, *19*, 483.

[53] (a) Akiyama, R.; Kobayashi, S. *Angew. Chem., Int. Ed.Engl.* **2001**, *40*, 3469. (b) Lee, C. K. Y.; Holmes, A. B.; Ley, S. V.; McConvey, I. F.; Al-Duri, B.; Leeke, G. A.; Santos, R. C. D.; Seville, J. P. K. *Chem. Commun.* **2005**, 2175.

[54] (a) Zhang, H.; Kwong, F. Y.; Tian, Y.; Chan, K. S.; *J. Org. Chem.* **1998**, *63*, 6886. (b) Sasaki, M.; Fuwa, H.; Ishikawa, M.; Tachibana, K. *Org. Lett.* **1999**, *1*, 1075. (c) Percec, V.; Bae, J. Y.; Hill, D. H. *J. Org. Chem.* **1995**, *60*, 1060.

[55] (a) Mathews, C. J.; Smith, P. J.; Welton, T. *Chem. Commun.* **2000**, 1249. (b) Parry, P. R.; Wang, C.; Batsanov, A. S.; Bryce, M. R.; Tarbit, B. *J. Org. Chem.* **2002**, *67*, 7541. (c) Kim, Y. M.; Yu, S. *J. Am. Chem. Soc.* **2003**, *125*, 1696.

[56] (a) Kawada, H.; Iwamoto, M.; Utsugi, M.; Miyano, M.; Nakada, M. *Org. Lett.* **2004**, *6*, 4491. (b) Cioffi, C. L.; Spencer, W. T.; Richard, J. J.; Herr, R. J. *J. Org. Chem.* **2004**, *69*, 2210.

[57] (a) Netherton, M. R.; Dai, C.; Neuschütz, K.; Fu, G. C. *J. Am. Chem. Soc.* **2001**, *123*, 10099. (b) Kirchhoff, J. H.; Dai, C.; Fu, G. C. *Angew. Chem., Int. Ed.* **2002**, *41*, 1945. (c) Kudo, N.; Perseghini, M.; Fu, G. C. *Angew. Chem., Int. Ed. Engl.* **2006**, *45*, 1282.

[58] Coleman, R. S.; Walczak, M. C. *Org. Lett.* **2005**, *7*, 2289.

[59] Monteith, M. J. *Spec. Chem. Mag.* **1998**, *18*, 436.

[60] (a) Littke, A. F.; Fu, G. C. *Angew. Chem., Int. Ed. Engl.* **1998**, *37*, 3387. (b) Dong, C. G.; Hu, Q. S. *J. Am. Chem. Soc.* **2005**, *127*, 10006. (c) Weber, S. K.; Galbcecht, F.; Scherf, U. *Org. Lett.* **2006**, *8*, 4039.

[61] (a) Netherton, M. R.; Fu, G. C. *Angew. Chem., Int. Ed. Engl.* **2002**, *41*, 3910. (b) Kirchoff, J. H.; Nertherton, M. R.; Hill, I. D.; Fu, G. C. *J. Am. Chem. Soc.* **2002**, *124*, 13662.

[62] Zapf, A.; Beller, M. *Chem. Eur. J.* **2000**, *6*, 1830.

[63] Zapf, A.; Ehrentraut, A.; Beller, M. *Angew. Chem., Int. Ed. Engl.* **2000**, *39*, 4153.

[64] Guram, A. S.; King, A. O.; Allen, J. G.; Wang, X.; Schenkel, L. B.; Chan, J.; Bunel, E. E.; Faul, M. M.; Larsen, R. D.; Martinalli, M. J.; Reider, P. *Org. Lett.* **2006**, *78*, 1787.

[65] (a) Wolf, J. P.; Singer, R. A.; Yang, B. H.; Buchwald, S. L. *J. Am. Chem. Soc.* **1999**, *121*, 9550. (b) Old, D. W.; Wolf, J. P.; Buchwald, S. L. *J. Am. Chem. Soc.* **1998**, *120*, 9722. (c) Wolf, J. P.; Buchwald, S. L. *Angew. Chem., Int. Ed. Engl.* **1999**, *38*, 2413.

[66] (a) Nguyen, H. N.; Huang, X.; Buchwald, S. L. *J. Am. Chem. Soc.* **2003**, *125*, 11818. (b) Billingsley, K. L.; Barder, T. E.; Buchwald, S. L. *Angew. Chem., Int. Ed.* **2007**, *46*, 5359.

[67] Yin, J.; Rainka, M. P.; Zhang, X. X.; Buchwald, S. L. *J. Am. Chem. Soc.* **2002**, *124*, 1162.

[68] Liu, S. Y.; Choi, M. J.; Fu, G. C. *Chem. Commun.* **2001**, 2408.

[69] Jensen, J. F.; Johannsen, M. *Org. Lett.* **2003**, *5*, 3025.

[70] Picktt, T. E.; Roca, F. X.; Richards, C. J. *J. Org. Chem.* **2003**, *68*, 2592.

[71] Kataoka, N.; Shelby, Q.; Stambuli, J. P.; Hartwig, J. F. *J. Org. Chem.* **2002**, *67*, 5553.

[72] (a) Zapf, A.; Jackstell, R.; Rataboul, F.; Riermeier, T.; Monsees, A.; Fuhrmann, C.; Shaikh, N.; Dingerdissen, U.; Beller, M. *Chem. Commun.* **2004**, 38. (b) Harkal, S.; Rataboul, F.; Zapf, A.; Fuhrmann, C.; Riermeier, T.; Monsees, A.; Beller, M. *Adv. Synth. Catal.* **2004**, *346*, 1742.

[73] Urgaonkar, S.; Nagarajan, M.; Verkade, J. G. *Tetrahedron Lett.* **2002**, *43*, 8921.

[74] Adjabeng, G.; Brenstrum, T.; Wilson, J.; Frampton, C.; Robertson, A.; Hillhouse, J.; McNulty, J.; Capretta, A. *Org. Lett.* **2003**, *5*, 953.

[75] (a) Li, G. Y. *Angew. Chem., Int. Ed. Engl.* **2001**, *40*, 1513. (b) Li, G. Y.; Zheng, G.; Noonan, A. F. *J. Org. Chem.* **2001**, *66*, 8677.

[76] (a) Shaughnessy, K. H.; Booth, R. S. *Org. Lett.* **2001**, *3*, 2757. (b) DeVasher, R. B.; Moore, L. R.; Shaughnessy, K. H. *J. Org. Chem.* **2004**, *69*, 7919. (c) Dupuis, C.; Adiey, K.; Charruault, L.; Michelet, V.; Savignac, M.; Genêt, J. P. *Tetrahedron Lett.* **2001**, *42*, 6523.

[77] (a) Western, E.; Daft, J. R.; Johnson, E. M.; Gannett, P. M.; Shaughnessy, K. H. *J. Org. Chem.* **2003**, *68*, 6767. (b) Anderson, K. W.; Buchwald, S. L. *Angew. Chem., Int. Ed.* **2005**, *44*, 6173. (c) Ueda, M.; Nishimura, M.; Miyaura,

N. *Synlett.* **2000**, 856.

[78] Inada, M.; Miyaura, N. *Tetrahendron* **2000**, *56*, 8661.

[79] (a) Kamatani, A.; Overman, E. *J. Org. Chem.* **1999**, *64*, 8743. (b) Molander, G. A.; Rivero, M. R. *Org. Lett.* **2002**, *4*, 107. (c) Molander, G. A.; Bernardi, C. R. *J. Org. Chem.* **2002**, *67*, 8424.

[80] (a) Molander, G. A.; Katona, B. W.; Machrouhi, F. *J. Org. Chem.* **2002**, *67*, 8416. (b) Molander, G. A.; Yun, C. S.; Ribagorda, M.; Biolatto, B. *J. Org. Chem.* **2003**, *68*, 5534. (c) Molander, G. A.; Biolatto, B. *J. Org. Chem.* **2003**, *68*, 4302.

[81] Colacot, T.; Shea, H. A. *Org. Lett.* **2004**, *6*, 3731.

[82] De, D.; Krogstad, D. J. *Org. Lett.* **2000**, *2*, 879.

[83] Shen, W. *Tetrahedron Lett.* **1997**, *38*, 5575.

[84] (a) Mitchell, M. B.; Wallbank, P. J. *Tetrahedron Lett.* **1991**, *32*, 2273. (b) Ali, N. M.; Mckillop, A.; Mitchell, M. B.; Rebelo, R. A.; Wallbank, P. J. *Tetrahedron* **1992**, *48*, 8117. (c) Jones, K.; Keenan, M.; Hibbert, F. *Synlett.* **1996**, 509.

[85] Kuwano, R.; Yokogi, M. *Org. Lett.* **2005**, *7*, 945.

[86] Cammidge, A. N.; Crépy, K. V. L. *Chem. Commun.* **2000**, 1723.

[87] Doherty, S.; Robins, E. G.; Nieuwenhuyzen, M.; Knight, J. G.; Champkin, P. A.; Clegg, W. *Organometallics* **2002**, *21*, 1383.

[88] (a) Bei, X.; Crevier, T.; Guram, A. S.; Jandeleit, B.; Powers, T. S.; Turner, H. W.; Uno, T.; Weinberg, W. H. *Tetrahedron Lett.* **1999**, *40*, 3855. (b) Bei, X.; Turner, H. W.; Weinberg, W. H.; Guram, A. S. *J. Org. Chem.* **1999**, *64*, 6797.

[89] Kwong, F. Y.; Lam, W. H.; Yeung, C. H.; Chan, K. S.; Chan, A. S. C. *Chem. Commun.* **2004**, 1922.

[90] Zhang, W.; Shi, M. *Tetrahedron Lett.* **2004**, *45*, 8921.

[91] Kočovsky, P.; Vyskočil, S.; Cisařov, I.; Sejbal, J.; Tišlerova, I.; Smrčina, M.; Lloyd-Jones, G.; Stephen, S. C.; Butts, C. P.; Murray, M.; Langer, V. *J. Am. Chem. Soc.* **1999**, *121*, 7714.

[92] (a) Barder, T. E.; Buchwald, S. L. *Org. Lett.* **2004**, *6*, 2649. (b) Walker, S. D.; Barder, T. E.; Martinelli, J. R.; Buchald, S. L. *Angew. Chem., Int. Ed.* **2004**, *43*, 1871. (c) Anderson, K. W.; Buchwald, S. L. *Angew. Chem., Int. Ed.* **2005**, *44*, 6173.

[93] (a) Billingsley, K. L.; Anderson, K. W.; Buchwald, S. L. *Angew. Chem., Int. Ed.* **2006**, *45*, 3484. (b) Billingsley, K. L.; Barder, T. E.; Buchwald, S. L. *Angew. Chem., Int. Ed.* **2007**, *46*, 5359.

[94] Willis, M. C.; Powell, L. H. W.; Claverie, C. K.; Watson, S. J. *Angew. Chem. Int. Ed.* **2004**, *43*, 1249.

[95] Yin, J.; Rainka, M. P.; Zhang, X. X.; Buchwald, S. L. *J. Am. Chem. Soc.* **2002**, *124*, 1162.

[96] (a) Feuerstein, M.; Doucet, H.; Santelli, M. *Tetrahedron Lett.* **2001**, *42*, 5659. (b) Feuerstein, M.; Laurenti, D.; Bougeant, C.; Doucet, H.; Santelli, M. *Chem. Commun.* **2001**, 325. (c) Berthiol, F.; Doucet, H.; Santelli, M. *Eur. J. Org. Chem.* **2003**, 1091.

[97] Herrmann, W. A.; Köcher, C. *Angew. Chem., Int. Ed. Engl.* **1997**, *36*, 2163.

[98] H errmann, W. A.; Reisinger, C. P.; Spiegler, M. *J. Organomet. Chem.* **1998**, *557*, 93.

[99] (a) Zhang, C.; Huang, J.; Trudell, M. L.; Nolan, S. P. *J. Org. Chem.* **1999**, *64*, 3804. (b) Grasa, G. A.; Viciu, M. S.; Huang, J.; Zhang, C.; Trudell, M. L.; Nolan, S. P. *Organometallics* **2002**, *21*, 2866. (c) Andrus, M. B.; Song, C. *Org. Lett.* **2001**, *3*, 3761.

[100] (a) Arentsen, K.; Caddick, S.; Cloke, F. G. N.; Herring, A. P.; Hitchcock, P. B. *Tetrahedron Lett.* **2004**, *45*, 3511. (b) Dubbaka, S. R.; Vogel, P. *Org. Lett.* **2004**, *6*, 95. (c) Singh, R.; Viciu, M. S.; Kramareva, N.; Navarro, O.; Nolan, S. P. *Org. Lett.* **2005**, *7*, 1829.

[101] Marion, N.; Navarro, O.; Mei, J.; Stevens, E. D.; Scott, N. M.; Nolan, S. P. *J. Am. Chem. Soc.* **2006**, *128*, 4101.

[102] Zhang, C.; Trudell, M. L. *Tetrahedron Lett.* **2000**, *41*, 595.

[103] Gstöttmayr, C. W. K.; Böhm, V. P. W.; Herdtweck, E.; Grosche, M.; Herrmann, W. A. *Angew. Chem., Int. Ed. Engl.* **2002**, *41*, 1363.

[104] Altenhoff, G.; Goddard, R.; Lehmann, C. W.; Glorius, F. *Angew. Chem., Int. Ed.* **2003**, *42*, 3690.

[105] Vargas, V. C.; Rubio, R. J.; Hollis, T. K.; Salcido, M. E. *Org. Lett.* **2003**, *5*, 4847.

[106] Palencia, H.; Garcia-Jimenez, F.; Takacs, J. M. *Tetrahedron Lett.* **2004**, *45*, 3849.

[107] Shi, M.; Qian, H. *Tetrahedron.* **2005**, *61*, 4949.

[108] Hadei, N.; Kantchev, E. A. B.; O'Brien, C. J.; Organ, M. G. *Org. Lett.* **2005**, *7*, 1991.

[109] Andreu, M. G.; Zapf, A.; Beller, M.; *Chem. Commun.* **2000**, 2475.

[110] Fairlamb, I. J. S.; Kapdi, A. R.; Lee, A. F. *Org. Lett.* **2004**, *6*, 4435.

[111] Tao, B.; Boykin, D. W. *J. Org. Chem.* **2004**, *69*, 4330.

[112] Gossage, R. A.; Jenkins, H. A.; Yadav, P. N. *Tetrahedron Lett.* **2004**, *45*, 7689.

[113] (a) Li, J. H.; Liu, W. *J. Org. Lett.* **2004**, *6*, 2809. (b) Li, J. H.; Liu, W. J.; Xie, Y. X. *J. Org. Chem.* **2005**, *70*, 5409. (c) Li, J. H.; Zhu, Q. M.; Xie, Y. X. *Tetrahedron* **2006**, *62*, 10888.

[114] Grasa, G. A.; Hillier, A. C.; Nolan, S. P. *Org. Lett.* **2001**, *3*, 1077.

[115] Najera, C.; Molto, J. G.; Karlstrom, S. *Adv. Synth. Catal.* **2004**, *346*, 1798.

[116] Tao, B.; Boykin, D. W. *Tetrahedron Lett.* **2002**, *43*, 4955.

[117] Cui, X.; Zhou, Y.; Wang, N.; Liu, L.; Guo, Q. X. *Tetrahedron Lett.* **2007**, *48*, 163.

[118] Mazet, C.; Gade, L. H. *Eur. J. Inorg. Chem.* **2003**, 1161.

[119] Zim, D.; Monteiro, A. L.; Dupont, J. *Tetrahedron Lett.* **2000**, *41*, 8199.

[120] Braga, A. A. C.; Morgon, N. H.; Ujaque, G.; Maseras, F. *J. Am. Chem. Soc.* **2005**, *127*, 9298.

[121] Shi, Z.; Li, B.; Wan, X.; Cheng, J.; Fang, Z.; Cao, B.; Qin, C.; Wang, Y. *Angew. Chem., Int. Ed.* **2007**, *46*, 5554.

[122] Chen, J.; Cammers-Goodwin, A. *Tetrahedron Lett.* **2003**, *44*, 1503.

[123] (a) Hegdus, L. S.; In *Organometallics in Synthesis: A Manual*, 2nd ed.; Schlosser, M., Ed.; Wiley: New York, 2002; p 1123. (b) Grushin, V. V. *Chem. Eur. J.* **2002**, *8*, 1006.

[124] (a) Widdowson, D. A.; Wilhelm, R. *Chem. Commun.* **1999**, *21*, 2211. (b) Wilhelm, R.; Widdowson, D. A. *J. Chem. Soc.,* *Perkin Trans. 1* **2000**, *22*, 3808.

[125] Yang, W.; Wang, Y.; Corte, J. R. *Org. Lett.* **2003**, *5*, 3131.

[126] Cai, D.; Larsen, R. D.; Reider, P. J. *Tetrahedron Lett.* **2002**, *43*, 4335.

[127] (a) Dickenson, R. P.; Iddon, B. *J. Chem. Soc.* **1970**, 1926. (b) Brow, H. C.; Rao, C. G.; Kulkarni, S. U. *Synthesis* **1979**, 704. (c) Brown, H. C.; Cole, T. E. *Organometallics* **1985**, *4*, 816.

[128] Castanet, A. S.; Colobert, F.; Schlama, T. *Org. Lett.* **2000**, *2*, 3559.

[129] (a) Miyaura, N.; Ishiyama, T.; Sasaki, H.; Ishikama, M.; Satoh, M.; Suzuki, A. *J. Am. Chem. Soc.* **1989**, *111*, 314. (b) Sato, M.; Miyaura, N.; Suzuki, A. *Chem. Lett.* **1989**, 1405.

[130] Chelm, S. R.; Trauner, D.; Danishefsky, S. J. *Angew. Chem., Int. Ed.* **2001**, *40*, 4544.

[131] (a) Matos, K.; Soderquist, J. A. *J. Org. Chem.* **1998**, *63*, 461. (b) Ridgway, B. H.; Woerpel, K. A. *J. Org. Chem.* **1998**, *63*, 458.

[132] (a) Castanet, A. S.; Colobert, F.; Broutin, P. E.; Obringer, M. *Tetrahedron: Asymmetry* **2002**, *13*, 659. (b) Cammidge, A. N.; Crépy, K. V. L. *Tetrahedron* **2004**, *60*, 4377. (c) Molander, G. A.; Felix, L. A. *J. Org. Chem.* **2005**, *70*, 3950.

[133] Joncour, A.; Décor, A.; Thoret, S.; Chiaroni, A.; Baudoin, O. *Angew. Chem., Int. Ed. Engl.* **2006**, *45*, 4149.

[134] 王德心. *固相有机合成—原理及应用指南*. 北京：化学工业出版社，2004.

[135] (a) Han, Y.; Walker, S. D.; Young, R. N. *Tetrahedron Lett.* **1996**, *37*, 2703. (b) Guiles, J. W.; Johnson, S. G.; Murray, W. V. *J. Org. Chem.* **1996**, *61*, 5169. (c) Chmoin, S.; Houldsworth, S.; Kruse, C. G.; Barkker, W. I.; Snieckus, V. *Tetrahedron Lett.* **1998**, *39*, 4179.

[136] (a) Namboodiri, V. V.; Varma, R. S. *Green Chem.* **2001**, *3*, 146. (b) Gong, Y. He, W. *Org. Lett.* **2002**, *4*, 3808. (c) Wang, Y.; Sauer, D. R. *Org. Lett.* **2004**, *6*, 2793.

[137] (a) Zhang, W.; Chen, C. H. T.; Lu, Y.; Nagashima, T. *Org. Lett.* **2004**, *6*, 1473. (b) Basu, B.; Das, P.; Bhuiyan, M. H.; Jha, S. *Tetrahedron Lett.* **2003**, *44*, 3817. (c) Miao, G. Ye, P.; Yu, L.; Baldino, C. M. *J. Org. Chem.* **2005**, *70*, 2332.

[138] (a) Arvela, R. K.; Leadbeater, N. E.; Collins, M. J. *Tetrahedron* **2005**, *61*, 9349. (b) Arvela, R. K.; Leadbeater, N. E.; Mack, T. L.; Kormos, C. M. *Tetrahedron Lett.* **2006**, *47*, 217. (c) Leadbeater, N. E.; Smith, R. J. *Org. Lett.* **2006**, *8*, 4589.

[139] Moore, L. R.; Shaughnessy, K. H. *Org. Lett.* **2004**, *6*, 225.

[140] (a) Leadbeater, N. E.; Marco, M. *Org. Lett.* **2002**, *4*, 2973. (b) Leadbeater, N. E.; Marco, M. *J. Org. Chem.* **2003**,

68, 888. (c) Arvela, R. K.; Marco, M. *Org. Lett.* **2005**, *7*, 2101.

[141] Korolev, D. N.; Bumagin, N. A. *Tetrahedron Lett.* **2006**, *47*, 4225.

[142] (a) Rajagopal, R.; Jarikote, D. V.; Srinivasan, K. V. *Chem. Commun.* **2002**, 616. (b) Revell, J. D.; Ganesan, A.*Org. Lett.* **2002**, *4*, 3071. (c) McNulty, J.; Capretta, A.; Wilson, J.; Dyck, J.; Adjabeng, G.; Robertson, A. *Chem. Commun.* **2002**, 1986.

[143] Miao, W.; Chan, T. H. *Org. Lett.* **2003**, *5*, 5003.

[144] Carroll, M. A.; Holmes, A. B. *Chem. Commun.* **1998**, 1395.

[145] Wu, B.; Liu, Q.; Sulikowski, G. A. *Angew. Chem. Int. Ed.* **2004**, *43*, 6673.

[146] Hanazawa, T.; Koyama, A.; Wada, T.; Morishige, E.; Okamoto, S.; Sato, F. *Org. Lett.* **2003**, *5*, 523.

[147] Meng, D.; Bertinato, P.; Balog, A.; Su, D. S.; Kamenecka, T.; Sorensen, E.; Danishefsky, S. J. *J. Am. Chem. Soc.* **1997**, *119*, 10073.

过-特罗斯特烯丙基化反应

(Tsuji-Trost Allylation)

崔秀灵

1 历史背景简述及定义

过渡金属催化的烯丙基化反应在现代有机合成中有着广泛的应用价值，该反应具有三个显著的特点：(1) 通用性强　烯丙基金属配合物既可以与亲电试剂反应，也可以与亲核试剂反应；(2) 反应条件温和　烯丙基化合物形成金属配合物后，其双键的反应活化能大大降低；(3) 化学、区域和立体选择性多变　随着不同中心金属及手性配体的改变，区域和立体选择性可以根据特定的要求和用途进行调控。

多种过渡金属 (例如：钯、银、镍、钌、铑、铱和钼等) 均可催化烯丙基化反应，金属钯催化的反应被研究的最充分，其机理也最清楚 (式 1)。钯试剂催化的亲核试剂 (比如：活化的亚甲基、烯醇化合物、胺和醇等) 与烯丙基化合物 (比如：羧酸烯丙基酯和烯丙基溴等) 的烯丙基化反应被称为 Tsuji-Trost 反应，该反应的创始人是日本化学家 Jiro Tsuji 和美国化学家 Barry M. Trost。

$$\overset{3}{\diagup}\overset{1}{\diagdown}X + Nu^- \xrightarrow{[Cat.]} \overset{3}{\diagup}\overset{1}{\diagdown}Nu + Nu\overset{3}{\diagdown}\overset{1}{\diagup} \tag{1}$$

Tsuji 教授于 1927 生于日本中部，毕业于京都大学。在一家医药公司工作七年后，得到 Full Bright 基金资助到美国哥伦比亚大学攻读博士学位。他在 G. Stork 教授指导下从事天然产物全合成研究，于 1960 年获得博士学位。随后，他回到日本 Toray 工业有限公司工作。1974 年被聘为东京理工学院教授，并在该学院工作至退休。Tsuji 在 Toray 工业有限公司基础研究实验室开始了对金属有机化学和均相催化方面的独立研究，当时几乎没有关于将金属钯应用于有机合成方面的报道。他坚持不懈地在该领域工作了 30 余年，是当之无愧的有机钯化学研究的先驱。

Trost 教授于 1941 年生于美国费城，1962 年毕业于宾夕法尼亚大学，同年进入 MIT，在 Herbert O. House 教授指导下用短短的三年时间获得了博士学位。接着，他就职于 Wisconsin 大学化学系，并于 1969 年晋升为教授。1987 年，他转到斯坦福大学化学系任职，目前是斯坦福大学化学系的 Job and Tamaki 教授。Trost 教授的研究领域涉及到有机化学的多个分支，包括昆虫保幼激素分离鉴定、天然产物合成和合成方法学研究等，并首先提出了绿色化学的概念。他于 1980 年和 1982 年分别被选为美国科学院院士、美国艺术和科学院院士。

1962 年，Smidt 通过对水与烯烃钯配合物作用生成羰基化合物这一反应机理进行研究，发现 OH⁻ 作为亲核试剂进攻烯烃-钯配合物是关键步骤[1]。受到 Smidt 研究结果的启发，Tsuji 在 1965 年用碳负离子为亲核试剂与烯丙基钯配合物反应，高收率地得到了烯丙基衍生物 (式 2)[2]。这一反应的发现是烯丙基钯化学的里程碑，标志着烯丙基钯化学的诞生。

$$\langle\langle Pd\overset{Cl}{\underset{Cl}{\diagup}} + ^-CHXCO_2Et \xrightarrow{DMSO} \diagup\diagdown\diagup CHXCO_2Et \qquad (2)$$

$$X = CO_2C_2H_5, COCH_3$$

然而，该反应一直需要使用化学计量的烯丙基钯配合物作为反应物。1970 年，Miyake 和 Hata 相继实现了使用催化剂量钯催化的烯丙基醇、羧酸烯丙基酯和烯丙基醚的烯丙基化反应[3]。研究表明：该反应是一个 S_N2 取代反应，烯丙基化合物首先与 Pd(0) 发生氧化加成反应生成 π-烯丙基钯配合物中间体。随后，具有亲电性的 π-烯丙基钯中间体与亲核试剂反应得到烯丙基取代产物。与此同时，Pd(0) 被释放出来进入下一轮的催化循环 (式 3)[4]。

$$R\diagup\diagdown X + Pd(0) \longrightarrow R\overset{\diagup\diagdown}{\underset{\underset{X}{Pd}}{}} \xrightarrow{Nu^-} R\diagup\diagdown Nu + HX + Pd(0) \qquad (3)$$

1977 年，Trost 和 Strege 报道了第一例金属钯催化的不对称烯丙基化反应[5]。他们以 Pd(PPh₃)₄ 和手性双膦配体为催化剂，以中等的对映选择性得到了手性产物。这一结果极大地推动了过渡金属催化的不对称烯丙基化反应的研究，使其成为钯化学的一个重要分支，并在有机合成中发挥了重要的作用。由于 Tsuji 和 Trost 在这一反应中的重大贡献，钯催化的碳、氧、硫、氮等亲核试剂与烯丙基化合物的取代反应常常被称为 Tsuji-Trost 反应。

2　Tsuji-Trost 反应机理

在 Tsuji-Trost 反应中，稳定的碳负离子或胺 (即所谓的"软"亲核试剂) 与烯丙基化合物的反应被研究得最为深入。由于该反应的关键中间体 η^3-烯丙基钯在没有亲核试剂存在时比较稳定且可以分离鉴定，所以非常有利于催化机理和催化循环的建立以及反应选择性的解释。目前，被广泛接受的 Tsuji-Trost 反应机理主要包括五个步骤：(1) 烯丙基化合物与中心金属的氧化加成反应；(2) 离去基团的离去；(3) π-烯丙基金属中间体的形成；(4) 亲核试剂进攻 π-烯丙基金属中间体；(5) 中心金属离开烯丙基。

由于 Pd(II) 容易原位还原生成活性较高的 Pd(0) 物种，所以 Pd(II) 和 Pd(0) 化合物或者其配合物均可被用作该反应的催化剂或者催化剂前体。如式 4 所示[6]：烯丙基化合物 **1** 与 Pd(0) 发生氧化加成，随后离去基团 X⁻ 离去而形

成 η^3-烯丙基钯中间体 **2**。一般来讲，生成的 η^3-烯丙基钯中间体以阳离子形式存在。但如果离去基团 X^- 与钯发生配位，中间体则为中性配合物。中性和阳离子形态的 η^3-烯丙基钯的平衡依赖于反应溶剂、配体的性质和离去基团 X^- 的性质等。接着，亲核试剂进攻烯丙基钯配合物的 C1 或 C3 形成不稳定的 Pd(0) 配合物 **3** (该中间体可由 NMR 波谱检测到)。最后，Pd(0) 配合物 **3** 释放出产物 **4** 和 Pd(0) 完成催化循环。

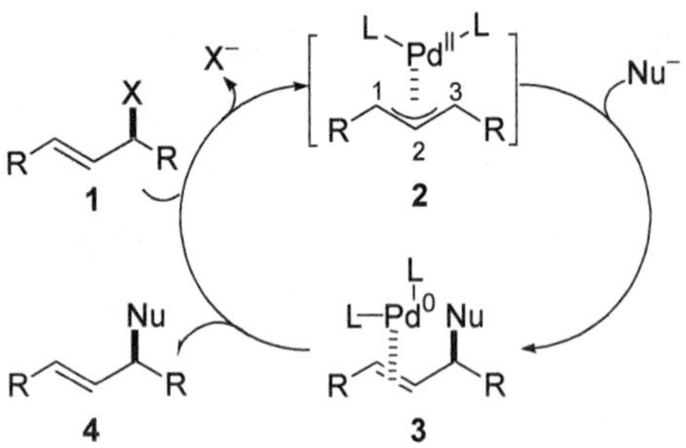

(4)

3　Tsuji-Trost 反应的适用范围

3.1　烯丙基化合物的离去基团

在 Tsuji-Trost 反应中，多种官能团可以用作烯丙基化合物的离去基团 (式 5)。离去基团的性质不仅影响烯丙基化合物的反应活性，而且对不对称烯丙基化反应的立体选择性有着重要的影响。

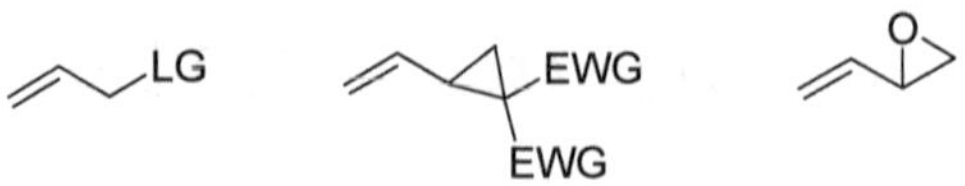

(5)

LG = OAc, OCO$_2$R, OCONHR, OH, OPh, OP(O)(OR)$_2$,
Cl, NO$_2$, SO$_2$Ph, NR$_2$, NR$_3$X, SR$_2$X

EWG = electron-withdrawing group

由于烯丙基氯比较活泼，在 Tsuji-Trost 反应中能给出很高的转化率[7]。但是，由于烯丙基氯也能够在无催化剂条件下反应，在不对称烯丙基化反应中很难给出优秀的立体选择性。

烯丙基醇反应活性较弱，一般不被用作烯丙基取代反应的底物[8]。但是，那些容易发生离子化的烯丙基醇则可用于该反应。如式 6 所示[9]：经芳基活化的烯丙基醇 **5** 在钯试剂催化下能够高收率地转化成为用于合成雌激素的重要中间体 **6**。

$$(6)$$

Pd(PPh$_3$)$_4$ (1 mol%)
THF, reflux, 30 min
R^1 = R^2 = OCH$_3$, 85.3%
R^1 = H, R^2 = OCH$_3$, 67.6%

此外，烯丙基醇经 BuLi 和六氯磷嗪 (hexaehlorophosphazene, HCP) 或 (COCl)$_2$ 原位活化后也能顺利发生 Tsuji-Trost 反应[10]。可能机理如式 7 所示：烯丙基醇在 BuLi 和 (COCl)$_2$ 或六氯磷嗪的作用下分别生成中间体 **7** 和 **8**。

$$(7)$$

如式 8 所示[11]：手性烯丙基醇经 n-BuLi 和 (COCl)$_2$ 活化后发生烯丙基化反应能得到构型保持的产物。

$$(8)$$

n-BuLi, (COCl)$_2$, NaCH(CO$_2$Et)$_2$, Ph$_3$P
(10 mol%), Pd(0) (5 mol%), THF, reflux, 3 h
74%

烯丙基酯的反应活性介于烯丙基氯和烯丙基醇之间，醋酸烯丙基酯和碳酸烯丙基酯常见于文献报道。碳酸烯丙基酯为底物的 Tsuji-Trost 反应不需要加入化学计量的碱，因为离去基团离去的同时生成醇盐。如式 9 所示[12]：该醇盐与亲核试剂前体 NuH 作用得到 Nu$^-$。在这种反应体系中碱的浓度较低，特别适用于那些对碱较敏感的反应底物。

$$(9)$$

Pd(0)　+ CO$_2$ + RO$^-$　NuH

磷酸烯丙基酯的反应活性大于相应的羧酸烯丙基酯[13]。分子内同时含有磷酸酯和醋酸酯的烯丙基化合物与等分子的丙二酸二甲酯发生 Tsuji-Trost 反应时，可以化学选择性地得到磷酸酯被取代的产物。如式 10 所示[14]：羧酸烯丙基酯继而再与胺反应得到相应的烯丙基胺产物。

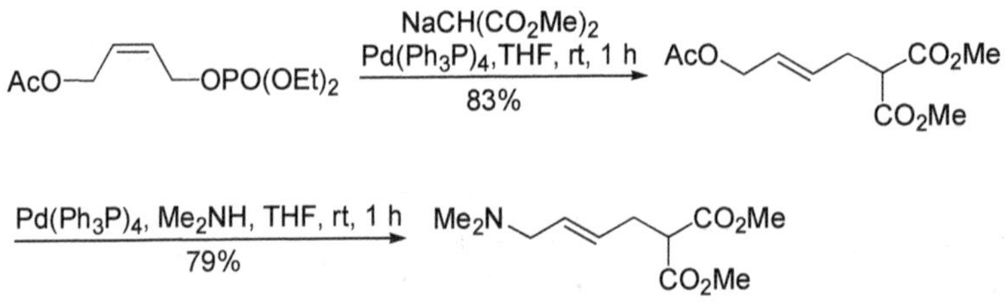

$$
\text{（10）}
$$

不饱和内酯是合成药物和天然产物很有应用价值的底物[15]。如式 11 所示[16]：在 Tsuji-Trost 反应条件下，烯丙基醇的内酯也能够与亲核试剂发生烯丙基化反应。

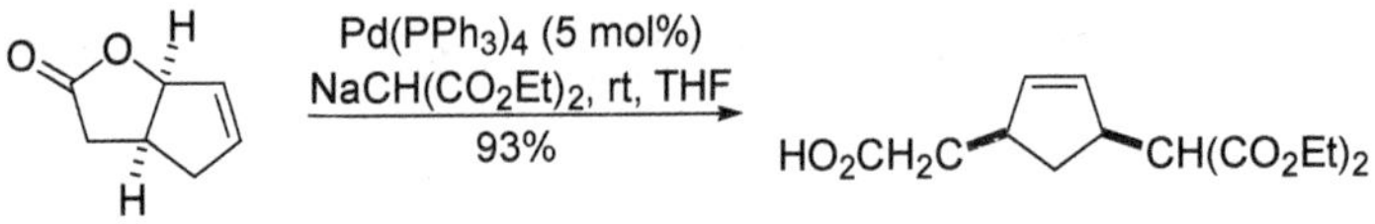

$$
\text{（11）}
$$

含有其它离去基团的烯丙基化合物也是该反应常用的底物[17]，例如：烯丙基醚、烯丙基硝化物和烯丙基磺酸酯等。

3.2 亲核试剂

多种试剂可作为亲核试剂应用于 Tsuji-Trost 反应，其中最主要的包括那些含碳、氮、氧和硫的亲核试剂。用于该反应的 *C*-亲核试剂通常是一些"稳定的"碳负离子，通式为 RXYC⁻。其中 X 和 Y 为拉电基团，例如：酯基、酮、醛、硝基和亚砜等[18]。此外，其它一些 "软" 碳亲核试剂 ($pK_a < 20\sim25$) 也可以与适当的烯丙基化合物发生 Tsuji-Trost 反应，例如：硝基烷烃和苯乙腈等[19]。式 12 列举了部分常见的 *C*-亲核试剂。

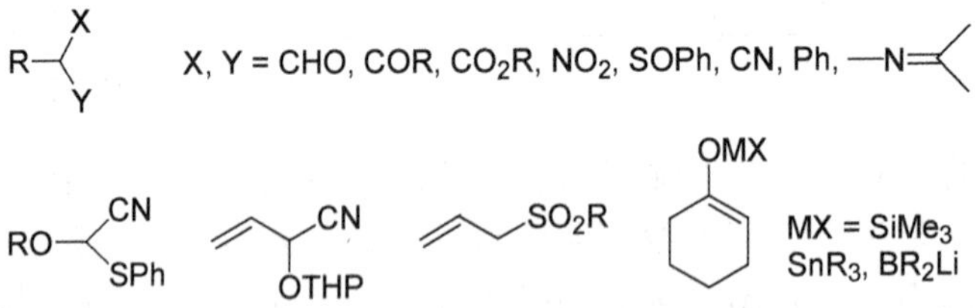

$$
\text{（12）}
$$

简单的酯、酮和醛一般不发生 Tsuji-Trost 反应，但可以通过间接的方法进行。如式 13 所示[20]：将简单酮转化为烯胺后就可以发生亲核取代反应。

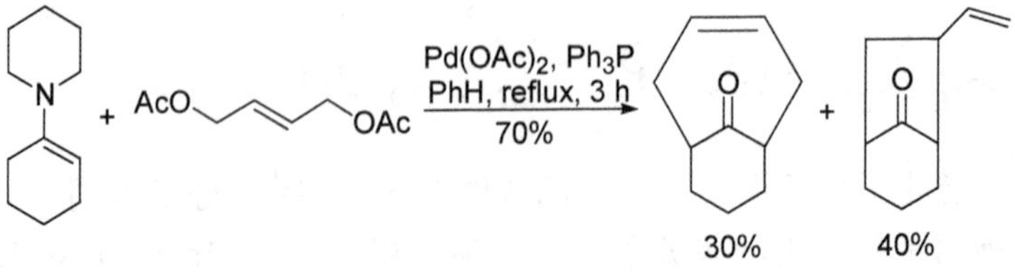

$$
\text{（13）}
$$

简单酮的烯醇化合物由于其不稳定性，不宜发生 Tsuji-Trost 反应。1999 年，Trost 和 Schroeder 实现该类化合物作为底物的突破。如式 14 所示[21]：他们利

用手性配体 **L1** (也称之为 Trost 配体) 和 [Pd(C₃H₅)Cl]₂ 催化环酮类化合物的烯丙基取代反应，在取得了很高产率的同时也得到了较好的立体选择性。

$$(14)$$

随后，Dai 和 Hou 等利用手性二茂铁配体 **L2** 成功地实现了非环状简单酮的不对称烯丙基取代反应 (式 15)[22]。

$$(15)$$

"软"和"硬"亲核试剂之间没有严格的定义，一般将 pK_a > 20~25 的试剂归于"硬"亲核试剂，而 pK_a < 20~25 的试剂归于"软"亲核试剂。在 Tsuji-Trost 反应中，"软"亲核试剂被研究得较多，而"硬"亲核试剂报道得较少。事实上，将"硬"亲核试剂使用在 Tsuji-Trost 反应中还是一个尚未很好解决的挑战性问题，该方面的工作有很大的研究空间[18]。如式 16 所示：亲核试剂进攻 π-烯丙基钯中间体可以通过两种途径进行。"软"亲核试剂被认为通过途径 a 进行，得到烯丙基底物构型保持的产物。而"硬"亲核试剂则按照途径 b 进行，得到烯丙基底物立体化学翻转的产物。

$$(16)$$

由于含氮化合物在药物和天然产物合成中的重要性，近年来对使用 *N*-亲核试剂的不对称烯丙基化反应研究引起了化学家的重视。常用的 *N*-亲核试剂包括苄胺、邻苯二甲酰亚胺、磺酰胺、苯甲酰肼、NaN(Boc)₂ 和叠氮化合物等[18,23]。此外，*O*- 和 *S*-亲核试剂参与的 Tsuji-Trost 反应均有文献报道[24]。

4 Tsuji-Trost 反应的立体化学

4.1 Tsuji-Trost 反应的区域选择性

在 Tsuji-Trost 反应过程中，首先烯丙基化合物与钯试剂加成形成 π-烯丙基钯中间体。然后，亲核试剂进攻烯丙基底物的 C1 或 C3 碳原子，从而得到不同的区域选择性异构体 (式 17)。该反应的区域选择性取决于多种因素，主要包括位阻效应、电子效应、记忆效应、立体效应和底物的结构等。

$$(17)$$

一般情况下，亲核试剂进攻 π-烯丙基钯中间体位阻较小的端基碳原子。如式 18 所示[25]：使用丙二酸二甲酯碳负离子与烯丙基酯 **9** 和 **10** 分别反应，均得到位阻控制产物 **11**。但是，当亲核试剂为 PhZnCl 时，则主要得到化合物 **12**。这些对比实验说明：空间位阻和亲核试剂的结构是该反应区域选择性的主要影响因素。

$$(18)$$

Nu = NaCH(CO₂Me)₂, 90%, **11**:**12** = 93:7

Nu = PhZnCl, 58%, **11**:**12** = 1:99

如式 **19** 所示[26]：电子效应是 Tsuji-Trost 反应区域选择性的另一个重要因素，亲核取代反应一般发生在电负性较大的碳原子上。

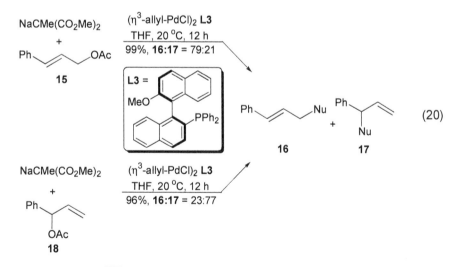

配体也是影响 Tsuji-Trost 反应区域选择性的因素之一，可通过底物和配体结构的调节改变反应的区域选择性。

Hayashi 发现[27]：当 (η³-allyl-PdCl)₂ 和位阻较大的配体催化 NaCMe(CO₂Me)₂ 与烯丙基乙酸酯的 Tsuji-Trost 反应时，亲核试剂主要进攻离去基团所连的碳原子。例如：以 (R)-MeO-MOP (**L3**) 为配体催化直链化合物 **15** 的烯丙基取代反应主要得到产物 **16** (式 20)。但是，该配体催化支链化合物 **18** 的烯丙基取代反应时，主要产物则为 **17**。以上结果表明：当配体位阻较大时，π-烯丙基钯中间体异构化速度较慢，致使亲核试剂主要进攻离去基团所在的碳原子上，这就是所谓的"记忆"效应。

如式 21 所示[27]：使用大位阻配体 **L3** 时，底物 **19** 和 **20** 的烯丙基取代反应同样得到的 **21** 和 **22** 的混合物。但是，当使用 PPh₃ 为配体时，"记忆"效应消失。因此，使用位阻较大的配体 **L3** 时，有效地调节了反应的区域选择性。

$$(\eta^3\text{-allyl-PdCl})_2, \textbf{L3}$$
THF, 20 °C, 12 h
95%, **20:21** = 83:17

19

$$(\eta^3\text{-allyl-PdCl})_2, \textbf{L3}$$
THF, 20 °C, 12 h
85%, **20:21** = 17:83

20

$$\text{Nu} = \text{NaCMe}(CO_2Me)_2$$

21　　**22** (21)

手性配体对 Tsuji-Trost 反应的区域选择性起着重要的作用。例如：Dai 和 Hou 等设计合成的 1,1′-二茂铁氮膦配体 (S,S_{phos},R)-**L4** 和 (S,R_{phos},R)-**L5** 与钯试剂一起可以催化单取代底物的烯丙基烷基化和氨基化反应。使用配体 (S,S_{phos},R)-**L4** 时，芳基和甲基取代的烯丙基底物一般都能给出大于 90% 的区域选择性 (得到非线性产物 **B**) 和大于 90% 的对映选择性。1-萘基取代的烯丙基底物可以得到大于 99% 的区域选择性及 97% 的对映选择性。而使用配体 (S,R_{phos},R)-**L5** 时，胺化反应则可以给出高收率和高立体选择性的非线性产物 **B** (式 22)[28]。他们利用配体的立体效应形成特定的过渡态，再通过配体中配位原子的反位效应使亲核试剂进攻取代基多的碳原子，起到调节反应区域选择性的作用。

$$[Pd(C_3H_5)Cl]_2, \textbf{L4}$$
$$CH_2(CO_2Me)_2$$
B:L = (80~99):(20~1)
87%~97%

CH(CO_2Me)_2

B　　**L**

R = Ar, Me

L4 =　　**L5** = (22)

$$[Pd(C_3H_5)Cl]_2, \textbf{L5}, BnNH_2$$
B:(L + D) = (86~97):(14~3)
84%~98% ee

NHBn

B　　**L**　　**D**

底物的结构也是影响区域选择性的因素之一。Krafft[29] 报道了系列含有推电子原子或基团 (Y) 的烯丙基化合物与丙二酸酯碳负离子的反应，亲核试剂进攻取代较多的碳原子，X 单晶结构分析显示钯原子与烯丙基配位的同时，分子内的推电子原子或基团参与配位形成了分子内金属整合环[29c]，从而克服了空间位阻效应，使亲核试剂进攻位阻较大的碳原子上 (式 23)[29b]。

$$(23)$$

Y = NMe$_2$, 76%, **B:L** = 19:1
Y = SMe, 87%, **B:L** = 19:1

Krafft 利用分子内配位原子或基团的诱导效应，通过分子内 Tsuji-Trost 反应高度选择性地合成了 5~7 员环状化合物 (式 24)[30]。

$$(24)$$

此外，烯丙基化合物的取代基也是区域选择性的可控因素之一。如式 25 所示[31]：γ-TMS-乙酸烯丙基酯与乙酰乙酸甲酯的反应可以高度区域选择性地得到 α-取代产物。

$$(25)$$

在 Tsuji-Trost 反应过程中，亲核试剂主要进攻 η^3-烯丙基钯中间体的端基碳原子，很少有进攻中间碳原子的报道。1980 年，Hegedus 等在研究 (η^3-allyl-PdCl)$_2$ 与环己基甲酸甲酯 的 Tsuji-Trost 反应时，使用不同的配体得到了不同的产物。以 PPh$_3$ 为配体主要得到亲核试剂进攻 η^3-烯丙基钯端基碳原子的产物，以 HMPA 为配体主要得到亲核试剂进攻中间碳原子产物 (式 26)[32]。但是，后者需要使用预先制备的 η^3-烯丙基钯的配合物作为反应的烯丙基源。

$$(26)$$

Musco 等利用乙酸烯丙基酯为底物和烯基硅醚为亲核试剂，成功地实现了钯催化合成三员环化合物 (式 27)[33]。

$$\text{MeO}_2\text{C} \diagdown + \begin{array}{c}\text{OMe}\\ \diagdown \\ \text{OSiMe}_3\end{array} \xrightarrow[\substack{\text{DPPF (10 mol%), THF, rt}\\ 36\%}]{[\text{Pd}(C_3H_7)\text{OAc}]_2(5\ \text{mol}\%)} \begin{array}{c}\text{CO}_2\text{Me}\\ \diagdown \\ \text{CO}_2\text{Me}\end{array} \qquad (27)$$

DPPF = 1,2'-bis(diphenylphosphino)ferrocene

此外，区域选择性还与所用金属有关，相关内容将在其它金属催化烯丙基取代反应部分详述。

4.2 Tsuji-Trost 反应的立体选择性

1973 年，Trost 首次报道了使用化学剂量钯催化的不对称烯丙基化反应[34]。1977 年，Trost 又实现了第一例使用催化剂量钯催化的不对称烯丙基化反应[5]。现在，若使用合适的钯试剂和手性配体，就可以方便地实现高度对映体选择性的 Tsuji-Trost 反应[18,35]。由于不对称烯丙基化反应在英文中也称之为 Asymmetric Allylic Alkylation 和 Trost 为该类反应的发展作出了杰出贡献，所以人们也通称该类反应为 AAA-反应或者 Trost AAA-反应。

从 Tsuji-Trost 反应的历程可以知道，在 Pd(0) 离开烯丙基体系的步骤不能改变产物的立体化学性质。所以，烯丙基取代反应的立体选择性可能来源于以下任何一个或者多个因素: (1) Pd(0) 与烯丙基化合物氧化加成时，双键对映异位面的区分；(2) 烯丙基底物离子化时，对映异位离去基团的区分；(3) π-烯丙基钯配合物对映异位面的区分；(4) 亲核试剂进攻 π-烯丙基钯中间体端碳原子的异位区分；(5) 前手性亲核试剂的对映异构面的区分。

4.2.1 Pd(0) 与烯丙基化合物氧化加成时双键的异位面区分

Pd(0)-烯烃络合时，Pd(0) 选择性进攻双键异位面是 Tsuji-Trost 反应的一个潜在的立体选择性因素 (图 1)。

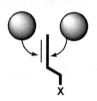

图 1 双键对映异构面

如果烯丙基衍生物不是 C_{2h} 对称的二取代化合物，Pd(0) 应该是有选择性地进攻双键。一般而言，d^{10} 型金属-烯烃配合物的稳定性取决于双键的电子效应和空间位阻。双键上拉电子基团取代通过降低双键的 LUMO 能量而增加该配合物的稳定性，而大基团取代因为空间位阻效应而降低其稳定性。

如式 28 所示[36]：在手性配体 **L1** 和烯丙基钯配合物作用下，前手性烯丙基乙酸酯和低光学纯度的烯丙基乙酸酯 (4%~6% ee) 均能够以优秀的收率和立体选择性得到产物。这一结果表明：异构识别发生在 π-配合物 (η^3-配合物) 的形成步骤，离子化决定了产物的立体选择性。

$$(28)$$

4.2.2 离子化时对映异位的离去基团区分

有些烯丙基底物含有对映异位离去基团，例如：在同一个碳上含有两个相同离去基团的化合物或者那些 *meso*-烯丙基化合物等。当这些底物在 AAA-反应中离子化时，对映异位的离去基团将选择性地离去，形成一对对映异构体 π-配合物 (式 29)。然后，在亲核试剂作用下生成手性产物。

meso-烯丙基化合物

$$(29)$$

如式 30 所示[37]：*meso*-环己-2-烯-1,3-二苯甲酸二酯在手性钯催化下与磺酰基硝基甲烷反应，以 87% 的收率和 99% ee 得到手性环状化合物 **23**。化合物 **23** 是不对称合成农用抗生素井冈霉烯胺 (Valienamine) 的关键中间体。

$$
\text{(30)}
$$

4.2.3 π-烯丙基配合物异构面识别 (π-烯丙基钯中间体转化)

前手性和外消旋烯丙基化合物在手性钯催化剂作用下，反应循环中可能形成对映异构的 π-烯丙基钯中间体，从而得到非线型手性产物 (**B**) 和线型非手性化合物 (**L**)。在适当手性配体作用下，通过对映异构的 π-烯丙基钯中间体之间的相互转化，可以避免线型非手性化合物生成，立体选择性地得到非线型手性产物 (式 31)。

$$
\text{(31)}
$$

对映异构的 π-烯丙基钯中间体之间的相互转化须经历图 2 所示的过渡态，烯丙基对映异构面的选择是决定产物的立体和区域选择性的因素 (有关 π-烯丙基钯中间体转化，在 4.3 节详述)。

图 2 烯丙基对映异构面

Pfaltz 等成功地利用手性配体 **L7** 催化乙酸肉桂酯与丙二酸二甲酯的

烯丙基取代反应，高区域选择性和高立体选择性地得到非线型手性化合物（式 32）[38]。

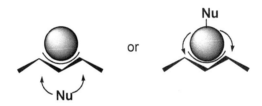

$$(32)$$

4.2.4 亲核试剂进攻 π-烯丙基钯中间体的异位端碳

在含有 C_{2h} 对称轴的 π-烯丙基钯配合物中（图 3），其端基的两个碳原子是对映异位的。亲核试剂选择性进攻 π-烯丙基钯中间体的异位端碳，得到立体和区域选择性产物。

图 3   烯丙基对映异构端碳

如式 33 所示[39]：在配体 **L8** 作用下，1,3-二苯基烯丙基乙酸酯与丙二酸二甲酯反应，以优秀的收率和立体选择性得到手性产物。

$$(33)$$

4.2.5 前手性亲核试剂的对映异位面的识别

前手性亲核试剂对映面识别是诱导手性的一个重要手段（图 4）。在一定条件下，通过不对称烯丙基取代反应可以在前手性亲核试剂部分诱导一个手性碳中心。如果烯丙基底物为前手性或外消旋混合物，可以同时在亲核试剂和烯丙基部分诱导手性中心。

图 4　亲核试剂对映异构面

如式 34 所示[40]：β-酮酯和乙酸肉桂基酯在手性钯催化剂作用下，在亲核试剂的 α-碳上诱导一个手性中心，得到手性产物 **24**。

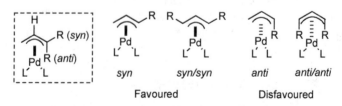

$$（34）$$

4.3　π-烯丙基钯配合物的结构和反应活性

π-烯丙基钯配合物是 Tsuji-Trost 反应的重要中间体，具有比较稳定和可以分离鉴定的特性，有助于催化反应机理研究。对其结构和反应活性的研究，将有助于提升对高催化活性和高选择性配体的设计能力。在溶液中，烯丙基钯配合物存在动力学平衡。配体及烯丙基化合物的配位和解离过程比较复杂，一般存在有多种异构化形式。

4.3.1　π-σ-π (η^3-η^1-η^3) 异构化

π-烯丙基钯中间体有 *syn*- (顺式)、*anti*- (反式)、*syn-/syn*- (顺/顺式) 和 *anti-/anti*- (反/反式) 四种典型构型。*syn*- 和 *anti*- 分别指 1,3-位碳原子取代基相对于 2-位碳原子取代基位置，与 2-位碳取代基处于同侧为 *syn*-构型，处于异侧为 *anti*-构型 (图 5)。

图 5　π-烯丙基钯中间体的四种典型构型

一般情况下，*syn*- 及 *syn/syn*-构型是热力学稳定的构型，只有在特定情况下才会采取 *anti*- 及 *anti/anti*-构型。例如：特殊结构的配体与 *syn*- 及 *syn/syn*-

底物之间存在较大的空间位阻，使 *syn*-构型转化为 *anti*-构型。如式 35 所示：π-烯丙基钯中间体 *syn*- 和 *anti*-构型的转化过程中钯与烯丙基之间的配位关系经历了一个 π-σ-π (η^3-η^1-η^3) 的异构化过程。

$$(35)$$

syn- 和 *anti*-中间体构型转化和亲核试剂进攻的相对速度快慢决定于多种因素，例如：亲核试剂的性质和浓度、催化剂的结构、溶剂和添加剂等。事实上，*syn*- 和 *anti*-构型转化速度相对于亲核试剂进攻速度的快慢决定了 AAA-反应的立体选择性。如果 *syn*- 和 *anti*-构型转化速度比亲核试剂进攻速度快，*syn*- 和 *anti*-异构体均主要得到 *trans*-产物 (式 36)。

$$(36)$$

如式 37 所示[41]：光学活性 (*E*)-*S*-烯丙基乙酸酯和 (*Z*)-*R*-烯丙基乙酸酯在钯催化下与丙二酸酯的钠盐反应都主要生成具有 (*E*)-*S*-构型的产物。这是因为 (*Z*)-*R*-烯丙基乙酸酯在钯催化下首先发生了 π-σ-π (η^3-η^1-η^3) 构型翻转，然后以更稳定的 *syn*-/*syn*-构型中间体参与反应。

$$(37)$$

dppe = 1,2-bis-(diphenylphosphino)ethane

4.3.2 表观烯丙基旋转

顾名思义，表观烯丙基旋转只是表面观察的结果。如式 38 所示：在烯丙基钯配合物中，与钯配位的两个配体可以发生位置交换，其结果表观上看就像烯丙基发生了旋转。事实上，没有现象表明烯丙基简单地沿着 Pd-烯丙基轴旋转。

$$(38)$$

如果配体 **A** 和 **B** 不同 (例如：是手性基团)，而且烯丙基端基碳原子连有两个相同基团，这种异构化结果将导致一对非对映异构体配合物的生成。这对非对映异构体配合物以不同速度、不同区域选择性和立体选择性与亲核试剂反应，因此表观烯丙基旋转速度决定着产物的分布。如果烯丙基简单地沿着 Pd-烯丙基轴旋转需要经过 Pd-C 键断裂和一系列配位几何构型的破坏与重建，表观烯丙基旋转在能量上是不允许的，但可以从其它多个方面去理解，例如：π-σ-π (η^3-η^1-η^3) 异构化的结果、阴离子的影响、配体的解离与配位和 Pd(0) 催化烯丙基转化等[42]。

4.3.2.1　π-σ-π (η^3-η^1-η^3) 异构化的结果

π-烯丙基钯转变为 σ-烯丙基钯后，Pd-C 之间的 σ-键可以发生旋转。然后，当 π-烯丙基钯重新形成时，与 Pd-原子配位的配体在 π-σ-π (η^3-η^1-η^3) 异构化前后发生了几何构型变换。如式 39 所示：配体 **B** 相对于烯丙基取代基 R 的位置从 *trans-* 转变为 *syn-*。该转化速度决定于配体的电子效应、烯丙基取代基和溶剂等影响因素。

$$(39)$$

Brown 报道[43]：π-烯丙基钯配合物在溶液中存在的两种异构体的比例受溶剂的影响较大 (式 40)。NMR 波谱显示：在 CD$_2$Cl$_2$ 中两者比例为 6:1，在 CDCl$_3$ 中为 2:1。

$$(40)$$

4.3.2.2　阴离子的影响

文献报道[42b,44]：催化剂量的阴离子 (例如：Cl$^-$ 和 F$^-$ 等) 或极性溶剂 (例如：DMSO 和 MeCN 等) 在催化循环中与 Pd-原子配位可以加速表观烯丙基旋转速度。如式 41 所示：阴离子的影响可以解释假性旋转机理。首先，阴离子和四方平面构型的烯丙基钯配合物配位形成五配位配合物。如果阴离子再次离去将导致原有配体 A 和 B 相对于烯丙基取代基的位置发生变化。和 π-σ-π (η^3-η^1-η^3) 异构化机理不同的是，在整个转化过程中π-烯丙基钯的配位键是保持的。

$$X = Anions \tag{41}$$

4.3.2.3　配体的解离和配位

在四方平面构型的烯丙基钯配合物中，配体 A 和 B 中的任意一个发生解离都将生成钯的三配位几何构型。若解离的配体重新和钯配位就会产生两种结果：(1) 在原来离去的位置配位，得到构型保持不变的产物；(2) 在相反的位置配位，导致 A 和 B 相对于烯丙基取代基的位置发生变化 (式 42)。配体的解离和配位过程导致的表观烯丙基旋转和阴离子参与的机理相似，在整个转化过程中 π-烯丙基与钯的配位键是保持的。

$$\tag{42}$$

2,2′-二嘧啶的烯丙基钯配合物的 NMR 动力学实验结果为上述假设提供了依据[42c]。配合物 的 EXSY 谱表明：嘧啶环上氮邻位的氢存在化学交换，加入 Cl⁻

$$\tag{43}$$

将加速该化学交换。从这些结果可以推断该过程可能经历了 Pd-N 配位键断裂、配体异构化和 Pd-N 配位键的再形成 (式 43)。

4.3.2.4 Pd(0) 催化烯丙基转化

另一种异构化现象如式 44 所示：和亲核试剂进攻烯丙基体系相似，Pd(0) 配合物从 Pd(II) 反面进攻 π-Pd(II) 烯丙基配合物，致使烯丙基体系中三个碳原子的绝对构型发生转变。由于在反应循环中均能够产生 π-Pd(II) 烯丙基配合物和 π-Pd(0) 烯丙基配合物，所以这种烯丙基交换主要发生在催化 Tsuji-Trost 反应过程中[45]。催化剂物种与烯丙基衍生物和亲核试剂相比浓度较低，所以该转化速度远慢于产物形成速度，有时根本没有转化。

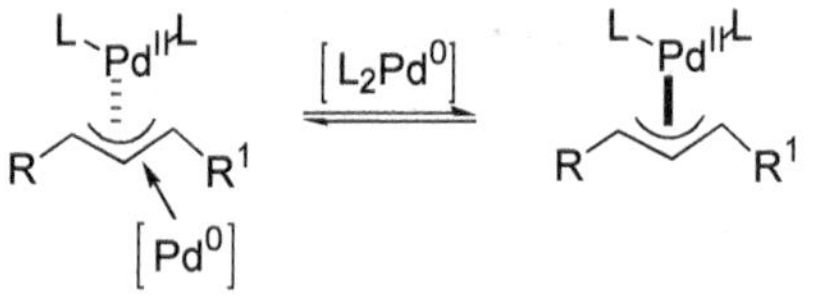

$$
\tag{44}
$$

4.4 底物：烯丙基化合物

在手性催化剂作用下，通过前手性或外消旋底物的 AAA-反应能够得到光学活性的产物是非常有意义的。在该反应过程中，新产生的手性原子可能在烯丙基部分 (式 45a) 或者在亲核试剂部分 (式 45b)、也可能同时在二者 (式 45c) 分别产生一个新的光学活性中心。虽然近几年来在亲核试剂部分构建手性中心的研究也得到很大的关注，但到目前研究最多的是在烯丙基部分诱导产生手性碳原子。

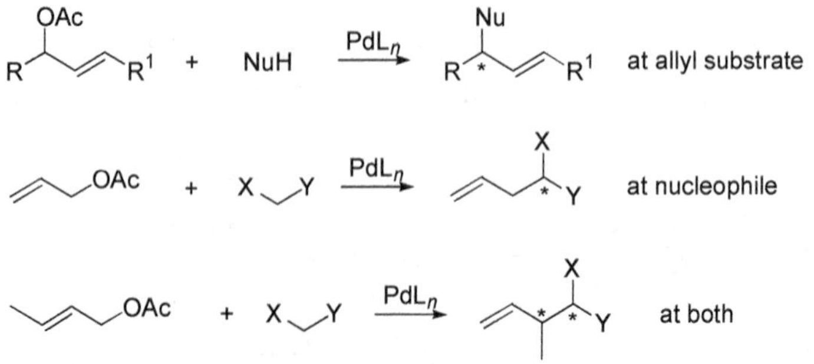

$$
\tag{45a}
$$

$$
\tag{45b}
$$

$$
\tag{45c}
$$

4.4.1 C1 和 C3 上带有相同取代基 (RCH=CH-CHXR)

在 C1 和 C3 上带有相同取代基的烯丙基衍生物是研究 AAA-反应中一类重要的底物。如式 46 所示：异构体 1 和 *ent*-1 在催化循环中经历了一个共同中间体。如果催化剂是手性的，C1 和 C3 在一定的条件下表现不同的反应活性，得到不同区域选择性和立体选择性产物 4 和 *ent*-4。

$$(46)$$

类似于 C1 和 C3 上带有相同取代基的链状烯丙基衍生物，环状烯丙基衍生物也可以与金属配位得到一对 π-烯丙基钯配合物对映异构体。如式 47 所示：它们在随后与亲核试剂的反应中会产生手性碳原子。

$$(47)$$

1,3-二苯基烯丙基乙酸酯经常被用来考察手性催化剂的反应活性和立体选择性，是最经典的模板反应。近年来，人们发展了很多优秀手性配体来催化该模板反应，取得了很好的结果。Trost[18a,35o] 和 Ma[35p] 曾对这类反应的研究结果进行了系统的综述，并列举了大量的新型优秀配体，例如：单齿型膦配体；双齿型 C-N 配体、N-N 配体、N-P 配体、P-O 配体、P-P 配体、P-S 配体、S-S 配体、Sb-Sb 配体；以及多齿配体。在许多配体和钯的作用下，1,3-双苯基烯丙基乙酸酯可与多种类型亲核试剂成功地进行 AAA-反应，包括"软"亲核试剂 (例如：丙二酸酯、取代丙二酸酯、环或非环 1,3-二酮化合物等)；氮类亲核试剂 (例如：苄胺、NaNBoc$_2$ 和 TosNHNa 等)；硫亲核试剂 (例如：苯磺酸盐) 和一些"硬"亲核试剂 (例如：格氏试剂和有机锌等)。

但遗憾的是，1,3-二苯基烯丙基底物和其它底物几乎没有相关性。因此不能将该模板底物所获得的结果简单地推广到其它二取代烯丙基底物的反应中，将苯基换成烷基仅给出很差的结果。直到近期，Trost 设计合成了基于手性环己二胺的 DPPBA 型口袋状配体 L10，用该配体催化 R = Me 的烯丙基化合物与丙二酸酯的反应可以获得 93% 的收率和 87% ee，但与胺和苯基亚硫磺酸酯的反应只得到很低的立体选择性[46]。Trost 在 L10 中连接上聚醚链后应用于 R = Me 的烯丙基化合物与丙二酸二甲酯钠盐的反应中，结果给出了 90%~99% 对映选择性 (式 48)[47]。Pfaltz 设计合成了膦-噁唑啉配体 L11，该配体对于 R = Me、n-Pr、i-Pr 的烯丙基化合物与 C-、N- 和 S-亲核试剂反应也得到一些较好的结果[48]。

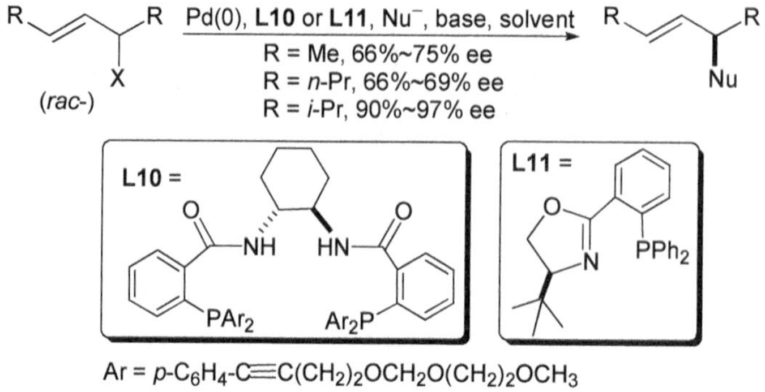
Pd(0), L10 or L11, Nu⁻, base, solvent
R = Me, 66%~75% ee
R = n-Pr, 66%~69% ee
R = i-Pr, 90%~97% ee
(rac-)
L10 =
L11 =
Ar = p-C6H4-C≡C(CH2)2OCH2O(CH2)2OCH3

(48)

在 Trost 配体 **L1**[49]或配体 **L12**[50]作用下，环状烯丙基化合物与 *C*-、*N*-、*O*-和 *S*-亲核试剂反应均能给出 >90% ee 的对映选择性产物 (式 49)。

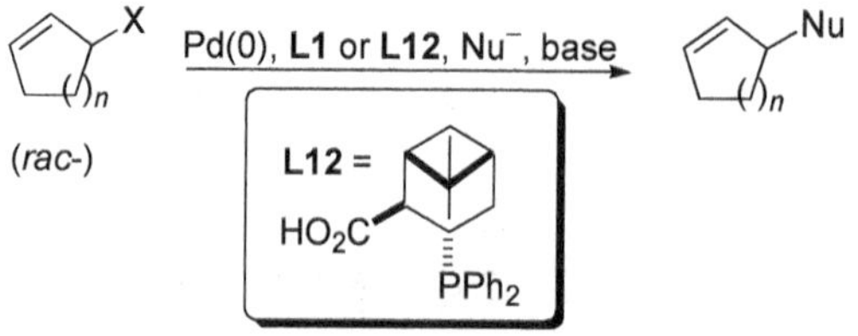
Pd(0), L1 or L12, Nu⁻, base
(rac-)
L12 =

(49)

4.4.2 C1 和 C3 上带有不同取代基 ($R^1CH=CH-CHR^2X$)

在 AAA-反应中，C1 和 C3 上带有不同取代基的烯丙基底物给出比较复杂的结果。如式 50a 和式 50b 所示：对映异构的烯丙基底物与钯配位后首先转化为绝对构型相反的 π-烯丙基钯中间体。然后，在亲核试剂作用下，分别得到两对区域选择性产物。

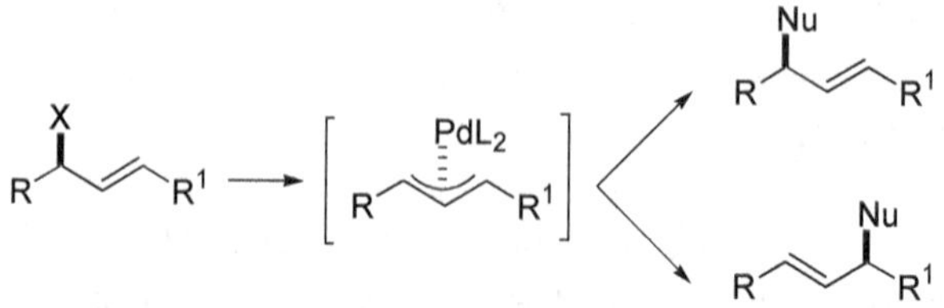

(50a)

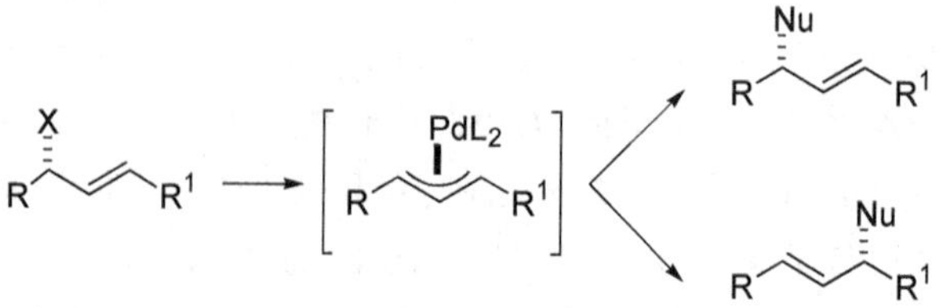

(50b)

式 50a 和式 50b 中，π-烯丙基钯配合物中间体不能通过 π-σ-π 过程互相转化，只能通过使烯丙基构型发生翻转的方式互相转化 [例如：Pd(0) 催化烯丙基转化]。如果 π-烯丙基钯配合物中间体的构型不能互换，使用外消旋烯丙基衍生物进行的 AAA-反应就难以获得单一构型的产物。所以，需要使用光学纯的烯丙基底物才可能在手性配体作用下获得所需的异构体。如式 51 所示[51]：在手性配体 (*R*)-**L13** 和 (*S*)-**L8** 的作用下，光学纯底物可以分别得到绝对构型保持的区域选择产物 (*R*)-**25** 和 (*S*)-**26**。

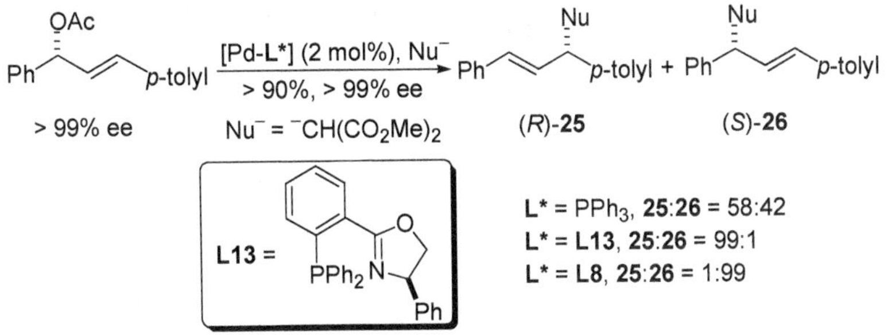

$$\text{(51)}$$

L* = PPh₃, 25:26 = 58:42
L* = **L13**, 25:26 = 99:1
L* = **L8**, 25:26 = 1:99

在一定条件下，外消旋底物也能以优秀的立体选择性和区域选择性转化为手性产物。如式 52 所示[52]：Hoberg 以配体 **L9** 的钯配合物催化丙酸-(1-烷基-3-苯基烯丙基)酯与 4-叔丁基苯酚反应，以 94% 收率、99% 区域选择和 94% ee 得到 AAA-反应产物。

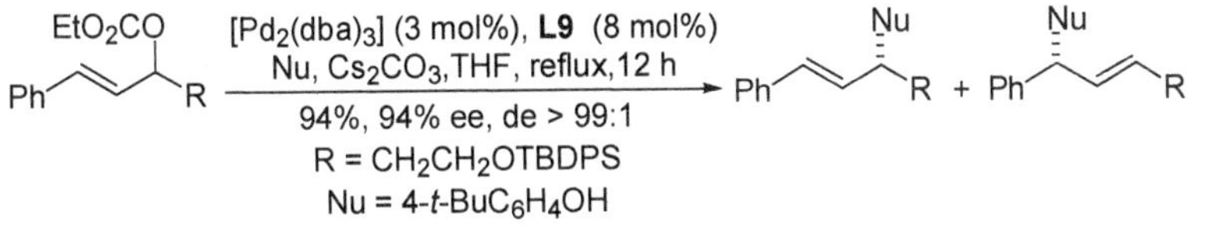

$$\text{(52)}$$

Gais 等报道[53]：在手性配体 **L1** 和 Pd₂(dba)₃ 的存在下，外消旋底物可以在含水溶剂中经动力学拆分直接得到手性烯丙基醇。如式 53 所示：当 R = CO₂Et、SO₂Ph 和 Ph 时，产物的立体选择性可以分别达到 99% ee、93% ee 和 85% ee。当 R = CN 和 P(O)(OEt)₂ 时，则只得到了 61% ee 和 69% ee。实验结果表明：该反应的立体选择性取决于 R-基的电子效应。

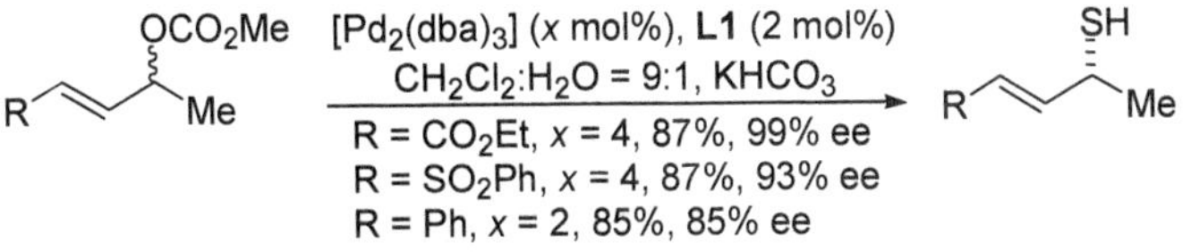

$$\text{(53)}$$

如式 54 所示[54]：Trost 巧妙地将 2,5-二氢呋喃酮和 2-萘酚的 AAA-反应用于 (+)-Brefeldin A 的全合成。

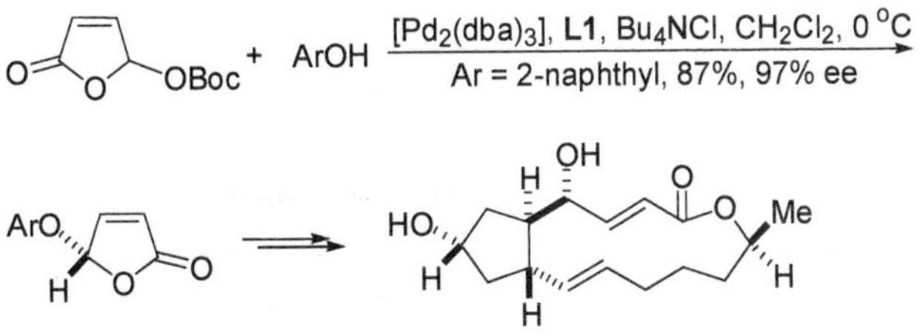

$$\text{(54)}$$

(+)-Brefeldin A

4.4.3 带有两个离去基团的内消旋底物

meso-环状二烯丙基醇的衍生物 (羧酸酯和碳酸酯等) 是 AAA-反应的重要底物。在手性催化剂作用下，可以区域选择性地生成单取代产物 (式 55)。然后，单取代产物可以再次经过 AAA-反应得到各种复杂结构的产物[18a,35o]。Trost 小组对这类底物的 AAA-反应进行了大量的研究，并得到了一系列优秀的结果。

$$\tag{55}$$

如式 56 所示：在不同的条件下，环戊-4-烯-1,3-二醇的二苯甲酸酯可以经过两次 AAA-反应分别得到环丙烷衍生物 **27a** 和内酯 **27b**。研究发现：在原手性催化剂作用下第二次 AAA-反应速度较慢，这主要是因为底物和原手性配体的手性元素不匹配致使离子化速度减慢，如果加入适量的非手性催化剂能使反应顺利进行[55]。

$$\tag{56}$$

如式 57 所示[56]：Trost 等深入地研究了口袋型配体 **L14** 催化内消旋烯丙基底物的分子内环化反应。研究结果表明：具有 *meso*-环状底物在 AAA-反应中能给出较好的立体选择性。

$$\tag{57}$$

Trost 等通过对 *meso*-环状二烯丙基醇的羧酸酯进行研究发现：离去基团的性质对最终产物的对映选择性是十分重要的。如式 58 所示[18a,57]：位阻较大的离去基团给出较好的对映选择性产物。当 R = Ph 时，给出 96% ee 的立体选择性产物；当 R = Me 时，只得到 87% ee。

$$n = 1, R = Me, 75\%, 87\% ee$$
$$n = 1, R = Ph, 93\%, 96\% ee$$
$$n = 2, R = Ph, 68\%, 98\% ee$$

Pd₂(dba)₃, **L1**, THF, rt

(58)

如式 59 所示[58]：Trost 利用多取代的 *meso*-环状二烯丙基醇的苯甲酸酯为底物，通过 AAA-反应得到了使用其它方法难以得到的手性多官能团化合物 **29**。化合物 **29** 是合成天然产物 Pancratistatin 和 Conduramines 的重要中间体。

(π-C₃H₇PdCl)₂ (0.5 mol%), **L1** (0.75 mol%), TMSN₃, CH₂Cl₂, rt
83%, > 95% ee

Pancratistatin
or
Conduramines

(59)

29

4.4.4　端基带有两个相同离去基团的烯丙基化合物

这一类型的底物研究较少，目前报道较多的是烯丙基偕二乙酸酯化合物（由相应的醛制备）。如式 60 所示：在 AAA-反应条件下，烯丙基偕二乙酸酯可以选择性地离去一个基团而形成 π-烯丙基钯配合物。然后，该 π-烯丙基钯配合物与亲核试剂作用得到构型翻转的取代产物。

(60)

虽然对这一类型的底物研究较少，但是初步研究得到的结果是令人鼓舞的。在 Trost 配体的作用下，这类底物在多数情况下能够获得 90% 以上的对映选择性[59]。如式 61 所示：在 Pd-配合物和手性配体 **L1** 的存在下，不同 R-取代的烯丙基化合物可与不同 R¹-取代的亲核试剂反应，高对映选择性地得到相应立体选择性产物。

[Pd(η³-C₃H₅)Cl]₂ (1 mol%), **L1** (3 mol%), NaH, THF, 0 °C, 1.5~6 h
58%~93%, 87%~93% ee

(61)

R¹ = Me, Bn, OMOM, NHTroc
E = CO₂Me, CO₂Bn, CN, SO₂Ph
R = *t*-butyldiphenylsilyl
MOM = methoxymethyl
Troc = 2,2,2-trichlorethoxycarbonyl

氮杂内酯在 Trost 配体 **L15** 的作用下与烯丙基二乙酸酯反应,同时在亲核试剂和烯丙基衍生物部分成功地诱导出两个手性碳原子 (式 62)[59a]。

$$[Pd(\eta^3\text{-}C_3H_5)Cl]_2 \text{ (2.5 mol\%)}$$
$$\textbf{L15 (7.5 mol\%), DME, 0~5 }^\circ\text{C}$$

a: 75%, dr = 9.7:1, 99% ee
b: 91%, dr = 15:1, 99% ee
c: 88%, dr > 19:1, 99% ee

(62)

a: R = CH₂Ph
b: R = CH₂CH(CH₃)₂
c: R = CH(CH₃)₂

L15 =

a: R = CH$_2$Ph
b: R = CH$_2$CH(CH$_3$)$_2$
c: R = CH(CH$_3$)$_2$

如式 63 所示[59d,60]:Trost 成功地将该方法应用于具有高抗菌消炎活性天然产物 Sphingofungin 的全合成。

$$[Pd(\eta^3\text{-}C_3H_5)Cl]_2 \text{ (0.5 mol\%)}$$
$$\textbf{L1 (1.5 mol\%), THF, }-5 ^\circ\text{C}$$
70%, dr = 10.5:1, 89% ee

(63)

Sphingofungin

4.4.5 C1 或 C3 上带两个相同取代基

到目前为止,研究较充分的 C1 或 C3 上带有两个相同取代基的底物 [R¹HC=CH-C(R²)₂X 或 (R¹)₂C=CH-CHR²X] 有两类。第一类是以 1,2,2-三芳基取代的烯丙基衍生物为代表。当它们发生 AAA-反应时,亲核试剂只进攻取代少的一端碳上,并产生一个手性中心。1985 年,Bosnich 报道了一些较好的结果,利用配体 **L8** 取得了最高 86% 的对映选择性产物[61]。随后,Williams 和 Romero 使用膦-噁唑啉配体 **L13** 得到了更好的结果,对映选择性高达 97% ee (式 64)[62]。

$$H_2C(CO_2Me)_2, [Pd(\eta^3\text{-}C_3H_5)Cl]_2$$
$$\text{(2.5 mol\%), } \textbf{L13 (10 mol\%), THF, rt}$$
97%, 95% ee

(64)

第二类是形成 π-烯丙基钯中间体的某个端基含有 CH₂ 基团的底物。如式 65 所示:化合物 **29**、*ent*-**29** 和 **30** 的 π-烯丙基钯中间体可通过 π-σ-π 相互转化。事实上，π-σ-π 的转化和亲核试剂进攻 π-烯丙基钯中间体的相对速度是该类底物立体选择性关键。如果前者大于后者，化合物 **29**、*ent*-**29** 和 **30** 经历相同的中间体而得到相同产物分布。此时，亲核试剂进攻是决速步并决定了反应的立体选择性。如果手性催化剂能选择性经过过渡态 **31** 或者 **32** 而得到非线型产物 **33** 或 *ent*-**33**，则外消旋底物 **29** 和 *ent*-**29** 及线型化合物 **30** 可以转化为手性产物。相反，如果前者慢于后者，产物分布则依赖于底物的性质。**29** 和 *ent*-**29** 分别转化为其相应的产物 **33** 或 *ent*-**33**，并且构型保留。手性催化剂在此过程中不具有不对称诱导作用，外消旋底物只能得到 1:1 的外消旋产物。

(65)

这类底物的烯丙基取代反应中的关键问题是区域选择性，因为在没有特殊因素时 (例如：分子内反应中环的大小或取代基效应等)，Pd 催化的烯丙基取代反应亲核试剂进攻取代基少的碳原子。因此，区域选择性无疑是这类底物最具挑战性的问题。于是，手性配体的设计和合成就成为解决核心问题的关键。

Hayashi 等利用 (*R*)-MeO-MOP (**L3**) 钯配合物实现 90% 的区域选择性和 87% 的立体选择性[63]。Pfaltz 发现：膦-噁唑啉配体 **L16** 和 **L17** 对烯丙基端基连接 1-萘取代基时结果最好，可以达到 **B**:**L** = 98:2 的区域选择性和 98% ee (式 66)[64]。但对于一般的芳基取代底物，特别是含有拉电子基团的芳基取代底物，结果并不令人满意。

Dai 和 Hou 等设计合成的氮膦配体 (*S*,*S*$_{phos}$,*R*)-**L4** 和 (*S*,*R*$_{phos}$,*R*)-**L5** 在催化各种芳基单取代底物的烯丙基烷基化和氨基化反应中不但给出高于 9:1 的区域选择性，同时得到大于 90% ee。另外，该类配体对芳基上带有强拉电子取代基的底物也能够取得很好的结果[28]。他们还将此类配体应用于手性季碳的构造 (式 67)[65] 和共轭二烯底物的烯丙基烷基化和氨基化反应 (式 68)[66]，均给出优秀的区域选择性和立体选择性产物。

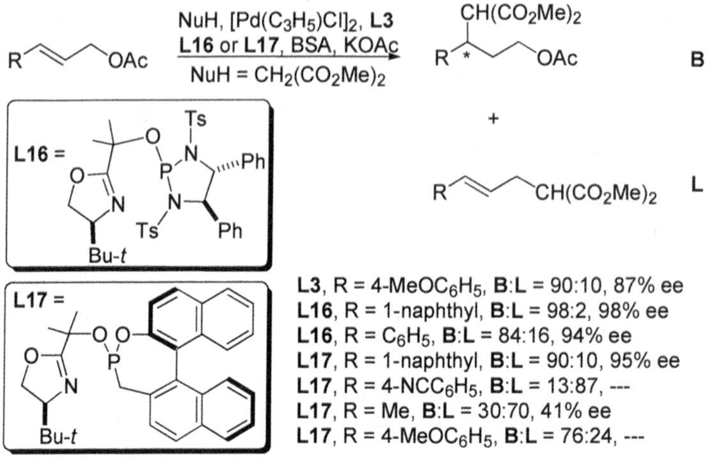

R—CH=CH—CH₂OAc ...(scheme 66)

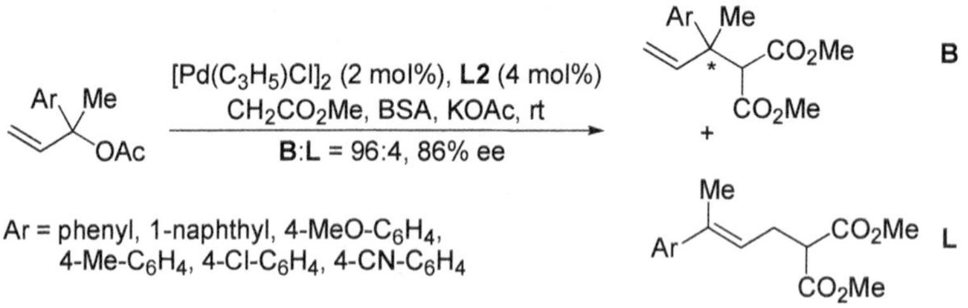

$$R-CH=CH-CH_2OAc \xrightarrow[\text{NuH} = CH_2(CO_2Me)_2]{\substack{\text{NuH, } [Pd(C_3H_5)Cl]_2, \text{ L3} \\ \text{L16 or L17, BSA, KOAc}}} \begin{array}{c} CH(CO_2Me)_2 \\ R-\overset{*}{CH}-CH_2-CH_2OAc \end{array} \quad B \qquad (66)$$

+

$$R-CH=CH-CH_2-CH(CO_2Me)_2 \quad L$$

L16 =

L17 =

L3, R = 4-MeOC₆H₅, B:L = 90:10, 87% ee
L16, R = 1-naphthyl, B:L = 98:2, 98% ee
L16, R = C₆H₅, B:L = 84:16, 94% ee
L17, R = 1-naphthyl, B:L = 90:10, 95% ee
L17, R = 4-NCC₆H₅, B:L = 13:87, ---
L17, R = Me, B:L = 30:70, 41% ee
L17, R = 4-MeOC₆H₅, B:L = 76:24, ---

$$\xrightarrow[\substack{\text{CH}_2CO_2Me, \text{ BSA, KOAc, rt} \\ \text{B:L = 96:4, 86\% ee}}]{[Pd(C_3H_5)Cl]_2 \text{ (2 mol\%), L2 (4 mol\%)}}$$

Ar = phenyl, 1-naphthyl, 4-MeO-C₆H₄,
4-Me-C₆H₄, 4-Cl-C₆H₄, 4-CN-C₆H₄

(67)

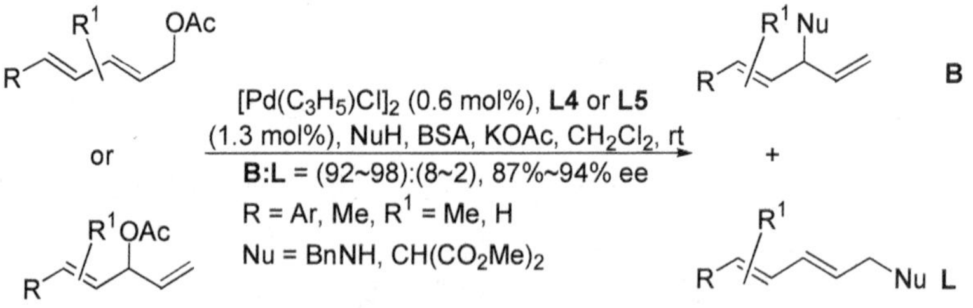

$$\xrightarrow[\substack{\text{(1.3 mol\%), NuH, BSA, KOAc, CH}_2Cl_2, \text{ rt} \\ \text{B:L = (92~98):(8~2), 87\%~94\% ee}}]{[Pd(C_3H_5)Cl]_2 \text{ (0.6 mol\%), L4 or L5}}$$

R = Ar, Me, R¹ = Me, H
Nu = BnNH, CH(CO₂Me)₂

(68)

5 其它金属催化的烯丙基取代反应

除了金属钯外，有许多其它过渡金属也可以催化烯丙基取代反应，例如：Ni、Cu、Pt、Ru、Ir、Mo 和 W 等。因为除了 π-烯丙基钯外，其它金属的 π-烯丙基配合物也是烯丙基取代反应重要的中间体，他们的 1/3 碳原子也可接受亲核试剂的进攻。以下分别简单介绍 Ni-、Cu-、Mo- 和 Ru-催化的烯丙基取代反应。

5.1 Ni-催化的烯丙基取代反应

镍催化的烯丙基化反应的底物主要用于那些带有不活泼离去基团的烯丙基衍生物和不稳定亲核试剂 (例如：有机硼酸、有机锌和格氏试剂等)。催化机理

相似于钯催化 '硬' 亲核试剂的烯丙基化反应：亲核试剂首先与中心金属作用，然后再进攻烯丙基 1/3 位碳原子[18a,67]。通过近二十年的研究，镍催化的烯丙基化反应已经实现了比较好的区域和立体选择性。

RajanBabu 报道：在金属配合物 [Ni(cod)$_2$] 和手性配体 (S,S)-**L18** 存在下，1,3-二苯基烯丙基甲醚与 EtMgBr 的 AAA-反应以 78% 收率和 79% ee 得到化合物 (R)-1,3-二苯基-1-戊烯 (式 69)[67]。

$$Ph \overset{OMe}{\underset{}{\diagup}} Ph + EtMgBr \xrightarrow[\substack{78\%,\ 79\%\ ee \\ cod\ =\ 1,5\text{-Cyclooctadiene}}]{\substack{[Ni(cod)_2]\ (5\ mol\%),\ \mathbf{L18} \\ (5\ mol\%),\ Et_2O,\ 0\ ^oC,\ 24\ h}} Ph \overset{Et}{\underset{}{\diagup}} Ph \qquad (69)$$

$$\mathbf{L18} = \underset{Ph_2P \qquad\quad PPh_2}{\diagup}$$

Berkowitz 通过对多类手性配体的筛选发现：(R)-**L19** 是镍催化底物 **34** 分子内不对称氨基化反应的最优配体 (式 70)[68]。

$$(70)$$

PMP = N-protecting group

$$\mathbf{L19} = \underset{MeO}{\overset{MeO}{\diagup}} \overset{PPh_2}{\underset{PPh_2}{\diagup}}$$

5.2 Cu-催化的烯丙基取代反应

铜催化的烯丙基化反应产物往往经历 S$_N$2′ 历程，有利于诱导手性产物。和镍催化的烯丙基化反应相似，主要适用于那些 '硬' 亲核试剂 (例如：有机锌和格氏试剂等)，但目前还没有报道芳基金属有机化合物可以被作为亲核试剂。由于钯催化的反应往往选择 '软' 亲核试剂，所以铜和镍催化剂是钯催化剂的很好补充。3-取代、2,3- 或 3,3-二取代烯丙基乙酸酯、碳酸酯、磷酸酯、卤素和醚等均可以作为底物，烯丙基磷酸酯和烯丙基卤代烃是最好的选择。手性胺、磷酸酰胺、席夫碱和二齿型卡宾等均为优良配体，Cu(I) 和 Cu(II) 配合物均可作为催化剂应用于该反应[69]。

20 世纪 90 年代中期，van Koten 第一个报道了 Cu-催化的 AAA-反应 (式 71)[70]。虽然只得到较低的立体选择性，但他们对 Cu-催化 AAA-反应的贡献不容忽视。他们不仅第一个报道了铜催化的 AAA-反应，而且还提出了反应过渡态 **A** 的形成决定了产物立体选择性。他们发现：烯丙基端碳的取代基对诱导效果没有影响，但烯丙基上离去基团的配位能力越强，不对称诱导效果越好。温度低不利于手性诱导，但将亲核试剂和烯丙基化合物同时滴加可以提高立体选择性。

$$(71)$$

1999 年，Dubner 和 Knochel 成功地实现了高度立体选择性 Cu-催化不对称烯丙基取代反应。如式 72 所示[71]：在手性二茂铁基胺的作用下，苯基烯丙基氯与有机锌试剂的反应达到了 96% ee。但是，该反应反应条件比较苛刻，例如：需要使用很低的反应温度、很大的 CuBr-配体比例 (1:10) 和大位阻的有机锌试剂 (二新戊基锌)。

$$(72)$$

大量研究发现：设计合成合适手性配体可以改善 Cu-催化剂的催化效率、区域选择性和立体选择性。在手性二肽配体 **L23** 和 **L24** 存在下[72]，Cu-催化的 AAA-反应已经成功地应用于天然产物 (R)-(−)-Sporochnol (式 73) 和拓扑异构酶 II 抑制剂 (R)-(−)-Elenic Acid 的合成 (式 74)。

$$(73)$$

$$(74)$$

Cu-催化的 AAA-反应和钯相比具有明显的三种优势：(1) 价格便宜；(2) 反应经历 S_N2' 历程，有利于得到优秀的区域选择性和立体选择性；(3) 适用于 '硬' 亲核试剂，可以与更多类的金属有机试剂反应。虽然对 Cu-催化不对称烯丙基取代反应的兴趣日益增长，但对催化反应机理的研究不够关注，对在催化循环中真正的催化剂物种还不清楚。

5.3 Mo-催化的烯丙基取代反应

元素 Mo 具有多种氧化态 (-4~+6) 和可变配位数 (4~8)，而且它能与烯丙基衍生物作用得到 π-烯丙基配合物[73]。使用 $Mo(CO)_6$ 催化的 AAA-反应总是发生在取代基较多的端碳原子上，这一特性有利于获得高区域选择性和立体选择性产物。$Mo(CO)_6$、$(EtCN)_3Mo(CO)_3$ 和 $[(C_7H_8)Mo(CO)_3]$ 是常用的钼试剂，2-吡啶酰胺是最有用的手性配体。'硬' 亲核试剂也适用于该反应，不对称 1- 或 3-取代烯丙基碳酸酯、乙酸酯和磷酸酯在该反应中能给出高度的区域和选择立体选择性。机理研究表明：Mo-催化的 AAA-反应经历了氧化加成和亲核取代过程，而且总体反应得到构型保持产物[74]。

1998 年，Trost 和 Hachiya 首次报道了 Mo-催化的 AAA-反应。如式 75 所示[75]：在 $(EtCN)_3Mo(CO)_3$ 和配体 (R,R)-**L25** 催化下，1-苯基烯丙基乙酸酯与丙二酸二甲酯碳负离子反应，表现出高度的区域选择性和立体选择性。主要生成非线型产物 (**B:L** = 49:1)，立体选择性高达 99% ee。

$$(75)$$

最近，Trost 又报道了使用配体 **L26** 与 [Mo(CO)$_3$C$_7$H$_8$] 催化 1-苯基烯丙基乙酸酯与亲核试剂 **35** 的 AAA-反应。如式 76 所示[76]：主要得到非线性产物，立体选择性 > 99% ee。

$$\text{Ph} \diagup\diagdown \text{OCOMe} + \underset{\textbf{35}}{Bn} \quad \xrightarrow[\begin{array}{c}\text{99\%, > 99\% ee, B:L > 95:5}\\ \text{Mo salt = Mo(C}_7\text{H}_8\text{)(CO)}_3\end{array}]{\begin{array}{c}\text{Mo salt (10 mol\%), }\textbf{L26}\text{ (15 mol\%)}\\ \text{LiHMDS, THF, 65 }^{\circ}\text{C,16 h}\end{array}}$$

(76)

B + **L**

L26 =

5.4 Ru-催化的烯丙基取代反应

1985 年，Tsuji 等首次报道了 Ru-催化的烯丙基取代反应。他们利用钌氢配合物 [RuH$_2$(PPh$_3$)$_4$] 催化乙酸肉桂酯与稳定亲核试剂的反应，得到 β-酮酯产物。如式 77 所示[77]：该反应在吡啶中进行，但主要得到线型产物 **L**。如果使用配合物 [Ru^0(cod)(cot)] (cod = cyclooctadiene, cot = cyclooctatriene) 为催化剂，则得到非线型产物 **B**，但没有立体选择性[78]。

$$\underset{\underset{R}{\overset{X}{\diagup\diagdown}}}{\overset{R\diagup\diagdown X}{\text{or}}} + \text{NuH} \xrightarrow[X^-]{[Cp^*Ru]} R\diagup\diagdown Nu + \underset{R}{\overset{Nu}{\diagup\diagdown}}$$

L   **B**

(77)

R = Ph, Bn, *n*-Pr; NuH = alcohol, amine, phenol, YCR'Z$_1$Z$_2$ (Z$_1$= CO$_2$Me, Z$_2$ = CO$_2$Me, COMe; Z$_1$ = Z$_2$ = COMe); R' = H, Me; Y = H, Na)

Ru(Cp*) 与手性胺配合物的使用是钌催化不对称烯丙基取代反应的突破。Kondo 和 Watanabe 提出了 Ru-催化的烯丙基化反应的机理，并认为氧化加成是关键步骤 (式 78)[79]。

PhCH=CHCH$_2$Cl

L = solvent, substrate

(78)

Onitsuka 利用具有平面手性的钌配合物催化外消旋 1,2-二苯基烯丙基乙酸酯的烷基化反应和氨基化反应,通过动力学拆分得到了良好到优秀的产率和立体选择性 (式 79)[80]。

$$\text{(79)}$$

6 烯丙基取代反应在有机合成中的应用

Tsuji-Trost 反应是一种具有广泛实用性的碳-碳键和碳-杂原子键生成反应。特别是 AAA-反应,为天然产物和复杂药物分子的全合成提供了有效的合成手段。在 Tsuji-Trost 反应中,每一类亲核试剂 (例如:C-、O-、N- 或 S-亲核试剂) 都表现出非常重要的应用价值。

6.1 与 C-亲核试剂有关的全合成

Lycorane 类生物碱是石蒜科生物碱中非常重要的一类天然化合物,大多数具有抗病毒、抗肿瘤和抗有丝分裂等生物活性。加之它们具有复杂的五环加兰他烷结构,因此这类生物碱的合成已成为合成方法学研究中的一个热点。

1995 年,Mori 报道了 (+)-γ-Lycorane 的全合成。如式 80 所示[81]:在钯盐和手性配体 **L27** 的作用下,*meso*-型烯丙基化合物与亲核试剂 **36** 发生 C-烯丙基化反应,以 66% 的收率和 54% ee 引入一个六员环生成产物 **37**。接着,**37** 再发生分子内 N-烯丙基化反应并关环生成氮杂稠环化合物 **38**。最后,经过若干步的化学转变,以 23% 的总收率得到光学活性化合物 (+)-γ-Lycorane。

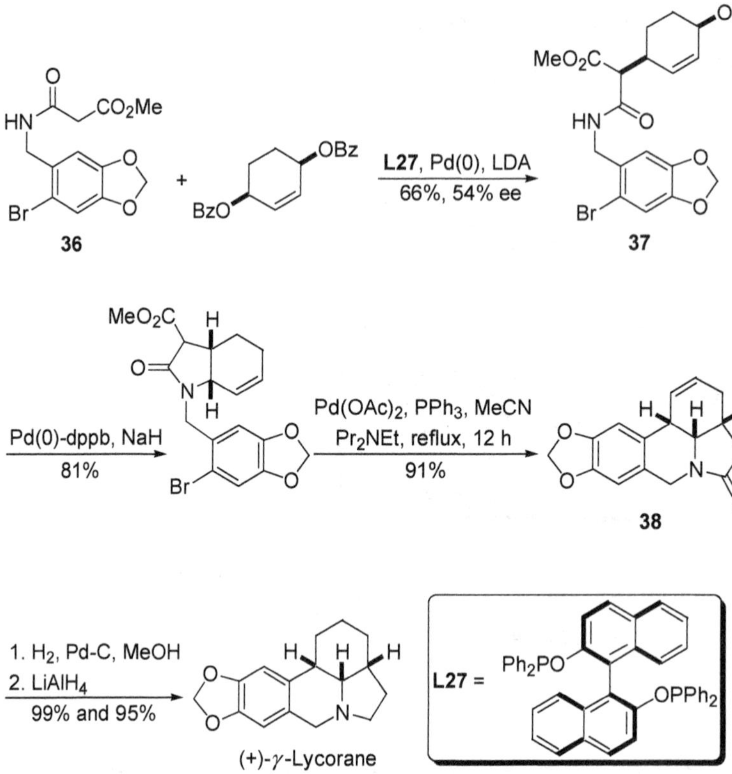

(80)

巴比妥酸及其衍生物具有重要的医药价值，而且不同的对映异构体表现不同的生物活性，所以，对手性巴比妥酸及其衍生物的合成尤其重要。手性巴比妥酸及其衍生物可分为两类：(1) 手性碳原子在杂环上 ($R^3 \neq R^4$)；(2) 手性碳原子在支链 R^3 或 R^4 上 (式 81)。

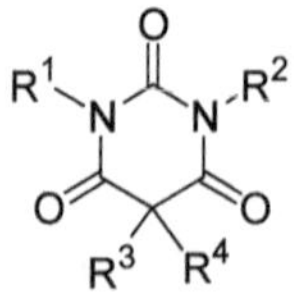

(81)

通常，这类化合物主要是通过手性拆分或手性底物合成得到，限制了工业生产。因此，使用不对称催化方法合成手性巴比妥酸及其衍生物具有重要意义。如式 82 和式 83 所示[82]：Trost 等利用单烷基取代的巴比妥衍生物为 C-亲核试剂与烯丙基乙酸酯发生 AAA-反应，高产率和高立体选择性地得到二烷基取代的巴比妥衍生物。在钯配合物和 Trost 手性配体 L15 的存在下，用 2-环戊烯醇乙酸酯发生的 AAA-反应可以得到 85% 的产率和 91% ee。在同样的条件下，3-戊烯-2-醇乙酸酯生成的产物达到 95% 的产率和 81% ee。

在乙酰胆碱酯酶 (AChE) 的深处，有一个水解乙酰胆碱的活性部位。乙酰胆碱 (ACh) 到达到这个部位，需要经过一个长长的带有卡口的通道，然后才被水解。

过量的 ACh 被水解，可能是老年痴呆症的诱发原因之一。于是，科学家们便寻找一些化合物分子 (例如：他克林和多奈哌齐等) 可以结合在 AChE 的通道中来抑止了 ACh 的水解[83]。

$$(82)$$

$$(83)$$

20 世纪 80 年代，有人从中药千层塔 (又名蛇足石杉，*Huperzia serrata*，中国民间治疗跌打损伤、毒蛇咬伤和烧烫伤的药用植物) 中分离得到一种天然产物石杉碱甲 [(−)-Huperzine A]。生物学实验发现：该化合物也是结合在 AChE 通道中的 AChE 抑制剂，而且具有药效持久的特点。这种分子具有头尖尾大的刚性结构，在乙酰胆碱酯酶通道卡口打开时，非常容易经过长长的通道达到底部。然而，当它要退出底部时却非常困难，这就是石杉碱甲药效持久的原因[84]。

两个研究小组几乎同时报道了 (−)-Huperzine A 的全合成，而且都是利用钯催化的 β-酮酯 **39** 与烯丙基乙酸酯 **40** 的 AAA-反应作为关键的合成步骤来构筑多环中间体 **41**[85]。从反应机理上来看，这是一个利用烯醇前手性面的区分在亲核试剂部分诱导手性中心的典型例子。如式 84 所示[86]：He 和 Bai 使用改良的二茂铁基手性催化剂，使得不对称烯丙基化反应的立体选择性可以达到 90.3% ee。

$$(84)$$

6.2 与 *O*-亲核试剂有关的合成

(–)-Malyngolide 是一种抗生素, 是从青绿藻类植物 *Lyngbya Majuscula* 中提取的一种对分支杆菌和链球菌有显著生物活性的物质[87]。在该化合物的分子中, 带有一个特殊的含有手性叔醇的 1,2-二醇结构。Trost 等人利用 Trost 配体 **L1** 与钯的配合物来催化外消旋 3-壬基-3,4-环氧-1-丁烯与对甲氧基苄醇的不对称烯丙基取代反应, 以 74% 的收率和 97%~99% ee 得到了关键中间体 **42**。在该反应过程中, 外消旋底物的烯丙基钯中间体通过 π-σ-π 动力学动态不对称转化成功的关键所在 (式 85)[88]。

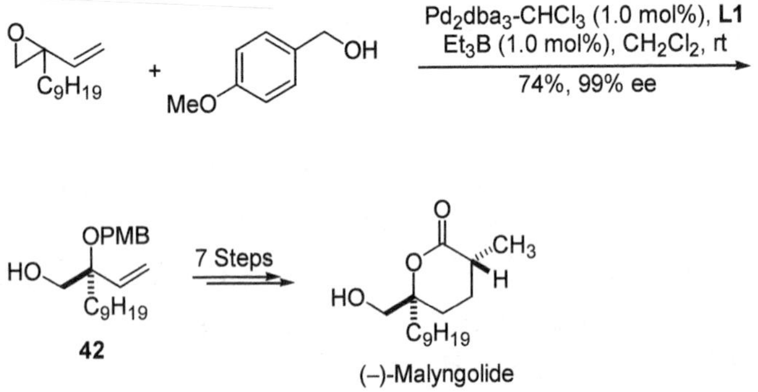

(85)

LY333531 (Ruboxistaurin) 是一种选择性蛋白激酶 C (PKC-β) 抑制剂, 可减轻糖尿病性视网膜病变患者眼睛的黄斑水肿[89]。在该化合物的合成中, 含有手性仲醇的 1,2-二醇结构 (**43**) 被确定为关键的合成中间体 (式 86)[90]。Trost 等人再次利用了 π-σ-π 动力学动态不对称转化策略, 使用 Trost 配体 **L15** 与钯生成的配合物来催化环氧丁烯化合物与 2-溴乙醇的 AAA-反应, 以 77% 的收率和 92% ee 得到了预期的产物 LY333531。

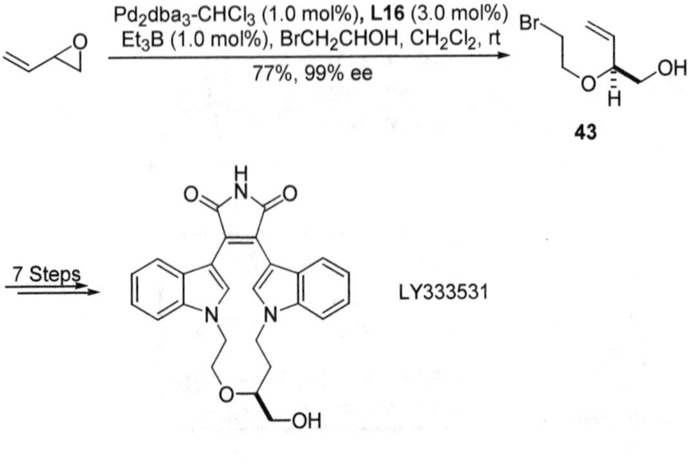

(86)

6.3　与 *N*-亲核试剂有关的全合成

　　许多天然产物和药物分子含有 C-N 键，立体选择性 C-N 化学键构造更是有机合成领域中富有挑战性的课题。事实上，以 *N*-亲核试剂进行的 AAA-反应研究已经获得了长足的进展。自 1992 年，Trost 小组报道有关氮亲核试剂的 AAA-反应后[91]，出现了很多关于脂肪胺、酰胺、杂环胺、叠氮和酰亚胺作为亲核试剂的报道。

　　1992 年，Daly 等人从厄瓜多尔的一种学名为 Epipedobates ericolord 的毒蛙皮肤萃取液中分离得到了一种生物碱，并根据其来源与结构特征命名为 Epibatidine[92]。其后，Watt 等人确定该天然产物为左旋对映体 (–)-Epibatidine，其绝对立体构型为（1*R*,2*R*,4*S*）[93]。初步生物活性试验发现：Epibatidine 的镇痛活性大约为吗啡的 200~500 倍，而且作用机制和吗啡或鸦片完全不同。当它与鸦片拮抗剂同时使用时，其止痛效果并不减弱。虽然人们对其合成抱有极大的兴趣，但大多局限于外消旋体的合成研究[94]。

　　1996 年，Trost 和 Cook 报道了一条关于 (–)-Epibatidine 的不对称全合成路线。如式 87 所示[95]：其关键步骤是在 Trost 配体 **L1** 与钯生成的配合物来催化环己-2-烯-1,4-二醇二苯甲酸酯与 TMSN$_3$ 的不对称烯丙基取代反应，得到手性叠氮化合物。随后，再经过若干步反应得到目标产物 (–)-Epibatidine。

$$\text{(87)}$$

(–)-Epibatidine

　　士的宁 (Strychnine, 亦称番木鳖碱) 为一种吲哚生物碱，分子式 C$_{21}$H$_{24}$N$_2$O$_2$。最早从菲律宾出产的吕宋豆种子中发现，现在多从番木鳖种子中提取。该化合物能选择性地兴奋脊髓，增强骨骼肌肉紧张度。它对大脑皮层及视、听器官也有一定兴奋作用，主要用于治疗半瘫、瘫痪和弱视症。近年来，中国试用于再生障碍性贫血，取得一定疗效[96]。Strychnine 的分子结构比较复杂，24 个原子构成了 7 个并环和 6 个手性碳原子。其中 5 个手性碳原子处于同一个环己基环上，给合成化学家带来很大的挑战。

　　2002 年，Mori 报道了一条关于 (–)-Strychnine 不对称全合成的路线。利用钯催化亲核试剂磺酰胺与环己烯醇衍生物的不对称烯丙基取代反应是合成 (–)-Strychnine 重要中间体 **45** 的关键。其中 **L27** 为最优配体，在 Pd$_2$(dba)$_3$ 存在下以 78% 的收率和 80% ee 得到了手性产物 **44**。化合物 **44** 经过系列转化，包括钯催化的 Heck 反应和 MnO$_2$ 氧化反应化合物 **45** (式 88)[97]。

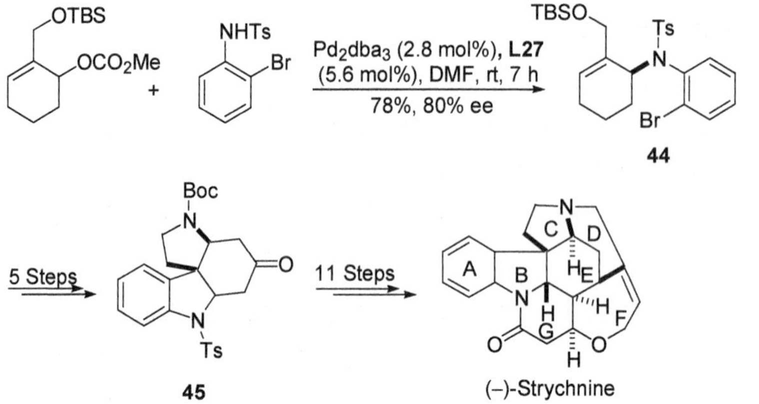

(88)

6.4　与 S-亲核试剂有关的全合成

烯丙基砜是重要的有机合成中间体，广泛用于药物合成中，但有关砜为亲核试剂的不对称烯丙基取代反应在天然化合物的全合成中的应用却鲜有报道。Trost 首次将苯磺酸钠为亲核试剂引进 AAA-反应 (式 89)[98]，在配体 **L15** 作用下苯磺酸钠与 meso-环己烯二醇的苯甲酸酯的 AAA-反应，以 85% 的产率得到了单一构型的手性产物 **46**，该化合物是有机合成中有用的手性中间体。

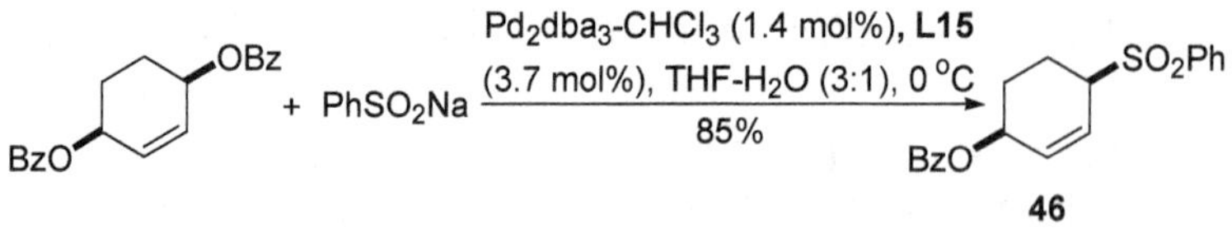

(89)

7　烯丙基取代反应实例

例　一

N-[(1S,4R)-4-Boc-氧基-2-环戊烯]-5-溴吡咯-2-甲酸甲酯的合成[99]
(在烯丙基上诱导手性的烯丙基取代反应)

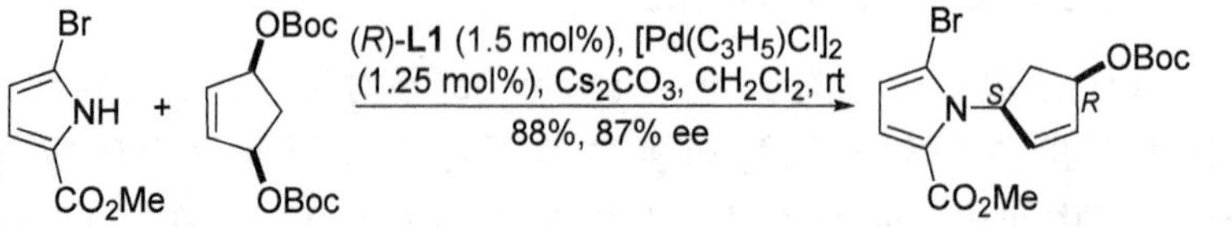

(90)

在氩气保护下，将 [Pd(C₃H₅)Cl]₂ (18.3 mg, 0.05 mmol) 和配体 (R)-**L1** (103.5 mg, 0.15 mmol) 的 CH₂Cl₂ (15 mL) 溶液在室温下搅拌 10 min 后，依次加入化合物

1,4-二(Boc-氧基)-2-环戊二烯 (750 mg, 2.5 mmol)、5-溴吡咯-2-甲酸甲酯 (512.5 mg, 2.5 mmol) 和 Cs$_2$CO$_3$ (815 mg, 2.5 mmol)。生成的反应混合物在室温下继续搅拌 2~3 h 后过滤，减压除去滤液中的溶剂。生成的粗产品经快速硅胶柱分离 (石油醚:乙醚 = 25:1)，得油状产物 (846 mg, 88%) (87% ee by HPLC)，$[\alpha]_{22}^{D} = -2.64°$ (c 0.94, CH$_2$Cl$_2$)。

例 二

(−)-2-甲基-2-烯丙基-3,4-二氢-1-萘酮的合成[100]

(在亲核试剂上诱导手性的烯丙基取代反应)

(91)

在 −78 ℃，将 LDA 溶液 (2 mol/L in heptane/THF/ethylbenzene, 0.3 mL, 0.6 mmol) 加入到 2-甲基-四氢萘酮 (64 mg, 0.4 mmol) 的 THF (1 mL) 溶液中。继续在 −78 ℃ 下搅拌 1 h 后，依次加入 [Pd(C$_3$H$_5$)Cl]$_2$ (3.7 mg, 0.01 mmol) 和手性配体 **L29** (28 mg) 的 THF (0.5 mL) 溶液以及烯丙基乙酸酯 (78 mg, 0.6 mmol) 的 THF (0.5 mL) 溶液。生成的反应混合物在室温下反应 1 h 后，用乙醚稀释反应液 (20 mL)。有机相用盐水洗两次后，经无水 Na$_2$SO$_4$ 干燥。减压除去溶剂，柱色谱 (EtOAc:PE = 1:40) 纯化得到产物 (74 mg, 93%) (95% ee by HPLC)，$[\alpha]_{20}^{D} = -18.0°$ (c 0.75, CHCl$_3$)。

例 三

(2S)-{[(1S)-2-环戊烯基]-3,4-二氢-1-酮}-2-萘甲酸苄酯的合成[101]

(在烯丙基和亲核试剂上同时诱导手性的烯丙基取代反应)

(92)

将 1-乙酰氧基-2-环戊烯 (1.0 ml, 9.4 mmol) 加入到 [Pd(η^3-C$_3$H$_3$)Cl]$_2$ (113 mg, 0.031 mmol) 和配体 (*R*)-**L1** (51.8 mg, 0.075 mmol) 的甲醇溶液中，此时反应液由澄清变为浑浊，加入 1,1,3,3-四甲基胍 (0.88 mL, 7.0 mmol) 后，溶液变为黄色澄清溶液。1-四氢萘酮-2-甲酸苄酯 (6.25 mmol) 慢慢加入到反应液中，随后在氮气保护下室温搅拌 24 h。待反应完毕，加入饱和 NH$_4$Cl 水溶液 (8 mL)，收集有机相，水相用乙醚萃取三次 (3 × 8 mL)，合并有机相，MgSO$_4$ 干燥，真空浓缩，粗产品经硅胶柱纯化 (淋洗液为正戊烷/乙醚 = 95:5) 得到产品 (87%)。

例 四

1-乙烯基-3-苯基-2-烯丙基丙二酸二甲酯的合成[66]

（二烯化合物的烯丙基取代反应）

$$\text{(93)}$$

将 [Pd(C$_3$H$_5$)Cl]$_2$ (1.8 mg, 0.005 mmol) 和配体 **L4** (7.3 mg, 0.01 mmol) 放入 Schlenk tube 中。在氩气保护下加入 CH$_2$Cl$_2$ (5 mL)，生成的溶液在室温搅拌 1h。然后，加入 5-苯基-2,4-二烯戊醇的乙酸酯 (0.25 mmol) 和乙酸钾 (1.5 mg, 0.015 mmol)。继续搅拌 30 min 后，加入丙二酸二甲酯 (0.09 mL, 0.78 mmol) 和 *N,O*-双三甲基硅乙酸酰胺 (BSA) (0.18 mL, 0.75 mmol)。待反应进行完全后 (TLC 跟踪)，反应液用 CH$_2$Cl$_2$ 稀释。用饱和 NaCl 水溶液洗涤两次后，有机相用 Na$_2$SO$_4$ 干燥。减压除去溶剂，粗产品经制备 TLC (石油醚:乙酸乙酯 = 10:1) 提纯得到产物 (55 mg, 80%) (92% ee by HPLC)。

例 五

(+)-(*E*)-3-苯基-丙烯酸-1-甲基烯丙基酯的合成[102]

（铜催化的不对称烯丙基取代反应）

$$\text{(94)}$$

在室温和氮气保护下，将 CH_2Cl_2 (1 mL) 加入到 $CuBr \cdot SMe_2$ (3.4 mg, 17 μmol) 和配体 (R,S)-(-)-**L30** (15.4 mg, 22.5 mmol) 的混合物中，搅拌 10 分钟得到橘黄色的溶液。将其冷却到-77°C 后，在 2 min 内加入 MeMgBr 的乙醚溶液 (3 mol/L, 0.14 mL, 0.47 mmol)。反应液由橘黄色变为黄色，继续搅拌 15 min。然后，在 5 min 内加入 (E)-3-苯基-丙烯酸-3-溴烯丙基酯 (100.2 mg, 0.375 mmol) 的 CH_2Cl_2 (0.7 mL) 溶液。反应体系在 -77 °C 下反应 13 h 后，加入 MeOH (1 mL) 终止反应。接着，依次加入饱和 NH_4Cl 水溶液 (1 mL) 和水 (2 mL)。分离出有机相，水相用 Et_2O 萃取三次。合并的有机相经 $MgSO_4$ 干燥后减压除去溶剂，得到的深橘黄色粗品经硅胶柱纯化 (正戊烷:乙醚 = 100:1) 得油状产品 (60 mg, 80%) (98% ee by HPLC)，$[\alpha]_{20}^{589}$ = +50.0° (c 0.04, $CHCl_3$)。

8　参考文献

[1]   Smidt, J. *Angew. Chem., Int. Ed. Engl.* **1962**, *74*, 93.

[2]   Tsuji, J.; Takahashi, H.; Morikawa, M. *Tetrahedron Lett.* **1965**, 4387.

[3]   (a) Hata, G.; Takahashi, K.; Miyake, A. *J. Chem. Soc., Chem. Commun.* **1970**, 1392. (b) Atkins, K. E.; Walker, W. E.; Manyik, R. M. *Tetrahedron Lett.* **1970**, 3821.

[4]   (a) Takahashi, K.; Miyake, A.; Hata, G. *Bull. Chem. Soc. Jpn.* **1972**, *45*, 230. (b) Trost, B. M.; Verhoeven, T. R. *J. Am. Chem. Soc.* **1976**, *98*, 630. (c) Trost, B. M.; Verhoeven, T. R. *J. Org. Chem.* **1976**, *41*, 3215.

[5]   Trost, B. M.; Strege, P. E. *J. Am. Chem. Soc.* **1977**, 1649.

[6]   Steinhagen, H.; Reggelin, M.; Helmchen, G. *Angew. Chem., Int. Ed. Engl.* **1997**, *36*, 2108.

[7]   (a) Sennhenn, P.; Gabler, B.; Helmchen, G. *Tetrahedron Lett.* **1994**, *35*, 8595. (b) Matsumoti, M.; Ishikawa, H.; Ozawa, T. *Synlett* **1996**, 366.

[8]   (a) Nagashima, H.; Sato, K.; Tsuji, J. *Tetrahedron* **1985**, *41*, 5645; (b) Stary, I.; Stara, I.; Kocovsky, G. P. *Tetrahedron Lett.* **1993**, *34*, 179.

[9]   Sakakibara, M.; Ogawa, A. *Tetrahedron Lett.* **1994**, *35*, 8013.

[10] (a) Itoh, K.; Hamaguchi, N.; Miura, M.; Nomura, M. *J. Chem. Soc., Perkin Trans 1* **1992**, 2833. (b) Stary, I.; Stara, I. G.; Kocovsky, P. *Tetrahedron Lett.* **1993**, *34*, 179. (c) Stary, I.; Stara, I. G.; Kocovsky, P. *Tetrahedron* **1994**, *50*, 529.

[11] Kumareswaran, R.; Vankar, Y. D. *Tetrahedron Lett.* **1997**, *38*, 8421.

[12] (a) Tsuji, J. *Pure Appl. Chem.* **1986**, *58*, 869. (b) Tsuji, J. *Tetrahedron* **1986**, *42*, 4361.

[13] Genet, J. P.; Balabane, M.; Legras, Y. *Tetrahedron Lett.* **1982**, *23*, 331.

[14] Tanigawa, Y.; Nishimura, K.; Kawasaki, A.; Murahashi, S. I. *Tetrahedron Lett.* **1982**, *23*, 5549.

[15] Aggarwal, V. K.; Monteiro, N.; Tarver, G. J.; Lindell, S. D. *J. Org. Chem.* **1996**, *61*, 1192.

[16] Aggarwal, V. K.; Monteiro, N.; Tarver, G. J.; McCague, R. *J. Org. Chem.* **1997**, *62*, 4665.

[17] (a) Ukai, T.; Kawazura, H.; Ishii, Y.; Onnett, J. J. B; Ibers, J. A. *J. Organomet. Chem.* **1974**, *65*, 253. (b) Takemoto, T.; Nishikimi, Y.; Sodeoka, M.; Shibasaki, M. *Tetrahedron Lett.* **1992**, *33*, 3527. (c) Mandai, T.; Matsumoti, T.; Tsuji, J.; Saito, S. *Tetrahedron Lett.* **1993**, *34*, 2513. (d) Yamamoto, T.; Akimoto, M.; Saito, O.; Yamamoto, Y. *Organometallics* **1986**, *5*, 1559. (e) Sheffy, F. K.; Stille, J. K. *J. Am. Chem. Soc.* **1983**, *105*, 7173.

[18] (a) Trost, B. M.; Van Vranken, D. L. *Chem. Rev.* **1996**, *96*, 395. (b) Tsuji, J *Palladium Regents and Catalysis----New Perspectives for the 21st Century*, **2004**, John Wiley & Sons, Ltd, 431-517. (c) Jacobsen, E. N.; Pfaltz, A.; Yamamoto, H. *Comprehensive Asymmetric Catalysis I–III*, **2004**, Springer, 833-886

[19] (a) Rieck, H.; Helmchen, G. *Angew. Chem. Int. Ed.Engl.* **1995**, *34*, 2687. (b) Genêt, J. P.; Grisoni, S. *Tetrahedron Lett.* **1988**, *29*, 4543.

[20] Onoue, H.; Moritani, I.; Murahashi, S. *Tetrahedron Lett.* **1973**, 121.

[21] Trost, B. M.; Schroeder, G. M. *J. Am. Chem. Soc.* **1999**, *121*, 6759.

[22] Yan, X. X.; Liang, C. G.; Zhang, Y.; Hong, W.; Cao, B. X.; Dai, L. X.; Hou, X. L. *Angew. Chem., Int. Ed.Engl.* **2005**, *44*, 6544.

[23] (a) Von Matt, P.; Loiseleur, O.; Koch, G.; Pfaltz, A.; Lefeber, C.; Feucht, T.; Helmchen, G. *Tetrahedron: Asymmetry* **1994**, *5*, 573. (b) Trost, B. M.; Pulley, S. R. *J. Am. Chem. Soc.* **1995**, *117*, 10143.

[24] (a) Trost, B. M.; Organ, M. G. *J. Am. Chem. Soc.* **1994**, *116*, 10320. (b) Trost, B. M.; Toste, F. D. *J. Am. Chem. Soc.* **1998**, *120*, 815. (c) Eichelmann, H.; Gais, H. J. *Tetrahedron: Asymmetry* **1995**, *6*, 643.

[25] Keinan, E.; Sahai, M. *Chem. Commun.* **1984**, 648.

[26] Prat, M.; Ribas, J.; Moreno-Manas, M. *Tetrahedron* **1992**, *48*, 1695.

[27] Hayashi, T.; Kawatsura, M.; Uozumi, Y. *J. Am. Chem. Soc.* **1998**, *120*, 1681.

[28] You, S. L.; Zhu, X. Z.; Luo, Y. M.; Hou, X. L.; Dai, L. X. *J. Am. Chem. Soc.* **2001**, *123*, 7471.

[29] (a) Krafft, M. E.; Fu, Z.; Procter, M. J.; Wilson, A. M.; Hirosawa, C. *Pure Appl. Chem.* **1998**, *70*, 1083. (b) Krafft, M. E.; Wilson, A. M.; Fu, Z.; Procter, M. J.; Dasse, O. A. *J. Org. Chem.* **1998**, *63*, 1748. (c) Krafft, M. E.; Sugiura M.; Abboud, K. A. *J. Am. Chem. Soc.* **2001**, *123*, 9174.

[30] Krafft, M. E.; Lucas, M. C. *Chem. Commun.* **2003**, 1232

[31] Tsuji, J.; Yuhara, M.; Minato, M.; Yamada, H.; Sato, F.; Kobaysgi, Y. *Tetrahedron Lett.* **1988**, *29*, 343.

[32] Hegedus, L. S.; Darlington, W. H.; Russell, C. E. *J. Org. Chem.* **1980**, *45*, 5193.

[33] Carfagna, C.; Mariani, L.; Musco, A.; Sallese, G. *J. Org. Chem.* **1991**, *56*, 3924.

[34] Trost, B. M.; Dietsche, T. J. *J. Am. Chem. Soc.* **1973**, *95*, 8200.

[35] (a) Agrofoglio, L. A.; Gillaizeau, I.; Saito, Y. *Chem. Rev.* **2003**, *103*, 1875. (b) Helmchen, G.; Pfaltz, A. *Acc. Chem. Res.* **2000**, *33*, 336. (c) Hayashi, T. *Acc. Chem. Res.* **2000**, *33*, 354. (d) Dai, L. X.; Tu, T.; You, S. L.; Deng, W. P.; Hou, X. L. *Acc. Chem. Res.* **2003**, *36*, 659. (e) McManus, H. A.; Guiry, P. J. *Chem. Rev.* **2004**, *104*, 4151. (f) Desimoni, G.; Faita, G.; Jorgensen, K. A. *Chem. Rev.* **2006**, *106*, 3561. (g) Trost, B. M.; Machacek, M. R.; Aponick, A. *Acc. Chem. Res.* **2006**, *39*, 747. (h) Chan, Q. C. *Chem. Rev.* **2002**, *102*, 3385. (i) Trost, B. M.; Crawley, M. L. *Chem. Rev.* **2003**, *103*, 2921. (j) Trost, B. M. *J. Org. Chem.* **2004**, *69*, 5813. (k) Tunge, J. A.; Burger, E. C. *Eur. J. Org. Chem.* **2005**, 1715. (l) You, S. L.; Dai, L. X. *Angew. Chem. Int. Ed.* **2006**, *45*, 5246. (m) Graening, T.; Schmalz, H. G. *Angew. Chem., Int. Ed.* **2003**, *42*, 2580. (n) Braun, M.; Meier, T. *Angew. Chem., Int. Ed.* **2006**, *45*, 6952. (o) Trost, B. M.; Fandrick, D. R. *Aldrichimica Acta* **2007**, *40*, 59. (p) Lu, Z.; Ma, S. M. *Angew. Chem., Int. Ed.* **2008**, *47*, 258.

[36] Trost, B. M.; Krische, M. J.; Radinov, R.; Zanoni, G. *J. Am. Chem. Soc.* **1996**, *118*, 6297.

[37] Trost, B. M.; Chupak, L.; Lubbers, T. *J. Am. Chem. Soc.* **1998**, *120*, 1732.

[38] Pretot, R.; Pfaltz, A. *Angew. Chem., Int. Ed. Engl.* **1998**, *37*, 323.

[39] Von Matt, P.; Pfaltz, A. *Angew. Chem., Int. Ed. Engl.* **1993**, *32*, 566.

[40] Kuwano, R.; Ito, Y. *J. Am. Chem. Soc.* **1999**, *121*, 3236.

[41] Hayashi, T.; Yamamoto, A.; Hagihara, T. *J. Org. Chem.* **1986**, *51*, 723.

[42] (a) Pregosin, P. S.; Salzmann, R. *Coord. Chem. Rev.* **1996**, *155*, 35. (b) Hansson, S.; Norrby, P. O.; Sjogren, M. P. T.; Akermark, B.; Cucciolito, M. E.; Giordano, F.; Vitagliano, A. *Organometallics* **1993**, *12*, 4940. (c) Gogoll, A.; Ornebro, J.; Grennberg, H.; Backvall, J. E. *J. Am. Chem. Soc.* **1994**, *116*, 3631.

[43] Brown, J. M.; Hulmes, D. I.; Guiry, P. J. *Tetrahedron* **1994**, *50*, 4493.

[44] (a) Burckhardt, U.; Baumann, M.; Trabesinger, G.; Gramlich, V.; Togni, A. *Organometallics* **1997**, *16*, 5252. (c) Burckhardt, U.; Baumann, M.; Togni, A. *Tetrahedron: Asymmetry* **1997**, *8*, 155.

[45] (a) Takahashi, T.; Jinbo, Y.; Kitamura, K.; Tsuji, J. *Tetrahedron Lett.* **1984**, *25*, 5921. (b) Mackenzie, P. B.; Whelan, J.; Bosnich, B. *J. Am. Chem. Soc.* **1985**, *107*, 2046. (c) Granberg, K. L.; Backvall, J. E. *J. Am. Chem. Soc.* **1992**, *114*, 6858.

[46] Trost, B. M.; Breit, B.; Peukert, S.; Zambrano, J.; Ziller, J. W. *Angew. Chem., In. Ed. Engl.* **1995**, *34*, 2386.

[47] Trost, B. M.; Radinov, R. *J. Am. Chem. Soc.* **1997**, *119*, 5962.

[48] (a) Von Matt, P.; Pfaltz, A. *Angew. Chem., In. Ed. Engl.***1993**, *32,*566. (b) Von Matt, P.; Loiseleur, O.; Koch, G.; Pfaltz, A.; Lefeber, C.; Feucht, T.; Helmchen, G. *Tetrahedron: Asymmetry* **1994**, *5,* 573.

[49] (a) Trost, B. M.; Bunt, R. C. *J. Am. Chem. Soc.* **1994**, *116*, 4089. (b) Trost, B. M.; Organ, M. G. *J. Am. Chem. Soc.* **1994**, *11*, 10320. (c) Trost, B. M; Organ, M. G;   O 'Doherty, G. A. *J. Am. Chem. Soc.* **1995**, *117*, 9662.

[50] Knuhl, G; Sennhenn, P.; Helmchen, G. *J. Chem. Soc. Chem. Commun.* **1995**, 1845.

[51] Loiseleur, O.; Elliot, M. C.; Matt, P; Pflatz, A. *Helv. Chim. Acta.* **2000**, *83*, 2287.

[52] Dong, Y.; Teesdale-Spittle, P.; Hoberg, J. O. *Tetrahedron Lett.* **2005**, *46*, 353.

[53] Gais, H. J.; Bondarev, O.; Hetzer, R. *Tetrahedron Lett.* **2005**, *46*, 6279.

[54] (a) Trost, B. M.; Toste, F. D. *J. Am. Chem. Soc.* **1999**, *121*, 3543. (b) Trost, B. M.; Toste, F. D. *J. Am. Chem. Soc.* **2003**, *125*, 3090. (c) Trost, B. M.; Crawley, M. L. *Chem. Eur. J.* **2004**, *10*, 2237. (d) Trost, B. M.; Crawley, M. L. *J. Am. Chem. Soc.* **2002**, *124*, 9328.

[55] Trost, B. M.; Tanimori, S.; Dunn, P. T. *J. Am. Chem. Soc.* **1997**, *119*, 2735.

[56] (a) Trost, B. M.; van Vranken D. L. *Angew. Chem., Int. Ed. Engl.* **1992**, *31*, 228. (b) Trost, B. M.; van Vranken, D. L.; Bingel, C. *J. Am. Chem. Soc.* **1992**, *114*, 9327.

[57] (a) Trost, B. M.; Li, L.; Guile S. D. *J. Am. Chem. Soc.* **1992**, *114*, 8745. (b) Trost, B. M.; Patterson, D. E. *J. Org. Chem.* **1998**, 1339. (c) Trost, B. M *Pure Appl. Chem.* **1994**, *66*, 2007

[58] Trost, B. M.; Pulley, S. R. *J. Am. Chem. Soc.* **1995**, *117*, 10143.

[59] (a) Trost, B. M.; Ariza, X. *Angew. Chem., Int. Ed. Engl.***1997**, *36*, 2635. (b) Trost, B. M.; Lee, C. B. *J. Am. Chem. Soc.* **2001**, *123*, 3687. (c) Trost, B. M.; Lee, C. B. *J. Am. Chem. Soc.* **2001**, *123*, 3671. (d) Trost, B. M.; Lee, C. B. *J. Am. Chem. Soc.* **1998**, *120*, 6818. (e) Trost, B. M.; Crawley, M. L.; Lee, C. B. *Chem. Eur. J.* **2006**, *12*, 2171.

[60] Trost, B. M.; Lee, C. B. *J. Am. Chem. Soc.* **2001**, *123*, 12191.

[61] Auburn, P. R.; Mackenzie, P. B.; Bosnich, B. *J .Am .Chem. Soc.* **1985**, *107*, 2033.

[62] (a) Dawson, G. J.; Williams, J. M. J.; Coote, S. J. *Tetrahedron Lett.* **1995**, *36*, 461; (b) Romero, D. L.; Fritzen, E. L. *Tetrahedron Lett.* **1997**, *38*, 8659.

[63] (a) Hayashi, T.; Kawatsura, M.; Uozumi, Y. *Chem. Commun.* **1997**, 561. (b) Hayashi, T.; Kawatsura, M.; Uozumi, Y. *J. Am. Chem. Soc.* **1998**, *120*, 1681.

[64] (a) Prétôt, R.; Pfaltz, A. *Angew. Chem., Int. Ed. Engl.* **1998**, *37*, 323. (b) Hilgraf, R.; Pfaltz, A. *Synlett* **1999**, 1814.

[65] Hou, X. L.; Sun, N. *Org. Lett.* **2004**, *6*, 4399.

[66] Zheng, W. H.; Sun N.; Hou, X. L. *Org. Lett.* **2005**, *7*, 5151.

[67] Nomura, N.; RajanBabu, T. V. *Tetrohedron Lett.* **1997**, *38*, 1713.

[68] (a) Berkowitz, D. B.; Maiti, G. *Org. Lett.* **2004**, *6*, 2661. (b) Berkowitz, D. B.; Shen, W.; Maiti, G. *Tetrahedron: Asymmetry* **2004**, *15*, 2845.

[69] Yorimitsu, H.; Oshima, K. *Angew. Chem., Int. Ed.* **2005**, *44*, 4435.

[70] Van Klaveren, M.; Persson, E. S. M.; Del Villar, A.; Grove, D. M.; Backvall, J. E.; Van Koten, G. *Tetrahedron Lett.* **1995**, *36*, 3059.

[71] (a) Dubner, F.; Knochel, P. *Angew. Chem., Int. Ed. Engl.* **1999**, *38*, 379. (b) Dubner, F.; Knochel, P. *Tetrahedron Lett.* **2000**, *41*, 9233.

[72] (a) Luchaco-Cullis, C. A.; Mizutani, H.; Murphy, K. E.; Hoveyda, A. H. *Angew. Chem., Int. Ed.* **2001**, *40*, 1456. (b) Murphy, K. E.; Hoveyda, A. H. *J. Am. Chem. Soc.* **2003**, *125*, 4690. (c) Kacprzynski, M. A.; Hoveyda, A. H. *J. Am. Chem. Soc.* **2004**, *126*, 10676. (d) Murphy, K. E.; Hoveyda, A. H. *Org. Lett.* **2005**, *7*, 1255.

[73] (a) Curtis, M. D. *In Encyclopedia of Inorganic Chemistry*; King, R. B., Ed.; John Wiley & Sons Ltd.: New York, **1994**; pp 2346-2361. (b) Trost, B. M.; Lautens, M. *J. Am. Chem. Soc.* **1982**, *104*, 5543.

[74] Belda, O.; Moberg, C. *Acc. Chem. Res.* **2004**, *37*, 159.

[75] Trost, B. M.; Hachiya, I. *J. Am. Chem. Soc.* **1998**, *120*, 1104.

[76] Trost, B. M.; Dogra, K.; Franzini, M. *J. Am. Chem. Soc.* **2004**, *126*, 1944.

[77] Minami, I.; Shimizu, I.; Tsuji, J. *J. Organomet. Chem.* **1985**, *296*, 269 .

[78] (a) Zhang, S. W.; Mitsudo, T.; Kondo, T.; Watanabe, Y. *J. Organomet. Chem.* **1993**, *450*, 197. (b) Kondo, T. T. *Mitsudo in Ruthenium in Organic Synthesis*, Ed.: Murahashi, S. I., Wiley-VCH, Weinheim, **2004**, pp. 129-151.

[79] Kondo, T.; Ono, H.; Satake, N.; Mitsudo, T.; Watanabe, Y. *Organometallics* **1995**, *14*, 1945.

[80]　Onitsuka, K.; Matsushima, Y.; Takahashi, S. *Organometallics* **2005**, *24*, 6472.

[81]　Yoshizaki, H.; Satoh, H.; Sato, Y.; Nukui, S.; Shibasaki, M.; Mori, M. *J. Org. Chem.* **1995**, *60*, 2016.

[82]　Trost, B. M.; Schroeder, G. M. *J. Org. Chem.* **2000**, *65*, 1569.

[83]　Arnold, F. H. *Nature* **2001**, *409*, 6817.

[84]　(a) Raves, M. L.; Harel, M.; Pang, Y. P.; Silman, I.; Kozikowski, A. P.; Sussman, J. L. *Nat. Struct. Biol.* **1997**, *4*, 57. (b) Skolnick, A. A. *J. Am. Med. Assoc.* **1997**, *277*, 776

[85]　(a) Kaneko, S.; Yoshino, T.; Katoh, T.; Terashima, S. *Tetrahedron* **1998**, *54*, 5471. (b) He, X. C.; Wang, B.; Bai, D. *Tetrahedron Lett.* **1998**, *39*, 411.

[86]　He, X. C.; Wang, B.; Yu, G.; Bai, D. *Tetrahedron: Asymmetry* **2001**, *12*, 3213.

[87]　Cardllina, J. H. II; Moore, R. E.; Arnold, E. V.; Clardy, J. *J. Org. Chem.* **1979**, *44*, 4039

[88]　Trost, B. M.; Tang, W.; Schulte, J. L. *Org. Lett.* **2000**, *2*, 4013.

[89]　Jirousek, M. R.; Gillig, J. R.; Gonzalez, C. M.; Heath, W. F.; McDonald, J. H., III; Neel, D. A.; Rito, C. J.; Singh, U.; Stramm, L. E.; Melikian-Badalian, A.; Baevsky, M. Ballas, L. M.; Hall, S. E.; Faul, M. M.; Winneroski, L. L. *J. Med. Chem.* **1996**, *39*, 2664.

[90]　Trost, B. M.; Tang, W. *Org. Lett.* **2001**, *3*, 3409.

[91]　Trost, B. M.; Van Vranken, D. L; Bingel, C. *J. Am. Chem. Soc.* **1992**, *114*, 9327.

[92]　Spande, T. F.; Garraffo, H. M.; Edwards, M. W.; Yeh, H. J. C.; Pannell, L.; Daly, J. W. *J. Am. Chem. Soc.* **1992**, *114*, 3475.

[93]　Watta, P.; Verrier, H. M.; O'connor D. *Liq. Chromatogr.* **1994**, *17*, 1257.

[94]　(a) Broka, C. A. *Tetrahedron Lett.* **1993**, *34*, 3251. (b) Huang, D. F.; Shen, T. Y. *Tetrahedron Lett.* **1993**, *34*, 4477.

[95]　Trost, B. M.; Cook, G. C. *Tetrahedron Lett.* **1996**, *37*, 7485.

[96]　阵冠容. 老药新用. 北京人民卫生出版社, **1981**, 164-169.

[97]　(a) Nakanishi, M.; Mori, M. *Angew. Chem., Int. Ed. Engl.* **2002**, 1934. (b) Mori, M.; Nakanishi, M.; Kajishima, D.; Sato, Y. *Org. Lett.* **2001**, *3*, 1913

[98]　Trost, B. M.; Organ, M. G.; O'Doherty, G. A. *J. Am. Chem. Soc.* **1995**, *117*, 9662.

[99]　Trost, B. M.; Dong, G. B. *J. Am. Chem. Soc.* **2006**, *128*, 6054.

[100]　You, S. L. Hou, X. L.; Dai, L. X.; Zhu, X. Z. *Org. Lett.* **2001**, 149.

[101]　Trost, B. M. Radinov, R.; Grenzer, E. M. *J. Am. Chem. Soc.* **1997**, 7879.

[102]　Geurts, K.; Fletcher, S. P.; Feringa, B. L. *J. Am. Chem. Soc.* **2006**, 15572.

乌尔曼反应

(Ullmann Reaction)

华瑞茂

1 历史背景简述

1901 年，德国化学家 F. Ullmann 报道了硝基溴苯与过量铜粉在高温下脱卤偶联生成联芳烃的反应 (式 1)[1]。数年后，他又报道了铜诱导的邻氯苯甲酸与溶剂量苯胺偶联生成二芳基胺的反应 (式 2)[2]以及铜诱导酚钾盐与溴苯偶联反应生成二苯醚的反应 (式 3)[3]。其后，人们将铜诱导的卤代芳烃偶联反应、卤代芳烃与胺的偶联反应以及卤代芳烃与酚的偶联反应称为 Ullmann 反应。

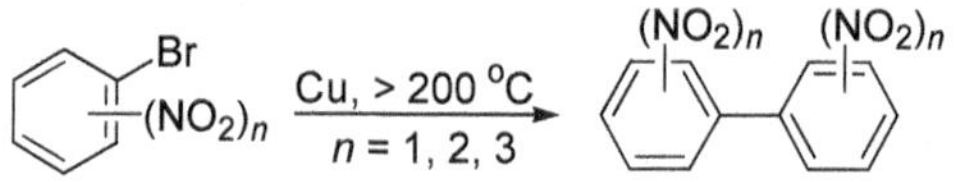

$$
\begin{array}{c}
\text{(1)} \\
\text{(2)} \\
\text{(3)}
\end{array}
$$

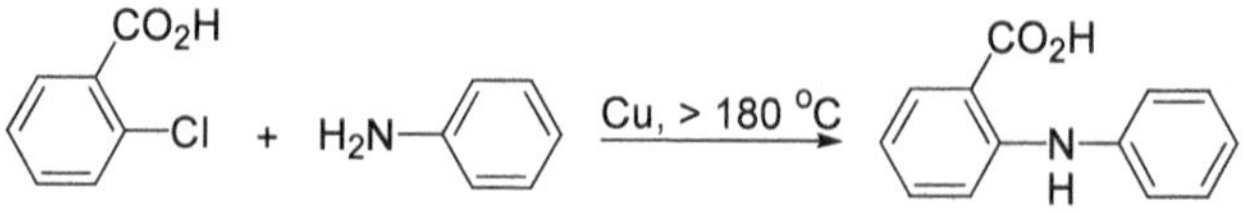

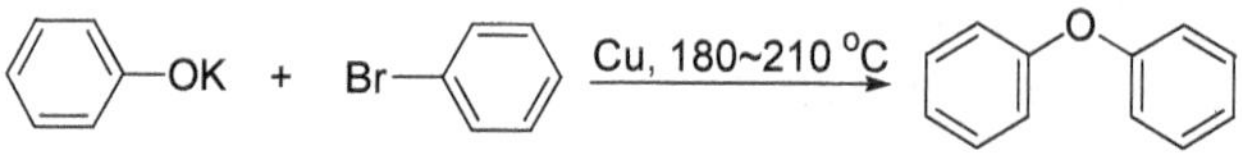

经过一个多世纪的发展，Ullmann 反应的内涵已经得到了很大的拓展。目前所称的 Ullmann 反应不仅包括最初的铜诱导卤代芳烃的 C-C 键偶联反应、卤代芳烃与芳香胺、卤代芳烃与酚形成 C-N 和 C-O 键的反应，还包括不同价态铜盐以及其它金属配合物 (例如：钯、镍等) 诱导或催化的上述偶联反应。早期的 Ullmann 反应需要使用过量铜试剂和高温条件，而现代 Ullmann 反应具有反应条件温和、使用催化量金属催化剂和对活性官能团有兼容性等优点。许多高效 Ullmann 反应催化剂体系的建立，极大地强化了有机反应中碳(sp^2)-碳(sp^2) 和碳(sp^2)-杂原子键形成的能力，为合成联芳烃、N-芳基化胺和二芳基醚等提供了有效方法，在精细化学品、药物和有机材料分子等合成中得到了广泛的应用。目前，已有多篇论文对不同时期的 Ullmann 反应研究进展进行过综述[4]。

2 Ullmann 反应的机理

传统的铜诱导 Ullmann 偶联反应虽已历经了一个多世纪的研究和应用，但反应机理还不是太清楚 (式 4)。

$$2 \; \underset{X}{\overset{R}{\bigcirc}} + 2 \, Cu \xrightarrow{\;\;\triangle\;\;} \underset{}{\overset{R \quad R}{\bigcirc\bigcirc}} + 2 \, CuX \qquad (4)$$

目前普遍认同的反应历程主要包括了形成有机铜中间体的步骤 (式 5～式 6)[5]：(1) 卤代芳烃与 Cu(0) 的氧化加成反应生成芳基卤代铜(**II**) (step 1)；(2) 芳基卤代铜与铜反应生成芳基铜中间体 (step 2)；(3) 芳基铜可能发生自偶联反应生成 C-C 键偶联产物和铜 (step 3)。芳基铜也可能与另一分子的卤代芳烃反应生成二芳基卤代铜(**III**) (step 4)，然后发生还原消除反应生成偶联产物和 CuX (step 5)。

$$(5)$$

$$(6)$$

CuX 也可作为催化剂催化卤代芳烃的偶联反应、醚化和胺化反应，其历程可能是基于如式 7 所示的循环反应步骤进行的。钯和镍配合物催化的 Ullmann 偶联反应一般也被认为具有相同的反应机理。

$$(7)$$

虽然也有报道认为铜诱导的 Ullmann 偶联反应可能是自由基机理，但许多实验结果用自由基机理无法解释，例如：卤代烯烃的 Ullmann 偶联反应可以保持烯基的立体化学构型[6]。

3 铜诱导和催化的 Ullmann 反应类型综述

3.1 碳-碳键形成反应

在早期的 Ullmann 反应操作中，只是简单地将活泼的碘代或溴代芳烃与铜粉在高温下共热。由于反应伴随有强烈的放热，导致反应体系的温度不易控制而产生大量的副反应。为了调控反应的温度，萘、联苯、硝基苯和 DMF 等高沸点有机化合物常被用作该反应的溶剂。研究结果发现：使用 DMF 作为溶剂可以使 Ullmann 反应能在较温和的反应温度 (DMF 的沸点为 135 °C) 下进行；同时，由于 DMF 可与水互溶，产物容易从反应混合物中分离。因此，DMF 成为研究 Ullmann 反应的最常用溶剂之一。更重要的是，使用 DMF 作为溶剂还可以提高某些 Ullmann 偶联反应的产率。如式 8 所示：与硝基苯溶剂中的反应结果比较[7]，1-甲氧基-2-氯-3-硝基苯在 DMF 中的的偶联反应不仅温度较为温和，而且产率也得到提高[8]。

$$PhNO_2, 200\sim210\ ^{\circ}C, 5\ h, 70\%$$

$$DMF, 135\ ^{\circ}C, 8\ h, 84\%$$

两种不同卤代芳烃之间的 Ullmann 交叉偶联反应是合成非对称联苯的理想方法，但反应也同时生成另外两种由底物自身偶联的产物。交叉偶联产物的选择性取决于催化剂、反应底物比例和反应条件等的选择。

Cu 诱导的 Ullmann 偶联反应可以应用于两种不同碘代芳烃的非对称交叉偶联反应。如式 9 所示[9]：二硝基取代的碘苯与过量的硝基碘萘在 140~150 °C 反应，可以高产率和高选择性地得到相应的交叉偶联产物。交叉偶联产物的产率主要取决于反应温度的控制，反应温度过低或过高都将生成大量的底物自身偶联的产物。

低聚二茂铁具有特殊的热性质和传导性，Ullmann 偶联反应是其最有效的合成方法。碘代二茂铁在 Ullmann 偶联反应中具有很高的反应活性，与过量的铜在 60 ℃ 下作用就能高产率地生成联二茂铁 (式 10)[10]。单碘代二茂铁与 1,1'-二碘代二茂铁在过量的铜诱导下，在较高的温度下反应可以生成联二茂铁和一系列 1,1'-低聚二茂铁 (式 11)[11]。在同样的反应条件下，单溴代和氯代二茂铁与 1,1'-二碘代二茂铁也能进行低聚反应，但反应的主产物是联二茂铁。

如式 12 所示：铜诱导下的 Ullmann 偶联反应也是从磷酰基取代的碘代二茂铁合成联二茂铁基双膦手性配体的关键步骤[12]。

噻吩共轭聚合物能表现出独特的光电特性，同时还保留了易加工和成膜的聚合物特性，在研制有机共轭聚合物薄膜电致发光器件中有潜在的应用价值。如式 13 所示：2,5-二溴噻吩-3-酯在三倍量的金属铜作用下，可以顺利地发生 Ullmann 偶联反应生成噻吩共轭聚合物，平均分子量 $(\overline{M_n})$= 3000~4000[13]。若以 5,5'-二溴-2,2'-联噻吩-4,4'-二酯为单体，在相同的偶联反应条件下进行脱卤聚合反应可以合成平均分子量在 8100~8700 之间的联噻吩共轭聚合物 (式 14)[14]。

$$\text{(13)}$$

R = $n\text{-}C_6H_{13}$, $n\text{-}C_8H_{17}$

$$\text{(14)}$$

R = $n\text{-}C_6H_{13}$, $n\text{-}C_8H_{17}$

新型四硫富瓦烯 (tetrathiafulvalene, TTF) 衍生物的合成对于系统地研究晶体电荷转移配合物、有机金属分子及其它材料分子的自由基离子化学性质是极为重要的。一方面利用杂原子（硫、磷）、烯、炔、芳基或烷烃基将 TTF 两个单元连接起来，可合成固态下两个 TTF 单元位置可调控的 TTF 二聚分子 [(TTFs)₂]。对(TTFs)₂溶液电化学性质的研究，可提供两个 TTF 单元多种氧化还原态之间的交互作用信息。另一方面，利用铜或铜盐促进的碘代 TTF 的 Ullmann 偶联反应还可以简便地合成一系列联 TTFs 衍生物。

如式 15 所示：在过量铜的存在下，4-碘-TTF 在氯苯中加热低产率生成相应的联 TTFs 化合物[15]。在 DMF 中，含不同给电子基团的碘代四硫富瓦烯在铜或铜盐的存在下发生脱碘偶联反应可以较高产率地生成一系列联 TTFs 衍生物 (式 16)[16]。

$$\text{(15)}$$

$$\text{(16)}$$

目前已经发现天然木质素产物具有抗 HIV 的活性，它们分子中的烷氧基取代的联芳基结构可能是重要的生物活性结构单元。因此，利用碘和溴代芳烃的 Ullmann 反应合成系列含烷氧基取代的联芳烃，并研究它们的结构与其生物活性之间的关系是非常有意义的工作。如式 17 所示：烷氧基取代的联苯衍生物是通过相应的碘代芳烃在过量的活性铜诱导下经分子间的 Ullmann 偶联反应合成[17]，类似对称结构的衍生物（式 18）也可以通过相应的溴代芳烃的偶联反应合成 [18]。同样的反应条件还可以应用于分子内的 Ullmann 偶联反应，合成不对称结构的类似物 (式 19)[19]。

$$(17)$$

$$(18)$$

$$(19)$$

除了金属 Cu 可以有效地诱导卤代芳烃进行 Ullmann 偶联反应形成 C-C 键以外，一价的铜盐也被广泛地应用于诱导或催化 Ullmann 偶联反应，在非常温和的反应条件下能使偶联反应顺利进行。如式 20 所示：在氨水的存在下，三氟甲磺酸铜(I) 在室温下能有效地促进邻溴硝基苯或反 2-溴-丁烯二酸二乙酯在丙酮中发生 Ullmann 偶联反应，高产率地生成相应的偶联产物[20]。在反式 2-

溴-丁烯二酸二乙酯的偶联反应中，烯基的构型保持不变。

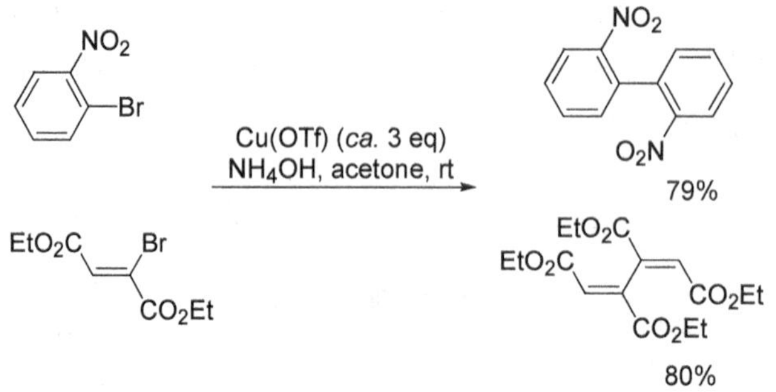

(20)

2-噻吩甲酸亚铜 (CuTC) 在 Ullmann 偶联反应中具有较高的催化活性。它在室温或更低的温度下不仅能诱导促进碘代烯烃和碘代芳烃与有机锡化合物的交叉偶联反应形成 C(sp^2)-C(sp^2) 键[21]，还能诱导碘代芳烃和杂芳烃与烯烃发生分子间的 Ullmann 偶联反应 (式 21)[22]。在诱导分子内的脱碘偶联反应中也表现出高化学反应专一性 (式 22)。

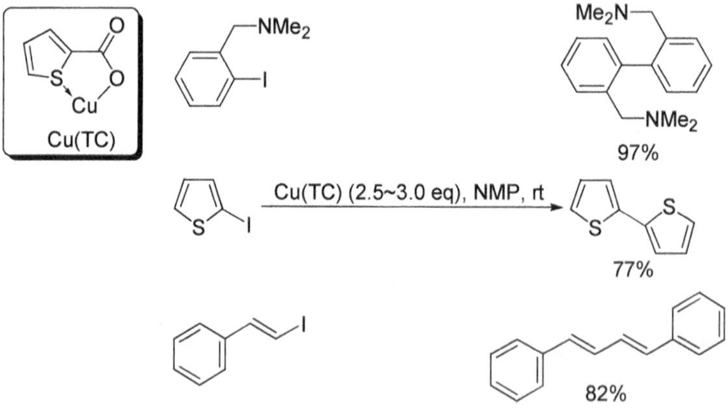

(21)

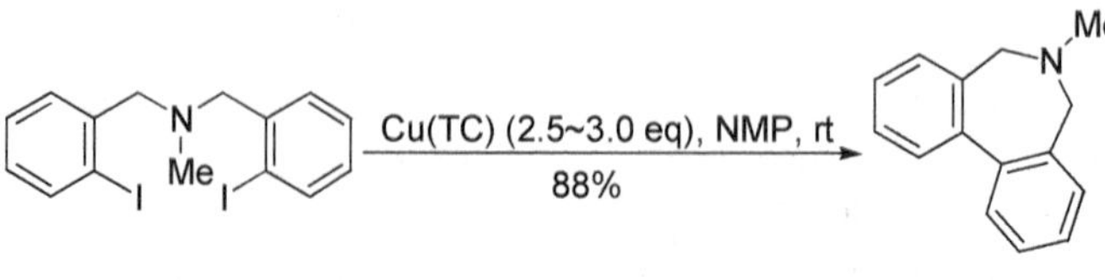

(22)

氟代联苯低聚体在光发射电子器件半导体和刚性棒状液晶材料中有潜在的应用价值。利用 Cu(TC) 诱导的 2,3,5,6-四氟-1,4-二碘苯的 Ullmann 反应，可在温和反应条件下较高产率地合成氟代苯的低聚物 (式 23)。反应条件实验表明，Cu(TC) 与溶剂 NMP 的组合是此低聚反应能顺利进行的关键因素，而其它一价铜化合物 (例如：CuI 和 Cu$_2$O)，在 NMP 中对反应没有诱导作用。另一方面，用 HMPA 或 DMF 代替 NMP 后，Cu(TC) 也失去反应活性[23]。

此外，Cu(TC)/NMP 反应体系还可在室温下有效地促进硫富瓦烯低聚物的合成[24]。

$$\text{(23)} \quad n = 0\text{~}3$$

3.2 碳-氮键形成反应

含氮化合物 (例如：胺和氮杂环等) 是最重要的一类有机化合物，许多天然产物的生物活性和药物功能都与其含氮杂原子的结构单元有关。因此，含氮化合物的衍生化反应是有机合成的重要研究内容之一。其中，铜诱导或催化的卤代芳烃与胺、氮杂环 N-H 键的 Ullmann 偶联反应已经成为重要的 N-芳基化反应之一，被成功地应用于各种结构的芳胺合成反应中。

最初的 N-芳基化反应是在传统的 Ullmann 反应条件下，二芳基胺与卤代芳烃的偶联反应。在金属铜或铜盐的存在下，反应需要在 200 °C 或更高温度下进行。这种条件下的反应不仅产率低，而且对胺和卤代芳烃有一定的局限性。最近，人们研究了各种配体辅助的铜盐催化的 Ullmann 碳-氮键偶联反应，不仅成功地建立了能在温和条件下有效催化芳胺芳基化的反应体系，而且还将 Ullmann 碳-氮键偶联反应拓展到不饱和氮杂环、饱和氮杂环以及反应活性较低的非环状脂肪胺的芳基化反应中。

如式 24 所示：在强碱叔丁醇钾的存在下，CuI 能有效地催化苯胺与碘代芳烃的 Ullmann 偶联反应，较高产率地生成芳香胺衍生物。在同样的反应中若添加与 CuI 等量的适当双齿配体 (例如：2,2'-联吡啶、双齿膦配体、1,10-二氮杂菲及其衍生物等)，便能够显著地提高芳香叔胺的生成产率和选择性[25]。

$$\text{(24)}$$

配体	三苯胺/%	二苯胺/%	配体	三苯胺/%	二苯胺/%
无配体	70	7		91	4
	95	2		90	3
Ph$_2$P(CH$_2$)$_3$PPh$_2$	80	6			

1,10-二氮杂菲及其衍生物作为配体不仅能促进 Cu (I) 催化 C-N 键偶联反应，而且也能有效地促进 C-C 键、C-O 键形成的 Ullmann 反应[26]。有趣的是，通过铜诱导 (Z)-1,2-二(2-溴-3-吡啶基)乙烯或其衍生物的分子内 C-C 键偶联反应又为合成 1,10-二氮杂菲骨架结构分子提供了有效的方法[27]。

配体辅助铜盐催化的 Ullmann 碳-氮键形成反应被广泛地应用到不饱和氮杂环的芳基化反应中。如式 25 所示：早期研究反应实例之一是在使用可溶于有机溶剂的 (CuOTf)$_2$·PhH 作为催化剂，并添加二苯亚甲基丙酮 (dba) 和 1,10-二氮杂菲 (phen) 配体，在 Cs$_2$CO$_3$ 作为碱的条件下实现了咪唑的芳基化反应[28]。此催化剂体系还可以应用于 5-碘尿嘧啶衍生物与脂肪胺的氨基化反应[29]。

$$Ar—I + HN\underset{}{\overset{}{\bigcirc\!\!N}} \xrightarrow[\substack{dba\ (5\ mol\%),\ Cs_2CO_3,\ xylene,\ 110\ ^oC \\ Ar = p\text{-}MeOC_6H_4,\ 96\% \\ Ar = m\text{-}CF_3C_6H_4,\ 94\%}]{(CuOTf)_2·PhH\ (5\ mol\%),\ phen\ (1\ eq)} Ar—N\bigcirc\!\!N \qquad (25)$$

其后的研究发现：配体辅助的芳基化反应可以用简单和便宜的铜盐衍生物作为催化剂前体，而且铜盐的溶解性不是催化活性的决定性因素。例如：CuI 与消旋的反式 1,2-二氨基环己烷 (CyDA) 组成的催化剂体系能有效地催化各种氮杂环与各种碘代和溴代芳烃的芳基化反应[30]。在式 26 列举的反应中，它们都能几乎定量地生成 C-N 键偶联产物。此催化剂体系在催化噁唑酮与溴代芳烃的偶联反应中也表现出良好的催化活性，已经被应用于强力杀菌剂 Linezolid 和 Toloxatone 的合成[31]。

$$\begin{array}{c}\text{Me} \\ \text{(3,5-dimethylphenyl)—I} \\ \text{Me}\end{array} + HN\bigcirc \xrightarrow[\substack{K_3PO_4,\ dioxane,\ 110\ ^oC}]{CuI\ (1\ mol\%),\ CyDA\ (10\ mol\%)} \begin{array}{c}\text{Me} \\ \text{—N}\bigcirc \\ \text{Me}\end{array} \qquad (26)$$

（三个产物结构：3,5-二甲基苯基-吡咯 99%；3,5-二甲基苯基-7-氮杂吲哚 99%；3,5-二甲基苯基-咔唑 99%）

相似的 CuI 与反式 N,N'-二甲基-1,2-二氨基环己烷 (DMCyDA) 组成的催化剂体系被应用于溴代呋喃、溴代噻吩与环状和非环状酰胺 N-H 键的偶联反应中[32]。

在研究 CuI 催化的饱和氮杂环、脂肪胺与碘代和溴代芳烃的芳基化反应中发现，邻二醇是有效的配体，能提高催化体系的反应活性，而最简单的乙二醇是最有效的配体[33]。如式 27 所示：在醇溶剂中，只要使用底物二倍量的乙二醇作为配体，CuI 就能有效地催化正己胺和四氢吡咯与碘苯的芳基化反应。配体的结构效应研究表明，邻二醇与 CuI 的螯合作用是催化体系具有高催化活性的重要因素。因为当用单醇和非邻位的二醇代替邻二醇作为配体时，催化剂体系表现出极低的催化活性。

$$
\begin{array}{c}
\text{PhI} + n\text{-C}_6\text{H}_{13}\text{NH}_2 \\
+ \text{ pyrrolidine} \\
\xrightarrow[\text{(2 eq), K}_3\text{PO}_4, i\text{-PrOH, 80 °C}]{\text{CuI (5 mol\%), HO(CH}_2)_2\text{OH}}
\end{array}
\qquad (27)
$$

n-C$_6$H$_{13}$NH—Ph 84%

pyrrolidine-N—Ph 90%

此外，CuI 与配体 α- 或 β-氨基酸衍生物组成的催化剂体系在催化芳香胺、饱和氮杂环、非环状脂肪胺与碘苯及其衍生物的芳基化反应中也具有良好的催化活性[34]。

作为配体的胺化合物，其自身与卤代芳烃的芳基化反应中，无需添加额外的配体就可以在温和条件下顺利进行 Ullmann 偶联反应 (例如：氨基酸[35]或氨基醇等[36])。

分子内的 N-H 键芳基化反应可提供一条合成苯并氮杂环的有效途径。如式 28 所示：在 N,N'-二甲基乙二胺 (DMEDA) 配体的存在下，在含少量水的 THF 溶剂中，CuI 在室温下能有效地催化 N-[(邻溴苯基)-2-乙基]甲酰胺的分子内碳-氮键形成反应，高产率生成 N-甲醛基-2,3-二氢吲哚[37]。在甲苯中，氯代芳烃类似物在 100 °C 下也能进行同样的反应。在 DMF 中，CuOAc 与 N,N-二乙基-(邻羟基)苯甲酰胺组成的催化剂体系也能催化类似的成环反应[38]。

$$
\xrightarrow[\text{Cs}_2\text{CO}_3, \text{THF, H}_2\text{O, rt}]{\text{CuI (5 mol\%), DMEDA (10 mol\%)}} \qquad 100\% \qquad (28)
$$

在 1,10-邻二氮杂菲配体的存在下，CuI 催化的邻溴取代芳基胍的分子内 Ullmann 反应可以用于合成 2-氨基苯并咪唑衍生物 (式 29)[39]。

$$
\xrightarrow[\text{Cs}_2\text{CO}_3 \text{ (2 eq), DME, 80 °C}]{\text{CuI (5 mol\%), 1,10-Phen (10 mol\%)}} \qquad 83\% \qquad (29)
$$

值得注意的是，在 Ullmann 偶联成环反应中优先形成 5、6 员环。如式 30 所示：虽然 C-I 键的反应活性比 C-Br 键高，但由于 N-H 键与 C-Br 键的分子内偶联反应形成六员环，CuI 诱导的分子内偶联反应高选择性地形成六员环，而 C-I 键不发生反应[40]。

$$(30)$$

当胺化合物分子中存在反应活性不同的氮-氢键时，基于反应物取代基的空间效应以及改变反应条件可控制 Ullmann 反应的化学选择性。例如：在 *N*-酰基肼与碘代芳烃的 Ullmann 偶联反应中，使用对位或间位取代的碘代芳烃时，偶联反应高选择性地发生在酰胺的氮-氢键上（式 31）；而邻位取代的碘代芳烃却表现出完全不同的区域选择性，几乎完全发生在未取代肼的氨基上，生成异氮取代的肼衍生物（式 32)[41]。

$$(31)$$

$$(32)$$

在铜盐催化的 Ullmann 碳-氮键形成偶联反应中，卤代芳烃主要局限于碘代和溴代芳烃化合物。但是，通过添加适合的辅助配体（例如：三(邻甲苯基)膦 [P(*o*-tol)$_3$] 或三正丁基膦）后，CuI 可催化苯胺及其衍生物与氯代芳烃的 *N*-芳基化反应[42]。CuI/DMCyDA 催化剂体系也可以有效地催化酰胺 N-H 键与氯代芳烃的芳基化反应[30]。

邻位上含有配位能力取代基的氯代芳烃作为潜在的配体，可促进自身的 Ullmann 偶联反应。例如：Cu 催化的邻氯苯甲酸与芳香胺的反应可以在较温和的反应条件下进行，生成 *N*-芳基氨基苯甲酸类化合物（式 33)[43]。这些化合物是制备吖啶酮的重要中间体[44]。

$$(33)$$

铜化合物不仅可以催化 $C(sp^2)$-X 键与 N-H 键之间的 Ullmann 偶联反应，在适当的配体存在下也可以有效地催化碘代或溴代炔烃 [$C(sp)$-X] 与酰胺的 C-N 键形成反应，成为合成酰胺取代炔烃的有效方法之一[45]。

含芳香胺结构的聚合物具有强度高和玻璃化转变温度高等特点，可以作为不定形空穴传输材料，在静电印刷、电致发光、光学折射和光伏器件制备等方面有极其重要的应用价值。通过 Ullmann 偶联反应，可以制备这类聚合物的单体 N,N-二芳基胺基取代的苯乙烯衍生物。

如式 34 所示：在过量的青铜和催化剂量的冠醚（18-冠-6）存在下，咔唑与过量的对溴苯甲醛 (ca. 1.5 eq) 在 1,2-二氯苯中回流 48 h 后，可以得到 60% 的芳基取代叔胺[46]。

$$(34)$$

有些含三芳基胺的大共轭分子表现出非线性光学性质，是制备有机光学材料的重要中间体。使用铜或铜化合物诱导的 Ullmann 芳香胺与卤代芳烃的偶联反应，可以方便地构造出三芳基胺结构单元。如式 35 所示：通过连续多步使用 Ullmann 反应，可以获得聚咔唑大共轭树状分子[47]。

共轭体系经各种官能团扩展的芴、寡聚芴或多聚芴分子是另一类在有机电子器件中具有潜在应用前景的有机材料分子。如式 36 所示：通过二苯胺与 2,7-二碘芴衍生物的 Ullmann 偶联反应，可以制得二苯氨基末端封闭的芴化合物[48]。这些化合物的光学物理性质研究表明，它们可以用作成像材料和双光子荧光团材料等。

含咔唑结构单元的共轭分子具有独特的光学、电学和化学性质，咔唑基团的引入还可以有效地提高这些有机分子的热稳定性和玻璃态持久性。例如：三苯胺咔唑树状分子末端封闭的寡聚芴不仅具有很高的热力学和电化学稳定性，而且具有良好的能量传输效率，作为有机发光二极管的空穴传输材料、磷光主体材料有着重要的应用前景。CuI 催化的咔唑衍生物与 2,7-二碘芴衍生物的 Ullmann 偶联反应是合成这类化合物的关键步骤 (式 37)[49]。

　　类似结构的 *N*-咔唑末端封闭的寡聚芴也可以通过 Ullmann 反应来合成 (式 38)。这类分子表现出良好的电化学可逆性，并随着芴基团数目的增多，这些分子的吸收和光致发光光谱红移，非常适合于制作电致发光器材的蓝光发射材料和空穴传输材料[50]。

　　寡聚噻吩也具有独特的光学和电学性质，它们在许多领域的新材料开发上也都有很重要的应用 (例如：场效应晶体管、有机发光二极管以及影印机技术等)。

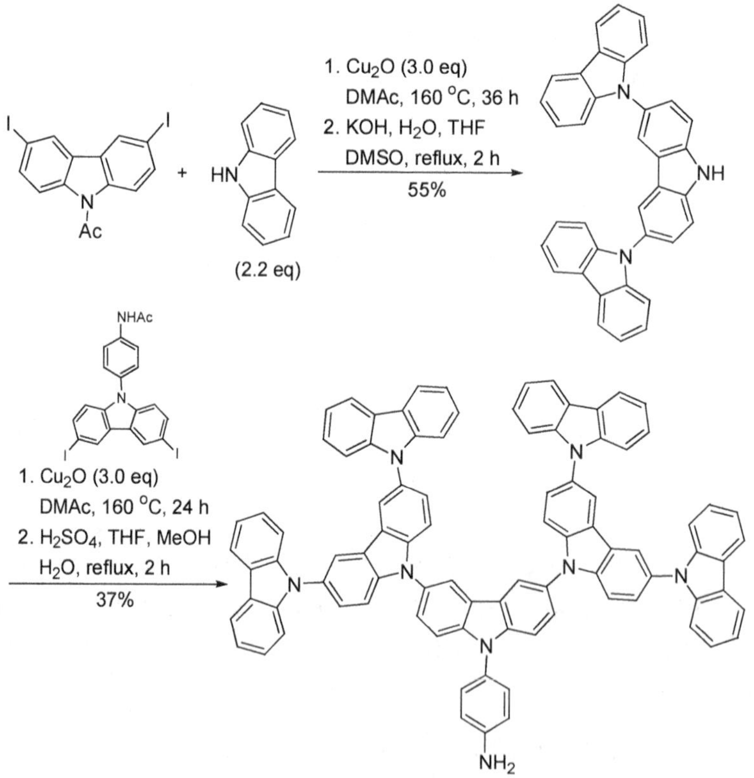

(35)

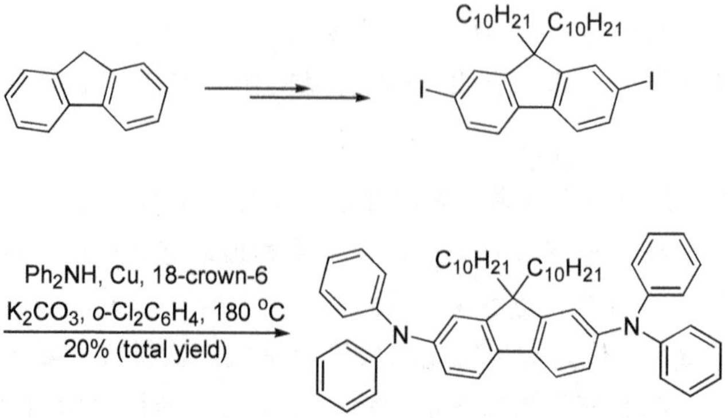

(36)

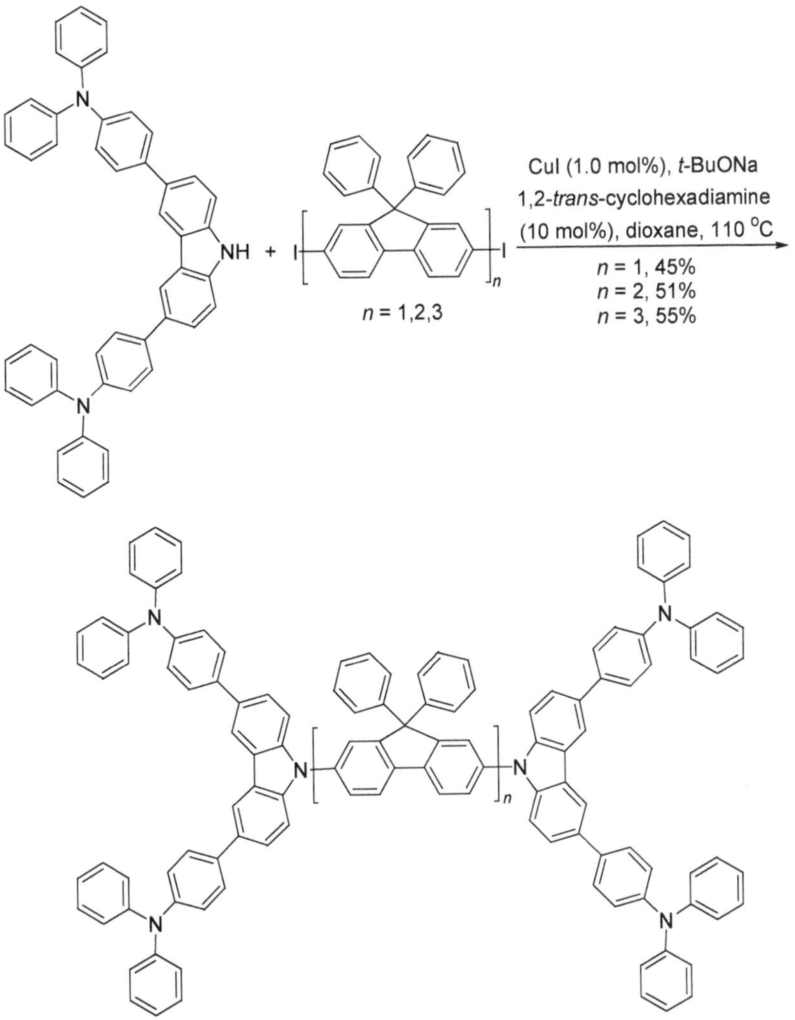

(37)

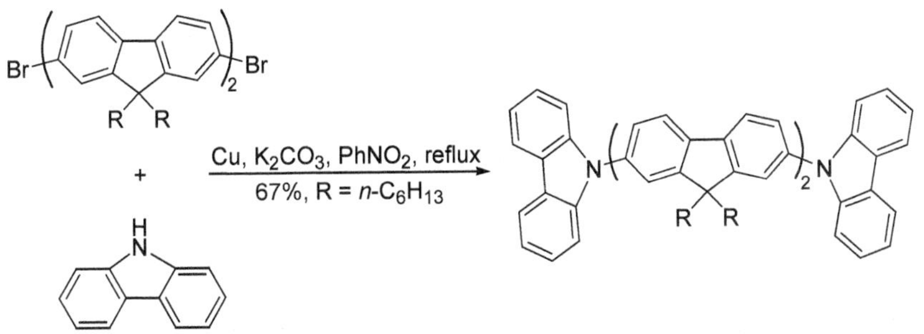

(38)

末端连接芳基胺官能团的寡聚噻吩是一类可作为有机发光二极管中蓝光发射材料和空穴传输材料的有机分子，Ullmann 反应是合成这些分子的有效方法。如式 39 所示：1,1'-二溴寡聚噻吩与过量的咔唑在催化量铜的存在下发生偶联反应，可高产率制备联二噻吩桥联的共轭芳胺分子[51]。在反式 2,5-环己二胺配体存在下，CuI 能有效地催化 2,5'-三聚噻吩与 7-氮杂吲哚的偶联反应，生成相应的 2,5'-双氮杂吲哚基三聚噻吩共轭分子 (式 40)[52]。

$$(39)$$

$$(40)$$

此外，N-咔唑末端封闭的、分子中央插入芴基结构单元的寡聚噻吩也可通过 Ullmann 偶联反应合成[53]。

3.3 芳基碳-氧键形成的 Ullmann 反应

温和条件下铜催化的碘代或溴代芳烃与酚盐或酚的亲核取代反应是合成二芳醚的重要方法，也是 Ullmann 偶联反应的另一个重要拓展反应。

如式 41 所示：在 1.4 eq 的 Cs_2CO_3 存在下，[Cu(OTf)]·PhH 能有效地催化含有吸电子和给电子基团的碘代芳烃与二甲基苯酚的偶联反应，高产率地生成不对称二芳基醚化合物。其它铜盐 (例如：CuCl、CuBr、CuI、$CuBr_2$ 以及 $CuSO_4$) 也具有相似的催化活性。使用不同碱性添加剂的研究表明，Cs_2CO_3 作为碱是铜盐能有效地催化此偶联反应的关键因素。因此，在假设的反应机理中包含了酚铯盐形成的步骤[54]。

$$(41)$$

研究结果表明：在 Cs_2CO_3 存在下，Cu(I) 与多种螯合配体组成的催化剂体系，在催化碘代和溴代芳烃与酚类化合物的 Ullmann 偶联反应中表现出良好的催化活性。例如：CuCl 与 2,2,6,6-四甲基-3,5-辛二酮[55]，CuI 与 N,N-二甲基甘氨酸盐酸盐[56]，Cu_2O 与席夫碱、水杨醛肟或丁二酮肟[57]，CuBr 与 β-酮酯等[58]。

在 Cs_2CO_3 存在下，二价铜盐 $CuCl_2 \cdot 2H_2O$ 在合适的配体存在下也是催化碘代芳烃与酚偶联反应的有效催化剂。例如：$CuCl_2 \cdot 2H_2O$ 与 2,2'-联咪唑组合的催化剂体系在催化富电子和缺电子的碘代芳烃与对甲苯酚的 Ullmann 偶联反应时，可以高产率地生成二芳基醚化合物 (式 42)[59]。

$$\text{(42)}$$

许多含二芳基醚结构单元的有机化合物具有生物活性，温和条件下的 Ullmann 反应已经成为合成这类化合物的关键步骤。如式 43 所示：在 CuCl 催化下，β-萘酚钠与 4-溴肉桂酸乙酯顺利地发生 C-O 键的偶联反应。生成二芳醚化合物经过进一步的修饰，可以获得对人免疫血球素 E 的生物合成有抑制作用的生物活性化合物[60]。

$$\text{(43)}$$

由于氯代芳烃的 C-Cl 键比 C-I 和 C-Br 键稳定，因此氯代芳烃的 Ullmann 反应必须在较为苛刻的反应条件下才能进行。如式 44 所示：若以氯苯为原料合成间苯氧基甲苯，反应不仅需以氯苯为溶剂和 PEG-4000 为助溶剂，而且必须使用现制的间苯甲酚钾盐为原料；然后在过量的 CuCl 存在下，在高温和加压的条件下反应 12 h 才能得到较高产率的目标产物[61]。

$$\text{(44)}$$

也有文献报道：使用可回收负载型 Cu(II) 盐催化剂，也可以在 C-O 键形成的 Ullmann 反应中得到良好催化效果[62]。

通常，C-O 键形成的 Ullmann 反应也是合成低聚芳醚的有效方法。在 CuCl 催化剂的存在下，间二苯酚钠盐与过量的溴苯反应可以合成聚三苯二醚产物。在这些反应中，产物的产率和化学选择性取决于反应溶剂的性质。如式 45 所示[63]：

在吡啶溶剂中，Ullmann 反应能在较温和的反应条件下高效率地进行。这可能是因为吡啶既有对反应物有较好的溶解性，而且又能与铜盐形成可溶性配合物。

$$(45)$$

溶剂	Py	Py N-oxide	DMF
产率/%	74	18	4

除了碘代和溴代芳烃与酚的 Ullmann 偶联反应以外，脂肪醇在合适的条件下也能进行芳基化反应。例如：在 CuI、Cs₂CO₃ 和配体 1,10-二氮杂菲组成的催化剂体系中，各种脂肪醇与碘代芳烃可以发生有效的偶联反应，并表现出极高的化学反应选择性[64]。

乙烯基醚是有机合成、高分子材料合成的重要中间体，它可以通过醇和炔烃的加成反应、Michael 型的加成消除反应、过渡金属催化乙烯基转移反应以及烯丙醚的异构化反应来合成。但是，这些方法存在着反应条件苛刻和对底物有局限性等缺点，从而限制了它们在实际生产中的应用。Ullmann 反应的另一个成功的应用实例，是铜盐催化卤代烯烃与醇、酚或它们的盐进行的烷氧基、芳氧基化反应合成烯醚。此方法具有反应条件温和、底物普适性广、和构型保持不变等特点。

如式 46 所示[65]：在甲醇和 N-甲基吡咯烷酮混合溶剂中，CuBr 能有效地催化各种溴代乙烯衍生物与 MeONa 的甲氧基化反应。虽然反应在 110 ℃ 下进行，但反应后烯烃构型能完全保持不变。

$$(46)$$

CuCl 与配体组成的催化剂体系在碳酸铯存在下，也能催化溴代三苯基乙烯与含推电子或拉电子基团酚的偶联反应，高产率生成相应的乙烯基芳基醚化合物（式 47）[66]。

$$(47)$$

　　杯芳烃是制备化学传感器和非线性光学材料等的理想化合物之一。杯芳烃和杂杯芳烃合成方法的研究以及杯芳烃杯沿的化学结构修饰是有机超分子领域的重要研究内容之一。铜 (盐) 诱导或催化的 C-O 键形成反应，已经被广泛地应用于氧杂杯芳烃的合成以及杯芳烃杯沿结构的修饰反应中。如式 48 所示：氧杂杯[4]芳烃 **1** 是以 1,3-二溴芳烃衍生物和二酚为原料，可以通过 *N,N*-二甲基氨基乙酸配体和 CuI 催化的 Ullmann 交叉偶联反应来合成[67]。在相同的反应条件下，2,7-二羟基萘与 1,3-二溴-2-硝基苯的 Ullmann 反应可以得到 21% 的氧杂杯[4]芳烃 **2**。同时发现在 CuI/K$_2$CO$_3$/吡啶反应条件下，用 1,3-二氟-2-硝基苯作为原料与 1,3-二酚的反应，可以合成氧杂杯[6]芳烃化合物 **3**。

$$(48)$$

2（21%）　　　　　　　　　3（25%）

　　杯芳烃杯沿的修饰可以制备不同大小空穴的杯芳烃。在碳酸钾存在下，CuO 在吡啶溶液中可以催化八溴代杯芳烃与过量的间二苯酚的 Ullmann 偶联反应，高产率和高选择性地得到多层氧杂杯芳烃分子 (式 49)[68]。同样的反应条件可以应用于类似杯芳烃化合物的制备过程中[69]。

　　寡聚酚 (通过 Ullmann 反应合成) 与二卤代芳烃的分子间 Ullmann 成环反应是合成不同环大小寡聚 (对亚苯氧基) 的简单方法。如式 50 所示：环状七聚(对亚苯氧基) 和十聚(对亚苯氧基) 是通过 *N,N*-二甲基氨基乙酸配体和 CuI 催化的 Ullmann 交叉偶联反应合成的[70]。这些分子具有平面或轻微弯曲的结构特点，它们的环直径在 1.1~1.5 nm 之间，在超分子化学研究中具有重要的用途。

$$(49)$$

$$(50)$$

$n = 1{\sim}4$

3.4   碳-硫键形成的 Ullmann 反应

与 C-O 键形成类似，C-S 键的形成也可以通过铜(盐)诱导或催化的卤代芳烃与硫试剂的偶联反应来实现。如式 51 所示：在 CuI、2,9-二甲基-1,10-邻二氮杂菲 (neocuproine) 和叔丁醇钠的存在下，碘代芳烃与硫酚或硫醇可以有效地发生 Ullmann 偶联反应，高产率生成相应的硫醚化合物[71]。

$$
\text{（式 51）} \qquad
\begin{array}{c}
\text{CuI (10 mol\%), neocuproine} \\
\text{(10 mol\%), } t\text{-BuONa, PhMe, 110 }^{\circ}\text{C} \\
\hline
\text{R = Ph, 98\%} \\
\text{R = } n\text{-C}_4\text{H}_9\text{, 95\%}
\end{array}
$$

(51)

在配体 N,N-二甲基甘氨酸的存在下，CuI 能有效地催化碘苯及其衍生物与 N,N-二甲基二硫氨基甲酸钠的 Ullmann 偶联反应，生成氨基硫代甲酸苯硫酯 (式 52)[72]。富电子和缺电子的碘苯衍生物都能发生偶联反应，高产率地生成相应的偶联产物。在相同的反应条件下，溴苯没有反应活性。但是，E-β-溴苯乙烯、Z-β-溴苯乙烯及其衍生物与二硫氨基甲酸钠不仅能顺利地发生偶联反应，高产率地生成相应的偶联产物，而且反应具有较高的立体选择性，反应物构型基本保持不变。

$$
\begin{array}{c}
\text{CuI (15 mol\%), DMF, 110 }^{\circ}\text{C} \\
N,N\text{-dimethylglycine (30 mol\%)} \\
\hline
\text{R = H, 95\%} \\
\text{R = OMe, 82\%} \\
\text{R = Cl, 91\%}
\end{array}
$$

(52)

此外，铜诱导的 C-S 键形成反应也可应用于碘代杂环的烷硫基化反应中。如式 53 所示：在过量的 Cu 存在下，含氨基和苯甲酰基的碘代咪唑[1,2-a]吡啶在吡啶溶剂中与二烷基二硫在 100 ℃ 反应 70 h 后，可以高产率地得到 3-烷硫基取代的咪唑[1,2-a]吡啶衍生物，此类硫化物是合成恩维霉素 (Enviroxime) 类似物的中间体[73]。由于 C-S 键形成的 Ullmann 反应体系能兼容酮和氨基等官能团，在合成含烷硫基杂环体系中有广泛的应用前景。

$$
\begin{array}{l}
\text{1. Cu (excess)} \\
\quad \text{RSSR (ca. 0.73 eq)} \\
\quad \text{pyridine, 100 }^{\circ}\text{C, 70 h} \\
\text{2. NH}_4\text{OH, NH}_4\text{Cl} \\
\hline
\text{R = Me, R}^1 = \text{COCF}_3\text{, 81\%} \\
\text{R = } i\text{-Pr, R}^1 = \text{H, 74\%}
\end{array}
$$

(53)

基于卤代芳烃与亚磺酸钠盐的 Ullmann 偶联反应，可以合成二芳基砜和芳基甲基砜等含硫化合物。如式 54 所示：CuI 与配体 L 脯氨酸组成的催化剂体系在催化对甲氧基碘苯与 RSO$_2$Na 的偶联反应中表现出良好的催化活性[74]。此催化反应体系能应用于含羟基、酰胺、氨基、酮、酯和腈等官能团的碘代和溴代芳烃参与的偶联反应中。

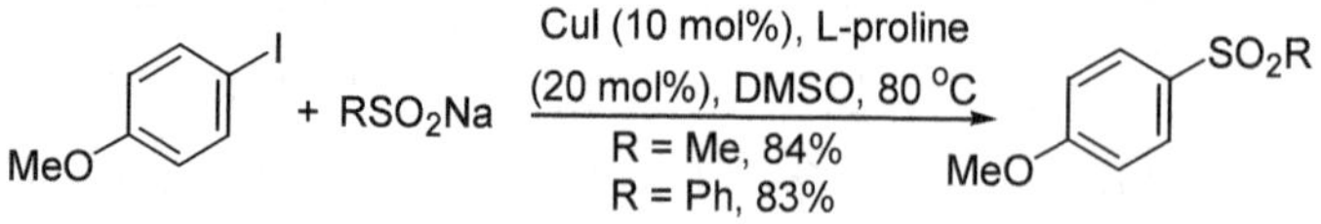

$$
\text{(54)}
$$

3.5 芳基碳-锡键形成的 Ullmann 反应

铜(铜盐)诱导或催化的 Ullmann 反应已经在 C-C、C-N、C-O 键形成反应中取得了突破性的进展。拓展其在碳-金属键形成反应方面的应用是非常有意义的研究工作。有趣的是：在典型的 Ullmann 反应条件下，用青铜(铜锡合金)代替活泼的铜粉研究碘苯偶联反应时发现，除了得到正常的联苯产物以外，还高产率生成四苯基锡 (式 55)。使用与青铜中等量的锡进行反应时虽然产率非常低，但当碘苯与锡的比例达到等质量时，四苯基锡的生成产率达到 69%[75]。底物普适性研究表明：青铜促进的 Ullmann 反应可以用于合成含 Cl、F、MeO、COOMe、Me 和 NO$_2$ 等官能团取代的四芳基锡衍生物。尽管需要在高温下长时间反应，但该方法可以用于合成那些对传统反应条件敏感的四芳基锡烷，为合成四芳基锡试剂提供了一种新方法。

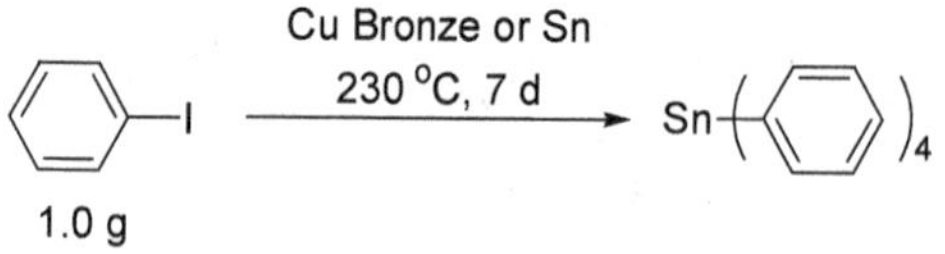

$$
\text{(55)}
$$

其它反应条件	Cu Bronze (7.0 g) (ca. 0.7 g Sn)	Sn (0.7 g)	Sn (1.0 g)
SnPh$_4$ 的产率	67%	8%	69%

4 钯催化的 Ullmann 反应

传统的铜诱导的 Ullmann 反应不仅需要使用过量的金属铜，而且一般需要较高的反应温度和较长的反应时间。为了实现温和条件下的 Ullmann 反应，化学工作者对反应体系进行了系统的研究，建立了多种配体辅助铜盐催化的 Ullmann 温和反应体系。与此同时，温和条件下钯配合物催化的 Ullmann 反应也得到了发展，极大地丰富了 Ullmann 反应的内容。

早期报道的钯催化卤代芳烃的 Ullmann 型偶联反应是在无溶剂和三乙胺存

在的条件下进行的。如式 56 所示[76]：在此反应条件下，Pd(OAc)₂ 催化的碘代芳烃的偶联反应只得到中等或低收率的联芳烃产物。

$$
\begin{array}{c}
\text{Pd(OAc)}_2\ (2.5\ \text{mol\%}) \\
\underset{\substack{\text{R = H, 54\%} \\ \text{R = }p\text{-Me, 50\%} \\ \text{R = }o\text{-Me, 10\%} \\ \text{R = }p\text{-Cl, 57\%}}}{\xrightarrow{\text{Et}_3\text{N, 100 }^\circ\text{C}}}
\end{array}
\tag{56}
$$

反应条件研究表明：碱、反应溶剂、配体以及添加剂等对钯催化的 Ullmann 偶联反应的活性有很大的影响。如式 57 所示：在二异丙基乙基胺的存在下，Pd(OAc)₂ 在 DMF 溶剂中能有效地催化同时带有氯和碘取代联噻吩的偶联反应，高产率生成氯代四联噻吩衍生物[77]。在此反应条件下，偶联反应选择性地发生在 C-I 键上，C-Cl 键保持不变。值得注意的是：在相似的反应条件下，5-位含吸电子乙酰基的氯代噻吩则能进行 C-Cl 键的偶联反应 (式 58)[78]。

$$
\xrightarrow[\substack{\text{DMF, 110 }^\circ\text{C} \\ 83\%}]{\substack{\text{Pd(OAc)}_2\ (5\ \text{mol\%}) \\ (i\text{-Pr})_2\text{NEt, }n\text{-Bu}_4\text{NBr}}}
\tag{57}
$$

$$
\xrightarrow[\substack{(n\text{-Bu})_4\text{NBr, PhMe, 105 }^\circ\text{C} \\ 73\%}]{\text{Pd(OAc)}_2\ (5\ \text{mol\%}),\ (i\text{-Pr})_2\text{NEt}}
\tag{58}
$$

在过量的四(二甲氨基)乙烯 (TDAE) 配体的存在下，PdCl₂(PhCN)₂ 能在温和的反应条件下有效地催化含推电子基团的溴代芳烃的偶联反应 (式 59)[79]。

$$
\text{MeO}\!-\!\!\left\langle\,\right\rangle\!-\!X
\xrightarrow[\substack{\text{X = Br, 98\%} \\ \text{X = I, 70\%} \\ \text{X = Cl, trace}}]{\substack{\text{PdCl}_2(\text{PhCN})_2\ (5\ \text{mol\%}) \\ \text{TDAE, DMF, 50 }^\circ\text{C}}}
\text{MeO}\!-\!\!\left\langle\,\right\rangle\!\!-\!\!\left\langle\,\right\rangle\!-\!\text{OMe}
\tag{59}
$$

反应体系中若添加四丁基氟化铵 (TBAF)，零价钯配合物 Pd(dba)₂ 能够在无其它碱存在的条件下有效地催化碘代和溴代芳烃的 Ullmann 偶联反应[80]。此催化反应体系对含给电子、吸电子取代基和邻位取代的卤代芳烃都具有高的催化活性 (式 60)。研究结果表明：氟源的选择是催化反应能否进行的关键因素，若使用在 DMF 中溶解性差的无机盐氟化物 (例如：LiF、NaF 和 KF)，Ullmann 偶联反应完全不能进行。

如式 61 所示：膦环钯配合物不仅在催化富电子和缺电子碘代芳烃的

Ullmann 偶联反应中具有极高的催化活性，而且可以催化 1,4-二碘苯的聚合反应，高产率地生成聚对苯[81]。

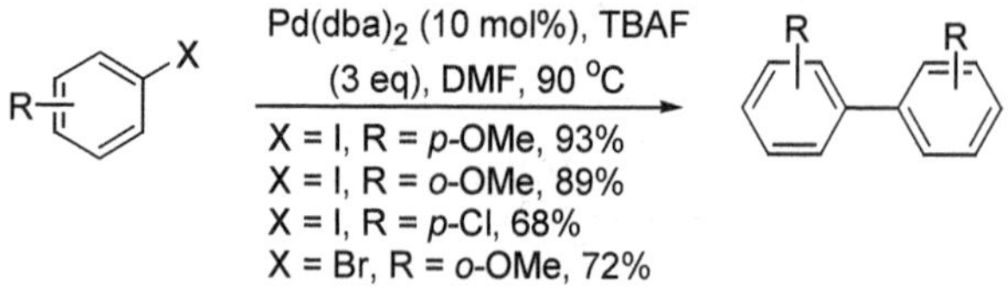

$$(60)$$

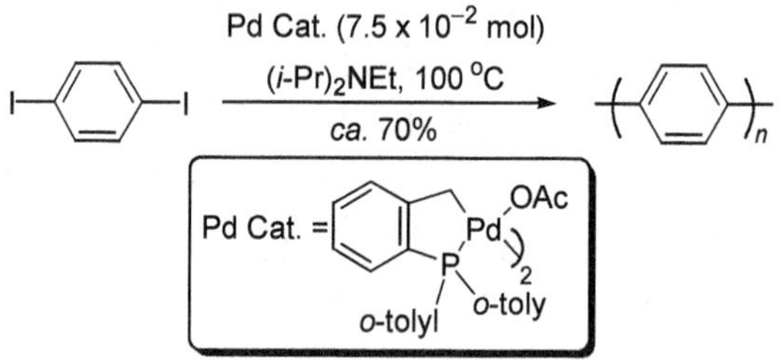

X = I, R = p-OMe, 93%
X = I, R = o-OMe, 89%
X = I, R = p-Cl, 68%
X = Br, R = o-OMe, 72%

$$(61)$$

除了简单和易得的 Pd(OAc)$_2$ 和 PdCl$_2$(PhCN)$_2$ 可以作为催化剂外，下面所列的磷环钯配合物 **Pd-1**[82]、肟衍生的钯环配合物 **Pd-2**[83]、氮环钯配合物 **Pd-3** 等[84]也可以催化 Ullmann 偶联反应。

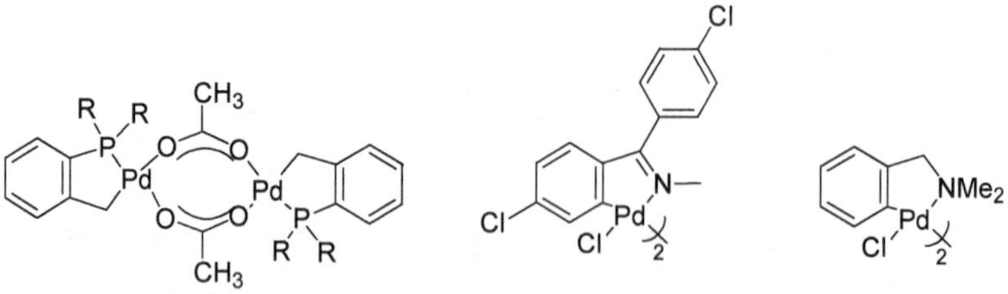

Pd-1 R = o-tolyl   **Pd-2**   **Pd-3**

钯催化的 Ullmann 反应也可以应用于卤代杂化芳烃的偶联反应。如式 62~式 64 所示：4,4′-联咪唑衍生物可以通过 Pd(0) 催化的 4-碘咪唑衍生物的偶联反应来合成[85]，2,2′-联吡啶可以通过 Pd(II) 催化的 2-溴吡啶的偶联反应来合成[86]。相似的催化剂体系还可以用于合成官能团化的联噻吩衍生物[87]。

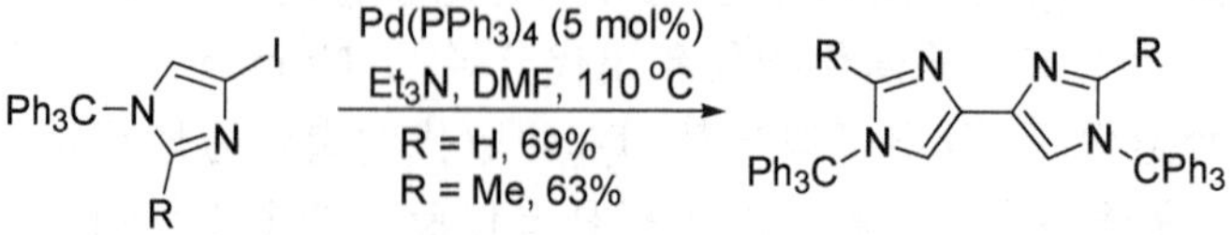

R = H, 69%
R = Me, 63%

$$(62)$$

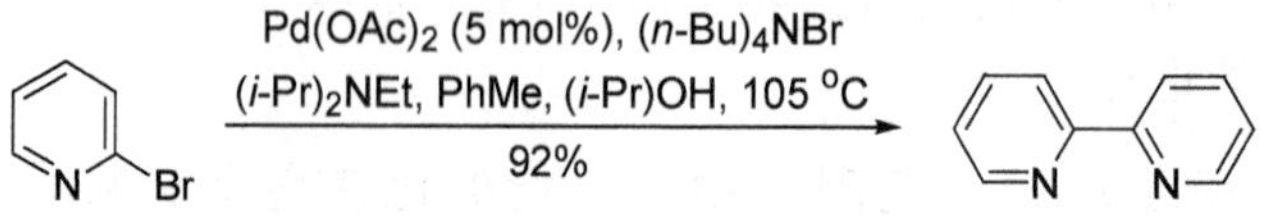

$$(63)$$

$$(64)$$

此外，Pd(OAc)$_2$ 也可以催化不同结构碘代芳烃与溴代芳烃的不对称交叉偶联反应。如式 65 所示：Pd(OAc)$_2$ 催化碘苯或对甲基碘苯与过量的对溴苯腈的反应能高选择性地生成不对称的联苯衍生物[88]。含各种给电子和吸电子基团的芳烃都可以顺利进行这种交叉偶联反应。

$$(65)$$

使用过量还原剂铜粉，钯可以在没有有机碱和季铵盐的情况下催化不同卤代化合物的 Ullmann 交叉偶联反应。如式 66 所示：Pd(OAc)$_2$ 选择性地催化邻硝基碘苯与 α-碘-α,β-不饱和环己烯酮的交叉偶联反应生成 α-(邻硝基苯基)环己烯酮；然后，再经简单的还原环化反应就能得到吲哚衍生物，建立了两步合成吲哚衍生物的简单方法[89]。除了 Pd(OAc)$_2$ 以外，Pd(PPh$_3$)$_4$ 和 PdCl$_2$(PPh$_3$)$_2$ 等钯配合物也具有高的催化活性。

$$(66)$$

钯催化的 Ullmann 偶联反应的另一个重要应用是卤代芳烃的胺化反应。在最初的研究中发现：在碱的存在下，Pd(0) 与富电子的膦配体 [如：三(邻甲苯基)膦] 组成的催化剂体系、或含三(邻甲苯基)膦配体的钯配合物，PdCl$_2$[P(o-tolyl)$_3$]$_2$ 能有效地催化仲胺与溴代芳烃的分子间交叉偶联反应，生成叔胺化合物 (式 67)[90]。

$$(67)$$

其它富电子的膦配体与 Pd(0) 和 Pd(II) 组成的催化剂体系也被广泛地应用于溴代和氯代芳烃与胺的 Ullmann 偶联反应中。早期的研究发现：三叔丁基膦配体与 Pd(0) 和 Pd(II)组成的催化剂体系在加热的条件下 (120 ℃) 可催化各种卤代芳基化合物的胺化反应[91]。但其后的研究发现：这些催化剂体系在室温下也能有效地催化溴代和氯代芳烃与各种胺 N-H 键的偶联反应[92]。如式 68~式 70 所示：Pd(dba)$_2$/P(t-Bu)$_3$ 或 Pd(OAc)$_2$/P(t-Bu)$_3$ 在室温下催化溴代芳烃或缺电子氯代芳烃与仲胺的偶联反应，高产率生成相应的叔胺化合物。若提高反应温度至 70 ℃，即使是富电子基团钝化的氯代芳烃也能进行有效的偶联反应。此外，该体系还能催化各种含氮杂环化合物在室温下进行芳基化反应。

$$\text{(68)}$$

$$\text{(69)}$$

$$\text{(70)}$$

例如：在钯催化的卤代芳烃与胺的 Ullmann 偶联反应中，含联萘和二茂铁骨架结构的双膦配体（**P-1** 和 **P-2**）和联苯单膦配体（**P-3**）也是非常有效的配体，它们与钯组成的催化剂体系极大地扩展了胺化合物的芳基化反应[93]。

R = Ph, Cy, t-Bu

钯配合物催化的分子内 C-N 键形成反应还可以应用于多杂环体系的合成中。如式 71 所示：在钯配合物催化剂的存在下，直线型对称的双碘代苯甲酰胺通过分子内的 Ullmann 偶联反应以及分子内的碳-碳键形成反应生成苯并氮杂环化合物[94]。基于直链亚甲基的个数的不同，在产物中含有一个 8~13 员的中环。

$$\text{(71)}$$

5　镍催化的 Ullmann 反应

在过渡金属当中，镍是较为廉价的金属。镍盐及其配合物作为催化剂在催化有机合成反应中已经得到了广泛的应用。镍或其与配体组成的催化体系在扩展 Ullmann 偶联反应中也发挥了重要作用。特别是镍诱导和催化的氯代芳烃中 C-Cl 的活化，弥补了铜和钯等催化剂难以实现的氯代芳烃的 Ullmann 偶联反应体系。

在镍配合物诱导和催化的反应体系中，Ni(0) 配合物被认为是关键的反应活性物种，其可通过 Ni(II) 的原位还原反应来制备。如式 72 所示：在 Zn 的存在下，NiCl$_2$(PR$_3$)$_2$ 能在非常温和的条件下有效地催化溴代芳烃或溴代烯烃的偶联反应[95]。虽然此催化剂体系 (R = Bu, Et) 对氯苯的偶联反应表现出很低的催化活性，但是 NiCl$_2$/PPh$_3$/Zn 体系可以有效地诱导反应活性较高的氯代杂芳烃 C-Cl 键的偶联反应，高产率地生成联杂芳烃化合物[96]。此外，Ni(OAc)$_2$/L/NaH 体系(L = 2,2′-联吡啶，PPh$_3$ 等) 也能够诱导非活性氯代芳烃 C-Cl 键的 Ullmann 偶联反应[97]。

在 NaH 还原剂的存在下，Ni(acac)$_2$、Al(acac)$_3$ 和 2,2′-联吡啶可以原位生成联吡啶配位的 Ni-Al 双金属原子簇，并在非活性氯代芳烃的 Ullmann 偶联反应中表现出极高的催化活性[98]。如式 73 所示：间氯甲苯和对氯甲苯的偶联产物收率几乎达到定量的水平。

Ni(0) 或 Ni(II)/还原剂与配体组成的催化剂体系也是催化氯代芳烃与胺偶联反应的有效催化剂体系。如式 74 所示：在 t-BuONa 的存在下，Ni(COD)$_2$/dppf 能有效地催化伯胺和仲胺与非活性氯代芳烃的 Ullmann 偶联反应，高产率地生成芳基化仲胺和叔胺。在该反应中，1,10-邻二氮杂菲 (phen) 也是有效的配体[99]。但是，在活性 Zn 粉还原剂的存在下，用 NiCl$_2$(dppf) 和 NiCl$_2$(phen) 作为催化剂前体时不能够发生偶联反应，只有用 MeMgBr 代替 Zn 后，Ni(II)/MeMgBr

组合才有催化活性。

$$(74)$$

在还原剂 NaH 存在下，Ni(OAc)₂/2,2′-联吡啶不仅可以诱导氯代反应的 Ullmann 偶联反应[97]，还可以作为芳香胺、脂肪胺和含氮杂环 N-H 键与氯代芳烃偶联反应的催化剂 (式 75)[100]。应用相同催化剂体系，还可以实现多氯芳烃的全氨基化反应[101]。如果控制反应底物的比例，可以实现 1,4-哌嗪与富电子和缺电子氯代芳烃的选择性单芳基化或双芳基化反应[102]。

$$(75)$$

R = o, p, m-Me, p-MeO, p-CF₃, X = CH, N
R¹, R² = -(CH₂)₄-, -(CH₂)₅-, -(CH₂)₂O(CH₂)₂-, -(CH₂)₂NMe(CH₂)₂-

原位生成的 Ni(0)/C 与 dppf 组成的催化剂体系不仅能有效地催化非活性氯代芳烃与仲胺的偶联反应，而且还可以催化苯胺选择性的单芳基化反应 (式 76，式 77)[103]。

$$(76)$$

$$(77)$$

6 不对称 Ullmann 反应

具有轴向手性的联芳烃衍生物 (主要是手性联苯或联萘衍生物) 已经成为种类多样的手性诱导剂或配体，特别是含轴向手性联芳烃膦配体的过渡金属配合物在各种不对称催化反应中表现出极高的对映体选择性，在有机合成上已得到了广泛的应用[104]。在这些手性配体的多步合成反应中，传统的铜诱导溴、碘代芳烃衍生物的不对称 Ullmann 偶联反应是构筑联芳烃骨架结构的关键步骤。

实现卤代芳烃的不对称 Ullmann 偶联反应一般采用两种方法：(1) 使用手性卤代芳烃反应底物发生 Ullmann 偶联反应；(2) 使用手性配体和金属盐一起催化 Ullmann 偶联反应。

如式 78 所示：溴代萘甲酸首先与手性醇反应在萘环上引入手性基团，接着发生铜催化的 Ullmann 偶联反应；然后，通过还原反应脱去手性基团，得到手性联萘醇产物[105]。虽然此反应的对映体选择性并不理想，但是首次实现了不对称 Ullmann 偶联反应。通过选择和引入更为有效的手性辅助基团 (例如：手性 2,2'-二羟基-1,1'-联萘和酒石酸酯等)，可使不对称 Ullmann 偶联反应的对映体选择性得到显著的提高[106]。

R*-OH	ee (R)	ee (S)
1-menthol (R)	13%	
(+)-1-phenylethanol (R)	5.0%	
(−)-2-octanol(R)	1.8%	
cholesterol(S)		5.3%
(−)-1-phenylethanol (S)		7.5%

卤代芳烃的分子间不对称 Ullmann 偶联反应也可以通过在芳烃环上引入适当的手性辅助基团来实现。如式 79 所示：含手性噁唑啉基团的溴代芳烃衍生物在回流的 DMF 溶剂中进行偶联反应，所得产物的对映异构体选择性可达到 100%

ee。通过不同的方式脱去手性辅助基团后，可以得到光学纯的联苄醇或酚[107]，还可用作反应中间体应用于合成鞣花单宁类化合物 (ellagitannin) 的联苯甲酸衍生物[108]。使用类似的方法，也可以通过不对称 Ullmann 偶联反应制备光学纯 1,1'-联萘衍生物[109]。

通过卤代芳烃中手性基团的自身不对称诱导作用进行的分子内和分子间的不对称 Ullmann 偶联反应，可以合成一些含有联芳烃骨架的手性双膦配体，如下所列配体 **1**[110]、**2**[111]和 **3**[112]所示。

手性配体与金属盐组成的手性催化剂体系催化的不对称 Ullmann 偶联反应更值得注意。如式 80 所示[113]：在非常温和的反应条件下，CuCl 与手性二胺配体组成的催化剂体系可以催化 2-萘酚衍生物的手性偶联，所得产物的立体选择性可以达到 78% ee。若使用适当的手性二胺配体，产物的立体选择性可以得到显著的改善 (式 81)[114]。这些催化剂体系也可以应用于含两个以上取代基萘酚的不对称氧化脱氢偶联反应[115]。

7 Ullmann 反应条件综述

7.1 含水介质中的 Ullmann 反应

与常用的有机溶剂相比，水具有高极性和高介电常数等特点，是有机合成反应中的重要反应介质之一。在有些有机反应中，以水作为共溶剂或溶剂时与在有机溶剂中表现出不同的反应选择性和反应速度。由于挥发性有机溶剂的使用易造成环境污染，用低廉、不燃和无毒的水代替传统有机溶剂进行的化学反应被认为是对环境友好的化学反应。水作为溶剂，在现代有机反应中的应用越来越受重视[116]。在水/有机混合溶剂或水介质中进行的 Ullmann 反应研究主要集中在负载型钯催化剂催化的偶联反应。

在还原剂金属 Zn 的存在下，Pd/C 催化剂催化卤代芳烃的偶联反应在多种不同的反应介质中表现出不同的催化活性。如式 82 所示：在 H_2O 和丙酮 (1:1) 的混合溶剂中，Pd/C/Zn 体系在催化碘苯、富电子和缺电子碘代芳烃的 Ullmann 偶联反应中表现出极高的催化活性和反应选择性[117]。用 $Pd(OAc)_2$ 代替 Pd/C 导致偶联产物的选择性大幅度降低，主要产物是脱碘氢化产物。在室温下使用冠醚 18-冠-6 作为助催化剂，Pd/C 催化剂在纯水反应溶剂中也能有效地催化碘代芳烃或溴苯的 Ullmann 偶联反应[118]。

$$R-\!\!\left\langle\ \right\rangle\!\!-I \xrightarrow[\substack{H_2O\text{-acetone (1:1), air, rt} \\ R = H, 94\% \\ R = Me, 92\% \\ R = MeCO, 92\%}]{\text{Pd/C (8 mol\%), Zn (3 eq)}} R-\!\!\left\langle\ \right\rangle\!\!-\!\!\left\langle\ \right\rangle\!\!-R \qquad (82)$$

在 H_2O 和 DME (1:1) 的混合溶剂中，Pd/C 与 Zn 组成的催化剂体系在超声波辐射和二氧化碳气氛中对碘代和溴代芳烃的 Ullmann 偶联反应表现出较低的催化活性[119]。但是，若以水和高压二氧化碳作为反应介质则表现出良好的催化活性。如式 83 所示[120]：在室温下，不仅反应活性较高的碘苯和溴苯能顺利地进行偶联反应，甚至氯苯也能生成中等产率的偶联产物。

$$\left\langle\ \right\rangle\!\!-X \xrightarrow[\substack{X = I, 58\% \\ X = Br, 49\% \\ X = Cl, 50\%}]{\text{Pd/C/Zn, } H_2O, CO_2 \text{ (6 MPa), rt}} \left\langle\ \right\rangle\!\!-\!\!\left\langle\ \right\rangle \qquad (83)$$

对 Zn/H_2O 存在下钯催化的 Ullmann 偶联反应机理研究表明，钯在该反应中经历了一个循环过程：Pd(0) 诱导碳-卤键活化和碳-碳键形成成为 Pd(II) 物种，其再被由水与 Zn 反应生成的氢气还原为 Pd(0) 物种[121]。所以，对于钯催化的 Ullmann 反应来讲，Zn/H_2O 不是唯一的反应条件组合，只要在反应体系中能生成氢气，偶联反应就可以顺利进行。例如：用甲酸钠代替 Zn，Pd/C 也能有效地催化 Ullmann 偶联反应。因为在钯催化剂的存在下，甲酸根与水反应能生成氢气。但是，为了得到高产率的偶联产物，在这些反应中需要使用相转移催化剂 (式 84)[122]。

$$\text{Ph—Cl} \xrightarrow[\text{NaOH, H}_2\text{O, 110 }^\circ\text{C, 1 h}]{\text{Pd/C (1 mol\% of Pd), NaHCO}_3} \text{Ph—Ph} + \text{Ph} \qquad (84)$$

PTC	转化率	联苯的选择性
无	60%	29%
TBAB	93%	71%

进一步的研究表明：在水与甲苯的混合溶剂中，使用 Pd 和相转移催化剂 TBAB 同时负载在活性炭上的催化剂体系进行的 Ullmann 偶联反应具有更好的选择性[123]。在钯催化的 Ullmann 偶联反应中，使用原位生成的氢气与直接使用氢气作为还原剂在反应机理上是相似的[124]。

除了炭负载的 Pd 催化剂以外，表面经疏水基团苯基修饰过的纳米介孔材料 Ph-MCM-41 和 Ph-SBA-15 负载的 Pd 催化剂在水介质中对碘代芳烃的 Ullmann 偶联反应也表现出良好的催化活性[125]。

此外，以维生素 C 为还原剂，将 PdCl$_2$/EDTA (1:1, 3 mol%) 和溴代芳烃在水和乙醇的混合溶剂中一起回流也可以得到 Ullmann 偶联反应产物[126]。

7.2 离子液体中的 Ullmann 反应

离子液体是一类低熔点 (100 $^\circ$C 以内) 的季铵盐或季鏻盐，其具有低蒸气压、高极性和不燃等特点。它们已经作为传统有机溶剂的代替物被成功地应用于一些有机反应体系中，以达到提高反应速率、增加反应选择性或实现催化剂的再生利用等目的[127]。离子液体作为反应介质在 Ullmann 偶联反应中也得到了应用。

如式 85 所示：在传统的有机溶剂 (例如：MeCN、DMSO 和 DMF)中，CuI/L-脯氨酸催化的反式 β-溴苯乙烯与咪唑的偶联反应产率非常低或者不发生。但是，在离子液体中，此催化剂体系能有效地催化 Ullmann 偶联反应，并保持构型不变[128]。相同催化剂体系在硫醇与溴乙烯衍生物[129]、咪唑与溴代芳烃或溴代杂芳

$$\text{PhCH=CHBr} + \text{HN} \underset{\text{N}}{} \xrightarrow[\text{K}_2\text{CO}_3, \text{[bmim]BF}_4, 110\ ^\circ\text{C}]{\text{CuI (10 mol\%), L-proline (20 mol\%)}} \underset{87\%}{} \text{product} \qquad (85)$$

bmim = 1-butyl-3-methylimidazolium

烃[130]的 Ullmann 偶联反应中也表现出良好的催化活性。

在离子液体中，纳米钯 (在电化学电池中原位生成) 可有效地催化电化学条件下碘代或溴代芳烃的 Ullmann 偶联反应[131]。如式 86 所示：离子液体有利于提高电导率和稳定纳米钯的原子簇，并可以反复使用 5 次以上。

$$R\text{—}\underset{}{}\text{—}X \xrightarrow{\text{Pd anode, IL, 25 }^{\circ}\text{C}} R\text{—}\underset{}{}\text{—}\underset{}{}\text{—}R \qquad (86)$$

IL= [octylmethylimidazolium]$^+$ [BF$_4$]$^-$

X	R	产率
I	NO$_2$	82%
I	Me	76%
Br	NO$_2$	61%
Br	Me	59%

离子液体作为反应介质可以实现多次再利用。如式 87 所示：以联吡啶盐离子液体为反应介质时，碘苯与碘代全氟烷烃经非对称 Ullmann 偶联反应，高选择性地生成交叉偶联产物。反应介质经过简单的处理以后可以重复使用，在 5 次重复使用中保持不变的产物收率[132]。

$$\underset{}{}\text{—I} + CF_3(CF_2)_3I \xrightarrow{\text{Cu, IL, 75 }^{\circ}\text{C}} \underset{}{}\text{—(CF}_2)_3CF_3 \qquad (87)$$

IL = 联吡啶盐 NTf$_2^-$, C$_4$H$_9$

循环次数 (时间/ h)	1	2	3	4	5
产率/%	88	85	90	87	89

使用离子液体作为反应介质还可以实现催化剂的多次再利用。如式 88 所示：PdCl$_2$ 与四甲基乙二胺 (TMEDA) 组成的催化剂体系在离子液体 [bmim]PF$_6$ 中能有效地催化碘代芳烃的偶联反应。虽然催化剂体系重复使用时催化活性逐渐降低，但实现了催化剂的多次再利用[133]。

$$MeO\text{—}\underset{}{}\text{—I} \xrightarrow[\text{(2 eq), [bmim][PF}_6], 120 ^{\circ}\text{C}]{\text{PdCl}_2 \text{ (5 mol\%), TMEDA}} MeO\text{—}\underset{}{}\text{—}\underset{}{}\text{—OMe} \qquad (88)$$

循环次数 (时间/ h)	1 (2)	2 (4)	3 (4)	4 (4)
产率/ %	98	85	67	59

7.3 微波辐射下的 Ullmann 反应

1986 年微波辐射第一次被应用于有机反应中[134]。与传统的加热相比，微波辐射加热具有快速提高反应速率、操作简便和副产物少等优点。所以，微波辐射加热在有机合成中的应用成为合成化学中的一个热点研究方向。微波辐射在促进 C-C、C-O 和 C-N 键形成的 Ullmann 偶联反应中也得到了重要的应用。

如式 89 所示：在微波辐射条件下，4-氯喹啉-2-酮的 Ullmann 偶联反应在催化量 Ni(II) 的存在下就能有效、快速地进行，高产率地生成偶联产物[135]。

在传统加热条件下，CuX (X = Cl, Br, I) 催化的 C-O 键形成 Ullmann 偶联反应一般需要配体辅助或使用酚盐、醇盐与卤代芳烃反应才能得到高产率的偶联产物。但在微波辐射条件下，CuI 在无配体的情况下就可以有效地催化酚与卤代芳烃的 Ullmann 偶联反应。如式 90 所示：在苯酚与对叔丁基碘苯的偶联反应中，CuI 在传统加热和微波辐射加热条件下表现出不同的催化活性。在微波辐射条件下，偶联产物的收率远远高于传统加热条件下的反应[136]。此外，在微波辐射条件下能显著地促进催化量铜粉 (10 mol%) 催化氯代杂环芳烃与苯酚的 Ullmann 偶联反应[137]。

同样地，Cu(I)/配体是催化氮杂环 N-H 键芳基化反应的有效催化剂体系。但在微波辐射条件下，即使不添加配体偶联反应也能顺利地进行。如式 91 所示：CuI 在微波辐射下可以催化氮杂五员环 (例如：吡咯、吡唑、咪唑及其苯并衍生物) 与含有游离氨基的溴代芳烃的偶联反应[138]。

$$(91)$$

7.4 无过渡金属催化的 Ullmann 反应

如前所述，Ullmann 偶联反应可在铜和镍等金属的诱导下进行，也可以在铜、钯和镍等金属(化)配合物的催化下有效地进行。无过渡金属诱导或催化的有机合成反应体系由于其具有操作更为简单、产物无过渡金属污染以及反应成本可以降低等优点，一直是人们所追求的反应体系。研究表明，选择适当的反应底物或反应条件也可以实现无过渡金属(化)配合物诱导或催化的 Ullmann 型 C-O、C-S、和 C-N 键等形成的偶联反应。

如式 92 所示：在冠醚 18-冠-6 催化剂以及过量的 KF/Al$_2$O$_3$ (质量分数 37%)存在下，缺电子氟代苯腈和硝基卤代苯等芳烃在回流的乙腈或加热的 DMSO (140 °C) 溶剂中能与酚和硫酚芳胺等进行亲核取代反应，高产率地生成相应的 Ullmann 偶联反应产物[139]。除了含硝基、氰基的氟苯以外，含其它吸电子取代基 (例如：甲酸基、乙酰基、酯基和酰胺基等) 的氟苯衍生物也是适用的底物。

$$(92)$$

在前节中已经介绍了微波加热可快速促进 C-C、C-O 和 C-N 键形成的 Ullmann 偶联反应。实际上，微波加热可以直接而有效地促进无过渡金属存在下的 Ullmann 型 C-N 键偶联反应。

如式 93 所示：在叔丁醇钾的存在下，短时间微波加热氯苯、溴苯或碘苯与吗啉的 DMSO 溶液可以高产率得到 C-N 键偶联产物[140]。含甲基、羟基、乙酰基、甲氧基和氨基等溴苯衍生物都可以作为有效的芳基化试剂。

$$(93)$$

如式 94 所示[141]：将 2-氯吡啶与苯并三唑在微波辐射条件下反应 10 min，

就可以完成无过渡金属催化的 Ullmann 偶联反应，得到 *N*-(2-吡啶)苯并三唑。此反应体系可以应用于多种苯并三唑衍生物与 2-氯吡啶衍生物的偶联反应。有趣的是，在此反应条件下，2-溴吡啶的反应活性不如相应的 2-氯吡啶。

$$\text{苯并三唑} + X\text{-吡啶} \xrightarrow[\substack{X = Cl, 87\% \\ X = Br, 30\%}]{\text{Microwave, 180 }^oC\text{, 10 min}} \text{N-(2-吡啶)苯并三唑} \tag{94}$$

8 Ullmann 反应在天然产物合成中的应用

金属铜、铜盐诱导或催化的 Ullmann 偶联反应由于能在较温和的反应条件下构筑 C-C 键、C-O 键和 C-N 键等，而且对很多官能团具有兼容性，所以在天然产物合成中得到了广泛的应用。在本节中列举的天然产物合成反应中，Ullmann 偶联反应被作为关键步骤，参与 Ullmann 偶联反应的卤代芳烃都含有多种官能团。

Aspidospermidine 是从 *Aspidosperma quebracho blanco* 中分离出来的含吲哚环生物碱天然产物，其全合成的关键步骤是过量铜和催化量 Pd$_2$(dba)$_3$ 存在下的邻硝基碘苯与 α-碘代不饱和环己烯酮的非对称 Ullmann 偶联反应（式 95）[142]。

$$\text{邻碘硝基苯} + \text{α-碘代环己烯酮} \xrightarrow[\substack{Pd_2(dba)_3 \text{ (cat.), 70 }^oC \\ 75\%}]{\text{Cu (5.0 eq), DMSO}} \text{偶联产物} \tag{95}$$

Aspidospermidine

(*S*)-Gossypol 是从棉籽中分离出来的黄色色素。它是一个具有轴向手性的联萘衍生物，其全合成的关键步骤是溴代萘衍生物的不对称 Ullmann 偶联反应[143]。如式 96 所示：首先，在溴代萘环上引入手性唑啉基团作为手性诱导基团；接着，在传统的 Ullmann 偶联反应条件下进行分子间脱卤偶联反应，实现了对映体选择性的不对称偶联反应；最后，通过脱去手性唑啉基团以及其它的转化反应，得到光学纯的目标产物。

很多天然产物含二芳基醚大环结构，研究和建立有效的分子内 Ullmann 偶联反应体系来合成这类大环二芳基醚化合物，是合成化学家非常感兴趣的研究内容之一[144]。例如：天然产物 Bouvardin[145]和 Piperazinomycin[146]的分子中存在有 14 员二芳基醚环，而 17 员二芳基醚环是天然药物 K-13 的基本结构[147]。分子内 Ullmann 偶联反应为合成这类大环二芳基醚提供了有效的方法。

$$(96)$$

式 97 是通过分子内 Ullmann 偶联反应合成 14 员二芳基醚环的典型反应。在此反应中发现 CuBr·SMe$_2$ 是促进分子内偶联反应的有效铜盐，而 CuO 没有活性。此外，溶剂效应对反应影响明显，在 DMSO、DMF 或氯苯溶剂中反应不能顺利进行[148]。

$$(97)$$

CuBr·SMe$_2$/NaH 促进的分子内 Ullmann 偶联生成环醚反应被成功地应用于多种天然产物及其衍生物的合成中，例如：细胞毒素抗癌素 Piperazinomycin[149]、抗癌抗生素 Bouvardin[150]、RA-VII 和 Deoxybouvardin[151]及其衍生物[152]。

温和条件下通过 Ullmann 反应来合成该类环肽化合物可建立更实用、更有效的天然产物合成法。如式 98 所示：在抗癌天然药物 K-13 全合成中，利用邻位 NHCOCF$_3$ 基团强烈的吸电子效应使芳环 C-Br 键的反应活性提高。所以，在全合成中使用了邻三氟乙酰氨基溴苯衍生物作为中间体。在室温下实现了 CuI 诱导的 Ullmann 分子内成环反应后，再用羟基将 NHCOCF₃ 基团取代[153]。

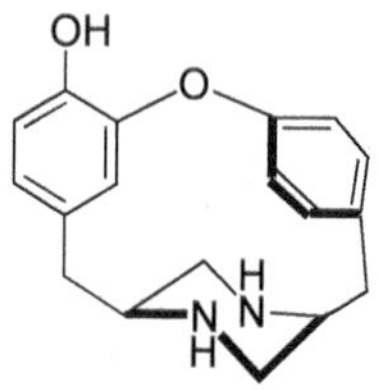

Piperazinomycin

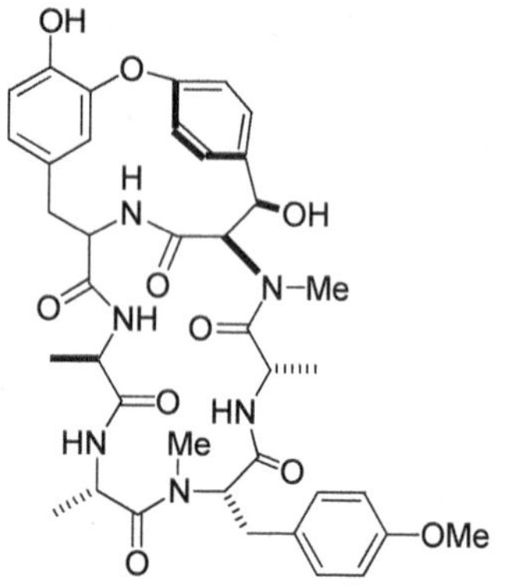

Bouvardin

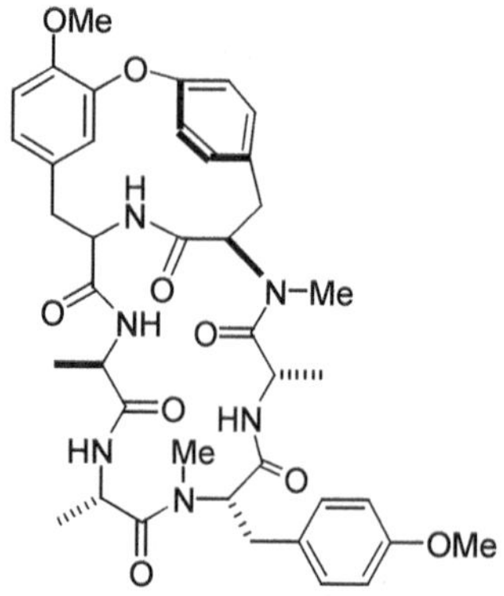

RA-VII

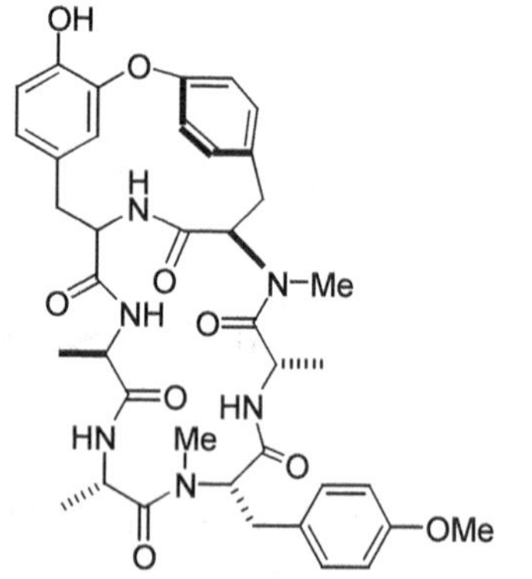

Deoxybouvardin

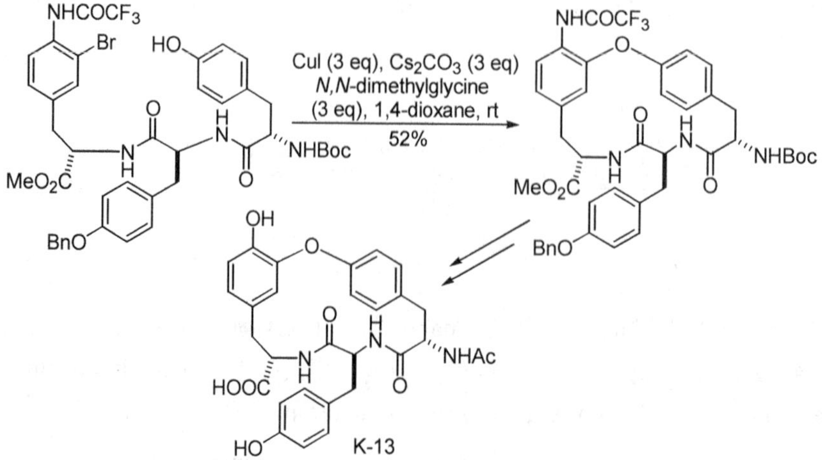

Cul (3 eq), Cs₂CO₃ (3 eq)
N,N-dimethylglycine
(3 eq), 1,4-dioxane, rt
52%

K-13

(98)

此外，CuBr·SMe₂ 诱导的分子内 Ullmann 芳醚形成反应还可应用于环肽类天然产物万古霉素 (Vancomycin) 合成的模型反应中（式 99）[154]。

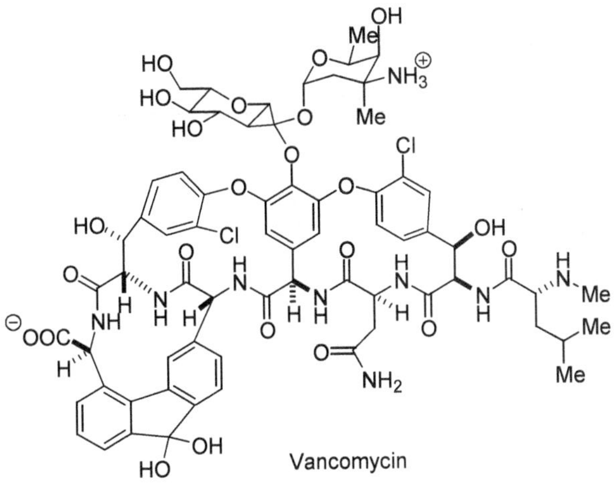

(99)

Vancomycin

在叔丁醇钾存在下，CuBr·SMe₂ 诱导的分子内 Ullmann 偶联反应是另一类天然产物 Acerogenin 全合成的重要步骤。如式 100 所示[155]：在 Acerogenin C 合成中的关键步骤中，用过量的 CuBr·SMe₂ 诱导分子内的碘代芳环与酚的偶联反应，制备了含二芳醚单元结构的 15 员环的中间体。

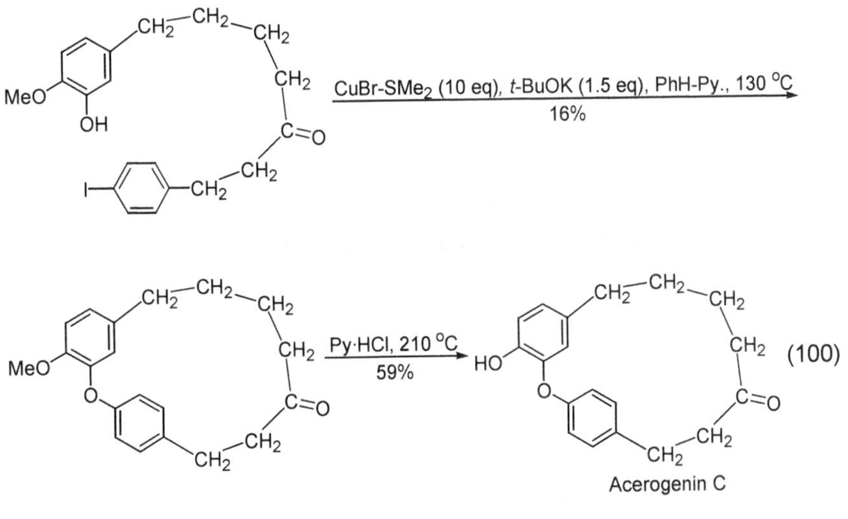

(100)

Acerogenin C

Scytophycin C 是从陆生蓝绿藻类 *Scytonema Pseudohofmanni* 中分离出来的天然产物，具有抵抗人体各种癌疾病的生理活性。如式 101 所示：Scytophycin C 分子是一个含有醚、羟基、烯、羰基和烯胺等多种官能团的复杂分子。令人惊奇的是：烯胺的形成是在全合成路线中的倒数第二个步骤。在所有这些官能团的存在下，CuI 催化完成了碘代烯烃衍生物与 *N*-甲基甲酰胺之间的 C-N 键偶联反应[156]。在该步反应中，Ullmann 偶联反应表现出极高的官能团兼容性。

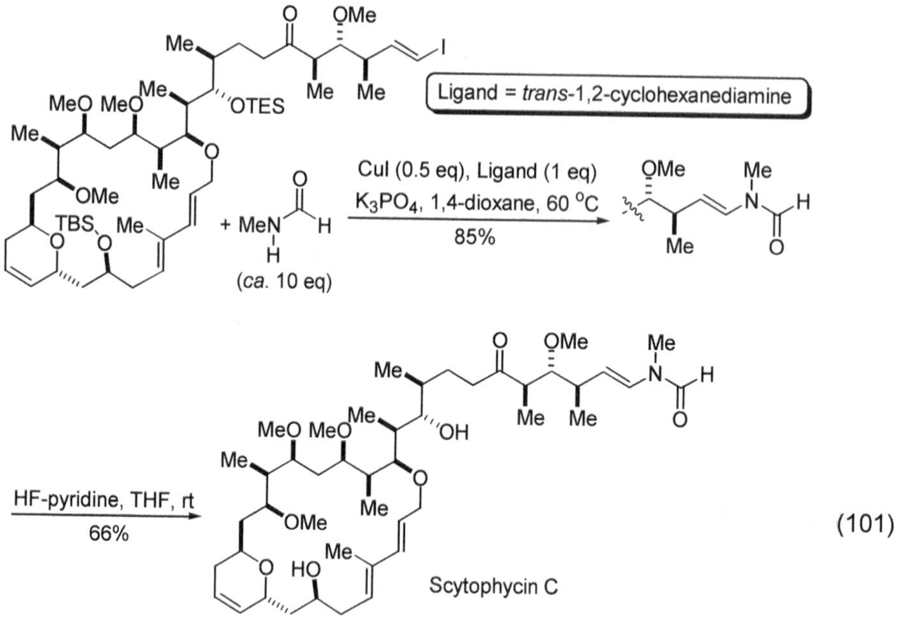

(101)

9 Ullmann 反应实例

例 一

二甲氧基二硝基联苯的合成[8]
(铜诱导氯代芳烃的 Ullmann 偶联反应)

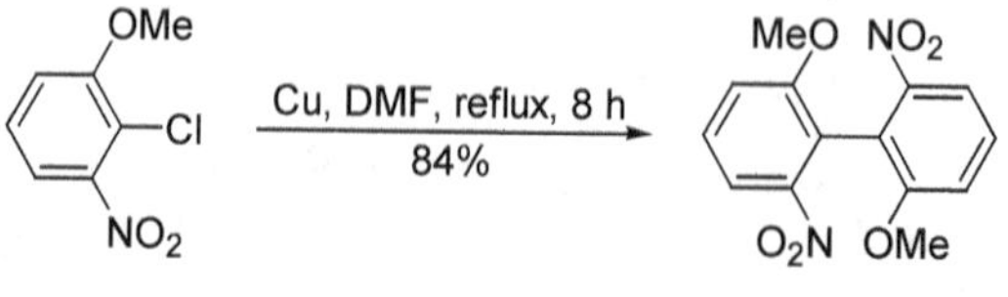

(102)

在一个装有回流冷凝装置和搅拌器的三口瓶中，加入 2-氯-3-甲氧基硝基苯 (20 g, 0.106 mol) 和 DMF (100 mL)。将所得溶液加热至回流，然后加入铜粉 (20 g, 0.312 mol)。加热回流 4 h 后，加入另一份铜粉 (20 g, 0.312 mol)，再加热回流 4 h。冷却后，向反应液中加入水 (2 L)。过滤得到的固体，用沸腾的丙酮 (2 L) 萃取。丙酮萃取物浓缩后得到第一批黄色晶体 (11.1 g)，mp 231~232 °C。进一步蒸发浓缩丙酮，再加入纯酒精又得到黄色固体 (2.8 g)，mp 228~229 °C。用冰乙酸重结晶得到纯化的黄色固体 (2.4 g)，mp 231~232 °C。总产率为 84% (13.5 g)。

例 二

三甲氧基乙酰氨基联苯的合成[22]

(铜配合物催化碘代芳烃的 Ullmann 偶联反应)

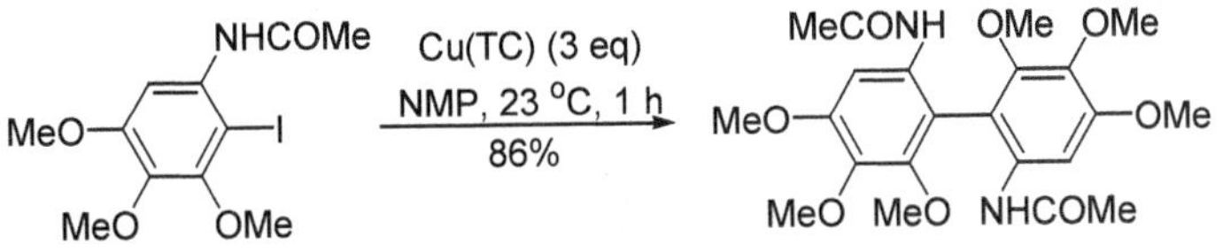

$$\text{(103)}$$

在氮气氛中，将 2-噻吩甲酸亚铜 (1.14 g, 6.0 mmol) 和 *N*-乙酰-2-碘-3,4,5-三甲氧基苯胺 (0.70 g, 2.0 mmol) 的 NMP 溶液 (8 mL) 在室温下搅拌 1 h 后，用乙酸乙酯 (15 mL) 稀释，得到的混合液用乙酸乙酯作为洗脱液通过一个二氧化硅垫洗涤。所得溶液旋蒸除去乙酸乙酯溶剂后，在真空条件下室温抽除 NMP，所得粗产物用二氯甲烷 (4 mL) 和乙醚 (10 mL) 溶解，然后将溶液浓缩一半后加入正己烷 (2 mL)，并放置于制冷器中得到灰白色固体的偶联产物 (0.38 g, 85%)，mp 149~151 ℃。

例 三

对甲氧基联苯的合成[79]

(钯配合物催化溴代芳烃的 Ullmann 偶联反应)

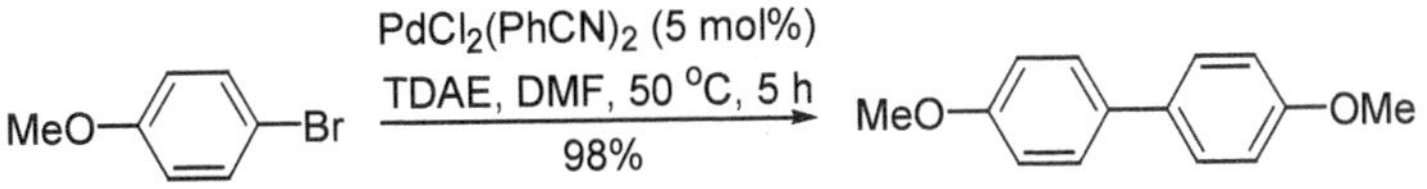

$$\text{(104)}$$

在 50 ℃ 和氮气氛中，将对溴苯甲醚 (187.0 mg, 1.0 mmol)、PdCl₂ (PhCN)₂ (19.0 mg, 0.05 mmol) 和四(二甲氨基)乙烯 (TDAE),（403.0 mg, 2.0 mmol) 的 DMF 溶液 (5 mL) 搅拌 5 h。当反应原料消耗完后 (HPLC 监控)，将反应混合液倒入冰水中，然后用乙醚萃取 (4 × 10 mL)。合并的萃取液用碳酸氢钠溶液和浓盐水洗涤、硫酸钠干燥，最后减压浓缩。所得固体用正己烷和乙酸乙酯重结晶后，得到大部分偶联产物。重结晶母液浓缩后，通过硅胶柱色谱分离 (洗脱液：正己烷:乙酸乙酯 = 1:1) 可以得到另一部分偶联产物。总产率为 98% (105.0 mg)。

例 四

N-苯基吗啉的合成[157]

(配体辅助 CuI 催化溴苯与吗啉的 Ullmann 偶联反应)

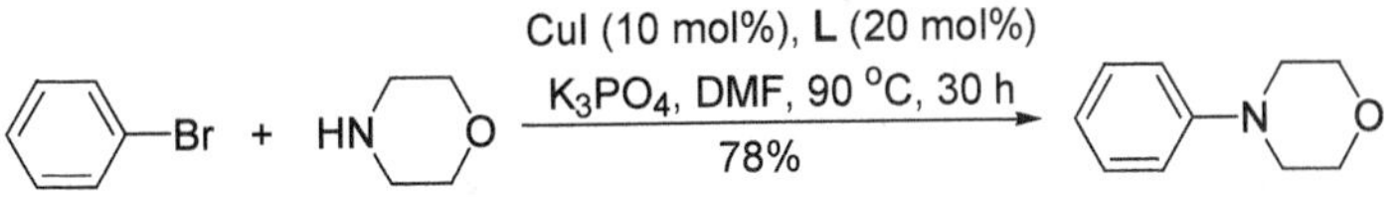

$$\text{(105)}$$

在圆底烧瓶中加入 CuI (40.0 mg, 0.2 mmol)，2-(磷酸二苯酯基)吡咯烷盐酸盐配体 (**L**) (136.0 mg, 0.4 mmol) 和磷酸钾 (552.0 mg, 4.0 mmol)。抽真空后充入氮气保护下，加入溴苯 (314.0 mg, 2 mmol)、吗啉 (261.0 mg, 3 mmol) 和 DMF (3 mL，含有 2% 的水)。然后，在 90 ℃ 下将混合物加热 30 h。反应完成后冷却至室温，加入乙酸乙酯 (10 mL)。滤去沉淀物，溶液浓缩后用硅胶柱色谱分离 (洗脱液:正己烷:乙酸乙酯 = 20:1~8:1) 得到偶联产物 (254.2 mg, 78%)。

例 五

对甲氧基苯基三苯乙烯基醚的合成[66]

(配体辅助 CuCl 催化溴代烯烃与酚的 Ullmann 偶联反应)

(106)

在圆底烧瓶中加入三苯基溴乙烯 (1.0 eq)，苯酚 (1.5 eq)，CuCl (0.25 eq)，配体 **L** (0.25 eq)，Cs_2CO_3 (2.0 eq) 和甲苯 (5.0 mL/mmol)。所得混合液加热回流，用 HPLC 检测直到三苯基溴乙烯完全消耗 (5 h) 后，将混合物用甲基叔丁基醚稀释。然后，通过一个硅藻土垫滤去不溶物。滤液用 28% 的氨水洗涤，然后用碳酸钾干燥。在高真空下用 Kugelrohr 蒸馏法可得到偶联产物 (94%)。

10 参考文献

[1] Ullmann, F.; Bielecki, J. *Chem. Ber.* **1901**, *34*, 2174.

[2] (a) Ullmann, F. *Chem. Ber.* **1903**, *36*, 2382. (b) Ullmann, F. *Liebigs Ann.* **1907**, *355*, 312.

[3] Ullmann, F.; Sponagel, P. *Chem. Ber.* **1905**, 38, 2211.

[4] (a) Sainsbury, M. *Tetrahedron* **1980**, *36*, 3327. (b) Bringmann, G.; Walter, R.; Weirich, R. *Angew. Chem.* **1990**, *102*, 1006. (c) Hassan, J.; Sevignon, M.; Gozzi, C.; Schulz, E.; Lemaire, M. *Chem. Rev.* **2002**, 102, 1359.

[5] Lewin, A. H.; Cohen, T. *Tetrahedron Lett.* **1965**, *6*, 4531.

[6] Cohen, T.; Poeth, T. *J. Am. Chem. Soc.* **1972**, *94*, 4363.

[7] Adams, R.; Finger, G. C. *J. Am. Chem. Soc.* **1939**, *61*, 2828.

[8] Kornblum, N.; Kendall, D. L. *J. Am. Chem. Soc.* **1952**, *74*, 5782.

[9] Suzuki, H.; Enya, T.; Hisamatsu, Y. *Synthesis* **1997**, 1273.

[10] Rausch, M. D. *J. Org. Chem.* **1961**, *26*, 1802.

[11] Roling, P. V.; Rausch, M. D. *J. Org. Chem.* **1972**, *37*, 729.

[12] Nettekoven, U.; Widhalm, M.; Kamer, P. C. J.; van Leeuwen, P. W. N. M.; Mereiter, K.; Lutz, M.; Spek, A.

Organometallics **2000**, *19*, 2299.

[13] Pomerantz, M.; Yang, H.; Cheng, Y. *Macromolecules* **1995**, *28*, 5706.

[14] Pomerantz, M.; Cheng, Y.; Kasim, R. K.; Elsenbaumer, R. L. *J. Mater. Chem.* **1999**, *9*, 2155.

[15] Becker, J. Y.; Bernstein, J.; Ellern, A.; Gershtenman, H.; Khodorkovsky, V. *J. Mater.Chem.* **1995**, *5*, 1557.

[16] (a) John, D. E.; Moore, A. J.; Bryce, M. R.; Batsanov, A. S.; Howard, J. A. K. *Synthesis* **1998**, 826. (b) John, D. E.; Moore, A. J.; Bryce, M. R.; Batsanov, A. S.; Leech, M. A.; Howard, J. A. K. *J. Mater. Chem.* **2000**, *10*, 1273.

[17] Chen, D.-F.; Zhang, S.-X.; Xie, L.; Xie, J.-X.; Chen, K.; Kashiwada, Y.; Zhou, B.-N.; Wang, P.; Cosentino, L. M.; Lee, K.-H. *Bioorg. Med. Chem.* **1997**, *5*, 1715.

[18] Chang, J.; Chen, R.; Guo, R.; Dong, C.; Zhao, K. *Helv. Chim. Acta* **2003**, *86*, 2239.

[19] Chang, J.; Guo, X.; Cheng, S.; Guo, R.; Chen, R. Zhao, K. *Bioorg. Med. Chem. Lett.* **2004**, *14*, 2131.

[20] Cohen, T.; Cristea, I. *J. Org. Chem.* **1975**, *40*, 3649.

[21] Allred, G. D.; Liebeskind, L. S. *J. Am. Chem. Soc.* **1996**, *118*, 2748.

[22] Zhang, S.; Zhang, D.; Liebeskind, L. S. *J. Org. Chem.* **1997**, *62*, 2312.

[23] Babudri, F.; cardone, A.; Farinola, G. M.; Naso, F. *Tetrahedron* **1998**, *54*, 14609.

[24] Kageyama, T.; Ueno, S.; Takimiya, K.; Aso, Y.; Otsubo, T. *Eur. J. Org. Chem.* **2001**, 2983.

[25] Kelkar, A. A.; Patil, N. M.; Chaudhari, R. V. *Tetrahedron Lett.* **2002**, *43*, 7143.

[26] Gujadhur, R. K.; Bates, C. G.; Venkataraman, D. *Org. Lett.* **2001**, *3*, 4315.

[27] (a) Chelucci, G.; Addis, D.; Baldino, S. *Tetrahedron Lett.* **2007**, *48*, 3359. (b) Chelucci, G.; Baldino, S. *Tetrahedron Lett.* **2008**, *49*, 2738.

[28] Kiyomori, A.; Marcoux, J. F.; Buchwald, S. L. *Tetrahedron Lett.* **1999**, *40*, 2657.

[29] Arterburn, J. B.; Pannala, M.; Gonzalez, A. M. *Tetrahedron Lett.* **2001**, *42*, 1475.

[30] Klapars, A.; Antilla, J. C.; Huang, X. H.; Buchwald, S. L. *J. Am. Chem. Soc.* **2001**, *123*, 7727.

[31] Mallesham, B.; Rajesh, B. M.; Reddy, P. R.; Srinivas, D.; Trehan, S. *Org. Lett.* **2003**, *5*, 963.

[32] (a) Crawford, K. R.; Padwa, A. *Tetrahedron Lett.* **2002**, *43*, 7365. (b) Padwa, A.; Crawford, K. R.; Rashatasakhon, P.; Rose, M. *J. Org. Chem.* **2003**, *68*, 2609.

[33] Kwong, F. Y.; Klapars, A.; Buchwald, S. L. *Org. Lett.* **2002**, *4*, 581.

[34] Ma, D. W.; Cai, Q. *Org. Lett.* **2003**, *5*, 2453.

[35] Ma, D. W.; Zhang, Y. D.; Yao, J. C.; Wu, S. H.; Tao, F. G.. *J. Am. Chem. Soc.* **1998**, *120*, 12459.

[36] Job, G. E.; Buchwald, L. *Org. Lett.* **2002**, *4*, 3703.

[37] Klapars, A.; Huang, X. H.; Buchwald, S. L. *J. Am. Chem. Soc.* **2002**, *124*, 7421.

[38] Kwong, F. Y.; Buchwald, S. L. *Org. Lett.* **2003**, *5*, 793.

[39] Evindar, G.; Batey, R. A. *Org. Lett.* **2003**, *5*, 133.

[40] Yamada, K.; Kubo, T.; Tokuyama, H.; Fukuyama, T. *Synlett* **2002**, 231.

[41] Wolter, M.; Klapars, A.; Buchwald, S. L. *Org. Lett.* **2001**, *3*, 3803.

[42] Patil, N.M.; Kelkar, A.A.; Nabi, Z.; Chaudhari, R.V. *J. Chem. Soc., Chem. Commun.* **2003**, 2460.

[43] Pellon, R.F.; Carrasco, R.; Marquez, T.; Mamposo, T. *Tetrahedron Lett.* **1997**, *38*, 5107.

[44] Hegde, R.; Thimmaiah, P.; Yerigeri, M. C.; Krishnegowda, G.; Thimmaiah, K. N.; Houghton, P. J. *Eur. J. Med. Chem.* **2004**, *39*, 161.

[45] (a) Zhang, Y. S.; Hsung, R. P.; Tracey, M. R.; Kurtz, K. C. M.; Vera, E. L. *Org. Lett.* **2004**, *6*, 1151. (b) Frederick, M. O.; Mulder, J. A.; Tracey, M. R.; Hsung, R. P.; Huang, J.; Kurtz, K. C. M.; Shen, L. C.; Douglas, C. J. *J. Am. Chem. Soc.* **2003**, *125*, 2368.

[46] MeKeown, N. B.; Badriya, S.; Helliwell, M.; Shkunov, M. *J. Mater. Chem.* **2007**, *17*, 2088.

[47] Kimoto, A.; Cho, J.-S.; Higuchi, M.; Yamamoto, K. *Macromolecules* **2004**, *37*, 5531.

[48] Belfield, K. D.; Schafer, K. J.; Mourad, W.; Reinhardt, B. A. *J. Org. Chem.* **2000**, *65*, 4475.

[49] Li, Z. H.; Wong, M. S. *Org. Lett.* **2006**, *8*, 1499.

[50] Promarak,V.; Saengsuwan,S.; Jungsuttiwong,S.;Sudyoadsuk,T.;Keawin,T.*Tetrahedron Lett.* **2007**, *48*, 89.

[51] Promarak, V.; Ruchirawat, S. *Tetrahedron* **2007**, *63*, 1602.

[52] Hong, J. S.; Shim, H. S.; Kim, T.-J.; Kang, Y. *Tetrahedron* **2007**, *63*, 8761.

[53] Promarak, V.; Pankvuang, A.; Ruchirawat, S. *Tetrahedron Lett.* **2007**, *48*, 1151.

[54] Marcoux, J.-F.; Doye, S.; Buchwald, S. L. *J. Am. Chem. Soc.* **1997**, *119*, 10539.

[55] Buck, E.; Song, Z. J.; Tschaen, D.; Dormer, P. G.; Volante, R. P.; Reider, P. J. *Org. Lett.* **2002**, *4*, 1623.

[56] Ma, D.; Cai, Q. *Org. Lett.* **2003**, *5*, 3799.

[57] Cristau, H.-J.; Cellier, P. P.; Hamada, S.; Spindler, J.-F.; Taillefer, M. *Org. Lett.* **2004**, *6*, 913.

[58] Lv, X.; Bao, W. *J. Org. Chem.* **2007**, 72, 3863.

[59] Wang, B.-A.; Zeng, R.-S.; Wei, H.-Q.; Jia, A.-Q.; Zou, J.-P. *Chin. J. Chem.* **2006**, *24*, 1062.

[60] Hasegawa, M.; Takenouchi, K.; Takahashi, K.; Takeuchi, T.; Komoriya, K.; Uejima, Y.; Kamimura, T. *J. Med. Chem.* **1997**, *40*, 395.

[61] Chandnani, K. H.; Chandalia, S. B. *Org. Pro. Res. Dev.* **1999**, *3*, 416.

[62] Miao, T.; Wang, L. *Tetrahedron Lett.* **2007**, *48*, 95.

[63] Williams, A. L.; Kinney, R. E.; Bridger, R. F. *J. Org. Chem.* **1967**, *32*, 2501.

[64] Wolter, M.; Nordmann, G.; Job, G. E.; Buchwald, S. L. *Org. Lett.* **2002**, *4*, 973.

[65] Keegstra, M. A. *Tetrahedron* **1992**, *48*, 2681.

[66] Wan, Z.; Jones, C. D.; Koenig, T. M.; Pu, John, Mitchell, D. *Tetrahedron Lett.* **2003**, *44*, 8257.

[67] Yang, F.; Yan, L.; Ma, K.; Yang, L.; Li, J.; Chen, L.; You, J. *Eur. J. Org. Chem.* **2006**, 1109.

[68] Gibb, C. L. D.; Stevens, E. D.; Gibb, B. C. *J. Am. Chem. Soc.* **2001**, *123*, 5849.

[69] Li, X.; Upton, T. G.; Gibb, C. L. D.; Gibb, B. C. *J. Am. Chem. Soc.* **2003**, *125*, 650.

[70] Takeuchi, D.; Asano, I.; Osakada, K. *J. Org. Chem.* **2006**, *71*, 8614.

[71] Bates, C. G.; Gujadhur, R. K.; Venkataraman, D. *Org. Lett.* **2002**, 4, 2803.

[72] Liu, Y.; Bao, W. *Tetrahedron Lett.* **2007**, *48*, 4785.

[73] Hamdouchi, C.; de Blas, J.; Ezquerra, J. *Tetrahedron* **1999**, *55*, 541.

[74] Zhu, W.; Ma, D. *J. Org. Chem.* **2005**, *70*, 2696.

[75] Shaikh, N. S.; Parkin, S.; Lehmler, H.-J. *Organometalics* **2006**, *25*, 4207.

[76] Clark, F. R. S.; Norman, R. O. C.; Thomas, C. B. *J. Chem. Soc., Perkin Trans I* **1975**, 121.

[77] Hassan, J.; Gozzi, C.; Schulz, E.; Lemaire, M. *J. Organomet. Chem.* **2003**, *687*, 280.

[78] Hassan, J.; Lavenot, L.; Gozzi, C.; Lemaire, M. *Tetrahedron Lett.* **1999**, *40*, 857.

[79] Kuroboshi, M.; Waki, Y.; Tanaka, H. *J. Org. Chem.* **2003**, *68*, 3938.

[80] Seganish, W. M.; Mowery, M. E.; Riggleman, S.; Deshong, P. *Tetrahedron* **2005**, *61*, 2117.

[81] Luo, F.-T.; Jeevanandam, A.; Basu, M. K. *Tetrahedron Lett.* **1998**, *39*, 7939.

[82] Dyker, G.; Kellner, A. *J. Organomet. Chem.* **1998**, *555*, 141.

[83] Alonso, D. A.; Nájera, C.; Pacheco, M. C. *J. Org. Chem.* **2002**, *67*, 5588.

[84] Li, Q.; Nie, J.; Yang, F.; Zheng, R.; Zou, G.; Tang, J. *Chin. J. Chem.* **2004**, *22*, 419.

[85] Cliff, M. D.; Pyne, S. G. *Synthesis* **1994**, 681.

[86] Hassan, J.; Penalva, V.; Lavenot, L.; Gozzi, C.; Lemaire, M. *Tetrahedron* **1998**, *54*, 13793.

[87] Hassan, J.; Lavenot, L.; Gozzi, C.; Lemaire, M. *Tetrahedron Lett.* **1999**, *40*, 857.

[88] (a) Hassan, J.; Hathroubi, C.; Gozzi, C.; Lemaire, M. *Tetrahedron Lett.* **2000**, *41*, 8791. (b) Hassan, J.; Hathroubi, C.; Gozzi, C.; Lemaire, M. *Tetrahedron* **2001**, *57*, 7845.

[89] Banwell, M. G.; Kelly, B. D.; Kokas, O. J.; Lupton, D.W. *Org. Lett.* **2003**, *5*, 2497.

[90] (a) Guram, A. S.; Rennels, R. A.; Buchwald, S. L. *Angew. Chem. Int. Ed. Engl.* **1995**, *34*, 1348. (b) Hartwig, J. F.; Louie, J. *Tetrahedron Lett.* **1995**, *36*, 3609.

[91] (a) Nishiyama, M.; Yamamoto, T.; Koie, Y. *Tetrahedron Lett.* **1998**, *39*, 617. (b) Yamamoto, T.; Nishiyama, M.; Koie, Y. *Tetrahedron Lett.* **1998**, *39*, 2367.

[92] Hartwing, J. F.; Kawatsura, M.; Hauck, S. I.; Shaughnessy, K. H.; Alcazar-Roman, L. M. *J. Org. Chem.* **1999**, *64*, 5575.

[93] (a) Hong, Y.; Senanayake, C. H.; Xiang, T.; Vandenbossche, C. P.; Tanpury, G. J.; Bakale, R. P.; Wald, S. A. *Tetrahedron Lett.* **1998**, *39*, 3121. (b) López-Rodríguze, M. L.; Benhamú, B.; Ayala, D.; Rominguera, J. L.; Murcia, M.; Ramos, J. A.; Viso, A. *Tetrahedron* **2000**, *56*, 3245. (c) Wolfe, J. P.; Buchwald, S. L. *J. Org. Chem.* **2000**, *65*, 1144. (d) Driver, M. S.; Hartwig, J. F. *J. Am. Chem. Soc.* **1996**, *118*, 7217. (e) Song, J. J.; Yee, N. K. *Org. Lett.* **2000**, *2*, 519. (f) Old, D. W.; Harris, M. C.; Buchwald, S. L. *Org. Lett.* **2000**, *2*, 1403.

[94] Cuny, G.; Bois-houssy, M.; Zhu, J. *Angew. Chem.* **2003**, *115*, 4922.

[95] Takagi, K.; Hayama, N.; Sasaki, K. *Bull. Chem. Soc. Jpn.* **1984**, *57*, 1887.

[96] Tieco, M.; Tcstaferri, L.; Tingoli, M.; Chianelli, D.; Montanucci, M. *Synthesis* **1984**, 736.

[97]   (a) Lourak, M.; Venderesse, R.; Fort, Y.; Caubère, P. *J. Org. Chem.* **1989**, *54*, 4840. (b) Fort, Y.; Becker, S.; Caubère, P. *Tetrahedron* **1994**, *50*, 11893.

[98]   Massicot, F.; Schneider, R.; Fort, Y.; Illy-Cherrey, S.; Tillement, O. *Tetrahedron* **2001**, *57*, 531.

[99]   Wolfe, J. P.; Buchwald, S. L. *J. Am. Chem. Soc.* **1997**, *119*, 6054.

[100]   Brenner, E.; Schneider, R.; Fort, Y. *Tetrahedron* **1999**, *55*, 12829.

[101]   Desmarets, C.; Schneider, R.; Fort, Y. *Tetrahedron Lett.* **2000**, *41*, 2875.

[102]   Brenner, E.; Schneider, R.; Fort, Y. *Tetrahedron Lett.* **2000**, *41*, 2881.

[103]   Lipshutz, B. H.; Ueda, H. *Angew. Chem. Int. Ed.* **2000**, *39*, 4492.

[104]   (a) Pu, L. *Chem. Rev.* **1998**, *98*, 2405. (b) Corey, E. J.; Guzman-Perez, A. *Angew. Chem. Int. Ed. Engl.* **1998**, *37*, 388.

[105]   Miyano, S.; Tobita, M.; Suzuki, S.; Nishikawa, Y.; Hashimoto, H. *Chem. Lett.* **1980**, 1027.

[106]   (a) Miyano, S.; Tobita, M.; Hashimoto, H. *Bull. Chem. Soc. Jpn.* **1981**, *54*, 3522. (b) Miyano, S.; Handa, S.; Shimizu, K.; Tagami, K.; Hashimoto, H. *Bull. Chem. Soc. Jpn.* **1984**, *57*, 1943.

[107]   Nelson, T. D.; Meyers, A. I. *Tetrahedron Lett.* **1993**, *34*, 3061.

[108]   Nelson, T. D.; Meyers, A. I. *J. Org. Chem.* **1994**, *59*, 2577.

[109]   (a) Nelson, T. D.; Meyers, A. I. *J. Org. Chem.* **1994**, *59*, 2655. (b) Meyers, A. I.; Willemsen, J. J. *Chem. Commun.* **1997**, 1573.

[110]   Qiu, L.; Qi, J.; Pai, C.-C.; Chan, S.-S.; Zhou, Z.-Y.; Choi, M. C. K.; Chan, A. S. C. *Org. Lett.* **2002**, *4*, 4599.

[111]   Qiu, L.; Wu, J.; Chan, S.; Au-Yeung, T. T.-L.; Ji, J.-X.; Guo, R.; Pai, C.-C.; Zhou, Z.; Li, X.; Fan, Q.-H.; Chan, A. S. C. *PNAS.* **2004**, *101*, 5815.

[112]   Gorobets, E.; Wheatley, B. M. M.; Hopkins, J. M.; McDonald, R.; Keay, B. A. *Tetrahedron Lett.* **2005**, *46*, 3843.

[113]   Nakajima, M.; Miyoshi, I.; Kanayama, K.; Hashimoto, S.-i. *J. Org. Chem.* **1999**, *64*, 2264.

[114]   Lin, X.; Yang, J.; Kozlowski, M. C. *Org. Lett.* **2001**, *3*, 1137.

[115]   Mulrooney, C. A.; Li, X.; DiVirgilio, E. S.; Kozlowski, M. C. *J. Am. Chem. Soc.* **2003**, *125*, 6856.

[116]   (a) Breslow, R. *Acc. Chem. Res.* **1991**, *24*, 159. (b) Li, C.-J. *Chem. Rev.* **1993**, *93*, 2023. (c) Li, C.-J. *Chem. Rev.* **2005**, *105*, 3095.

[117]   Ventrakaman, S.; Li, C.-J. *Org. Lett.* **1999**, *1*, 1133.

[118]   Venkatraman, S.; Li, C.-J. *Tetrahedron Lett.* **2000**, *41*, 4831.

[119]   Cravotto, G.; Beggiato, M.; Penoni, A.; Palmisano, G.; Tollari, S.; Lévêque, J.M.; Bonrath, W. *Tetrahedron Lett.* **2005**, *46*, 2267.

[120]   (a) Li, J.; Xie, Y.; Jiang, H.; Chen, M. *Green Chem.* **2002**, *4*, 424. (b) Li, J.; Xie, Y.; Yin, D. *J. Org. Chem.* **2003**, *68*, 9867.

[121]   Mukhopadhyay, S.; Rothenberg, G.; Gitis, D.; Sasson, Y. *Org. Lett.* **2000**, *2*, 211.

[122]   Mukhopadhyay, S.; Rothenberg, G.; Gitis, D.; Wiener, H.; Sasson, Y. *J. Chem. Soc., Perkin Trans. 2* **1999**, 2481.

[123]   Mukhopadhyay, S.; Rothenberg, G.; Qafisheh, N.; Sasson, Y. *Tetrahedron Lett.* **2001**, *42*, 117.

[124]   Mukhopadhyay, S.; Rothenberg, G.; Wiener, H.; Sasson, Y. *Tetrahedron* **1999**, *55*, 14763.

[125]   (1) Wan, Y.; Chen, J.; Zhang, D.; Li, H. *J. Mol. Catal. A: Chem.* **2006**, *258*, 89. (b) Li, H.; Chen, J.; Wan, Y.; Chai, W.; Zhang, F.; Lu, Y. *Green Chem.* **2007**, *9*, 273. (c) Li, H.; Chai, W.; Zhang, F.; Chen, J. *Green Chem.* **2007**, *9*, 1223.

[126]   Ram, R. N.; Singh, V. *Tetrahedron Lett.* **2006**, *47*, 7625.

[127]   (a) Dupont, J.; Souza, R. F. D.; Suarez, P. A. Z. *Chem. Rev.* **2002**, *102*, 3667. (b) Pârvulescu, V. I.; Hardacre, C. *Chem. Rev.* **2007**, *107*, 2615.

[128]   Wang, Z.; Bao, W.; Jiang, Y. *Chem. Commun.* **2005**, 2849.

[129]   Zheng, Y.; Du, X.; Bao, W. *Tetrahedron Lett.* **2006**, *47*, 1217.

[130]   Lv, X.; Wang, Z.; Bao, W. *Tetrahedron* **2006**, *62*, 4756.

[131]   Pachón, L. D.; Elsevier, C. J.; Rothenberg, G. *Adv. Synth. Catal.* **2006**, *348*, 1705.

[132]   Xiao, J.-C.; Ye, C.; Shreeve, J. M. *Org. Lett.* **2005**, *7*, 1963.

[133]   Park, S. B.; Alper, H. *Tetrahedron Lett.* **2004**, *45*, 5515.

[134]   Gedye, R.; Smith, F.; Westaway, K.; Ali, H.; Baldisera, L.; Laberge L.; Rousell, J. *Tetrahedron Lett.* **1986**, *27*, 279.

[135]   Hashim, J.; Kappe, C. O. *Adv. Synth. Catal.* **2007**, *349*, 2353.

[136]   He, H.; Wu, Y.-J. *Tetrahedron Lett.* **2003**, *44*, 3445.

[137] D'Angelo, N. D.; Peterson, J. J.; Booker, S. K.; Fellows, I.; Dominguez, C.; Hungate, R.; Reider, P. J.; Kim, T.-S. *Tetrahedron Lett.* **2006**, *47*, 5045.

[138] Wu, Y.-J.; He, H.; L'Heureux A. *Tetrahedron Lett.* **2003**, *44*, 4217.

[139] Sawyer, J. S.; Schmittling, E. A.; Palkowitz, J. A.; Smith III, W. J. *J. Org. Chem.* **1998**, *63*, 6338.

[140] Shi, L.; Wang, M.; Fan, C.-A.; Zhang, F.-M.; Tu, Y.-Q. *Org. Lett.* **2003**, *5*, 3515.

[141] Vera-Luque, P.; Alajarin, R.; Alvarez-Bullla, J.; Vaquero, J. J. *Org. Chem.* **2006**, *8*, 415.

[142] Banwell, M. G.; Lupton, D. W. *Org. Biomol. Chem.* **2005**, *3*, 213.

[143] Meyers, A. I.; Willemsen, J. J. *Tetrahedron Lett.* **1998**, *54*, 10493.

[144] (a) Rao, A. V. R.; Gurjar, M. K.; Reddy, G. K. L.; Rao, A. S. *Chem. Rev.* **1995**, *95*, 2135. (b) Zhu, J. *Synlett* **1997**, 133. (c) Nicolaou, K. C.; Boddy, C. N.; Bräse, S.; Winssinger, N. *Angew. Chem. Int. Ed.* **1999**, *38*, 2096. (d) Blankenstein, J.; Zhu, J. *Eur. J. Org. Chem.* **2005**, 1949.

[145] Jolad, S. D.; Hoffmann, J. J.; Torrance, S. J.; Wiedhopf, R. M.; Cole, J. R.; Arora, S. K.; Bates, R. B.; Gargiulo, R. L.; Kriek, G. R. *J. Am. Chem. Soc.* **1977**, *99*, 8040.

[146] Tamai, S.; Kaneda, M.; Nakamura, S. *J. Antibiot.* **1982**, *35*, 1130.

[147] Yasuzawa, T.; Shirahata, K.; Sano, H. *J. Antibiot.* **1987**, *40*, 455.

[148] Boger, D. L.; Yohannes, D. *J. Org. Chem.* **1991**, *56*, 1763.

[149] Boger, D. L.; Zhou, J. *J. Am. Chem. Soc.* **1993**, *115*, 11426.

[150] Boger, D. L.; Patane, M. A.; Zhou, J. *J. Am. Chem. Soc.* **1994**, *116*, 8544.

[151] (a) Boner, D. L.: Yohannes. D.: Zhou. J.: Patane. M. A. *J. Am. Chem. Soc.* **1993**, *115*, 3420. (b) Boger, D. L.; Yohannes, D. *J. Am. Chem. Soc.* **1991**, *113*, 1427.

[152] Boger, D. L.; Zhou, J. *J. Am. Chem. Soc.* **1995**, *117*, 7364.

[153] Cai, Q.; Zou, B.; Ma, D. *Angew. Chem. Int. Ed.* **2006**, *45*, 1276.

[154] Nicolaou, K. C.; Boddy, C. N. C.; Natarajan, S.; Tue, T.-Y.; Li, H.; Bräse, S.; Ramanjulu, J. M. *J. Am. Chem. Soc.* **1997**, *119*, 3421.

[155] Keserü, G. M.; Nógrádi, M.; Szöllösy, Á. *Eur. J. Org. Chem.* **1998**, 521.

[156] Nakamura, R.; Tanino, K.; Miyashita, M. *Org. Lett.* **2003**, *5*, 3583.

[157] Rao, H.; Fu, H.; Jiang, Y.; Zhao, Y. *J. Org. Chem.* **2005**, *70*, 8107.